中国国家标准汇编

433

GB 24246～24283

（2009 年制定）

中国标准出版社　编

中国标准出版社

北　京

图书在版编目(CIP)数据

中国国家标准汇编：2009年制定．433：GB 24246～24283/中国标准出版社编．—北京：中国标准出版社，2010

ISBN 978-7-5066-5999-4

Ⅰ．①中… Ⅱ．①中… Ⅲ．①国家标准-汇编-中国-2009 Ⅳ．①T-652.1

中国版本图书馆CIP数据核字（2010）第166153号

中国标准出版社出版发行
北京复兴门外三里河北街16号
邮政编码：100045
网址 www.spc.net.cn
电话：68523946 68517548
中国标准出版社秦皇岛印刷厂印刷
各地新华书店经销

*

开本 880×1230 1/16 印张 37.5 字数 1 117 千字
2010年10月第一版 2010年10月第一次印刷

*

定价 220.00 元

ISBN 978-7-5066-5999-4

出 版 说 明

1.《中国国家标准汇编》是一部大型综合性国家标准全集。自1983年起,按国家标准顺序号以精装本、平装本两种装帧形式陆续分册汇编出版。它在一定程度上反映了我国建国以来标准化事业发展的基本情况和主要成就,是各级标准化管理机构,工矿企事业单位,农林牧副渔系统,科研、设计、教学等部门必不可少的工具书。

2.《中国国家标准汇编》收入我国每年正式发布的全部国家标准,分为"制定"卷和"修订"卷两种编辑版本。

"制定"卷收入上一年度我国发布的、新制定的国家标准,顺延前年度标准编号分成若干分册,封面和书脊上注明"20××年制定"字样及分册号,分册号一直连续。各分册中的标准是按照标准编号顺序连续排列的,如有标准顺序号缺号的,除特殊情况注明外,暂为空号。

"修订"卷收入上一年度我国发布的、修订的国家标准,视篇幅分设若干分册,但与"制定"卷分册号无关联,仅在封面和书脊上注明"20××年修订-1,-2,-3,……"字样。"修订"卷各分册中的标准,仍按标准编号顺序排列(但不连续);如有遗漏的,均在当年最后一分册中补齐。需提请读者注意的是,个别非顺延前年度标准编号的新制定的国家标准没有收入在"制定"卷中,而是收入在"修订"卷中。

读者配套购买《中国国家标准汇编》"制定"卷和"修订"卷则可收齐上一年度我国制定和修订的全部国家标准。

3. 由于读者需求的变化,自1996年起,《中国国家标准汇编》仅出版精装本。

4. 2009年我国制修订国家标准共3 158项。本分册为"2009年制定"卷第433分册,收入国家标准GB 24246～24283的最新版本。

中国标准出版社

2010年8月

目　　录

ICS 13.280
F 84

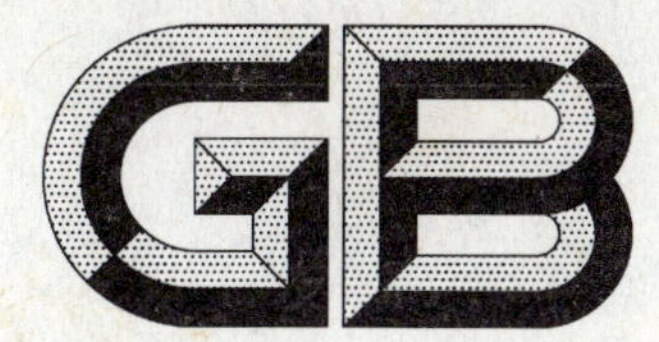

中华人民共和国国家标准

GB/T 24246—2009

放射性物质与特殊核材料监测系统

Radioactive and special nuclear material monitoring systems

2009-06-19 发布 2010-02-01 实施

中华人民共和国国家质量监督检验检疫总局
中国国家标准化管理委员会 发布

前　言

本标准由中国核工业集团公司提出。

本标准由全国核仪器仪表标准化技术委员会归口。

本标准起草单位:同方威视技术股份有限公司、清华大学工程物理系。

本标准主要起草人:康克军、赵崑、贺宇、阮明、薛昕、张彤。

引 言

放射性物质与特殊核材料监测系统用于对放射性物质与特殊核材料进行监测，可单独使用在需要进行放射性物质与特殊核材料监测的场所，也可作为其他检查设备(如集装箱检查系统等)的辅助监测系统，对被检物品实施放射性物质与特殊核材料检查。

放射性物质与特殊核材料监测系统不具备对放射性物质与特殊核材料量值进行计量的功能，不应作为计量设备使用。

放射性物质与特殊核材料监测系统可用于海关、质检口岸、核电厂、交通运输或仓储通道、公共安全场所进出通道等需要进行放射监测的相关场所。

放射性物质与特殊核材料监测系统的技术及安全性要求旨在确保：

——人员、设备和环境的安全；

——产品可用性；

——产品技术性能的先进性。

放射性物质与特殊核材料监测系统

1 范围

本标准规定了放射性物质与特殊核材料监测系统的分类、技术要求、试验方法、检验规则、标志、包装、运输和贮存。

本标准适用于利用辐射探测器对放射性物质与特殊核材料进行监测的系统。

本标准不适用于手持式设备。

2 规范性引用文件

下列文件中的条款通过本标准的引用而成为本标准的条款。凡是注日期的引用文件，其随后所有的修改单(不包括勘误的内容)或修订版均不适用于本标准，然而，鼓励根据本标准达成协议的各方研究是否可使用这些文件的最新版本。凡是不注日期的引用文件，其最新版本适用于本标准。

GB/T 191—2008 包装 储运图示标志(ISO 780:1997,MOD)

GB/T 2423.1—2008 电工电子产品环境试验 第2部分:试验方法 试验A:低温(IEC 60068-2-1:1990,IDT)

GB/T 2423.2—2008 电工电子产品环境试验 第2部分:试验方法 试验B:高温(IEC 60068-2-2:1974,IDT)

GB/T 2423.3—2006 电工电子产品环境试验 第2部分:试验方法 试验Cab:恒定湿热试验(IEC 60068-2-78:2001,IDT)

GB/T 2423.5—1995 电工电子产品环境试验 第二部分:试验方法 试验Ea和导则:冲击(IEC 60068-2-27:1987,IDT)

GB 4208—2008 外壳防护等级(IP代码)(IEC 60529:2001,IDT)

GB/T 6543—2008 运输包装用单瓦楞纸箱和双瓦楞纸箱

GB/T 8993—1998 核仪器环境条件与试验方法

GB 9969.1—1998 工业产品使用说明书 总则

GB 11806—2004 放射性物质安全运输规程(IAEA NO. TS-R-1,IDT)

GB/T 12464—2002 普通木箱(JIS Z 1402:1999,NEQ)

GB/T 13306—1991 标牌

GB/T 14436—1993 工业产品保证文件 总则

GB/T 17799.2—2003 电磁兼容 通用标准 工业环境中的抗扰度试验(IEC 61000-6-2:1999,IDT)

GB 17799.4 电磁兼容 通用标准 工业环境中的发射标准(GB 17799.4—2001,IEC 61000-6-4:1997,IDT)

3 术语和定义

下列术语和定义适用于本标准。

3.1

放射性物质 radioactive material

任何含有放射性核素并且其活度浓度和放射性总活度都超过GB 11806—2004中5.1～5.2.5规定值的物质。

3.2

特殊核材料　special nuclear material

Pu、^{233}U 及浓缩铀，简称 SNM。

注：浓缩铀是指^{235}U 含量高于 20%的 U。

3.3

放射性物质与特殊核材料监测系统　radioactive and special nuclear material monitoring system

当射线强度大于系统所设定的报警阈值的被检物通过探测区域时，能够产生报警的系统（以下称为监测系统）。

3.4

放射性标准源　standard radioactive source

性质和活度在某一确定的时间内都是准确已知的，并有相应证书可以作为标准放射源，包括 γ 标准源和中子标准源。

3.5

放射性标准试验源　standard radioactive test source

用于实验室测试，或易于获得也适合使用于制造厂产品评估中的放射性标准源，包括 γ 标准试验源和中子标准试验源。

3.6

特殊核材料标准试验源　standard SNM test source

具有最小发射射线强度的呈球形或立方形（具有最大的自吸收衰减）的 SNM。

注：由于包装和过滤装置将影响射线强度，因此应对每个试验源的包装和过滤装置进行特别说明。此类试验源用于实验室测试，但如果合适并易于获得可以用于制造厂产品评估中。

3.7

标准 Pu 试验源　standard plutonium test source

一个球形或立方形的 Pu 源，包含至少 93%的^{239}Pu，少于 6.5%的^{240}Pu 和少于 0.5%的杂质。

注：需要至少 0.08 cm 的镉过滤器用来减少^{241}Am 的影响。

3.8

标准 U 试验源　standard uranium test source

一个球形或立方形的 U 源，包含至少 93%的^{235}U 和少于 0.25%的杂质。

注：采用薄塑料或小于 0.32 cm 的铝进行封装以降低封装对射线的不必要吸收。

3.9

特殊核材料等效 γ 试验源　alternative SNM gamma-ray test source

通过理论计算或实验测试在一定程度上与 SNM 的 γ 射线特性类似，可以与特殊核材料标准试验源等效的放射性标准源，如^{133}Ba。

3.10

特殊核材料等效中子试验源　alternative SNM neutron test source

通过理论计算或实验测试在一定程度上与 SNM 的中子特性类似，可以与特殊核材料标准试验源等效的放射性标准源，如^{252}Cf。

3.11

特殊核材料等效试验源　alternative SNM test source

SNM 等效 γ 试验源（例如：^{133}Ba）与 SNM 等效中子试验源（例如：^{252}Cf）的统称。

3.12

误报警率　false alarm rate

非放射性物质或非 SNM 引起的监测系统报警的概率。

3.13

本底计数率　background count rate

单位时间内监测系统探测到的由宇宙射线和环境中天然放射性的存在而引起的计数，以 N_{bkg} 表示。常用计量单位为每秒计数，符号为 s^{-1}。

3.14

源计数率　net count rate

单位时间内监测系统探测到的由放射性物质或特殊核材料引起的计数值，以 N_S 表示。

3.15

总计数率　gross count rate

单位时间内监测系统所记录下的计数值，为本底计数率和源计数率之和，以 N_T 表示，$N_T = N_{bkg} + N_S$。

3.16

探测概率　detection probability

放射性物质或 SNM 通过探测区域并产生报警的概率。

3.17

静态探测效率　static detection efficiency

在指定位置上的单位活度或一定质量的放射性标准试验源所引起的源计数率。

3.18

γ 探测灵敏度　gamma-ray detection sensitivity

在一定的测量条件下，监测系统能够以不小于 0.9 的探测概率（置信度 95%），检测到的放射性标准试验源的最小活度、SNM 标准试验源的最小质量或 SNM 等效试验源的最小活度。

3.19

中子探测灵敏度　neutron detection sensitivity

在一定的测量条件下，监测系统能够以不小于 0.9 的探测概率（置信度 95%），检测到的放射性标准试验源的最小活度、SNM 标准试验源的最小质量或 SNM 等效试验源的最小活度。

注：使用铅屏蔽容器将标准 Pu 试验源的 γ 辐射强度降至未屏蔽数值的 1%以下。

3.20

探测灵敏度　detection sensitivity

γ 探测灵敏度与中子探测灵敏度的统称。

3.21

灵敏度一致性　uniformity of sensitivity

在探测区域内，距监测系统探测面一定距离，垂直地面方向的 γ 探测灵敏度的相对变化程度，此变化程度是指各点源计数率相对于其平均值的最大变化，用百分数表示。

3.22

探测组件　detection assembly

由探测 γ 射线和（或）中子的辐射探测器及其相关功能单元组成的组件。

3.23

探测立柱　detection pillar

包含一个或多个探测组件的机械结构。

3.24

探测区域　detection zone

监测系统可以探测到放射性物质或 SNM 的一定空间范围。对于双侧监测系统，探测区域为对立的探测立柱之间的一定区域;对于单侧监测系统,探测区域为临近探测立柱探测面的一定区域。

3.25

探测区域参考点　reference point of the detection zone

探测区域的几何中心点。

3.26

灵敏度一致性参考线　reference line for uniformity of sensitivity

在探测区域内通过探测区域参考点且垂直于监测系统安装地面的线段,简称参考线。

4　总体特点

4.1　系统概述

本标准规定的监测系统用于探测在物体中含有的、集装箱或车辆中载带的或行人携带的放射性物质或SNM。当带有这些物质的被检物体或人员通过探测区域(动态模式)或者停留在探测区域内(静态模式)被系统探测到时,监测系统会发出报警。

4.2　系统分类

根据用途不同,监测系统可分为:

a) 行人监测系统;

b) 车辆(含公路运输集装箱车辆)监测系统;

c) 火车监测系统;

d) 传送带式监测系统。

5　技术要求

5.1　电源工作条件

交流220 V(85%～110%),47 Hz～51 Hz。

5.2　总体要求

5.2.1　系统配置

一个监测系统可设计成由一个数据采集分析单元连接一个或几个探测立柱的形式,每个探测立柱中可包括一个或几个探测组件;探测组件可用于探测γ射线,或用于探测中子,或用于探测γ射线和中子;探测立柱与数据采集分析单元可邻近布置或置于一定距离以外。

5.2.2　系统功能

系统应具有以下功能:

a) 当监测系统触发γ射线报警时,应采用红光闪烁提示并伴随报警声音。当监测系统触发中子报警时,应采用蓝光闪烁提示并伴随报警声音。当监测系统触发其他报警(如系统故障、本底计数率异常等)时,应采用黄光闪烁提示并伴随报警声音。

b) 监测系统应能对由具有天然放射性的物质(如钾肥或陶瓷等)引起的系统报警给出提示。

c) 监测系统应能提供本地及远程报警信号。

d) 在监测系统运行时,探测立柱和监测系统的数据采集分析单元可在100 m内分开布置。

e) 应确保只有经过授权的人员才有权限对监测系统进行校正或对报警参数进行调整。

f) 监测系统应能独立使用,不受远程监控站的任何操作模式或故障的影响。

g) 监测系统应能实时提供系统的状态信息。

h) 监测系统应能存储和显示历史数据。

i) 监测系统应能识别被测物体的到达。

j) 对于动态模式,监测系统应具备测量被检测物体速度的功能,同时,还应具备超速报警设置和指示功能;制造厂应提供满足监测系统技术指标所需的最大通过速度;用户可以通过改变超速报警设置对最大速度设置进行调整。

k) 监测系统应能提供静态测量功能。

l) 监测系统应易于维护，且具有故障记录和故障提示功能。

5.2.3 探测区域

5.2.3.1 行人监测系统

行人监测系统应具备一个能够对行人进行监测的探测区域，此探测区域的高度至少为设备安装地面上方 0 m～2 m。对于双侧探测立柱的监测系统，探测区域位于两侧对立放置的探测立柱之间。对于单侧探测立柱的监测系统，探测区域应至少覆盖垂直探测立柱表面 1 m 的距离。在双侧探测立柱的监测系统的性能评估测试中，探测立柱之间的距离应为 1 m。双侧探测立柱监测系统探测区域示意图见图 1。

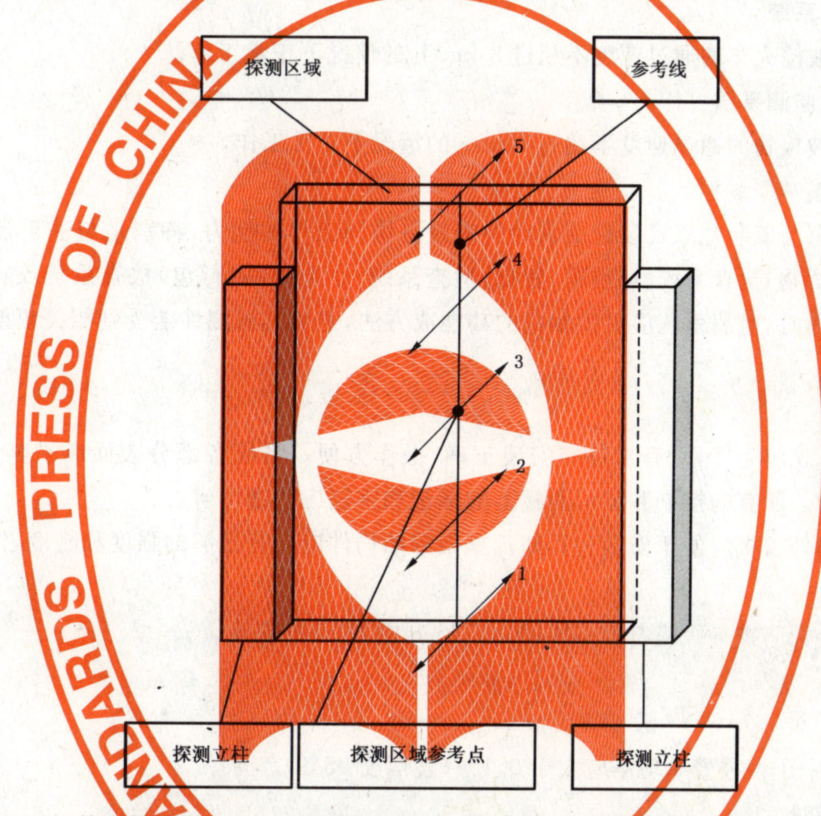

注：图中 1～5 双箭头与通道方向平行，分别通过参考线的底端、中下位置、中心、中上位置和顶端。中下位置是指底端与中心之间的中点位置；中上位置是指顶端与中心之间的中点位置。

图 1 双侧探测立柱系统探测区域示意图

5.2.3.2 车辆监测系统

车辆监测系统应具备一个能够对车辆进行监测的探测区域，此探测区域至少是位于两侧对立放置的探测立柱之间、高度为设备安装地面上方 0 m～4.5 m。两侧探测立柱之间的距离不应大于 5 m。

对于将探测组件装载在可移动设备上的监测系统(可由单侧探测立柱或双侧探测立柱组成)，其探测区域应满足：对于单侧探测立柱的监测系统，探测区域的高度为 0.5 m～4.5 m，垂直探测立柱表面方向应距探测立柱表面 5 m；对于双侧探测立柱的监测系统，探测区域的高度为 0.5 m～4.5 m，两侧探测立柱之间的距离不应大于 5 m。

5.2.3.3 火车监测系统

火车监测系统应具备一个能够对火车进行监测的探测区域，此探测区域位于两侧对立放置的探测立柱之间、高度为 0.3 m～6 m(自铁轨轨面起)。两侧探测立柱之间的距离不应大于 6 m。

5.2.3.4 传送带式监测系统

传送带式监测系统具备一个能对被检行包、物品或航空箱进行监测的探测区域。监测系统可以采用在单方向装配探测组件/探测立柱的形式，也可采用在多方向装配探测组件/探测立柱的形式，如装配在探测区域的上方、下方、侧面。对于上方装配或下方装配的监测系统，此探测区域宽度方向与传送带宽度相同，与探测组件或探测立柱表面垂直方向距离不超过 1.5 m；或者对于侧面装配形式的监测系统，此探测区域是宽度覆盖传送带的宽度，高度与被检物允许的最大高度相同。

5.2.4 通过速度

5.2.4.1 行人监测系统

监测系统应在被检行人的通过速度不超过 1.2 m/s 的情况下正常工作。

5.2.4.2 车辆监测系统

监测系统应在被检车辆的通过速度不超过 8 km/h 的情况下正常工作。

5.2.4.3 火车监测系统

监测系统应在被检火车的通过速度不超过 8 km/h 的情况下正常工作。

5.2.4.4 传送带式监测系统

监测系统应在被检物的通过速度不超过 1 m/s 的情况下正常工作。

5.3 辐射兼容特性

监测系统应具有与安装地点已装配的其他检查设备协同工作的能力，特别是与基于辐射原理的检查设备，如集装箱(货物)检查系统、航空箱(货物)检查系统、小型物品(行包)检查系统或物品 CT 检查系统等设备协同工作时，监测系统应提供相应的功能或方法，避免其探测性能受到相关辐射设备所产生的电离辐射影响。

5.4 外观与结构

5.4.1 监测系统外观应完好，所有部件应安装正确、操作方便。系统各部分表面应平整光洁、色泽均匀、无明显机械损伤。所有的控制和显示面板上的标记和字迹应清晰可辨。

5.4.2 所有装置的外盖板应便于安装和拆卸。框架等结构件应具有足够的强度和刚度，保证正常搬运后不发生明显变形。

5.4.3 监测系统外壳防护等级应符合 GB 4208—2008 中 IP55 的规定。

5.5 性能指标

5.5.1 误报警率

监测系统 γ 和中子误报警率均不应大于 0.1%(置信度 95%)。

5.5.2 灵敏度一致性

5.5.2.1 行人监测系统

在探测区域的高度范围内，γ 探测灵敏度变化不应超过 30%。

5.5.2.2 车辆监测系统

由安装地面至距安装地面 1 m 范围内，γ 探测灵敏度变化不应超过 15%。由安装地面 1 m 至距安装地面 4.5 m 范围内，γ 探测灵敏度变化不应超过 40%。

5.5.2.3 火车监测系统

在探测区域高度范围内，γ 探测灵敏度变化不应超过 25%。

5.5.3 静态探测效率

5.5.3.1 要求

各类系统的静态探测效率要求见表 1～表 3。

5.5.3.2 行人监测系统

将 γ 标准试验源置于探测区域参考点处，γ 静态探测效率应满足表 1 的要求。

表 1　行人监测系统 γ 静态探测效率

放射源	主要能量/keV	静态探测效率		1.5 m 处剂量率/(nSv·h⁻¹/MBq)
		s^{-1}/MBq	s^{-1}/(nSv·h^{-1})	
^{241}Am	60	≥180	≥78	2.3
^{57}Co	122,136	≥700	≥75	9.3
^{137}Cs	662	≥800	≥19	42
^{60}Co	1 173,1 333	≥1 500	≥9.4	160
^{133}Ba	31,81,302,356	≥1 400	≥61	23

将中子源强为 12 000/s(1±20%)的^{252}Cf 中子标准试验源置于探测区域参考点处，中子静态探测效率应满足源计数率(扣除本底计数率)不小于 100(1±20%)/s 的要求。

5.5.3.3　车辆监测系统

将 γ 标准试验源置于探测区域参考点处，γ 静态探测效率应满足表 2 的要求。

表 2　车辆监测系统 γ 静态探测效率

放射源	主要能量/keV	静态探测效率		3 m 处剂量率/(nSv·h⁻¹/MBq)
		s^{-1}/MBq	s^{-1}/(nSv·h^{-1})	
^{241}Am	60	≥200	≥330	0.6
^{57}Co	122,136	≥800	≥350	2.3
^{137}Cs	662	≥900	≥85	10.6
^{60}Co	1 173,1 333	≥1 900	≥48	40
^{133}Ba	31,81,302,356	≥1 600	≥275	5.8

将中子源强为 12 000/s(1±20%)的^{252}Cf 中子标准试验源置于探测区域参考点处，中子静态探测效率应满足每个探测立柱产生的源计数率(扣除本底计数率)不小于 8(1±20%)/s 的要求。

5.5.3.4　火车监测系统

同 5.5.3.3。

5.5.3.5　传送带式监测系统

将 γ 标准试验源置于探测区域参考点处，γ 静态探测效率应满足表 3 的要求。

表 3　传送带式监测系统 γ 静态探测效率

放射源	主要能量/keV	静态探测效率		3 m 处剂量率/(nSv·h⁻¹/MBq)
		s^{-1}/MBq	s^{-1}/(nSv·h^{-1})	
^{241}Am	60	≥400	≥77	5.2
^{57}Co	122,136	≥2 000	≥95	21
^{137}Cs	662	≥2 200	≥23	95
^{60}Co	1 173,1 333	≥4 800	≥13.3	360
^{133}Ba	31,81,302,356	≥3 800	≥73	52

将中子源强为 12 000/s(1±20%)的^{252}Cf 中子标准试验源置于探测区域参考点处，中子静态探测效率应满足每个探测立柱产生的源计数率(扣除本底计数率)不小于 50(1±20%)/s 的要求。

5.5.4　探测灵敏度

5.5.4.1　行人监测系统

监测系统应能以不小于 90%的探测概率(置信度 95%)检测到表 4 列出的标准试验源(通过探测区

域的速度为 1.2 m/s)。

表 4 行人监测系统探测灵敏度

放射源	活度或质量
^{137}Cs	0.096 MBq
^{60}Co	0.024 MBq
^{241}Am	2.72 MBq
^{252}Cf	3 000/s
标准 U 试验源	10 g
标准 Pu 试验源——γ	1 g
标准 Pu 试验源——中子	120 g
注:在试验时,每个标准试验源的实际活度或质量在表中规定值的(1±20%)范围内。中子标准试验源放在(1±0.1)cm厚的钢屏蔽体中封装。	

5.5.4.2 车辆监测系统

监测系统应能以不小于 90%的探测概率(置信度 95%)检测到表 5 列出的标准试验源(通过探测区域的速度为 8 km/h)。

表 5 车辆监测系统探测灵敏度

放射源	活度或质量
^{137}Cs	0.6 MBq
^{60}Co	0.15 MBq
^{241}Am	17 MBq
^{252}Cf	20 000/s
标准 U 试验源	1 000 g
标准 Pu 试验源——γ	10 g
标准 Pu 试验源——中子	200 g
注:试验时,每个标准试验源的实际活度或质量在表中规定值的(1±20%)范围内。中子标准试验源放在(1±0.1)cm厚的钢屏蔽体中封装。	

5.5.4.3 火车监测系统

监测系统应能以不小于 90%的探测概率(置信度 95%)检测到表 6 列出的标准试验源(通过探测区域的速度为 8 km/h)。

表 6 火车监测系统探测灵敏度

放射源	活度或质量
^{137}Cs	0.6 MBq
^{60}Co	0.15 MBq
^{241}Am	17 MBq
^{252}Cf	20 000/s
标准 U 试验源	1 000 g
标准 Pu 试验源——γ	10 g

表 6（续）

放射源	活度或质量
标准 Pu 试验源——中子	200 g
注：试验时，每个标准试验源的实际活度或质量在表中规定值的(1±20%)范围内。中子标准试验源放在(1±0.1)cm 厚的钢屏蔽体中封装。	

5.5.4.4 传送带式监测系统

监测系统应能以不小于 90% 的探测概率(置信度 95%)检测到表 7 列出的标准试验源(通过探测区域的速度为 1 m/s)。

表 7 传送带式监测系统探测灵敏度

放射源	活度或质量
^{137}Cs	0.096 MBq
^{60}Co	0.024 MBq
^{241}Am	2.72 MBq
^{252}Cf	3 000/s
标准 U 试验源	10 g
标准 Pu 试验源——γ	1 g
标准 Pu 试验源——中子	120 g
注：试验时，每个标准试验源的实际活度或质量在表中规定值的(1±20%)范围内。中子标准试验源放在(1±0.1)cm 厚的钢屏蔽体中封装。	

5.5.5 过载特性

当探测组件表面剂量率大于 100 μSv·h^{-1}时，监测系统应保持报警状态。

制造厂应注明在剂量率降至标准试验条件后监测系统返回非报警状态所需要的时间，该时间不应大于 60 s。

5.5.6 中子探测器的 γ 射线抗扰特性

当一个^{60}Co 源在监测系统中子探测器表面的几何中心处产生 100 μSv·h^{-1} 的剂量率时，监测系统不应触发中子报警。

5.5.7 速度监测

对于速度低于 30 km/h 的车辆或火车，监测系统得到的速度信息不确定度不应超过 20%。

5.6 电气安全要求

5.6.1 设备保护接地

监测系统设备金属表面与接地端子间的电阻不应大于 0.1 Ω。

5.6.2 绝缘电阻

在 5.1 规定的工作环境条件下，监测系统中所有供电电源各相线及零线对地(PE 线)的绝缘电阻不应小于 1 MΩ。

5.6.3 介电强度

监测系统内满足 5.6.1 要求的电气设备的所有电路导线和保护接地电器之间应能承受表 8 规定的介电强度试验，在规定的持续时间内无击穿或重复飞弧现象。工作在或低于以下电压的电路除外：

a) 在干燥环境正常使用，且带电部分与人体无大面积接触时，不超过 25 V 交流有效值或 60 V 直流；

b) 在其他情况下，不超过 6 V 交流有效值或 15 V 直流。

监测系统内不适宜经受该试验电压的电气设备在试验期间可以断开。

表 8 监测系统在基本绝缘条件下的试验电压

试验电压 （交流有效值或直流峰值）	试验持续时间
1 000 V	≥1 s

监测系统内工作电压超过 1 000 V 的电路应通过爬电距离和电气间隙设计保证介电强度要求。

5.6.4 防电击

监测系统内电气设备在正常使用条件下应具备防电击功能，即人可触及的零部件之间或零部件与地之间的电压值应不超过 30 V 有效值(42.4 V 交流峰值)或 60 V 直流值。

5.7 电磁兼容性

5.7.1 监测系统中各相关设备的电磁骚扰发射限制应符合 GB 17799.4 中规定的发射限值要求。

5.7.2 监测系统中各相关设备应具备 GB/T 17799.2—2003 中规定的抗扰度要求。

监测系统在 GB/T 17799.2—2003 中规定的条件下能正常运行，其计数率值变化不应大于标准试验条件下获得计数率值的 15%。

5.8 环境适应性

5.8.1 气候环境适应性

5.8.1.1 温度适应性

在－25 ℃～40 ℃(含 40 ℃)的温度范围内，监测系统应能正常工作，监测系统指示的计数率值变化应不大于在标准试验条件下获得计数率值的 15%。此外，在 40 ℃～55 ℃温度范围内的恶劣高温环境中，监测系统指示的计数率值变化不应大于监测系统在标准试验条件下获得计数率值的 40%。

5.8.1.2 湿度适应性

在温度 40 ℃、相对湿度 93%条件下，监测系统指示的计数率值变化不应大于监测系统在标准试验条件下获得计数率值的 15%。

5.8.1.3 贮存温度适应性

在－40 ℃～60 ℃的温度范围内短期贮存，恢复至标准试验条件后，监测系统应能正常工作。

5.8.2 运输环境适应性

对监测系统内具有独立功能部件的包装件，按 GB/T 8993—1998 附录 H 中规定的条件进行试验，试验后各独立功能部件应能正常工作，各零件应无松动、位移或损坏，外壳应无机械损伤。

5.8.3 机械环境适应性

5.8.3.1 一般要求

除了在运输至现场的时候，行人和传送带式监测系统一般不处于振动的机械环境中。车辆和火车监测系统通常处于冲击和/或振动的环境之中。根据系统所处环境，必要时，应满足 5.8.3.2 和5.8.3.3 规定的要求。

对安装在其他移动设备上的监测系统的额外要求，本标准不做规定，由用户与制造厂协商确定。

5.8.3.2 机械冲击

当探测组件或探测立柱受到来自三个方向、加速度为 300 m/s^2、脉冲持续时间为 6 ms (GB/T 2423.5—1995)，波形为半正弦波的机械冲击时，其性能应不受到影响。在试验过程中，该组件应处于运行状态。

试验结束后，该探测组件或探测立柱不应出现部件松动或破损。

5.8.3.3　机械振动

5.8.3.3.1　扫频

在扫频过程中，监测系统应能正常运行且无报警。

5.8.3.3.2　振动耐久性

监测系统显示的读数与相关的正常参考读数的之间的变化不应大于15%。监测系统的部件应不受该振动的影响(例如：焊点保持牢固，螺母和螺栓无松动)。

6　试验方法

6.1　参考条件和标准试验条件

参考条件和标准试验条件见表9。

表9　参考条件和标准试验条件

影响量	参考条件	标准试验条件
环境温度	20 ℃	15 ℃～35 ℃
相对湿度	65%	50%～75%
大气压强	101.3 kPa	86 kPa～106 kPa
电源电压	额定电压U_N	(1±1%)U_N
电源频率	50 Hz	(1±1%)50 Hz
电源波形	正弦波	正弦波总的谐波畸变<5%
环境γ本底	空气比释动能率0.1 $\mu Gy\cdot h^{-1}$	空气比释动能率小于0.25 $\mu Gy\cdot h^{-1}$
外部电磁场	忽略不计	小于引起干扰的最低值
外部磁感应	忽略不计	小于地球磁场磁感应值的两倍

6.2　试验用仪器设备

试验用仪器设备见表10。

表10　试验用仪器设备

仪器设备名称	规格及技术要求
X、γ环境剂量率仪	最小探测限：0.01 $\mu Sv\cdot h^{-1}$， 最大允许误差：10%
接地电阻测量仪	毫欧(mΩ)级，最大允许误差：3%(5个字)
绝缘电阻表(兆欧表)	500 V，最大允许误差：10%
钢卷尺	最小分度1 mm
秒表	最小分度10 ms

6.3　试验源

试验源见表11。

表11　试验源

序号	试验源	要求	用途
1	^{241}Am	2.72 MBq (100%～120%)	5.5.4.1和5.5.4.4
2	^{241}Am	17 MBq (100%～120%)	5.5.4.2和5.5.4.3
3	^{57}Co	0.04 MBq (100%～120%)	5.5.4.1和5.5.4.4，等效10 g HEU
4	^{57}Co	1 MBq (100%～120%)	5.5.4.2和5.5.4.3，等效1 000 g HEU

表 11（续）

序号	试验源	要求	用途
5	^{133}Ba	0.12 MBq（100%～120%）	5.5.4.1、5.5.4.4 和 5.5.2.1，等效 1 g Pu
6	^{133}Ba	0.6 MBq（100%～120%）	5.5.4.2、5.5.4.3、5.5.2.2 和 5.5.2.3，等效 10 g Pu
7	^{137}Cs	0.096 MBq（100%～120%）	5.5.4.1 和 5.5.4.4
8	^{137}Cs	0.6 MBq（100%～120%）	5.5.4.2 和 5.5.4.3
9	^{60}Co	0.024 MBq（100%～120%）	5.5.4.1 和 5.5.4.4
10	^{60}Co	0.15 MBq（100%～120%）	5.5.4.2 和 5.5.4.3
11	^{252}Cf	3 000/s（100%～120%）	5.5.4.1 和 5.5.4.4，等效 120 g Pu
12	^{252}Cf	20 000/s（100%～120%）	5.5.4.2 和 5.5.4.3，等效 200 g Pu
注：HEU 为高浓缩铀。			

6.4 外观与结构检查

6.4.1 外观检查

目测检验外观，应符合 5.4.1 和 5.4.2 的要求。

6.4.2 外壳防护能力试验

监测系统按 GB 4208—2008 规定的试验方法和 IP55 的要求进行外壳防护等级试验，试验结果应符合 5.4.3 的要求。

6.5 功能试验

按照监测系统操作手册进行现场实际操作，检查 5.2.2 规定的功能项目，试验结果应满足 5.2.2 要求。

6.6 性能指标试验

6.6.1 误报警率试验

6.6.1.1 行人或传送带式监测系统

可采取触发占用信号模拟实际被检物体通过的方法进行误报警率试验，试验结果应满足 5.5.1 的要求。不同误报警率所允许的误报警次数见表 12，例如：进行 10 000 次模拟试验，γ 或中子误报警次数均应不大于 5 次。

注：每次模拟持续 1 s，间隔 2 s。每进行 30 次模拟，进行一次本底更新，每次本底更新的时间为 30 s。最少进行 3 600次模拟。

6.6.1.2 车辆或火车监测系统

可采取触发占用信号模拟实际被检物体通过的方法进行误报警率试验，试验结果应满足 5.5.1 的要求。不同误报警率所允许的误报警次数见表 12。例如：进行 10 000 次模拟试验，γ 或中子误报警次数均应不大于 5 次。

注：每次模拟持续 3 s，间隔 2 s。每进行 30 次模拟，进行一次本底更新，每次本底更新的时间为 30 s。最少进行 3 600次模拟。

表 12 误报警率试验

试验次数	不同误报警率指标所允许的最大误报警次数(95%的置信度)		
	误报警率＝1/1 000	误报警率＝1/3 600	误报警率＝1/10 000
3 600	0	—	—
10 000	5	0	—
30 000	21	4	0
100 000	—	19	5

6.6.2 灵敏度一致性试验

灵敏度的一致性可用源计数率的相对变化来表示。

系统灵敏度一致性试验按下列方法进行：

a) 测量并记录监测系统的本底计数率。

b) 将表11中相应的试验源放置在灵敏度一致性参考线上的探测区域的最低处。

c) 测量并记录监测系统的总计数率。

d) 计算并记录监测系统的源计数率。

e) 将试验源沿灵敏度一致性参考线上移，行人或传送带式监测系统每次上移0.25 m，车辆或火车监测系统每次上移0.5 m，直至探测区域最高处。每次移动后均重复进行步骤c)和d)。

f) 分析并记录灵敏度一致性，试验结果应符合5.5.2的要求。

6.6.3 静态探测效率试验

静态探测效率试验按下列方法进行：

a) 测量并记录监测系统的本底计数率；

b) 依次将表11中相应的试验源放置在探测区域的参考点处，测量并记录源计数率；

c) 无相应源时可通过其他活度同类源的测量结果折算获得，折算公式：

$$静态探测效率 = \frac{实测静态探测效率}{实际使用源活度} \times 要求源活度$$

d) 试验结果应满足5.5.3的要求。

6.6.4 探测灵敏度试验

监测系统探测灵敏度试验按下列方法进行：

a) 依次使表11中相应的试验源分别沿图1中1～5双箭头所示的5个位置通过，试验源通过速度满足5.2.4中的要求；

b) 采用耳闻及目测的方法观察并记录监测系统产生的声光报警信号；

c) 对于每一种源，重复步骤a)和b)，进行50次测试，试验结果应满足5.5.4的要求。

注：在50次测试中至少有49次报警即可满足不小于90%的探测概率(置信度95%)的要求。

6.6.5 过载特性试验

监测系统在标准试验条件下正常运行时，将^{137}Cs源置于探测区域内，使探测组件表面的剂量率至少增加至100 μSv·h^{-1}(例如：100 MBq的^{137}Cs放置在距探测组件表面0.3 m处)，监测系统应产生报警并保持报警状态；探测组件表面的剂量率降至标准试验条件后，监测系统应在60 s内恢复正常运行。

6.6.6 中子探测器的γ射线抗扰特性试验

将^{60}Co源置于探测区域内，使中子探测器表面几何中心处的剂量率至少增加至100 μSv·h^{-1}(例如：300 MBq的^{60}Co放置在距探测组件表面1 m处)，然后移走^{60}Co源，使中子探测器表面几何中心处的剂量率降至标准试验条件。重复上述试验60次，监测系统均应满足5.5.6的要求。

6.6.7 速度监测试验

监测系统速度监测试验应按下列步骤进行：

a) 在正常工作条件下，启动并运行监测系统，使被监测物体以不超过30 km/h的速度通过监测区域，同时使用秒表测算物体通过的速度；

b) 记录并对比监测系统的速度监测结果与测算结果，应满足5.5.7的要求。

6.7 电气安全试验

6.7.1 设备保护接地

使用25 A的电流，用接地电阻测量仪测量电气设备外壳与接地端子间的电阻，试验结果应符合5.6.1的要求。

6.7.2 绝缘电阻

用500 V绝缘电阻表，检测相线对地和设备金属外壳之间的绝缘电阻，试验结果应符合5.6.2

的要求。

6.7.3 介电强度

按表8规定的电压值及加压时间对监测系统进行试验。试验时,试验电压应在10 s内逐渐升至1 000 V,保持1 s,观察试验结果,应符合5.6.3的要求。

6.7.4 防电击

用2 000 Ω电阻并联交流电压表,直接测量待测可触及零部件与安全接地端子两端的电压值,试验结果应符合5.6.4的要求。

6.8 电磁兼容性试验

6.8.1 按GB 17799.4规定的试验条件及试验要求,对监测系统进行电磁骚扰发射试验,试验结果应符合5.7.1的要求。

6.8.2 按GB/T 17799.2—1999第6章和第9章规定的试验条件及试验要求,对监测系统进行电磁抗扰度试验,试验结果应符合5.7.2的要求。

6.9 环境适应性试验

6.9.1 试验规定

根据监测系统的组成,在不具备对整机进行环境试验的条件时,允许对具有独立功能的电气部件按其实际工作环境条件单独进行试验。

6.9.2 气候环境适应性试验

对监测系统或其环境敏感部件按表13规定的条件进行试验,试验结果应满足5.8.1的要求。

表13 环境试验条件及方法

试验项目	试验条件	试验方法	试验持续时间/h
高温试验	55 ℃	GB/T 2423.2—2008(每1 h测量一次指示值)	16
高温试验	40 ℃	GB/T 2423.2—2008(每1 h测量一次指示值)	16
低温试验	−25 ℃	GB/T 2423.1—2008(每1 h测量一次指示值)	16
恒定湿热	93%(40 ℃)	GB/T 2423.3—2006(每8 h测量一次指示值)	48
低温贮存	−40 ℃	GB/T 2423.1—2001	16
高温贮存	60 ℃	GB/T 2423.2—2001	16
注:温度变化率不大于10 ℃/h。			

6.9.3 运输环境适应性试验

对监测系统内具有独立功能的部件整体包装件,根据GB/T 8993—1998附录H中提供的试验条件及方法进行公路运输试验,试验样品经试验后应能正常工作。

6.9.4 机械环境适应性试验

6.9.4.1 机械冲击试验

将探测组件或探测立柱安装在一个冲击试验台上,使其承受分别来自三个正交方向的峰值加速度为300 m/s^2,脉冲持续时间为6 ms,波形为半正弦波的机械冲击,每个方向重复10次。试验结果应满足5.8.3.2的要求。

6.9.4.2 机械振动试验

6.9.4.2.1 振动试验准备

用足够强度的试验源照射探测组件或探测立柱,以便尽可能减少统计涨落的影响。

记录监测系统给出的计数率数值并确定其平均值,作为振动试验前的相关参考计数率平均值。

6.9.4.2.2 扫频试验

分别由三个正交方向对被测探测组件或探测立柱施加0.5 g的谐波负载,频率由10 Hz逐渐增加至150 Hz，再由150 Hz减小至10 Hz，扫描速率为每分钟两倍频程。在试验期间，记录相关计数率数值并确定其平均值。

6.9.4.2.3 **振动耐久性试验**

分别由三个正交方向对被测探测组件或探测立柱施加2 g的谐波负载，持续时间为15 min，频率的选择可在10 Hz～21 Hz和22 Hz～33 Hz的范围内任意选择一个或多个频率点。

如果在6.9.4.2.2的试验中发现机械共振，应在产生共振的频率中选择试验频率。记录三个正交方向的任意一组振动15 min期间的数据并确定其平均值，将此平均值与振动试验前的相关参考计数率平均值进行比较。

机械振动试验结果应满足5.8.3.3的要求。

7 检验规则

7.1 检验分类

检验分型式试验和出厂试验，检验项目见表14。

表14 检验项目

序号	项目	型式试验	出厂试验	要求	试验方法
1.	外观检查	●	●	5.4.1和5.4.2	6.4.1
2.	外壳防护能力试验	●	—	5.4.3	6.4.2
3.	功能	●	●	5.2.2	6.5
4.	误报警率	●	—	5.5.1	6.6.1
5.	灵敏度一致性	●	—	5.5.2	6.6.2
6.	静态探测效率	●	●	5.5.3	6.6.3
7.	探测灵敏度	●	●	5.5.4	6.6.4
8.	过载特性	●	—	5.5.5	6.6.5
9.	中子探测器的γ射线抗扰特性	●	—	5.5.6	6.6.6
10.	速度监测	●	—	5.5.7	6.6.7
11.	设备保护接地	●	●	5.6.1	6.7.1
12.	绝缘电阻	●	●	5.6.2	6.7.2
13.	介电强度	●	—	5.6.3	6.7.3
14.	防电击	●	—	5.6.4	6.7.4
15.	电磁兼容性	●	—	5.7	6.8
16.	气候环境适应性	●	—	5.8.1	6.9.2
17.	运输环境适应性	●	—	5.8.2	6.9.3
18.	机械环境适应性[a]	●	—	5.8.3	6.9.4
注：“●”为必选项目，“—”为免测项目。					
[a] 车辆、火车系统必做该项型式试验，行人、传送带式监测系统由用户与制造厂协商确定。					

7.2 检验

应按表14所列检验项目对产品进行型式试验。应按表14所列出厂检验项目对产品逐台进行出厂试验，检验合格并出具检验报告及合格证后方可出厂。

7.3 判定规则

型式试验中如发现不合格项，允许对产品的相关部件或分系统进行不超过两次的调整或更换，并重新试验。如仍不合格,则判定产品不合格。

8 标志、包装、运输及贮存

8.1 标志

8.1.1 每套监测系统应在显著位置设置字迹清楚的永久性标志,标志的设置应符合 GB/T 13306—1991 的要求,标志内容应包括:

a) 制造厂名称;

b) 监测系统及相关部件名称;

c) 监测系统及相关部件型号;

d) 制造日期及出厂编号;

e) 注册商标。

8.1.2 包装标志

监测系统的部件及组件的外包装上应标明运输条件、温湿度要求、堆码高度、负重强度及起吊位置等图示标志,图示标志的图形、颜色和尺寸及标志的使用方法应符合 GB/T 191—2008 中的相关要求。

8.2 包装

8.2.1 包装方法

根据实际运输情况,可采用分体包装或整体包装。

8.2.2 包装材料要求

对单个功能部件应采用符合 GB/T 12464—2002 中规定的木箱,对组件和零部件应采用符合 GB/T 6543—2008规定的瓦楞纸箱。

8.2.3 随机文件

随机文件包括:

a) 使用说明书(技术说明书、操作手册、维修手册),应符合 GB 9969.1—1998 的规定;

b) 产品合格证,应符合 GB/T 14436—1993 的规定;

c) 备件清单;

d) 包装箱目录及装箱单。

8.3 运输

8.3.1 运输方式

单个相关部件包装完好后,应适用于公路、铁路、水路和空运等运输方式。公路运输时道路条件应为三级(含)以上公路。

8.3.2 运输条件

应严格按单个部件包装箱上标明的运输条件进行装运。

8.4 贮存

8.4.1 需长期存放的监测系统或部件等,应有良好的贮存条件,即通风良好、温度为 -5 ℃～40 ℃、相对湿度不大于 85%的室内,且无腐蚀性气体、强烈机械振动、冲击及强磁场的作用。

8.4.2 包装件放置方法应符合各包装件外包装上注明的堆码高度和堆放重量等要求。

ICS 27.120.01
F 88

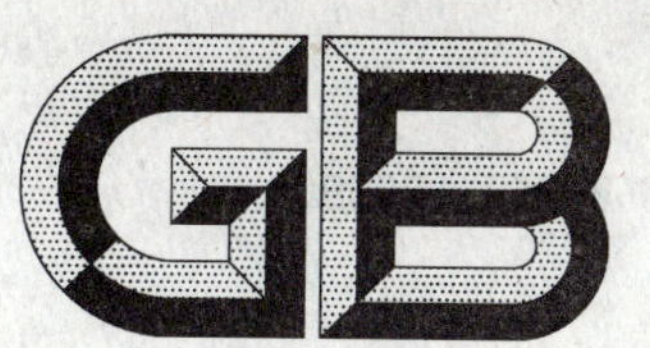

中华人民共和国国家标准

GB/T 24247—2009

测定放射性核素用电离室系统的校准和使用

Calibration and usage of ionization chamber systems for assay of radionuclides

(IEC 61145:1992,MOD)

2009-06-19 发布 2010-02-01 实施

中华人民共和国国家质量监督检验检疫总局
中国国家标准化管理委员会 发布

前　言

本标准修改采用 IEC 61145:1992《测定放射性核素用电离室系统的校准和使用》(英文版)。

本标准与 IEC 61145:1992 相比存在如下差异:

——修改"准确度"定义,指标由 10%改为 6%,并按测量误差的公式进行计算(第 1 章,3.1 和 4.6.1);

——reproducible 翻译为"可重复的","重复性"由 5%改为 2%,并增加按相对标准偏差计算的公式(第 1 章,4.6.2);

——删去 IEC 61145 的前言和引言,将引言中关于"系统"的说明纳入第 1 章"范围";

——在"规范性引用文件"中用我国国家标准代替 IEC 61145 中引用的 IEC 标准(第 2 章);

——在第 3 章"术语和定义"中,增加"测量的不确定度"(3.2)和"(测量结果的)重复性"(3.3),删去"应"和"宜";

——增加两个放射性核素源的典型代表^{131}I、^{60}Co,扩大了标定的能量范围(4.3.3);

——第 5 章的标题由"误差来源"改为"不确定度分量",并增加仪器的"固有误差"和"重复性"两个分量;

——第 6 章标题"提示"改为"产生测量差异的主要因素"。

本标准由中国核工业集团公司提出。

本标准由全国核仪器仪表标准化技术委员会归口。

本标准起草单位:深圳市计量质量检测研究院、核工业标准化研究所。

本标准主要起草人:周迎春、李名兆、熊正隆、肖晨、严陈昌、钱晓艳。

测定放射性核素用电离室系统的校准和使用

1 范围

本标准规定了使用现行可得到的各种电离室确定放射性核素活度的定量技术。

本标准的应用限于包含井型电离室作探测器的仪器，它是一个复合系统，包括电离室以及与其总体连接的、将电离室电流变换为以活度为单位读出的合适电路。

本标准为得到准确度不超过±6%而重复性不大于2%（通常对大于3.7×10^6 Bq(100 μCi)的放射源）的测量提供方法。

2 规范性引用文件

下列文件中的条款通过本标准的引用而成为本标准的条款。凡是注日期的引用文件，其随后所有的修改单（不包括勘误的内容）或修订版均不适用于本标准，然而，鼓励根据本标准达成协议的各方研究是否可使用这些文件的最新版本。凡是不注日期的引用文件，其最新版本适用于本标准。

GB/T 4960.6—2008　核科学技术术语　核仪器仪表

GB/T 4078—2008　放射性测量用样品托盘、瓶子和试管的尺寸

3 术语和定义

GB/T 4960.6—2008 确立的以及下列术语和定义适用于本标准。

3.1

测量的准确度　accuracy of measurement

测量结果与其约定真值之间的一致程度。

[GB/T 4960.6—2008 的 3.3.34]

注：本标准中的准确度采用相对误差表示，即测量结果与其约定真值之差再除以约定真值所得的商（用百分数表示）。

3.2

测量的不确定度　uncertainty of measurement

与测量结果有关的、标志被测量的值可能合理分布的分散程度的参数。

注：例如，不确定度可能是一个标准偏差（或其给定倍数），或是具有给定置信度的区间半宽。

[GB/T 4960.6—2008 的 3.3.35]

3.3

（测量结果的）重复性　repeatability (of results of measurements)

在同样的测量条件下，对同一被测物理量连续测量结果的一致程度。

[GB/T 4960.6—2008 的 3.3.38]

注：本标准中的重复性的计算采用相对标准偏差的计算公式。

3.4

活度　activity

A

dN 除以 dt 的商，这里 dN 是在时间间隔 dt 内自发核跃迁数的期望值，即 $A=dN/dt$。

3.5

校准　calibration

在整个指定不确定度内，确定测量系统的观测值与基于标准源的被测实际量之间数字关系的过程。

3.6

模拟源　simulated sources

模拟源通常包含单个或复合的长寿命放射性核素，利用光子或粒子发射选择它以模拟感兴趣的短寿命放射性核素。

3.7

标准源　standard sources

用于涉及下述所列标准源的通用术语：

a）已鉴定的放射性标准源

由放射性测量国家标准实验室校准或鉴定的放射源。

b）可溯源的放射性标准源

与已鉴定的放射性标准源比较或与另一个相同放射性核素的可溯源放射源比较而校准的放射源。

4　程序

4.1　一般要求

仪器应按制造商的说明书安装和操作。

4.2　初始校准

仪器应按识别的已知活度和已确立纯度的放射性核素源进行初始校准。如4.4所描述，若切实可行，宜按每种感兴趣的放射性核素标准源进行校准。

4.2.1　几何条件

在校准程序中应考虑分析对源容器的几何配置和位置的依赖性（见GB/T 4078—2008第5章）。

在探测器井中校准小瓶的位置对这样的系统应是可重复的。应对所分析不同尺寸和形状容器中的放射性核素获取校正因子或进行新的校准。该校正因子可通过测量相同数量的、在不同几何条件容器中给定的放射性核素，并使用合适的载体溶液对体积进行必要的调整来确定。

由制造商提供的校正因子也宜按上面的描述进行检查。

4.2.2　活度范围

设备的校准宜尽可能完全覆盖将使用的活度范围。当本底与样品发射率相比较显著时，本底宜进行修正。

4.2.3　准确度和重复性

校准程序宜使已校准仪器所完成测量的准确度和重复性在4.6规定的极限范围内。

4.3　标准源

仪器的定期校准应使用标示放射性纯度和活度的标准源。如果源的校准时间超过半衰期的2%，则宜从标准化时间开始对标准源的衰变予以修正。

4.3.1　源几何条件

为避免不必要的修正，在理想条件下，标准源的几何条件宜与被分析源的几何条件相同。

4.3.2　源活度范围

合适的活度范围宜满足使用要求。标准源的选择宜考虑被测定放射性核素活度的整个量程所要求的准确度。

4.3.3　源能量范围

所选择的标准源宜充分覆盖光子发射能量的范围。例如^{125}I(0.03 MeV)、^{57}Co(0.12 MeV)、^{131}I(0.364 MeV)、^{137}Cs(0.66 MeV)、^{60}Co(1.25 MeV)等是使用放射性核素源的典型代表。

4.4 测定

在正确校准的仪器中,应使用合适的、预先校准的放射性核素设置或插件程序模块以测定放射性核素。对不能得到该设置或模块的放射性核素的活度,也可相对于同一放射性核素的标准源,使用产生足够高读数以给出复现结果的任何设置或模块进行准确测量。

4.5 性能试验

要求进行仪器性能的定期试验以保证测量的准确度。

4.5.1 参考源检查

应在使用仪器的每个工作日期间,使用长寿命参考源实施校准检查并予以记录。当每个样品读数超过其预期测定读数的±10%时,应重复进行检查。要求至少两个可得到的参考源,例如带合适衰变修正的(3.7～7.4)×10^6 Bq((100～200)μCi)的^{137}Cs和(40～180)×10^6Bq((1～5)mCi)的^{57}Co。这些源可每天轮流使用以检查仪器在光子能量和源活度的整个量程内的性能。由于仪器虽已经校准但它所使用的标准源并不总能得到,使用参考源的检查适合于验证测量放射性核素仪器的稳定性。

4.5.2 非线性度检查

6.2提供了一个方便的高活度量程线性度的检查方法。在不超过3个月的时间间隔应进行线性度检查并予以记录。

4.5.3 本底检查

在仪器使用期间的每个工作日应进行本底检查并予以记录。

4.5.4 校准的频度

每年、长期不使用或修理后,应使用至少两个覆盖感兴趣的能量和活度范围的标准源进行校准并予以记录。

4.6 准确度和重复性

这种仪器的准确度和重复性最低要求如下。

4.6.1 准确度

当以制造商推荐的源几何条件在活度高于3.7×10^6 Bq(100 μCi)使用时,仪器的测量准确度不应超过±6%。活度水平低于3.7×10^6 Bq(100 μCi)的测量准确度可不在±6%范围内,但宜对进行放射性核素测定的每个仪器确定其测量准确度。

准确度用测量相对误差e_r(%)表示,按公式(1)计算:

$$e_r = \frac{x-C}{C} \times 100\% \quad \cdots\cdots(1)$$

式中:

x——测量结果;

C——被测量的约定真值。

4.6.2 重复性

与测量随机误差相关的重复性,在相同几何条件下,对活度高于3.7×10^6 Bq(100 μCi)的一系列连续10次测量的重复性不应大于2%(假设在要求的整个测量周期无衰变修正)。

重复性用相对标准偏差ν(%)表示,按公式(2)计算:

$$\nu = \frac{s}{\overline{x}} = \frac{1}{\overline{x}}\sqrt{\frac{1}{n-1}\sum_{1}^{n}(x_i-\overline{x})^2} \times 100\% \quad \cdots\cdots(2)$$

式中:

x_i——单次测量结果;

s——n次测量的标准偏差;

$\overline{x}$——n次测量的平均值;

i——第i次测量;

n——测量次数。

4.6.3 纠正措施

如果仪器不满足准确度和重复性要求，则应重新校准或进行修理并校准。如果仪器性能异常，则应进行修理并校准。

5 不确定度分量

用电离室测定放射性核素时，常见的不确定度分量如下：

a) 标准源校准中的不确定度；

b) 被测样品几何条件的变化(见4.2.1)；

c) 辐射本底的变化(特别是对低活度测量)；

d) 放射性核素杂质的存在(见6.3)；

e) 由于容器壁厚度或材料变化造成衰减的改变(见6.4和6.5)；

f) 放射源中活度分布不均匀(见6.6和6.7)；

g) 仪器的非线性度；

h) 仪器的不稳定度；

i) 仪器的固有误差；

j) 仪器的重复性。

6 产生测量差异的主要因素

6.1 校准设置或标准源不可得到

当未提供预先放射性核素校准设置或插件程序模块，或不可得到标准源，而测定放射性核素时，用户应考虑所有γ射线和其他光子发射(包括轫致辐射)以及β粒子对从容器发射的辐射的贡献。了解电离室的能量响应也是必要的，特别是在衰变纲图中出现小于150 keV的能量。通常，对这样的测量宜咨询制造商。

6.2 非线性度

高活度水平的非线性度是这类仪器的特性，宜采取步骤预防该影响产生的误差。重要的是，在给定放射性核素拟使用的量程高端，对照其活度检查仪器。

6.2.1 非线性度确定

仪器非线性度的确定，首先测量可能使用最高活度的放射源的活度，然后再测量该源衰变到活度为仪器经过正确校正(必要时对本底修正)量程时的活度。为此目的，合适的放射性核素是^{99m}Tc。假设最后的测量结果是正确的，利用衰变修正较早的活度测量值，将计算值与实测值比较确定高活度条件下的非线性度。非线性偏差不宜超过±5%。如果在上述给定活度水平探测到非线性偏差超过±5%，则不宜信赖等于或高于此活度水平的测量，且仪器应作相应标记。如果高于此活度水平的准确测量是必要的而条件又是不可弥补的，则应建立每个放射性核素和几何条件的校正因子。

6.2.2 非线性度确定的替代方法

测量最高活度并记录读数，再将样品分成两部分分别测量(必要时，增加合适的稀释剂并修正体积的变化)。将总读数与原读数(衰变修正后)进行比较以确定非线性度。应按6.2.1处理超过±5%的非线性影响。

6.3 放射性核素的杂质

放射性核素杂质的存在可引起大的测量误差，特别是在初始制备后几个半衰期内测量短寿命放射性核素期间。如果进行准确分析，相对杂质活度和响应的确定可能是必要的。

6.4 β粒子发射体

当在这类仪器中测量发射β粒子的放射性核素时，容器是重要的因素。对相同放射性核素和活度的放射源的测量随容器的组成成分(例如玻璃相对于塑料)和壁厚有很大的不同。这样的测量取决于对容器材料中β粒子减速所引起的韧致辐射的测量方法。可复现的测量取决于容器选择的一致性和仪器使用方法的一致性。

6.5 低能光子发射体

低能光子源(例如^{125}I)可导致不正确的测定,除非特别注意源容器的选择。容器的壁厚和电离室内壁的厚度对低能光子可产生明显衰减。溶液体积和容器成分的大范围变化,使溶液或容器中低能光子的吸收产生变化而导致错误的结果。

6.6 溶解的气态放射性核素

用户必须提防,放射性溶液测量中可能的误差来源,即部分放射性核素以气相(例如盐中的^{133}Xe)存在溶液中,导致该放射性溶液有不稳定趋势。测量结果将很大程度取决于在这种溶液中出现的放射性核素在气相与液相之间的分离程度。对可疑读数可用注射器穿过橡胶隔离膜从小瓶中排除液体的方法进行检查。液体排除后对小瓶的测量将提供存在的气体活度量的估算值。

6.7 盘外的放射性核素

在放射性核素测量中应注意,放射性核素趋向于附着在盘外的容器的壁上或盖上。这种现象由于几何条件的变化和内部吸收因子的变化可影响测量结果。在液体排除后对小瓶重复测量可获得用于确定其净活度或估算金属镀盘外份额的数据。

6.8 模拟源

模拟源通常作为检查源,但不推荐它用于活度校准。这种模拟源通常是一些被选用的长寿命放射性核素混合物,其光子发射谱近似被模拟的核素,它们产生的电离电流值不表示准确的校准数据。它们的组成部分可按不同速率衰变。

ICS 59.080.30
W 59

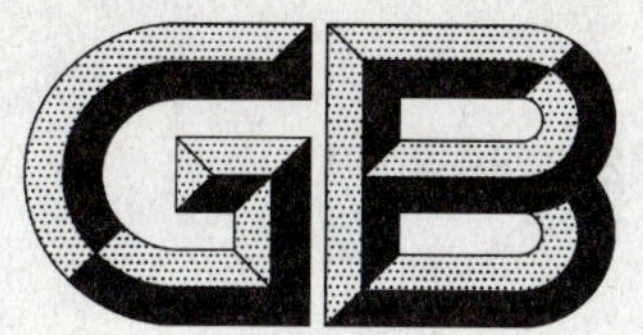

中华人民共和国国家标准

GB/T 24248—2009

纺织品　合成革用非织造基布

Textiles—Nonwovens for synthetic leather

2009-06-19 发布　　2010-02-01 实施

中华人民共和国国家质量监督检验检疫总局
中国国家标准化管理委员会　发布

前　言

本标准由中国纺织工业协会提出。

本标准由全国纺织品标准化技术委员会(SAC/TC 209)归口。

本标准起草单位:中国产业用纺织品行业协会、山东同大海岛新材料股份有限公司、福建南纺股份有限公司、杭州路先非织造股份有限公司、东纶科技实业有限公司。

本标准主要起草人:闫瑞平、张芸、马咏梅、汤树生、吴伟、李桂梅、苑浩亮、林清华、魏雪梅。

纺织品　合成革用非织造基布

1　范围

本标准规定了合成革用非织造基布的产品分类、技术要求、试验方法、检验规则、标志、包装、运输和贮存。

本标准适用于以各种化学纤维为原料，通过针刺法、水刺法加工而成的非织造基布。

2　规范性引用文件

下列文件中的条款通过本标准的引用而成为本标准的条款。凡是注日期的引用文件，其随后所有的修改单(不包括勘误的内容)或修订版均不适用于本标准，然而，鼓励根据本标准达成协议的各方研究是否可使用这些文件的最新版本。凡是不注日期的引用文件，其最新版本适用于本标准。

GB/T 3917.2　纺织品　织物撕破性能　第2部分：裤形试样(单缝)撕破强力的测定

GB/T 6529　纺织品　调湿和试验用标准大气(GB/T 6529—2008，ISO 139:2005，MOD)

GB/T 7742.1　纺织品　织物胀破性能　第1部分：胀破强力和胀破扩张度的测定　液压法(GB/T 7742.1—2005，ISO 13938-1:1999，MOD)

GB/T 24218.1　纺织品　非织造布试验方法　第1部分：单位面积质量的测定(GB/T 24218.1—2009，ISO 9073-3:1989，MOD)

GB/T 24218.2　纺织品　非织造布试验方法　第2部分：厚度的测定(GB/T 24218.2—2009，ISO 9073-2:1995，MOD)

FZ/T 60005　非织造布断裂强力和断裂伸长的测定

3　产品分类

3.1　合成革用针刺法非织造基布

合成革用针刺法非织造基布根据使用的原材料可分为A、B、C、D、E五类。A类为纯涤纶产品，B类为含量小于或等于50%的锦纶与其他纤维的混合产品，C类为含量大于50%的锦纶与其他纤维的混合产品，D类为非织造布与针织或机织布的复合产品，E类为PVA整理产品。

3.2　合成革用水刺法非织造基布

合成革用水刺法非织造基布根据使用的原材料分为A、B、C三类。A类为纯涤纶产品或涤纶锦纶混合产品，B类为含量小于或等于70%的粘胶纤维与其他纤维的混合产品，C类为含量大于70%的粘胶纤维与其他纤维的混合产品。

3.3　超细纤维合成革用非织造基布

超细纤维合成革用非织造基布按照使用原材料分为A、B、C三类。A类是纯锦纶非织造基布，B类是纯涤纶非织造基布，C类是锦纶/涤纶复合纤维非织造基布。

4　技术要求

4.1　合成革用针刺法非织造基布内在质量应符合表1要求。

表 1

项目		要求				
		A类	B类	C类	D类	E类[d]
单位面积质量 CV 值/%	M≤230	≤7				
	M>230	≤5				
厚度偏差/mm		±0.06				
幅宽偏差/mm		±20				
断裂强力[a]/N	M≤100	≥200	≥220	≥230	≥240	≥220
	100<M≤150	≥280	≥300	≥320	≥260	≥300
	150<M≤200	≥350	≥370	≥380	≥280	≥370
	M>200	≥400	≥420	≥430	≥300	≥420
撕破强力[b]/N	M≤100	≥20	≥25	≥30	≥40	
	100<M≤150	≥30	≥35	≥40	≥45	
	150<M≤200	≥40	≥45	≥50	≥50	
	M>200	≥50	≥55	≥60	≥55	
干热收缩率[c]/%	150 ℃,1 min	≤6				
	180 ℃,1 min	≤9				
剥离强力/N		≥40				
胀破强力/kPa	M≤100	≥500				
	100<M≤150	≥800				
	150<M≤200	≥1 100				
	M>200	≥1 200				

注 1：M 表示单位面积质量，单位为 g/m^2；厚度和幅宽按合同或协议规定。

注 2：剥离强力和胀破强力为参考项。如果合同有要求，按照合同规定进行考核。

a 断裂强力考核纵、横两个方向。

b 撕破强力考核纵、横两个方向。

c 干热收缩率为参考项。如果合同有要求，则 PVC 产品选用烘燥温度 180 ℃和时间 1 min；PU 用产品选用烘燥温度 150 ℃和时间 1 min。

d E 类产品测试时需要先褪去 PVA，然后进行测试。

4.2 合成革用水刺法非织造基布内在质量应符合表 2 要求。

表 2

项目		要求		
		A类	B类	C类
单位面积质量 CV 值/%	M≤70	≤7		
	M>70	≤5		
厚度偏差/mm	M≤70	±0.06		
	M>70	±0.07		

表 2（续）

项　　目		要　求		
		A类	B类	C类
幅宽偏差/mm		±20		
断裂强力[a]/N	M≤50	≥80	≥60	≥40
	50<M≤70	≥110	≥80	≥60
	70<M≤90	≥150	≥100	≥80
	90<M≤120	≥200	≥130	≥100
	120<M≤150	≥250	≥160	≥120
	150<M≤180	≥300	≥200	≥150
	180<M≤210	≥350	≥250	≥180
	M>210	≥400	—	—
撕破强力[b]/N	M≤50	≥10	≥6	≥3
	50<M≤70	≥12	≥8	≥4
	70<M≤90	≥15	≥10	≥5
	90<M≤120	≥20	≥12	≥7
	120<M≤150	≥24	≥15	≥10
	150<M≤180	≥30	≥18	≥12
	180<M≤210	≥36	≥22	≥15
	M>210	≥40	—	—
干热收缩率[c]/%	150 ℃,1 min	≤6		
	180 ℃,1 min	≤9		

注 1：M 表示单位面积质量，单位为 g/m²；厚度和幅宽按合同或协议规定。

注 2：幅宽按合同或协议规定。

a　断裂强力考核纵、横两个方向。

b　撕破强力考核纵、横两个方向。

c　干热收缩率为参考项。如果合同有要求，则 PVC 基体的产品选用烘燥温度 180 ℃和时间 1 min；PU 基体的产品选用烘燥温度 150 ℃和时间 1 min。

4.3　超细纤维合成革用非织造基布内在质量应符合表 3 要求。

表 3

项　　目		要　求		
		A类	B类	C类
单位面积质量 CV 值/%	M≤230	≤7		
	M>230	≤5		
厚度偏差/mm		±0.1		±0.08
幅宽偏差/mm		±20		

表 3（续）

项　目		要　求		
		A类	B类	C类
断裂强力[a]/N	$M\leqslant230$	≥200		≥100
	$M>230$	≥300		≥200
断裂伸长率/%	$M\leqslant230$	≥70	≥60	≥35
	$M>230$	≥60	≥50	≥30
撕破强力[b]/N	$M\leqslant230$	≥50		≥8
	$M>230$	≥70		≥15
剥离强力[c]/N	$M\leqslant230$	≥30	≥20	—
	$M>230$	≥40	≥30	—
注 1：M 表示单位面积质量，单位为 g/m^2；厚度和幅宽按合同或协议规定。 注 2：断裂伸长率、剥离强力为参考项。如果合同有要求，按照合同规定进行考核。				
[a] 断裂强力考核纵、横两个方向。 [b] 撕裂强力考核纵、横两个方向。 [c] 剥离强力考核纵、横两个方向。				

4.4　合成革用非织造基布的外观质量均应符合表 4 要求。

表 4

项目	外观要求
平整度	表面均匀平整
分散性缺陷	在长度 1 m 范围内，棉结、油污渍、折痕、破洞、杂质等缺陷累计不超过 0.02 m^2，每卷累计缺陷不超过 0.5 m^2
连续性缺陷	不允许出现明显的条纹、针痕、网不均等连续性缺陷
注：对于其他疵点，双方根据产品的用途，就疵点的范围和许可限度达成协议。	

5　试验方法

5.1　单位面积质量

按 GB/T 24218.1 规定测定。

5.2　厚度

按 GB/T 24218.2 规定测定。

5.3　幅宽

用钢尺测定卷的宽度，作为该卷的幅宽，精确至 1 mm。

5.4　断裂强力和断裂伸长率

按 FZ/T 60005 规定测定。

5.5　撕破强力

按 GB/T 3917.2 规定测定。

5.6　胀破强力

按 GB/T 7742.1 规定测定。

5.7　剥离强力

按规定裁取纵、横向 200 mm×30 mm 的试样各 3 块，从试样短边的一端，沿厚度方向的中间位置撕扯至 80 mm 处,然后将两端分别夹在 CRE 拉伸强力机上,夹持距离为 100 mm,以 200 mm/min±10 mm/min 的拉伸速度进行拉伸,直至完全剥离为止,并记录剥离负荷的最大值,取三组测定结果的算术平均值作为最终结果,精确至 1 N。

5.8 干热收缩率

按规定裁取纵、横向 250 mm×250 mm 的试样各 3 块。在每块试样的纵、横方向上分别作 3 对标记,每对标记间距离为 80 mm。在 GB/T 6529 规定的标准环境条件下平衡后测量标记间距离(精确至 0.5 mm)。将试样放在烘箱内,以达到规定温度的时间开始计时,烘燥规定时间后取出试样。在标准环境下冷却 10 min 后,测量各对标记间的距离。以同一方向烘前、烘后 3 个数的平均值作为该试样的基准值和测试值,分别计算试样纵向和横向的尺寸变化率。共试验 3 块试样。以 3 块试样尺寸变化率的平均值(保留一位小数)作为试验结果。

6 检验规则

6.1 取样

按交货批号的同一品种、同一规格的产品作为检验批。从一批产品中按表 5 规定随机抽取相应数量的卷数。

表 5

一批的卷数	批样的最小卷数
1~10	2
11~50	4
>50	6

6.2 内在质量的判定

内在质量的测定应从每一卷中距头端至少 2 m 随机剪取一个样品,样品尺寸应满足所有的性能试验。

首先判定产品属于哪一种类型,然后进行相对应的内在质量检测,以所有样品的平均结果作为一批的内在质量指标,分别符合表 1、表 2、表 3 要求,则认为该批的内在质量合格。

如有不符合表 1、表 2、表 3 要求的项目,则从该批中重新取样,对不符合项目复检。如果复检结果符合表 1、表 2、表 3 要求,则该批产品的内在质量合格;如果复检结果仍不符合,则该批产品的内在质量不合格。

6.3 外观质量的判定

外观质量的检验按表 4 对批样的每卷产品进行评定,如果所有卷均符合表 4 的要求,则为外观质量合格。如果出现不合格卷时,则从该批中重新取样进行复检。若复检卷均符合表 4 要求,则该批产品外观质量合格;如果复检结果仍有不合格卷,则该批产品质量不合格。

6.4 结果判定

按 6.2 和 6.3 判定均合格,则该批产品合格。

7 标志、包装、运输和贮存

7.1 产品包装的长度根据协议或合同规定。

7.2 产品在贮运中,应保证不破损、不沾污、不受潮、防雨淋,不得长期暴晒。

7.3 每个包装单元的明显部位应附有标志,包含下列内容,或根据协议、合同规定加以标志。

a) 生产企业名称和地址;

b) 产品名称;

c) 本标准代号;

d) 单位面积质量(g/m^2)；

e) 产品类型；

f) 幅宽(cm)；

g) 卷长(m)或卷重(kg)；

h) 检验合格证。

8 其他

用户对产品有特殊要求的，可由供需双方另订协议。

ICS 59.080.30
W 04

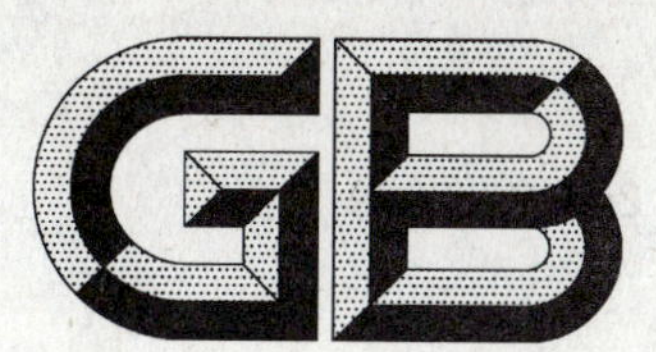

中华人民共和国国家标准

GB/T 24249—2009

防静电洁净织物

Antistatic fabric for cleanroom garment system

2009-06-19 发布　　2010-02-01 实施

中华人民共和国国家质量监督检验检疫总局
中国国家标准化管理委员会　发布

前言

本标准的附录A、附录B、附录C和附录D为规范性附录。

本标准由中国纺织工业协会提出。

本标准由全国纺织品标准化技术委员会(SAC/TC 209)归口。

本标准由上海晨隆国际贸易有限公司、上海防静电工业协会、广州市海润净化制品有限公司、厦门康惠科技有限公司、无锡市克林防静电服装有限公司、苏州市苏信净化设备厂负责起草。

本标准由吴江圣飞纺织有限公司、深圳市宏德雨实业有限公司、厦门永平堂静电工程有限公司参加起草。

本标准主要起草人:黄建华、徐明、惠慕贤、马解生、李杰雄、李有冬、王福良、王希、雷宏、修冬生、朱振琴、惠旅锋、丁昌盛、任圣欣、张莉芸。

防静电洁净织物

1 范围

本标准规定了防静电洁净织物的技术要求、试验方法、检验规则、标识、包装、运输及贮存。

本标准适用于在电子、半导体、医药、食品等行业的洁净室及相关受控环境使用的,用以制成洁净室服装、帽子、手套、鞋套等产品的织物。

2 规范性引用文件

下列文件中的条款通过本标准的引用而成为本标准的条款。凡是注日期的引用文件,其随后所有的修改单(不包括勘误的内容)或修订版均不适用于本标准,然而,鼓励根据本标准达成协议的各方研究是否可使用这些文件的最新版本。凡是不注日期的引用文件,其最新版本适用于本标准。

GB/T 3923.1 纺织品 织物拉伸性能 第1部分:断裂强力和断裂伸长率的测定 条样法

GB/T 8629—2001 纺织品 试验用家庭洗涤和干燥程序

GB/T 8630 纺织品 洗涤和干燥后尺寸变化的测定

GB/T 12703 纺织品静电测试方法

GB/T 21196.3 纺织品 马丁代尔织物耐磨性的测定 第3部分:质量损失的测定

SJ/T 10694 电子产品制造与应用系统防静电检测通用规范

ISO 14644-1:1999 洁静室及相关受控环境 第1部分:空气洁净度的分级

3 术语和定义

下列术语和定义适用于本标准。

3.1

防静电洁净织物 antistatic fabric for cleanroom garment system

用以制作洁净室及相关受控环境服装、帽子、手套等产品的,具有防静电洁净功能的织物。

3.2

表面电阻率 surface resistivity

表征样品表面导电性能的物理量,其数值等于电压梯度对电流密度的比值。

3.3

摩擦起电电压 tribo-electrification voltage

在一定时间内,被测样品经摩擦、剥离后,表面所带的静电电压值。

3.4

静电电压衰减时间 static decay time

带电样品上的电压下降到其起始值的给定百分数所需要的时间。

3.5

发尘率 particle emission rate

被测物品在一定时间内经摩擦翻滚所产生的微粒的数量。

3.6

空气粒子过滤效率 particle filtration efficiency

一定数量的标准粒子在规定压力下垂直通过被测样品后数量的减少率。

4 技术要求

4.1 防静电洁净织物的基本物理性能应符合表1的要求，非织造布不考核。

表1 基本物理性能要求

项目		要求		
		一级	二级	三级
水洗尺寸变化率/%		±2.0		
断裂强力(经向)/N	≥	490		
断裂强力(纬向)/N	≥	390		
耐磨指数/(次/mg)	≥	15	10	5

4.2 防静电洁净织物的静电性能应符合表2的要求。

表2 静电性能要求

项目		要求		
		一级	二级	三级
表面电阻率/(Ω/□)		1.0×10^{5}～1.0×10^{11}		
摩擦起电电压/V	≤	200	1 000	2 500

4.3 耐洗涤型防静电洁净织物的静电性能耐洗涤分级应符合表3的要求，样品按该次数洗涤后，其静电性能应满足表2中静电性能的要求。

表3 防静电洁净织物的静电性能耐洗涤分级

项目	一级	二级
洗涤次数/次	30	15

4.4 防静电洁净织物的洁净性能指标应符合表4的要求。

表4 洁净性能要求

项目		微粒直径	要求		
			一级	二级	三级
发尘率/(个/min)	≤	≥0.3 μm	500	2 000	4 000
空气粒子过滤效率/%	≥	0.5 μm	50	35	20
		1 μm	70	50	30
注：空气粒子过滤效率可根据需要选择一个粒径进行考核。也可根据需要测试更小粒径。					

5 试验方法

5.1 基本物理性能的试验方法

5.1.1 水洗尺寸变化率的测定按GB/T 8630执行。

5.1.2 断裂强力测定按GB/T 3923.1执行。

5.1.3 耐磨指数按GB/T 21196.3执行，其中，摩擦负荷为595 g±7 g，摩擦次数为200次，磨料为No.600水砂纸。

5.2 静电性能试验方法

5.2.1 摩擦起电电压按GB/T 12703执行，测试环境和样品前处理按附录A的要求进行。

5.2.2 表面电阻率按附录B的规定执行。

5.3 静电性能耐洗涤分级试验方法

洗涤按 GB/T 8629—2001 的 4A 程序进行，并记录清洗次数，静电性能测试按 5.2 进行。

5.4 洁净性能试验方法

5.4.1 发尘率按附录 C 的规定执行。

5.4.2 空气粒子过滤效率按附录 D 的规定执行。

6 检验规则

6.1 从每批产品中按品种随机抽取有代表性样品，每个品种抽取 1 个样品。

6.2 距布端至少 2 m，取样量应满足试验的需求。

6.3 对于机织类防静电洁净织物应考核表 1、表 2、表 4 的指标，对其他防静电洁净织物应考核表 2、表 4 的指标，对于耐洗涤型的防静电洁净织物还需考核表 3 的指标。

6.4 如果样品的测试结果全部符合 6.3 中相应项目的要求，则判定该样品合格，否则为不合格。

6.5 如果所抽取的样品全部合格，则判定该批产品合格。如果有不合格样品，则判定该样品所代表的品种的产品不合格。

7 包装、标识、运输、贮存

7.1 防静电洁净织物的包装要求使用无破损的塑料薄膜，包装内应有产品的合格证。

7.2 产品或其包装上至少应有以下标识：

a) 产品名称；

b) 产品数量；

c) 执行的标准编号；

d) 产品性能等级；

e) 生产批号或日期。

7.3 产品在运输过程中，应避免磨损、日光曝晒及雨淋受潮。

7.4 产品应贮存于避光、干燥、阴凉的环境。

附　录　A
（规范性附录）
静电性能测试的环境及前处理要求

A.1　范围

本附录给出了防静电洁净织物静电性能测试的环境及前处理要求。

A.2　要求

A.2.1　测试环境

测试的环境条件分为基准条件和一般条件，具体参数见表A.1。根据有关方的需求或协议确定环境条件，并在试验报告中说明采用的条件。一般情况下，基准条件下的测试结果更具备代表性。

表A.1　测试环境的具体参数

条　件	温度/℃	相对湿度/%
基准条件	23±3	12±3
一般条件	23±3	50±5

A.2.2　样品的洗涤

样品洗涤为可选要求，仅当客户要求时进行。洗涤程序按GB/T 8629—2001的4A程序。

A.2.3　样品前处理

A.2.3.1　将洗涤后或未洗涤的样品在50 ℃±5 ℃下烘干1 h。

A.2.3.2　在测试环境条件下静置24 h以上。

A.2.3.3　在样品处理过程和测试过程中，应注意避免人为因素对样品的干扰。如：人员在触摸样品时应戴手套（或采取其他防护措施），以防止人体表的水分对样品造成影响。

附　录　B
（规范性附录）
防静电洁净织物表面电阻率试验方法

B.1　原理

将环形电极放置在搁置于绝缘基板上的样品表面，在电极上加载直流电，通过电流、电压和电阻的关系即可测得样品的表面电阻率。

B.2　仪器

B.2.1　一对电极组。包括一个圆柱电极，以及一个环形电极，两电极彼此间以同心形式安放好，电极的其他相关参数按照 SJ/T 10694。电极平面视图如图 B.1。

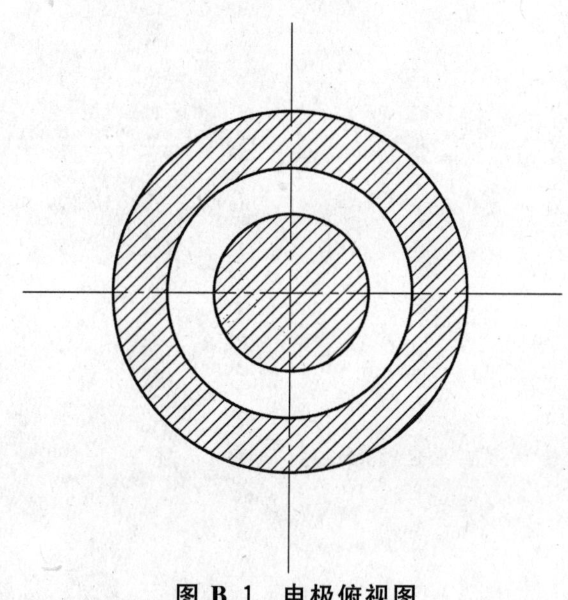

图 B.1　电极俯视图

B.2.2　一块水平基板，用于放置样品，其表面电阻率应不小于 1.0×10^{12} Ω/□，尺寸应大于整个电极的尺寸。

B.2.3　一个与 B.2.1 规定电极组相配套的电阻表，其量程范围应能包括但不限于 1.0×10^{5} Ω～1.0×10^{11} Ω。

B.3　程序

B.3.1　测试环境、取样和测试前处理应按附录 A 的要求，样品尺寸应大于环形电极外围的面积。

B.3.2　在不放置样品的情况下，按照放置样品的方法测试水平基板的电阻，检查是否符合 B.2.2 的要求。

B.3.3　把测试样品的测试面朝上放在水平基板上，将电极放置于样品表面。连接电极，加载电压，等待 15 s±1 s（或数值稳定）后，对电阻表读数。加载的电压符合表 B.1 的要求。

表 B.1　测试电压的选择

表面电阻率/（Ω/□）	测试电压/V
$1.0\times10^{4}\leqslant\rho<1.0\times10^{6}$	10
$1.0\times10^{6}\leqslant\rho<1.0\times10^{12}$	100

B.3.4 按照式(B.1)对样品的表面电阻率进行计算。

$$\rho = k \times R \qquad \text{(B.1)}$$

式中：

ρ——计算所得样品的表面电阻率，单位为欧姆每平方单位(Ω/□)；

R——电阻表所测得的电阻，单位为欧姆(Ω)；

k——电极的几何因数。

其中电极的几何因数按照式(B.2)进行计算。

$$k = 2\pi/\ln(r_2/r_1) \qquad \text{(B.2)}$$

式中：

r_1——柱状电极的半径，单位为毫米(mm)；

r_2——环形电极的内沿半径，单位为毫米(mm)。

B.3.5 选取4个测试点进行测试(如有需要，则正反面各取四个测试点)，计算其平均值，为该样品的表面电阻率判定值。

附 录 C
(规范性附录)
防静电洁净织物发尘率测试方法

C.1 测试原理

将样品放置在特制的不锈钢滚筒内进行翻滚摩擦,通过尘埃粒子计数器对滚筒内的空气进行采样,计算样品在单位时间内产生的微粒(粒径范围≥0.3 μm)个数。

C.2 测试仪器

C.2.1 滚筒,由滚筒、面板、采样管三个部分组成,见图 C.1、图 C.2、图 C.3 和图 C.4。

单位为毫米

a 滚筒内壁焊接有 4 个垄条,相互间距为 90°,焊接在滚筒内壁,尺寸为 330 mm×25 mm。

b 4 个不锈钢焊接螺钉,用于固定面板。

图 C.1 滚筒的前视图

单位为毫米

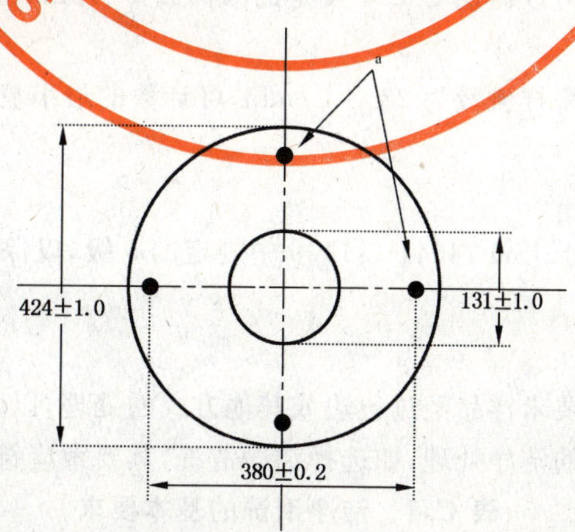

注:滚筒和面板的材料,选用厚度 1.5 mm 的不锈钢。

a 在面板上打 4 个 4.8 mm 的孔。

图 C.2 面板的前视图

单位为毫米

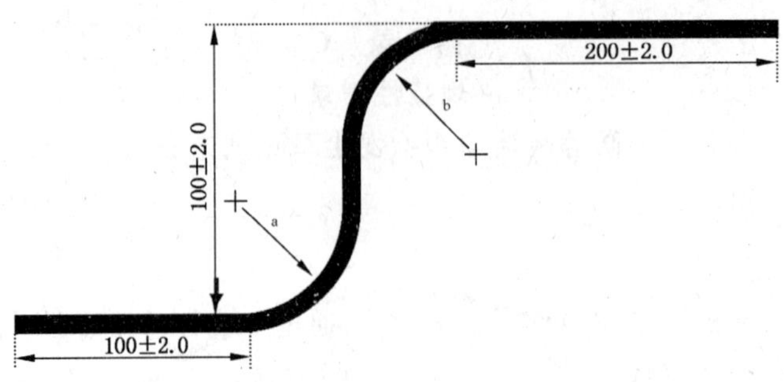

注：选用不锈钢管，9.5 mm±0.2 mm 外径，1.2 mm±0.2 mm 壁厚。

[a] 直径为 24 mm±2.0 mm。

[b] 直径为 24 mm±2.0 mm。

图 C.3 采样管示意图

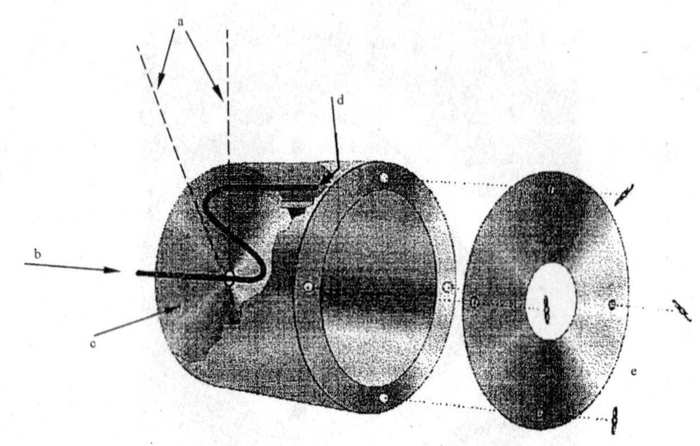

[a] 采样管应安装固定在滚筒内大约十一点钟的位置。

[b] 采样管与尘埃粒子计数器相连接。

[c] 滚筒的后部有采样管入口。

[d] 采样口与滚筒前端之间的距离为 50 mm±20 mm，与筒壁的垂直距离为 50 mm±2.0 mm。

[e] 面板，通过螺丝盖在滚筒前部。

图 C.4 滚筒的组合示意图

C.2.2 一台改造过的球磨机，可以促使 C.2.1 规定的滚筒以 10 r/min±0.1 r/min 的转速在球磨机上旋转。

C.2.3 一台尘埃粒子计数器，采样流量为 28.3 L/min，可计数的最小粒径小于等于 0.3 μm。

C.3 测试环境

测试环境的洁净度不得低于 ISO 14644-1:1999 中规定的 5 级，以保证测试过程不受环境干扰。

C.4 样品准备

样品尺寸应为 1 m×1 m，要求样品经过包边或其他方式的处理，以防止布边对测试造成影响。

样品在送检前应经过相应的洁净处理，如选择洁净清洗，其要素应符合表 C.1 的要求。

表 C.1 洁净清洗的基本要求

项目	水温/℃	水质/MΩ	洗涤剂	清洗环境
要求	32～60	15～18	非离子表面活性剂	5 级(ISO 14644-1:1999)

C.5 测试程序

C.5.1 人员在整个测试过程中的着装应符合洁净室的相关规定。

C.5.2 在洁净室内靠近滚筒装样入口处，用尘埃粒子计数器测试环境中粒径大于等于 0.3 μm 的粒子数，要求测试时间不少于 3 min，计算平均每分钟的粒子计数，记为背景值，单位为个每分钟(个/min)。背景值应小于 288 个/min，方能进入下一步程序。

C.5.3 将尘埃粒子计数器与滚筒的空气采样管相连接，测试未放入样品的滚筒在滚动状态下粒径大于等于 0.3 μm 的粒子数，要求测试时间不少于 3 min，计算平均每分钟的粒子数，并记录为空白值，单位为个每分钟。空白值应小于 288 个/min，且不得大于背景值的 110%，方能进入下一步程序。

C.5.4 将样品按如下步骤进行折叠：

a) 用一只手捏住样品的中点位置，将样品提于胸前，并使其四角自然下垂；

b) 用另一只手依次将样品四角向外提起，叠拢于中点位置；

c) 托起样品底部，将其对折后，放入滚筒内。

注：整个折叠过程须动作轻柔。在样品进入滚筒之前，避免样品碰到除测试人员手套以外的任何物品。

C.5.5 用尘埃粒子计数器测试样品在滚筒内的发尘情况，要求测试样品放入滚筒后，前 10 min 所产生的粒径大于等于 0.3 μm 的粒子数，并计算其平均每分钟的微粒个数作为测试值，单位为个每分钟。

C.5.6 按式(C.1)计算出样品的发尘率。

$$X = X_0 - X_1 \qquad \cdots\cdots(C.1)$$

式中：

X——样品的发尘率，单位为个每分钟(个/min)；

X_0——测试值，单位为个每分钟(个/min)；

X_1——空白值，单位为个每分钟(个/min)。

附 录 D
（规范性附录）
防静电洁净织物空气粒子过滤效率测试方法

D.1 测试原理

将样品夹在固定装置上，通过真空泵垂直于样品抽取空气，使规定大小的微粒在一定浓度和压力下通过试样，用尘埃粒子计数器分别测量试样两端空间的粒子个数，根据结果计算过滤效率。

D.2 测量仪器

D.2.1 测试空气粒子过滤效率的设备的组成如图 D.1 所示。

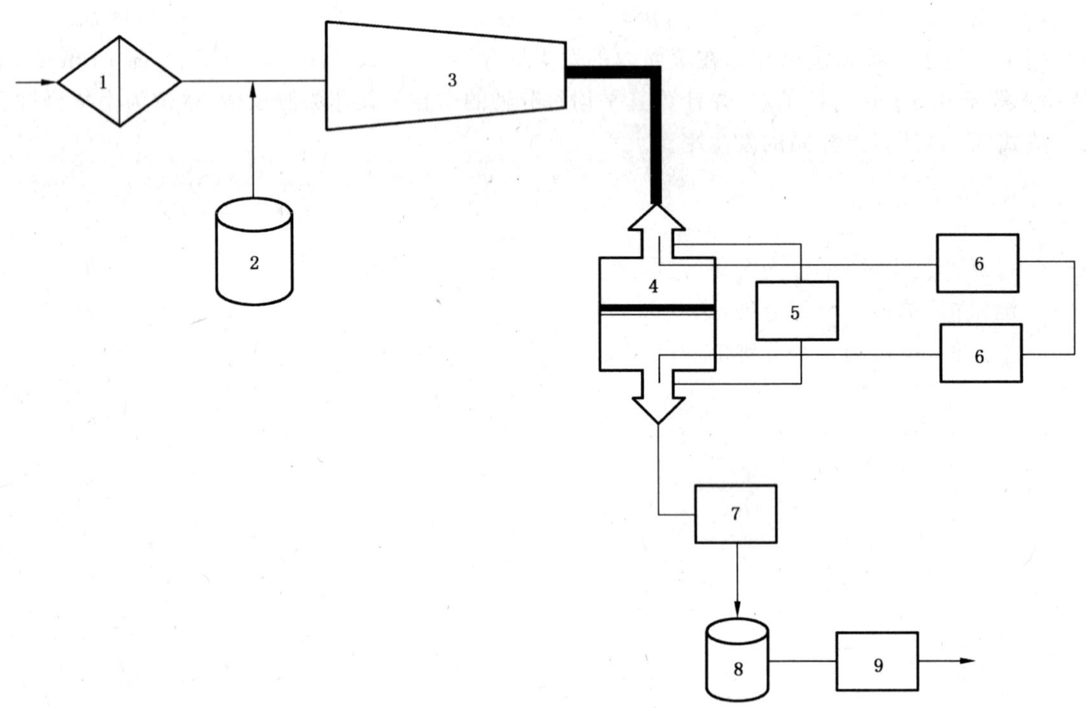

1——高效过滤器，H13，额定风量不小于 100 m^3/h；
2——单分散气溶胶发生器，雾化 PSL；
3——均流传输管道；
4——样品夹具，材质 304 不锈钢或铝合金；
5——压差计，测量范围 0 Pa～500 Pa，精度±5%；
6——尘埃粒子计数器，可测粒径范围 0.3 μm～10 μm；
7——流量调节器；
8——风机，250 Pa 压头下，抽取流量不小于 900 L/min；
9——通风过滤器，F 级。

图 D.1 空气粒子过滤效率测试台示意图

D.2.2 设备主要参数如表 D.1。

表 D.1 空气粒子过滤效率测试台的主要参数

名　称	数　值
样品夹具直径/cm	25
尘埃粒子计数器采样流量/(L/min)	2.83
微粒成分	PSL(单分散聚苯乙烯气溶胶)
微粒粒径/μm	0.5
	1

D.3 测试程序

D.3.1 样品尺寸不得小于样品夹具的尺寸。

D.3.2 将样品反面朝上放在样品夹具中,并夹紧。

D.3.3 启动设备使其空态运行,调节试验空气流量以控制样品上下游的压差,要求压差为 98 Pa±2 Pa。

D.3.4 通过尘埃粒子计数器检测上游试验空气的洁净度,要求符合 ISO 14644-1:1999 中 5 级的要求。

D.3.5 启动气溶胶发生器产生 0.5 μm 或 1 μm 单分散气溶胶粒子,即雾化悬浮于超净水中的 PSL 粒子,然后进行喷雾,其中水分由干燥空气吸收。

D.3.6 粒子通过均流输送管道导入,并通过样品,尘埃粒子计数器分别对上、下游进行检测。

D.3.7 调节喷雾装置,以控制进入管段内的粒子浓度。控制上游的粒子为每分钟 4 000 个～10 000 个。

D.3.8 当所有情况符合上述要求时,开始对样品上下游进行粒子采样记录。在样品的上、下游各取 10 次样,每次采样时间 1 min,计算其平均每分钟的粒子个数。

D.3.9 按式(D.1)计算样品此次测试的过滤效率。

$$Y=(Y_0-Y_1)/Y_0\times 100\% \qquad \text{(D.1)}$$

式中:

Y——样品的过滤效率;

Y_0——上游每分钟的粒子数;

Y_1——下游每分钟的粒子数。

D.3.10 在不改变任何条件的情况下,重复 D.3.8、D.3.9。将本次计算的结果与上一次比较,如果该效率值与前次结果相差不超过±15%,则将两次结果平均,作为样品最终的空气粒子过滤效率;否则返回到 D.3.3,重新进行测试,直至两次结果相差小于±15%。

ICS 59.080.30
W 04

中华人民共和国国家标准

GB/T 24250—2009

机织物　疵点的描述　术语

Woven fabrics—Description of defects—Vocabulary

(ISO 8498:1990,MOD)

2009-06-19 发布　　2010-02-01 实施

中华人民共和国国家质量监督检验检疫总局
中国国家标准化管理委员会　发布

前　言

本标准使用重新起草法修改采用 ISO 8498:1990《机织物　疵点的描述　术语》(英文版)。

本标准与 ISO 8498:1990 相比,有如下差异:

——删除了 ISO 8498:1990 中的目录和前言;

——将国际标准的第 1 章改为本标准的第 1 章范围和第 2 章通用术语,其后各章次顺延;

——增加了中文索引。

本标准由中国纺织工业协会提出。

本标准由全国纺织品标准化技术委员会基础分会(SAC/TC 209/SC 1)归口。

本标准主要起草单位:天津工业大学、山东如意科技集团、山东济宁如意毛纺织股份有限公司、杭州洪业服饰有限公司、纺织工业标准化研究所。

本标准主要起草人:王晓云、丁彩玲、廖忠华、李亚滨、章辉。

机织物　疵点的描述　术语

1　范围

本标准描述了机织物检测中一般出现的疵点。

本标准用于界定机织物的疵点,即机织物上并非人为有意生成的某些外观特征。这些外观特征并不一定意味着织物是低于标准的。买卖双方需要在认识上对某一外观是否确认为疵点取得一致。如果双方认为存在某一疵点,则需要在考虑产品最终用途的前提下,就疵点的允许范围达成协议。

本标准包括以下几类疵点:

——机织物中的纱线疵点;

——纬向疵点;

——经向疵点;

——染色、印花、整理疵点;

——布边或与布边相关的疵点;

——一般疵点。

2　通用术语

2.1

横条　band

沿织物的整个幅宽内,其外观与邻近不同的纬向区域。该区域不一定与纬纱平行,也不一定有明显的边界。

2.2

疵点　defect

织物上呈现的可能削弱其预期性能并影响制成品外观的缺陷。

2.3

线状疵点　line

在经纱方向出现的线条状疵点,一般只有一根纱线的宽度。

2.4

条状疵点　streak

织物上呈现的有一定宽度的条形或块状的疵点,不一定平行于经纱。

2.5

直条痕　stripe

沿织物经向不同于正常纱线的一根或几根(相邻或不相邻的)纱线形成的疵点。

3　机织物中的纱线疵点

3.1

亮丝　bright yarn

其光泽比邻近纱线亮的一根经纱或纬纱。

注:该疵点是由于纱线的不正确加工造成的。例如消光剂分配得不均匀,或混用了经过不同消光处理(例如全消光、半消光)的纱线。

3.2

毛丝　broken filaments

由无捻或低捻长丝生产的织物中，表面呈现局部的或分散的毛茸状外观。

注：该疵点是由于在络纱或织造中部分单丝断裂造成的。

3.3

皱缩纱　cockled yarn

纱线中外观形似小粗节且易伸直的纱段。

注：该疵点是由于在牵伸过程中某些纱线被过度拉伸造成的，当受过度拉伸的纤维松弛后使纱线形成毛圈或卷曲。

3.4

不良变形纱　faulty texturing

变形纱织物中，卷曲程度和变形特征不同于正常变形纱的一段纱线。

注：该疵点是由于纱线变形中的不正确控制造成的。

3.5

细节　fine yarn

细经　thin end

细纬　thin pick

细度明显低于正常纱线的一段纱线。

注：该疵点是由于纱线的线性密度不匀造成的。

3.6

飞花纺入　gout

短纤纱织物中的不规则形状疵点。

注：该疵点是纺纱过程中飞花或废丝纺入造成的。

3.7

大肚纱　slub

枣核纱

织物上呈现的两端较细、中部较粗的枣核状纱线片段，其中部直径可能数倍于邻近正常的纱线。

注：该疵点是纱线中含有牵伸失效的粗纱段，或络纱时没有清除的粗节造成的。

3.8

污渍纱　soiled yarn

因尘污、油污或其他污染物使纱线颜色发生变化的单根经纱或纬纱。

注：该疵点是在织造前(偶尔在织造中)纱线被污染造成的。

3.9

裂纱　split yarn

在织物中明显偏细的一段纱线。

注：该疵点是在络纱或织造过程中，由于摩擦或张力过大使纱线的一部分(例如长丝中的一根单丝或股线中的一股)断裂，断裂部分在织造过程中被阻挡造成的。

4　纬向疵点

4.1

横档　bar

纬档　weft bar

织物上呈现边界明显且不同于相邻正常区域的横条。

注：该疵点通常是由于纬纱特性不匀造成的，例如纬纱的组分、线密度、张力、捻度等。

4.2

断纬　broken pick;dropped pick

一根纬纱在织物的部分幅宽段内缺失。

注：该疵点是纬纱断裂、纬纱用尽或纬纱提前释放造成的。

4.3

轧伤纬　chopped weft

纬纱的一部分破损。

注：该疵点是打纬时钢筘的挤压造成的。

4.4

粗纬　coarse pick;coarse weft;thick pick

细度明显大于相邻纬纱的纱线。

注：该疵点是由于纬纱的线密度不匀造成的。

4.5

双弓纬　double bow,weft

在织物中呈现出明显的正弦波形,其宽度超过波长的四分之三的纬纱。

注：该疵点是在织造或整理过程中控制不当造成的。

4.6

双纬　double pick

织物上一个纬纱的位置同时织入两根纬纱。

注：该疵点是由于在应该织入一根纱线的同一梭口内引入两根纬纱造成的。

4.7

拖纬　dragged-in weft;jerked-in weft;lashed-in weft;pulled-in filling

织入织物部分幅宽内的一段额外的纬纱,一般从边部开始。

注：通常在换纬时产生,由于剪刀或吸纬机构失灵使前一纬纱卷装的松弛纱尾与新卷装的纱线同时被引入。

4.8

圈纬　kinky weft;looped yarn;weft kinks

织物上带有起圈的纬纱。

注：该疵点是由于在络纱,纱线退绕,或引纬中张力控制失调造成的。

4.9

引纬错序　mispick

引入了不符合设计花型的纬纱。

注：该疵点是由于纬纱引入的次序不正确造成的。

4.10

缺纬　missing pick;missing weft yarns

在织物整个幅宽内没有纬纱织入而出现的一条横档。

注：该疵点是由于引纬机构受到干扰,纬停机构失灵或纬纱被引离梭口造成的。

4.11

纬纱错乱　mixed filling;mixed weft

织物上显现出与相邻纱线特征不同的两种或两种以上的纬纱。

注：该疵点是由于纬纱批次错误或使用了不正确的纬纱造成的。

4.12

对偶纱　paired weft

纬纱成对出现,产生类似纬重平的外观。

注：该疵点是综框上升的高度不一致,在打纬时纬纱交替受到忽松忽紧的打纬力造成的。

4.13

拆痕　pick-out mark

拆布档　pulling-back place

织物上呈现纱线擦伤或茸毛状的纬向横条。

注：该疵点是由于纬纱被拆除时造成的。

4.14

纬向棱条　repping

在织物上呈现出一条明显的纬向凸条横档。

注：该疵点是在织机停车时，上下层经纱不同的松弛状态造成的。

4.15

开关档　set mark

开关痕　starting place

开车档　start-up place

织物纬向密度不同于正常织物的横条，起始处的界限非常明显，逐渐过渡到与正常织物一致。

注：该疵点是重新开车时操作不当造成的。

4.16

亮纬　shiner

反射光泽明显强于相邻纬纱的一根长丝纱线。

注：该疵点是由于引纬时纬纱张力过大造成的。

4.17

松纬　slack filling;slack pick;slack weft

与相邻纬纱相比有轻微皱缩的一根纬纱。

注：该疵点是引纬时纬纱张力过低造成的。

4.18

脱纬　sloughed-off weft

坍纬

一定宽度范围内，在预期只有一根纬纱的位置同时织入了三根或三根以上的纬纱。

注：该疵点是由于纬纱卷装松弛，引纬时几圈纬纱同时脱落被引入梭口造成的。

4.19

浮纬跳花　stitching;undershot

在织物正面或反面出现的纬向跳纱，通常跨过数根经纱。

注：该疵点是由于不正确的织机调整，梭子的投射方向错误，梭子出现故障，或经纱的粘连，使梭子在飞行中离开梭口而位于经纱上面或下面造成的。

4.20

厚段　think place

密档

密路

织物中纬纱密度明显大于正常部分的横条。

注：该疵点是由于开车时调整不当，送经或卷取不正常造成的。

4.21

薄段　thin place

稀档

稀路

织物中纬纱密度明显小于正常部分的横条。

注：该疵点是由于送经或织物卷取不正常造成的。

4.22

紧纬　tight filling;tight pick;tight weft

因张力过大,伸直度明显大于相邻纱线的纬纱。

注:该疵点是由于引纬张力过大,或随后引入的几根纬纱较松弛造成的。

4.23

稀纬　weft crackiness

在织物全幅宽或部分幅宽内沿纬向随机分布的微小细缝。

注:该疵点是由于送经和卷取机构失常,或网络丝中丝的粘结点不规则造成的。

4.24

错纬　wrong weft

织物中出现的明显不同于正常纱线的纬纱。

注:该疵点是原料使用错误造成的。

5　经向疵点

5.1

弓经　bow,warp

在织物中出现过分弯曲的经纱。

注:该疵点是由于整经时缺乏对张力的有效控制,织造过程中整幅经纱张力不一致造成的。

5.2

缺经　broken end;end out;missing end

断经

织物通匹或一段长度内缺少一根经纱。

注:该疵点是对断裂经纱未接造成的。

5.3

球状疵　buttons;skin back

包缠在部分经纱上并被织入织物的缠结成球的纤维。

注:该疵点是经纱受到钢筘、综眼或经停片的摩擦起毛造成的,易在未上浆或低捻纱上产生。

5.4

粗经　coarse end;thick end

比相邻纱线粗的一根经纱。

注:该疵点是使用了错误的经纱,或纱线线密度的长片段不匀造成的。

5.5

稀弄　crack

经缝

在织物上沿经纱方向呈现的明显的窄缝。

注:该疵点是钢筘损坏、边撑磨损或边撑调节不当造成的。

5.6

双弓经　double bow,warp

在织物中呈现出明显的正弦波形,其宽度超过波长的四分之三的经纱。

注:该疵点是整经控制不当造成的。

5.7

吊经　draw back;tie back;warp holding place

织物上纬纱凸显、经纱拉紧的表面疵点。

注:该疵点是综后经纱纠缠使相邻的几根经纱张力明显增加造成的。

5.8

错穿　misdraw; wrong draft; wrong draw

与设计的穿综顺序不相符的经纱。

注：该疵点是由于穿综错误造成的。

5.9

筘路　reediness

沿织物纬向的一系列打纬痕迹。

注：该疵点通常是使用了不合适的筘、综筘穿错或整理不当造成的。

5.10

筘痕　reed mark

织物经向有小窄缝，窄缝处只有纬纱，与缺经无关。

注：该疵点通常是由于穿综不当或钢筘损坏造成的。

5.11

松经　slack end

布面上的经纱有明显的皱缩。

注：该疵点是在织造过程中该经纱的张力低于相邻经纱张力造成的。

5.12

紧经　tight end

织物中屈曲程度明显小于相邻正常经纱的一根经纱，其结果导致纬纱突起。

注：该疵点是在整经、浆纱或织造过程中某根经纱张力过大造成的。

5.13

错经　wrong end

织物中出现的明显不同于正常纱线一根经纱。

注：该疵点是原料使用错误造成的。

6　染色、印花、整理疵点

6.1

纬斜　bias weft; skew

织物中的纬纱与经纱不垂直。

注：该疵点通常是在平幅整理时对织物控制不当造成的。

6.2

毛毯痕　blanket mark

包布印

织物上存在整理时为控制织物而使用的毛毯的织纹或其他表面特征的压痕。

注：该疵点是织物受到温度、水分或压力的作用或三者的联合作用，使织物上留下毛毯或包布的痕迹。

6.3

渗色　bleeding; colour bleeding

在与液体接触时，印染织物上的染料流失，导致接触的液体、织物本身的相邻部位或接触的其他织物发生明显着色。

注：该疵点是由于染色或印花中使用了耐湿色牢度差的染料造成的。

6.4

失光　blinding; dull

在湿整理过程中织物光泽减弱。

注：该疵点是由于纤维中含有的空隙或染料、颜料的颗粒等使光发生了散射，或由于染料的物理结构发生了变化，使纤维光泽减弱造成的。

6.5

印染污斑　blot

在印花织物上出现一块颜色均匀但色调错误的区域。

注：该疵点是色浆误落在织物上，或由于印花滚筒、筛网被沾污等原因造成的。

6.6

弓纬　bow，weft

织物中呈明显曲线状的纬纱，曲线的宽度可能延伸至织物全幅或部分幅宽。

注：该疵点是由于在生产过程中对织物缺乏控制造成的。

6.7

铜翳　bronzing

在织物表面呈现铜的光泽。

注：该疵点是由于在染色过程中染料使用过多或染料沉淀造成的。

6.8

挤压痕　bruise

织物中局部呈现挤压擦伤的区域。

注：该疵点是织物在生产过程中受到挤压造成的。

6.9

针洞眼　centering marks；pin marks；stenter marks；tenter marks

针路

布铗针孔

平行且靠近布边处出现一排小孔或纱线受到明显的损伤。

注：该疵点是拉幅针弯曲、变钝或调节不当造成的。

6.10

布铗痕　clip mark

靠近织物布边处呈现有擦伤亮光、异色的长方形痕迹。

注：该疵点是由于拉幅布铗调节不当造成的。

6.11

预缩布面粗糙　cockling；corrugation；sanforize roughness

起皱波纹

机械预缩整理中，织物上呈现皱纹、波纹、曲线纹或粗糙的区域。

注：该疵点是在机械预缩整理时，由于织物的超喂，出现大于织物结构所能相容的收缩，或由于含水率控制不当等原因造成的。

6.12

色污经纱　colour-contaminated warp yarns

数根经纱(不一定相邻的)的颜色异常，变色的经纱长度可能较短。

注：该疵点主要是经纱在准备或染色时，经轴的部分经纱受到了污染造成的，例如在织轴的准备或经纱的染色工序均可能发生。

6.13

脱浆　colour out

在印花织物上局部没有预期的颜色。

注：该疵点是印花筛网表面局部被遮挡，或色浆供应不当造成的。

6.14

拖浆　colour smear

沾浆

色浆被拖沾在印花织物的花型以外区域。

注：该疵点是色浆的粘度不合适、机器调节不当、印花刮刀调节不良或刮刀损坏造成的。

6.15

折痕　crease

很难用常规方法(例如蒸汽熨烫)将其去除的严重折皱。

注：该疵点是在湿加工过程中纱线出现了扭曲、变形造成的。

6.16

折痕印　crease mark

在织物加工过程中除去折皱后留在织物上的痕迹。

注：该疵点是在折幅过程中，纱线受到永久变形或纤维受到损伤造成的。

6.17

折皱色条　crease streak

在织物的折皱处，通常沿着经纱方向，出现与邻近织物不同的颜色色条，其中部颜色较浅，边部颜色较深。

注：该疵点是织物在有折叠状态下进行了轧染造成的。

6.18

鸡爪印　crows' feet

织物上呈现程度和大小不等的皱纹，其总体效应如同鸡爪的印迹。

注：该疵点是湿加工工艺错误或整理后的织物折叠不当造成的。

6.19

深针痕　deep pinning

在布身上出现的明显的拉幅针痕，使织物的有效幅宽减少。

注：该疵点是在拉幅机上织物的喂入不正常造成的。

6.20

刮刀条花　doctor blade streak；doctor streak

刮刀痕

沿织物纵向出现色浆过多或涂层过厚的长条纹。

注：该疵点是刮刀损坏或安装不正确造成的。

6.21

染料迹　dye mark；dye spot；dye stain

在匹染织物上局部呈现颜色与邻近部位有差异的分散色块痕迹。

注：该疵点通常是由于过高浓度染料或印染助剂的污染造成的。

6.22

布端色差　ending

匹布的一端与其主体的颜色有差异。

注：该疵点是在连续染色过程中染液过早吸尽造成的。

6.23

晕疵　halo

印染后的织物在较厚的局部周围呈现的浅色区域。

注：该疵点是烘干过程中染料的泳移或由于织物局部较厚(接头、粗结、杂物织入等)使轧染时染液不容易渗入造成的。

6.24

布头印　hang thread；long end

染色织物上呈现有与纱头相仿的浅色短条纹。

注：该疵点是经纱线头沾在了织物表面，染色时阻止了染液向其下方的渗透造成的。

6.25

深色档　heavy colour;machine stop

色档

停车色档

织物上出现颜色过深的纬向横条。

注：该疵点是在印花机停车时，由于渗入织物的色浆增加造成的。

6.26

边中色差　listing

织物的布边与其门幅中部的颜色出现差异。

注：该疵点产生的原因是织物在染整过程中堆置不均匀，或织物的边部和中部温度不一致。

6.27

对花不准　misregister;out of register

印花错位

印花织物上呈现的花纹彼此相对位置没有对准。

注：该疵点是印花滚筒或筛网运行不同步等造成的。

6.28

色花　mottled appearance

斑纹外观

局部或散布的颜色或表面效应不均匀。该疵点不是特别定向的沿经向或纬向。

注：该疵点是染液使用不均匀，或染液的渗透不一致，或织物表面受损变形造成的。

6.29

起球　pilling

织物表面上呈现的由纤维聚集而成的小球。

注：该疵点是过长的整理时间导致对织物过度的摩擦造成的。

6.30

压痕　pressure mark

与相邻的正常织物比较，其光泽较亮或厚度较薄的区域。

注：该疵点是在织物整理过程中，压力不均匀造成的。

6.31

绳状擦伤痕　rope marks

绳状痕

在经过绳状染色或整理织物表面，出现沿长度方向不定位置的长条痕迹。

注：该疵点通常是由于织物在绳状湿加工过程中机械超载，导致整理液渗透不匀，形成皱折，沿折皱磨损或起毛造成的。

6.32

荷叶边　scallops

木耳边

在织物平面内，布边呈现波纹形状。

注：该疵点是织物在拉幅过程中，纬纱方向受到了过度的拉伸造成的。

6.33

分条痕　section marks

分条整经痕

织物全幅宽或部分幅宽上呈现规律性间隔的经向直条痕。

注：该疵点是在分条整经过程中，条带之间的张力有差异，或由于纱线的线密度有差异造成对染液的吸收程度不同造成的。

6.34

翻边　selvage doubling; selvedge turndown

折边痕

紧靠布边沿织物长度方向出现条痕色差或表面受损。

注：该疵点是在织物加工过程中，由于布边折叠，使部分织物不能得到正确的处理造成的。

6.35

左中右色差　shading

沿织物全幅宽从一边到另一边的颜色有差异。

注：该疵点是在织物的染整加工过程中，染液的浓度或温度不匀造成的。

6.36

染色斑点　skitteriness

织物表面或织物中的纱线上呈现的非预期的颜色斑点。

注：该疵点是邻近纤维之间或同一纤维不同部位间的染色深浅不一致造成的。

6.37

经向条花　streaky warp

沿经纱方向有轻微的色泽不同的条状疵点，疵点的长度和宽度没有一定的规律。

注：该疵点是由于退浆不匀，或纱线捻度、线密度不匀，造成染色深度不同造成的。

6.38

头尾连续色差　tailing

沿匹布长度方向颜色的连续变化。

注：该疵点是染槽中染液的浓度或工作温度渐渐发生变化造成的。

6.39

缺色折皱　undyed crease

印花织物长度方向呈现的一条边界清晰未上色的条状疵点。

注：该疵点是由于织物在有折皱的情况下通过印花机造成的。

6.40

经纱条纹　warp stripe

经向条痕

匹染织物中一根或多根经纱的颜色异常。

注：该疵点是在络纱或整经过程中混入了不同特性的纱线造成的，在染色或整理过程中，这些纱线呈现不同的反应。

6.41

水渍　water spot

匹染织物上一块不正常的浅色区域。

注：该疵点是织物染前或染整过程中局部受水污染，使得轧染时局部染液吸收减少造成的。

7　布边或与布边相关的疵点

7.1

松边　baggy selvedge; loose selvedge; slack selvedge

长度大于邻近布身且呈波浪状的布边。

注：该疵点是布边与布身的结构不平衡，布边的经纱在织造时张力较小，或对织物的操作不当造成的。

7.2

卷边　beaded selvedge; corded selvedge

经纱聚集到一起呈绳状的布边。

注：该疵点是经纱的张力过大或织口处对布边的控制不当造成的。

7.3

豁边　burst selvedge; ripped selvedge; torn selvedge

烂边

包括最外边纱在内的三根或三根以上相邻边纱或锁边纱断裂的布边。

注：该疵点是布边的结构不良或在织造或整理过程中布边受到了过大的应力造成的。

7.4

破边　cracked selvedge

两根或多根相邻边纱(不包括锁边纱)断裂的布边。

注：该疵点是机械造成的损伤或经纱的张力不平衡造成的。

7.5

毛圈边　loopy edge; loopy selvedge

纬纱呈圈状突出于其外的布边。

注：该疵点是梭子中的纬纱张力过小造成的。

7.6

紧边　tight selvedge

其长度短于邻近布身长度的布边。

注：该疵点是布身和布边的组织结构不平衡，布边的经纱在织造时的张力过大，或对织物的操作不小心造成的。

8　一般疵点

8.1

磨损痕　abrasion mark; chafe mark

织物上一局部磨损造成纱线发毛或纤维裸露的区域。

注：该疵点是织物受到摩擦或与坚硬粗糙的表面接触造成的。

8.2

表面覆盖不佳　bad cover; poor cover

经纱在纬纱间出现或纬纱在经纱间出现。

注：该疵点是织物定型不好或整理不当造成的。

8.3

不良气味　bad odour

与织物不相关的、令人不悦的气味。

注：该疵点是整理用树脂的分解、淀粉浆发酵、霉菌产生或有其他污染物造成的。

8.4

纬花不连续　broken colour pattern

花纹错色

织物中的色纬顺序错乱。

注：该疵点是在织机停车后控制换纬的纹链没有做调整造成的。

8.5

纬移　cannage; tear drop; teariness

一根或相邻数根纬纱的位置偏移，导致平纹组织、其它简单组织或使用长丝做经纱的织物局部对光线反射有差异。

注：该疵点是经纱上浆过多，织造时经纱的张力过低，或纬纱的结构有较大的变化造成的。

8.6

色纤维织入　coloured flecks;coloured fly

在织物中出现少量异色纤维。

注：该疵点是其他批次的少量废色纤维被纺入纱线，或不注意清洁，织物被其他色纤维沾染，或异常色纤维被织入造成的。

8.7

错花纹　disturbed place

织物中花纹紊乱但纱线未受损伤的区域。

8.8

接头压痕　emboss mark;impression mark;seam mark

在织物的局部出现的较小的凹痕。

注：该疵点是在印花中轧辊的压力过大，在某些粗节、织物接头的缝合处产生的，在湿加工中织物在轧辊上收缩也可能产生该疵点。

8.9

局部纬密不匀　finger mark

在织物有限宽度内，纬密不均匀产生的不规则点纹。

注：该疵点是轻微机械故障的干扰造成的。

8.10

跳纱　float

连续跨过两根或两根以上经纱或纬纱的一段纱线。

注：该疵点是经纱松弛或纹链错误造成的。

8.11

雾状斑　fogmarking

通常出现在边部或折叠处的织物表面的局部污迹，有时外观呈条状。

注：该疵点是织物在等待整理的过程中或织物以平幅状态存放时被空气中的污物污染造成的，静电加剧该疵点的产生。

8.12

异物织入　foreign body

织物中含有的非纺织纤维材料。

注：该疵点是织机和织造车间的不清洁造成的。

8.13

异纤维织入　foreign fibres

织物中含有的与设计纤维种类或颜色不符的纤维。

注：该疵点是外来纤维的污染，异常纤维被纺入纱线或被织入织物造成的。

8.14

挂纬　hang pick

吊头洞

织物表面上呈现的数根纬纱毛圈，或织物上纱线没有断裂的三角形小洞。

注：该疵点是在打纬过程中经纱闭口时，纬纱被经纱的接头挂住，直到接头抵达织口为止造成的。

8.15

破洞　hole

织物中两根或两根以上相邻纱线断裂形成的孔洞。

注：该疵点形成的原因较多，织物搬运时不小心、机器零件失效(例如：卷取辊、边撑等)、化学腐蚀、虫蛀、整理工序(烧毛、剪毛等)中控制失误等均可能造成该疵点产生。

8.16

过长毛圈　loopy pile

毛圈织物中高于正常高度的毛圈。

注：该疵点是开口不当或综筘穿错，在毛圈的形成过程中受到干扰造成的。

8.17

异面毛圈　mingled pile

毛圈混色

错误地出现在织物另一面的反衬色毛圈。

注：该疵点是开口不当或综筘穿错，在毛圈的形成过程中受到干扰造成的。

8.18

多粒结织物　neppy fabric

织物表面有大量的纤维小球。

注：该疵点是粗梳和精梳不当，或纤维在纺纱前的准备工序受到污染造成的。

8.19

起绒过度　over-raised

织物上过多的表面绒毛，或伴随着地组织的损坏。

注：该疵点是起毛工艺不当或织物的喂入量不正确造成的。

8.20

轧梭痕　shuttle trap mark

织纹破坏或局部皱痕，其尺寸与梭子大小相当。

注：该疵点是投梭运动不正确，导致在钢筘和织口之间卡梭造成的。

8.21

轧梭　smash

大破洞

织物上较大的破洞，其特征为许多经纱断裂和纬纱呈浮长线状态或修复后留有明显痕迹。

注：该疵点是几根综丝断裂，或投梭运动失误造成的。

8.22

钩丝　snag

突出于织物表面成圈状的一段纱线、纤维或长丝。

注：该疵点是纱线、纤维或长丝由于尖状物的作用被从织物中钩出造成的。

8.23

扭结　snarl

织物上未断裂的、由经纱或纬纱缠绕在一起的一小段纱线。

注：该疵点是纱线的张力较小而自行扭缠造成的，纱线捻度的回弹性较大也会生成该疵点，通常在织造前或织造中形成。

8.24

污迹　stain

织物中不连续的异色区域。

注：该疵点是外来物的污染造成的，例如尘埃、油或金属锈。

8.25

错纹织　stitched place

经纬纱交织与设计的组织花纹不符的区域。

注：该疵点是一根或几根经纱与相邻的经纱或综丝纠缠，使升降次序错乱造成的。

8.26

撕破　tear

织物出现破洞，数根经纱或纬纱断裂或经纬纱均断裂。

8.27

边撑疵　temple cutting

边撑破损

邻近织物边部的经纱、纬纱或经纬纱断裂或损伤。

注：该疵点是边撑上的刺针在织造中受到损伤造成的，例如头端弯钩、倒伏等。

8.28

边撑痕　temple mark

边撑起毛

邻近且平行于布边的织物结构破坏。

注：该疵点是边撑调整不当造成的。

8.29

缺毛圈　terry off

在预期有毛圈的部位缺少毛圈的横条。

注：该疵点是送经机构失调造成的。

8.30

平布起毛圈　terry on plain

毛圈织物平布区域出现的毛圈。

注：该疵点是送经机构失调造成的。

8.31

缩拢　trammage

布面缩拢

在绉织物中出现的皱缩区域。

注：该疵点是Z捻和S捻纬纱未能按交替引入的要求造成的。

8.32

起绒不足　under-raised

起绒织物的底布覆盖不良。

注：该疵点是起绒机械设置不当或织物进行起绒的次数不够造成的。

8.33

不匀外观　uneven appearance

散布性疵点

整体上看，织物外观的均匀性很差，不能被接受。

注：该疵点可能是众多小的污点或缺陷的累积造成的，例如纱线不匀、小粗节等。如果这些小的不足单独存在则不会构成疵点。

8.34

起绒不匀　uneven raising

在起绒区域内起绒过度或起绒不足，织物表面不平整。

注：该疵点是由于起毛工序前织物结构的变化，或在起毛过程中机器控制失误造成的。

8.35

异常斜纹　unwanted twill

织物上非预期的斜纹线。

8.36

水损迹　water damage

边界为直线或曲线状、边缘清晰的污渍。

注：该疵点是带有染料、尘土或整理剂的水渗入织物造成的，它表示了水的所抵达的位置。

8.37

水纹印　water mark

不规则的、类似水波纹状的明暗横条疵点。

注：该疵点是织物在染整过程中承受了过高的温度和过大的压力造成的，多发生在具有凸条、棱纹的织物中。

中 文 索 引

X

Y

Z

英文索引

T

U

W

ICS 59.080.01
W 04

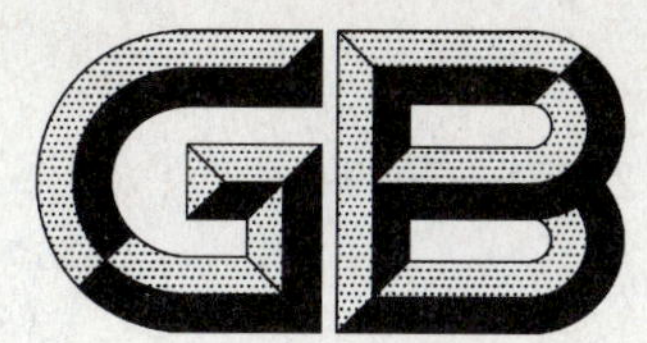

中华人民共和国国家标准

GB/T 24251—2009

针织　基本概念　术语

Knitting—Basic concepts—Vocabulary

(ISO 4921:2000,MOD)

2009-06-19 发布　　　　2010-02-01 实施

中华人民共和国国家质量监督检验检疫总局
中国国家标准化管理委员会　发布

前　言

本标准修改采用 ISO 4921:2000《针织　基本概念　术语》(英文版)。

本标准与 ISO 4921:2000 相比主要有如下差异:

——删除了 ISO 4921 中的目录和前言;

——规范性引用文件中由我国标准代替了相应国际标准,删除了辞书编纂符号、国家代号、术语编写规则 3 项国际标准和 1 项针织物试验方法英国标准;

——删除了 ISO 4921 中 2.2 缩写和代号,将图例、符号说明作为第 1 章范围的注 1 和注 2;

——仅选用了 ISO 4921 中优先使用的术语作为英文术语;

——删除了 ISO 4921 的参考文献;

——增加了中文索引。

本标准由中国纺织工业协会提出。

本标准由全国纺织品标准化技术委员会基础标准分会(SAC/TC 209/SC 1)归口。

本标准起草单位:天津工业大学、北京铜牛集团有限公司、上海三枪(集团)有限公司、北京雪莲毛纺服装集团公司、山东如意科技集团有限公司、浙江浪莎内衣有限公司、纺织工业标准化研究所。

本标准主要起草人:宋广礼、李津、漆小瑾、邵志京、王卫民、宇恒星、刘爱莲、李亚滨、王欢。

针织 基本概念 术语

1 范围

本标准定义了有关针织的基本术语。

术语定义的本身是完整的;图例的使用是为了明确有关概念,但在注释时没有使用任何标准系统。

注1:图例标注(Ⅰ)表示纬编织物;图例标注(Ⅱ)表示经编织物。

注2:符号(≠)表示不等于。

2 规范性引用文件

下列文件中的条款通过本标准的引用而成为本标准的条款。凡是注日期的引用文件,其随后所有的修改单(不包括勘误的内容)或修订版均不适用于本标准,然而,鼓励根据本标准达成协议的各方研究是否可使用这些文件的最新版本。凡是不注日期的引用文件,其最新版本适用于本标准。

GB/T 5708—2001 纺织品 针织物 术语(eqv ISO 8388:1998)

3 基本概念

3.1 针织线圈和相关概念

3.1.1

弯纱线圈 kink of yarn

被弯曲成一定形状以便形成纬编(Ⅰ)或经编(Ⅱa,Ⅱb)线圈的一段纱线。

参见:GB/T 5708—2001 经平纬平复合织物。

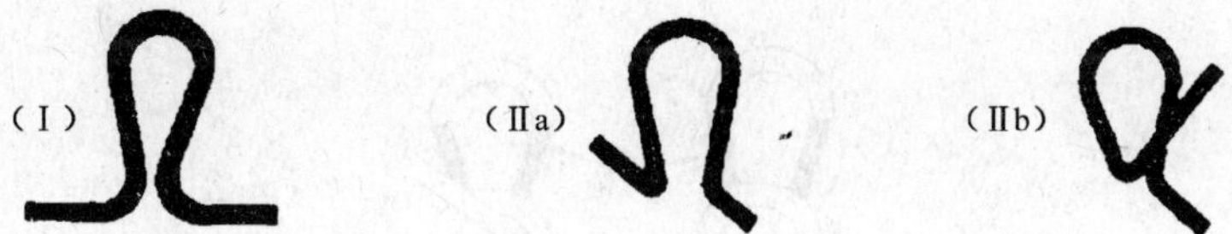

3.1.2

成圈线圈 knitted loop

在其底部与其他弯纱线圈相互串套的线圈。

注1:正面线圈是指从前一个线圈中向织物正面(朝向观察者)串套过来所形成的线圈。

注2:反面线圈是指从前一个线圈中向织物反面(远离观察者)串套过去所形成的线圈。

参见:GB/T 5708—2001 针织物。

≠线圈(3.2.1)、正面线圈(3.2.4)和反面线圈(3.2.5)。

3.1.3

线圈喂纱长度 loop length

在编织过程中,编织一个线圈所需要喂入的纱线长度。

≠线圈长度(3.2.2)。

3.1.4

针编弧　top arc

成圈线圈上部的弧线部分(a)。

注：术语"针编弧"也适用于线圈(3.2.1)。

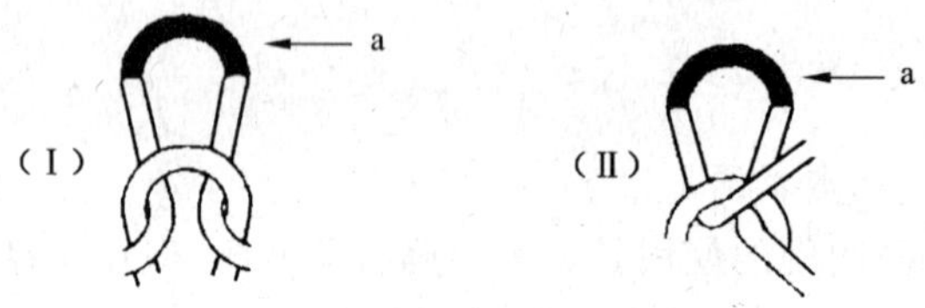

3.1.5

线圈底半弧　bottom half-arc

成圈线圈底部的弧线部分(c)。在纬编线圈中，它分别与同一横列的相邻线圈连接；在经编线圈中，根据结构要求，它分别与上一横列或下一横列的线圈连接。

注：术语"线圈底半弧"也适用于线圈(3.2.1)。

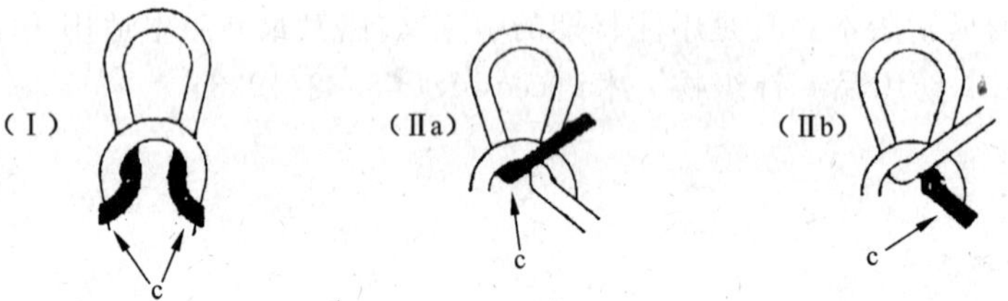

3.1.6

圈柱　sides

成圈线圈的两个侧面部段(b)。该部段连接针编弧与线圈底半弧。

注：术语"圈柱"也适用于线圈(3.2.1)。

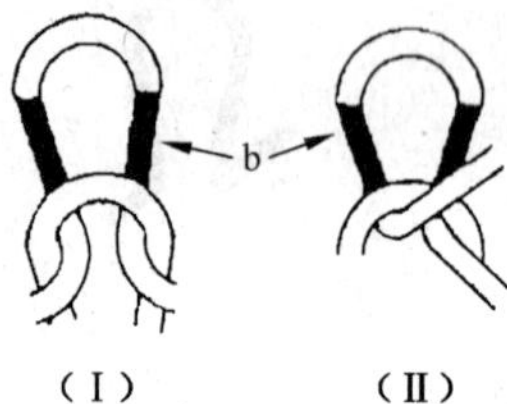

(Ⅰ)　　(Ⅱ)

3.1.7

圈干(纬编)　needle loop

在纬编织物中由针编弧和两个圈柱构成的部分(e)。

≠圈干(经编)(3.1.22)。

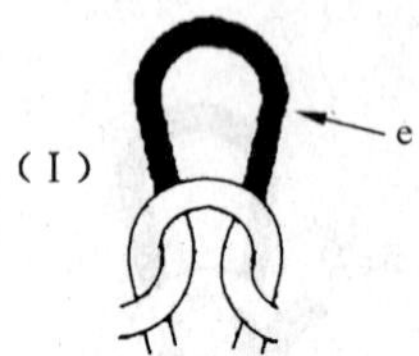

3.1.8

沉降弧　sinker loop

连接同一横列两个相邻线圈圈干的一段弯曲纱线(f)。

注：在经编织物中，仅在重经组织中(Ⅱ)形成沉降弧。(见3.2.35)

≠延展线(3.1.23)。

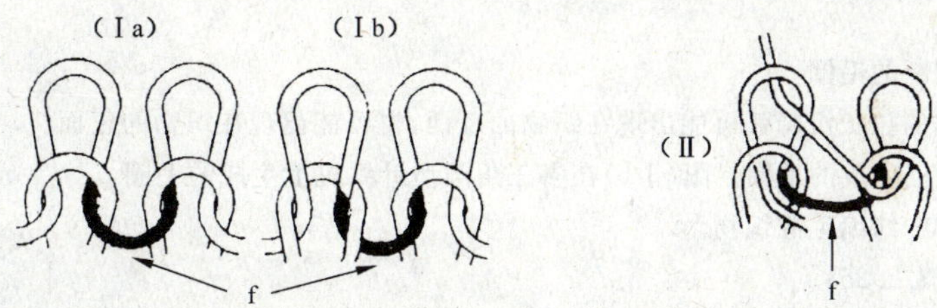

3.1.9

拉长沉降弧　extended sinker loop

比织物中的其他沉降弧长的沉降弧(g)。

注：只有在针床或针板上的一个或几个针不工作或被去除时才能形成拉长沉降弧。

≠脱圈线圈(参见:GB/T 5708—2001 漏针花纹织物)。

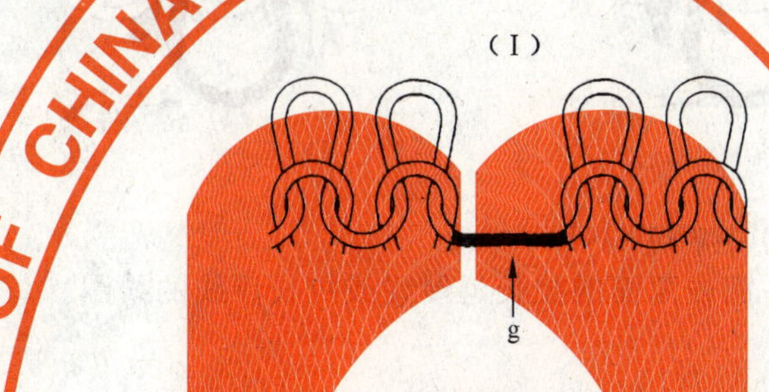

3.1.10

开口线圈　open loop

一根纱线(h)从线圈的一端进去,另一端出来,本身没有交叉所形成的线圈。

注1：适用于开口的线圈(3.2.1)。

注2："开口垫纱"是指在经编织物中形成开口线圈时梳栉的运动。

参见:GB/T 5708—2001 附录 A.5 梳栉垫纱。

3.1.11

闭口线圈　closed loop

纱线在线圈根部(k)自行交叉所形成的线圈。

注1：适用于闭口的线圈(3.2.1)。

注2："闭口垫纱"是指在经编织物中形成闭口线圈时梳栉的运动。

参见:GB/T 5708—2001 附录 A.5 梳栉垫纱。

3.1.12

纬编毛圈　terry loop (weft-knitted fabric)

以添纱方式形成与地组织线圈沉降弧长度不同的线圈。所形成的拉长沉降弧(m)未被切断,突出在织物的反面。

注 1："毛绒"是指被割断的毛圈。

注 2：由两根纱线构成的拉长沉降弧可能出现在织物的反面，也可能出现在织物的正面。

注 3：图(Ⅰa)：在吊机上生成的毛圈。图(Ⅰb)在多三角圆型针织机上生成的毛圈。

参见：GB/T 5708—2001 纬编毛圈织物。

≠拉长浮线衬垫组织(3.2.25)。

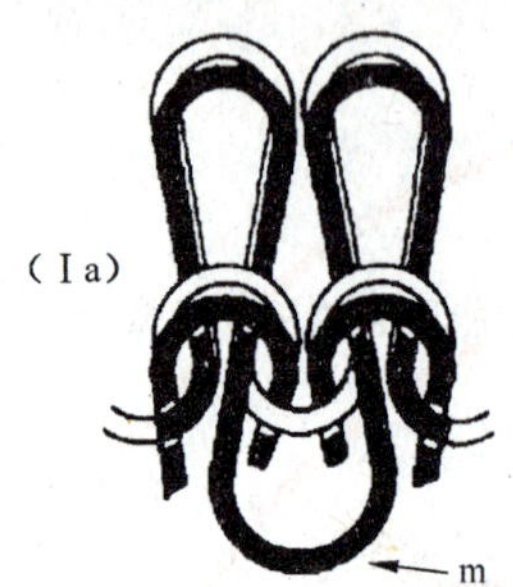

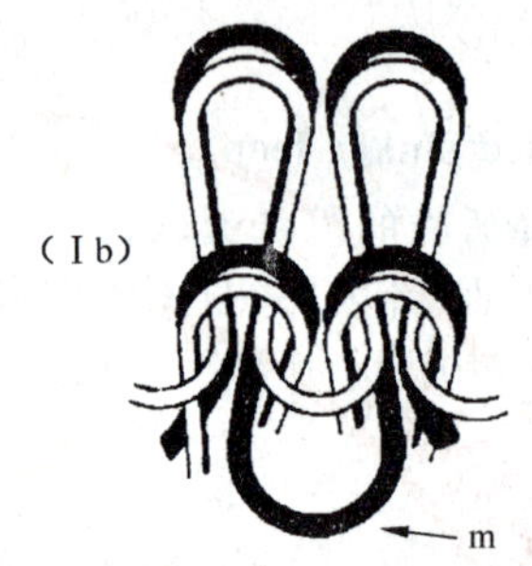

3.1.13

经编毛圈　terry loop (warp-knitted fabric)

在经编织物中，突出于织物的一面或两面的拉长延展线或拉长浮线的线圈。

注 1："毛绒"是指被割断的毛圈。

注 2：织物至少由两把梳栉形成。

注 3："毛圈垫纱"系指在毛圈生成时梳栉的垫纱运动。

参见：GB/T 5708—2001 织入型经编毛圈织物。

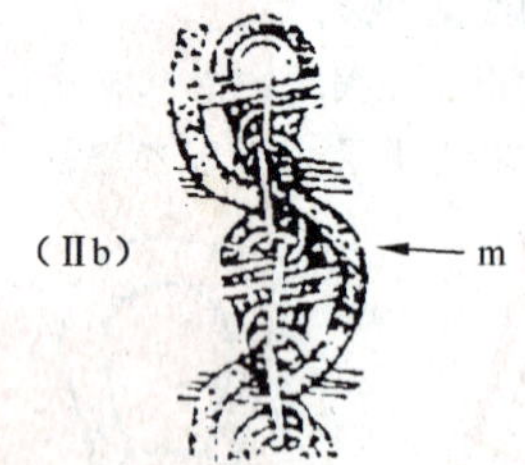

3.1.14

握持线圈　held loop

当编织一个或多个横列时，握持在针上的不再喂入新纱线的线圈(q)。

注：握持线圈本身不与浮线或集圈结合使用的情况很少见。它可以应用在袜跟(Ⅰ)中，或通过使用花压板应用在贝壳形提花经编织物(Ⅱ)中。

参见：GB/T 5708—2001 贝壳织物。

≠提花组织(3.2.11)和纬编集圈线圈(3.2.12)。

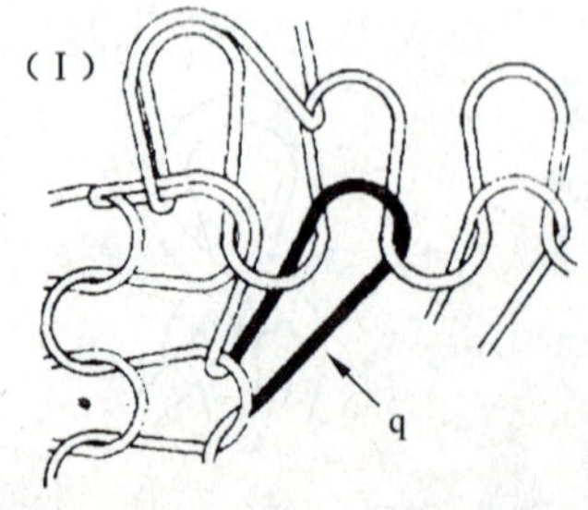

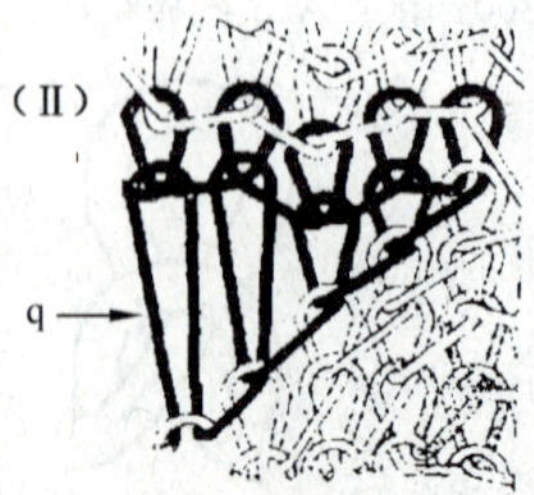

3.1.15

纬编集圈悬弧　tuck loop (weft-knitted fabric)

在纬编织物中，在其上部与下一个横列的沉降弧相互串套的一段弯曲纱线(r)。

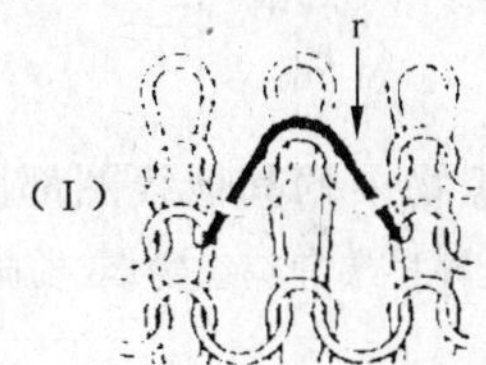

3.1.16

经编集圈悬弧　fall-plate loop（warp-knitted fabric）

在经编织物中，在其上部与下一个横列的延展线相互串套的一段弯曲纱线(r)。

注1：经编集圈悬弧可以是开口的(Ⅱa)，也可以是闭口的(Ⅱb)。

注2："压纱垫纱"系指在拉舌尔经编机上形成集圈悬弧时梳栉和压纱板的联合运动。

注3："压板"系指在特里科经编机上编织经编集圈组织(3.2.13)或缺压弹性网孔组织(3.2.43)时使用的。

参见：GB/T 5708—2001 压纱型经编毛圈织物；压纱织物；压纱衬纬经编织物；经编花边。

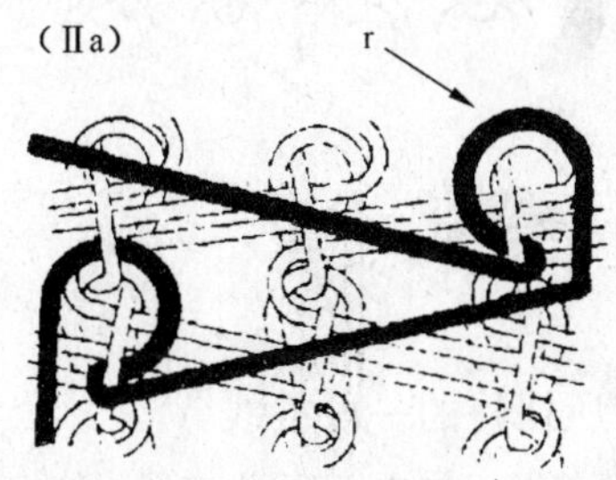

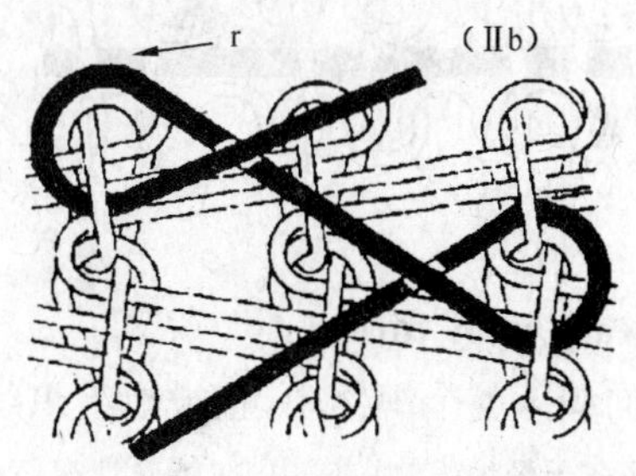

3.1.17

纬编浮线　float（weft-knitted fabric）

在纬编织物中没有被针弯曲的、连接位于同一横列但不相邻纵行两个线圈的一段纱线(n)。

注：浮线由同一横列上所编织的线圈所固定。

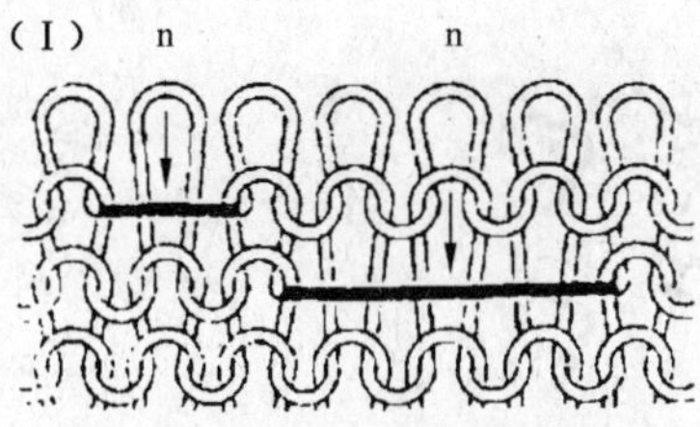

3.1.18

经编浮线　float（warp-knitted fabric）

在经编织物中没有垫入针钩的、连接两个不相邻横列上线圈的一段纱线(p)。所连接的两个线圈可能在相同的纵行(Ⅱa)上，也可能在不同的纵行(Ⅱb)上。

注：浮线在纵行上被形成的线圈固定，在固定的位置有线圈生成。

参见：GB/T 5708—2001 轮流缺垫织物。

≠延展线(3.1.23)。

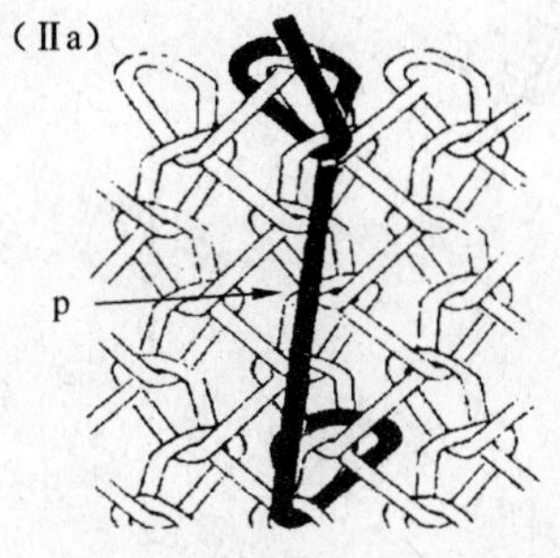

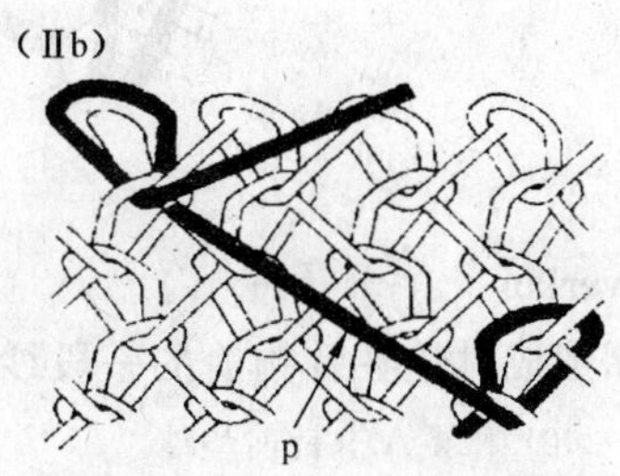

3.1.19

全幅衬纬纱线　weft inlay thread

沿织物的横向织入整幅织物中，且被织物中的其他线圈部段所握持的一段直的纱线(q)。

参见：GB/T 5708—2001 双轴向纬编织物；全幅衬纬经编织物；双轴向经编织物；多轴向经编织物；缝编织物；经编窗纱方网孔织物；经平纬平复合织物。

≠斜向衬纱(参见：GB/T 5708—2001 斜向衬线织物[经编])和部分衬纬(3.1.24)。

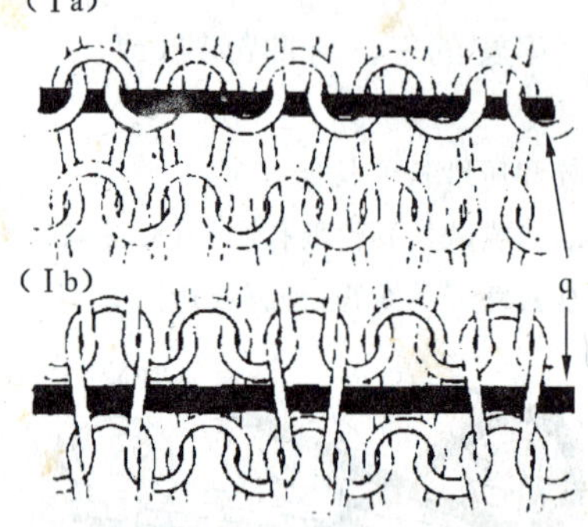

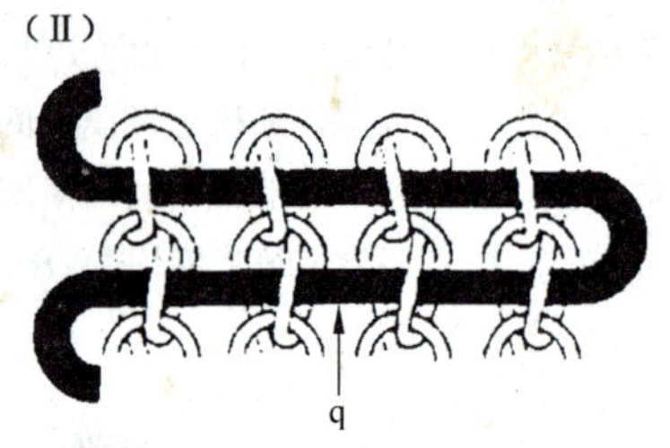

3.1.20

衬经纱线　warp inlay thread

沿织物的纵向织入整个织物中，且被地组织线圈部段所握持的一段纱线(t)。

注：衬经纱线存在于经编织物(Ⅱ)中；在特殊情况下，可存在于纬编织物中，它可以在同一纬编织物(Ⅰ)中与衬纬纱线结合使用。

参见：GB/T 5708—2001 双轴向纬编织物；经编衬经织物；双轴向经编织物；多轴向经编织物；缝编织物；压纱衬纬经编织物；经编窗纱方网孔织物。

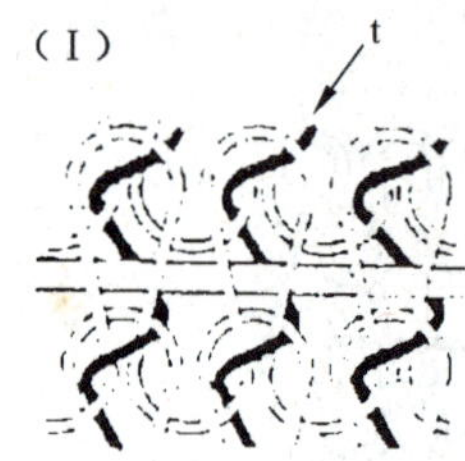

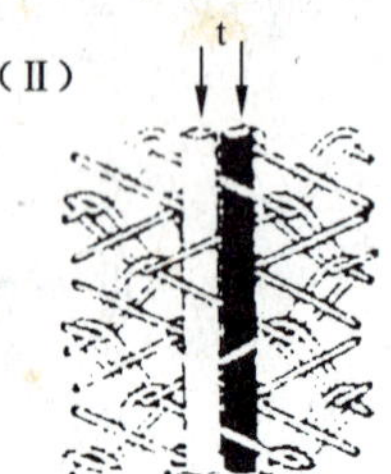

3.1.21

经编线圈　lap (in a warp-knitted fabric)

经编织物中构成一个圈干(3.1.22)和一个延展线(3.1.23)的一段纱线。

参见：GB/T 5708—2001 附录 A.5 梳栉垫纱。

3.1.22

圈干(经编)　overlap

经编织物中线圈形成时垫在针钩前的一段纱线(k)。

参见：GB/T 5708—2001 附录 A.9 针前垫纱。

≠圈干(纬编)(3.1.7)。

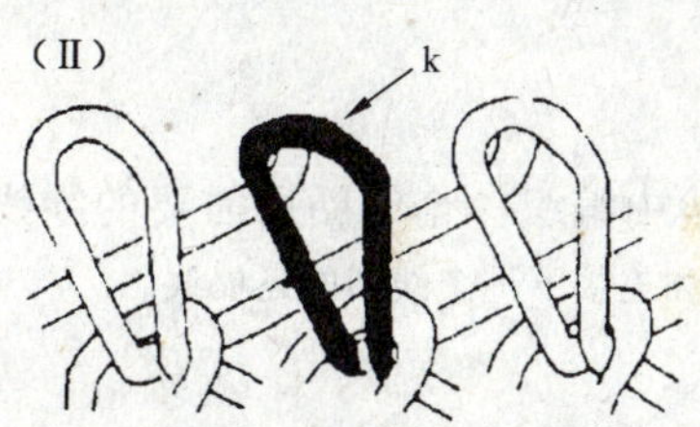

3.1.23

延展线　underlap

经编织物中连接相邻横列上的两个圈干的一段纱线(u)。

参见:GB/T 5708—2001 单面经编织物;单面经编织物的工艺反面。

参见:GB/T 5708—2001 附录 A.8 针背垫纱。

≠沉降弧(3.1.8)。

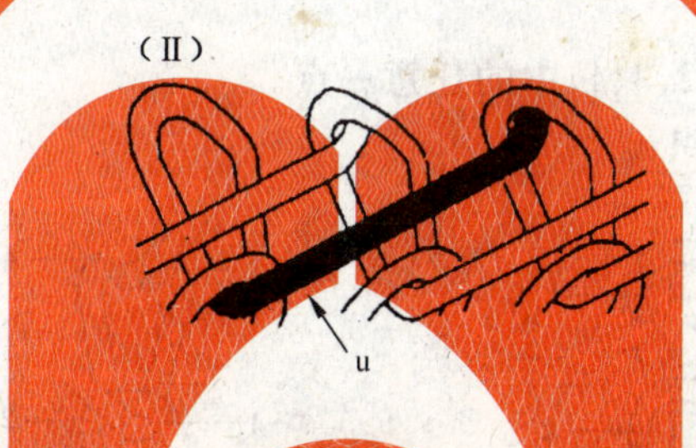

3.1.24

部分衬纬　inlay

只通过针背垫纱织入经编织物内的一段纱线(u)。

注:"衬纬垫纱"系指衬纬梳栉的垫纱运动,它只进行针背垫纱,其针背横移比前梳栉要大,或与前梳栉反向垫纱。

参见:GB/T 5708—2001 部分衬纬经编织物;经编超喂型毛圈织物;衬垫型经编毛圈织物;衬纬编链网孔织物;六角网孔织物;经编花边。

≠全幅衬纬纱线(3.1.19)。

3.2　针织物组织和相关概念

3.2.1

线圈　stitch

在其底部和顶部与其他线圈相互串套的弯纱线圈。

注:线圈可能在一个结构单元(3.2.11 至 3.2.21)中与浮线、不同类型或不同排列的线圈组合(3.2.22 至 3.2.45)串套。

参见:GB/T 5708—2001 针织物。

≠成圈线圈(3.1.2)。

(Ⅰ)

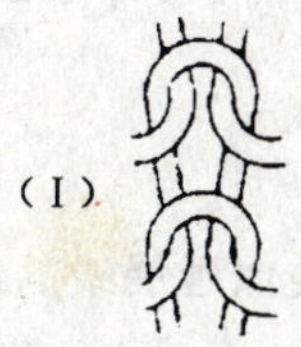

(Ⅱ)

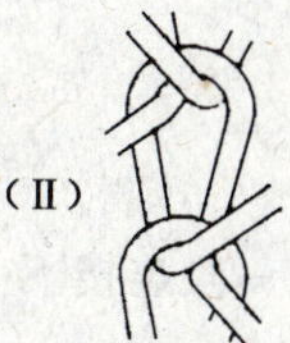

3.2.2

线圈长度　stitch length

在纬编织物(Ⅰ)或经编织物(Ⅱ)中编织一个线圈所需要的纱线长度。

注：在经编织物中线圈长度包括圈干和连接下一个线圈的延展线。

≠线圈喂纱长度(3.1.3)。

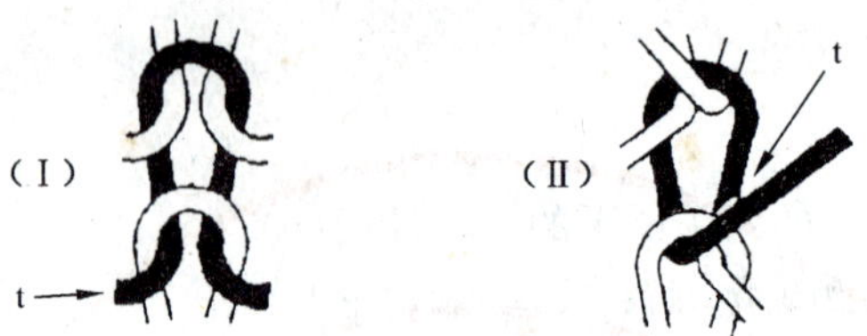

3.2.3

交织点　cross-over point

线圈相互串套处的各交叉点(1、2、3、4)中的任意一点。

注：1 和 2 为下交织点，3 和 4 为上交织点。

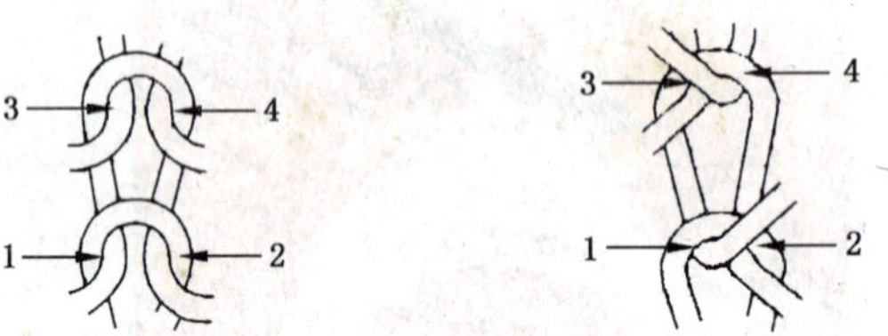

3.2.4

正面线圈　face stitch

圈柱(v)处于前一横列所形成同一纵行线圈的针编弧之上的线圈。

参见：GB/T 5708—2001(纬平针织物的)工艺正面。

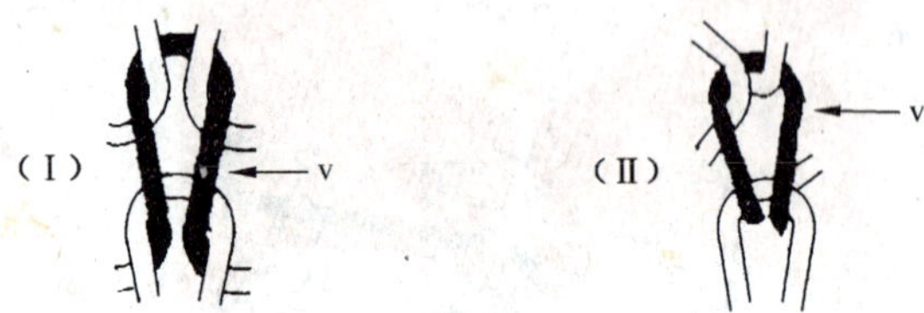

3.2.5

反面线圈　reverse stitch

针编弧(w)和沉降弧(y)或经编织物中的延展线(z)位于同一纵行、相邻横列线圈的圈柱之上的线圈。

参见：GB/T5708—2001(纬平针织物的)工艺反面；反面线圈花型。

≠双反面组织(3.2.34)。

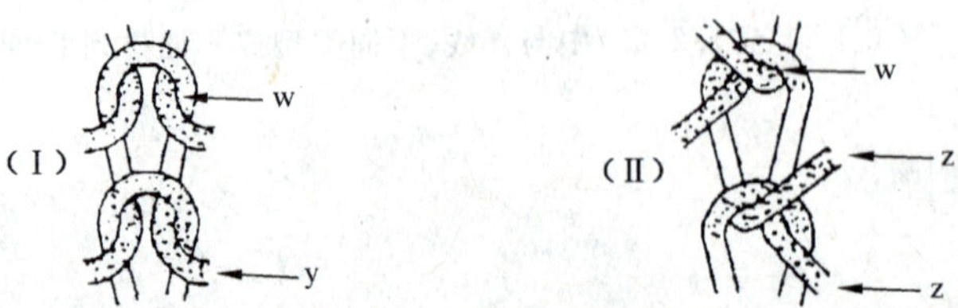

3.2.6

关边线圈　selvedge stitch

在织物边缘形成的线圈，具有一段连接下一个横列的类似延展线的纱段(d)。

≠编链组织(3.2.35)。

3.2.7

双线线圈 double-thread stitch

由两根纱线形成的线圈(y)。

参见:GB/T 5708—2001 双罗纹衬垫织物;单面经编织物。

≠纬编集圈组织(3.2.12)。

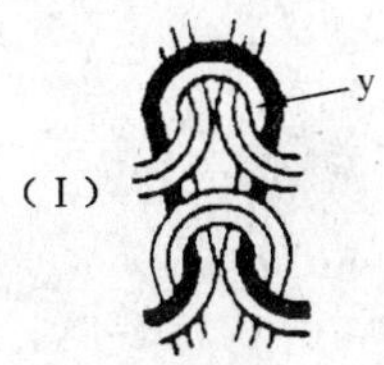

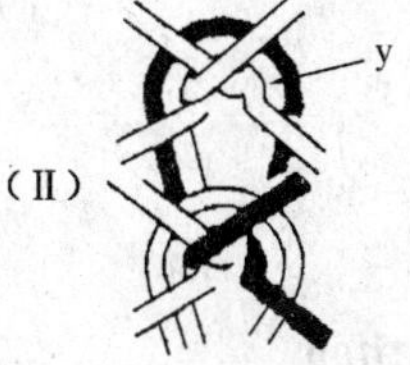

3.2.8

添纱组织 plated stitch

两根纱线按固定关系编织的线圈(z),其中一根纱线作为面纱覆盖在另一根纱线的上面。

注:在特殊情况下,如果两根以上的纱线按固定的关系编织,可以使用术语"夹层添纱"。

参见:GB/T 5708—2001 单面添纱织物;夹层添纱织物。

≠交换添纱组织(3.2.22)和添纱罗纹组织(3.2.29)。

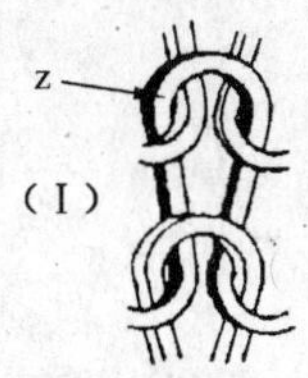

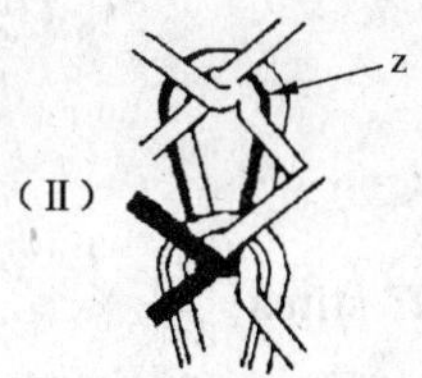

3.2.9

绣花添纱组织 warp-plated stitch

在纬编线圈上覆盖着经编线圈的组织,通常二者的颜色具有鲜明对比。

参见:GB/T 5708—2001 绣花添纱织物。

≠经纱提花(参见 GB/T 5708—2001 经纱提花织物)。

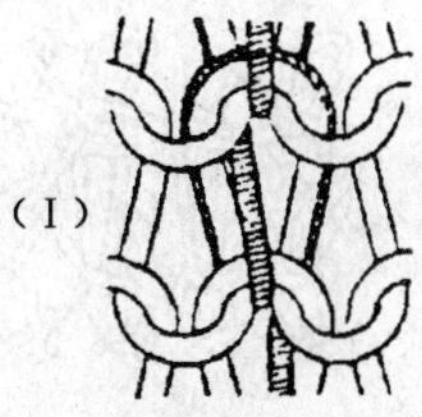

3.2.10

长毛绒组织 sliver pile stitch

把无捻短纤维毛条(a)编织在针织物的地组织中,在织物表面形成绒毛的组织。

参见:GB/T 5708—2001 长毛绒织物。

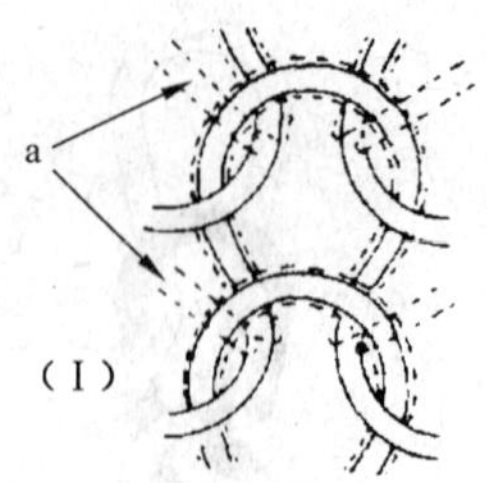

3.2.11

提花组织　held stitch

在同一横列中由一个握持线圈(c)和一根或几根浮线(d)组合形成的组织。

参见:GB/T 5708—2001 双罗纹浮线织物;芝麻点反面。

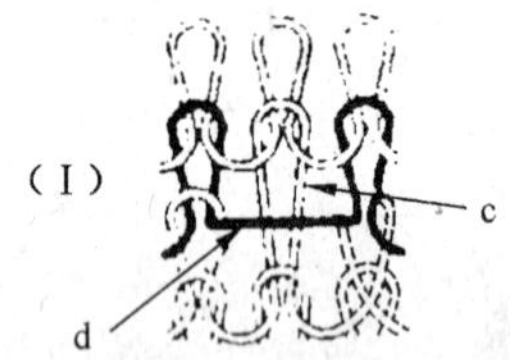

3.2.12

纬编集圈组织　tuck stitch

在纬编织物中,由一个握持线圈(c)和一个或两个悬弧(e)组合形成的组织。

注:当一个集圈组织包含两个以上悬弧时,通常被称为多列集圈组织(3.2.14)。

参见:GB/T 5708—2001 畦编织物;集圈型双面提花织物;双罗纹双列集圈织物。

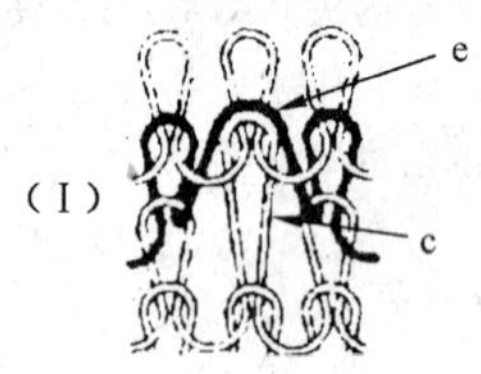

3.2.13

经编集圈组织　knock-off stitch

在经编织物中,一个握持线圈(c)和一个悬弧(e)在同一个横列中相互串套组合形成的组织。

注1:经编集圈组织与纬编集圈组织(3.2.12)对应,就像经编集圈悬弧(3.1.16)与纬编集圈悬弧(3.1.15)对应一样。

注2:"缺压垫纱"指的是梳栉与压板周期回撤的组合运动。

参见:GB/T 5708—2001 缺压集圈织物。

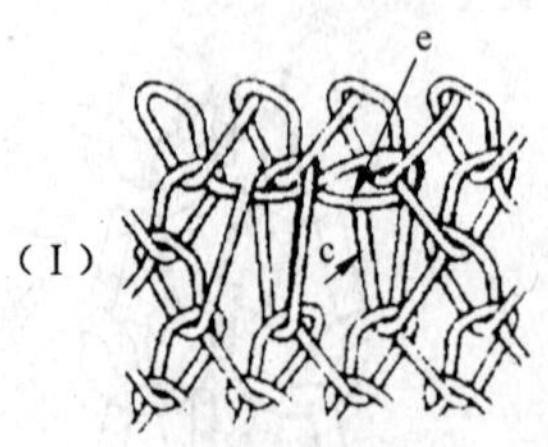

3.2.14

多列集圈组织　knop stitch

由一个握持线圈(c)和两个以上集圈悬弧(e)组合形成的组织(Ⅰ)。

参见:GB/T 5708—2001 单面凸结织物;多列集圈提花罗纹织物。

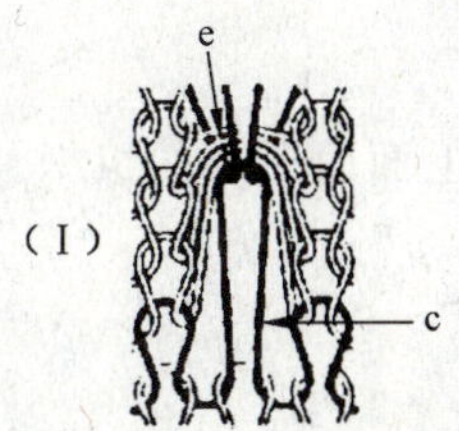

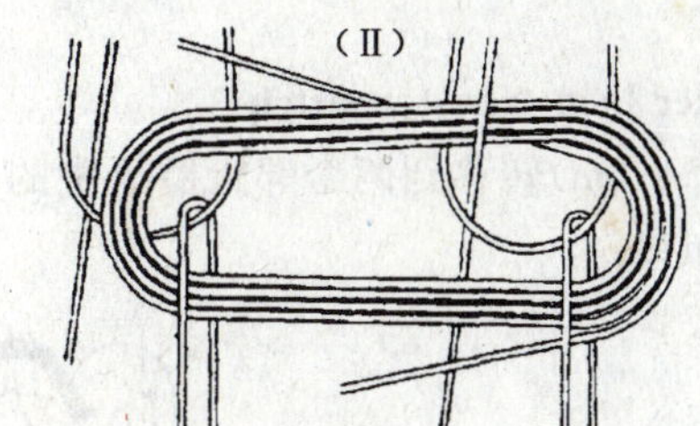

3.2.15

纱罗组织　lace stitch

把圈干(n)从正常的纵行位置转移到相邻纵行上所形成的组织。

注：在编织下一个横列时，空针处会形成孔眼。

参见：GB/T 5708—2001 纬编纱罗织物；双反面纱罗织物。

3.2.16

罗纹移圈组织　rib transfer stitch

把正面线圈的圈干(n)从正常的纵行位置转移到相邻的反面线圈纵行上形成的组织。

注：在编织下一个横列时，空针处会形成孔眼。

参见：GB/T 5708—2001 罗纹移圈织物；反面线圈花型；双反面纱罗织物。

3.2.17

半纱罗组织　half-lace stitch

把线圈的一个圈柱(k)从正常的纵行位置转移到相邻纵行上，由此把针编弧扩展到两个纵行上的组织。

注：织物上形成一个被覆盖的孔眼。

3.2.18

扩圈组织　knotted stitch

把线圈的两个圈柱(m)从正常的纵行位置转移到相邻纵行上所形成的组织。

注：织物上形成一个孔眼。

参见：GB/T 5708—2001 扩圈织物。

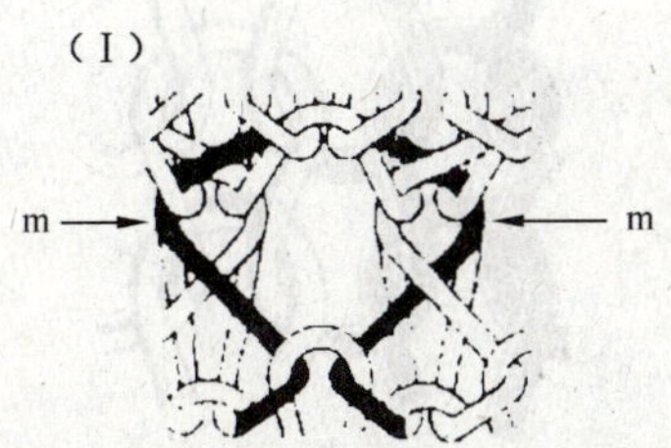

3.2.19

半菠萝组织　sinker loop transfer stitch

把一个或多个沉降弧(m)转移到两个邻近圈干中的一个上面而形成的组织。

注：织物上形成一个孔眼。

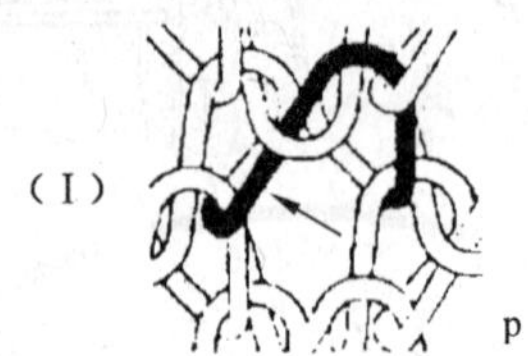

3.2.20

菠萝组织　eyelet stitch

把一个或多个沉降弧(p)转移到两个相邻圈干上而形成的组织。

注：织物上形成一个孔眼。

参见:GB/T 5708—2001 菠萝网眼织物;罗纹菠萝织物。

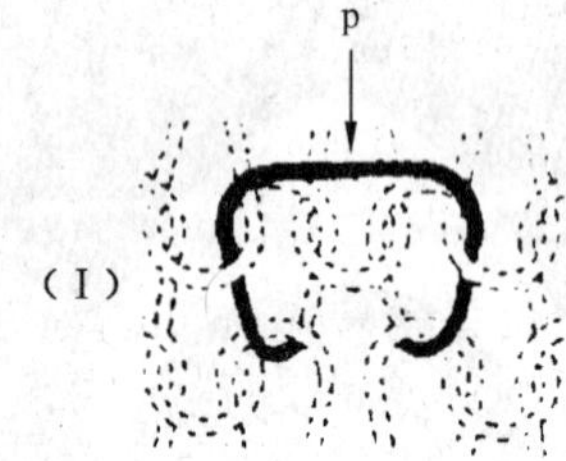

3.2.21

扎口线圈　welt transfer stitch

在无缝袜机扎口时,由起始横列线圈(f)覆盖的线圈。

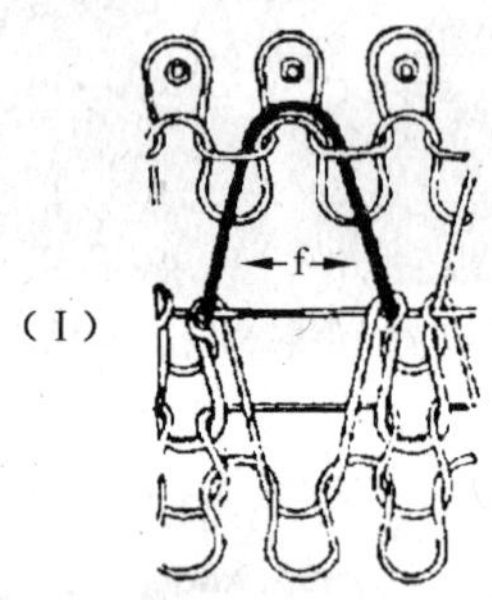

3.2.22

交换添纱组织　reverse-plated stitch

由同一横列上一组针编织的两个添纱线圈组成,其中一个线圈中的面纱和地纱的相对位置在下一个线圈处被交换的组织。

参见:GB/T 5708—2001 交换添纱织物。

≠交错添纱组织(参见:GB/T 5708—2001 交错添纱织物)。

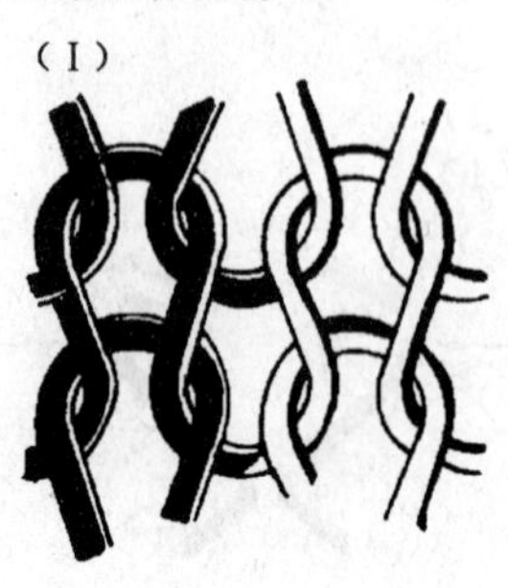

3.2.23

浮线添纱组织　float-plated stitch

在一组针的同一横列中编织的添纱线圈(a)的相邻线圈(g)由面纱单独构成,而地纱(h)以浮线形式出现的组织。

参见:GB/T 5708—2001 浮线添纱织物。

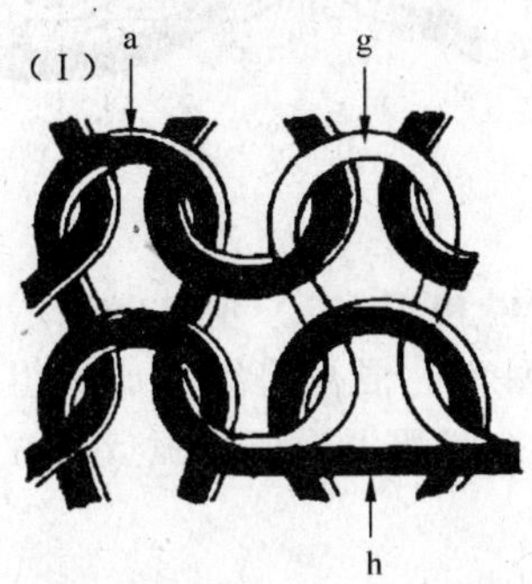

3.2.24

衬垫组织　laid-in stitch

由同一横列的至少两个线圈和一根衬垫纱形成的组织。衬垫纱在一个线圈上形成悬弧(e),在其他线圈上形成浮线(d)。

参见:GB/T 5708—2001 纬编衬线织物;罗纹衬纬织物。

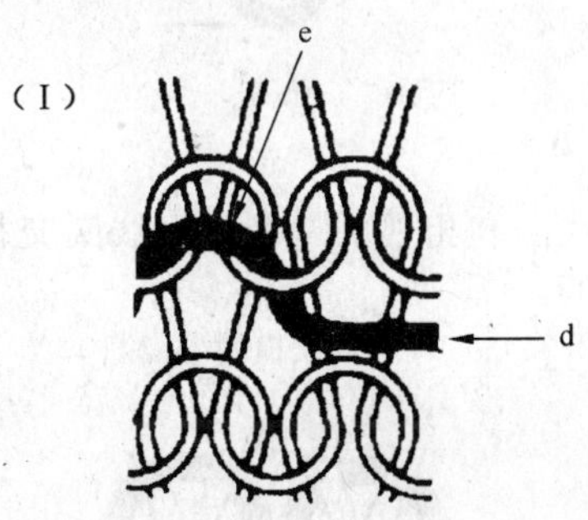

3.2.25

拉长浮线衬垫组织　laid-in stitch (elongated)

由同一横列的至少两个线圈和一根衬垫纱形成的组织。衬垫纱在一个线圈上形成悬弧(e),在其他线圈上形成浮线(c),浮线被拉长,像毛圈一样凸出在织物表面。

3.2.26

添纱衬垫组织　plated laid-in stitch

由同一横列上的至少两个添纱线圈和一根衬垫纱形成的组织。添纱线圈由面纱(f)和地纱(g)组成。衬垫纱夹在面纱和地纱之间,在一个线圈上形成悬弧(e),在其他线圈上形成浮线。

参见:GB/T 5708—2001 添纱衬垫织物。

(I)

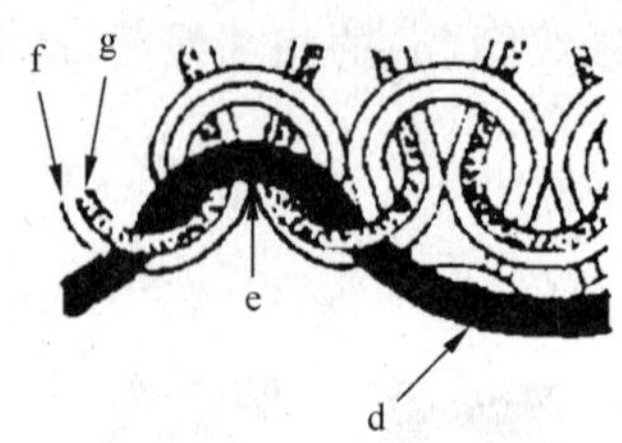

3.2.27

拉长浮线添纱衬垫组织　plated laid-in stitch (elongated)

由同一横列上的至少两个添纱线圈和一根衬垫纱形成的组织。添纱线圈由面纱(f)和地纱(g)组成。衬垫纱夹在面纱和地纱之间,在一个线圈上形成悬弧(e),在其他线圈上形成浮线,浮线被拉长,像毛圈一样凸出在织物表面。

参见:GB/T 5708—2001 添纱衬垫毛圈织物。

(I)

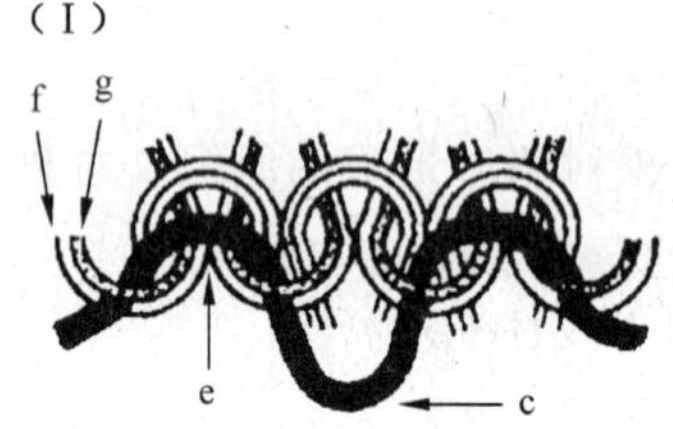

3.2.28

1+1 罗纹组织　1×1 rib stitch

在同一横列(Ⅰa)中,一个正面线圈和相邻的一个反面线圈交替配置的组织。

参见:GB/T 5708—2001 纬编罗纹织物。

≠正面线圈(3.2.4)、双反面组织(3.2.34)和 1+1 罗纹横列(3.3.10)。

(I)

3.2.29

添纱罗纹组织　plated rib stitch

在同一个横列上由一组针编织的正面添纱线圈与另一组针编织的相邻的反面添纱线圈交织而成的组织。面纱处于线圈的正面,地纱处于线圈的反面。

参见:GB/T 5708—2001 添纱罗纹织物。

≠交换添纱组织(3.2.22)、双反面添纱线圈(参见 GB/T 5708—2001 双反面添纱织物)。

(I)

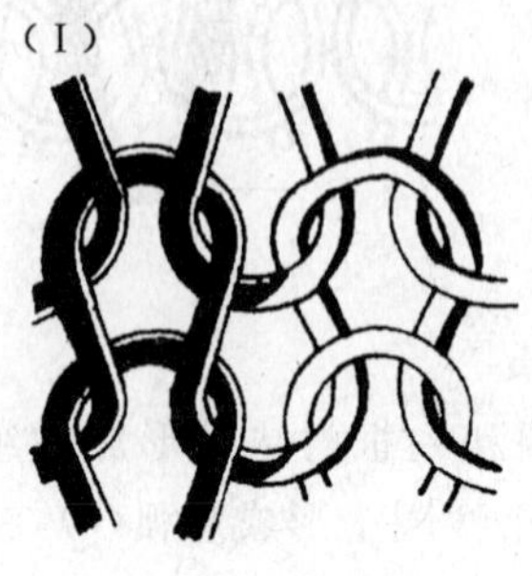

3.2.30

双罗纹组织　interlock stitch

由两个 1+1 罗纹组织复合而成的组织。在该组织内，两个连续横列中的 4 个线圈由两组针生成，线圈的沉降弧是相互交叉排列的，且在一个针床上编织的线圈正好是在另一个针床上编织的线圈背面。

注：一个针床编织的线圈正好是在另一个针床编织的线圈的背面。

参见：GB/T 5708—2001 双罗纹织物。

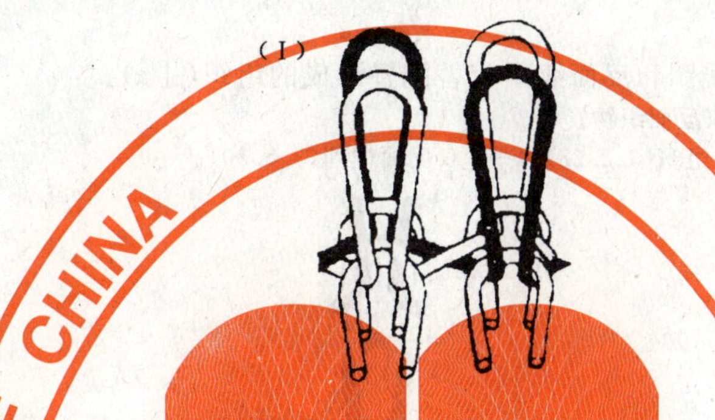

3.2.31

半关边组织　half welt stitch

在连续的两个横列中由一组针编织的两个正面线圈与相邻纵行中由另一组针编织的一个拉长线圈和一个浮线构成的组织。

参见：GB/T 5708—2001 罗纹半空气层织物。

3.2.32

波纹组织　racked stitch

在一个横列中，由一个针床织针所编织的线圈相对于另一个针床织针所编织的线圈横向移动，形成倾斜线圈(e)的组织。

参见：GB/T 5708—2001 波纹织物；畦编扳花织物。

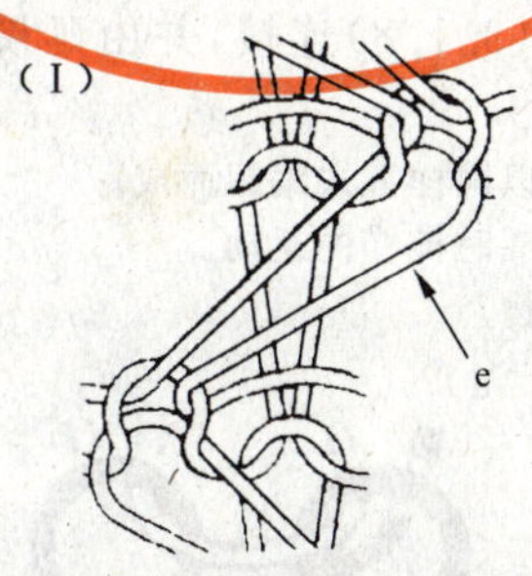

3.2.33

绞花组织　cable stitch

由两组或多组相邻纵行线圈从上面或下面互相交换位置，产生绞绳效应的组织。

参见：GB/T 5708—2001 绞花织物。

（Ⅰ）

3.2.34

双反面组织　purl stitch

在同一个纵行上，由正面线圈和反面线圈交替配置形成的组织（Ⅰa）。

参见：GB/T 5708—2001 纬编双反面织物。

≠反面线圈（3.2.5）、1＋1 罗纹组织（3.2.28）、1＋1 双反面横列（3.3.30）。

（Ⅰ）

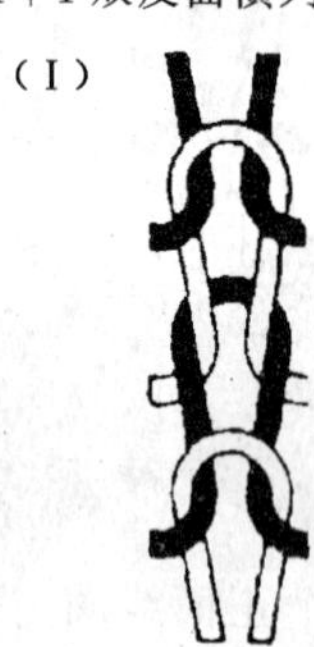

3.2.35

编链组织　pillar stitch

由两个关边线圈（3.2.6）在同一纵行的连续横列中编织形成的组织。

注 1：编链组织形成的线圈可能是开口线圈，也可能是闭口线圈。

注 2："编链垫纱"系指在编链线圈形成时梳栉的运动。

参见：GB/T 5708—2001 压纱衬纬经编织物；缺压弹性网孔织物；衬纬编链网孔织物。

（Ⅰ）

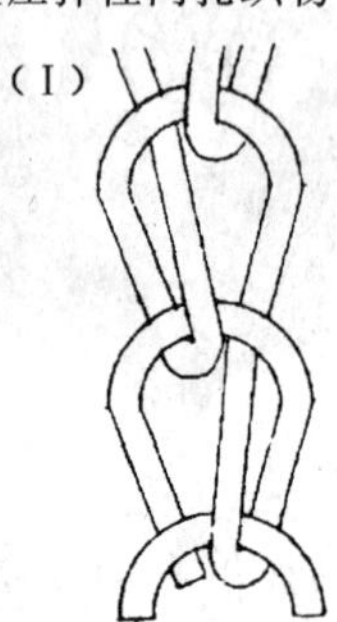

3.2.36

重编链组织　double-needle pillar stitch

两个相邻的编链线圈由一个沉降弧（3.1.8）连接，并由延展线（3.1.23）与上下横列的线圈连接的组织。

注 1："重经平组织"和"重经缎组织"可以以同样方式编织而成。

注 2："重编链垫纱"系指在形成重编链线圈时梳栉的运动。

参见：GB/T 5708—2001 缺压弹性网孔织物。

（Ⅱ）

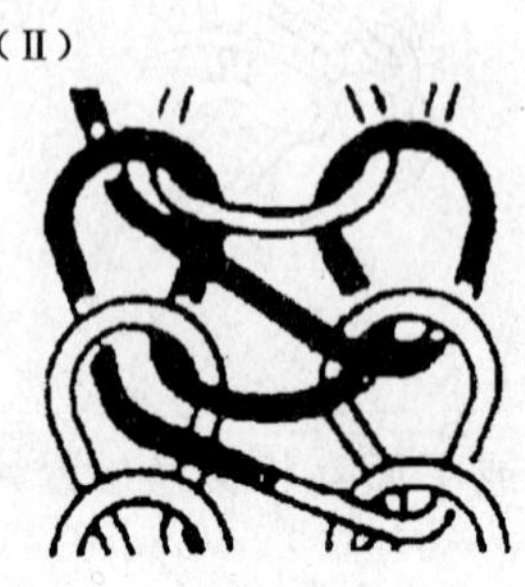

3.2.37

经平组织　tricot stitch

在连续横列中,两个经编线圈在相邻纵行上交替编织形成的组织。

注 1:在一个组织单元中,形成的两个线圈可以是开口的,也可以是闭口的;或者一个是闭口的,另一个是开口的。

注 2:"经平垫纱"系指在形成一个经平组织时梳栉的运动。

参见:GB/T 5708—2001 经平织物;双经平织物;经平绒织物;经平纬平复合织物。

(Ⅱ)

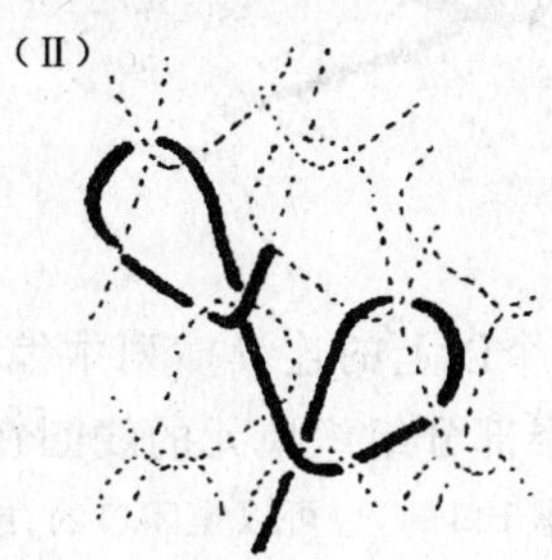

3.2.38

经绒组织　cord stitch

在连续横列中,两个经编线圈间隔一个纵行交替编织形成的组织。

注 1:在一个组织单元中,形成的两个线圈可以是开口的,也可以是闭口的;或者一个是闭口的,另一个是开口的。

注 2:"经绒垫纱"系指在形成一个经绒组织时梳栉的运动。

参见:GB/T 5708—2001 经绒织物;双经绒织物;经平绒织物;变化经平编链织物;半穿双经绒网眼织物。

(Ⅱ)

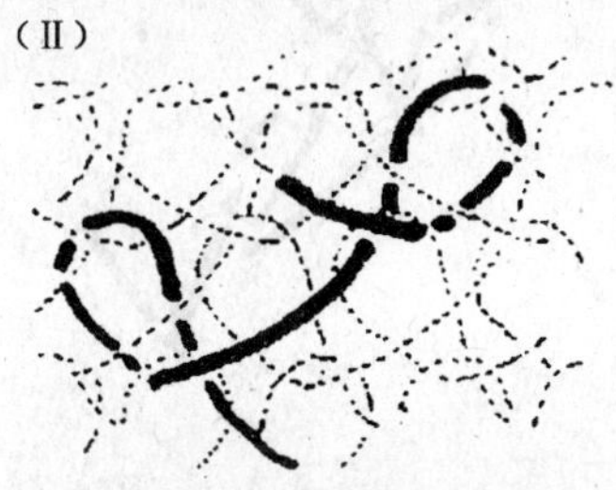

3.2.39

经斜组织　satin stitch

在连续横列中,两个经编线圈间隔两个纵行交替编织形成的组织。

注 1:在一个组织单元中,形成的两个线圈可以是开口的,也可以是闭口的;或者一个是闭口的,另一个是开口的。

注 2:"经斜垫纱"系指在形成一个经斜组织时梳栉的运动。

参见:GB/T 5708—2001 经平斜织物;经斜平织物;变化经平编链织物。

(Ⅱ)

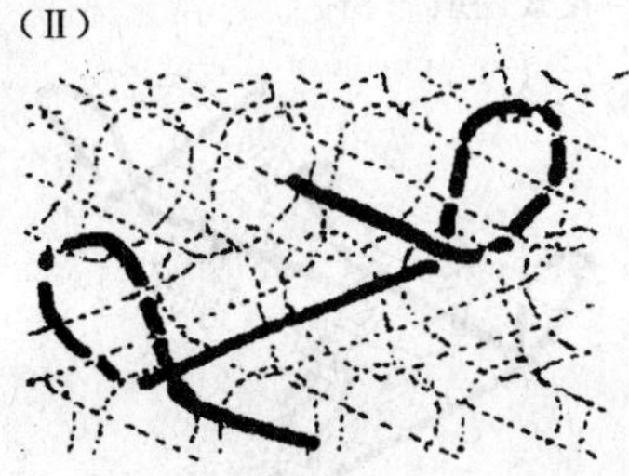

3.2.40

起绒组织　velvet stitch

五针经平组织

在连续横列中,两个经编线圈间隔三个纵行交替编织形成的组织。

注 1:在一个组织单元中,形成的两个线圈可以是开口的,也可以是闭口的;或者一个是闭口的,另一个是开口的。

注 2:"起绒垫纱"系指在形成一个起绒组织时梳栉的运动。

参见:GB/T 5708—2001 经平-五针经平织物;五针经平-经平织物;变化经平编链织物。

(Ⅱ)

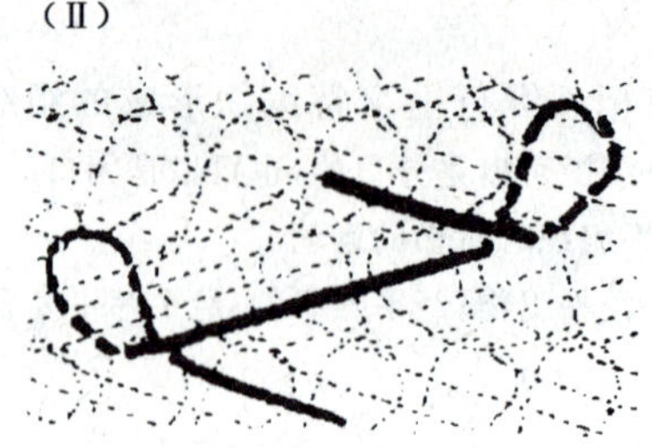

3.2.41

经缎组织　atlas stitch

四个或四个以上的线圈在四个或四个以上的连续横列中编织而成的组织,其中的前半部分组织单元的线圈在连续的相邻纵行上编织,后半部分组织单元的线圈在相同的纵行上按顺序返回原编织纵行。

注1:在一个组织单元中,所有线圈可以是开口的,也可以是闭口的;或者某些是开口的,另一些是闭口的。

注2:"经缎垫纱"系指在形成经缎组织时梳栉的运动。

注3:"逐针垫纱"系指在没有转向横列(3.3.20)而形成开口经缎组织时梳栉的运动。

参见:GB/T 5708—2001 经缎织物;双经缎织物;米兰尼斯针织物。

(Ⅱ)

3.2.42

隔针经缎组织　atlas stitch with two needle underlap

四个或四个以上的线圈在四个或四个以上的连续横列中编织而成的组织。其中的前半部分组织单元的线圈间隔一个纵行编织,后半部分组织单元的线圈在相同的纵行上按顺序返回原编织纵行。

注1:在一个组织单元中,所有线圈可以是开口的,也可以是闭口的;或者某些是开口的,另一些是闭口的。

注2:"隔针经缎垫纱"系指在形成隔针经缎组织时梳栉的运动。

注3:"隔针逐针垫纱"系指在没有转向横列(3.3.20)而形成隔针开口经缎垫纱时梳栉的运动。

参见:GB/T 5708—2001 两针经缎织物;花式经缎织物。

(Ⅱ)

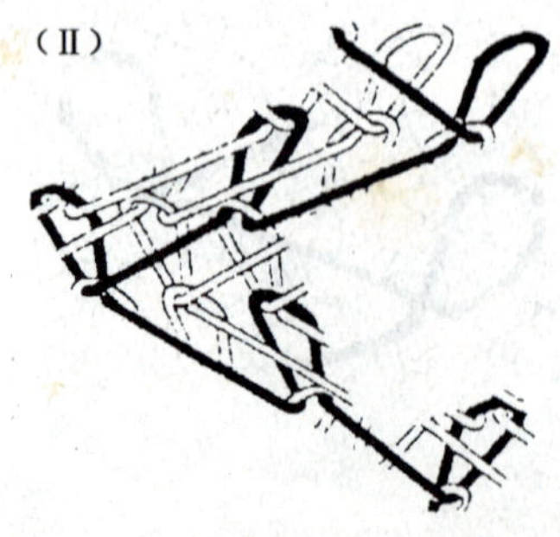

3.2.43

缺压弹性网孔组织　elastic scarf stitch

在连续的横列中,由同一纵行上的一个经编线圈和一个转换成集圈的重经线圈编织而成的组织。

参见:GB/T 5708—2001 缺压弹性网孔织物。

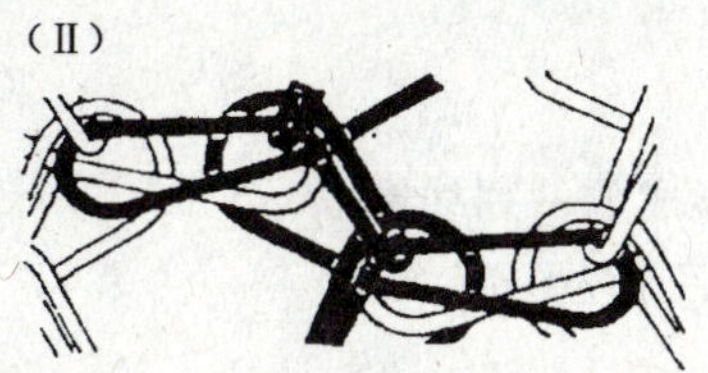

3.2.44

网孔组织　filet opening

在经编织物中，由于相邻纵行之间没有连接在一起而形成孔眼状(f)的组织。

参见：GB/T 5708—2001 矩形网孔织物；双针床经编网孔织物。

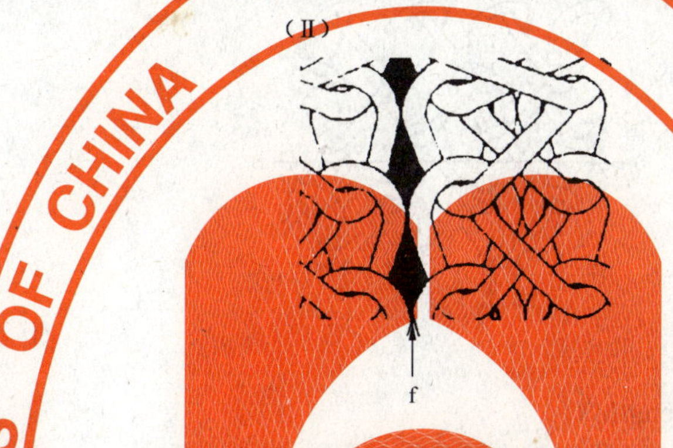

3.2.45

半透孔组织　covert opening

在经编织物中，由于相邻纵行之间只有一根纱线连接而形成孔眼状(g)的组织。

注：半透孔组织织物需要至少两个梳栉进行编织。

参见：GB/T 5708—2001 经编纵向凹凸条纹织物。

3.3　横列和相关概念

3.3.1

纵行　wale

沿着纬编或经编织物(见 3.3.4)长度方向上相互串套的一行(CD)线圈。

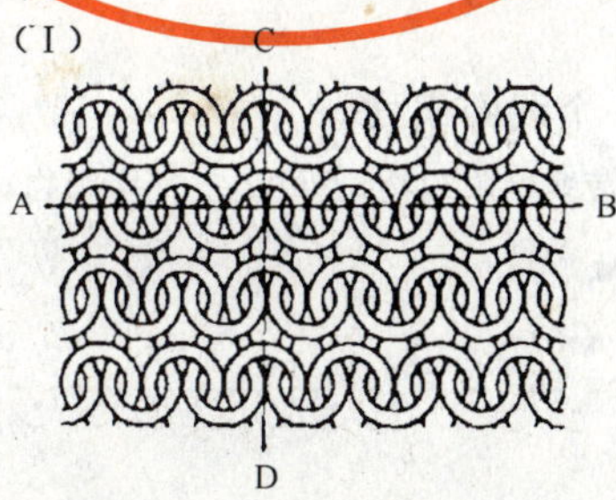

3.3.2

布边　selvedge

由一纵行关边线圈(3.2.6)构成的防止线圈脱散的织物边缘。

3.3.3

编织横列　machine course

沿织物的宽度方向由成圈机件形成的一列线圈。

≠弯纱横列(参见:GB/T 5708—2001 经平纬平复合织物)。

3.3.4

织物横列　fabric course

沿经编或纬编织物(见 3.3.1)宽度方向上的一排(AB)线圈(也见 3.3.1 图中的 AB)。

参见:GB/T 5708—2001 经编双针床横楞织物。

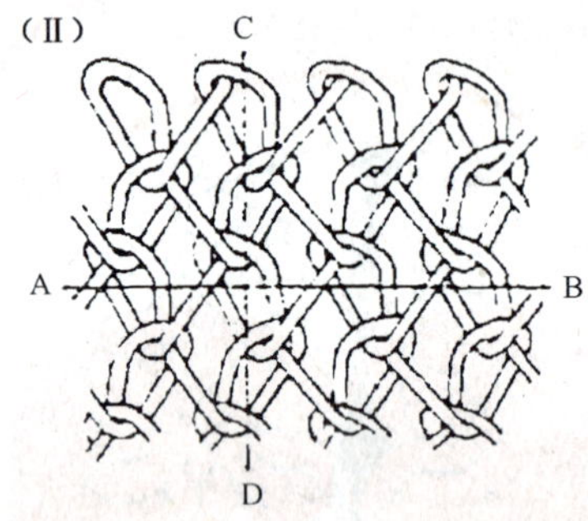

3.3.5

织物横列纱长　fabric course length

编织到纬编织物一个横列中所需要的纱线长度(p-p′)。

注:织物横列纱长通常用毫米表示。

≠编织横列(3.3.3)纱线长度。

3.3.6

全编织横列　all-knit course

机器上的所有针均编织一个线圈所构成的一个横列。

注:如果机器只有一组针,可以形成平针横列(3.3.7);如果机器具有两组针,可以形成 1 + 1 罗纹横列(3.3.10)。

≠成圈-浮线横列(3.3.13)、成圈-集圈横列(3.3.14)、集圈-浮线横列(3.3.15)、成圈-集圈-浮线横列(3.3.16)。

3.3.7

平针横列　plain jersey course

由一个针床上所有织针编织的一个线圈横列。

参见:GB/T 5708—2001 纬平针织物;菠萝网眼织物;罗纹半空气层织物;罗纹空气层织物;双罗纹空气层织物;经平纬平复合织物。

(Ⅰ)

3.3.8

管状横列　tubular course

在 V 型横机或圆机上,由一组针中所有织针编织的一个横列。

≠圆筒横列(3.3.26)。

（I）

3.3.9

隔针平针横列　half-gauge jersey couse

在一个针床上隔针编织的一个横列。

参见：GB/T 5708—2001 1＋1 变化纬平针织物；纬编锁编织物；双罗纹浮线织物；双罗纹交错浮线织物；双罗纹横楞织物。

（I）

3.3.10

1＋1 罗纹横列　1×1 rib course (in a knitted fabric)

两个针床上的所有织针在连续的纵行上交替编织正面线圈和反面线圈所形成的一个横列。

注：两组针中的织针按罗纹配置。

参见：GB/T 5708—2001 1＋1 罗纹；罗纹半空气层织物；罗纹空气层织物。

≠1＋1 双反面横列(3.3.30)。

（I）

3.3.11

隔针罗纹横列　half-gauge rib course

两个针床上的织针在连续的纵行上隔针交替编织正面线圈和反面线圈所形成的横列。

注：当织针按照罗纹配置时，可以编织隔针罗纹织物(一针空一针罗纹织物)；当织针按照双罗纹配置时，相隔的针编织相隔的横列，可以编织双罗纹织物。

参见：GB/T 5708—2001 隔针罗纹织物；双罗纹织物。

（I）

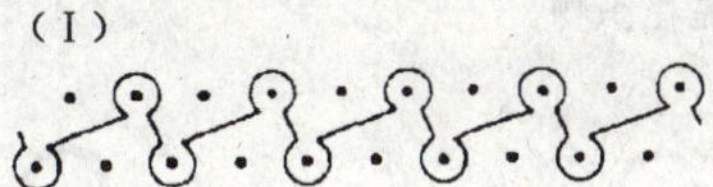

3.3.12

套口横列　slack course

因特殊目的(例如缝合、套口等)而在针织物上编织的一个比正常线圈长的线圈横列。

（I）

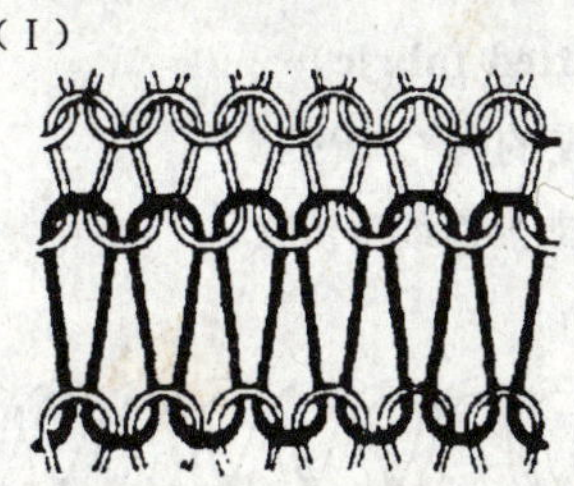

3.3.13

成圈-浮线横列　knit-miss course (in a knitted fabric)

由成圈线圈和浮线构成的一个横列。

（I）

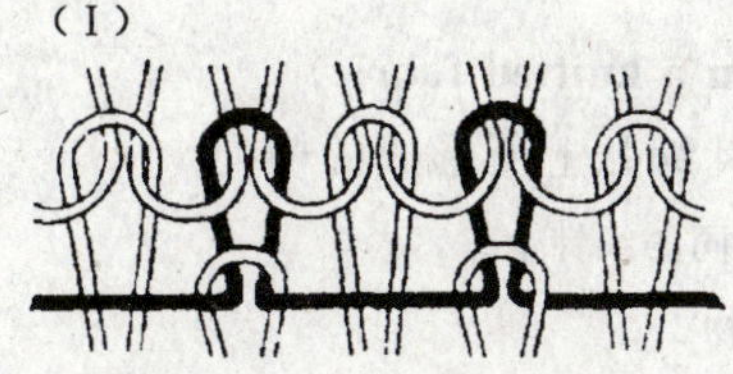

3.3.14

成圈-集圈横列　knit-tuck course (in a knitted fabric)

由成圈线圈和集圈悬弧构成的一个横列。

参见:GB/T 5708—2001 1+1 交错集圈织物。

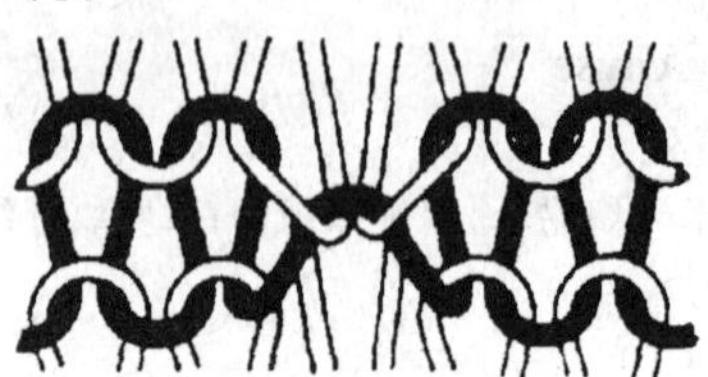

3.3.15

集圈-浮线横列　tuck-miss course (in a knitted fabric)

由集圈悬弧和浮线构成的一个横列。

注:集圈-浮线横列会出现在衬垫组织中(3.2.24 至 3.2.27)。

参见:GB/T 5708—2001 单面纬编衬垫织物;罗纹衬纬织物。

(I)

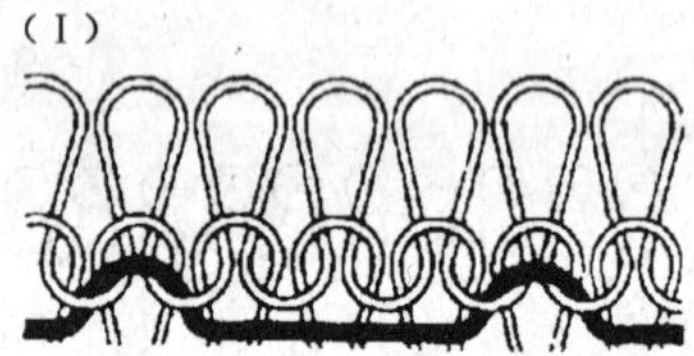

3.3.16

成圈-集圈-浮线横列　knit-tuck-miss course (in a knitted fabric)

由成圈线圈、集圈悬弧和浮线构成的一个横列。

注:成圈-集圈-浮线横列会出现在平针提花织物中,此时引入集圈悬弧用来减少织物背面的浮线长度。

参见:GB/T 5708—2001 短浮线单面提花织物。

(I)

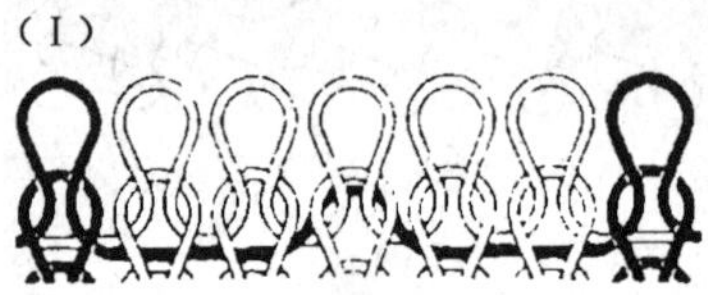

3.3.17

纱罗横列　lacing course (in a knitted fabric)

某些线圈被转移至相邻纵行上形成的一个横列。

参见:GB/T 5708—2001 纬编纱罗织物;双反面纱罗织物。

(I)

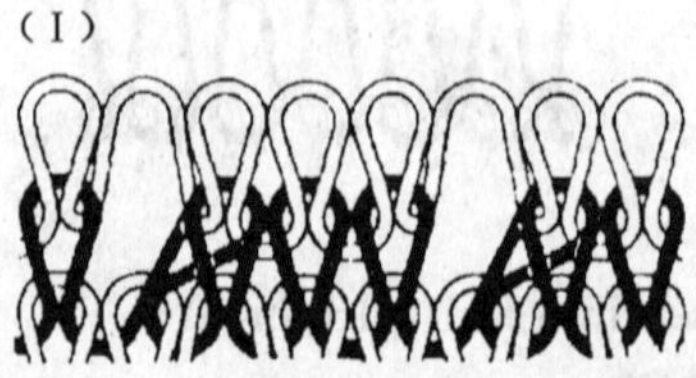

3.3.18

菠萝网眼横列　eyelet course (in a knitted fabric)

某些线圈的沉降弧被转移到其针编弧上所形成的横列。

注:下一横列的沉降弧可以转移到相同的织针上。

参见:GB/T 5708—2001 菠萝网眼织物。

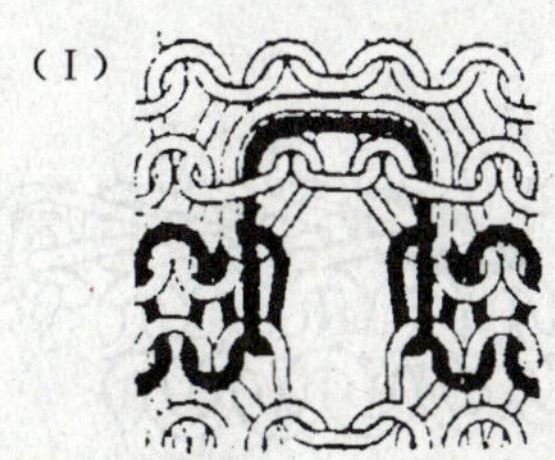

3.3.19

菠萝网眼横列(在机器上)　gather course (on a knitting machine)

由移圈钩子将沉降弧转移到相对针床上的一对针上形成的横列。

3.3.20

转向横列　return course (e.g. in a warp-knitted atlas fabric)

线圈与前一横列中线圈的倾斜方向相反的横列。

注 1：当梳栉改变横向移动的方向时会生成这种横列。

注 2：转向横列可以由闭口线圈或开口线圈组成。

参见：GB/T 5708—2001 米兰尼斯针织物。

3.3.21

分离线横列　draw thread course

锁紧横列(3.3.34)中的最后一个横列(u)，用于将衣片之间分开。

≠管状分离横列(3.3.32)。

3.3.22

脱套横列　press-off course

将分离线横列中的一组线圈从针上脱下的横列。

3.3.23

起口横列　starting course

在新的一件产品开始时所编织的第一个横列(w)。

3.3.24

防脱散横列　ladder-stop course

在针织物中的某一部位编织的防止或阻止织物脱散的横列。

3.3.25

锁边横列　binding-off course

每个线圈均被转移到相邻的纵行上，在织物的末端形成一个防脱散线圈链的横列。

(Ⅰ)

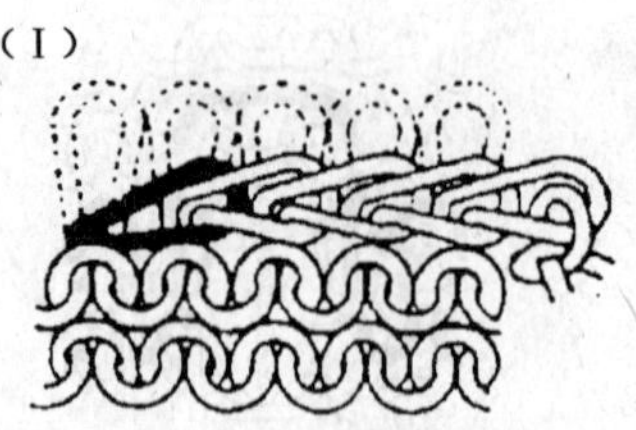

3.3.26

圆筒横列　round of tubular courses (V-bed flat knitting machine)

在V型横机上由一根纱线交替在两个针床上编织平针所形成的横列。

≠管状横列(3.3.8)。

(Ⅰ)

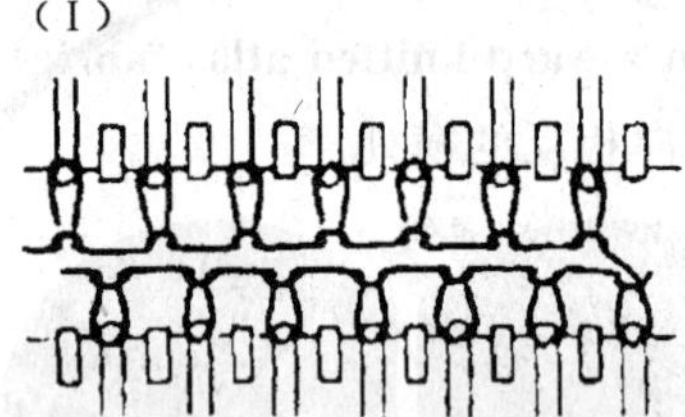

3.3.27

完全横列　full course

结构完整的所有横列。

≠花纹横列(3.3.29)。

3.3.28

满针双罗纹横列　full interlock course

在两个针床上由奇数针和偶数针分别编织的两个1+1罗纹所形成的横列。

参见:GB/T 5708—2001 双罗纹织物;双罗纹空气层织物;双罗纹交错浮线织物;双罗纹横楞织物;双罗纹双列集圈织物。

注:"半个双罗纹横列"相当于一个隔针1+1罗纹横列(3.3.11),但通常用双罗纹配置编织。

参见:GB/T 5708—2001 双罗纹浮线织物。

(Ⅰ)

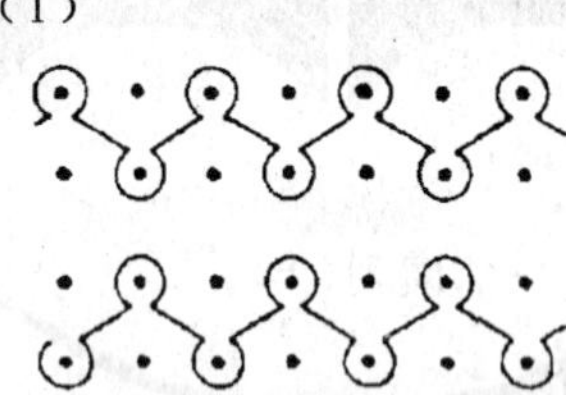

3.3.29

花纹横列　design course

在提花织物中,成圈-浮线、成圈-集圈、集圈-浮线或成圈-集圈-浮线的横列,相当于意匠图上的一个横列。

3.3.30

1+1双反面横列　1×1 purl course

针织物中的两个横列中一个是正面线圈横列,另一个是反面线圈横列所构成的横列。

参见:GB/T 5708—2001 1+1双反面织物。

≠反面线圈(3.2.5)、双反面组织(3.2.34)、1+1罗纹横列(3.3.10)。

3.3.31

分离横列　separating courses

将连续编织的衣服或衣片之间分离开来的若干横列。

3.3.32

管状分离横列　tubular separating courses

用于将衣片分离的圆筒横列(r,s)。

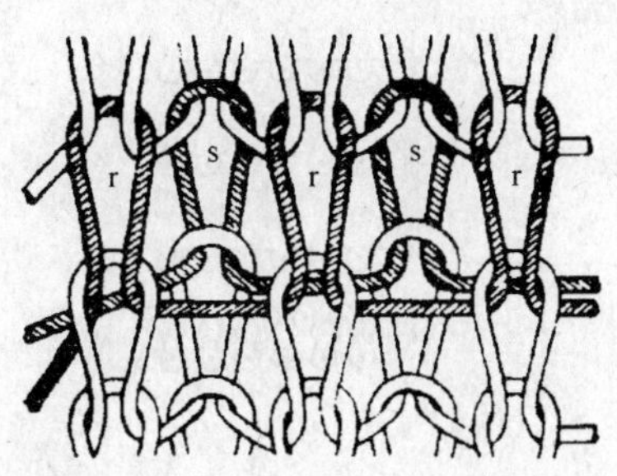

3.3.33

过渡横列　press-off draw courses

由一定数量的锁紧横列(3.3.34)和一个分离线横列(3.3.21)、一个脱套横列(3.3.22)和一个起口横列(3.3.23)组成的横列。

3.3.34

锁紧横列　locking courses

由三个管状横列(t)和一个分离线横列(u)组成的一段或几段横列,在衣片从一个针床上脱下之前编织在衣片末端。

≠分离线横列(3.3.21)。

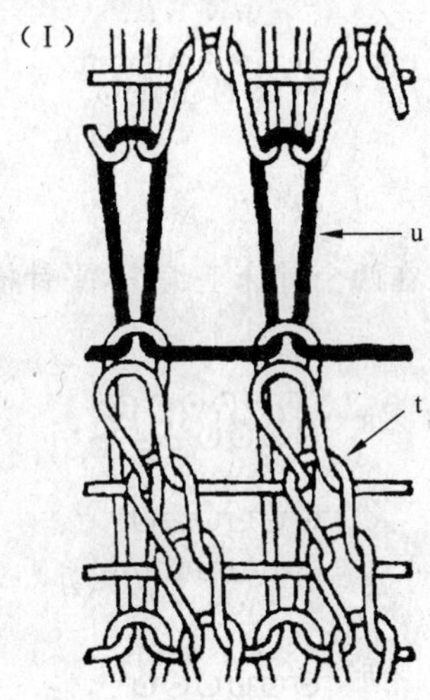

3.3.35

废纱横列　waste courses

为了在后续加工中便于握持,在衣片的末端编织的10个左右的平针横列。

注:当服装加工完成后,拆除废纱横列。

3.3.36

关边　welt

用来形成牢固的布边或在平针织物上形成双层折边的起始横列。

3.3.37

单吃线罗纹关边　roll welt

起始横列(w)和1+1罗纹横列(y)在两个针床上编织,平针横列(z)在形成正面线圈的针床上编织所形成的关边。

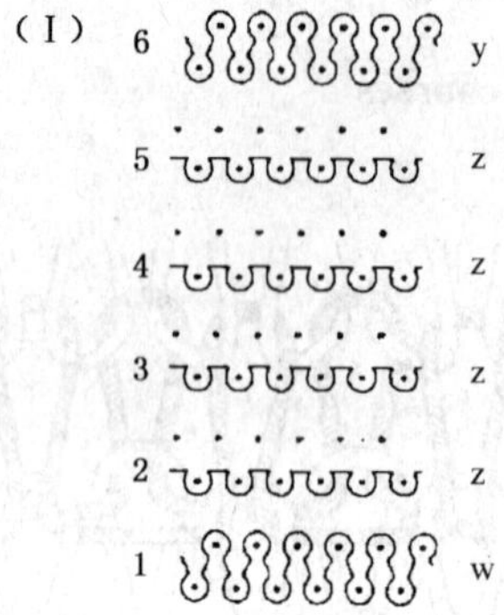

(I) 6 y
5 z
4 z
3 z
2 z
1 w

3.3.38

翻口关边 reverse welt

起始横列(w)和1+1罗纹横列(y)在两个针床上编织,平针横列(z)在形成反面线圈的针床上编织所形成的关边。

注:该关边一般用于具有翻转袜口的中筒袜上。

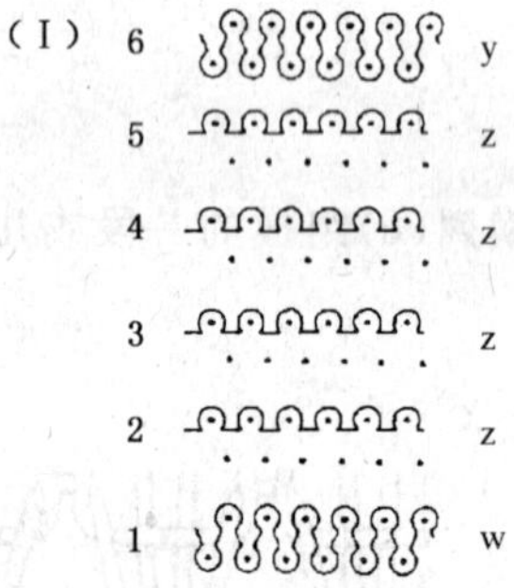

(I) 6 y
5 z
4 z
3 z
2 z
1 w

3.3.39

管状关边 tubular welt

起始横列(w)和1+1罗纹横列(y)在两个针床上编织,平针横列(z)在两个针床上交替编织所形成的关边。

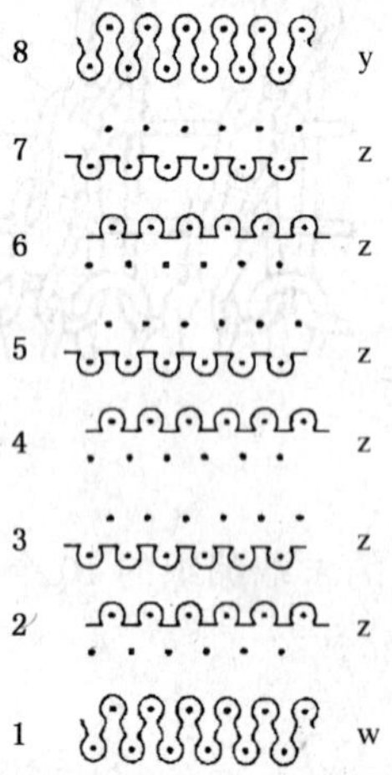

8 y
7 z
6 z
5 z
4 z
3 z
2 z
1 w

3.3.40

移床关边 raked welt

织针通常2隔1配置,先在每一组针上编织一个平针横列,再编织一个2+2罗纹横列所形成的关边。

注:针床移动一个针距,起始横列的纱线在一个针床的针上编织,然后在另一个针床的针上编织(图A),而不是在同一针床的相邻针上编织(图B)。

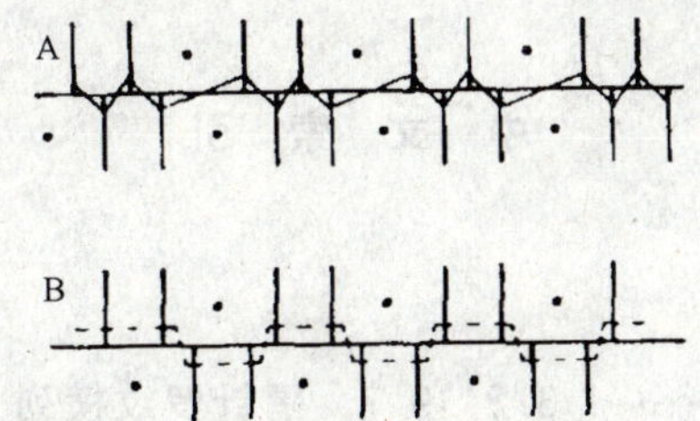

3.3.41

双层平针关边　turned welt

在钩针成形平机上，由双层平针形成的关边。

3.3.42

双层平针袜口关边　inturned welt

在单针筒袜机上，由双层平针所形成的关边。

中 文 索 引

英 文 索 引

A

B

C

D

E

F

G

H

I

K

L

M

N

T

U

V

W

U

V

W

ICS 59.080
W 43

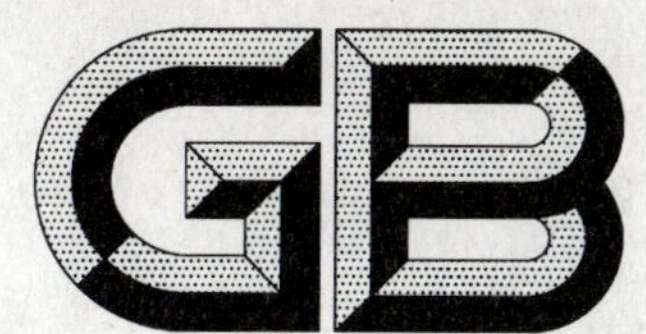

中华人民共和国国家标准

GB/T 24252—2009

蚕丝被

Silk quilts

2009-06-19 发布　　2010-02-01 实施

中华人民共和国国家质量监督检验检疫总局
中国国家标准化管理委员会　发布

前 言

本标准的附录 A、附录 B、附录 C、附录 D 为规范性附录，附录 E 为资料性附录。

本标准由中国纺织工业协会提出。

本标准由全国丝绸标准化技术委员会归口。

本标准起草单位：杭州市质量技术监督检测院、浙江丝绸科技有限公司、鑫缘茧丝绸集团股份有限公司、杭州瑞得寝具有限公司、辽宁美麟集团有限公司、杭州红绳纺织品有限公司、浙江银桑丝绸家纺有限公司、达利丝绸（浙江）有限公司、苏州慈云蚕丝制品有限公司、杭州丝绸之府实业有限公司、四川南充市丝绸（进出口）有限公司、安徽源牌实业（集团）有限责任公司、浙江千万缕丝绸有限公司。

本标准主要起草人：顾红烽、周颖、钱有清、储呈平、林德方、杨永发、郦小漫、朱金毛、林平、沈福珍、蔡杰、苏明利、汪海涛、何斌。

蚕 丝 被

1 范围

本标准规定了蚕丝被的术语和定义、要求、试验方法、检验规则、标志、包装及贮存等。

本标准适用于以桑蚕丝绵、柞蚕丝绵为主要原料，经制胎并和胎套绗缝(包括机缝和手工缝钉)制作而成的蚕丝被。

2 规范性引用文件

下列文件中的条款通过本标准的引用而成为本标准的条款。凡是注日期的引用文件，其随后所有的修改单(不包括勘误的内容)或修订版均不适用于本标准，然而，鼓励根据本标准达成协议的各方研究是否可使用这些文件的最新版本。凡是不注日期的引用文件，其最新版本适用于本标准。

GB/T 250 纺织品 色牢度试验 评定变色用灰色样卡(GB/T 250—2008，ISO 105-A02:1993，IDT)

GB/T 2828.1—2003 计数抽样检验程序 第1部分:按接收质量限(AQL)检索的逐批检验抽样计划(ISO 2859-1:1999,IDT)

GB/T 2910—2009(所有部分) 纺织品 定量化学分析

GB/T 2912.1 纺织品 甲醛的测定 第1部分:游离水解的甲醛(水萃取法)

GB/T 3920 纺织品 色牢度试验 耐摩擦色牢度(GB/T 3920—2008，ISO 105-X12:2001，MOD)

GB/T 3921—2008 纺织品 色牢度试验 耐皂洗色牢度(ISO 105-C10:2006,MOD)

GB/T 3922 纺织品 耐汗渍色牢度试验方法

GB 5296.4 消费品使用说明 纺织品和服装使用说明

GB/T 5713 纺织品 色牢度试验 耐水色牢度(GB/T 5713—1997,eqv ISO 105-E01:1994)

GB/T 7573 纺织品 水萃取液pH值的测定(GB/T 7573—2009,ISO 3071:2005,MOD)

GB/T 8170 数值修约规则与极限数值的表示和判定

GB/T 8629—2001 纺织品 试验用家庭洗涤和干燥程序(eqv ISO 6330:2000)

GB/T 8630 纺织品 洗涤和干燥后尺寸变化的测定(GB/T 8630—2002,ISO 5077:1984,MOD)

GB 9994 纺织材料公定回潮率

GB/T 9995 纺织材料含水率和回潮率的测定 烘箱干燥法

GB/T 17592—2006 纺织品 禁用偶氮染料的测定

GB 18401—2003 国家纺织产品基本安全技术规范

FZ/T 01053 纺织品 纤维含量的标识

3 术语和定义

下列术语和定义适用于本标准。

3.1

蚕丝被 silk quilts

填充物含桑蚕丝和(或)柞蚕丝50%及以上的被类产品。分为纯蚕丝被和混合蚕丝被两类。填充物含100%蚕丝的为纯蚕丝被，填充物含50%及以上蚕丝的为混合蚕丝被。

3.2

丝绵　silk floss

以桑蚕茧、柞蚕茧或缫丝加工的副产品为原料加工而成的絮状产品。按加工方式可分为手工丝绵和机制丝绵；按蚕丝长度可分为长丝绵、中长丝绵和短丝绵。

3.3

长丝绵　long silk floss

以整只蚕茧为原料，经过一定的加工工艺制成的丝绵，其中的天然蚕丝切断很少。

3.4

中长丝绵　medium/long silk floss

以蚕茧或缫丝加工的副产品为原料，经过一定的机械加工工艺制成的丝绵，其中的蚕丝长度基本在25 cm及以上。

3.5

短丝绵　short silk floss

以蚕丝加工的副产品等为原料，经过一定的加工工艺制成的丝绵，其中的蚕丝长度大多在25 cm以下。

3.6

胎套　wadding cover

用于直接包覆、固定填充物的被套。

3.7

绵块　floss block

蚕丝未充分伸直，在丝胎中卷曲形成最大尺寸达到5 mm及以上的团块状丝绵，因丝胶残留较多凝结而成的为硬绵块，否则为软绵块。

3.8

丝筋　silk ribbon

多根蚕丝平行伸直，在丝胎中并结形成宽度达到5 mm及以上、长度达到10 cm及以上的条状丝绵，因丝胶残留较多凝结而成的为硬丝筋。

4　要求

4.1　蚕丝被的要求分为内在质量、外观质量和工艺质量三个方面。

4.2　蚕丝被的质量等级分为优等品、一等品和合格品三个等级。

4.3　蚕丝被内在质量要求按表1规定。

表1　内在质量要求

项　目	分等要求		
	优等品	一等品	合格品
纤维含量/%	填充物含蚕丝100%。胎套根据产品标识明示值，允许偏差值按FZ/T 01053要求		标称填充物蚕丝含量应达到50%及以上。根据产品标识明示值，允许偏差值按FZ/T 01053要求

表 1（续）

<table>
<tr><td colspan="3" rowspan="2">项　目</td><td colspan="3">分等要求</td></tr>
<tr><td>优等品</td><td>一等品</td><td>合格品</td></tr>
<tr><td rowspan="6">填充物</td><td colspan="2">品质</td><td>填充物应是长丝绵或中长丝绵；不含荧光增白剂和明显粉尘；外观色泽均匀，色差不低于 4 级；含杂率≤0.1%；手感柔软，撕拉韧性好；无明显气味；不污损；不发霉、不变质</td><td>填充物应是长丝绵或中长丝绵；外观色泽基本均匀，色差不低于 3 级；含杂率≤0.2%；不污损；不发霉、不变质</td><td>含杂率≤0.5%；不污损；不发霉、不变质</td></tr>
<tr><td>含油率/%</td><td>≤</td><td>1.5</td><td>1.5</td><td>1.5</td></tr>
<tr><td>回潮率/%</td><td>≤</td><td colspan="3">12.0</td></tr>
<tr><td colspan="2">质量偏差率/%</td><td>−2.0～+10.0</td><td>−2.0～+10.0</td><td>−2.5～+10.0</td></tr>
<tr><td rowspan="2">压缩回弹性</td><td>压缩率/%
≥</td><td>45</td><td>40</td><td>—</td></tr>
<tr><td>回复率/%
≥</td><td>95</td><td>90</td><td>—</td></tr>
<tr><td colspan="2">水洗尺寸变化率/%</td><td>≥</td><td colspan="2">−5.0</td><td>−7.0</td></tr>
<tr><td rowspan="6">胎套
色牢度/级
≥</td><td rowspan="2">耐皂洗</td><td>变色</td><td>4</td><td>3-4</td><td>3</td></tr>
<tr><td>沾色</td><td colspan="2">3</td><td>2-3</td></tr>
<tr><td rowspan="2">耐汗渍
耐水</td><td>变色</td><td>4</td><td>3-4</td><td>3</td></tr>
<tr><td>沾色</td><td colspan="3">3</td></tr>
<tr><td rowspan="2">耐摩擦</td><td>干摩擦</td><td>3-4</td><td>3</td><td>3</td></tr>
<tr><td>湿摩擦</td><td>3</td><td>2-3</td><td>2</td></tr>
<tr><td colspan="3">甲醛含量/(mg/kg)</td><td colspan="3">符合 GB 18401 要求</td></tr>
<tr><td colspan="3">pH 值</td><td colspan="3">填充物 4.0～8.0；胎套符合 GB 18401 要求</td></tr>
<tr><td colspan="3">可分解芳香胺染料</td><td colspan="3">符合 GB 18401 要求</td></tr>
<tr><td colspan="3">异味</td><td colspan="3">符合 GB 18401 要求</td></tr>
<tr><td colspan="6">婴幼儿用品色牢度应符合 GB 18401—2003 中 A 类要求。
注 1：产品使用说明标注填充物质量在 1 000 g 及以下的产品不考核压缩回弹性。
注 2：胎套耐皂洗色牢度和蚕丝被水洗尺寸变化率仅考核产品使用说明注明可水洗的产品。</td></tr>
</table>

4.4 蚕丝被外观质量要求按表 2 规定。

表 2 外观质量要求

项目	分等要求		
	优等品	一等品	合格品
尺寸偏差率/%	−2.0～+4.0	−2.0～+5.0	−5.0～+5.0
胎套	无破损、无污渍；色花、色差不低于 3-4 级；纬斜、花斜不大于 3%；明示为 A 类、B 类产品不应有明显表面疵点	无破损、无污渍；色花、色差不低于 3-4 级；纬斜、花斜不大于 5%；明示为 A 类、B 类产品不应有明显表面疵点	无破损、无明显污渍；色花、色差不低于 3 级
辅料	缝线、拉链、扣子、耐久性标签等各种辅料的性能和质地应与面料相适宜，无毛刺，拉链咬合良好、松紧适宜，A 类、B 类产品的拉链头子不应露在胎套外		
缝针	跳针、浮针、漏针每处不超过 2 针，整件产品不超过3 处。不允许有毛边外露		跳针、浮针、漏针每处不超过 1 cm，整件产品不超过 5 处。不允许有毛边外露
耐久性标签	内容符合 GB 5296.4 要求，字迹清晰、耐用，缝制平服		

4.5 蚕丝被工艺质量要求按表 3 规定。

表 3 工艺质量要求

项目	分等要求		
	优等品	一等品	合格品
填充物均匀程度	厚薄均匀，差异率不大于 10.0%；蚕丝充分延伸，纵横分布全幅成网状，丝胎中无明显的硬、软绵块和硬丝筋，外观不差于优等品确认样	厚薄均匀，差异率不大于 20.0%；丝胎表面不允许出现明显的硬绵块和硬丝筋，外观不差于一等品确认样	厚薄差异率不大于 25.0%
四角、边	四角方正，角质量差异率不小于−20.0%，四边充实	四角方正，角质量差异率不小于−30.0%，四边基本充实	四角方正
定位	胎套应四边缝合不脱散，胎套与填充物固定，不相互移位		
针迹密度	胎套缝不小于 10 针/3 cm；机器绗缝不小于 8 针/3 cm		
缝纫质量	缝纫轨迹要匀、直、牢固		
	缝纫起止处应打 0.5 cm～1 cm 回针，接针套正；手工绗缝外露线头不大于 3 cm		
	卷边拼缝平服齐直，宽狭一致，不露毛		
	嵌线应松紧适当，粗细均匀，接头要光		
	绗缝针迹平服，无折皱夹布		
	绗缝图案分布均匀、基本对称		
	绣花平服，无明显漏绣		
注：一等品允许缝纫质量中的一项不符合要求；合格品允许工艺质量中的一项不符合要求。			

4.6 蚕丝被产品的最终质量等级以其各项要求中最低等级评定，低于合格品的为不合格品，不合格品应达到国家强制性标准要求才能作为处理品出厂。

5 试验方法

5.1 检验条件：外观检验在自然北光或白色日光灯下进行，检验桌台面照度 500 lx～600 lx，桌面平整光滑。检验采用手感、目测，或与确认样对比。其他按相应的方法标准规定。

5.2 纤维含量的测定：胎套按 GB/T 2910—2009(所有部分)进行。填充物按附录 A、附录 B 进行。

5.3 荧光增白剂的测定：取适量填充物试样，试样应包含被胎的各层，在波长为 365 nm 紫外线下产生可见荧光，即判定样品含荧光增白剂。

5.4 含杂率的测定：将被胎分成四等份，每份在距被胎边 20 cm 以上任意 1 个部位取试样 2 g 以上，试样应包含被胎的各层。试样合并称量后用手扯松，手拣出目测可见的非纺织纤维杂质，用分度值不大于 0.01 g 的天平称量，按式(1)计算含杂率，结果按 GB/T 8170 修约至 0.1。

$$Z = \frac{m_{Z1}}{m_{Z0}} \times 100 \qquad \cdots\cdots(1)$$

式中：

Z——含杂率，%；

m_{Z1}——杂质质量，单位为克(g)；

m_{Z0}——试样质量，单位为克(g)。

5.5 色差：采用北空光照射，或用 600 lx 及以上等效光源。入射光与样品表面约成 45°，检验人员的视线大致垂直于样品表面，距离约 60 cm 目测，与 GB/T 250 标准样卡对比评定色差等级。

5.6 含油率的测定按附录 C 进行。

5.7 回潮率的测定按 GB/T 9995 进行。

5.8 填充物质量偏差率的测定：将蚕丝被胎套拆开，取所有填充物用分度值不小于 2 g 的秤称量，按式(2)计算公定回潮率质量，按式(3)计算质量偏差率，结果按 GB/T 8170 修约至 0.1。

$$m_1 = \frac{m_2(1+W)}{(1+W_1)} \qquad \cdots\cdots(2)$$

式中：

m_1——填充物公定回潮率质量，单位为克(g)；

m_2——填充物质量实测值，单位为克(g)；

W——填充物公定回潮率(按 GB 9994 的规定)，%；

W_1——填充物实测回潮率(按 5.7 的测定值)，%。

$$R = \frac{m_1 - m_0}{m_0} \times 100 \qquad \cdots\cdots(3)$$

式中：

R——填充物质量偏差率，%；

m_1——填充物公定回潮率质量，单位为克(g)；

m_0——填充物质量规格设计值，单位为克(g)。

5.9 填充物压缩回弹性的测定按附录 D 进行。

5.10 水洗尺寸变化率按 GB/T 8630 进行，采用 GB/T 8629—2001 洗涤方法 7A 程序，干燥方法 A 法。

5.11 耐皂洗色牢度的测定按 GB/T 3921—2008 进行，采用试验条件 B(2)，单纤维贴衬。

5.12 耐汗渍色牢度的测定按 GB/T 3922 进行，采用单纤维贴衬。

5.13 耐水色牢度的测定按 GB/T 5713 进行，采用单纤维贴衬。

5.14 耐摩擦色牢度的测定按 GB/T 3920 进行。

5.15 甲醛含量的测定按 GB/T 2912.1 进行。

5.16 pH 值的测定按 GB/T 7573 进行。

5.17 可分解芳香胺染料的测定按 GB/T 17592—2006 进行,采用 GC/MS 内标法进行分析。

5.18 异味的测定按 GB 18401 进行。

5.19 尺寸偏差率的测定,将蚕丝被抖松呈自然伸缩状态,平摊在检验台上,用分度值为 1 mm 的钢卷尺分别在蚕丝被长、宽向的四分之一和四分之三处测量,分别取平均值,按式(4)计算偏差率,结果按 GB/T 8170 修约至 0.1。

$$S = \frac{L_1 - L_0}{L_0} \times 100 \quad \cdots\cdots(4)$$

式中:

S——尺寸偏差率,%;

L_1——尺寸实测值,单位为厘米(cm);

L_0——尺寸规格设计值,单位为厘米(cm)。

5.20 厚薄差异率和角质量差异率的测定:对外观质量检验用样品被胎目测手感,取有不均匀感的样品至少 1 条。在单条被胎距边 20 cm 以上均分 8 处取 20 cm×20 cm 的试样 8 块,在被胎四角取 20 cm×20 cm 的试样 4 块,见图 1。用分度值不小于 0.01 g 的天平称量每块试样的质量(不包括胎套)。按式(5)计算厚薄差异率,按式(6)计算角质量差异率。计算结果按 GB/T 8170 修约至 0.1。

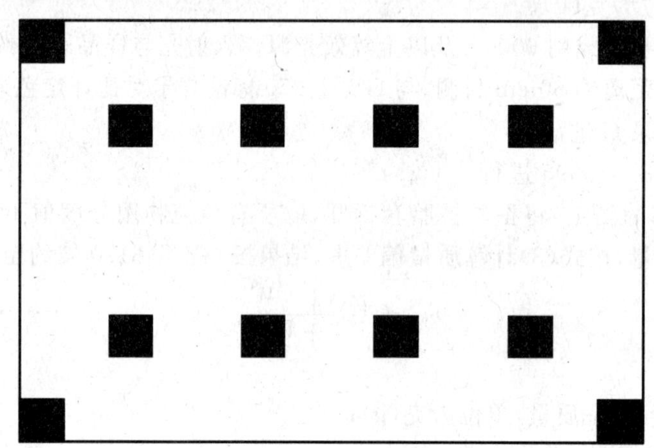

图 1 填充物均匀程度试样取样示意图

$$H = \frac{\sqrt{\frac{\sum_{i=1}^{8}(m_i - \overline{m})}{7}}}{\overline{m}} \times 100 \quad \cdots\cdots(5)$$

式中:

H——厚薄差异率,%;

m_i——中间试样的质量实测值,单位为克(g);

$\overline{m}$——8 块中间试样的质量平均值,单位为克(g)。

$$J = \frac{m_J - \overline{m}}{\overline{m}} \times 100 \quad \cdots\cdots(6)$$

式中:

J——角质量差异率,%;

m_J——角试样中质量实测最低值,单位为克(g);

$\overline{m}$——8 块中间试样的质量平均值,单位为克(g)。

6 检验规则

6.1 检验分类

6.1.1 蚕丝被成品检验分为出厂检验和型式检验两类。

6.1.2 每批产品交货前应进行出厂检验。

6.1.3 型式检验一般每年进行一次，若发生以下情况时应及时进行：

a) 停产半年以上，重新投入生产时；

b) 生产工艺作重大调整或原材料货源改变，可能影响产品质量时；

c) 国家质量监督机构提出进行型式检验的要求时；

d) 供货合同规定需进行型式检验时。

6.2 检验项目

6.2.1 出厂检验项目包括内在质量中的纤维含量、丝绵品质、填充物回潮率、填充物质量偏差率、水洗尺寸变化率、胎套色牢度、pH 值、异味，外观质量全项，工艺质量除厚薄均匀率外全项。

6.2.2 型式检验项目包括第 4 章中的所有检验项目。

6.3 组批

6.3.1 出厂检验以同一合同或生产批号为同一检验批，当同一检验批数量很大，需分期、分批交货时，可以适当再分批，分别检验。

6.3.2 型式检验以同一品种、规格、花色为同一检验批。

6.4 抽样

6.4.1 样品应从经工厂检验的合格批产品中随机抽取，抽样数量按 GB/T 2828.1—2003 中一般检验水平Ⅱ规定，采用正常检验一次抽样方案。内在质量检验用试样在样品中随机抽取至少 1 条，但甲醛含量、pH 值、可分解芳香胺染料、色牢度试样应按花色各抽取 1 份。每份试样的尺寸和取样部位根据方法标准的规定。

6.4.2 在批量较大、生产正常、质量稳定情况下，抽样数量可按 GB/T 2828.1—2003 中一般检验水平Ⅱ规定，采用放宽检验一次抽样方案。

6.4.3 抽样方案参见附录 E。

6.5 检验结果的判定

6.5.1 外观质量和工艺质量按条评定等级，其他项目按批评定等级，以所有试验结果中最低评等评定样品的最终等级。

6.5.2 试样内在质量检验结果所有项目符合标准要求时判定该试样所代表的检验批内在质量合格。批外观质量和工艺质量的判定按 GB/T 2828.1—2003 中一般检验水平Ⅱ规定进行，接收质量限 AQL 为 2.5。批内在质量和外观质量均合格时判定为合格批。否则判定为不合格批。当甲醛含量、pH 值、可分解芳香胺染料、色牢度项目不合格时，判定不合格试样所代表的花色批不合格。

6.6 复验

如交收双方对检验结果有异议时，可进行一次复验。复验时出厂检验的组批可按 6.3.2 中型式检验规定，其他按首次检验的规定进行，以复验结果为准。

7 标志

7.1 蚕丝被的使用说明应符合 GB 5296.4 规定，内容包括制造者名称和地址、产品名称、规格、纤维含量、洗涤维护方法、产品标准编号、产品质量等级、基本安全技术要求类别。如有需要，还可包括其他内容。

7.2 蚕丝被种类名称(纯蚕丝被或混合蚕丝被)应在产品外包装的明显位置标明，其字体不得小于其他标注内容。

7.3 产品规格标注内容应包括成品长、宽尺寸,填充物公定回潮率质量。

7.4 纤维含量标注方法应符合 FZ/T 01053 规定。应标注填充物丝绵的蚕丝种类(桑蚕丝或柞蚕丝)和丝绵长度,长度分为长、中长和短三类,由不同长度种类丝绵混合的填充物应予以明确说明。

填充物纤维含量标注示例:

示例 1:50%桑蚕丝(长丝绵),50%柞蚕丝(中长丝绵)。

示例 2:100%柞蚕丝(含长丝绵和中长丝绵)。

示例 3:95%柞蚕丝(短丝绵),5%其他纤维。

8 包装与贮存

8.1 蚕丝被应每条(套)用包装袋或盒独立包装,并附有第 7 章规定的标志。包装应完整,注意防潮、防污损。若还需采用多条组合包装,则外包装应标明企业名称和地址、产品名称,包装内应附有装箱单,装箱单上应标明产品数量、规格、质量等级。

8.2 蚕丝被贮存时应防潮、防霉、防光照和防重压。

9 其他

如供需双方对蚕丝被产品另有要求,可按合同或协议执行。

附　录　A
（规范性附录）
填充物纤维含量的测定方法

A.1　原理

在蚕丝被填充物中按规定的部位截取试样，可目测分辨及手工分离不同纤维的试样，采取手工分离不同纤维后烘干、称量；不可目测分辨及手工分离不同纤维的试样，对试样采用化学试剂溶解去除桑蚕丝，将不溶解纤维烘干、称量，从而计算出每组分纤维的质量含量。

A.2　仪器、工具和试剂

A.2.1　仪器和工具

A.2.1.1　恒温水浴锅：能保持水浴温度 80 ℃±2 ℃，附有振荡装置。

A.2.1.2　分析天平：精度为 0.000 2 g。

A.2.1.3　恒温烘箱：能保持温度 105 ℃±3 ℃。

A.2.1.4　真空抽气泵及滤瓶。

A.2.1.5　干燥皿：内置无水硅胶。

A.2.1.6　砂芯坩埚：容量 30 mL～50 mL，微孔直径为 90 μm～150 μm。

A.2.1.7　称量皿、三角烧瓶、量筒、烧杯、温度计等。

A.2.1.8　显微镜：放大倍数 200 倍以上。

A.2.1.9　截样剪刀。

A.2.2　试剂及配制

按附录 B 及 GB/T 2910—2009（所有部分）相应规定。

A.3　试样

A.3.1　试样截取

去除蚕丝被样品的胎套，取样部位距被胎边 20 cm 以上均匀分布，应避开明显呈空洞或不同种类纤维分布不均匀的部位，共取试样 4 块。每块试样尺寸为 20 cm×20 cm。

A.3.2　试样制备

可目测分辨及手工分离不同纤维的，按 A.3.1 截取的试样直接用于试验。需采用化学溶解方法进行试验的试样，将 A.3.1 截取的每块试样多次四等分按对角线取样，直至取到 1 g～2 g 化学法试验用试样（见图 A.1）。

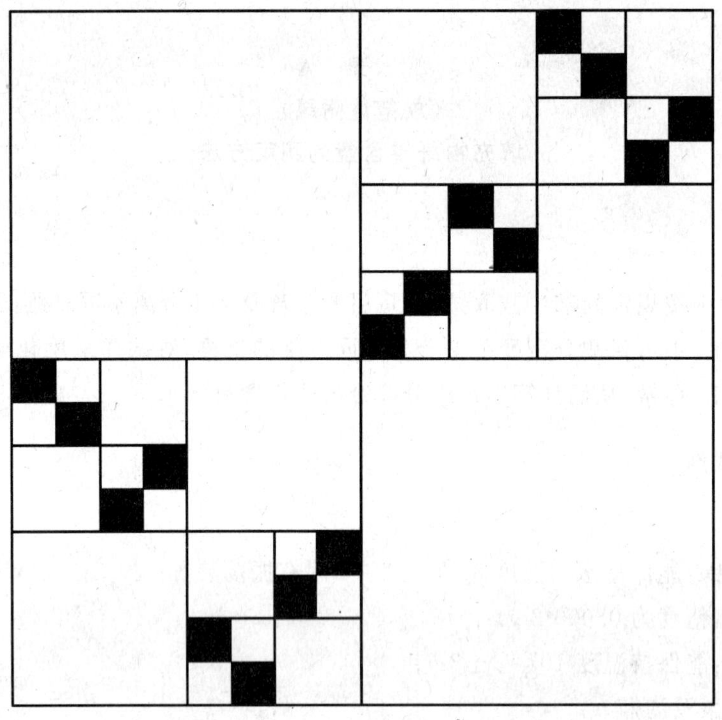

图 A.1　化学法试样制备示意

A.3.3　试样预处理

化学法用试样按 GB/T 2910—2009(所有部分)规定进行。

A.4　试验步骤

A.4.1　手工法

将按 A.3.1 截取的 4 块试样手工分离不同纤维,在 105 ℃±3 ℃温度的烘箱中烘至恒重,分别称量试样中各种纤维的干质量。

注:试样恒重始称时间约 120 min,连续称量时间间隔约 25 min。

A.4.2　化学法

按附录 B 及 GB/T 2910—2009(所有部分)进行。

A.5　试验结果

A.5.1　手工法

纤维净干质量含量按式(A.1)计算,计算结果按 GB/T 8170 修约至 0.1。

$$P_{gi}=\frac{m_{gi}}{\sum m_{gi}}\times 100 \qquad \cdots\cdots(A.1)$$

式中:

P_{gi}——试样中第 i 组分纤维的净干质量含量,%;

m_{gi}——试样中第 i 组分纤维的干质量,单位为克(g)。

纤维结合公定回潮率含量按式(A.2)计算,计算结果按 GB/T 8170 修约至 0.1。

$$P_{ci}=\frac{m_{gi}(1+W_i)}{\sum[m_{gi}(1+W_i)]}\times 100 \qquad \cdots\cdots(A.2)$$

式中:

P_{ci}——试样中第 i 组分纤维的结合公定回潮率含量,%;

m_{gi}——试样中第 i 组分纤维的干质量，单位为克(g)；

W_i——试样中第 i 组分纤维的公定回潮率(按 GB 9994 规定)，%。

A.5.2 化学法

按附录 B 及 GB/T 2910—2009(所有部分)进行。

A.6 试验报告

试验报告应记录下列内容：

a) 使用主要仪器型号及编号；

b) 试样预处理的方法；

c) 试样的质量；

d) 偏离本标准的细节及异常情况描述；

e) 单个试样结果及样品所测各类纤维含量的最终结果；

f) 试验日期及试验人员。

附 录 B
（规范性附录）
桑/柞蚕丝混合填充物中桑蚕丝含量的化学测定方法

B.1 原理

试样中纤维各组分经鉴定后，采用氯化钙/乙醇试液（或硝酸钙试液）溶解去除桑蚕丝，剩余柞蚕丝等纤维，将残留物称量，根据质量损失计算出桑蚕丝的质量含量。

B.2 仪器、工具和试剂

B.2.1 仪器和工具

B.2.1.1 恒温水浴锅：能保持水浴温度 78 ℃～87 ℃，附有机械振荡装置。

B.2.1.2 分析天平：精度为 0.000 2 g。

B.2.1.3 干燥烘箱：能保持温度 105 ℃±3 ℃。

B.2.1.4 真空抽气泵及滤瓶。

B.2.1.5 干燥皿：内置无水变色硅胶。

B.2.1.6 玻璃砂芯坩埚：容量为 30 mL～50 mL，微孔直径为 90 μm～150 μm。

B.2.1.7 索氏萃取器：其容积（mL）是试样质量（g）的 20 倍，或其他能获得相同结果的仪器。

B.2.1.8 显微镜：放大倍数 200 倍以上。

B.2.1.9 称量皿、具塞三角烧瓶、量筒、烧杯、温度计等。

B.2.2 试剂及配制

B.2.2.1 化学试剂：无水氯化钙、无水乙醇、四水硝酸钙，分析纯。

B.2.2.2 试液配制

B.2.2.2.1 试液 A：按无水氯化钙∶无水乙醇∶水为 110 g∶120 mL∶140 mL 的比例配制，先将氯化钙溶于水，待冷却后再加入无水乙醇。本试液应现配现用，不宜久置。

B.2.2.2.2 试液 B：按四水硝酸钙∶水为 95 g∶20 mL 的比例配制。

B.2.2.2.3 试验用水为蒸馏水或去离子水。

B.3 试验步骤

将 A.3.3 处理完成的试样按照 GB/T 2910.1—2009 中第 9 章所述步骤操作，然后再按以下步骤操作。

将试样和 B.2.2.2.1 的试液 A 按 1∶100 浴比放入具塞三角烧瓶，在 80 ℃±2 ℃的恒温水浴锅中振荡 30 min。将残留物连同试液倒入已知干质量的玻璃砂芯坩埚中，先用重力排液，再采用真空抽吸排液过滤，对不溶纤维进行数次清水洗涤，每次洗涤后均需真空抽吸排液。最后将坩锅和残留物烘干，冷却并称量。

注：当不溶纤维中含有锦纶时，可使用 B.2.2.2.2 的试液 B，试验用水浴温度为 85 ℃±2 ℃，热水洗涤，其他试验条件和步骤同上。

B.4 试验结果

B.4.1 试样溶解情况分析

用显微镜观察试样溶解残留物，检查桑蚕丝是否完全被去除，若有残余桑蚕丝，则须重新取样试验。

注：某些情况下，桑蚕丝无法充分溶解，则本标准的方法不适用该试样。

B.4.2 试验结果的计算

纤维净干含量按式(B.1)和式(B.2)计算,计算结果按 GB/T 8170 修约至 0.1。

$$P_{g1} = \frac{m_g \times d}{m_0} \times 100 \qquad \cdots\cdots(B.1)$$

$$P_{g2} = 100 - P_{g1} \qquad \cdots\cdots(B.2)$$

式中:

P_{g1}——试样中不溶纤维的净干含量,%;

P_{g2}——试样中桑蚕丝的净干含量,%;

m_g——试样中不溶纤维的干质量,单位为克(g);

m_0——试样的干质量,单位为克(g);

d——不溶纤维在试剂处理时的质量修正系数(柞蚕丝、羊毛、棉、亚麻、苎麻、涤纶、腈纶、粘纤、莱赛尔纤维均为 1.00)。

纤维结合公定回潮率含量按式(B.3)和式(B.4)计算,计算结果按 GB/T 8170 修约至 0.1。

$$P_{m1} = \frac{P_{g1}(1+W_1)}{P_{g1}(1+W_1)+P_{g2}(1+W_2)} \times 100 \qquad \cdots\cdots(B.3)$$

$$P_{m2} = 100 - P_{m1} \qquad \cdots\cdots(B.4)$$

式中:

P_{m1}——试样中不溶纤维的结合公定回潮率含量,%;

P_{m2}——试样中桑蚕丝的结合公定回潮率含量,%;

W_1——不溶纤维的公定回潮率(按 GB 9994 规定),%;

W_2——桑蚕丝的公定回潮率(按 GB 9994 规定),%。

B.4.3 最终试验结果计算

样品最终试验结果取二次平行试验结果的算术平均值。若平行试验结果的差异大于 1.0%时,应测定第三个试样,最终结果取三个试样的算术平均值。最终结果按 GB/T 8170 修约至 0.1。

附　录　C
（规范性附录）
填充物含油率试验方法

C.1　原理

试样在索氏萃取器中用乙醚进行萃取，然后使萃取溶剂蒸发，得到油脂质量，从而求出含油脂量对试样干质量的百分比。

C.2　仪器、工具和试剂

C.2.1　索氏萃取器，接受烧瓶为150 mL。
C.2.2　分析天平，分度值为0.1 mg。
C.2.3　恒温水浴锅。
C.2.4　恒温烘箱，能保持温度105 ℃±3 ℃。
C.2.5　干燥器，装有变色硅胶。
C.2.6　称量器皿。
C.2.7　定性滤纸。
C.2.8　乙醚（化学纯或分析纯）。

C.3　试样

在蚕丝被填充物中抽取2份试样各重3.0 g±0.3 g，试样取样部位应遍及被胎各层。若填充物由两种及以上不同种类或批号原料组成，未充分混合，能目测及手工分离的，则对不同原料分别取样、试验、计算和判定。

C.4　试验步骤

C.4.1　将接受烧瓶和称量器皿放在105 ℃±3 ℃的烘箱中烘至恒重，称取质量并记录。
C.4.2　将2份试样用定性滤纸包好，大小、松紧适宜。
C.4.3　在恒温水浴锅上安装索氏萃取器，连接冷却管，接通冷却水，加热水浴锅。
C.4.4　将2份包有定性滤纸的试样分别放入索氏萃取器的浸抽器内。然后倒入乙醚，使其浸没试样并越过虹吸管产生回流，接上冷凝器。
C.4.5　调节水浴加热温度，使接受烧瓶中乙醚微沸，保持每小时回流6次～7次，共回流2 h。
C.4.6　回流完毕，取下冷凝器，从浸抽器中取出试样，挤干溶剂，除去滤纸，放入称量器皿中。再接上冷凝器，回收乙醚。
C.4.7　待乙醚基本挥发尽后，将装有试样的称量器皿和接受烧瓶放在105 ℃±3 ℃的烘箱中烘至恒重，取出称量器皿和接受烧瓶迅速放入干燥器内，冷却至室温，称取质量并记录。

注：试样恒重始称时间约120 min，连续称量时间间隔约25 min。

C.5　试验结果

试样含油率按式（C.1）计算：

$$a = \frac{m_{a1}}{m_{a1} + m_{a2}} \times 100 \qquad \cdots\cdots（C.1）$$

式中：

a——试样的含油率，%；

m_{a1}——油脂的干质量，单位为克(g)；

m_{a2}——脱脂后试样的干质量，单位为克(g)。

计算 2 份试样含油率的算术平均值，结果按 GB/T 8170 修约至 0.1。

C.6 试验报告

试验报告应记录下列内容：

a) 样品名称、编号；

b) 称量器皿、接受烧瓶的质量；

c) 每份试样的 m_{a1}、m_{a2}、a 及其算术平均值；

d) 偏离本标准的细节及异常情况描述；

e) 试验日期及试验人员。

附 录 D
（规范性附录）
填充物压缩回弹性试验方法

D.1 原理

试样在一定的时间和压力作用下，其厚度产生受压压缩和去负荷回弹恢复，测定其不同压力时的厚度值，以计算试样的压缩和回复的性能。

D.2 设备和工具

D.2.1 重锤 A，质量 2 kg；重锤 B，质量 4 kg。
D.2.2 测试压片，质量 200 g±10 g，尺寸 20 cm×20 cm，工作面平整、光洁、不易变形。
D.2.3 工作台，面积不小于 20 cm×20 cm，工作面平整、光洁，与测试压片工作面接触时吻合平行。
D.2.4 天平（或秤），分度值不大于 0.5 g。
D.2.5 钢直尺，分度值不大于 1 mm。
D.2.6 计时器，分度值不大于 1 s。

D.3 试验用标准大气与调湿

D.3.1 调湿与试验用标准大气为 20 ℃±2 ℃，相对湿度 65%±4%。
D.3.2 试样应在吸湿状态下调湿平衡，如需要，可进行预调湿。预调湿在温度不超过 50 ℃，相对湿度为 10%～25%的大气中调湿 2 h。
D.3.3 试验前，试样暴露在 D.3.1 规定的标准大气中调湿 4 h 以上至平衡。

D.4 试样

D.4.1 去除蚕丝被样品的胎套，试样在距被胎边 20 cm 以上处剪取，应具有代表性且不能有影响试验结果的疵点。每块试样面积为 20 cm×20 cm。
D.4.2 取数块试样称量，组成质量约为 60 g 的三组试样。

D.5 试验步骤

D.5.1 将每组试样分别整齐叠放在工作台上。
D.5.2 将测试压片放在试样上，然后再加上重锤 A，30 s 后取下重锤，放置 30 s，如此重复操作 3 次后，去掉重锤放置 30 s，立即测量试样从工作台到测试压片的四角高度，取其算术平均值为 h_0。
D.5.3 在测试压片上再加上重锤 B，30 s 后立即测量试样从工作台到测试压片的四角高度，取其算术平均值为 h_1。
D.5.4 取下重锤 B，放置 3 min 后，立即测量试样从工作台到测试压片的四角高度，取其算术平均值为 h_2。

D.6 试验结果的计算

D.6.1 试样压缩率按式(D.1)计算：

$$P_1 = \frac{h_0 - h_1}{h_0} \times 100 \qquad \cdots\cdots\cdots\cdots(\text{D.1})$$

式中：

P_1——压缩率，%；

h_0——按 D.5.2 操作后试样的高度，单位为毫米（mm）；

h_1——按 D.5.3 操作后试样的高度，单位为毫米（mm）。

D.6.2 试样回复率按式(D.2)计算：

$$P_2 = \frac{h_2 - h_1}{h_0 - h_1} \times 100 \qquad \cdots\cdots(D.2)$$

式中：

P_2——回复率，%；

h_0——按 D.5.2 操作后试样的高度，单位为毫米（mm）；

h_1——按 D.5.3 操作后试样的高度，单位为毫米（mm）；

h_2——按 D.5.4 操作后试样的高度，单位为毫米（mm）。

D.6.3 计算 3 组试样的算术平均值，结果按 GB/T 8170 修约至 0.1。

D.7 试验报告

试验报告应记录下列内容：

a) 样品名称、编号；

b) 每份试样的 h_0、h_1、h_2、P_1、P_2 及其算术平均值；

c) 试验环境温湿度；

d) 偏离本标准的细节及异常情况描述；

e) 试验日期及试验人员。

附 录 E
（资料性附录）
检验抽样方案

根据 GB/T 2828.1—2003，采用一般检验水平Ⅱ，AQL 为 2.5 的正常检验一次抽样方案如表 E.1 所示，放宽检验一次抽样方案如表 E.2 所示。

表 E.1 AQL 为 2.5 的正常检验一次抽样方案

批量 N	样本量字码	样本量 n	接收数 Ac	拒收数 Re
2～8	A	2	0	1
9～15	B	3	0	1
16～25	C	5	0	1
26～50	D	8	0	1
51～90	E	13	1	2
91～150	F	20	1	2
151～280	G	32	2	3
281～500	H	50	3	4
501～1 200	J	80	5	6
1 201～3 200	K	125	7	8
3 201～10 000	L	200	10	11

表 E.2 AQL 为 2.5 的放宽检验一次抽样方案

批量 N	样本量字码	样本量 n	接收数 Ac	拒收数 Re
2～8	A	2	0	1
9～15	B	2	0	1
16～25	C	2	0	1
26～50	D	3	0	1
51～90	E	5	1	2
91～150	F	8	1	2
151～280	G	13	1	2
281～500	H	20	2	3
501～1 200	J	32	3	4
1 201～3 200	K	50	5	6
3 201～10 000	L	80	6	7

ICS 59.080.30
W 04

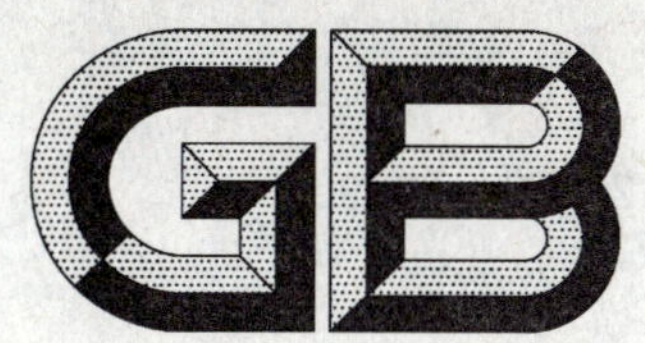

中华人民共和国国家标准

GB/T 24253—2009

纺织品　防螨性能的评价

Textiles—Evaluation for anti-mites activity

2009-06-19 发布　　　　2010-02-01 实施

中华人民共和国国家质量监督检验检疫总局
中国国家标准化管理委员会　发布

前　言

本标准的附录 A 为资料性附录。

本标准由中国纺织工业协会提出。

本标准由全国纺织品标准化技术委员会基础标准分会(SAC/TC 209/SC 1)归口。

本标准起草单位:深圳康益保健用品有限公司、北京洁尔爽高科技有限公司、纺织工业标准化研究所、广东省微生物研究所。

本标准主要起草人：商成杰、方锡江、谢小保、贾家祥、李亚、张金桐、张洪杰、王兴富、欧阳友生。

纺织品　防螨性能的评价

1　范围

本标准规定了使用驱避法和抑制法对纺织品防螨性能的试验和评价方法。

本标准适用于羽绒、纤维、纱线、织物和制品等各类纺织产品。其中驱避法适用于所有纺织产品；抑制法适用于不经常洗涤的产品，例如，填充物（棉絮、羽绒等）和地毯等。

本标准不涉及防螨产品安全性的评价。

2　规范性引用文件

下列文件中的条款通过本标准的引用而成为本标准的条款。凡是注日期的引用文件，其随后所有的修改单（不包括勘误的内容）或修订版均不适用于本标准，然而，鼓励根据本标准达成协议的各方研究是否可使用这些文件的最新版本。凡是不注日期的引用文件，其最新版本适用于本标准。

GB/T 12490—2007　纺织品　色牢度试验　耐家庭和商业洗涤色牢度（ISO 105-C06：1994，MOD）

3　术语和定义

下列术语和定义适用于本标准。

3.1

螨虫　mites

属节肢动物门、蛛形纲、蜱螨亚纲的一类体型微小的动物，身体成小球形或长形等，虫体基本结构分为颚体与躯体两部分，成虫和若虫阶段有四对足，幼虫有三对足。

注：本标准中的螨虫为能够引起人体过敏反应的尘螨（dust mites）。

3.2

防螨性能　anti-mites activity

产品所具有的驱避螨虫或抑制螨虫生长繁殖的性能。

3.3

对照样　control sample

用于验证试验螨虫生长条件的材料，采用与试样材质相同但未经防螨整理的材料。如果需要，也可采用不经任何处理的100 %棉织物，经高温蒸煮和蒸馏水洗涤后作为对照样。

注：已被证明采用染色牢度试验用的棉标准贴衬织物，经高温蒸煮和蒸馏水洗涤后作为对照样是合适的。

4　安全预防措施

螨虫易于在试验条件下扩散并对试验人员或他人造成一定危害，所以应在规定的试验环境下由经过专业培训的人员进行该项试验。

5　原理

将试样和对照样分别放在培养皿内，在规定的条件下同时与螨虫接触。经过一定的时间培养后，对试样培养皿内和对照样培养皿内存活的螨虫数量进行计数，根据所采用的试验方法计算螨虫驱避率或螨虫抑制率，来评价防螨的效果。

6 设备与材料

6.1 解剖镜或体视显微镜

6.2 恒温恒湿培养箱，温度范围 20 ℃～40 ℃，精度为±1 ℃；湿度范围 70%～90%，精度为±5%。

6.3 培养皿，塑料或玻璃材质，直径 58 mm，高 15 mm。

6.4 有盖容器，塑料、玻璃、陶瓷或搪瓷材质，边长约 200 mm～300 mm，高约 50 mm～100 mm。容器上盖的中间有直径为 50 mm±10 mm 的通气孔，并且在通气孔上覆盖有直径为 100 mm±10 mm 的 PTFE(聚四氟乙烯)膜或 PTFE 膜复合织物[透湿量大于 2 500 g/(m^2 · 24 h)]，用胶带将 PTFE 膜或 PTFE 膜复合织物与上盖粘为一体。

6.5 粘板，玻璃或塑料材质，直径约 180 mm 的圆形或边长约 180 mm 正方形。

6.6 螨虫用粉末状饲料，粒度直径小于 0.1 mm。需经过灭菌处理。

注：附录 A 给出了螨虫饲料的营养成分示例。

6.7 螨虫计数工具：计数器，解剖针，毛笔。

6.8 试管、烧瓶等实验室常用器具。

6.9 烘箱。

6.10 配制的饱和食盐水。

6.11 天平，感量为 0.001 g。

7 试验螨虫

7.1 螨虫种类

本标准中的试验螨虫采用粉尘螨(*Dermatophagoides farinae* Hughhes)雌雄成螨或若螨。

7.2 标识

对每种试验螨虫应标注如下信息：

a) 供应螨虫的保藏机构名称；

b) 螨虫的名称和编号；

c) 螨虫的批号；

d) 保存螨虫的贮藏日期；

e) 保存螨虫的实验室编号。

8 试样的准备

8.1 试样的大小

织物：从每个样品上选取有代表性的试样，剪成直径为 58 mm 的圆形作为一个试样。

羽绒、纤维、纱线、地毯：从每个样品上选取有代表性的试样，纤维、纱线剪成长为 10 mm～30 mm 的短纤维，称取质量 0.40 g±0.05 g 作为一个试样。

分别取 3 个试样和 3 个对照样。

8.2 试样的预处理

将试样置于 65 ℃±5 ℃的干热条件下 10 min。

8.3 试样的洗涤

如果考核样品的防螨耐洗性能，将 8.1 的 3 个试样按 GB/T 12490—2007 中的试验条件 A1M 进行洗涤，一个循环相当于 5 次洗涤(一个循环的具体操作：150 mL 溶液中加入钢珠 10 粒，40 ℃下洗涤 45 min，取出试样在 100 mL 40 ℃的水中清洗两次，每次 1 min)。达到规定的洗涤次数后，用水充分清洗试样，晾干。

9 试验方法与步骤

9.1 驱避法

9.1.1 在有盖的容器内放入一块厚10 mm,边长约200 mm的海绵,注入适量的饱和食盐水(6.10)(水的高度恰好浸没海绵)。

9.1.2 取7个培养皿,将一个培养皿放在粘板中央为中心培养皿,其余6个培养皿围绕中心培养皿成花瓣状均匀放置,并在每个培养皿之间的边缘处用相同宽度的透明胶带粘住(起到桥梁作用)。然后将7个培养皿固定在粘板上。

9.1.3 在外围的6个培养皿内,分别间隔地放入试样和对照样。将试样均匀、平整、紧密地铺放于培养皿的底部,并在试样的中央放入0.05 g螨虫饲料。

9.1.4 在中心培养皿上放入(2 000±200)只存活的螨虫。

9.1.5 将已放入试验螨虫和饲料的粘板组合件放在海绵上(见图1),盖上容器盒的上盖,置于恒温恒湿培养箱中,温度为(25±2)℃,相对湿度(75±5)%。

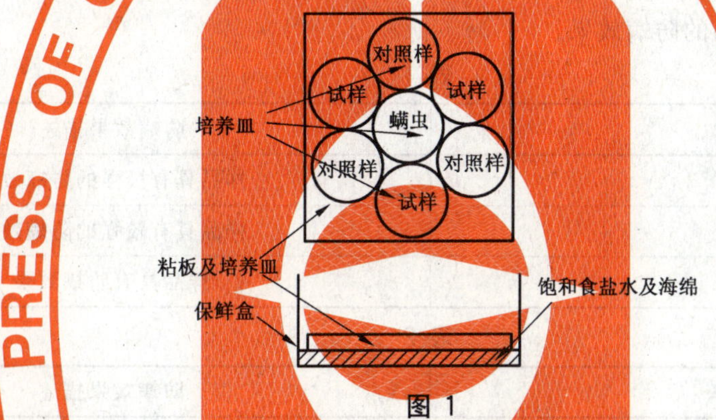

图1

9.1.6 培养24 h后,用解剖镜或体视显微镜观察并采用适当的方法计数试样培养皿内和对照样培养皿内存活的螨虫成虫和若虫数。

9.2 抑制法

9.2.1 在有盖的容器内放入一块厚10 mm,边长约200 mm的海绵,注入适量的饱和食盐水(水的高度恰好浸没海绵)。

9.2.2 在6个培养皿内分别放入3个试样和3个对照样,将试样均匀、平整、紧密地铺放于培养皿的底部,并在试样上均匀地分散放入0.05 g螨虫饲料。

9.2.3 向6个培养皿中各放入150只存活的螨虫。

9.2.4 将6个培养皿分别放在容器盒内的海绵上,培养皿之间的距离大于10 mm(见图2)。

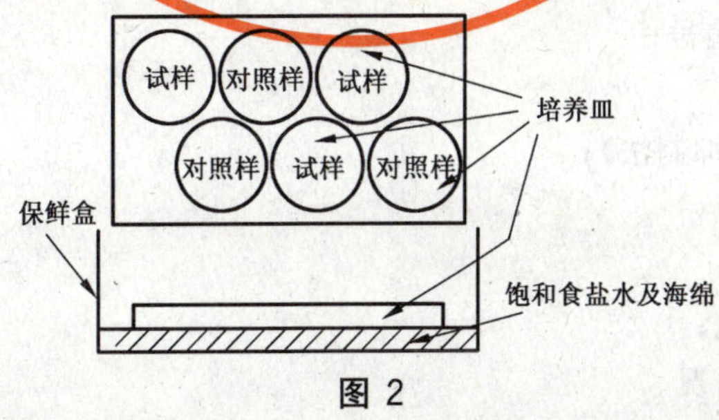

图2

9.2.5 盖上容器盒的上盖,将容器盒置于恒温恒湿培养箱中,温度为(25±2)℃,相对湿度为(75±5)%。

9.2.6 根据需要培养7 d、14 d、28 d或42 d后,用解剖镜观察并记录培养皿内存活的螨虫成虫和若虫数量。

9.2.7 如果对照样培养皿内存活的螨虫数量少于150只,重新进行全部的试验。

10 结果的计算和评价

10.1 根据采用的试验,按式(1)或式(2)计算驱避率(Q)或抑制率(Y),以百分率(%)表示:

$$Q = \frac{B - T}{B} \times 100 \quad \cdots\cdots (1)$$

$$Y = \frac{B - T}{B} \times 100 \quad \cdots\cdots (2)$$

式中:

B——三块对照样存活螨虫数的平均值;

T——三块试样存活螨虫数的平均值。

以驱避率或抑制率的计算值作为结果。当计算值为负数时,表示为“0”;当计算值>99%时,表示为“>99%”。

10.2 按表1、表2评定样品的防螨效果。

表1

驱避率	防螨效果描述
≥95%	样品具有极强的防螨效果
≥80%	样品具有较强的防螨效果
≥60%	样品具有防螨效果

表2

抑制率	防螨效果描述
≥95%	样品具有极强的防螨效果
≥80%	样品具有较强的防螨效果
≥60%	样品具有防螨效果

11 试验报告

试验报告应包括下列内容:

a) 试验是按本标准进行的;

b) 试样和对照样的描述;

c) 试样的预处理(例如,洗涤次数);

d) 试验螨虫的来源和编号;

e) 饲料的来源;

f) 试验方法(驱避法或抑制法);

g) 驱避率或抑制率;

h) 防螨效果的评价;

i) 试验人员和试验日期;

j) 任何偏离本标准的情况。

附　录　A
（资料性附录）
螨虫饲料的营养成分

同一试验用螨虫饲料的营养成分要统一。饲料中应避免含有杀虫杂质。表 A.1 给出螨虫饲料营养成分的示例。当在饲料中使用啤酒酵母时;其用量不能超过 15%。饲料的粒度直径不能超过 100 μm。

表 A.1

项　目		食物 1	食物 2	食物 3	食物 4	食物 5
组分	鱼或鱼的副产品	○	○	×	×	×
	谷物	○	○	×	×	○
	酵母	○	○	×	×	○
	牛奶或乳产品	×	○	×	×	×
	蛋或蛋产品	○	○	×	×	×
	蔬菜蛋白提取物	×	○	×	×	○
	蔬菜	×	○	×	×	○
	肉或动物副产品	×	○	×	×	×
	软体动物或甲壳类动物	○	○	×	×	×
	油脂或脂肪	○	×	×	×	×
	海藻	○	○	×	×	○
	糖	○	×	×	×	×
	小麦胚芽	×	×	○	○	×
	啤酒酵母	×	×	○	×	×
	棕色啤酒酵母	×	×	×	○	×
	原始植物的副产品	×	○	×	×	○
	矿物质	×	×	×	×	○
平均分析	天然蛋白质	48%	43%			32%
	天然脂肪质	9%	7%			6%
	灰状物	11%	9%			6%
	天然纤维素	2%	2%			2%
	水分	6%	7.5%			6%
维生素（每千克含量）	维生素 A	37 600 IU	26 000 IU			29295 IU
	维生素 D_3	2 000 IU	1 700 IU			1 830 IU
	维生素 E	125 mg	300 mg			195 mg
	维生素 B_1	45 mg	35 mg			
	维生素 B_2	125 mg	55 mg			
	维生素 B_6	25 mg	28 mg			

表 A.1（续）

项目		食物 1	食物 2	食物 3	食物 4	食物 5
维生素（每千克含量）	维生素 B_{12}	0.1 mg				
	泛酸钙	125 mg	140 mg			
	L-棕榈酸酯-2 多磷酸酯（维生素 C 稳定）	515 mg	450 mg			256 mg
	生物素		3 500 mg			
注：○为需要的成分，×为不需要的成分。						

ICS 59.080.30
W 04

中华人民共和国国家标准

GB/T 24254—2009

纺织品和服装　冷环境下需求热阻的确定

Textile and clothing—Determination and interpretation of cold stress when using required clothing insulation（IREQ）and local cooling effects

（ISO 11079:2007,Ergonomics of the thermal environment—Determination and interpretation of cold stress when using required clothing insulation（IREQ）and local cooling effects,MOD）

2009-06-19 发布　　　　2010-02-01 实施

中华人民共和国国家质量监督检验检疫总局
中国国家标准化管理委员会　发布

前　言

本标准修改采用 ISO 11079:2007《热环境人类工效学　用服装需求热阻和局部冷效应对冷应力的确定和解释》。

本标准与 ISO 11079:2007 的主要差异如下：

——标准题目改为“纺织品和服装　冷环境下需求热阻的确定”；

——将“规范性引用文件”中参考采用的标准列入“参考文献”；

——在附录 C 中增加了表 C.3“单件服装基本热阻参考表（依据暖体假人法测试，ISO 9920）”和表 C.4“纺织材料基本热阻（I_{cl}）列举（依据蒸发热板法测试，GB/T 11048）”；

——增加了附录 G“中国主要城市气温统计表”。

本标准的附录 A 为规范性附录，附录 B、附录 C、附录 D、附录 E、附录 F、附录 G 为资料性附录。

本标准由中国纺织工业协会提出。

本标准由全国纺织品标准化技术委员会基础标准分会（SAC/TC 209/SC 1）归口。

本标准起草单位：国家纺织制品质量监督检验中心、3M 中国有限公司。

本标准主要起草人：葛玥、王宝军、任鹤宁。

引　言

风冷是在寒冷环境普遍遇到的情况，但低温是身体热平衡的首要危害。通过适当的衣物、纺织品、服装调整，人往往可以控制和调节身体散热损失，与周围环境的变化达到热平衡。本标准给出了评估维持身体热平衡所需的服装热阻的方法。热平衡方程参考了皮肤表面和服装之间热交换的最新科学研究结果。

纺织品和服装　冷环境下需求热阻的确定

1　范围

本标准规定了暴露于寒冷环境热应力的评估规律和方法。

本标准适用于连续性、间断性以及偶尔暴露于室内和室外的工作种类。不适用于与某些气象现象(如降水)相关的特定影响。

2　规范性引用文件

下列文件中的条款通过本标准的引用而成为本标准的条款。凡是注日期的引用文件，其随后所有的修改单(不包括勘误的内容)或修订版均不适用于本标准，然而，鼓励根据本标准达成协议的各方研究是否可使用这些文件的最新版本。凡是不注日期的引用文件，其最新版本适用于本标准。

GB/T 5453　纺织品　织物透气性的测定(GB/T 5453—1997,eqv ISO 9237:1995)

GB/T 11048　纺织品　生理舒适性　稳态条件下热阻和湿阻的测定(GB/T 11048—2008,ISO 11092:1993,MOD)

GB/T 18048　热环境人类工效学　代谢率的测定(GB/T 18048—2008,ISO 8996:2004,IDT)

3　术语和定义、符号

3.1　术语和定义

下列术语和定义适用于本标准。

3.1.1

冷应力　cold stress

在重大或失代偿的生理应变下，身体热交换(热损失)等于或远大于热平衡时的气候条件(热负债)。

3.1.2

热应力　heat stress

在重大和偶尔失代偿生理应变下，身体热交换(热损失)恰好等于或远小于热平衡时的气候条件(热存储)。

3.1.3

需求热阻　required clothing insulation

IREQ

在界定的生理应变水平下，保持身体热量平衡时需要的服装热阻。

3.1.4

热中性区域　thermalneutral zone

身体保持热平衡的温度区间，但不包括血管运动反应。

3.1.5

风冷温度 wind chill temperature

与局部皮肤的受冷相关的温度。

3.2　符号

下列符号适用于本标准。

A_{Du}:迪布瓦(Dubois)躯体表面积,m^2。

ap:空气渗透指数,$L \cdot m^{-2} \cdot s^{-1}$。

C:对流热流量(交换),$W \cdot m^{-2}$。

C_{res}:呼吸对流热流量(损失),$W \cdot m^{-2}$。

c_e:水蒸发潜热,$J \cdot Kg^{-1}$。

c_p:恒定压力下,干燥空气的比热,$J \cdot Kg^{-1} \cdot K^{-1}$。

D_{lim}:有限持续暴露时间,h。

E:皮肤表面蒸发热流量(交换),$W \cdot m^{-2}$。

E_{res}:呼吸蒸发热流量(损失),$W \cdot m^{-2}$。

f_{cl}:服装面积因数,无量纲。

h_c:对流换热系数,$W \cdot m^{-2} \cdot K^{-1}$。

h_r:辐射换热系数,$W \cdot m^{-2} \cdot K^{-1}$。

I_a:界面层热阻,$m^2 \cdot K \cdot W^{-1}$。

$I_{a,r}$:综合界面层热阻,$m^2 \cdot K \cdot W^{-1}$。

I_{cl}:基本服装热阻,$m^2 \cdot K \cdot W^{-1}$。

$I_{cl,r}$:综合服装热阻,$m^2 \cdot K \cdot W^{-1}$。

I_T:基本总热阻,$m^2 \cdot K \cdot W^{-1}$。

$I_{T,r}$:综合总热阻,$m^2 \cdot K \cdot W^{-1}$。

i_m:透湿指数,无量纲。

IREQ:需求热阻,$m^2 \cdot K \cdot W^{-1}$。

$IREQ_{min}$:需求热阻最小值,$m^2 \cdot K \cdot W^{-1}$。

$IREQ_{中值}$:需求热阻值中值(热中性),$m^2 \cdot K \cdot W^{-1}$。

K:传导热流量(交换),$W \cdot m^{-2}$。

M:新陈代谢率,$W \cdot m^{-2}$。

p_a:水蒸气分压,kPa。

P_{ex}:呼出空气温度时的饱和水蒸气压力,kPa。

p_{sk}:皮肤温度水蒸气压力,kPa。

$p_{sk,s}$:皮肤表面饱和水蒸气压力,kPa。

Q:身体捕获或损失的热量,$kJ \cdot m^{-2}$。

Q_{lim}:Q的极限值,$kJ \cdot m^{-2}$。

R:辐射热流量(交换),$W \cdot m^{-2}$。

$R_{e,T}$:服装和界面空气层的总湿阻,$m^2 \cdot kPa \cdot W^{-1}$。

S:身体储热率,$W \cdot m^{-2}$。

t_a:空气温度,℃。

t_{cl}:服装表面温度,℃。

t_{ex}:呼出空气的温度,℃。

t_o:操作温度(反映了环境空气温度 t_a 和平均辐射温度 $\bar{t}_r$ 的综合作用),℃。

t_r:辐射温度,℃。

t_{sk}:局部皮肤温度,℃。

$\bar{t}_{sk}$:平均皮肤温度,℃。

t_{WC}:风冷温度,℃。

V:呼吸空气的速率,kg·s^{-1}。

v_a:空气流速,m·s^{-1}。

v_W:行走速度,m·s^{-1}。

v_{10}:距水平基准面 10 m 处测试的风速,m·s^{-1}。

W:有效机械功率,W·m^{-2}。

W_a:吸入空气的相对湿度(水分/干空气),kg/kg。

W_{ex}:呼出气体的相对湿度(水分/干空气),kg/kg。

w:皮肤潮湿因数,无量纲。

σ:斯蒂芬·玻尔兹曼(Stefan-Boltzmann)常数,5.67×10^{-8} W/(m^2·K^4)。

ε_{cl}:服装表面发射率,无量纲。

4 评价方法原理

冷应力从身体全面受冷和局部(如四肢及面部)受冷两方面来评估:

a) 全身受冷

第 5 章热应力的评价和解释中阐释了全身受冷的分析方法。计算基础包括:身体热交换,维持热平衡的需求热阻(IREQ),已使用或将要使用的全套服装提供的热阻。

b) 局部受冷

1) 对流受冷(风冷);

2) 传导受冷;

3) 肢体受冷;

4) 呼吸道受冷。

第 6 章提供了局部受冷的计算方法。第 6 章和附录 B 提供了标准和限值。

在以下各节中,描述了主要评价步骤。

5 全身受冷

5.1 概述

本部分定义了身体热平衡的一般方程。在热平衡方程中,服装热阻、身体热量的产生和环境物理特征是决定因素。在指定的生理应变标准条件下,该方程可解释为保持身体热平衡的服装需求热阻(IREQ)。IREQ 可用于比较工作服装热阻。如果服装热阻低于需求热阻,在身体受冷可接受的水平基础上计算有限暴露时间(D_{lim})。计算公式,系数和标准详见附录 A 和附录 B。

该方法包括下列步骤,见图 1:

——测量环境热参数;

——确定活动水平(新陈代谢率);

——计算 IREQ;

——比较 IREQ 与所用服装提供的综合热阻;

——热平衡评价条件,计算所建议的最大有限暴露时间(D_{lim})。

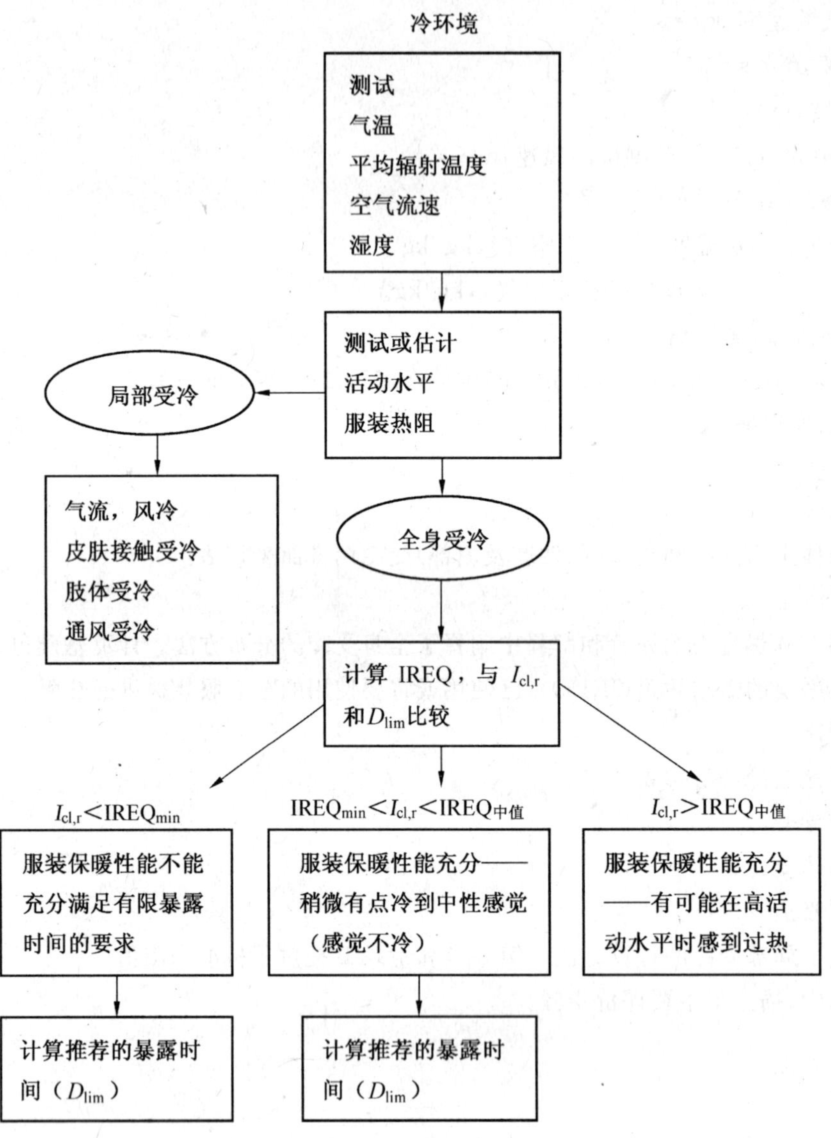

图 1 冷环境评价步骤

5.2 IREQ 释义

IREQ 是在实际环境条件下，维持身体和皮肤温度处于可接受水平的身体热平衡状态时，所需服装热阻。

a) IREQ 是冷应力对空气温度、平均辐射温度、相对湿度和空气流速、指定的新陈代谢率等影响因素的综合计算方法；

b) IREQ 是人体热环境和新陈代谢率影响因素分析的方法；

c) IREQ 是确定服装需求热阻的规范和根据实际条件选择服装的方法；

d) IREQ 是冷环境下调节热平衡参数，以改善服装设计、计划工作时间和工作制度的评价方法。

5.3 IREQ 的来源

5.3.1 热平衡方程

IREQ 根据人体与环境热交换合理分析进行计算。下面说明了影响 IREQ 的各个因素的基本计算原理。热平衡方程见式(1)：

$$M-W=E_{res}+C_{res}+E+K+R+C+S \qquad (1)$$

热平衡方程左侧代表内部产生的热量，热平衡方程右侧代表热交换总和，包括：呼吸道热交换，皮肤热交换和身体储存热量等。式(1)的各个变量定义如下，符号意义见3.2。

5.3.2 新陈代谢率

M是新陈代谢率，按照GB/T 18048的规定进行评估。

5.3.3 有效机械功

W是有效机械功。在大多数工业环境，这一数值较小，可以忽略不计。具体参见GB/T 18048。

5.3.4 呼吸热交换

呼吸道热损失，包括加热吸入空气和充满吸入空气引起的热损失，是对流热损失(C_{res})和蒸发热损失(E_{res})之和，分别由式(2)和式(3)确定：

$$C_{res}=c_p\cdot V(t_{ex}-t_a)/A_{Du} \quad \cdots\cdots(2)$$

$$E_{res}=c_e\cdot V(W_{ex}-W_a)/A_{Du} \quad \cdots\cdots(3)$$

5.3.5 蒸发热交换

蒸发热交换(E)由式(4)确定：

$$E=(p_{sk}-p_a)/R_{e,T} \quad \cdots\cdots(4)$$

5.3.6 传导热交换

传导热交换K，与人体局部直接接触外部表面的面积相关。尽管它对局部热平衡很重要，但是传导热交换通常较小，而更多考虑对流热交换和辐射热交换的影响。

5.3.7 辐射热交换

辐射热交换R，服装表面包括未覆盖的皮肤部分与环境温度之间的热辐射，由式(5)确定：

$$R=f_{cl}\cdot h_r\cdot(t_{cl}-\bar{t}_r) \quad \cdots\cdots(5)$$

5.3.8 对流热交换

对流热交换C，服装表面包括未覆盖的皮肤部分与环境温度之间的对流热交换，由式(6)确定：

$$C=f_{cl}\cdot h_c\cdot(t_{cl}-t_a) \quad \cdots\cdots(6)$$

5.3.9 通过服装发生的热交换

通过服装发生的热交换包括传导、对流、辐射和由汗液蒸发传递的热交换。服装的潜热效应按式(4)进行计算。服装的干态热交换作用由服装整体热阻和皮肤与服装之间的表面温度梯度决定。流向服装表面的干热流量与服装表面和环境之间热传递相当。因此，通过服装的热交换可由服装综合热阻公式表述[见式(7)]。

$$\frac{\bar{t}_{sk}-t_{cl}}{I_{cl,r}}=R+C=M-W-E_{res}-C_{res}-E-S \quad \cdots\cdots(7)$$

5.4 IREQ的计算

根据式(1)到式(7)，在稳态条件下，假设热流量与传导热相关，服装需求热阻(IREQ)根据式(8)计算：

$$\mathrm{IREQ}=\frac{\bar{t}_{sk}-t_{cl}}{R+C} \quad \cdots\cdots(8)$$

式(7)和式(8)表达了在身体热平衡时服装表面干态热交换，描述了$I_{cl,r}$和IREQ之间的关系。$I_{cl,r}$是服装热阻数值，经过风冷效应和活动水平调整，并考虑了服装外层透气性的影响。IREQ是保持热平衡时的服装需求热阻。式(8)包括两个未知变量(IREQ和t_{cl})，因此，式(8)中的t_{cl}可按式(9)计算。

$$t_{cl}=\bar{t}_{sk}-\mathrm{IREQ}\cdot(M-W-E_{res}-C_{res}-E) \quad \cdots\cdots(9)$$

用式(9)t_{cl}的计算公式代入式(8)，其中R和C的计算公式[见式(5)和式(6)]里也包含t_{cl}。迭代计算可得到满足式(8)的IREQ数值。IREQ可以表达为平方米开每瓦($m^2\cdot K\cdot W^{-1}$)，也可以表达为clo值。

5.5 IREQ 的具体说明

5.5.1 IREQ 作为寒冷指数

IREQ 是衡量热应力的方法，热应力代表内部产生热和与环境热交换组合效应。在给定的活动水平（即确定的新陈代谢率）下，环境的制冷能力越大，IREQ 值就越高。在给定的气候条件下，由于需要额外消耗新陈代谢热量，冷应力以及对应的 IREQ 随着活动水平增加而减低。

5.5.2 IREQ 和生理应变

热平衡可由不同水平的体温调节应变获得，专业术语为平均皮肤温度，出汗（皮肤湿态）和体温变化。IREQ 定义于下列两种生理应变水平：

a) $IREQ_{min}$ 定义为在低于平均正常体温水平时，需要维持身体热平衡的最小热阻。最小 IREQ 描述了某些身体受冷，尤其是身体外部。延长暴露时间，肢端受冷可成为暴露时间的限制因素。

b) $IREQ_{中值}$ 定义为提供热中值条件的需求热阻，如保持正常体温水平的热平衡。这一水平代表人体没有受冷或受冷。

相关生理学标准参见附录 B。

5.5.3 IREQ 和服装热阻

IREQ 是在实际条件下，服装所需的综合热阻值。因此，可视为服装提供保温性能评价基准，或选择合适服装的应用指导。IREQ 数值与整套服装的热阻值相对应，参见 5.6。

5.5.4 IREQ 与工作设计

热平衡方程中的任一参数都可以变化，IREQ 计算的数值可以阐释这些特别因数的相对重要性。

5.6 IREQ 和选用服装热阻的比对

IREQ 方法的第一要务是分析挑选的服装是否提供了充足的热阻，以建立确定水平的热平衡。众多报告的整套服装热阻值是它的基本热阻值 I_{cl}（参见 ISO 9920）。为了使这些信息与 IREQ 可比，数据需要经过个别因数的调整、修正。因此，以现有的信息，如实际使用的服装（基本热阻值，透气性），风速和活动水平等为基础来确定 IREQ。

整套服装的基本热阻和透气性数据参见 ISO 9920。附录 C 中给出了一些实例。附录 A 提供了最终修正运算法则。在给定的条件和标准情况下，$I_{cl,r}$ 可与计算的 IREQ 相比较。解释如下：

——$I_{cl,r} > IREQ_{中值}$，温暖，过热区域：应减少服装热阻。

——$IREQ_{min} \leqslant I_{cl,r} \leqslant IREQ_{中值}$，适中，可调节区域：无需行动。

——$I_{cl,r} < IREQ_{min}$，寒冷，受冷区域：应增加服装热阻，或计算 D_{lim}（见 5.7）。

$IREQ_{min}$ 和 $IREQ_{中值}$ 之间的差距可视为服装的调节区域，个人据此选择适当的保护水平。当热阻值低于 $IREQ_{min}$，有身体逐步受冷的风险。高于 $IREQ_{中值}$ 时，应考虑过度温暖和过热发生的可能。作最终评价时，在给定条件下，可根据服装基本热阻确定结果（参见附录 E）。

5.7 有限持续暴露时间（D_{lim}）的定义和计算

当已选定并使用的服装调整数值低于计算的需求热阻 IREQ，防止身体持续受冷的暴露时间是有限的。在暴露的头几小时之内身体热量（Q）的降低程度是可接受的。当已知热量储存率时，该热量降低可用于计算暴露时间。

有限持续暴露时间的定义被推荐为现有选用服装的最大暴露时间。D_{lim} 的计算见式（10）：

$$D_{lim} = \frac{Q_{lim}}{S} \qquad \cdots\cdots(10)$$

其中，Q_{lim} 是 Q 的极限值（参见附录 B），S 的计算见式（11）：

$$S = M - W - E_{res} - C_{res} - E - R - C \qquad \cdots\cdots(11)$$

式（11）中包含未知量 t_{cl}。因此，通过数学代换计算得到式（12）：

$$t_{cl} = \bar{t}_{sk} - I_{cl,r} \cdot (M - W - E_{res} - C_{res} - E - S) \qquad \cdots\cdots(12)$$

式（12）与式（9）近似，区别在于式（9）用于稳态条件计算 IREQ，式（12）用于服装热阻已知的真实条件下。

D_{lim}可由 $IREQ_{中值}$计算得到(见 5.5.2)。也可选其他热感觉的数值[见 5.5.2 中 b)]。如果工人在暴露初始,已有热偿失,则暴露时间也会相应减少。

暴露后,身体受冷,恢复期应为恢复到正常身体热平衡状态。恢复时间(D_{rec})与 D_{lim} 的计算方法相同,在恢复期间,用暴露条件取代"冷条件"。换言之[见式(13)]:

$$D_{rec} = Q_{lim}/S \qquad \cdots\cdots(13)$$

其中 S 是身体储热率(正的)由式(11)在计算恢复期暴露条件时,进行计算。

由于恢复应该是在身体达到某些热代偿时开始,Q_{lim} 的数值应该与计算 D_{rec}/D_{lim} 时相同。如果在恢复期,服装有所改变时,因 S 随服装发生改变,计算 D_{rec} 需要重新确定。

附录 B 给出了生理学标准,附录 E 给出了 D_{lim} 和 D_{rec} 的应用实例。

6 局部受冷

6.1 概要

人体的任何部位局部受冷,尤其是手、脚和头部会引起不适,例如,手活动性能的下降和冻伤。关于局部受冷的知识不足以开发单一评价方法。目前,已经提出几种方法,并有更多这一课题的研究工作。

室内冷环境通过工程技术调整是相对容易的。轻度和固定的工作会使人有局部受冷的不舒适感,例如冷表面的传导和辐射热损失,因此,需要评价其不舒适性。

室外冷环境由气温和气候决定,保护措施主要包括调整服装和控制暴露时间。各种类型的局部冷应力可同时发生或独立发生。

6.2 对流受冷

低温和风的组合加速了温暖表面的热损失。因此,身体上没有受到保护的部位,如脸,手,会迅速受冷,达到低温,甚至有冻伤的危险。裸体表面对流和辐射热损失的局部对流冷应力可按式(14)评价。

$$R + C = h_r \cdot (t_{sk} - \bar{t}_r) + h_c \cdot (t_{sk} - t_a) \qquad \cdots\cdots(14)$$

风冷温度(t_{WC})是描述皮肤表面冷效应的温度。通过式(14)求解 t_a,经风和热损失组合影响得到 t_{WC}。详见附录 D。

6.3 传导受冷

与冷表面的接触会在温暖的皮肤表面和冷表面之间立即发生热交换。人体表面组织受冷或局部冻伤评价参照 ISO 13732-3。

6.4 肢端受冷

即使在热平衡/热中性的条件下,也可能发生肢端受冷,尤其是手部。这在很大程度上依赖于局部气温条件、局部保护和血液循环的热输入。后者因素更依赖于整体热平衡。如果热平衡是负的,比如当防寒服装的热阻不能与 IREQ 相匹配时,局部血流量会因血管收缩降低,这可能将热输入降低到极低水平。肢端,尤其是手指和脚趾,将逐步降温,直到不能接受的极低温度。

充分的防寒保护可以减少和阻止肢端受冷的发生,如保暖手套和鞋袜。

手套热阻的确定方法应参照 EN 511。EN 511 中提供了不同穿着条件下需求热阻。手部保暖评估方法和步骤参见 EN 511。

肢端受冷也可由直接测试皮肤温度来评价。推荐的标准和温度水平参见附录 B。

6.5 通风受冷

吸入低温空气会降低通气膜的温度,而直接伤害到组织。通风空气量很大时(如高活动水平),受冷比较明显。

吸入空气最低温度推荐值参见附录 B。

7 冷环境的实际评价和说明

7.1 概述

下面章节描述了 IREQ、D_{lim} 和局部受冷效应的实际确定方法。

7.2 确定 IREQ 和 D_{lim} 的步骤

下列步骤 a)～g)是冷环境的评估方法，示意见图 1。

注：附录 F 提供了步骤 c)到 g)全部评价方法的计算机程序的链接。

a) 测试和评估下列气候参数，参见 ISO 7726：
——气温；
——平均辐射温度；
——空气流速；
——湿度。
当用空气温度和平均辐射温度这两个温度加权平均值来分别计算对流和辐射传热系数时，操作温度可替代空气温度和平均辐射温度。低温时，空气含水量很低，因此－5 ℃以下时，可使用相对湿度 50% 作为标准值。

b) 根据 GB/T 18048 确定新陈代谢率。相关身体活动举例参见附录 C。

c) 确定外部工作速率。大多数体力工作和地面移动工作的工作速率可设置为 0。

d) 根据 GB/T 5453 或参照 ISO 9920 提供的相关表格，以及附录 C 确定已用防寒服的基本热阻。附录 F 给出的程序可以用于计算综合服装热阻值 $I_{cl,r}$(参见附录 C)。

e) 式(8)计算 IREQ。在间断暴露环境或活动(例如：固定工作—休息)情况下，对不同的工作和休息时段，至少取 1 h 内加权平均值用于计算 IREQ。单一时段，依赖于工作本质和组织结构，但至少取 15 min。

f) 将 IREQ 与调整的服装热阻值 $I_{cl,r}$相比较，评价热平衡条件。
3 组应用实例：
1) $I_{cl,r} > IREQ_{中值}$
选用的服装提供了充分热阻。过高的热阻可增加过热的风险、过度出汗和服装吸潮，进而逐步增加体温降低的风险。需要降低服装的热阻。
2) $IREQ_{min} \leqslant I_{cl,r} \leqslant IREQ_{中值}$
选用的服装提供了适当的热阻。生理应变水平可由高到低变化，相应的感知温度条件由“微冷”到“适中”变化。无需行动，除非额外评价局部受冷效应。
3) $I_{cl,r} < IREQ_{min}$
选用的服装不能提供适当的热阻以阻止身体受冷。随着暴露时间的延长有降低体温的危险。
——增加服装保暖性；
——选择有限暴露时间，D_{lim}的计算见 g)：

g) 如果 $I_{cl,r}$小于 $IREQ_{中值}$，应确定持续有限暴露时间(D_{lim})和需要恢复时间(D_{rec})。如果在恢复时期，改变服装，应重新计算。D_{lim}和 D_{rec}是在中值条件下默认得到的。IREQ 指数用于凉和寒冷的环境。推荐指数在下列主要参数限定下：
——$t_a \leqslant 10$ ℃；
——$0.4\ m \cdot s^{-1} \leqslant v_a \leqslant 18\ m \cdot s^{-1}$；
——$I_{cl} > 0.078\ m^2 \cdot K \cdot W^{-1}$(0.5 clo)

7.3 局部受冷

在寒冷环境，总是有局部冷应力的风险。有下列方式：
——对流受冷(参见附录 D)；
——传导受冷(参见 ISO 13732-3)；
——肢端受冷(参见 EN 511)；
——通风受冷(参见附录 B)。

附 录 A
(规范性附录)
热平衡计算

A.1 概述

本附录中计算各种热交换用到的公式、参数和数值,仅适用于主要参数的部分有限值。它们是根据最近期和公认的试验研究获得的。符号和单位见3.2。

A.2 呼吸热交换的确定

呼吸热损失与 M 相关,按式(A.1)~式(A.3)计算对流和蒸发呼吸热损失。

$$E_{res} = 0.0173 \cdot M \cdot (p_{ex} - p_a) \qquad \text{(A.1)}$$

$$C_{res} = 0.0014 \cdot M \cdot (t_{ex} - t_a) \qquad \text{(A.2)}$$

$$t_{ex} = 29 + 0.2 \cdot t_a \qquad \text{(A.3)}$$

假设呼出空气是饱和的,温度为 t_{ex},与吸入空气(环境)温度相关,按式(A.3)计算。

A.3 蒸发热交换的确定

皮肤蒸发热交换 E,由式(A.4)得到。

$$E = w \cdot (p_{sk,s} - p_a)/R_{E,T} \qquad \text{(A.4)}$$

皮肤潮湿因数(w)作为皮肤润湿分数,参与蒸发热交换过程。该因数的变化范围:当皮肤表面扩散是蒸发过程的唯一途径时,为0.06,蒸发到最大,皮肤完全潮湿时为1.0。皮肤表面的饱和蒸气压($p_{sk,s}$)由皮肤平均温度计算得到,见式(A.5)。

$$p_{sk,s} = 610.78 \cdot e^{\frac{17.27 \cdot t_{sk}}{(t_{sk}+23.3)}} \qquad \text{(A.5)}$$

平均皮肤温度作为新陈代谢率函数,可自动确定(参见附录C)。

A.4 蒸发阻力的确定

$R_{e,T}$ 根据服装热阻和水蒸气渗透性能进行计算,蒸发热损失在寒冷条件和确定生理应变水平情况下影响有限,可由式(A.6)估算 $R_{e,T}$。

$$R_{e,T} = \frac{0.06}{i_m} \cdot \left(\frac{I_{a,r}}{f_{cl}} + I_{cl,r}\right) \qquad \text{(A.6)}$$

括号中的表达式为整体热阻值。$I_{a,r}$ 由式(A.13)计算。$R_{e,T}$ 的有限数值和 i_m 参见 ISO 9920。对于普通服装(水蒸气能透过的),假设 i_m 为0.38,则式(A.6)转化为式(A.7):

$$R_{e,T} = 0.16 \cdot \left(\frac{I_{a,r}}{f_{cl}} + I_{cl,r}\right) \qquad \text{(A.7)}$$

A.5 服装面积因数的确定

在全部计算中,f_{cl} 计算见式(A.8):

$$f_{cl} = 1.0 + 1.97 \cdot I_{cl} \qquad \text{(A.8)}$$

A.6 对流传热系数的确定

h_c 计算见式(A.9):

$$h_c = \frac{f_{cl}}{I_{a,r}} - h_r \quad \text{(A.9)}$$

在 $0.4\ \mathrm{m \cdot s^{-1}} \leqslant v_a \leqslant 18\ \mathrm{m \cdot s^{-1}}$ 和 $0\ \mathrm{m \cdot s^{-1}} \leqslant v_w \leqslant 1.2\ \mathrm{m \cdot s^{-1}}$ 时；$I_{a,r}$ 由式(A.13)得到。

A.7 辐射传热系数的确定

低温辐射占主导时，h_r 约等于[见式(A.10)]：

$$h_r \approx \sigma \cdot \varepsilon_{cl} \cdot \frac{(t_{cl}+273)^4 - (t_r+273)^4}{t_{cl} - t_r} \quad \text{(A.10)}$$

这里 σ 是 Stefan-Boltzmann 常数，等于 $(5.67\times10^{-8})\ \mathrm{W \cdot m^{-2} \cdot K^{-4}}$，$\varepsilon_{cl}$ 是服装发射率。服装发射率依赖于辐射源温度。

低温辐射，发射率与服装颜色无关，可以设定为 0.97。高温辐射（如阳光），服装颜色很重要，需要选定相关数值。全黑外表面层比白色表面吸收率高，可以多吸收热量 $100\ \mathrm{W \cdot m^{-2}}$。

A.8 确定服装基本热阻值

选用服装的基本热阻(I_{cl})需要依据风穿透效应和活动水平修正，同时需要考虑服装外层的透气性。透气性参见 GB/T 5453。这样得到的 $I_{cl,r}$ 比式(A.11)计算得到的 $I_{cl,r}$ 更具实际意义，可用于计算 D_{lim}。

$$I_{cl,r} = I_{T,r} - \frac{I_{a,r}}{f_{cl}} \quad \text{(A.11)}$$

将 $ap = 10\,000\ \mathrm{L \cdot m^{-2} \cdot s^{-1}}$ 代入式(A.12)，用 $I_a = 0.085\ \mathrm{m^2 \cdot K \cdot W^{-1}}$ 替代 I_T，得到式(A.13)。

$$I_{T,r} = I_T \cdot [0.54 \cdot e^{(0.075 \cdot \ln(ap) - 0.15 \cdot v_a - 0.22 \cdot v_w)} - 0.06 \cdot \ln(ap) + 0.5] \quad \text{(A.12)}$$

$$I_{a,r} = 0.092 \cdot e^{(0.15 \cdot v_a - 0.22 v_w)} - 0.004\,5 \quad \text{(A.13)}$$

式(A.12)和式(A.13)适用于风速范围 $0.4\ \mathrm{m \cdot s^{-1}} \leqslant v_a \leqslant 18\ \mathrm{m \cdot s^{-1}}$ 和 $0\ \mathrm{m \cdot s^{-1}} \leqslant v_m \leqslant 1.2\ \mathrm{m \cdot s^{-1}}$，以及式(A.14)的条件。

如果行走速度未知或不适用（如静态工作），身体移动产生并增加了身体周围的空气流速，可以按式(A.14)计算如下：

$$v_w = 0.005\,2 \cdot (M - 58) \quad \text{(A.14)}$$

身体移动效应应低于 $0.7\ \mathrm{m \cdot s^{-1}}$。

式(A.15)应用于确定前面方程中的函数，即需求 I_{cl}。这是对服装需求热阻的补充。计算 I_{cl} 结果可以直接与表中的信息（参见附录 C）或静态暖体假人数据进行比对。

用 IREQ 的数值替代 $I_{cl,r}$ 可以得到 I_{cl}：

$$I_{cl} = \frac{I_{cl,r} + [0.092 \cdot e^{(0.15 \cdot v_a - 0.22 \cdot v_w)} - 0.004\,5]/f_{cl}}{[0.54 \cdot e^{(0.075 \cdot \ln(ap) - 0.15 v_a - 0.22 \cdot v_w)}] - 0.06 \cdot \ln(ap) - 0.5} - 0.085/f_{cl} \quad \text{(A.15)}$$

基本实例参见附录 C。

附 录 B
（资料性附录）
冷环境下的生理标准

B.1 概述

有如下两套生理标准：

a） 低生理应变，其特点是身体热状态为中值，在热感觉中对应为“适中”；

b） 高生理应变，其特点是周边血管收缩，无节律出汗，在热感觉中对应为“冷”。

低应变水平对应热中性条件。热平衡是在给定条件下维持体温的最低极限。在这种情况下，人体希望既不太热，也不太冷。关于室内环境，已有广泛的研究，并有几套舒适标准，用来界定生理学上的热中性。预测平均皮肤温度的公式与寒冷环境得到的结果一致。在皮肤湿态条件下，用改进的“舒适标准”来计算。建议值参见表 B.1。

表 B.1 确定 IREQ，D_{lim}和局部受冷的生理标准

项目			高应变	低应变
总体受冷	IREQ		最小	适中
	t_{sk}/℃		$t_{sk}=33.34-0.035\,4\cdot M$	$t_{sk}=35.7-0.028\,5\cdot M$
	w(无量纲)		0.06	$w=0.001\cdot M$
	D_{lim}		长	短
	$Q_{lim}/(\mathrm{kJ\cdot m^{-2}})$		144	144
局部受冷	风冷温度(t_{WC})/℃		−30	−15
	手指温度/℃		15	24
	呼吸道的温度/℃	低活动水平（$M\leqslant 115\ \mathrm{W\cdot m^{-2}}$）	$t_a=-40$	$t_a=-20$
		高活动水平（$M>115\ \mathrm{W\cdot m^{-2}}$）	$t_a=-30$	$t_a=-15$

高应变水平对应的条件是仅通过皮肤和肢端血管收缩来维持热平衡。在此条件下，人体感知到的热感觉是“冷”。达到此条件时，热平衡难以维持低应变水平。暴露开始的 20 min～40 min，为初始受冷阶段，身体阻止热量降低，尤其是皮肤和四肢。热平衡，然后恢复为平均皮肤温度以及湿态皮肤温度下的高应变数值，参见表 B.1。相对于低水平应变，这一热偿失大约为 140 $\mathrm{kJ\cdot m^{-2}}$。在这些寒冷条件下，热平衡条件由无节律出汗来维持，仅通过皮肤扩散发生蒸发热交换（$w=0.06$），这种身体状态与主观热感觉“寒冷”相一致，虽然不舒适但能忍受。

B.2 有限持续暴露时间

应变的两个水平也可用于计算 D_{lim}。

当选用服装的 $I_{cl,r}$ 低于 $\mathrm{IREQ}_{中值}$ 时，在确定应变水平，长时间暴露情况下则身体不能维持平衡。$I_{cl,r}$ 和 $\mathrm{IREQ}_{中值}$ 的差别导致负热储热率（参见 5.7）。低应变条件下 D_{lim} 根据身体热量损失为 144 $\mathrm{kJ\cdot m^{-2}}$进行时间计算。

高应变条件下，D_{lim} 根据 $I_{cl,r}$ 和 IREQ_{min}之间的差别进行计算。假设初始条件，身体有点儿冷，皮肤温度已降低（见表 B.1，第 2 列）。在这些条件下，身体热量额外减少了一些（144 $\mathrm{kJ\cdot m^{-2}}$）。

B.3 局部受冷

两水平应变的建议标准见表 B.1。

对流受冷，根据附录 D 确定有效受冷温度(t_{WC})的两组数值。

传导受冷评估参见 ISO 13732-3。

肢端受冷由手指皮肤温度评估。

通风受冷按空气吸入最低温度来评估。低于－15 ℃，高活动水平需要呼吸保护(因增加通风量)。低于－30 ℃，强烈推荐呼吸保护。

附 录 C
（资料性附录）
新陈代谢率和服装热性能

C.1 代谢热产生

GB/T 18048 提供了代谢热产出的确定方法。表 C.1 描述了活动实例和代谢热产生的数值。

表 C.1 各种活动水平新陈代谢率分类

类别[a]	M/W·m^{-2}	示　　例
静态	65	休息，坐姿
极低新陈代谢率	80	轻体力劳动（书写，打字，绘画）；视察，轻质材料的组装和分类等
低新陈代谢率	100	手工劳动（小手工工具）；手臂/上肢工作（正常条件下开车，操作脚部开关或踏板）；低功率工具加工；漫步
低-中等新陈代谢率	140	中等速度的手臂部工作；装配多块轻质片材
中等新陈代谢率	165	持续手臂工作（钉钉子，整理档案），使用轻质设备或工具工作；臂部和腿部工作（远离道路货车、拖拉机或建筑设备操作）
中等-高新陈代谢率	175	手臂和躯体工作；气锤作业；重型材料断续操作；推拉轻质量推车或手推车；时速 4 km/h～5 km/h 行走；驾驶雪地车
高新陈代谢率	230	剧烈的手臂和躯体工作；搬运重型材料；铲地；大锤作业；锯树；手动除草；挖掘；时速 5 km/h～6 km/h 行走；推拉重质量推车或手推车；切削铸造；铺陈混凝土；恶劣地形处驾驶雪地车
极高新陈代谢率	290	非常剧烈快速到最大速度工作；用斧子劈砍；剧烈铲土或挖掘；爬楼梯、陡坡或梯子；小步快走；时速 6km/h 以上行走；在厚雪地里行走
超极高新陈代谢率	400	持续不间断的非常剧烈的活动；高强度应急救援工作

[a] 新陈代谢率，平均每班次持续作业 60 min 以上。

C.2 基本和组合热阻

基本热阻是指在标准条件（静态，无风）的热阻。文献中可查阅基本热阻（I_{cl}），由站立的静态暖体假人的测试得到数据。ISO 9920 汇编了大量这类数据。选用服装的 I_{cl} 数值见表 C.2，表 C.3，表 C.4。

表 C.2 服装组合基本热阻（I_{cl}）列举（依据暖体假人法测试，ISO 9920）

服装组合	I_{cl}	
	m^2·K·W^{-1}	clo
1. 短内裤、短袖衫、长裤、短袜、鞋	0.08	0.5
2. 内裤、衬衫、长裤、袜子、鞋	0.10	0.6
3. 内裤、连体服、袜子、鞋	0.11	0.7
4. 内裤、衬衫、连体服、袜子、鞋	0.13	0.8
5. 内裤、衬衫、长裤、工作服、袜子、鞋	0.14	0.9

表 C.2（续）

服装组合	I_{cl}	
	m²·K·W⁻¹	clo
6. 短内裤、短袖衫、长裤、衬衫、连体服、袜子、鞋	0.16	1.0
7. 内裤、汗衫、衬衫、长裤、夹克、马甲、袜子、鞋	0.17	1.1
8. 内裤、汗衫、衬衫、长裤、夹克、连体服、袜子、鞋	0.19	1.3
9. 内裤、汗衫、衬衫、保暖裤、保暖夹克(内胆)、袜子、鞋	0.22	1.4
10. 短内裤、T恤衫、衬衫、长裤、保暖连体服、袜子、鞋	0.23	1.5
11. 内裤、汗衫、衬衫、长裤、冲锋衣、帽子、手套、袜子、鞋	0.25	1.6
12. 内裤、汗衫、衬衫、长裤、冲锋衣、冲锋裤、袜子、鞋	0.29	1.9
13. 内裤、汗衫、衬衫、长裤、夹克、冲锋衣、冲锋裤、袜子、鞋、帽子、手套	0.31	2.0
14. 内裤、汗衫、保暖裤、保暖夹克、冲锋裤、冲锋衣、袜子、鞋	0.34	2.2
15. 内裤、汗衫、保暖裤、保暖夹克、冲锋裤、冲锋衣、袜子、鞋、帽子、手套	0.4	2.6
16. 睡袋	0.46～1.4	3～9

表 C.3　单件服装基本热阻参考表（依据暖体假人法测试，ISO 9920）

服装类型	I_{cl}	
	$m^2 \cdot K \cdot W^{-1}$	clo
内衣裤，裤子，童裤	0.003	0.02
羊毛短裤，1/2腿长	0.009	0.06
内衣，衬衣	0.002	0.01
无袖衬衫	0.009	0.06
T恤衫	0.014	0.09
长袖衬衫	0.019	0.12
短衬裙，尼龙	0.022	0.14
短袖衬衫	0.029	0.09
轻长袖衬衫	0.031	0.2
一般长袖衬衫	0.039	0.25
裤子，短裤	0.009	0.06
步行短裤	0.017	0.11
一般裤子	0.039	0.25
高保暖套装，组合填充	0.16	1.03
纤维填充	0.175	1.13
厚运动衫，毛线衫，无袖背心	0.019	0.12
薄线衫	0.031	0.2
圆领长袖(薄)	0.04	0.26
较厚毛线衫	0.054	0.35
圆领长袖(厚)	0.057	0.37

表 C.3（续）

服装类型	I_{cl}	
	$m^2 \cdot K \cdot W^{-1}$	clo
夹克，背心	0.02	0.13
夏天用轻夹克	0.039	0.25
夹克	0.054	0.35
工作服	0.047	0.3
外套上衣等，外套	0.093	0.6
羽绒夹克	0.085	0.55
皮制大衣	0.109	0.7
厚短袜	0.008	0.05
厚长袜	0.016	0.1
羊绒拖鞋	0.005	0.03
鞋（薄底）	0.003	0.02
鞋（厚底）	0.006	0.04
靴子	0.008	0.05
裙子，女装，轻裙装，高过膝盖 15 cm	0.016	0.1
长袖冬装	0.062	0.4
睡衣裤，长袖睡衣	0.047	0.3
医院睡袍	0.048	0.31
长袖宽睡衣	0.078	0.5
紧身睡衣	0.112	0.72

表 C.4 纺织材料基本热阻（I_{cl}）列举（依据蒸发热板法测试，GB/T 11048）

材料类型	I_{cl}	
	$m^2 \cdot K \cdot W^{-1}$	clo
涤纶绸	0.005	0.03
毛涤纶	0.032	0.21
汗布	0.010	0.06
针织面料	0.017	0.11
棉毛布	0.015	0.1
加厚棉毛布	0.020	0.13
针织绒布	0.045	0.29
加厚针织绒布	0.060	0.39
灯心绒	0.049	0.32
割绒布	0.050	0.32
法兰绒	0.055	0.35
针织夹层布	0.055	0.35

表 C.4(续)

材料类型	I_{cl}	
	$m^2 \cdot K \cdot W^{-1}$	clo
针织絮片夹层布	0.070	0.45
大衣呢	0.155	1.00
防风覆膜面料	0.06	0.4
腈纶衫	0.030	0.19
羊毛衫	0.035	0.23
羊绒衫	0.050	0.32
远红外絮片,100 g/m^2	0.085	0.55
絮棉,400 g/m^2	0.27	1.74
喷胶棉絮片,250 g/m^2	0.155	1.00
人造毛皮	0.155	1.00
金属镀膜复合絮片,150 g/m^2	0.105	0.68
金属镀膜复合絮片,350 g/m^2	0.26	1.68
羊毛絮片,250 g/m^2	0.150	0.97
丙纶熔喷絮片,200 g/m^2	0.155	1.0
高效暖绒,120 g/m^2	0.39	2.5
高效暖绒 ,150 g/m^2	0.39	2.8
高效暖绒,200 g/m^2	0.43	3.3
仿丝绵,150 g/m^2	0.51	1.4
仿丝绵,200 g/m^2	0.22	2.3
毛型复合絮片,150 g/m^2	0.35	1.7
毛型复合絮片,200 g/m^2	0.27	2.3
毛型复合絮片,300 g/m^2	0.36	2.5
涤丙超细熔喷絮片,150 g/m^2	0.36	2.3
涤丙超细熔喷絮片,200 g/m^2	0.35	3.0
50%涤 50%棉絮片,200 g/m^2	0.46	2.1
毛毡,500 g/m^2	0.33	1.0
毛毯,500 g/m^2	0.16	1.5

组合热阻定义为给定条件下服装提供的实际热阻,依赖于织物透气性。防风面料制成的服装很少受到风的影响。根据此方法 IREQ 应为组合热阻。

I_{cl}根据身体移动、风和服装固有性能变化,在与 IREQ 比较之前需要确定或估算出来。

选用服装的 I_{cl}应经过风、行走和外层面料透气性的修正之后来阐释 IREQ(见附录 A)。修正的 $I_{cl,r}$可与计算得到的 IREQ 进行比对。

需要强调的是在计算 IREQ 时是假设服装平均分配于身体表面的。

C.3 透气性

不同的外层面料的透气性参见 ISO 9920。户外服装外层面料多为防风处理，通常可用的标准值为 $8\ L\cdot m^{-2}\cdot s^{-1}$。

C.4 吸潮性

与 $IREQ_{中值}$ 相比，太高的服装热阻，尤其是高活动水平时，会引起过热。与出汗相关，服装吸汗和累积潮湿会损失热阻，长时间处于寒冷环境，会危及身体合适的热平衡。在此条件下，应更换服装，或进入室内取暖。

C.5 个人习惯和服装需求

IREQ 的计算和热平衡评价适用于普通人。服装需求热阻 IREQ 可作为个人选择服装的指南。但根据个人生理条件、着装习惯和主观需求，个体差异非常大。尤其是，根据经验、需求和喜好，个人对服装的最终选择和调整差异巨大。

附 录 D
（资料性附录）
风冷效应的确定

风会引起皮肤表面受冷，可表达为风冷温度。风冷温度(t_{WC})的定义是风速为 4.2 km·h^{-1}时的环境温度，产生与真实环境条件同样的寒冷感觉。风冷温度的定义公式见式(D.1)：

$$t_{WC}=13.12+0.6215\cdot t_a-11.37\cdot v_{10}^{0.16}-0.3965\cdot t_a v_{10}^{0.16} \quad \text{(D.1)}$$

风速(v_{10})定义为水平面 10 m 以上的标准气象数据。这一数据由气象局和天气预报获得。如果测试了水平面的区域风速(v_a)，则乘以 1.5 倍后代入式(D.1)。

t_{WC}的计算和寒冷伤害的标准见表 D.1 和表 D.2。

表 D.1 对应风速 4.2 km·h^{-1}身体暴露感知风冷温度对照表

v_{10}		t_a/℃										
km·h^{-1}	m·s^{-1}	0	−5	−10	−15	−20	−25	−30	−35	−40	−45	−50
5	1.4	−2	−7	−13	−19	−24	−30	−36	−41	−47	−53	−58
10	2.8	−3	−9	−15	−21	−27	−33	−39	−45	−51	−57	−63
15	4.2	−4	−11	−17	−23	−29	−35	−41	−48	−54	−60	−66
20	5.6	−5	−12	−18	−24	−31	−37	−43	−49	−56	−62	−68
25	6.9	−6	−12	−19	−25	−32	−38	−45	−51	−57	−64	−70
30	8.3	−7	−13	−20	−26	−33	−39	−46	−52	−59	−65	−72
35	9.7	−7	−14	−20	−27	−33	−40	−47	−53	−60	−66	−73
40	11.1	−7	−14	−21	−27	−34	−41	−48	−54	−61	−68	−74
45	12.5	−8	−15	−21	−28	−35	−42	−48	−55	−62	−69	−75
50	13.9	−8	−15	−22	−29	−35	−42	−49	−56	−63	−70	−76
55	15.3	−9	−15	−22	−29	−36	−43	−50	−57	−63	−70	−77
60	16.7	−9	−16	−23	−30	−37	−43	−50	−57	−64	−71	−78
65	18.1	−9	−16	−23	−30	−37	−44	−51	−58	−65	−72	−79
70	19.4	−9	−16	−23	−30	−37	−44	−51	−59	−66	−73	−80
75	20.8	−10	−17	−24	−31	−38	−45	−52	−59	−66	−73	−80
80	22.2	−10	−17	−24	−31	−38	−45	−52	−60	−67	−74	−81
阴影区域与表 D.2 危险分类相对应。												

表 D.2 风冷温度和暴露皮肤冻僵时间

危险分类	t_{WC}/℃	效果
1	−10～−24	不舒适，寒冷
2	−25～−34	非常冷，皮肤有冻僵的危险
3	−35～−59	异常寒冷，暴露的皮肤在 10 min 内冻僵
4	−60 以下	极度寒冷，暴露的皮肤在 2 min 内冻僵

附　录　E
（资料性附录）
IREQ 评价举例

E.1　概述

前面介绍了在持续或间断性寒冷环境下，用于确定 IREQ 和 D_{lim}的不同步骤。在服装热阻不足，肢端暴露情况下，可以计算出有限暴露时间（D_{lim}），恢复时间（D_{rec}）。例子提供了最小和中值标准。IREQ 用 clo 表示。

E.2　持续暴露

$IREQ_{min}$和 $IREQ_{中值}$作为活动水平（新陈代谢率）和操作温度的函数在图 E.1、图 E.2 和图 E.3 加以说明。IREQ 的最小值和中值以同一温度四种活动水平为函数计算得到。线条之间的面积可作为服装调节区域，对应于不同热应变水平和热感觉来选择服装。风速为 0.4 $m \cdot s^{-1}$。

风冷效应依赖于选用服装的透气性，尤其是服装外层面料。可以 8 $L \cdot m^{-2} \cdot s^{-1}$作为户外服装材料典型值。图 E.4 是活动水平在 90 $W \cdot m^{-2}$时，服装风冷效应的影响。需求热阻可表达为基本热阻。

在持续工作，175 $W \cdot m^{-2}$，－10 ℃无风状态下，$IREQ_{中值}$为 1.6 clo，$IREQ_{min}$为 1.3 clo。按式（A.15）计算得到对应的基本热阻 I_{cl}分别约为 1.7 clo 和 1.4 clo。

E.3　间断暴露

冷环境暴露工作，有间歇休息时间。冷应变的评估基于以下分析：

a)　最冷时间间隔，可按最低活动水平，也可按最低气温来定义。选用服装的基本热阻值可确定是否保持热平衡或计算推荐有限暴露时间（D_{lim}）。

b)　最热时间间隔，可按最高活动水平，也可按最高气温来定义。选用服装的基本热阻值可确定是否保持热平衡或计算推荐有限暴露时间（D_{lim}）。

服装应在需求热阻、有限持续暴露时间的范围内调节。外层服装应易于穿脱。去除外层保暖服装，基本热阻可相应减少 1 clo 或以上。

示例 1：

－25 ℃叉车操作工。从储藏间到邻近的温度为＋5 ℃的包装间运送货物，来回所花时间相同。他的活动水平约为 115 $W \cdot m^{-2}$。按图 E.1，$IREQ_{中值}$在－25 ℃和＋5 ℃时分别为 3.6 clo 和 1.5 clo。考虑到风速的影响，外层服装面料作了防风处理，所选服装的基本热阻至少分别为 4.3 clo 和 2.0 clo（参照表 C.2），这些数值由式（A.15）计算得到。已用的服装提供 3.5 clo，可折中充分满足这两个要求。

示例 2：

在与示例 1 相同的工作区域，工人在放置冷冻食品。他的活动水平约为 175 $W \cdot m^{-2}$，服装提供 3.5 clo。由图 E.1，$IREQ_{中值}$为 2.2 clo，需要服装的热阻至少为 2.7 clo（表 C.2）。这一数值由式（A.12）计算得到。他的服装满足了保暖性要求，但实际上，相对于他的活动来说会有点儿热。工人可自行敞开衣服或去掉里面的保暖层来降低热阻。

注：以上示例，服装需要灵活，易于穿脱，调节，可在温暖的房间中脱掉。

E.4　有限暴露时间

低温或低活动水平，IREQ 需要较高，表示高应变水平。由于工作服装不能提供这样高的保暖性，主体不能承受这样的冷应变。如已知服装热阻 I_{cl}，可计算出推荐的最大有限暴露时间。图 E.5～

图 E.8 描述了不同活动水平和服装基本热阻值，即基本热阻值 I_{cl} 条件下，D_{lim} 计算数据。

示例：

工人在 115 W·m^{-2} 和 −15 ℃(IREQ≈2.9 clo)条件下工作，服装提供的 I_{cl} 为 2.0，在低应变条件下不允许工作时间超过 80 min。服装的热阻增加到 2.5 clo，则暴露时间增加到 4 h。在 1.5 clo，90 W·m^{-2} 和室温 25 ℃，风速 0.2 m·s^{-1}，相对湿度 50%时，恢复时间为 54 min。

操作温度是根据对流、辐射热传递系数，对气温和平均辐射温度的加权综合得到的数值。用于图 E.1～图 E.8 中的环境温度。

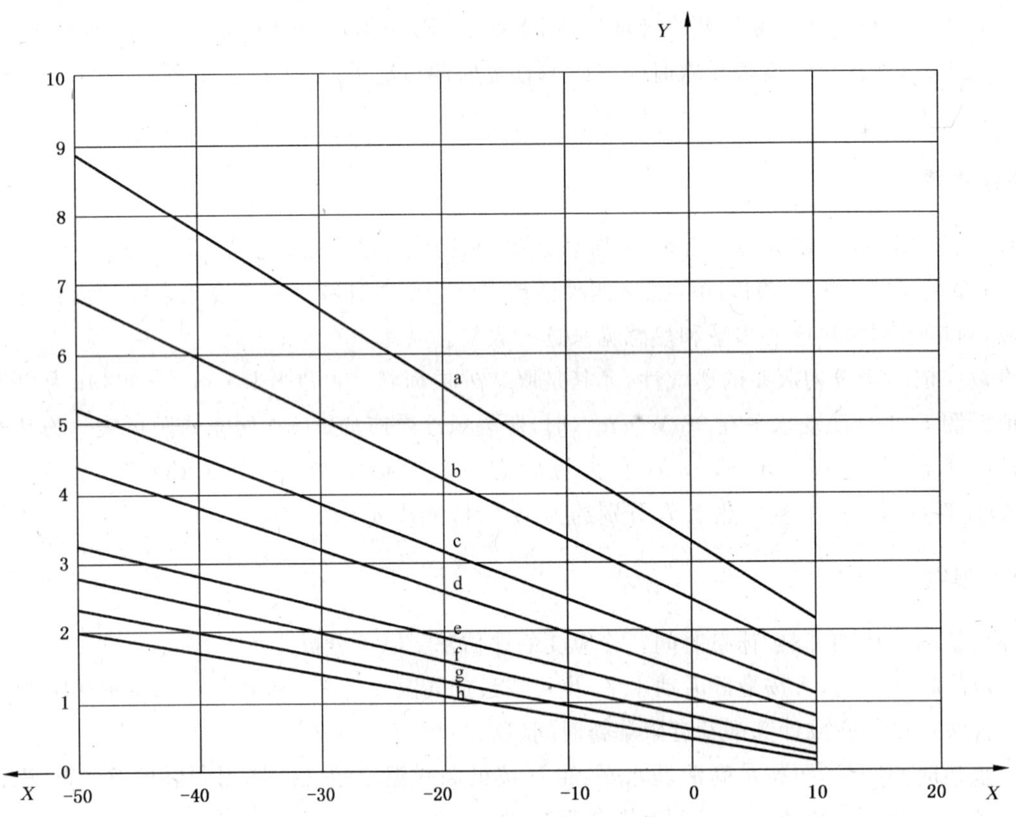

X 轴：操作温度(t_o)，℃。

Y 轴：IREQ，clo。

空气流速：0.4 m·s^{-1}。

服装外层空气渗透指数：8 L·m^{-2}·s^{-1}。

a——70 W·m^{-2}；

b——90 W·m^{-2}；

c——115 W·m^{-2}；

d——145 W·m^{-2}；

e——175 W·m^{-2}；

f——200 W·m^{-2}；

g——230 W·m^{-2}；

h——260 W·m^{-2}。

图 E.1　8 种新陈代谢水平下操作温度和 IREQ$_{中值}$ 的函数关系

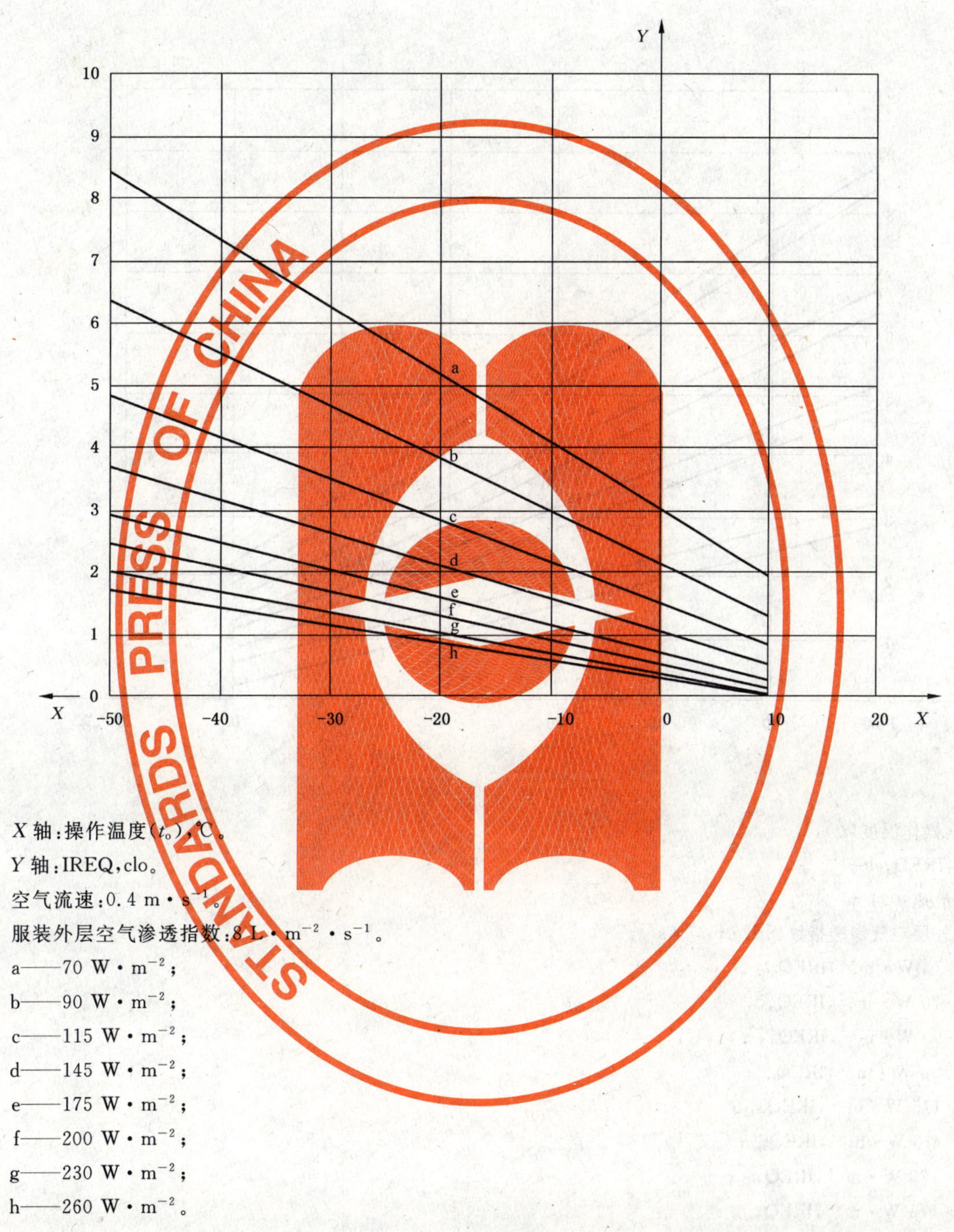

X 轴：操作温度(t_o)，℃。

Y 轴：IREQ，clo。

空气流速：0.4 m·s^{-1}。

服装外层空气渗透指数：8 L·m^{-2}·s^{-1}。

a——70 W·m^{-2}；

b——90 W·m^{-2}；

c——115 W·m^{-2}；

d——145 W·m^{-2}；

e——175 W·m^{-2}；

f——200 W·m^{-2}；

g——230 W·m^{-2}；

h——260 W·m^{-2}。

图 E.2　8 种新陈代谢水平下操作温度和 IREQ$_{min}$ 的函数关系

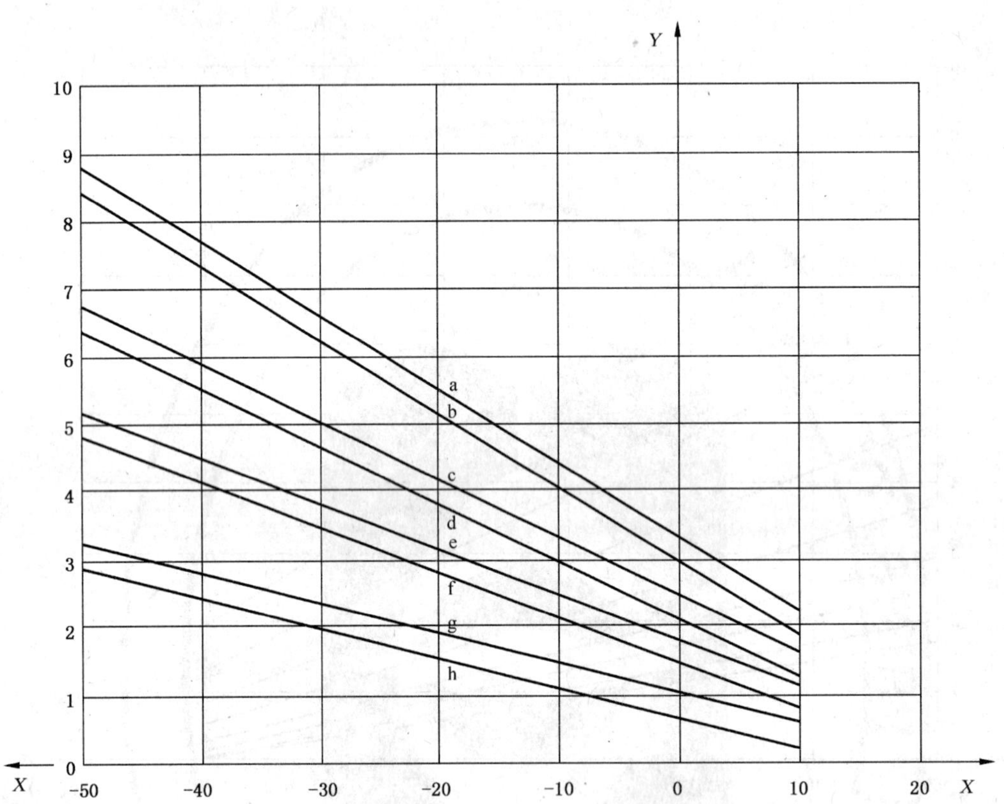

X 轴:操作温度(t_o),℃。

Y 轴:IREQ,clo。

空气流速:0.4 m・s^{-1}。

服装外层空气渗透指数:8 L・m^{-2}・s^{-1}。

a——70 W・m^{-2},$IREQ_{中值}$;

b——70 W・m^{-2},$IREQ_{min}$;

c——90 W・m^{-2},$IREQ_{中值}$;

d——90 W・m^{-2},$IREQ_{min}$;

e——115 W・m^{-2},$IREQ_{中值}$;

f——115 W・m^{-2},$IREQ_{min}$;

g——175 W・m^{-2},$IREQ_{中值}$;

h——175 W・m^{-2},$IREQ_{min}$。

图 E.3 4种新陈代谢水平下 $IREQ_{min}$ 与 $IREQ_{中值}$ 的比较

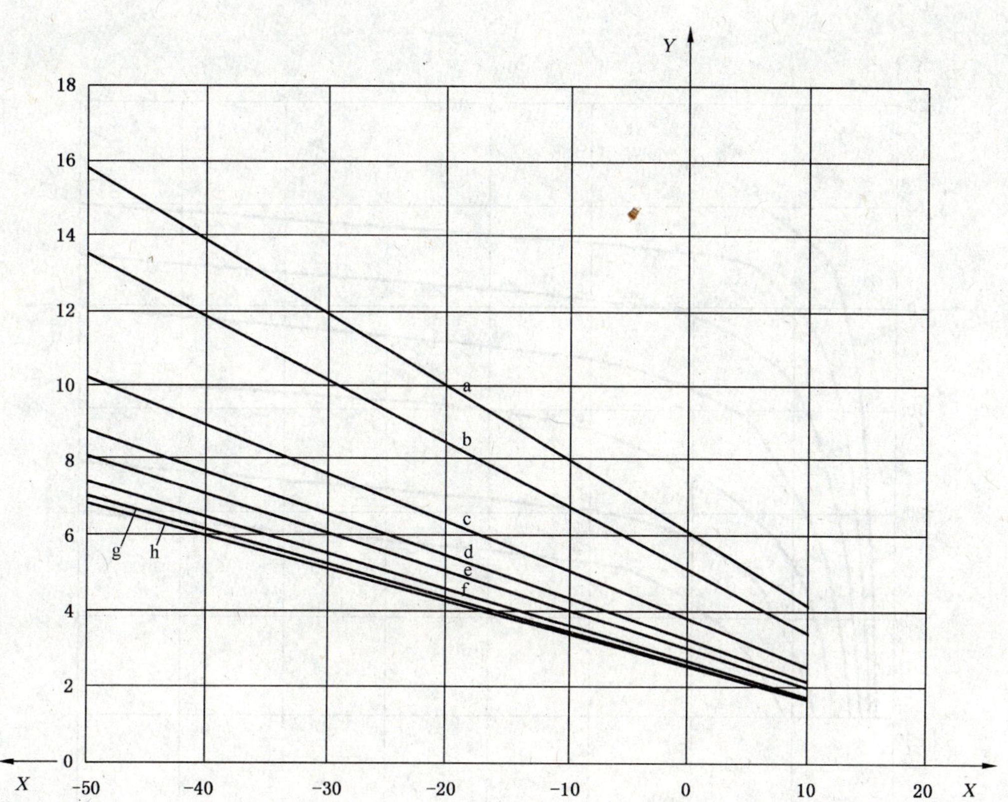

X 轴：操作温度（t_o），℃。

Y 轴：IREQ，clo。

服装外层空气渗透指数：8 L·m^{-2}·s^{-1}。

a——15 m·s^{-1}；

b——10 m·s^{-1}；

c——5 m·s^{-1}；

d——3 m·s^{-1}；

e——2 m·s^{-1}；

f——1 m·s^{-1}；

g——0.5 m·s^{-1}；

h——0.2 m·s^{-1}。

图 E.4　90 W·m^{-2}新陈代谢水平下中等透气性时风冷效应对 IREQ 的影响

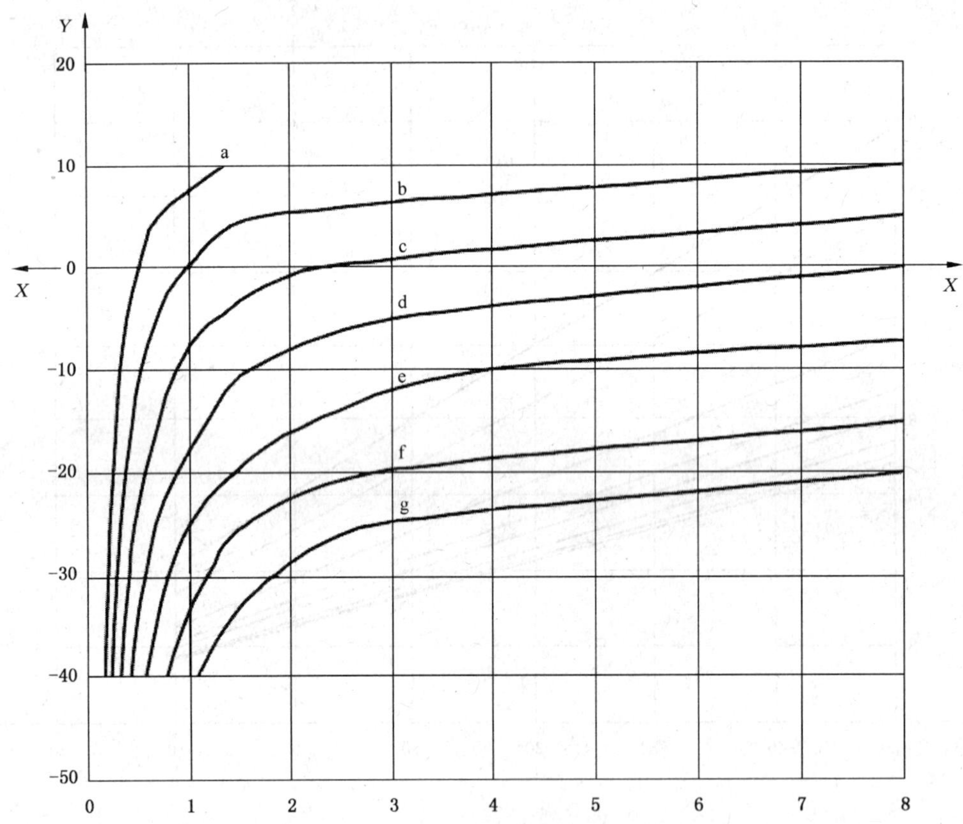

X 轴：D_{lim}，h。

Y 轴：操作温度（t_o），℃。

空气流速：0.4 m·s^{-1}。

服装外层空气渗透指数：8 L·m^{-2}·s^{-1}。

服装热阻：

a——0.5 clo；

b——1 clo；

c——1.5 clo；

d——2 clo；

e——2.5 clo；

f——3 clo；

g——3.5 clo。

图 E.5　90 W·m^{-2}新陈代谢水平下 7 组服装对应的操作温度与 D_{lim}的关系

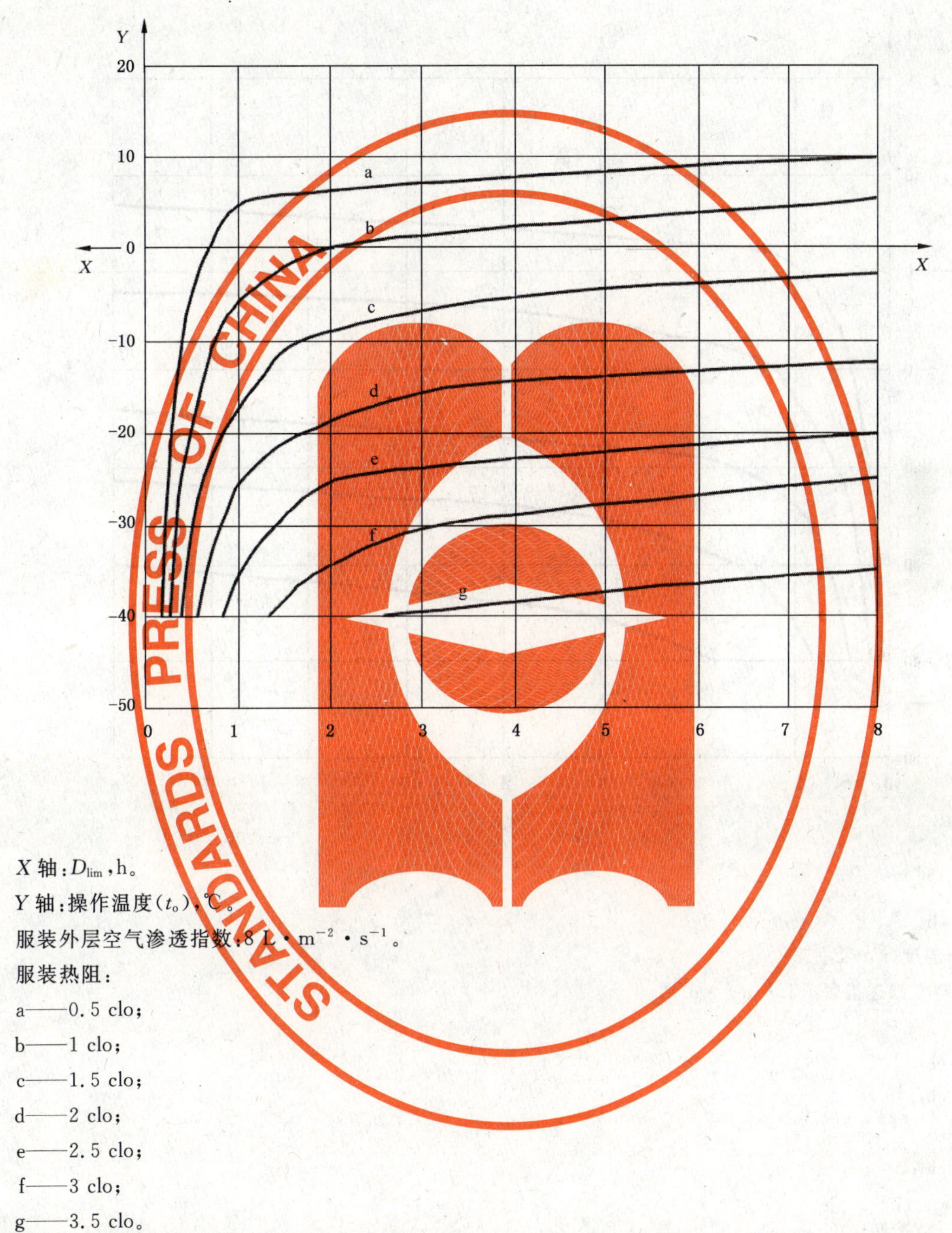

X 轴：D_{lim}，h。

Y 轴：操作温度（t_o），℃。

服装外层空气渗透指数：8 L·m^{-2}·s^{-1}。

服装热阻：

a——0.5 clo；

b——1 clo；

c——1.5 clo；

d——2 clo；

e——2.5 clo；

f——3 clo；

g——3.5 clo。

图 E.6　115 W·m^{-2}新陈代谢水平下 7 组服装对应的操作温度与 D_{lim} 的关系

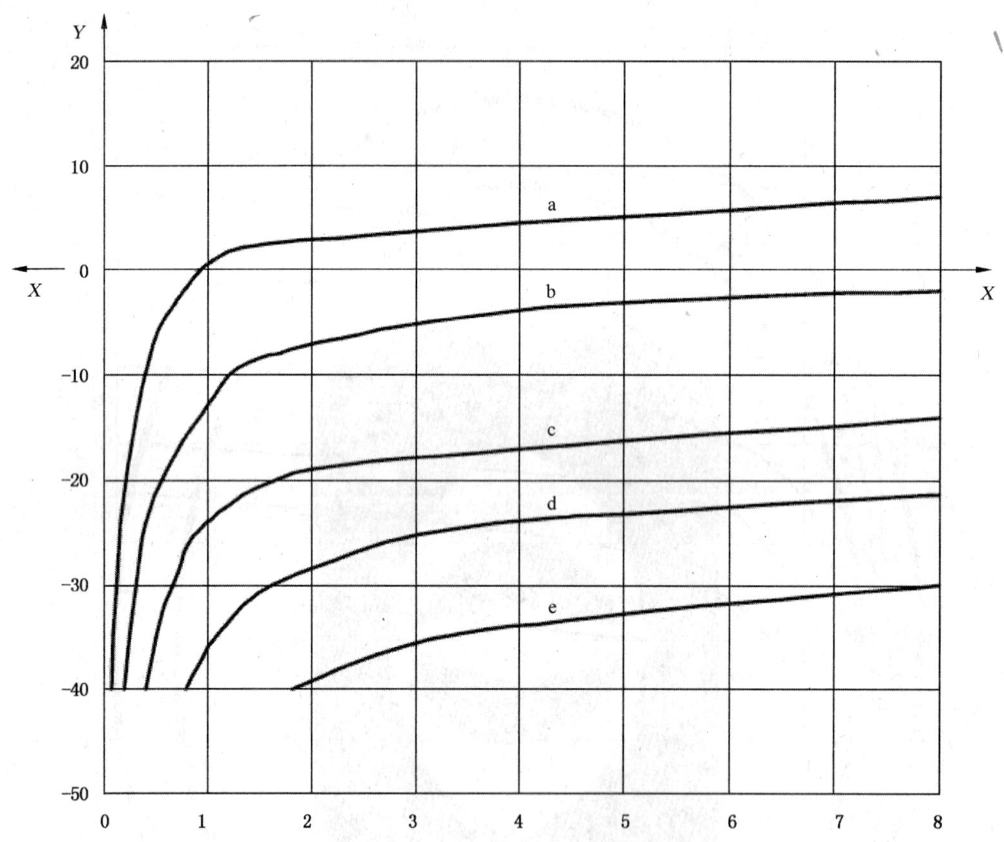

X 轴：D_{lim}，h。

Y 轴：操作温度(t_o)，℃。

服装外层空气渗透指数：8 L·m^{-2}·s^{-1}。

服装热阻：

a——0.5 clo；

b——1.5 clo；

c——2 clo；

d——2.5 clo；

e——3 clo。

图 E.7　145 W·m^{-2}新陈代谢水平下 5 组服装对应的操作温度与 D_{lim} 的关系

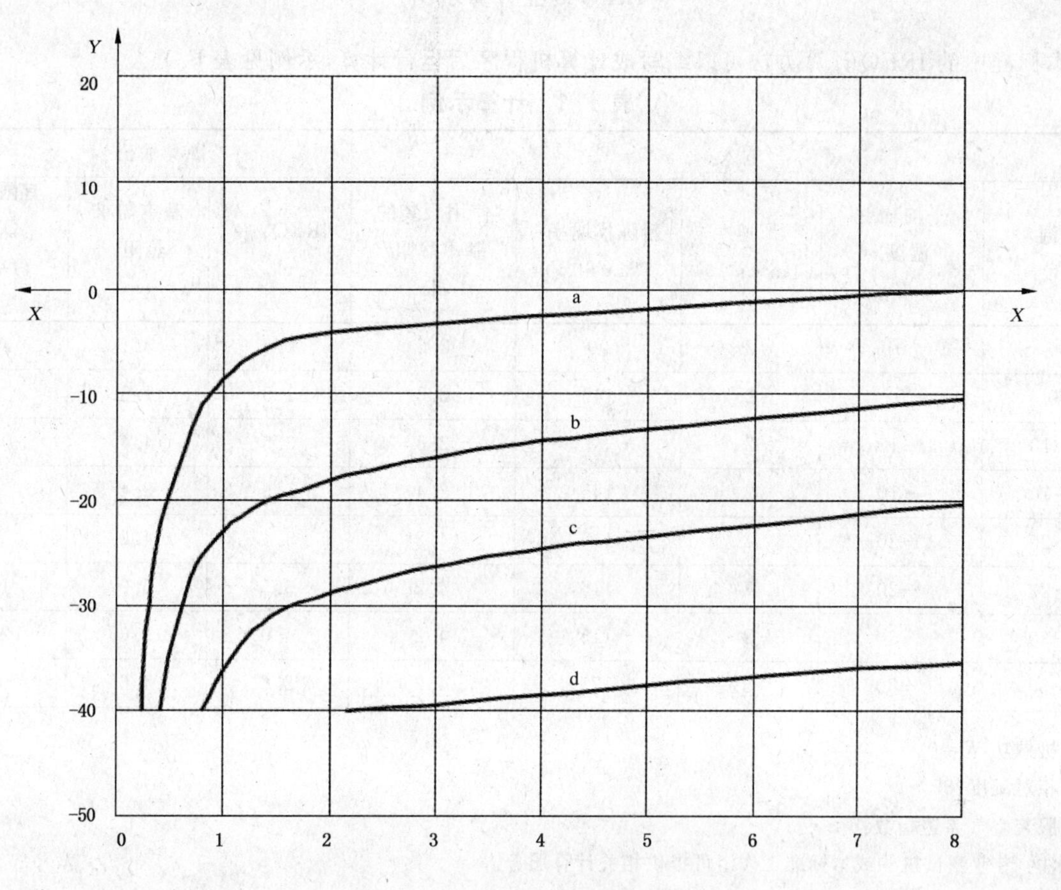

X 轴：D_{lim}，h。

Y 轴：操作温度(t_o)，℃

服装外层空气渗透指数：8 L·m^{-2}·s^{-1}。

服装热阻：

a——1 clo；

b——1.5 clo；

c——2 clo；

d——2.5 clo。

图 E.8　175 W·m^{-2}新陈代谢水平下 4 组服装对应的操作温度与 D_{lim} 的关系

附　录　F
（资料性附录）
IREQ 专业计算示例

本标准中的 IREQ 计算方法可以编写成计算机程序后运行计算，示例见表 F.1。

表 F.1　计算示例

输入					输出		
气温/℃	平均辐射温度/℃	风速/($m \cdot s^{-1}$)	新陈代谢率/($W \cdot m^{-2}$)	使用服装的基本热阻/clo	$IREQ_{中值}$/clo	基本需求热阻/clo	有限持续暴露时间(D_{lim})/h
0	0	2	90	2.5	2.6	3.1	2.3
0	0	2	145	2.5	1.5	1.8	>8
−10	−10	2	90	2.5	3.5	4.4	0.7
−10	−10	2	145	2.4	1.9	2.4	>8
−20	−20	2	115	4.2	3.4	4.2	>8
−20	−20	7	115	4.2	3.5	5.9	1.1
−30	−30	2	115	4.2	4.0	5.0	2.2
−30	−30	5	175	4.2	2.6	4.0	>8

机械功 W=0。
相对湿度：85%。
服装空气渗透指数：8 $L \cdot m^{-2} \cdot s^{-1}$。
注：专业测试机构或本标准工作组可提供相关计算服务。

附 录 G
（资料性附录）
中国主要城市气温统计表

表 G.1 中国主要城市月最低气温 ℃

城市	1月	2月	3月	4月	5月	6月	7月	8月	9月	10月	11月	12月	全年
北京	−9.4	−8.8	−4.2	4.6	9.6	13.3	19.2	17.3	10.1	−3.4	−6.7	−12.9	−12.9
天津	−7.9	−6.2	−2.8	4.2	9	14.7	20	19.3	11.4	−2.2	−5.2	−11.6	−11.6
石家庄	−5.5	−3.2	−1.2	4.8	8.9	13	20.1	19.4	11.1	−0.4	−3.3	−10.7	−10.7
太原	−12.9	−10.9	−5.5	−1.8	5.6	9.3	15.1	14.1	4.9	−3.9	−8	−23.3	−23.3
呼和浩特	−15.5	−12.4	−7.2	−6.2	4.7	9.4	14.1	10.1	4.4	−6.6	−13	−26.6	−26.6
沈阳	−22.7	−16.7	−11.8	−0.6	8.4	13.2	18.8	14	6.4	−5.6	−17.1	−23	−23
大连	−10.5	−5.7	−3.8	4.4	10	13.4	19.8	19.4	14.5	−0.5	−4.7	−11.6	−11.6
长春	−25	−21.4	−15.6	−1.9	5.6	9.2	17.2	12.7	5	−8.8	−17.4	−25	−25
哈尔滨	−24.7	−24.8	−18.2	−2.5	4.7	9.2	15.5	10.8	3.9	−7.2	−20.2	−26.8	−26.8
上海	−0.8	1.2	4.2	9.3	14.4	19.2	22.4	20.1	17.3	10.2	5.1	−1.9	−1.9
南京	−3.9	−1.4	1.1	7.7	12.4	19.6	21.5	20.6	14.1	5.8	−0.5	−5	−5
杭州	−0.8	0.5	4.6	8.5	14.5	18.6	20.3	19.2	14.8	8	3.1	−2.5	−2.5
合肥	−2.1	−0.6	2.1	8.2	11.4	20.1	23.1	19.8	15.3	6.9	3.2	−6.2	−6.2
福州	5.3	5.2	7.4	11.8	18.2	21	23.4	23.7	18.4	15.5	9.7	1.5	1.5
南昌	−0.3	1.5	3.4	10	14	19.7	23.1	21	15.8	9.5	7.2	−2.1	−2.1
济南	−7.3	−2.9	−1.7	3	8	15.4	20.4	16.1	11	0	−4.2	−12.9	−12.9
青岛	−4	−4	−1.3	6.7	9.7	15.8	20.4	19.3	14.7	2.8	−1.6	−9.2	−9.2
郑州	−6.1	−3.5	0.1	5.6	8.6	15.4	18.5	18	11.2	0.1	−2.4	−9.9	−9.9
武汉	−0.2	2.8	1.8	9.2	12.6	21.2	22.1	19.8	15.5	9.2	5.6	−3.9	−3.9
长沙	−0.6	1	2.4	7.9	12.1	20.1	22.4	20.5	15	8.4	4.9	−2.3	−2.3
广州	6.6	7.2	9.7	11.4	20.6	23.8	24.1	23.6	20.3	15.3	12.1	3.1	3.1
南宁	4.4	6	7.2	9.7	18.2	22.7	23.5	20.7	18.6	11.8	9.2	2.9	2.9
桂林	4.2	1.7	5.1	9.7	16.3	21	22.1	19.9	18.3	10.9	8.8	−1.7	−1.7
成都	−1	3.3	5.9	9.4	13.6	17.7	19.6	18.4	14.1	9.6	6.8	0.4	−1
重庆	3.4	3.5	7.4	10.1	16.5	18.2	22.8	19.8	16.5	11.5	7.9	2.5	2.5
贵阳	−1.1	−0.1	2.5	3.8	11.3	15.3	16.1	14.2	10.3	6.6	4.2	−6.6	−6.6
昆明	2	3.2	1	7.3	11.7	15.5	14	11.5	11	7.8	5.7	2.2	1
拉萨	−12.5	−9.4	−7.3	−3.3	−0.8	6.1	9.4	7.4	4.1	−0.6	−5.7	−9.2	−12.5
西安	−2.9	−3.3	0.3	6	9.4	18	19	18.6	11.6	4.6	−0.9	−10.8	−10.8

表 G.1(续)

℃

城市	1月	2月	3月	4月	5月	6月	7月	8月	9月	10月	11月	12月	全年
兰州	−12.2	−10.8	−3.1	1.9	6	12.3	13.8	12.7	6.1	−0.4	−5.4	−14.3	−14.3
西宁	−21.7	−20.5	−8.8	−3.6	1	5.4	4.2	5.6	−0.5	−12.5	−13.7	−20	−21.7
银川	−14.1	−13	−4.8	−2.8	6.4	12.9	14.5	12.6	4.4	−5	−8	−22.6	−22.6
乌鲁木齐	−18.6	−15.3	−13.7	−5.4	4.4	11.7	12.8	11.2	5.9	−1.5	−7.8	−22.3	−22.3
海口	12.2	12.6	16	17.7	23.1	24.1	24.5	22.5	20.6	18.7	17.9	9.1	9.1

表 G.2 中国主要城市月平均气温

℃

城市	1月	2月	3月	4月	5月	6月	7月	8月	9月	10月	11月	12月	全年
北京	0.1	3.4	9.8	14.1	21.9	23.6	27.5	25.7	20.5	10.7	3.4	−2.9	13.2
天津	−0.1	3.7	9.7	14.4	21.4	24	27.2	26.1	20.8	11.3	3.4	−2.4	13.3
石家庄	2.5	6.3	11.5	15.3	21.6	25.4	28.2	26.9	20.9	12.9	4.4	−1.8	14.5
太原	−1.2	2	8	12.8	17.9	22	24.4	22.7	16.3	9.9	2.6	−5	11
呼和浩特	−6.3	−1.6	3.3	9	16.4	21.6	23.2	21.8	15.4	6.5	−2.7	−9.5	8.1
沈阳	−7.4	−1.7	4.7	12	20	21.2	25.6	23.2	19	7.6	−3.2	−9.2	9.3
大连	−0.9	2.2	6.7	11.3	18.2	20.5	24.8	24.6	22	11.8	3.9	−2.3	11.9
长春	−10.7	−4.6	2	9.1	18.2	20	24.2	21.3	17.8	4.7	−7	−12.7	6.9
哈尔滨	−14.2	−7.8	1.1	8.8	17.4	19.8	23.6	20.1	16.6	4.2	−9	−14.9	5.5
上海	7.1	8.5	13.1	17.1	19.4	25.3	27.7	27.4	24.9	20.1	13	7.8	17.6
南京	5	7.8	12.2	16.7	19.6	26.1	28.6	26.8	23.7	18	10.6	4.9	16.7
杭州	7.6	9.1	13.6	17	20.1	26.1	27.6	26.8	24.1	18.9	12.5	6.9	17.5
合肥	6	8.6	13	17	19.9	27.4	29.1	27.4	24.1	18.9	11.7	4.8	17.3
福州	12.3	13.4	17.2	20.9	24.1	27.1	28.8	28.3	25.7	22.1	17.5	14.1	21
南昌	8.8	10.2	13.9	18.1	21.1	27.2	29	27.8	24.4	19.4	14	7.4	18.4
济南	2.5	7	11.8	15.9	20.6	26.3	28.6	26.8	21.7	14.7	6.7	−0.8	15.2
青岛	2.7	4.8	8	12.3	16.7	20.7	25.3	25.2	22.5	14.9	7.5	1.9	13.5
郑州	4.5	7.7	12.6	16	20.2	26.9	27.5	26.6	21.2	15	7.5	1.1	15.6
武汉	7.3	9.9	14	17.3	20.7	28.4	29.1	27.8	24.4	19.3	12.6	5.4	18
长沙	8.4	9.6	13.9	17.9	20.3	27.2	28	26.9	23.4	18.5	13.3	6	17.8
广州	14.7	17.5	20.7	24.5	27.1	28.9	28.4	28.5	26.4	23.8	19.4	15.8	23
南宁	13.5	16.7	19.7	23.8	25.9	27.5	27.9	27	25.1	22	17.7	14.4	21.8
桂林	11.2	12.3	15.1	19.6	23.1	27.1	27.6	26.4	24.5	20.2	16.2	9.3	19.4
成都	5.6	10.6	14.2	17.6	21.2	25.2	26.5	25.2	23.3	18.9	13.6	7.7	17.5
重庆	8.1	11.6	15.9	19.1	20.9	25.6	28.6	26.5	25.1	19.9	15	9.6	18.8
贵阳	6.3	8.5	11.2	16.1	18	22.2	22.7	20.4	18.7	15.3	11.6	5.6	14.7

表 G.2(续)

℃

城市	1月	2月	3月	4月	5月	6月	7月	8月	9月	10月	11月	12月	全年
昆明	9.6	12.8	14.9	18.7	18.7	21.7	20.4	19.1	18	16.5	12.8	10.3	16.1
拉萨	−0.5	3.6	5.6	8.6	11.4	16.6	16.1	15.1	13.2	8.7	4.2	0.5	8.6
西安	3.8	6.9	12	16.3	19.5	27.7	28.8	26.4	21	15.4	8	0.1	15.5
兰州	−3.1	2.5	8.2	13.1	15.3	22.6	24.3	23.3	16.9	10.9	3	−3.7	11.1
西宁	−7.8	−2.5	2.8	8.5	10.9	16.2	17.8	16.6	11.9	5.6	−1.6	−6.9	6
银川	−4.3	0.3	6	11.7	16.9	23.5	24	22.5	15.7	9.4	2.1	−6.6	10.1
乌鲁木齐	−9	−6.9	0.7	7.8	17.2	21.9	23.4	24.7	17.5	9.9	1.6	−11.8	8.1
海口	18.7	20.7	23.7	27.3	28.2	29.3	28.9	28.3	26.8	25.9	23.2	20.4	25.1

参 考 文 献

[1] ISO 7726 热环境人类工效学 物理量测量仪器
[2] ISO 9920 热环境人体工效学 服装热阻和湿阻的确定
[3] ISO 13731 热环境人体工效学 词汇和符号
[4] ISO 13732-3 热环境人体工效学 人类接触表面反应的评价方法 第3部分:冷表面
[5] ISO 15831 服装 生理效应 暖体假人测量热阻的方法
[6] EN 511 防寒手套

ICS 65.020
B 60

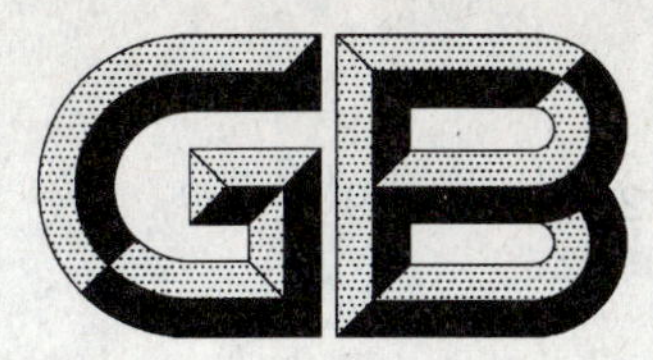

中华人民共和国国家标准

GB/T 24255—2009

沙化土地监测技术规程

Technical code of practice on the sandified land monitoring

2009-07-08 发布

2009-12-01 实施

中华人民共和国国家质量监督检验检疫总局
中国国家标准化管理委员会
发布

前　言

本标准的附录A、附录B、附录C均为规范性附录。

本标准由国家林业局提出。

本标准由国家林业局归口。

本标准负责起草单位:国家林业局防治荒漠化管理中心、国家林业局调查规划设计院。

本标准主要起草人:杨维西、李锋、王军厚、屠志方、李梦先、周欢水、周卫东、孙涛、付蓉。

沙化土地监测技术规程

1 范围

本标准规定了沙化土地监测采用的土地利用分类、沙化土地分类、沙化土地程度划分,同时规定了沙化土地监测的内容、方法、技术流程、监测成果等内容及其要求。

本标准适用于在全国范围内开展的沙化土地监测工作。

2 规范性引用文件

下列文件中的条款通过本标准的引用而成为本标准的条款。凡是注日期的引用文件,其随后所有的修改单(不包括勘误的内容)或修订版均不适用于本标准,然而,鼓励根据本标准达成协议的各方研究是否可使用这些文件的最新版本。凡是不注日期的引用文件,其最新版本适用于本标准。

GB/T 21141—2007 防沙治沙技术规范

3 术语和定义

下列术语和定义适用于本标准。

3.1

沙化 sandification

在各种气候条件下,由于多种原因形成地表呈现以沙(砾)物质为主要特征的土地退化过程。

3.2

沙化土地 sandified land

具有明显沙化特征的退化土地。

3.3

植被盖度 vegetation coverage

地表一定面积上所有植被(含乔木、灌木、草本)垂直投影面积占总面积之比,用百分法表示,最大为100%。

3.4

郁闭度 canopy density

林地内乔木树冠垂直投影面积与林地总面积之比。

3.5

优势种 dominant species

对群落的结构和群落环境的形成有明显控制作用的植物种。一般指盖度大,个体数量多,生物量高,生活能力较强的一个或多个植物种类。

3.6

图斑 polygon

沙化土地监测、区划及面积量算的基本单元。

4 总则

4.1 为贯彻落实《中华人民共和国防沙治沙法》,为防沙治沙决策、管理和治理规划提供服务,统一和规范沙化土地监测的内容、技术标准、方法和成果,保证沙化土地监测的科学性、规范性、准确性和可比性,特制定本标准。

4.2 沙化土地监测的目的是为了掌握某一时期沙化土地的现状及不同时期动态变化信息，为国家和地方制定防沙治沙政策和规划，以及保护、改良和合理利用土地资源提供科学依据。

4.3 沙化土地监测的任务是查清各类型沙化土地和具有明显沙化趋势的土地的分布、面积、程度和动态变化情况；分析自然和社会经济因素对土地沙化的影响，对土地沙化状况、危害及治理效果进行分析评价。

5 监测范围

5.1 监测范围分类

分全国、省(直辖市、自治区)、地区(市)、县(市、旗、区)、乡(镇、苏木)等完整行政区域，跨省、地、县、乡等非完整行政区域，以及乡以下任意区域3类。

5.2 监测范围的确定

根据监测任务的需要确定。

6 监测体系

对全国、省(区)及跨省(区)等较大范围的沙化土地监测，应包括宏观监测和专题监测2个层次的内容。

6.1 宏观监测

对监测范围内沙化土地进行全面调查。宏观监测应以图斑为基础，按行政区划单位逐级进行调查统计。

6.2 专题监测

为深入分析宏观监测成果，阐释沙化土地动态变化的原因，可选择沙化土地扩展或逆转的典型地区，对沙化土地变化的状况和人为、自然影响因素以及防治经验等开展专题研究和剖析，为总体监测成果的深入分析提供典型案例。

7 监测方法

7.1 沙化土地监测应采用地面调查与遥感数据解译相结合，以地面调查为主的技术方法，即先在室内利用遥感数据区划图斑，再到现地调查监测因子和修正图斑区划界线。

7.2 监测范围较小时，亦可单独采用地面调查的技术方法。

8 土地利用分类系统

根据沙化土地监测的需要，按照土地利用状况，将土地划分为6个一级地类，27个二级地类，详见表1。

表1 土地利用分类系统

一级类		二级类		含义
编码	名称	编码	名称	
100	耕地			指种植农作物的土地。包括熟地，新开发、复垦、整理地，休闲地(含轮歇地、轮作地)；以种植农作物(含蔬菜)为主，间有零星果树、桑树或其他树木的土地；平均每年能保证收获一季的已垦滩地和海涂。耕地中包括南方宽度<1.0 m，北方宽度<2.0 m的沟、渠、路和地坎(埂)；临时种植药材、草皮、花卉、苗木等的耕地，以及其他临时改变用途的耕地。
		110	水田	指用于种植水稻、莲藕等水生作物的耕地，包括实行水生、旱生农作物轮种的耕地。

表 1（续）

一级类		二级类		含　义
编码	名称	编码	名　称	
100	耕地	120	水浇地	指有水源保证和灌溉设施，在一般年景能正常灌溉，种植旱生农作物的土地。包括种植蔬菜等的非工业化的大棚用地。
		130	旱地	指无灌溉设施，主要靠天然降水种植旱生农作物的耕地，包括没有灌溉设施，仅靠引洪淤灌的耕地。
200	林地			包括有林地、疏林地、灌木林地、未成林地、苗圃地、迹地等。
		210	有林地	指附着有森林植被，郁闭度≥0.20 的林地，包括乔木林地、红树林地和竹林地。
		220	疏林地	指附着有乔木树种，郁闭度在 0.10～0.19 之间的林地。
		230	灌木林地	指附着有灌木树种，或因生境恶劣矮化成灌木型的乔木树种以及胸径小于 2 cm 的小杂竹丛，以经营灌木林为目的或起防护作用，且灌木盖度≥30%的林地。
		240	未成林地	指未达到有林地或灌木林地标准但有成林希望的林地。包括未成林造林地和未成林封育地。
		250	苗圃地	指固定的林木、花卉育苗用地，不包括母树林、种子园、采穗圃、种质基地等种子、种条生产用地以及种子加工、储藏等设施用地。
		260	迹地	包括火烧迹地和采伐迹地。
300	草地			指生长草本植物为主的土地。
		310	天然牧草地	指以天然草本植物为主，用于放牧或割草的草地。
		320	人工牧草地	指人工种植牧草的土地。
		330	其他草地	指树木郁闭度＜0.1，表层为土质，生长草本植物为主，不用于畜牧业的草地。
400	居民工矿交通用地			指用于住宅、商业、服务业、工矿、交通、公共设施的土地及附属用地，包括居民地、工矿用地、交通用地、商业服务业用地、公共管理与公共服务用地、设施农用地以及用于军事、宗教、殡葬的特殊用地等。
		410	居民地	指用于城镇及农村人们生活居住的房基地及其附属设施的土地。
		420	工矿用地	指用于工业、矿业生产和物资存放场所的土地。
		430	交通用地	指用于运输通行的地面线路、场站等用地。包括民用机场、港口、码头、地面运输管道和各种道路用地。
		440	其他	指上述未包含的其他用地。
500	水域及水利设施用地			指陆地水域，滩涂，沟渠、水工建筑物等用地。不包括滞洪区和已垦滩涂中的耕地、林地、居民点、道路等用地。
		510	河流水面	指天然形成或人工开挖河流常水位岸线之间的水面，不包括被堤坝拦截后形成的水库水面。
		520	湖泊水面	指天然形成的积水区常水位岸线所围成的水面。
		530	冰川及永久积雪	指表层被冰雪常年覆盖的土地。
		540	其他	包括水库、坑塘、滩涂、沟渠和水工建筑物等。
600	其他土地			指上述地类以外的其他类型的土地。包括盐碱地、沼泽地、裸沙地、裸土地、戈壁、风蚀残丘（劣地）、裸岩、干沟、空闲地等。
		601	盐碱地	指表层盐碱聚集，生长天然耐盐植物的土地。

表 1（续）

一级类		二级类		含　义
编码	名称	编码	名　称	
600	其他土地	602	沼泽地	指经常积水或渍水，一般只生长沼生、湿生植物的土地。
		603	裸沙地	指表层为沙覆盖，植被盖度 10%以下的土地。
		604	裸土地	指表层为土质，基本无植被的土地。
		605	戈壁	指干旱地区表层为砾石、砂砾覆盖，植被稀少，且广袤而平坦的土地。
		606	风蚀残丘（劣地）	干旱地区经风蚀作用形成的风蚀雅丹、土林等，或粗化土地。
		607	其他	指上述未包含的其他土地。

9　土地沙化属性及沙化土地分类分级

监测范围内的土地按其沙化属性划分为沙化土地、具有明显沙化趋势的土地和非沙化土地 3 个类型。

9.1　沙化土地分类分级

9.1.1　沙化土地分类

沙化土地划分为流动沙地（丘）、半固定沙地（丘）、固定沙地（丘）、露沙地、沙化耕地、非生物治沙工程地、风蚀残丘、风蚀劣地和戈壁 9 个类型。

9.1.1.1　流动沙地（丘）

植被盖度＜10%，地表沙物质常处于流动状态的沙地（丘）。

9.1.1.2　半固定沙地（丘）

10%≤植被盖度＜30%（当植被主要为乔木且林冠下无其他植被时，郁闭度＜0.50），且分布比较均匀，风沙流活动受阻，但仍有较明显风沙活动的沙地（丘）。

——人工半固定沙地（丘）：通过植物治沙措施（包括人工造林、人工种草、飞播造林种草、封沙育林育草、围栏封育等措施）治理而形成的半固定沙地（丘）。

——天然半固定沙地（丘）：未经过人工措施治理，植被起源为天然的半固定沙地（丘）。

9.1.1.3　固定沙地（丘）

土壤质地为沙质，植被盖度≥30%（当植被主要为乔木且林冠下无其他植被时，乔木林郁闭度≥0.50），无明显风蚀现象，地表环境稳定或基本稳定的沙地（丘）。

——人工固定沙地（丘）：通过植物治沙措施（包括人工造林、人工种草、飞播造林种草、封沙育林育草、围栏封育等措施）治理而形成的固定沙地（丘）。

——天然固定沙地（丘）：未经过人工措施治理，植被起源为天然的固定沙地（丘）。

9.1.1.4　露沙地

土壤通体为沙质，但表层覆盖一薄层表土，植被主要为草本植物，有斑点状流沙出露（流沙出露面积比例＜5%）或疹状灌丛沙堆分布，能就地起沙的土地。

9.1.1.5　沙化耕地

主要指没有防护措施及灌溉条件，经常受风沙危害，导致作物产量低而不稳的沙质耕地。

9.1.1.6　非生物治沙工程地

单独以非生物措施（包括机械沙障、化学固沙等措施）治理形成的固定或半固定的沙地（丘）。在非生物治沙工程地上又采用植物治沙措施的，应划为相应的固定或半固定沙地（丘）。

9.1.1.7　风蚀残丘

干旱地区经风蚀作用形成的风蚀雅丹、土林等。

9.1.1.8 风蚀劣地

由于风蚀作用导致土壤细粒物质流失,粗粒物质相对增多或砾石和粗砂集中于地表形成的粗化土地。

9.1.1.9 戈壁

在干旱地区地表为砾石、砂砾覆盖,植被稀少,且广袤而平坦的土地。

9.1.2 沙化土地程度分级

沙化土地程度划分为轻度、中度、重度和极重度4个等级。

9.1.2.1 轻度沙化土地

植被盖度≥50%,基本无风沙流活动的沙化土地,或一般年景作物能正常生长、缺苗较少(缺苗率<20%)的沙化耕地。

9.1.2.2 中度沙化土地

30%≤植被盖度<50%,风沙流活动不明显的沙化土地,或作物长势不旺、缺苗较多(20%≤缺苗率<30%)且分布不均的沙化耕地。

9.1.2.3 重度沙化土地

10%≤植被盖度<30%,风沙流活动明显或流沙纹理明显可见的沙化土地,或作物生长很差、缺苗率≥30%的沙化耕地。

9.1.2.4 极重度沙化土地

植被盖度<10%的沙化土地。

9.2 具有明显沙化趋势的土地

由于土地不合理利用或水资源匮乏等因素导致的植被严重退化,生产力下降,地表偶见流沙点或风蚀斑,但尚无沙堆分布的土地。

9.3 非沙化土地

监测范围内除沙化土地和具有明显沙化趋势的土地以外的其他土地。

10 监测内容

10.1 土地沙化属性

对监测范围内的土地沙化属性进行监测分类。

10.2 沙化土地状况

对监测范围内的沙化土地类型、程度、土地利用类型、土地沙化成因、沙化土地治理状况及可治理状况等进行监测。

10.2.1 沙化土地类型

对沙化土地的类型及面积进行监测。

10.2.2 沙化土地程度

对沙化土地的发生程度及面积进行监测。

10.2.3 土地利用类型

对沙化土地发生的土地利用类型及面积进行监测。

10.2.4 土地沙化成因

对土地沙化主要成因作出判断并予记载,土地沙化成因分为人为因素和自然因素两类。

10.2.4.1 人为因素

人为因素主要指引起土地沙化的各种人类不合理经济活动,主要包括过牧、樵采、开垦、挖采、工矿业生产、水资源利用不当等类型。

10.2.4.2 自然因素

自然因素主要指引起土地沙化的气象、气候因素(干旱、大风等)、地质因素(风化、风蚀、风积等)、鼠害等。

10.2.5 **沙化土地治理状况**

对沙化土地采取的治理措施类型及面积进行监测。治理措施分为植物治理措施、物理治理措施、化学治理措施、保护性耕作措施、封禁保护措施等。

——植物治理措施：包括封沙育林育草、人工造林(乔、灌)、人工种草、飞播造林种草、围栏封育等；

——物理治理措施：包括机械沙障等；

——化学治理措施：包括化学固沙等；

——保护性耕作措施：包括免耕、秸秆覆盖、作物留茬等；

——封禁保护措施：指依据《中华人民共和国防沙治沙法》划定的沙化土地封禁保护区。

治理措施具体标准按 GB/T 21141—2007。

10.2.6 **沙化土地可治理状况**

沙化土地可治理状况划分为可治理沙化土地和难治理沙化土地。

10.2.6.1 可治理沙化土地是指在当前经济、技术条件下，具备治理所必需的气候、土壤及水资源等条件的沙化土地。

10.2.6.2 难治理沙化土地是指除可治理沙化土地之外的其他沙化土地。

10.3 **自然状况**

10.3.1 **地貌**

对沙化土地所处的地貌类型及小地形等进行监测。

——地貌类型划分为极高原、高原、山地(极高山、高山、中山、低山)、丘陵、平原、盆地。

——小地形划分为山脊、上坡、中坡、下坡、谷底和平地等。

10.3.2 **土壤**

对沙化土地的土壤类型和土壤质地等进行监测。

——土壤类型调查到土类。

——土壤质地划分为粘土、壤土、砂壤土、壤砂土、砂土。

10.3.3 **植被**

对沙化土地上的植被组成、植被起源、植被盖度、植被高度和植被长势等进行监测。

——植被组成，主要调查记载优势种。

——植被起源，主要调查记载优势种的起源，分为人工与天然两类。

——植被盖度，调查记载所有植被(乔木、灌木、草本)的总盖度。

——植被高度，主要调查记载优势种的平均高度。

——植被长势，调查记载植被的总体生长情况，分为好、一般、差。

11 主要技术流程

11.1 技术准备

11.1.1 **遥感信息源选取及处理**

选用的遥感信息源应是距监测年度不超过 2 年的遥感数据，空间分辨率小于 30 m，选择的时相应能突出沙化土地的相关信息，云量少于 5%，基本无噪声。使用的遥感数据应经几何精校正、信息增强、影像拼接等技术处理，遥感数据经精校正后，误差要控制在 0.5 个象元内。

11.1.2 **制作基础地理信息**

数字化地形图可直接作为基础地理信息底图使用。纸质地形图，应将监测范围内涉及的国家、省(直辖市、自治区)、县(市、区、旗)、乡(镇、苏木)、村(嘎查)(乡级及乡级以下单位监测时采用)界线，主要道路、河流、湖泊、村以上城镇与居民点输入计算机，作为遥感数据解译的基础地理信息。

11.1.3 地形图选取

根据监测任务的需要选择地形图比例尺。

——全国、省级行政区域及跨省(区)、地(市)的监测,地形图比例尺不小于1∶100 000;

——地级行政区域及跨县(市)的监测,地形图比例尺不小于1∶50 000;

——县级行政区域及跨乡(镇)的监测,地形图比例尺不小于1∶10 000,边疆偏远地区的县,地形图比例尺不小于1∶50 000;

——乡级行政区域及乡级以下任意区域的监测,地形图比例尺不小于1∶5 000,边疆偏远地区的乡(镇),地形图比例尺不小于1∶50 000。

11.1.4 建立解译标志

选择与遥感数据时相接近的时间,选取不同沙化土地类型、土地利用类型的试验区,现地调查沙化土地有关因子信息(土地利用类型、沙化土地类型、沙化土地程度、土壤、植被等),拍摄野外景观照片,建立沙化土地有关因子与遥感影像的色调、纹理、形状、分布等特征的对应关系。解译标志卡片格式见附录A表A.1。

11.1.5 监测人员要求

监测人员应具备植被和土壤调查等专业知识及遥感、GIS、GPS基础知识,具有相关工作经验。应对监测人员进行技术培训和考核,考核合格者方可参加监测工作。

11.2 图斑区划

11.2.1 图斑区划系统

根据监测任务的需要选择区划系统。

——全国及跨省(区)的监测。区划系统采用全国或区域-省(市、自治区)-县(市、旗、区)-乡(镇、苏木)-图斑5级;

——省级行政区域及跨地(市)的监测。区划系统采用省(直辖市、自治区)或区域-县(市、旗、区)-乡(镇、苏木)-图斑4级;

——地(市)行政区域及跨县(市)的监测。区划系统采用地(市)或区域-县(市、旗、区)-乡(镇、苏木)-图斑4级;

——县级行政区域及跨乡(镇)的监测。区划系统采用县(市、区、旗)或区域-乡(镇、苏木)-图斑3级;

——乡级行政区域及乡级以下任意区域的监测。区划系统采用乡(镇、苏木)-村(嘎查)-图斑3级。

11.2.2 图斑区划条件

下列条件之一不同时应区划为不同的图斑:

——土地利用类型;

——土地沙化属性;

——沙化土地类型;

——沙化土地程度;

——植被盖度级差(以10%为盖度级差,按植被盖度<10%、10%≤植被盖度<20%、……、≥90%分别区划);

——植被起源;

——治理措施;

——土地沙化成因;

——主要植物种。

11.2.3 图斑区划方法

将基础地理信息与处理好的遥感数据配准,按照图斑区划条件区划图斑界线;根据解译标志,采用室内人机交互解译的方法,初步解译图斑监测因子,形成解译图形数据文件。

11.2.4 图斑区划要求

——图斑序号用阿拉伯数字表示，以乡(镇、区、苏木)为单位[乡级行政区域及乡级以下任意区域的监测，以村(嘎查)为单位]，从左到右、从上到下按顺序编号。

——按监测采用的比例尺，最小图斑区划面积为 4 mm^2，条状图斑短边区划长度最小为 1 mm。

——图斑边界线的走向和形状应与影像特征相符，允许误差不超过 0.5 个象元。

——基础地理信息中的水系、道路、居民点等地物地标有变化时应根据遥感影像对其进行更新。

11.3 现地调查修正

11.3.1 输出草图

按监测采用的比例尺地形图分幅，输出带图斑界线的遥感影像，叠加乡以上行政界线、公里网、图廓线、图幅号等基础地理信息，并对象元进行数字放大处理。

11.3.2 图斑界线修正

现地对遥感影像上的图斑界线进行核实。对区划有误的图斑界线，应在遥感影像上修正。

11.3.3 图斑监测因子调查

除沙漠腹地、戈壁等难以到达且解译特征明显的图斑可以遥感解译为主，并通过参阅相关文献、专题图，座谈访问等形式予以确认外，其他所有图斑都应到现地对监测因子进行调查，并对调查内容进行记载。

图斑现地调查因子及说明见表 2，调查结果填入调查记录表(附录 A 表 A.2)。调查因子代码见附录 B、附录 C。

表 2 地面调查因子及其说明

调查因子	说明
图斑位置	包括省(直辖市、自治区)、县(市、旗、区)、乡(镇、苏木)、村(嘎查)
地形图图幅号	图斑所在地形图图幅
监测年度	
地貌类型	按本标准 10.3.1 相关内容填写
小地形	按本标准 10.3.1 相关内容填写
土地利用类型	沙化土地及具有明显沙化趋势的土地调查到二级类型，非沙化土地调查到一级类型
沙化土地类型	按本标准 9.1.1 执行，调查到二级类型
沙化土地程度	按本标准 9.1.2 执行
土地使用权属	划分为国有、集体、个人、其他
土壤类型	调查到土类，主要土壤类型名称见附录 B 相关内容
土壤质地	按本标准 10.3.2 相关内容调查
沙丘高度	沙丘的平均相对高度，以米(m)为单位，精确到 0.1 m
植被组成	按本标准 10.3.3 相关内容调查，主要植物中文名及拉丁文学名见附录 C
植被起源	按本标准 10.3.3 相关内容调查
植被盖度	调查图斑内所有植被的总盖度
植被高度	按本标准 10.3.3 相关内容调查，以米(m)为单位，草本精确到 0.01 m，灌木精确到 0.1 m，乔木树种精确到 0.5 m
植被长势	按本标准 10.3.3 相关内容调查
主要作物种	调查农作物的主要种类，常见作物种类中文名及代码见附录 B 相关内容

表 2（续）

调查因子	说　明
作物长势	调查农作物的生长状况，分为好、一般、差
作物缺苗率	调查图斑内农作物的缺苗百分率
土地沙化成因	按本标准 10.2.4 调查
治理措施	按本标准 10.2.5 调查
可治理状况	按本标准 10.2.6 调查

11.4　内业整理

11.4.1　面积求算

根据现地调查核实结果，对原图形数据文件进行修改，录入现地调查内容，并进行数据逻辑检查，生成新的矢量图形数据文件（包括空间数据和属性数据）。在矢量图形数据基础上，用 GIS 软件进行图斑面积求算，面积单位为公顷（hm^2），精确到 0.1 hm^2。

11.4.2　数据统计

逐级统计汇总各类型沙化土地面积。

——全国及跨省（区）的监测。按乡（镇、苏木）-县（市、旗、区）-地（市）-省（直辖市、自治区）-国家（区域）逐级统计汇总；

——省级行政区域及跨地（市）的监测。按乡（镇、苏木）-县（市、旗、区）-地（市）-省（直辖市、自治区）或区域逐级统计汇总；

——地（市）级行政区域及跨县（市）的监测。按乡（镇、苏木）-县（市、旗、区）-地（市）或区域逐级统计汇总；

——县级行政区域及跨乡（镇）的监测。按乡（镇、苏木）-县（市、旗、区）或区域逐级统计汇总；

——乡级行政区域及乡级以下任意区域的监测。按村（嘎查）-乡（镇、苏木）逐级统计汇总。

11.4.3　沙化土地监测图件编制

11.4.3.1　主要图素

——基础地理要素：包括国界及省（直辖市、自治区）、县（市、旗、区）、乡（镇、苏木）、村（嘎查）（在乡级及乡级以下单位监测时标注）行政界线、主要道路和水系、村以上居民点位置、图名、图例、比例尺、编图说明、编图单位和时间等。可根据成图比例尺有所侧重。

——专题要素：包括图斑界线和图斑注记。

11.4.3.2　成图比例尺

——全国沙化土地监测图件：成图比例尺 1∶4 000 000。

——跨省（区）沙化土地监测图件：面积较大的监测区域，成图比例尺 1∶2 500 000；面积较小的监测区域，成图比例尺 1∶1 000 000。

——省级行政区域沙化土地监测图件：面积较小的省级单位（北京、天津、海南、宁夏），成图比例尺 1∶250 000；面积较大的省级单位（内蒙古、西藏、甘肃、青海、新疆），成图比例尺1∶1 000 000；其他省级单位，成图比例尺 1∶500 000。

——跨地（市）沙化土地监测图件：面积较大的监测区域，成图比例尺 1∶500 000；面积较小的监测区域，成图比例尺 1∶250 000。

——地（市）级行政区域及跨县（市）沙化土地监测图件：面积较大的监测地区，成图比例尺 1∶250 000；面积较小的监测区域，成图比例尺 1∶100 000。

——县级行政区域及跨乡（镇）沙化土地监测图件：边疆偏远地区面积较大的县级单位或跨乡区域，成图比例尺 1∶100 000；其他地区县级单位或跨乡区域，成图比例尺 1∶50 000。

——乡级行政区域及乡级以下任意区域沙化土地监测图件：边疆偏远地区面积较大的乡级单位，成图比例尺 1：50 000；其他地区乡级及乡级以下单位，成图比例尺 1：10 000。

12 监测成果

沙化土地监测应形成以下监测成果。

12.1 沙化土地监测数据

提供监测范围内各类型沙化土地面积汇总表（见附录 A 表 A.3～表 A.7）。国家、省（直辖市、自治区）、地区（市）完整行政区域范围的监测，或跨省（区）、地（市）行政区域的监测统计到县；县（市、旗、区）完整行政区域范围的监测，或跨县（市）、乡（镇）行政区域的监测统计到乡；乡（镇、苏木）完整行政区域及乡级以下任意区域的监测统计到村。

12.2 沙化土地监测图件

提供沙化土地类型分布图、沙化土地程度分布图，同时可根据需要提供其他专题图件。不同监测范围制图单元要求如下：

——全国监测，分别制作以全国、省（直辖市、自治区）、县（市、旗、区）为制图单元的沙化土地监测图件；

——跨省（区）监测，分别制作以区域、省（直辖市、自治区）、县（市、旗、区）为制图单元的沙化土地监测图件；

——省级行政区域及跨地（市）监测，分别制作以省（直辖市、自治区）或区域、县（市、旗、区）为制图单元的沙化土地监测图件；

——地（市）级行政区域及跨县（市）监测，分别制作以地（市）或区域、县（市、旗、区）为制图单元的沙化土地监测图件；

——县级行政区域及跨乡（镇）监测，分别制作以县（市、旗、区）或区域、乡（镇、苏木）为制图单元的沙化土地监测图件；

——乡级行政区域及乡级以下任意区域监测，分别制作以乡（镇、苏木）、村（嘎查）为制图单元的沙化土地监测图件。

12.3 地理信息数据

按统一格式提供以图斑为基础的空间数据及属性数据库。

12.4 监测报告

12.4.1 宏观监测报告

主要内容包括调查地区基本情况，调查工作概况，技术方法，各类沙化土地面积、程度及分布特点分析，动态变化及原因分析，危害情况、治理状况及典型地区沙化土地状况分析，防沙治沙的对策和建议等。

12.4.2 专题监测报告

主要内容包括监测地区代表性及基本情况，监测技术方法，沙化土地动态变化，导致土地沙化扩展、缓解或逆转的原因，防治措施或经验等。

12.4.3 报告编写的参考资料

为保证监测成果分析及监测报告的科学、客观、准确，可根据需要，选择收集以下有关资料。

12.4.3.1 气象资料

主要包括监测区域气温、风速、蒸发、降水及大风日数、沙尘日数等资料。

12.4.3.2 水文资料

主要包括监测区域地表水和地下水数量、质量、分布及利用状况等资料。

12.4.3.3 社会经济资料

——土地利用状况：主要包括监测区域耕地、林地、草地等土地利用方面资料；

——沙化土地治理状况：主要包括监测区域封沙育林育草、人工造林、人工种草、飞播造林种草、退耕还林、围栏封育等防沙治沙方面资料；

——社会经济状况：主要包括监测区域人口情况、国民经济情况、农业情况、畜牧业情况、社会福利情况等方面资料。

12.4.3.4 其他资料

收集监测区域与沙化土地监测成果分析有关的行业调查报告、研究报告及监测报告等。

13 质量要求

13.1 质量控制要求

采用随机抽样方法，对图斑区划和调查因子填写情况进行检查，抽取的样本数量应满足以下要求：

——全国及跨省（区）监测，抽样检查量（指图斑数和面积，下同）不少于总任务量的1%；

——省级行政区域及跨地（市）监测，抽样检查量不少于总任务量的2%；

——地级行政区域及跨县（市）监测，抽样检查量不少于总任务量的5%；

——县级行政区域及跨乡（镇）监测，抽样检查量不少于总任务量的10%；

——乡级行政区域级及乡级以下任意区域监测，抽样检查量不少于总任务量的20%。

13.2 因子调查合格要求

——土地利用类型、土地沙化属性、沙化土地类型、沙化程度、土地沙化成因、可治理状况、治理措施各因子调查结果应与现地实际情况一致；

——植被高度、沙丘高度调查值与实际值的相对误差应在20%以内；

——植被盖度、作物缺苗率调查值与实际值的绝对误差应在10%以内；

——其他因子调查结果应与实际情况相符。

13.3 图斑质量合格要求

下列条件之一不满足时，为不合格图斑。

——图斑区划应符合图斑划分条件；

——图斑区划面积相对误差应在5%以内；

——土地利用类型、土地沙化属性、沙化土地类型、沙化程度、植物种、土地沙化成因、可治理状况、治理措施应全部调查正确；

——其他因子的调查准确率不低于80%。

13.4 成果质量要求

——全国、省（直辖市、自治区）、地区（市）完整行政区域或跨省（区）、地（市）、县（市）行政区域的监测，合格图斑数量及合格面积率在95%以上（含）为合格，对查出有差错的图斑，应予以改正；合格图斑数量及合格面积率小于95%为不合格，应重新进行调查。

——县（市、旗、区）、乡（镇、苏木）完整行政区域或跨乡（镇）行政区域及乡以下任意区域监测，合格图斑数量及合格面积率在98%以上（含）为合格，对查出有差错的图斑，应予以改正；合格图斑数量及合格面积率小于98%为不合格，应重新进行调查。

附　录　A
（规范性附录）
沙化土地监测常用表格

表 A.1　沙化土地监测解译标志卡

1. 位置（省、县、乡）
2. 地面调查时间
3. 地理坐标（经纬度）
4. 沙化土地类型
5. 沙化土地程度
6. 土地利用类型
7. 主要植物种类
8. 植被盖度
9. 植被长势
10. 植被起源
11. 土壤类型
12. 土壤质地
13. 治理措施
14. 其他

地面实况照片

与实况照片地点对应的遥感影像

表 A.2 沙化土地图斑调查表

图斑号	省（市、区）	市（地、盟）	县（市、旗）	乡（镇、苏木）	村（嘎查）	地形图图幅号	监测年度	面积 hm^2	地貌类型	小地形	土地利用类型	沙化土地类型	沙化土地程度	沙丘高度 m	土地使用权属	土壤类型	土壤质地	植被组成	植被起源	植被盖度 %	植被高度 m	植被长势	主要作物种	作物长势	作物缺苗率 %	土地沙化成因	治理措施	可治理状况

调查员＿＿＿＿＿＿　　　　调查日期＿＿＿＿＿＿

表 A.3　沙化土地面积统计表(按沙化程度分)

年度　　　　　　　　　　　　　　　　　　　　　　　　　　　　单位为公顷

统计单位	沙化土地程度	总面积	沙化土地面积														具有明显沙化趋势的土地	非沙化土地	备注
			计	流动沙地(丘)	半固定沙地(丘)			固定沙地(丘)			露沙地	沙化耕地	非生物治沙工程地	风蚀残丘	风蚀劣地	戈壁			
					计	人工半固定沙地(丘)	天然半固定沙地(丘)	计	人工固定沙地(丘)	天然固定沙地(丘)									
	轻度																		
	中度																		
	重度																		
	极重度																		

计算、制表人________________　　　　日期________________

表 A.4 沙化土地面积统计表(按土地利用类型分)

年度　　　　　　　　　　　　　　　　　　　　　　　　　　　　单位为公顷

统计单位	土地利用类型	总面积	沙化土地面积															具有明显沙化趋势的土地	非沙化土地	备注
			计	流动沙地(丘)	半固定沙地(丘)			固定沙地(丘)			露沙地	沙化耕地	非生物治沙工程地	风蚀残丘	风蚀劣地	戈壁				
					计	人工半固定沙地(丘)	天然半固定沙地(丘)	计	人工固定沙地(丘)	天然固定沙地(丘)										
	耕地																			
	林地																			
	草地																			
	其他土地																			
	居民工矿交通用地																			
	水域及水利设施用地																			

计算、制表人＿＿＿＿＿＿＿＿　　　　日期＿＿＿＿＿＿＿＿

表 A.5　沙化土地面积统计表(按治理措施类型分)

年度　　　　　　　　　　　　　　　　　　　　　　　　　　　　　　单位为公顷

统计单位	治理措施	总面积	沙化土地面积															具有明显沙化趋势的土地	非沙化土地	备注
			计	流动沙地(丘)	半固定沙地(丘)			固定沙地(丘)			露沙地	沙化耕地	非生物治沙工程地	风蚀残丘	风蚀劣地	戈壁				
					计	人工半固定沙地(丘)	天然半固定沙地(丘)	计	人工固定沙地(丘)	天然固定沙地(丘)										
	封沙育林育草																			
	人工造林																			
	人工种草																			
	飞播造林种草																			
	围栏封育																			
	机械沙障																			
	化学固沙																			
	保护性耕作																			
	封禁保护																			
	无治理措施																			

计算、制表人________________　　　　日期________________

表 A.6 沙化土地面积统计表(按植被盖度级分)

年度　　　　　　　　　　　　　　　　　　　　　　单位为公顷

统计单位	植被盖度级	总面积	沙化土地面积															具有明显沙化趋势的土地	非沙化土地	备注
			计	流动沙地(丘)	半固定沙地(丘)			固定沙地(丘)			露沙地	沙化耕地	非生物治沙工程地	风蚀残丘	风蚀劣地	戈壁				
					计	人工半固定沙地(丘)	天然半固定沙地(丘)	计	人工固定沙地(丘)	天然固定沙地(丘)										
	<10%																			
	10%～19%																			
	20%～29%																			
	30%～39%																			
	40%～49%																			
	50%～59%																			
	60%～69%																			
	70%～79%																			
	80%～89%																			
	≥90%																			
	其他[a]																			

[a] 指不宜用植被盖度表示的土地利用类型面积,如耕地、居民工矿交通用地、水域等。

计算、制表人______________　　　　日期______________

表 A.7 沙化土地面积统计表(按主要植物种分)

年度　　　　　　　　　　　　　　　　　　　　　　　　单位为公顷

统计单位	主要植物种	总面积	沙化土地面积															具有明显沙化趋势的土地	非沙化土地	备注
			计	流动沙地(丘)	半固定沙地(丘)			固定沙地(丘)			露沙地	沙化耕地	非生物治沙工程地	风蚀残丘	风蚀劣地	戈壁				
					计	人工半固定沙地(丘)	天然半固定沙地(丘)	计	人工固定沙地(丘)	天然固定沙地(丘)										
	梭梭																			
	沙拐枣																			
	沙打旺																			
	黄芪																			
	柠条																			
	沙枣																			
	胡杨																			
	山杏																			
	沙棘																			
	榆树																			
	樟子松																			
	柽柳																			
	白刺																			
	沙蒿																			
	……																			

计算、制表人＿＿＿＿＿＿＿＿　　　　日期＿＿＿＿＿＿＿＿

附 录 B
（规范性附录）
沙化土地监测因子代码表

表 B.1 沙化土地监测因子代码表

沙化土地类型	代码	小地形	代码	主要土壤类型	代码
流动沙地(丘)	168	山脊	1	红壤	1
半固定沙地(丘)	170	上坡	2	黄壤	2
人工半固定沙地(丘)	1701	中坡	3	砖红壤	3
天然半固定沙地(丘)	1702	下坡	4	娄土	4
固定沙地(丘)	172	谷底	5	黄绵土	5
人工固定沙地(丘)	1721	平地	6	黑垆土	6
天然固定沙地(丘)	1722			棕壤	7
露沙地	175	沙化土地程度	代码	褐土	8
沙化耕地	176	轻度沙化土地	1	灰黑土(灰色森林土)	9
非生物治沙工程地	169	中度沙化土地	2	灰褐土(灰褐色森林土)	10
风蚀残丘	174	重度沙化土地	3	潮土	11
风蚀劣地	180	极重度沙化土地	4	草甸土	12
戈壁	182	土壤质地	代码	沼泽土	13
		粘土	1	盐碱土	14
具有明显沙化趋势的土地	190	壤土	2	石灰土	15
		砂壤土	3	黑钙土	16
非沙化土地	9	壤砂土	4	栗钙土	17
地貌类型	代码	砂土	5	灰漠土	18
极高原	1	土地使用权属	代码	棕漠土	19
高原	2	国有	1	风沙土	20
极高山	3	集体	2	棕色针叶林土(漂灰土)	21
高山	4	个人	3	水稻土	22
中山	5	其他	4	棕钙土	23
低山	6	植被起源	代码	灰钙土	24
丘陵	7	人工	1	灌淤土	25
平原	8	天然	2	石质土	27
盆地	9			灰棕漠土	28
		植被长势	代码		
		好	1		
		一般	2	其他土壤	99
		差	3		

表 B.1（续）

主要作物种类	代码
水稻	1
小麦	2
大麦	3
玉米	4
棉花	5
高粱	6
谷子	7
薯类	9
马铃薯	10
豆类	11
烟草	12
花生	13
芝麻	14
油菜	15
甜菜	16
胡麻	18
黍类	19
向日葵	21
啤酒花	22
其他作物	29

作物长势	代码
好	1
一般	2
差	3

治理措施	代码
植物治理措施	100
封沙育林(草)	101
人工造林(乔、灌)	102
人工种草	103
飞播造林种草	104
围栏封育	105
物理治理措施	200
机械沙障	201
化学治理措施	300
化学固沙	301
保护性耕作措施	400
免耕	401
秸秆覆盖	402
作物留茬	403
封禁保护措施	500
无治理措施	900

土地沙化成因	代码
人为因素	100
过牧	101
樵采	102
开垦	103
挖采	104
工矿业生产	105
水资源利用不当	106
自然因素	200
气象、气候因素	201
地质因素	202
鼠害	203

沙化土地可治理状况	代码
难治理沙化土地	1
可治理沙化土地	2

附 录 C
（规范性附录）
主要植物种中文名及拉丁文学名

表 C.1 主要植物种中文名及拉丁文学名

植物类型	植物种中文名	拉丁文学名	代码
乔木	新疆冷杉	*Abies sibirica* Ledeb.	20
	红皮云杉	*Picea koraiensis* Nakai	30
	东北红豆杉	*Taxus cuspidata at* Sieb. et Zucc.	40
	铁杉	*Tsuga chinensis*（Franch.）Pritz.	50
	侧柏	*Platycladus orientalis*（L.）Franco	61
	桧柏	*Sabina chinensis*（L.）Ant.	62
	杜松	*Juniperus rigida* Sieb. et Zucc.	63
	落叶松	*Larix gmelinii*（Rupr.）Rupr.	70
	樟子松	*Pinus sylvestris* var. *mongolica* Litvin.	80
	赤松	*Pinus densiflora* Sieb. et Zucc.	90
	黑松	*Pinus thunbergii* Parl.	100
	油松	*Pinus tabulaeformis* Carr.	110
	华山松	*Pinus armandi* Franch.	120
	油杉	*Keteleeria fortunei*（Murr.）Carr.	130
	马尾松	*Pinus massoniana* Lamb.	140
	湿地松	*Pinus elliottii* Engelm.	142
	加勒比松	*Pinus caribaea* Morelet	144
	云南松	*Pinus yunnanensis* Franch.	150
	思茅松	*Pinus kesiya* var. Langbianensis（A. Chev) Gaussen	160
	高山松	*Pinus densata* Mast.	170
	池杉	*Taxodium ascendens* Brongn.	178
	柳杉	*Cryptomeria fortunei* Hooibrenk	190
	水杉	*Metasequoia glyptostroboides* Hu et Cheng	200
	蒙古栎	*Quercus mongolica* Fisch.	240
	栓皮栎	*Quercus variabilis* Bl.	241
	刺槐	*Robinia pseudoacacia* Linn.	261
	国槐	*Sophora japonica* Linn.	262
	蒙椴	*Tilia mongolica* Maxim.	270
	柠檬桉	*Eucalyptus citriodora* Hook. F.	290
	木麻黄	*Casuarina equisetifolia* L.	300
	台湾相思	*Acacia confusa* Merr.	302

表 C.1(续)

植物类型	植物种中文名	拉丁文学名	代码
乔木	大叶相思	*Acacia auriculiformis* A. Cunn. Ex Benth	303
	马占相思	*Acacia mangium* Willd mazhan Wattle	304
	苦楝	*Melia azedarace* L.	306
	榆树	*Ulmus pumila* Linn	307
	小叶杨	*Populus simonii* Carr.	310
	胡杨	*Populus euphratica* Oliv.	311
	白花泡桐	*Paulowinia fortunei* (seem.) Hemsl.	320
	旱柳	*Salix matsudana* Koidz.	330
	柑橘	*Citrus reticulata* Blanco	501
	苹果	*Malus pumila* Mill.	502
	白梨	*Pyrus bretschneideri* Rehd.	503
	枣	*Ziziphus jujuba* Mill.	504
	柿	*Diospyros kaki* L. f.	505
	山楂	*Crataegus pinnatifida* Bge.	510
	杏	*Armeniaca vulgaris* Lam.	511
	椰子	*Cocos nucifera* Linn.	512
	胡桃	*Juglans regia* L.	514
	白蜡树	*Fraxinus chinensis* Rosb.	515
	沙枣	*Elaeagnus angustifolia* Linn.	516
	海棠花	*Malus spectabilis* (Ait.) Borkh.	517
	杜梨	*Pyrus betuleafolia* Bge.	519
	桑树	*Morus alba* L.	520
	山桃	*Amygdalus davidiana* (Carr.) C. de Vos	521
	稠李	*Padus racemosa* (Lam.) Gilib.	522
	银合欢	*Leucaena leucocephala* (Lam.) de Wit	523
	白桦	*Betula platyphylla* Suk.	529
	桃	Amygdalus persica L.	530
灌木	柠条	*Caragana korshinskii* Kom.	801
	柽柳	*Tamarix chinensis* Lour.	802
	沙拐枣	*Calligonum mongolicum* Turcz.	803
	白梭梭	*Haloxylon persicum* Bunge ex Boiss. et Buhse	804
	花棒	*Hedysarum scoparium* Fisch. et Mey.	805
	杨柴	*Hedysarum mongolicum* L.	806
	白刺	*Nitraria tangutorum* Bobr.	807
	黄柳	*Salix gordejevii* Y. L. Chang et Skv.	808

表 C.1（续）

植物类型	植物种中文名	拉丁文学名	代码
灌木	沙棘	*Hippophae rhamnoides* L.	809
	紫穗槐	*Amorpha fruticosa* Linn.	810
	花椒	*Zanthoxylum bungeanum* Maxim.	811
	枸杞	*Lycium chinense* Mill.	812
	酸枣	*Ziziphus jujuba* var. spinosa (Bunge) Hu	813
	枸骨冬青	*Ilex cornuta* Lindl.	814
	沙冬青	*Ammopiptanthus mongolicus* (Maxim.) Cheng f.	815
	荆条	*Vitex negundo* Linn. var. heterophylla (Franch.) Rehd.	816
	灌木亚菊	*Ajania fruticulosa* (Ledeb.) Poljak.	817
	鹊肾树	*Streblus asper* Lour.	818
	木贼麻黄	*Ephedra equisetina* Bunge	819
	木霸王	*Zygophyllum xanthoxylun* (Bunge.) Maxim.	820
	泡泡刺	*Nitraria sphaerocarpa* Maxim.	821
	葡萄	*Vitis vinifera* L.	822
	裸果木	*Gymnocarpos przewalskii* Maxim.	824
	银沙槐	*Ammodendron bifolium*	825
	沙地柏	*Sabina vulgaris* Ant.	826
	杜鹃	*Rhododendron simsii* Planch.	827
	圆叶桦	*Betula rotundifolia* Spach	828
	小叶锦鸡儿	*Caragana microphylla* Lam.	829
	金露梅	*Potentilla fruticosa* L.	830
	银露梅	*Potentilla glabra* Lodd.	831
	红花锦鸡儿	*Caragana rosea* Turcz.	832
	西藏狼牙刺	*Sophara moorcroftiana* (Benth.) Baker	835
	白刺花	*Sophora davidii* (Franch.) Skeels	836
	兔儿条	*Spiraea hypericifolia* L.	837
	薄皮木	*Leptodermis oblonga* Bunge	838
	黄刺梅	*Rosa xanthina* Lindl.	839
	陕甘花楸	*Sorbus koehneana* Schneid.	840
	绣线菊	*Spiraea japonica* L. f.	841
	西北栒子	*Cotoneaster zabelii* Schneid.	842
	细叶小檗	*Berberis poiretii* Schneid.	843
	蚂蚱腿子	*Myripnois dioica* Bunge	844
	榛子	*Corylus heterophylla* Fisch.	845
	达乌里胡枝子	*Lespedeza daurica* (Laxm.) Schindl.	846

表 C.1（续）

植物类型	植物种中文名	拉丁文学名	代码
灌木	铁扫帚	*Indigofera bungeana* Wal.	847
	连翘	*Forsytia suspensa*（Thunb.）Vahl	848
	胡颓子	*Elaeagnus pungens* Thunb.	849
	水柏枝	*Myricaria germanica*（L.）Desv.	850
	山荆子	*Malus baccata*（L.）Barkh.	851
	铃铛刺	*Halimodendron halodendron*（Pall.）Voss	853
	马桑	*Coriaria nepalensis* Wall.	854
	黄荆	*Vitex negundo* Linn.	855
	火棘	*Pyracantha fortuneana*（Maxim.）Li	856
	余甘子	*Phyllanthus emblica* Linn.	857
	小鞍叶羊蹄甲	*Bauhinia brachycarpa* var. Microphylla（Oliv. ex Craib）K. et S. S. Larsen	858
	直穗小檗	Berberis dasystachya Maxim.	859
	桃金娘	*Rhodomyrtus tomentosa*（Ait.）Hassk.	860
	乌饭树	*Vaccinium bracteatum* Thunb.	861
	竹叶椒	*Zanthoxylum Planispinum* Sieb. et Zucc.	862
	马鞍羊蹄甲	*Bauhinia faberi* Oliv.	863
	铁仔	*Myrsine africana* L.	864
	清香木	*Pistacia weinmannifolia* Poiss. ex Franch.	865
	黄杞	*Engelhardtia roxburghiana* Wall.	866
	番石榴	*Psidium guajava* L.	867
	假鹰爪	*Desmos chinensis* Lour.	868
	仙人掌	*Opuntia dillenii*（Ker-Gawl.）Haw.	870
	霸王鞭	*Euphorbia royleana* Boiss.	871
	越桔	*Vaccinium vitis-idaea* L.	872
	多瓣木	*Dryas octopetala* L. var. asiatica Nakai	873
	骆驼刺	*Alhagi sparsifolia* Shap.	874
	杜香	*Ledum palustre* L.	875
	岗松	*Baeckea frutescens* L.	876
	绣球	*Hydrangea macrophylla* Thunb.	877
	文冠果	*Xanthoceras sorbifolia* Bunge	878
	毛樱桃	*Cerasus tomentosa*（Thunb.）Wall.	879
	蔓荆	*Vitex trifolia* Linn.	880
	锦带花	*Weigela florida* (Bunge) A. DC.	881
	刺五加	*Acanthopanax senticosus*（Rupr. et Maxim.）Harms	882

表 C.1（续）

植物类型	植物种中文名	拉丁文学名	代码
灌木	木姜子	*Litsea pungens* Hemsl.	883
	黄栌	*Cotinus coggygria* Scop.	884
	忍冬	*Lonicera japonica* Thunb.	885
	绵刺	*Potaninia mongolica* Maxim.	886
	刺山柑	*Capparis spinosa* L.	887
	小叶鼠李	*Rhamnus parvifolia* Bunge	889
	樱桃李	*Prunus cerasifera* Ehrhart	890
	天山樱桃	*Cerasus tianschanica* Pojark.	891
	复盆子	*Rubus idaeus* L.	892
	刺旋花	*Convolvulus tragacuthoides* Turcz.	893
	沙柳	*Salix psammophila* C. Wang et Ch. Y. Yang	894
	山胡椒	*Lindera glauca* (Sieb. Et Zucc.) Bl.	895
	水杨柳	*Adina rubella* Hance	896
	箬竹	*Indocalamus tessellatus* (Munro) Keng f.	897
	猫头刺	*Oxytropis aciphylla* Ledeb.	898
	孩儿拳头	*Grewia biloba* var. *parviflora* Hand. Mazz	899
	无叶假木贼	*Anabasis aphylla* L.	900
	绵刺	*Potaninia mongolica* Maxim.	901
	合头草	*Sympegma regelii* Bunge	902
	盐穗木	*Halostachys caspica* (Bieb)C. A. Mey.	903
	四合木	*Tetraena mongolica* Maxim	904
	雀儿舌头	*Leptopus chinensis* (Bunge) Pojark.	905
	盐节木	*Halocnemum strobilaceum* (Pall.) Bieb.	906
	红砂	*Reaumuria soongarica* (Pall.) Maxim.	907
	对节刺	*Horaninowia ulicina* Fisch. et Mey.	908
	矮卫矛	*Euonymus nanus* Bieb.	909
	驼绒藜	*Ceratoides latens* (J. F. Gmel.) Reveal et Holmgren	910
	白滨藜	*Atriplex cana* C. A. Mey.	911
	长叶节节木	*Arthrophytum longibracteatum* Korov.	912
	盐爪爪	*Kalidium foliatum* (Pall.) Moq.	913
	戈壁藜	*Iljinia regelii* (Bunge) Korov.	914
	小叶朴	*Celtis bungeana* Bl.	915
	木地肤	*Kochia prostrata* (L.) Schrad.	916
草本	黄背草	*Themeda triandra* var. *japonica* (Willd.) Makino	1001
	沙蓬	*Agriophyllum squarrosum* (L.) Moq.	1002

表 C.1(续)

植物类型	植物种中文名	拉丁文学名	代码
草本	软毛虫实	*Corispermum puberulum* Iljin	1003
	野古草	*Arundinella anomala* Steud.	1004
	金茅	*Eulalia speciosa* (Debx.) Kuntze	1005
	五节芒	*Miscanthus floridulus* (Lab.) Warb. ex Schum et Laut.	1006
	白茅	*Imperata cylindrica* (Linn.) Beauv.	1007
	细柄草	*Capillipedium parviflorum* (R. Br.) Stapf	1008
	苦马豆	*Sphaerophysa salsula* (Pall.) DC.	1009
	牛心朴子	*Cynanchum komarovii* Al. Iljinski	1010
	远志	*Polygala tenuifolia* Willd.	1011
	蜈蚣草	*Eremochloa ciliaris* (L.) Merr.	1012
	金须茅	*Chrysopogon orientalis* (Desv.) A. Camus	1013
	蕨	*Pteridium aquilinum* (L.) Kuhn	1014
	天南星	*Arisaema heterophyllum* Bl.	1015
	白草	*Pennisetum centrasiaticum* Tzvel.	1016
	羊草	*Leymus chinensis* (Trin.) Tzvel.	1017
	赖草	*Leymus secalinus* (Georgi) Tzvel.	1018
	线叶菊	*Filifolium sibiricum* (L.) Kitam.	1019
	长芒草	*Stipa bungeana* Trin.	1020
	沙生针茅	*Stipa glareosa* P. Smirn.	1021
	羊茅	*Festuca ovina* L.	1022
	糙隐子草	*Cleistogenes squarrosa* (Trin.) Keng	1023
	冰草	*Agropyron cristatum* (Linn.) Gaertn.	1024
	三刺草	*Aristida triseta* Keng	1025
	固沙草	*Orinus thoroldii* (Stapf ex Hemsl.) Bor	1026
	百里香	*Thymus mongolicus* Ronn.	1027
	砂韭	*Allium bidentatum* Fisch. ex Prokh.	1028
	沙蒿	*Artemisia desertorum* Spreng.	1029
	亚菊	*Ajania pallasiana* (Fisch. ex Bess.) Poljak.	1030
	沙生苔草	*Carex praeclara* Helmes	1031
	扭黄茅	*Heteropogon contortus* (L.) Beauv.	1032
	虾子花	*Woodfordia fruticosa* (L.) Kurz	1033
	半日花	*Helianthemum songaricum* Schrenk	1036
	猪毛菜	*Salsola collina* Pall.	1039
	小蓬	*Nanophyton erinaceum* (Pall.) Bunge	1042
	纵翅碱蓬	*Suaeda pterantha* (Kar. et Kir.) Bunge	1047

表 C.1（续）

植物类型	植物种中文名	拉丁文学名	代码
草本	沙竹	*Phyllostachys propinque* McClure	1049
	戈壁短舌菊	*Brachanthemum gobicum* Krasch.	1050
	山罂粟	*Papaver nudicaule* L. Subsp. rubro-aurantiacum (DC.) Fedde var. chinense(Regel) Fedde	1051
	砂珍棘豆	*Oxytropis psammocharis* Hance.	1052
	极地漆姑草	*Minuartia arctica* Aschers. et Graebn.	1053
	针叶风毛菊	*Saussurea souliei* Franch.	1054
	密丛棘豆	*Oxytropis densa* Benth. ex Bunge	1055
	地榆	*Sanguisorba officinalis* L.	1056
	糙苏	*Phlomis umbrosa* Turcz.	1057
	细叶鸢尾	*Iris tenuifolia* Pall.	1058
	草原老鹳草	*Geranium pratense* L.	1059
	高山象牙参	*Roscoea alpina* Royle	1060
	野苜蓿	*Medicago falcata* Linn.	1061
	白车轴草	*Trifolium repens* Linn.	1062
	拂子茅	*Calamagrostis epigeios* (Linn.) Roth	1063
	雀麦	*Bromus japonicus* Thunb. ex Murr.	1064
	短柄草	*Brachypodium sylvaticum* (Huds.) Beauv.	1065
	光稃茅香	*Hierochloe glabra* Trin.	1066
	结缕草	*Zoysia japonica* Steud.	1067
	狗牙根	*Cynodon dactylon* (L.) Pers.	1068
	牛鞭草	*Hemarthria altissima* (Poir.) Stapf et C. E. Hubb.	1069
	看麦娘	*Alopecurus aequalis* Sobol.	1070
	蒙古剪股颖	*Agrostis mongolica* Roshev.	1071
	小糠草	*Agrostis alba* L.	1072
	偃麦草	*Elytrigia repens* (Linn.) Nevski	1073
	鸭茅	*Dactylis glomerata* L.	1074
	野青茅	*Deyeuxia arundinacea* (Linn.) Beauv.	1075
	垂穗披碱草	*Elymus nutans* Griseb.	1076
	异燕麦	*Helictotrichon schellianum* (Hack.) Kitag.	1077
	鹅观草	*Roegneria kamoji* Ohwi	1078
	寸草	*Carex duriuscula* C. A. Meg.	1079
	锡金黄花茅	*Anthoxanthum hookeri* (Griseb.) Rendle	1080
	斗蓬草	*Alchemilla japonca* Nakai.	1081
	西伯利亚蓼	*Polygonum sibiricum* Laxm.	1082

表 C.1（续）

植物类型	植物种中文名	拉丁文学名	代码
草本	山地虎耳草	*Saxifraga montana* H. Smith	1083
	高山龙胆	*Gentiana algida* Pall.	1084
	针蔺	*Eleocharis congesta* D. Don ssp. Japonica（Miq.）T. Koyama	1085
	肉穗草	*Sarcopyramis bodinieri* Lévl. Et Van.	1086
	木贼状荸荠	*Heleocharis equisetina* J. Et C. Presl	1087
	芨芨草	*Achnatherum splendens*（Trin.）Nevski	1088
	星星草	*Puccinellia tenuiflora*（Turcz.）Scribn. & Merr.	1089
	碱茅	*Puccinellia distans*（L.）Parl.	1090
	野黑麦	*Secale sylvestre* Host	1091
	早熟禾	*Poa annua* L.	1092
	盐生草	*Halogeton glomeratus*（Bieb.）C. A. Mey.	1093
	三角草	*Trikeraia hookeri*（Stapf）Bor	1094
	獐茅	*Aeluropus sinensis*（Debeaux）Tzvel.	1095
	芦苇	*Phragmites australis*（Cav.）Trin. Ex Steud.	1096
	绢毛飘拂草	*Fimbristylis sericea*（Poir.）R. Br.	1097
	肾叶打碗花	*Calystegia soldanella*（L.）R. Br.	1098
	马蔺	*Iris lactea* Pall. var. chinensis（Fisch.）Koidz.	1099
	苦豆子	*Sophora alopecuroides* Linn.	1100
	罗布麻	*Apocynum venetum* L.	1101
	大叶白麻	*Poacynum hendersonii*（Hook. f.）Woodson	1102
	甘草	*Glycyrrhiza uralensis* Fisch.	1103
	委陵菜	*Potentilla chinensis* Ser.	1104
	隐花草	*Crypsis aculeata*（L.）Ait.	1105
	盐角草	*Salicornia europaea* L.	1106
	白毛羊胡子草	*Eriophorum vaginatum* L.	1107
	鳞子莎	*Lepidosperma chinense* Nees	1108
	小叶章	*Deyeuxia angustifolia*（Kom.）Y. L. Chang	1109
	灯心草	*Juncus effusus* L.	1110
	聚头蓟	*Cirsium souliei*（Franch.）Mattf.	1111
	茭笋	*Zizania caduciflora*（Turcz.）Hand. Mazz.	1112
	香蒲	*Typha orientalis* Presl	1113
	杉叶藻	*Hippuris vulgaris* L.	1114
	薄果草	*Leptocarpus disjunctus* Mast.	1115
	白花菜	*Cleome gynandra* L.	1116
	变叶海棠	*Malus toringoides*（Rehd.）Hughes	1117

表 C.1(续)

植物类型	植物种中文名	拉丁文学名	代码
草本	草地风毛菊	*Saussurea amara* (L.) DC.	1118
	虎尾草	*Chloris virgata* Swartz	1119
	假报春	*Cortusa matthioli* Linn.	1120
	灰绿藜	*Chenopodium glaucum* L.	1121
	沙米	*Agriophyllum squarrosum* (L.) Moq.	1122
	蒺藜	*Tribulus terrester* L.	1123
	披针叶黄华	*Thermopsis lanceolala* R. Br.	1124
	鹤虱	*Lappula myosotis* Moench	1125
	竹叶子	*Streptolirion volubile* Edgew.	1127
	大黄	*Rheum officinale* Baill.	1128
	牛皮消	*Cynanchum lysimachioides* Tsiang et P. T. Li	1129
	车前	*Plantago asiatica* Linn.	1130
	骨缘当归	*Angelica cartilaginomarginata* var. Foliosa Yuan et Shan	1133
	沙参	*Adenophora stricta* Miq.	1134
	黄芪	*Astragalus membranaceus* (Fisch.) Bunge	1135
	茅莓野豌豆	*Vicia villosa* Roth.	1136
	百合	*Lilium brownii* F. E. Brown var. Viridulum Baker	1138
	柴胡	*Bupleurum chinensis* DC.	1139
	槭叶铁线莲	*Clematis acerifolia* Maxim.	1140
	青香茅	*Cymbopogon caesius* (Nees) Stapf	1141
	北乌头	*Aconitum kusnezoffii* Reichb.	1142
	茴芹	*Pimpinella anisum* L.	1143
	风毛菊	*Saussurea japonica* (Thunb.) DC.	1144
	画眉草	*Eragrostis pilosa* (L.) Beauv.	1145
	早开堇菜	*Viola prioantha* Bunge.	1146
	独根草	*Oresitrophe rupifraga* Bunge	1147
	白羊草	*Bothriochloa ischcemum* (L.) Keng	1148
	假苇拂子茅	*Calamagrostis pseudophragmites* (Hall. F.) Koel.	1149
	毛茛	*Ranunculus japonicus* Thunb.	1151
	藜	*Chenopodium album* L.	1152
	北芸香	*Haplophyllum dauricum* (L.) G. Don	1154
	窄叶蓝盆花	*Scabiosa comosa* Fisch.	1155
	爬山虎	*Parthenocissus tricuspidata* (S. Et Z.) Planch.	1156
	西藏蒿草	*Kobresia. Tibetica* Maxim.	1157
	骆驼蓬	*Peganum harmala* L.	1158

表 C.1（续）

植物类型	植物种中文名	拉丁文学名	代码
草本	刺沙蓬	*Salsola ruthenica* Iljin	1161
	苦艾蒿	*Artemisia santolina* (Royle) Schrenk	1162
	假紫草	*Arnebia euchroma* Johnst.	1163
	叉毛蓬	*Petrosimonia sibirica* (Pall.) Bunge	1166
	柔毛盐蓬	*Halimocnemis villosa* Kar. Et Kir.	1167
	羽状三芒草	*Aristida penalta* Trin.	1169
	美花草	*Callianthemum pimpinelloides* (D. Don) Hook. f. et Thoms.	1170
	益母草	*Leonurus artemisia* (Lour.) S. Y. Hu	1171
	沙芥	*Pugionium cornutum* (L.) Gaertn.	1173
	黑翅地肤	*Kochia melanoptera* Bunge	1174
	香唐松草	*Thalictrum foetidum* L.	1175
	水金凤	*Impatiens noli-tangere* L.	1176
	水杨梅	*Geum aleppicum* Jacq.	1177
	山柳菊	*Hieracium umbellatum* L.	1178
	毛果一枝黄花	*Solidago virgaurea* L.	1179
	五福花	*Adoxa moschatellina* Linn.	1180
	独丽花	*Moneses uniflora* (L.) A. Gray	1181
	单侧花	*Orthilia secunda* (Linn.) House	1182
	粟草	*Milium effusum* Linn.	1183
	三芒草	*Aristida adscensionis* L.	1184
	野燕麦	*Avena fatua* Linn.	1185
	四棱荠	*Goldbachia laevigata* (M. Bieb) DC.	1186
	千里光	*Senecio scandens* Buch. Ham.	1187
	点地梅	*Androsace umbellate* (Loar.) Merr.	1188
	蚤缀	*Arenaria seropyllifolia* L.	1189
	女娄菜	*Melandrium apricum* (Turcz.) Rohrb.	1190
	柔籽草	*Thylacospermum rupifragum* Schrenk.	1191
	新疆扁芒菊	*Waldheimia tridactylites* Kar. et Kir.	1192
	高原荠	*Christolea crassifolia* Camb.	1193
	尖瓣芹	*Acronema chinense* Wolff	1194
	囊瓣芹	*Carum caucasicum* (M. B.) Boiss	1195
	荆芥	*Nepeta cataria* Linn.	1196
	大钟花	*Megacodon stylophorus* (C. B. Clarke) H. Smith	1197
	山芝麻	*Helicteres angustifolia* L.	1198
	狼毒	*Stellera chamaejasme* Linn.	1199

表 C.1（续）

植物类型	植物种中文名	拉丁文学名	代码
草本	沙打旺	*Astragalus adsurgens* Pall.	1200
	芒草	*Miscanthus Sinensis* Anderss	1201
	砂蓝刺头	*Echinops gmelini* Turcz.	1202
注：调查时如遇本表未包括的植物种，可按本表编码体系续编。			

ICS 13.020.10
Z 04

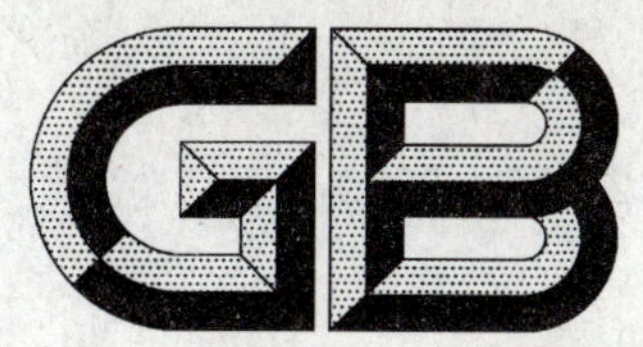

中华人民共和国国家标准

GB/T 24256—2009

产品生态设计通则

General principle and requirements of eco-design for products

2009-07-10 发布　　2009-12-01 实施

中华人民共和国国家质量监督检验检疫总局
中国国家标准化管理委员会　发布

前　言

本标准的附录A为资料性附录。

本标准由全国环境管理标准化技术委员会(SAC/TC 207)提出并归口。

本标准负责起草单位:中国标准化研究院、中国人民大学、清华大学、中国科学院生态环境研究中心、合肥工业大学、中国环境科学研究院、北京电工经济技术研究所、国际铜业协会。

本标准起草人:黄进、林翎、靳敏、段广洪、杨建新、刘志峰、周仲凡、陈妙农、杨雪燕、高东峰、陈健华。

本标准为首次发布。

产品生态设计通则

1 范围

本标准规定了进行产品生态设计时的通用原则和要求。

本标准适用于直接参与产品设计和开发过程的人员、负责制定组织政策的决策者和制定产品标准的人员。

2 规范性引用文件

下列文件中的条款通过本标准的引用而成为本标准的条款。凡是注日期的引用文件，其随后所有的修改单(不包括勘误的内容)或修订版均不适用于本标准，然而，鼓励根据本标准达成协议的各方研究是否可使用这些文件的最新版本。凡是不注日期的引用文件，其最新版本适用于本标准。

GB/T 19000 质量管理体系 基础和术语

GB/T 24001 环境管理体系 要求及使用指南

GB/T 24040 环境管理 生命周期评价 原则与框架

GB/T 24044 环境管理 生命周期评价 要求与指南

GB/T 20861 废弃产品回收利用术语

3 术语和定义

GB/T 19000、GB/T 24001、GB/T 24040、GB/T 20861 给出的以及下列术语和定义适用于本标准。

3.1

产品 product

由物质和能量转换成的有形单元(物品)。

3.2

供应链 supply chain

在过程和活动中以产品的形式递送给使用者的上游和下游的联接。

注：实际应用中，也常用“连结链”或“产品链”表述产品从供应方到那些生命周期终止的过程。

3.3

产品环境影响评价 environmental impact assessment on product(EIAP)

对产品的原材料获取、生产、销售、使用和处置全生命周期阶段可能造成的环境影响，包括物理性、化学性或生物性的作用及其造成的环境变化，进行系统地分析、预测和评估，提出预防或者减轻不利环境影响的对策和措施，并进行跟踪监测。

3.4

设计和开发 design and development

将各项要求转化成产品、过程或产品系统的特性、规格的一系列活动。

3.5

设计规范 design specification

描述如何满足功能要求的规范，这些功能要求是通过性能规范确定的。

3.6

性能规范 performance specification

根据要求，详细说明功能要求、产品必须运行的范围、界面和互换特性的说明。

3.7

产品生态设计　eco-design for product(ECD)

又称“环境意识设计”、“绿色设计”或“环境化设计”，指为提高产品生命周期内的环境绩效，优化产品的环境影响而将环境因素引入产品的设计和开发的活动。

4　产品生态设计的目的和基本原则

4.1　目的

产品生态设计的目的在于减少产品对环境的污染，提高产品的可再生利用率，以减少产品整个生命周期中产生的不利环境影响，开发更生态、更经济、可持续发展的产品系统。

4.2　潜在利益

在努力达到这个目的的过程中，组织、顾客和其他利益相关方都可以获得多方面的利益。这些利益包括：

4.2.1　限制有害物质的使用、提高能源利用效率、采用高效的工艺过程，减少废弃物的处置，降低成本。

4.2.2　提高员工的工作动力和产品知识，促进产品革新和创新，增强竞争力。

4.2.3　改善产品功能，满足或超越消费者的期望，提升品牌形象。

4.2.4　通过减少对环境的负面影响，改善与执法者的关系。

4.2.5　改进内外信息交流，密切与供应链的关系，保障产品质量，降低风险。

4.2.6　提高投资方的信任度。

4.3　产品生态设计的基本原则

4.3.1　依据循环经济理论

循环经济是指在生产、流通和消费等过程中进行的减量化、再利用、资源化活动的总称。产品设计应考虑便于产品生命周期的每一个阶段产生的废弃物，包括流通、消费后废弃的产品的拆解和回收，特别是废弃产品、元件和材料的再使用和再循环。应采取适当措施以保证生产商不通过特殊的设计限制产品的再使用，除非特殊设计或制造过程具有独到的优势，保护环境和/或安全要求。减量化、再利用、资源化要求在从事工艺、设备、产品和包装物设计时，按照节能降耗和削减污染物的要求，优先选择无毒、无害、易于降解、便于回收和再生利用的材料和设计方案，尽可能减少包装物的体积和重量，减少包装废物的产生。

4.3.2　依据产业生态学理论

从产业生态学角度看，传统绿色设计虽然已经从环境保护的角度考虑产品的设计，但还存在相当的局限性；产品生态设计不单指可回收、可重复使用、可拆卸、模块化，而应从真正意义上少动或不动自然界本身的东西。

产业生态学理论阐述了产品生态设计应依据以下原则：

——尊重自然、整体优先的设计原则；

——同环境协调，充分利用自然资源的生态设计原则；

——发挥自然的生态调节功能与机制设计原则；

——生态设计的参与性与经济性原则；

——乡土化、方便性、人文性原则。

4.3.3　依据生命周期理论

产品生命周期理论是考虑产品设计、原材料提取和加工、生产、包装、运输、经销、使用、报废及以后的处理、处置等阶段的环境影响，并通过生态设计减少环境影响。生命周期评价的原则和要求参考国家标准 GB/T 24040 和 GB/T 24044。

产品可能包含一系列环境因素（如产生排放、消耗资源），进而造成环境影响（如空气、水体和土壤污染，气候变化等）。产品的环境影响很大程度上是由产品生命周期各个阶段材料和能量的输入和输出产生的。图 1 为产品生命周期环境影响的输入和输出及示例。

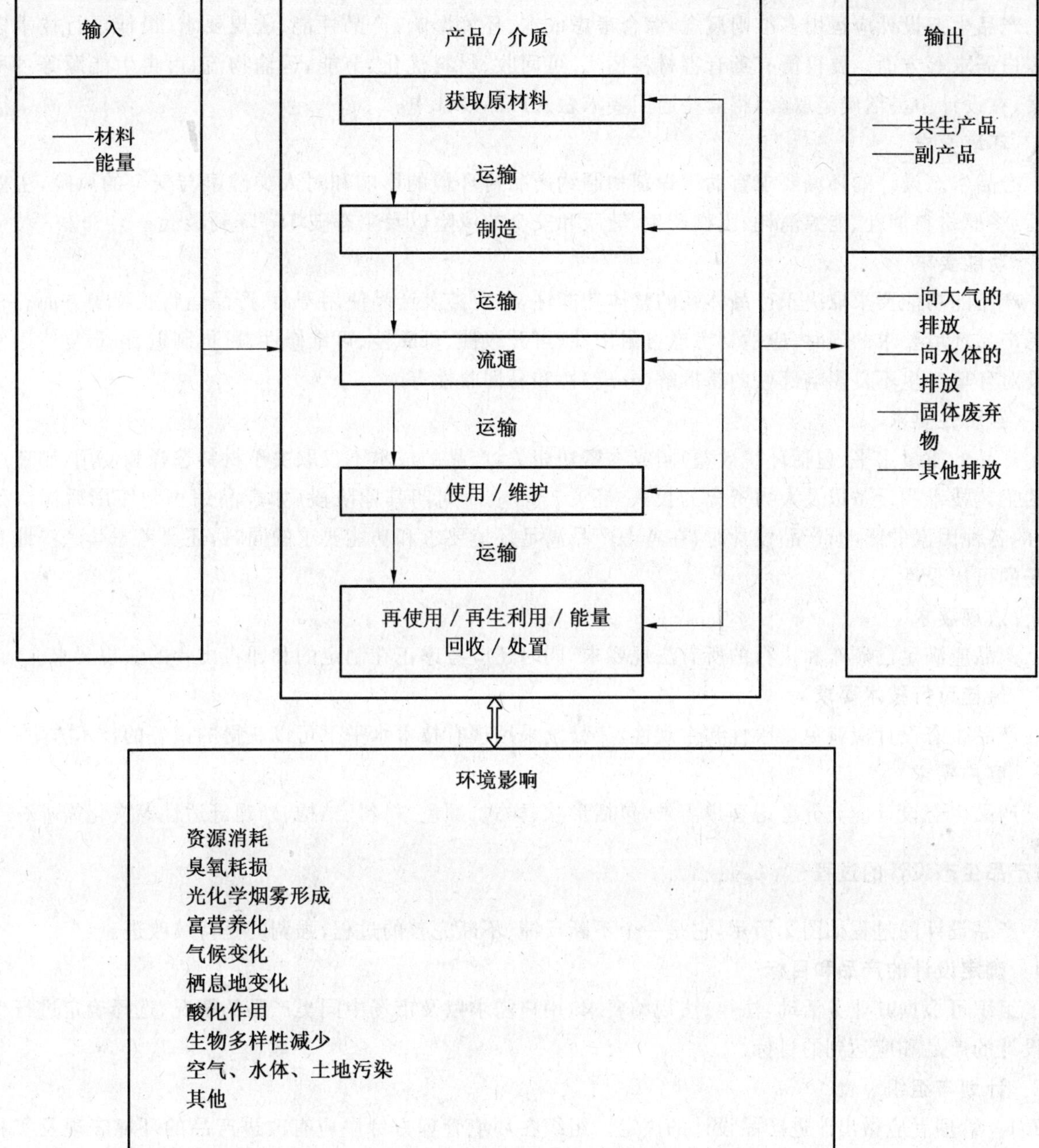

图 1　产品生命周期环境影响的输入和输出及示例

4.3.4　考虑政策法规和利益相关方的要求

产品生态设计应在政策法规和利益相关方要求的框架内实施，组织在实施生态设计时应定期检查和了解这些要求的相关变化。

政策法规和利益相关方的要求包括：

——国家和国际法规的限制性要求和责任；

——技术标准和自愿协议；

——市场或者消费者的需求、发展趋势和期望；

——社会和投资者的期望。

5 产品生态设计的通用要求

产品生态设计应运用多准则概念，综合考虑成本、环境影响、产品性能、法规要求、最佳可行技术以及客户需求等方面。要权衡有毒有害材料替代、可回收、材料优化、节能、运输物流、可再生能源等各种因素，在设计中灵活确定取舍，将这些通用要求融入产品设计中。

5.1 环境要求

产品生态设计的环境要求有助于识别和制约产品对环境的影响和对人类健康与安全的风险，主要包括：将原材料消耗、能源消耗、废物产生、健康和安全的风险以及生态破坏等降到最低。

5.2 功能要求

产品的功能要求取决于产品体系的整体功能性，主要涉及产品使用寿命、产品运行状况等方面。在考虑产品环境要求的同时，应适当考虑可耐用性、可升级性、可靠性、可维修性、可再制造、可重复使用性以及对环境产生不良影响部件的易拆解(分离)性和易回收性等。

5.3 经济性要求

产品的质量水平(包括环境效益)同成本密切相关，产品的成本不仅取决于材料选择和使用，制造过程的工艺技术和设备以及人力资源的投入，还受产品生命周期其他阶段(如产品销售到使用后淘汰处置)的各种因素的影响；产品设计时，在考虑产品满足环境要求和功能要求的同时，还要考虑其经济性和市场的可接受性。

5.4 法规要求

产品应满足已颁布和执行的所有法规要求，同时还应考虑正在制定的和即将出台的法规要求。

5.5 最佳可行技术要求

产品生态设计应避免局限性和主观性，应鼓励采用现有技术水平下可以获得的最好的技术方案。

5.6 客户需求

产品生态设计应充分考虑客户需求，包括形状、样式、颜色、材料、结构、外观舒适性等文化需求。

6 产品生态设计的过程

产品设计的过程如图2所示，它是一个不断反馈、不断完善的过程，强调的是持续改进。

6.1 确定设计的产品和目标

组织可根据其业务活动，法律、法规的要求，用户需求以及市场中同类产品的情况，选择确定进行生态设计的产品和应达到的目标。

6.2 计划与组织

6.2.1 管理者应做出改进产品设计的决定。组织在环境管理方针中应有改进产品的环境表现及实施生态设计的要求。

6.2.2 为满足生态设计要求，组织应建立一支由多方面专业人员(包括技术、法规与环境管理人员、销售与服务人员)参与的设计队伍，明确职责。这些人员不是固定的，参与程度可随设计进度不同而不同。

6.2.3 制定设计计划。根据选择的产品和组织的能力，制定切合实际的设计改进计划。计划包括设计实施的时间进度和费用。在实施过程中，可根据实际情况对计划进行修订。

6.2.4 组织应按照质量管理体系的要求，建立产品设计质量保证体系，并满足产品环境的、社会的和经济可行的要求，使组织在达到改进产品环境性能的目标下，获得最大的经济效益。

6.2.5 根据产品生命周期和生态设计理论，结合组织产品的实际情况，确定产品生态设计的策略。

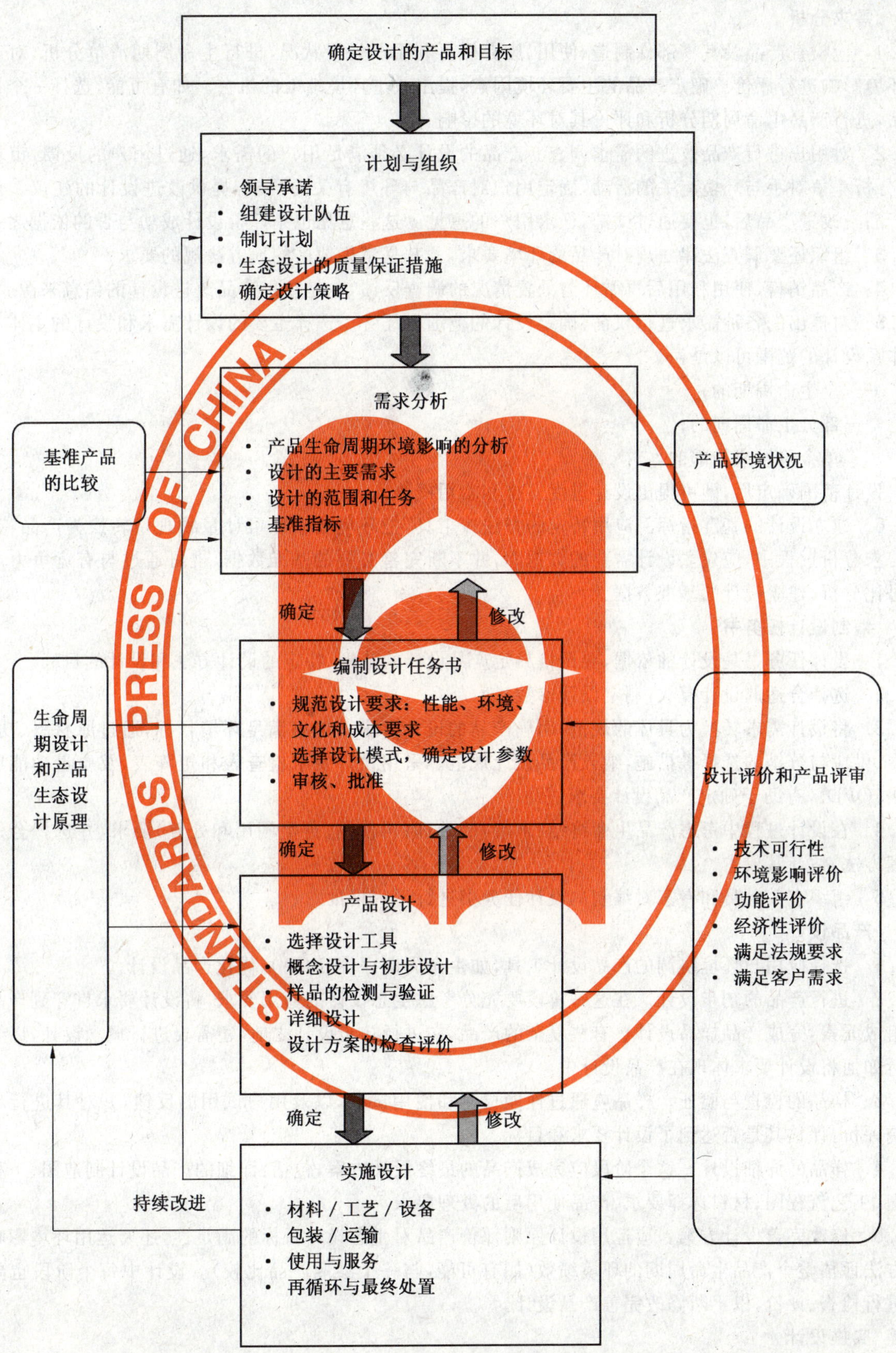

图 2　产品生态设计过程示意图

6.3 需求分析

6.3.1 应检查产品及其零部件制造、使用、废弃后再利用及处置状况，进行生命周期清单分析，对产生的环境影响进行评价。确定产品的主要环境因素，提出改进环境绩效的机会。如有可能，选择一个参考产品，进行产品生命周期分析和评价其对环境的影响。

6.3.2 对用户进行产品改进的需求调查。产品的设计必须满足用户的需求，通过用户的反馈、市场调查，分析竞争对手与环境有关的活动，确定用户对产品与环境有关的要求，提供改进设计的建议。设计新产品或改进产品后，也要通过试销，征求用户的意见。这些意见也是评价设计成功与否的依据之一。

6.3.3 组织还要调查法律法规对产品的环境要求，尤其是销售地区的地方法规的要求。

6.3.4 产品销售、使用和用后再循环与处置情况的调查反馈，也是获得产品改进设计的信息来源。

6.3.5 对提出的各种需求进行权衡，确定设计的范围和任务。选择主要的设计需求和设计的主体。产品体系设计的范围可以是：

——全生命周期的；

——部分生命周期的；

——单个阶段或局部的。

设计范围确定后，即可提出设计进度安排和费用概算。

6.3.6 建立设计的基准指标。应用特定的方法或工具，把环境要求以可计量物理量转换为产品特性。在需求分析过程中，应建立设计需要的数据库，并不断完善必要的基准数据，也可通过与有竞争力产品的对比分析，建立设计的基准数据。

6.4 编制设计任务书

6.4.1 设计任务书是设计的依据，要严格界定产品设计的范围、特定的设计方法和设计的目标。

6.4.2 选择合适的设计模式，制定设计参数。

6.4.3 将设计需求转换为具体的规范，明确产品的设计要求。如将满足环境目标，通过原材料、功能、成本、供应与分销的选择等措施，纳入产品设计规范。采用设计要求检查表和矩阵表，及质量功能展开方法(QFD)，有助于确定产品设计要求。

6.4.4 在设计过程中考虑产品生命终结(末端)的处理(再使用、再生利用和处置)要求，并选择合适的处理方法，估计其成本。

6.4.5 组织有关人员和专家对编制的设计任务书进行评审报批。

6.5 产品设计

6.5.1 选择应用与环境协调的产品设计工具，如生命周期评价(LCA)，优化产品设计。

6.5.2 进行产品的初步设计。在这一阶段要充分考虑生态设计的通用要求，将设计要求贯穿到产品的各组成元素，完成产品样品设计。有些复杂的产品，在进行初步设计之前，还需要进行概念设计，以综合分析如何将设计要求体现在产品设计中。

6.5.3 样品的检查与验证。样品应通过性能检测和使用试验，以及用户试用的反馈，并对其进行环境影响评价，评估其是否达到了设计要求和目标。

6.5.4 样品的详细设计。这个阶段应完成产品的最终设计方案，包括：详细的产品设计制造图、工程施工图、工艺流程图、材料选择要求、产品使用后的处理要求等。

6.5.5 修改完善设计方案。应运用设计原则评价产品对生态设计目标的满足性，还要运用环境影响评价方法评估整个产品生命周期的环境绩效(如有可能，与一个参照产品比较)。设计中每个阶段也要定期进行检查、评价，以不断修改完善产品设计。

6.6 实施设计

6.6.1 选择合适的工艺设备、原材料和能源，确定合格的原材料、零部件供应商，并要求供应商提供与产品相关的环境信息；按设计的工艺要求，采购、安装生产设备。

6.6.2 制定与产品环境要求相一致的产品包装、运输准则，设计与其相协调的分销体系，以达到能耗最小，再循环性最大和成本可行。

6.6.3 提供产品使用手册（包括产品最佳使用方法和用后处置的信息），以安全和符合环境要求的方式，为用户提供产品使用指南。建立系统的、规范的产品售后维修服务和回收体系，满足产品再使用、再循环的要求。

6.6.4 应按照环境影响最小的原则，选择产品的最终处置方法。如有必要，应为再循环者提供最终处置指南。

6.6.5 定期评价和反馈产品生命周期各阶段的环境影响，并确保将发现的问题和获得的经验，反馈到产品改进的计划和设计阶段，以继续完善生态设计。

6.7 设计评价和产品评审

6.7.1 设计评价是一个反复的过程，贯穿于产品生态设计的主要过程，包括编制产品设计任务书、产品初步设计和实施设计等各个阶段。主要评价内容包括：设计工具的适当性、设计方案的技术可行性、环境影响评价、经济性评价、生态设计目标和原则的符合性评价等。

6.7.2 设计评价的结果应及时反馈到相应的产品生态设计各阶段，以不断完善设计工具、设计方案和产品改进计划。

6.7.3 产品评审是产品投放市场后组织实施的用以评价产品生态设计过程是否满足产品生态设计目标和需求的过程，评审结果可反馈于产品设计的修正和新产品开发的策划过程。

7 产品生态设计的评价指标体系

产品生态设计是一个持续改进的过程，对产品生态设计的过程须不断进行评价，及时发现问题，并不断予以改进，循环往复，以便为设计决策提供依据。

产品生态设计应考虑产品生命周期的各个阶段的资源消耗、能源消耗、环境影响、人体健康等多方面的因素，同时也应该考虑生命周期中与环境有关的各种技术指标，其评价指标如下所示。

7.1 资源和能源消耗

7.1.1 自然资源。

7.1.2 不可再生资源。

7.1.3 再生资源。

7.1.4 能源节约。

7.1.5 清洁能源。

7.2 环境污染

7.2.1 废水排放。

7.2.2 废气排放。

7.2.3 噪声污染。

7.2.4 固体废弃物的产生。

7.2.5 辐射污染。

7.2.6 电磁场。

7.3 生物特性

7.3.1 对生物产生的毒性。

7.3.2 废弃产品的生物降解性。

7.4 人类健康

7.4.1 致癌、致基因突变、生殖毒性物质。

7.4.2 高持久性、高生物累积性毒性物质。

7.4.3 经科学证明，证实可能对人体或环境造成以上危害的物质。

附　录　A
（资料性附录）
产品生态设计的方法

产品生态设计要求在设计过程中应对产品概念的形成、生产制造、使用以及废弃后的回收处理等生命周期各个阶段的客户需求及产品特点进行综合考虑，进而设计出环境友好型的产品。由于产品生态设计的复杂性，仅采用单一的产品设计方法已不能很好地完成设计任务。典型的产品生态设计体系主要涉及以下设计方法：

a) 产品生命周期设计方法。即从产品概念设计阶段一开始就要考虑产品生命周期的各个环节，包括设计、研制、生产、供货、使用，直到废弃后拆卸回收或处理处置，以确保满足产品的绿色属性要求。
b) 并行设计方法。并行工程是现代产品开发的一种模式和系统方法，它以集成、并行的方式设计产品及其相关过程，力求使产品开发人员在设计一开始就考虑产品生命周期全过程的所有因素，包括质量、成本、计划进度和用户的要求等，最终使产品达到最优化。
c) 模块化设计方法。模块化设计就是在对一定范围内的不同功能或相同功能不同性能、不同规格的产品进行功能分析的基础上，划分并设计出一系列功能模块，通过模块的选择和组合可以构成不同的产品，以满足市场的不同需求。模块化设计可将产品中对环境或人体有害的部分、使用寿命相近的部分等集成在同一模块中，便于拆卸回收和维护更换等；同时还可以简化产品结构。
d) 面向环境的质量功能展开方法（Quality Function Deployment for Environment，QFDE）。将质量功能配置与生命周期设计相结合，将用户的需求利用质量功能配置方法，并依据其生命周期设计的生产、制造使用及废弃等各个阶段，分别转换为工程技术特性，以满足消费者的需求。通过运用 QFDE 方法，用户的环境质量需求（例如，可更新、节能、可回收）可以转换为产品的设计特征（例如，易拆卸、提高回收效率、减少零件数量、提高动力系统的能量转化率等）。从而使产品设计进一步符合生态设计的要求，提升产品的市场竞争力。

为了能够将上述方法用于实际产品设计，需要构建企业产品生态设计软件平台，该平台应具备如下主要功能。

A.1　面向产品全生命周期的客户需求采集与分析

采用合理的方法和手段对客户需求进行采集，并对错综复杂的客户需求进行分解与分析，重点提取出客户对产品环境性能的需求。通过一定的转换方法，将得到的各种客户需求转换为产品的设计参数。为实现上述功能，本平台主要包括了如下模块：

——市场分析：采用一定的技术手段进行市场调查，把握市场动态，了解客户对企业产品生态设计的需求，便于对产品市场进行细分，以使产品尽可能地满足不同客户的需求。
——客户群细分：采用一定的技术手段对市场分析的结果进行处理，从产品生态设计的角度对客户群体进行细分，以便在市场变化的早期进行产品规划工作，尽可能地做到企业产品生态设计的进程与市场变化同步。
——客户需求采集：对市场分析模块与客户群细分模块的实现提供技术支持。
——客户需求环境因素提取：采用一定的技术手段，从烦杂的客户需求中将与产品环境性能相关的需求提取出来。
——设计参数生成：采用一定的技术手段，将整理完毕的客户需求转换为产品设计参数。

A.2 产品生态设计的材料分析与选择

结合环保指令及法律法规的要求，提供产品零部件设计备选材料的环境性能分析，对产品设计中的材料选择过程给予支持。

A.3 产品拆卸与回收性能分析

对产品可拆卸性与可回收性进行分析，以便在产品设计阶段就能确定产品的拆卸难易程度，回收率的大小、拆卸回收成本等。要实现上述功能，本平台主要包括如下模块：

——产品结构信息拾取：对产品的三维模型进行识别与处理，将产品的具体结构信息识别出来，主要包括产品零部件基本信息、零部件之间的装配关系等。

——产品拆卸路径规划：以拾取到的产品结构信息为基础，采用一定的技术手段，综合考虑相关技术因素与客户需求，对产品拆卸路径进行分析与规划。

——产品回收性能分析：给出产品的回收手段、回收率、回收经济性等相关技术指标。

A.4 面向生态设计的产品评价体系

从材料、能源、生产、使用、维护以及回收、报废等环节，对产品生命周期的特点和环境影响因素进行分析，实现基于完整可靠数据的、考虑环境友好性的产品评价；选择合适的评估方法，支持不同阶段的设计结构或方案评估；同时建立评估反馈体系，以支持不同阶段的设计修改和完善。

A.5 设计流程管理

对产品生态设计的整个过程进行系统控制，协调各个设计环节的设计进度及设计过程中出现的问题。要实现上述功能，本平台主要包括如下模块：

——方案设计管理：对产品方案的形成过程进行管理，从产品的概念设计阶段对产品的环境性能进行控制。

——设计过程管理：对除方案设计过程之外的其他设计过程进行协调管理。

A.6 数据支持

构建产品生态设计方法和应用案例知识库，以及产品生态设计支撑数据库与知识库，为产品生态设计全过程的顺利实施提供数据支撑及技术保障。

A.7 生态设计文档自动生成

自动生成满足企业需求及相关指令要求的生态设计文档。

参 考 文 献

[1] 欧洲议会和欧盟理事会第2005/32/EC号指令2005年7月6日为规定用能产品的生态设计要求建立框架并修订第92/42/EEC号和第96/57/EC号理事会指令与欧洲议会和欧盟理事会第2000/55/EC号指令(EuP)

[2] GB/T 24062—2009 环境管理 将环境因素引入产品的设计和开发

[3] IEC 114 导则 环境意识设计 将环境因素引入电工产品设计和开发

[4] EU COM(2001)68 整合产品政策绿皮书

[5] ECMA 341 环境思考 电子产品环境设计

[6] IEC 62430 电气电子产品和系统环境意识设计

ICS 75.010
E 04

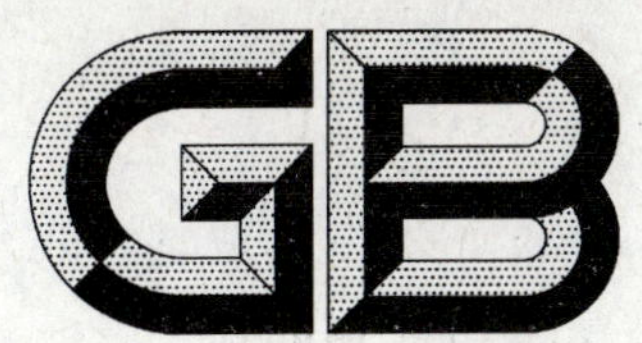

中华人民共和国国家标准

GB/T 24257—2009

石油天然气工业 功能规范的内容与编写

Petroleum and natural gas industries—Content and drafting of a functional specification

(ISO 13879:1999,MOD)

2009-07-10 发布 2009-12-01 实施

中华人民共和国国家质量监督检验检疫总局
中国国家标准化管理委员会 发布

前　言

本标准修改采用 ISO 13879:1999《石油天然气工业　功能规范的内容与编写》(英文版)。

本标准根据 ISO 13879:1999 重新起草。

本标准的结构与 ISO 13879:1999 完全相同，为同我国标准化工作导则国家标准的规定相一致，而做了下列技术内容的修改：

——增加 GB/T 1.1 为规范性引用文件，并以规范性引用替代标准中与 GB/T 1.1 相同的内容，以避免重复和不一致；

——在规范性引用文件中用 GB/T 24258—2009 代替 ISO 13880:1999。

为便于使用，本标准还做了下列编辑性修改：

a)　“本国际标准”一词改为“本标准”；

b)　删除 ISO 13879:1999 的前言；

c)　对资料性引用文件，用(转化的)我国国家标准替换了相应的国际标准。

本标准的附录 A 为资料性附录。

本标准由中国石油天然气集团公司提出。

本标准由全国石油天然气标准化技术委员会归口。

本标准起草单位：石油工业标准化研究所。

本标准主要起草人：张振军、周永霞、陈效红、韩义萍、马志雄、王欣、贾旭。

引　言

当用户或买方需要获得一项产品、过程或服务时，用户或买方可以提出一项功能规范。同时，制造方或供方也提供技术规范（见 GB/T 24258—2009《石油天然气工业　技术规范的内容与编写》）作为制造或履行的依据。用户或买方按需要直接或间接地确定需要满足的相关要求，并在与制造方或供方合同中予以说明。但是如果用户或买方希望得到的是一项按标准制造或提供的产品、过程或服务时，则不必要提出功能规范。

功能规范的编写需要同时满足标准化工作导则、指南和相关标准编写规则国家标准的要求。

石油天然气工业
功能规范的内容与编写

1 范围

本标准给出了功能规范的内容与编写的指南。

如果用户或买方希望获得的是按标准制造或提供的产品、过程或服务时，则不必制定功能规范。

2 规范性引用文件

下列文件中的条款通过本标准的引用而成为本标准的条款。凡是注日期的引用文件，其随后所有的修改单(不包括勘误的内容)或修订版均不适用于本标准，然而，鼓励根据本标准达成协议的各方研究是否可使用这些文件的最新版本。凡是不注日期的引用文件，其最新版本适用于本标准。

GB/T 1.1 标准化工作导则 第1部分：标准的结构和编写规则(GB/T 1.1—2000，ISO/IEC Directives，Part，1997，Ruies for the structure and drafting of International Standards，NEQ)

GB/T 24258—2009 石油天然气工业 技术规范的内容与编写(ISO 13880:1999，MOD)

3 术语和定义

下列术语和定义适用于本标准。

3.1

功能规范 functional specification

提出产品、过程或服务的性能、特征、过程条件，以及确定其操作和使用要求的边界和不适用范围的文件。

3.2

技术规范 technical specification

根据功能规范所规定的产品、过程或服务应达到的技术要求的文件。

注：必要时，技术规范应提出要达到技术要求所应执行的程序。

4 编写指南

4.1 功能规范的目的

功能规范的目的是为了保证用户或买方得到满足所要求的性能的产品、过程或服务而制定可验证的条款。编制功能规范应遵循 GB/T 1.1 的要求，并考虑到与全寿命周期有关的操作、安全和维护等方面的问题。

注：有时，性能要求可能导致长期复杂的试验过程，如果出现这种情况，通过描述特性来进行规范可能是必要的。

4.2 功能规范的格式

功能规范应规定可以验证的要求。在每一项技术规范以及任一系列的相关技术规范内，所涉及的结构、文体和术语应保持一致。系列标准的结构及其章、条的编号应尽可能相同。类似的条款应使用类似的措词来表述。在每项标准或系列标准内，某一给定概念应使用相同的术语，对于已定义的概念应避免使用同义词。

功能规范的正文应遵循现行基础国家标准的有关条款，以达到所有标准整体协调的目的，见 GB/T 1.1。

此外，对于特定技术领域，还应考虑与下列内容有关的国家标准的有关条款：

——环境条件和有关试验；
——型式试验或服务程序的试用；
——安全；
——管理要求；
——统计方法。

5 格式、结构及内容

5.1 总体编排

功能规范应包括如下要素：

——识别功能规范的资料性概述要素；
——规定与功能规范要求相一致的规范性一般要素和规范性技术要素；
——提供有助于理解功能规范的附加信息的资料性补充要素。

表1给出了规范性技术要素和资料性补充要素的编排示例。

表 1 规范性技术要素和资料性补充要素的编排示例

要素类型	要　　素	本标准的条款
规范性技术要素	术语和定义	5.4.1
	符号和缩略语	5.4.2
	操作环境	5.4.3
	功能要求	5.4.4
	边界、范围和除外	5.4.5
	人类工效学	5.4.6
	安全和环境	5.4.7
	特殊功能要求	5.4.8
	文件	5.4.9
	规范性附录	5.4.10
资料性补充要素	资料性附录	5.5.1
	操作经验	5.5.2

5.2 资料性概述要素

5.2.1 封面

封面为必备要素，其内容和编写规则应符合 GB/T 1.1 的规定。

5.2.2 目次

目次为可选要素，其内容和顺序应符合 GB/T 1.1 的规定。

5.2.3 前言

前言为必备要素，其内容和编写规则应符合 GB/T 1.1 的规定。

5.2.4 引言

引言为可选要素，其内容和编写规则应符合 GB/T 1.1 的规定。

5.3 规范性一般要素

规范性一般要素包括名称、范围和规范性引用文件的内容和编写规则，应符合 GB/T 1.1 的规定。

5.4 规范性技术要素

5.4.1 术语和定义

术语和定义为可选要素，给出为理解功能规范中某些术语所必需的定义。术语和定义的起草和表述规则应符合 GB/T 1.1 的规定。

5.4.2 符号和缩略语

该要素为可选要素，给出为理解功能规范所必需的符号和缩略语一览表。符号和缩略语的起草和编写规则应符合 GB/T 1.1 的规定。

5.4.3 操作环境

该要素应列出规范制定者已知的所有关于产品、过程或服务的操作环境的信息。

5.4.4 功能要求

该要素宜规定产品、过程或服务的性能要求。

这些要求包括：

——直接或以引用方式给出功能规范涉及的产品、过程或服务等方面的所有特性；

——可量化特性所要求的极限值；

——陈述产品、过程或服务使用的程序；

——安装、贮存和运输；

——关键参数和(或)特性(如果有)；

——任何防护要求；

——产品、过程和服务的验收准则。

应区别规范性的要求和资料性信息陈述之间的差异。

不应包含有关索赔、费用结算等合同要求。

注：如果必要，可以通过描述特性来进行规范(见 4.1)。

5.4.5 边界、范围和除外

该要素应规定对产品、过程或服务应施加的限制。

限制和极限可包括不能作为功能规范一般要求陈述的特殊要求。

5.4.6 人类工效学

该要素应规定与产品、过程或服务有关的人类工效学的要求，并包括 ISO 6385 中确定的要素。

5.4.7 安全和环境

该要素应确定与产品、过程或服务有关的安全和环境要求，以便消除或减小已识别的危害。

功能规范中涉及安全方面内容的编写参见 GB/T 20000.4。

5.4.8 特殊功能要求

如果功能要求与 5.4.4 陈述的一般要求偏离时，应提示特殊功能要求。并清楚地表明这些差异在何种环境下适用。

5.4.9 文件

该要素应规定提供的文件，如：

——记录/资格证书和其他支持与功能规范一致性的证据；

——如果必要时，与产品、过程或服务调试、运行、维护和弃置有关的文件。

对于开发过程、先导试验或服务程序试用，应将进行的程序与可量化和(或)可计量的参数一起提供。

5.4.10 规范性附录

规范性附录为可选要素，是功能规范正文的附加条款。规范性附录的编写规则应符合 GB/T 1.1 的规定。

5.5 资料性补充要素

5.5.1 资料性附录

资料性附录为可选要素，该要素给出对理解或使用标准起辅助作用的附加信息。资料性附录的编写规则应符合 GB/T 1.1 的规定。

5.5.2 操作经验

该要素为可选要素，该要素提供一个或多个与技术操作因素或特性有关的操作和(或)技术资料，用户或买方可提供相应的证明。这些资料使制造方或供方了解用户或买方的产品、过程或服务在实践中的相关特征。而且，如果制造方或供方要更新产品、过程或服务时，这些资料可以作为证据来说明替换产品、过程或服务的合格性或优越性。

附 录 A
（资料性附录）
常见问题

A.1 功能规范由谁编写？

功能规范由用户或买方编写。

A.2 什么情况需要功能规范？

功能规范的制定可由用户或买方自行确定。下面列举了功能规范适用的情况：

——当用户或买方了解其工作性能要求但又不清楚如何才能满足这些性能时；

——工程革新，没有标准；

——当标准件设计在一个组件里，而该组件是按已确认的标准提供的。在这种情况下，功能规范可以引用相关标准，以表明用户或买方的期望；

——当用户或买方希望扩大其对标准产品、过程或服务的选择范围时；

——当已有的标准没有规范性能要求时。

A.3 如何起草功能规范？

应由工作组起草功能规范。工作组应由相关产品、过程或服务的用户和提供特殊帮助的专家组成。工作组应了解市场资源，并要考虑寿命周期成本。

A.4 功能规范何时适用及何时不适用？

功能规范适用于产品、过程和服务涉及贸易和根据目的性原则来确定需要的要求的情况。

当要求无法由已知的试验方法或其他已定的验证手段（表明产品、过程或服务将符合已定的要求/规则）证明时，功能规范不适用。比如，功能规范不适用于法律要求。

如果用户或买方希望获得一个符合标准的产品、过程或服务（如商品），就不需要功能规范。

参 考 文 献

以下是主要与本标准有关的包括标准化术语的最通用的基础标准,对一些特殊问题,也会涉及到其他的非通用性标准中的相关内容。

[1] GB/T 20000.4 标准化工作指南 第4部分:标准中涉及安全的内容(ISO/IEC 指南 51:1999 标准中涉及安全内容的编写,MOD)

[2] ISO 6385 工作系统设计的人类工效学的原则

ICS 75.010
E 04

中华人民共和国国家标准

GB/T 24258—2009

石油天然气工业
技术规范的内容与编写

Petroleum and natural gas industries—Content and drafting of a technical specification

(ISO 13880:1999,MOD)

2009-07-10 发布　　2009-12-01 实施

中华人民共和国国家质量监督检验检疫总局
中国国家标准化管理委员会　发布

前　言

本标准修改采用 ISO 13880:1999《石油天然气工业　技术规范的内容与编写》(英文版)。

本标准根据 ISO 13880:1999 重新起草。

本标准的结构与 ISO 13880:1999 完全相同,为同我国标准化工作导则国家标准的规定相一致,而做了下列技术内容的修改:

——增加 GB/T 1.1 为规范性引用文件,并以规范性引用替代标准中与 GB/T 1.1 相同的内容,以避免重复和不一致;

——在规范性引用文件中用 GB/T 24257—2009 代替 ISO 13879:1999。

为便于使用,本标准还做了下列编辑性修改:

a) “本国际标准”一词改为“本标准”;

b) 删除 ISO 13880:1999 的前言;

c) 对资料性引用文件,用(转化的)我国国家标准替换了相应的国际标准。

本标准的附录 A 为资料性附录。

本标准由中国石油天然气集团公司提出。

本标准由全国石油天然气标准化技术委员会归口。

本标准起草单位:石油工业标准化研究所。

本标准主要起草人:张振军、周永霞、陈效红、韩义萍、马志雄、王欣、贾旭。

引　言

当用户或买方需要获得一项产品、过程或服务时，用户或买方可以提出一项功能规范（见GB/T 24257—2009《石油天然气工业　功能规范的内容与编写》）。同时，制造方或供方也提供技术规范作为制造或履行的依据。用户或买方按需要直接或间接地确定需要满足的相关要求，并在与制造方或供方合同中予以说明。但是如果用户或买方希望得到的是一项按标准制造或提供的产品、过程或服务时，则不必要提出技术规范。

技术规范的编写需要同时满足标准化工作导则、指南和相关标准编写规则国家标准的要求。

石油天然气工业
技术规范的内容与编写

1 范围

本标准给出了技术规范的内容和编写指南，以使技术规范中对产品、过程或服务的所有技术要求与功能规范中所规定的性能要求相一致(见 GB/T 24257—2009)。

如果是按标准制造或提供的产品、过程或服务时，则不必制定技术规范。

2 规范性引用文件

下列文件中的条款通过本标准的引用而成为本标准的条款。凡是注日期的引用文件，其随后所有的修改单(不包括勘误的内容)或修订版均不适用于本标准，然而，鼓励根据本标准达成协议的各方研究是否可使用这些文件的最新版本。凡是不注日期的引用文件，其最新版本适用于本标准。

GB/T 1.1 标准化工作导则 第1部分：标准的结构和编写规则(GB/T 1.1—2000，ISO/IEC Directives，Part，1997，Ruies for the structure and drafting of International Standards，NEQ)

GB/T 24257—2009 石油天然气工业 功能规范的内容与编写(ISO 13879:1999，MOD)

3 术语和定义

下列术语和定义适用于本标准。

3.1

功能规范 functional specification

提出产品、过程或服务的性能、特征、过程条件，以及确定其操作和使用要求的边界和不适用范围的文件。

3.2

技术规范 technical specification

根据功能规范所规定的产品、过程或服务应达到的技术要求的文件。

注1：必要时，技术规范应提出要达到技术要求所应执行的程序。

注2：技术规范可以是一项单独的标准，可以是一项标准的一个单独的部分，也可以是包含在一个标准内的一部分内容。

注3：技术规范陈述的技术要求包括：为了生产一项产品、执行一个过程或提供一项服务所要求的特征、特性、性能，并包括该项产品、过程或服务应与该功能要求相一致的客观依据的所有信息。

3.3

设计过程 design process

将功能规范的要求转换成技术规范的过程。

3.4

技术制图 technical drawings

对提供的产品、过程或服务需要表示尺寸、表面粗糙度、形位偏差、公差及所有其他细节的图形。

3.5

材料要求 material requirements

按提供的产品、过程或服务的功能规范提出的对材料的要求，列出应有的资料，并提供有关的化学成分、机械和物理性能及其他必需的数据的文件。

注 1：该文件也可以列出适用的处理方法、焊接程序和机加工工艺。

注 2：该文件应含有关于与毒性以及任何其他健康、安全和环境有关的信息。

3.6

制造计划　manufacturing plan

规定生产某一具体产品的制造技术资源和活动程序的文件，包括每一生产阶段规定的验收标准。

注 1：该计划应引用适用方法、程序和作业指导书。

注 2：如果是服务项目，制造计划称为服务计划。

3.7

检验计划　inspection plan

提供检验和试验的程序的综述文件，包括由制造计划引用的适当的资源和程序。

3.8

常规试验　routine test

为了提供产品、过程或服务或者是其中的一部分符合相关技术规范要求的证据而进行的试验。

3.9

型式试验　type test

为了提供设计满足功能规范要求的证据而进行的试验。

3.10

设计评审　design review

为了评估一项设计实现质量要求、找出存在问题、提出改进措施，所进行的全面系统的文件审查。

注 1：在本标准中，设计评审的基础是功能规范。

注 2：服务项目也可以设计，并可按同样的方式进行评审。

4　编写指南

4.1　技术规范的目的

任何产品、过程或服务在预期的操作条件和环境因素下都应能实现功能规范所规定的功能，技术规范应提供下列详细信息：

——证明与功能规范的符合性；

——使制造方或供方提供与功能规范和技术规范一致的产品、过程或服务。

技术规范应使用准确、清楚的术语描述产品、过程或服务的技术要求。技术规范应：

——保证在范围所规定的界限内力求完整；

——保持一致和准确；

——考虑技术先进性。

4.2　技术规范的格式

技术规范应规定可以验证的要求。在每一项技术规范以及任一系列的相关技术规范内，所涉及的结构、文体和术语应保持一致。系列标准的结构及其章、条的编号应尽可能相同。类似的条款应使用类似的措词来表述。在每项标准或系列标准内，某一给定概念应使用相同的术语，对于已定义的概念应避免使用同义词。

技术规范的正文应遵循现行基础国家标准的有关条款，以达到所有标准整体协调的目的，见GB/T 1.1。

在技术方面，还应考虑涉及诸如下列内容的标准中的有关条款：

——环境条件和有关试验；

——型式试验或服务程序的试用；

——常规试验；
——安全；
——管理要求；
——统计方法。

5 格式、结构及内容

5.1 总体编排

技术规范应包括如下要素：

——识别技术规范的资料性概述要素；
——规定与技术规范要求相一致的规范性一般要素和规范性技术要素；
——提供有助于理解技术规范的附加信息的资料性补充要素。

表1给出了规范性技术要素的编排示例。

表1 规范性技术要素的编排示例

要素的类型	要　　素	本标准的条款
规范性技术要素	术语和定义	5.4.1
	符号和缩略语	5.4.2
	技术要求	5.4.3
	抽样	5.4.4
	试验方法	5.4.5
	分类和标记	5.4.6
	标志、标签和包装	5.4.7
	边界，范围和除外	5.4.8
	人类工效学	5.4.9
	安全和环境	5.4.10
	规范性附录	5.4.11

5.2 资料性概述要素

5.2.1 封面

封面为必备要素，其内容和编写规则应符合GB/T 1.1的规定。

5.2.2 目次

目次为可选要素，其内容和顺序应符合GB/T 1.1的规定。

5.2.3 前言

前言为必备要素，其内容和编写规则应符合GB/T 1.1的规定。

5.2.4 引言

引言为可选要素，其内容和编写规则应符合GB/T 1.1的规定。

5.3 规范性一般要素

5.3.1 名称

名称为必备要素，其内容和编写规则应符合GB/T 1.1的规定。

5.3.2 范围

范围为必备要素，其内容和编写规则应符合GB/T 1.1的规定。

5.3.3 规范性引用文件

规范性引用文件为可选要素，其内容和编写规则应符合GB/T 1.1的规定。

这些文件宜包括：

——可应用的功能规范；
——相关图样；
——材料要求；
——操作程序；
——培训要求；
——制造计划；
——质量计划；
——检查计划；
——工作性能表，详述与功能规范有关的产品、过程或服务的性能；
——设计评审报告，给出评审范围细节、发现的问题、提出解决问题的办法；
——型式试验报告；
——维护手册，并包括相关的说明；
——常规试验程序。

规范性引用文件一览表不应包含：
——非公开的文件；
——资料性引用文件；
——在技术规范编制过程中参考过的文件。

5.4 规范性技术要素

5.4.1 术语和定义

术语和定义为可选要素，给出为理解功能规范中某些术语所必需的定义。术语和定义的起草和表述规则应符合 GB/T 1.1 的规定。

5.4.2 符号和缩略语

符号和缩略语为可选要素，给出为理解功能规范所必需的符号和缩略语一览表。符号和缩略语的编写规则应符合 GB/T 1.1 的规定。

5.4.3 技术要求

该要素宜规定产品、过程或服务的性能要求。

这些要求包括：
——直接或以引用方式给出的产品、过程或服务等方面的所有的技术和物理特性，它们是为符合功能规范所必需的相关性能和限定值；
——可量化特性所要求的极限值；
——用于产品、过程或服务的程序；
——引用的或直接规定的用于检验特性值的试验方法；
——产品、过程和服务可接受的条件。

技术要求的表述应与陈述和推荐的表述有明显的区别。

该要素不应包含有关索赔、担保、费用结算等合同要求。

5.4.4 抽样

抽样为可选要素，它规定抽样(采样、取样)的条件和方法，以及样品保存方法。该要素也可置于要素 5.4.5 的起始位置。

5.4.5 试验方法

试验方法给出与下列程序有关的所有细节：测定特性值，检查是否符合要求，以及保证结果的再现性。如果适合应指明是型式(定型)试验，常规试验还是抽样试验等等，并要包括验收。

有关试验方法的细节可按下列顺序给出：

a) 原理；

b) 试剂或材料;

c) 装置;

d) 试样和试件的制备与保存;

e) 程序;

f) 结果的表述,包括计算方法以及测试方法的精密度;

g) 试验报告。

化学分析方法的起草和编写参见 GB/T 20001.4,该标准的大部分内容也适用于非化学品的产品试验方法。

试验方法可作为单独的章,或并入要素 5.4.3,或作为附录(见 5.4.11)。

5.4.6 分类和标记

分类和标记为可选要素,它可为符合规定要求的产品、过程或服务建立一个分类、标记和(或)编码体系。为了方便起见,该要素也可并入要素 5.4.3。

5.4.7 标志、标签和包装

该要素可规定如何标注产品的标志(例如商标、型式或型号)。该要素可包含对产品的标签和(或)包装的要求(例如储运说明、危害警告、生产者名称和地址、生产日期等)。

所规定的标志符号应符合有关的国家标准和行业标准的规定。

可在资料性附录中给出订货资料的示例对要素 5.4.6 和 5.4.7 加以补充。

5.4.8 边界、范围和除外

该要素和除外应提供已知的所有关于产品、过程或服务操作的环境,包括边界、范围和除外。

5.4.9 人类工效学

该要素应规定与产品、过程或服务有关的人类工效学的要求,并包括 ISO 6385 中确定的要素。

5.4.10 安全和环境

该要素应确定与产品、过程或服务有关的安全和环境要求,以便消除或减小已识别的危害。

技术规范中涉及安全方面内容的编写参见 GB/T 20000.4。

5.4.11 规范性附录

规范性附录的编写规则应符合 GB/T 1.1 的规定。

5.5 资料性补充要素

资料性补充要素包括资料性附录、参考文献和索引,编写规则应符合 GB/T 1.1 的规定。

附 录 A
（资料性附录）
常 见 问 题

A.1 技术规范由谁编写？

本标准所述的技术规范由制造方或供方编写。

A.2 什么情况需要技术规范？

制定本标准所述的技术规范是为了验证符合功能规范。功能规范应由用户或买方制定。下面列举了功能规范适用的情况：

——当用户或买方了解其工作性能要求但又不清楚如何才能满足这些性能时；

——是革新的工程，没有标准；

——当标准件设计在一个组件里，而该组件是按已确认的标准提供的。在这种情况下，功能规范可以引用相关标准，以表明用户或买方的期望；

——当用户或买方希望扩大其对标准产品、过程或服务的选择范围时；

——当已有的标准没有规范操作性能要求时。

A.3 如何起草技术规范？

起草技术规范的最好形式是组织工作组。工作组应包括设计工程师、制造、服务和销售人员。如果在功能规范中为了定义技术规范已经陈述了性能要求，那么在技术规范中就不用再陈述了。

A.4 技术规范何时适用与何时不适用？

技术规范适用于产品、过程或服务涉及贸易的情况和根据目的性原则来确定需要的要求的情况。

当要求无法由已知的实验方法或其他已定的验证手段(表明产品、过程或服务将符合已定的要求/规则)验证时，技术规范不适用。

如果用户或买方希望获得一个符合已知标准的标准产品、过程或服务(如：商品产品)，就不需要技术规范。

A.5 一项技术规范是否需要一项功能规范？

是，为表明满足按 GB/T 24257—2009 编写的功能规范时，应编写本标准所述的技术规范。

然而，按 GB/T 20000.1—2002 确立的和按照 GB/T 1.1 编写的产品、过程或服务的技术规范不需要功能规范。这是因为不能将性能要求同其他特性分开，而是以基于在该标准中陈述的性能要求，将产品、过程或服务的全部规范内容统一到一项标准中(虽然有时是若干部分)。

参 考 文 献

以下是主要与本标准有关的包括标准化术语的最通用的基础标准，对一些特殊问题，也会涉及到其他的非通用性标准中的相关内容。

[1] GB/T 20000.1—2002 标准化工作指南 第1部分：标准化和相关活动的通用词汇(ISO/IEC 指南2:1996 标准化和相关活动的通用词汇，MOD)

[2] GB/T 20000.4 标准化工作指南 第4部分：标准中涉及安全的内容(ISO/IEC 指南51:1999 标准中涉及安全内容的编写，MOD)

[3] GB/T 20001.4 标准编写规则 第4部分：化学分析方法(ISO 78-2:1999 标准的编写规则 第2部分：化学分析方法，MOD)

[4] ISO 6385 工作系统设计的人类工效学的原则

ICS 75.200
E 98

中华人民共和国国家标准

GB/T 24259—2009

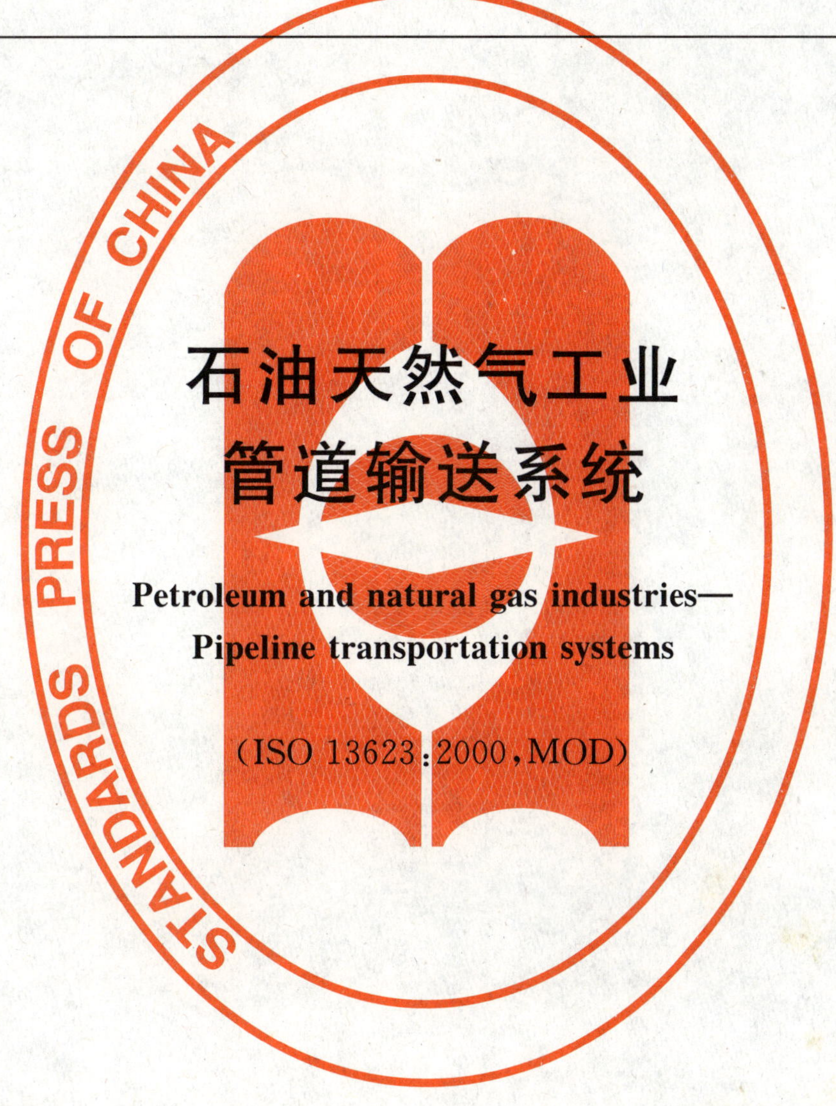

石油天然气工业 管道输送系统

Petroleum and natural gas industries—
Pipeline transportation systems

(ISO 13623:2000,MOD)

2009-07-10 发布

2009-12-01 实施

中华人民共和国国家质量监督检验检疫总局
中国国家标准化管理委员会 发布

前　言

本标准修改采用 ISO 13623:2000《石油天然气工业　管道输送系统》(英文版)。

本标准根据 ISO 13623:2000 重新起草。本标准与 ISO 13623:2000 之间的主要技术性差异和结构的改变参见附录 A。

为了便于使用,本标准还做了下列编辑性修改:

——按 GB/T 1.1—2000 的要求对标准的编排格式进行了修改;

——删除了 ISO 13623:2000 的前言和引言;

——增加了本标准的引言。

本标准的附录 C 和附录 F 是规范性附录,附录 A、附录 B、附录 D、附录 E 和附录 G 是资料性附录。

本标准由中国石油天然气集团公司提出。

本标准由全国石油天然气标准化技术委员会归口。

本标准起草单位:中国石油天然气股份有限公司管道分公司、中国石油天然气管道工程有限公司、中国石油天然气股份有限公司北京华油天然气有限责任公司、中国石油天然气股份有限公司北京油气调控中心。

本标准主要起草人:苗青、张文伟、刘玲莉、史航、李国兴、胡柏松、胡森、张城、邵国泰、戴家齐、赵丑民、董绍华、张帆、赵丽英、王各花、杨雪梅、刘艳双。

引　言

管道输送业非常发达的国家，例如美国、加拿大和澳大利亚等，都有一个涉及油气管道从系统设计、管道和站场设计、材料和涂层、防腐管理、施工安装、试压、预投产和投产、运行、维修、寿命评估直至报废的标准。国际标准 ISO 13623:2000《石油天然气工业　管道输送系统》是这方面内容很全面的标准，其修订版已完成草案 ISO/DIS 13623。本标准就是在采用 ISO 13623:2000 的基础上，增加了 ISO/DIS 13623 修订内容。本标准具有通用性和技术先进性，其条款最大限度地兼顾了各会员国的国情，有利于在国际上实施；其次，本标准对国际管道业的技术进步和标准化发展趋势跟踪紧密：其中提出可以采用基于应变和基于可靠性的极限状态的设计方法，并对管道进行完整性监视和管理以及安全评估给出了的具体规定；在其将要发布的最新版本中，将 ISO 16708《石油天然气工业　管道输送系统　基于可靠性的极限状态方法》作为新的参考文献加入标准中；在第 13 章增加了题为"延长寿命期"的内容，明确建议在管道原始设计寿命终止前，可通过对管道进行完整性评估以决定管道是否可以超期服役。所有这些都体现了本标准的技术先进性，符合"安全、环保、节能"的世界工业的发展主题。采用 ISO 13623，对于尽快实现我国管道行业与国际标准接轨具有积极和重要的意义。

鉴于 ISO 13623 最新修订版还没有正式发布，按照 GB/T 20000.2 对国际标准采标一致性程度的要求，本标准修改采用 ISO 13623:2000，但在技术内容上与最新版本 ISO/DIS 13623 无差异。

本标准作为推荐性国家标准，提供油气管道设计、施工、投产和运行等的原则性指导，不作为设计手册和具体的工程验收规范。

石油天然气工业 管道输送系统

1 范围

本标准规定了石油天然气工业中管道输送系统的设计、材料、施工、试验、操作、维护及报废等方面的要求并提出建议。

本标准适用于陆上及近海管道系统。它们连接生产井、采油厂、处理厂、炼油厂和储存设施，包括建设在上述设施范围内的用于连接目的的任何一段管道。本标准所适用的管道系统范围见图 1 所示。

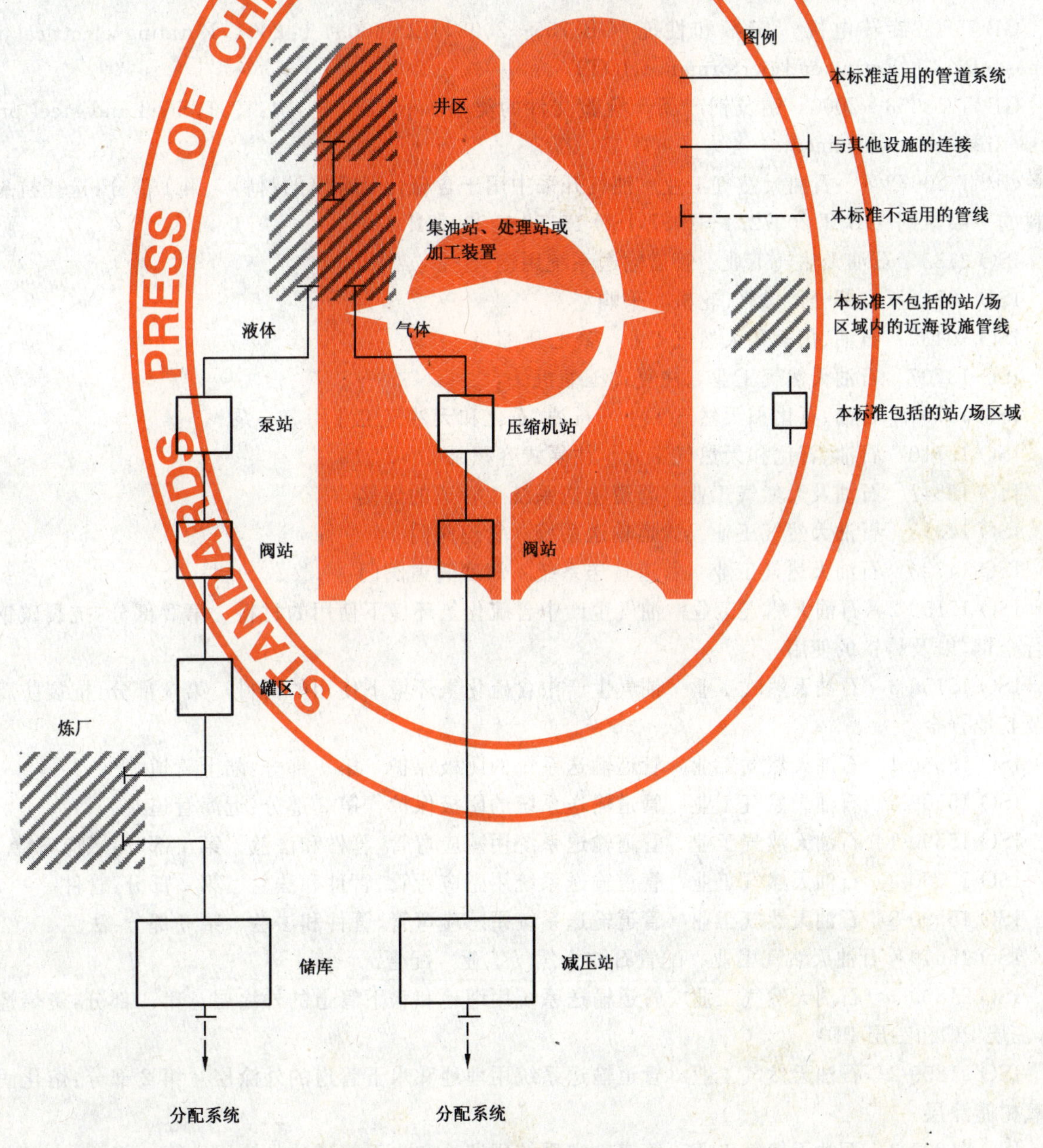

注：管道系统在与其他设施的连接处和分支处，宜设置一个隔离阀。

图 1 本标准适用的管道系统范围

本标准适用于硬质金属管道。不适用于柔软的管道或其他材料的管道，如玻璃纤维增强塑料等。

本标准适用于所有新建管道系统，也可适用于现有管道的改造工程。但这并不意味着它可以追溯应用于已有的管道系统。

本标准描述管道系统的功能性要求，并对其安全设计、施工、试验、操作、维护以及报废等提供依据。

2 规范性引用文件

下列文件中的条款通过本标准的引用而成为本标准的条款。凡是注日期的引用文件，其随后所有的修改单(不包括勘误的内容)或修订版均不适用于本标准，然而，鼓励根据本标准达成协议的各方研究是否可使用这些文件的最新版本。凡是未注明日期的引用文件，其最新版本(包括任何修改表、勘误表和维护机构的发布物)均适用于本标准。

GB/T 229 金属材料 夏比摆锤冲击试验方法(GB/T 229—2007，ISO 148-1:2006，Metallic materials—Charpy pendulum impact test—Part 1:Test method，MOD)

GB 755 旋转电机 定额和性能(GB 755—2008，IEC 60034-1:2004，Rotating electrical machines—Part 1:Rating and performance，IDT)

GB/T 18253—2000 钢及钢产品 检验文件的类型(eqv ISO 10474:1991，Steel and steel products—Inspection documents)

GB/T 20972.1 石油天然气工业 油气开采中用于含硫化氢环境的材料 第1部分:选择抗裂纹材料的一般原则(GB/T 20972.1—2007，ISO 15156-1:2001，IDT)

ISO 3183 石油天然气工业 管道输送系统用钢管

ISO 3977(所有部分) 燃气轮机 采购

ISO 10439 石油、化学和天然气工业 离心压缩机

ISO 13707 石油天然气工业 往复式压缩机

ISO 13709 石油、石化和天然气工业 石油、石化和天然气工业用离心泵

ISO 13710 石油、石化和天然气工业 往复式容积泵

ISO 13847 石油及天然气工业 管道输送系统 管道的焊接

ISO 14313 石油天然气工业 管道输送系统 管道阀门

ISO 14723 石油天然气工业 管道输送系统 海底管道阀门

ISO 15156-2 石油天然气工业 油气生产中含硫化氢环境下使用的材料 第2部分:抗裂碳钢和低合金钢，以及铸铁的使用

ISO 15156-3 石油天然气工业 油气生产中含硫化氢环境下使用的材料 第3部分:抗裂防腐合金及其他合金

ISO 15589-1 石油天然气工业 管道输送系统的阴极保护 第1部分:陆上管道

ISO 15589-2 石油天然气工业 管道输送系统的阴极保护 第2部分:近海管道

ISO 15590-1 石油天然气工业 管道输送系统用感应弯管、管件和法兰 第1部分:感应弯管

ISO 15590-2 石油天然气工业 管道输送系统用感应弯管、管件和法兰 第2部分:管件

ISO 15590-3 石油天然气工业 管道输送系统用感应弯管、管件和法兰 第3部分:法兰

ISO 15649 石油天然气工业 配管石油天然气工业 配管

ISO 21809-1 石油天然气工业 管道输送系统用埋地和水下管道的外涂层 第1部分:聚烯烃涂层(三层PE和三层PP)

ISO 21809-2 石油天然气工业 管道输送系统用埋地和水下管道的外涂层 第2部分:熔化固结环氧树脂涂层

ISO 21809-3 石油天然气工业 管道输送系统用埋地和水下管道的外涂层 第3部分:补口涂层

ISO 21809-4 石油天然气工业 管道输送系统用埋地和水下管道的外涂层 第4部分:聚乙烯涂

层(双层 PE)

ISO 21809-5 石油天然气工业 管道输送系统用埋地和水下管道的外涂层 第5部分:外部混凝土涂层

IEC 60079-10 防爆电气设备 第10部分:危险地区的分类

IEC 60079-14 防爆电气设备 第14部分:矿井以外危险地区的电气设备安装

EN 12583 供气系统 压缩机站 功能要求

API Std 620 大型焊接低压储罐的设计与建造

API Std 650 焊接钢制油罐

ASME 锅炉和压力容器规范,第8章,第1分部 压力容器的建造标准

MSS SP-25 阀门、管件、法兰及活接头用标准标号系统

NFPA 30 易燃和可燃液体规范

NFPA 220 房屋结构类型标准

3 术语和定义

下列术语和定义适用于本标准。

3.1

投产 commissioning

与管道系统最初充装管输流体有关的活动。

3.2

设计寿命 design life

设计预计的有效使用年限。

3.3

设计压力 design pressure

按照本标准设计的管道系统中的承压部件的最大内压力。

3.4

设计强度 design strength

设计中采用的强度水平(strength level),基于规定的材料最低性质。

3.5

组装件 fabricated assembly

将管子和零件组装成为一个单元并安装在一起作为一个分单元安装在管道系统中。

3.6

流体 fluid

通过管道系统运输的介质。

3.7

带压开孔 hot tapping

在运行的管道上,用机械切割方法开孔接管。

3.8

在役管道 in-service pipeline

已经投产输送流体的管道。

3.9

铺管线路 lay corridor

通常在施工前确定的,铺设近海管道用的线路。

3.10

地区等级 location class

按照以人口密度和人类活动为基础进行分类的地理区域。

3.11

维护 maintenance

为保持管道系统的正常运行而进行有计划的活动。

注：这些活动包括检测、调查、试验、维修、更换、补救工作及修理等。

3.12

最大允许操作压力 maximum allowable operation pressure MAOP

管道系统或其部件，按照本标准要求允许操作的最大压力。

3.13

近海管道 offshore pipeline

铺设在海水中和通常为高水位下河流入海口处的管道。

3.14

管道 pipeline

系指管道系统中的部件，包括管子、清管器收发筒、部件和附件、隔离阀和管段分隔阀等，将其连接在一起用于输送站场之间和/或处理厂之间的流体(见图1)。

3.15

陆上管道 pipeline on land

铺设在地上或埋地的管道，包括铺设在内陆水域下的管道。

3.16

管道系统 pipeline system

输送流体用的包括管道、各类站场、监视控制与数据采集系统(SCADA)、安全系统、防腐系统和任何其他输送流体用的设备、设施或建筑物的系统。

3.17

配管 piping

站场和终端内的管子、管件和部件，但他们不属于管道线路的一部分。

3.18

主要配管 primary piping

输送或储存管道所输流体的配管。

3.19

管道通行带 right-of-way

与土地拥有者协议的陆地走廊，在其内管道业主有权进行各种协议的活动。

3.20

立管 riser

近海管道的一段，包括海底的连接短管，其从海床一直延伸到近海设施的管道终点。

3.21

辅助配管 secondary piping

输送管道和主要配管所输流体以外流体(如燃料气、水或润滑油等)的配管。

3.22

规定的最小抗拉强度 specified minimum tensile strength SMTS

购买材料所依据的规范或标准中要求的最小抗拉强度。

3.23

规定的最小屈服强度 specified minimum yield strength SMYS

购买材料所依据的规范或标准中要求的最小屈服强度。

3.24

站场 station

用于增压、减压、储存、计量、加热、冷却或隔离所输送流体的设施。

4 一般要求

4.1 健康、安全与环境

本标准的目标是:用于石油天然气工业管道系统的设计、材料选择及技术要求、施工、试验、运行、维护及报废等是安全的,并符合公共安全和环境要求。

4.2 资质保证

所有有关管道系统的设计、施工、试验、操作、维护及报废等工作,应由有资质的人员承担。

4.3 一致性

宜实施质量保证体系,以有助于所做工作与本标准的要求一致。

注:ISO/TS 29001 中给出了选择和使用质量保证系统的指南。

4.4 记录

管道系统的有关记录应在其寿命期内一直保存以证明符合本标准要求。记录及文件编制的指南宜参见附录 B。

5 管道系统设计

5.1 系统确定

要求以文件形式明确管道系统包括的范围、功能要求、适用的法规等。

该系统的范围宜通过对系统的描述来定义,其中包括各种设施、总体位置以及与其他设施的划分和界限。

宜确定设计寿命和设计条件。正常的、极端的及切断状态的操作条件,连同它们在流量、压力、温度、流体组成及流体性质等方面的可能变化范围,在确定设计条件时皆宜进行识别。

5.2 流体的分类

按照对于公众安全的潜在危险,管输流体应归到下列 5 类之一:

A类	水基不可燃流体。
B类	在环境温度及大气压力下是液体的易燃和/或有毒流体。典型的例子是石油及石油产品,甲醇是一种易燃且有毒的流体的例子。
C类	在环境温度及大气压力下是无毒气体的非易燃流体。典型的例子是氮气、二氧化碳、氩气及空气。
D类	无毒、单相的天然气。
E类	在环境温度及大气压力下是气体,并可以作为气体和/或液体输送的易燃和/或有毒流体。例如:氢气、天然气(D类里的除外),乙烷,乙烯,液化石油气(如丙烷及丁烷),天然气凝析液,氨及氯气。

没有在表中特别说明的气体或液体宜将其与潜在危险性相近似的流体归为一类。如果分类仍不够明确,则该流体归到危害性较大的类别中。

5.3 水力分析

对管道系统的水力状况宜进行分析以证明该系统能按 5.1 规定的设计条件安全输送流体,并识别和确定管道运行中的约束条件和要求。此分析宜包括稳态和瞬态工况。

注:限制条件及操作要求的例子是:水击压力允许值、水合物形成和结蜡引起的堵塞的预防措施、在较低操作温度

下由于较高粘度引起的无法接受的压力损失的预防措施、在多相流体输送中控制液体段塞体积的措施、限制流体以控制内腐蚀及冲蚀速率及避免管道的不满流流态。

5.4 压力控制和超压保护

若管道系统中任一部位的操作压力可能超过最大允许操作压力，则应安装压力控制阀或自动关闭增压设备，或执行相应的控制程序。该措施或程序应能防止操作压力超过正常稳态条件下的最大允许操作压力(MAOP)。

如有必要防止管道系统中任一部位的意外压力超过 6.3.2.2 中规定的极限值时，则应设置泄压阀或者起源点隔离阀等超压保护设施。

5.5 操作和维护要求

应编制管道系统的操作及维护要求并形成文档，以便在设计及编制操作和维护规程时使用。其规程的各方面要求包括：

——对管道、站场及所输送流体的识别标志要求；

——系统控制原理，包括对员工水平和检测仪表；

——控制中心的位置及级别；

——语音及数据通信；

——腐蚀管理；

——工况监视；

——泄漏检测；

——清管方法；

——用于运行、维护及更换管道的通道、分段及隔离设施；

——与上下游设施的接口；

——紧急关闭；

——减压放空和/或排泄；

——停输和再启动；

——由水力分析确定的技术要求。

5.6 公众安全及环境保护

当国家相关公众安全和环境保护法规的要求高于本标准要求时，应按照相关国家法规执行。当没有特殊要求时，应采用本标准关于公众安全及环境保护的要求。

D、E 两类流体的陆上管道系统关于公众安全的要求宜符合附录 C。

6 管道及主要配管设计

6.1 设计原则

设计范围及细节应足以表明在设计寿命期内符合本标准要求的完整性和适用性。

载荷及抗载荷力的代表值应根据良好的工程经验选取。分析的方法可以基于解析、数值、经验模型为或上述方法的综合。

如果考虑到所有相关的极限和适用性极限状态，则可以采用基于可靠性的极限状态的设计原理。应考虑载荷及抗载荷力不确定性的所有相关来源，并且应有足够的统计数据用来恰当的表征这些不确定性。

基于可靠性的极限状态的设计方法不应用来取代 6.4.2.2 中对流体压力引起的最大允许环向应力的要求。

注 1：极限状态一般是伴随结构失去完整性，例如：破裂、断裂、疲劳或失稳等，而超出了适用性的极限状态会阻止管道按预定要求操作。

注 2：ISO 16708 给出了基于可靠性的极限状态设计指南。

6.2 线路选择

6.2.1 需要考虑的事项

6.2.1.1 一般要求

线路选择应考虑到本标准要求的设计、施工、操作、维护及报废等。

为了使未来改线和出现各种限制的可能性尽量减少，应考虑到城市和工业未来的发展。

在选线中应考虑的因素包括：

——公众和在管道上及附近作业人员的安全；

——环境保护；

——其他方的财产和设施；

——第三方活动；

——岩土、腐蚀性和水文等条件；

——施工、运行及维护的要求；

——国家和/或地方的要求；

——未来的勘测。

注：选线工作计划指南参见附录D。在考虑6.2.1.1至6.2.1.7提出的要求时宜考查的诸因素的示例参见附录E。

6.2.1.2 公众安全

输送B、C、D及E类流体的管道，宜避开建筑物聚集的地区或人类活动频繁的地区。

应按照附录F的要求对下列情况进行安全评估：

——处于高层建筑居多、交通繁忙或道路密度很大以及地下可能有众多其他设施的场所输送D类流体的管道；

——输送E类流体的管道。

6.2.1.3 环境

对环境影响的评估至少应考虑以下情况：

——施工、修理及改造期间的临时施工；

——管道的长期运行；

——潜在的流体泄漏。

6.2.1.4 其他方的设施

对可能影响管道的管道沿线设施，宜加以识别并通过与这些设施的运营者进行磋商来评估它们的影响。

6.2.1.5 第三方活动

对沿线的第三方活动应加以识别并通过与这些第三方进行磋商来进行评估。

6.2.1.6 岩土、水文及气象条件

对不利的岩土和水文条件应进行识别并确定减轻危害的措施。在一些情况下，例如在极地条件下，可能还有必要考查气象条件。

6.2.1.7 施工、试验、操作及维护

线路带应提供为施工、试验、操作及维护，包括对管道更换而要求的通道及作业宽度。还应考察施工、操作及维护所必需的各种设施的适用性。

6.2.2 陆上管道的勘察

应开展对线路和土壤的勘察以足够精确地识别和定位相关的地貌、地质、岩土、腐蚀性、地形以及环境的特点，以及其他可能影响管道线路选择的设施，如其他管道、电缆和障碍物等。

6.2.3 近海管道的勘察

应针对建议的线路开展对路由和土壤的勘察以识别和定位：

——地质特征和自然灾害；

——管道、电缆及井口装置；

——障碍物如沉船残骸、矿井及其他残骸；

——岩土性质。

应收集设计和施工计划所需要的气象及海洋地理方面的数据，这类数据可能包括：

——海洋测深；

——海风；

——海潮；

——海浪；

——海流；

——大气条件；

——水质条件(温度氧、含量、pH 值、电阻率、生物活动、盐度)；

——海洋生物；

——土壤沉积和侵蚀。

6.3 载荷

6.3.1 一般要求

应识别并在设计中考虑可能引起或者对管道失效或管道系统的适用性丧失有影响的载荷。

在强度设计中，载荷应划分为：

——功能性载荷；

——环境载荷；

——施工载荷；

——偶然载荷。

6.3.2 功能性载荷

6.3.2.1 分类

使用中产生的载荷和其他来源的残余荷载应归类为功能性载荷。

注：管道重量，包括其部件和内部流体重量，以及由压力和温度引起的载荷是产生于管道系统预定用途的功能性载荷的例子。来自施工过程的预加应力和残余应力、土壤覆盖层、外部静水压力、海洋生物、沉降及不均匀沉降、冻胀、融沉以及由结冰引起的持续载荷等，都是其他来源的功能性载荷的例子。由功能性载荷产生的支撑反作用力和由于持续位移产生的载荷、支撑的旋转或流动方向变化引起的作用亦属于功能性载荷。

6.3.2.2 设计压力

管道系统中的任何一点的设计压力应等于或大于最大允许操作压力(MAOP)。流体静压头引起的压力应包括在稳态压力之中。

瞬变条件下压力允许超过 MAOP，只要其频率和持续时间有限，且瞬变压力的超压值应不大于 MAOP 的 10%。

注：由于水击、压力控制设备失效产生的压力、以及超压保护设备启动过程中的累积压力是瞬变压力的例子。如果封闭不是一种常规的操作行为。由对封闭静止流体的加热引起的压力也属于瞬变压力。

6.3.2.3 温度

当确定温度引起的载荷时，应考虑正常操作和预计气体放空条件下的流体温度范围。

6.3.3 环境载荷

6.3.3.1 分类

由环境产生的载荷应归类为环境载荷，这些载荷需要当作功能性载荷考虑(见 6.3.2)或者由于发生概率低而作为偶然载荷(见 6.3.5)的情况除外。

示例：由海浪、海流、潮水、风、雪、冰、地震、交通、捕鱼及采矿等引起的载荷是环境载荷的示例。由于设备的振动以及地面或海床上的结构引起的位移而产生的载荷也是环境载荷的例子。

6.3.3.2 **水动力载荷**

针对相应于施工和运行阶段的设计重现期应计算水动力载荷。施工阶段的重现期宜在考虑计划施工期的长短、施工季节和与超出这些重现期相联系的载荷所产生的后果的基础上选择。正常运行阶段的设计重现期宜不小于管道系统设计寿命的3倍或100年,两者之中取较短者。

在确定水动力载荷时风、浪及水流的极端情况的量级及方向同时出现的概率亦宜考虑到。

由于海洋生物或结冰而使暴露面积增大的影响亦应考虑到。对于架空跨越和水下悬空管段应考虑由涡激振动引起的载荷。

6.3.3.3 **地震载荷**

抗震设计时应考虑以下效应:

——断层位移的方向、错动量及加速度;

——在设计条件下,管道适应位移的柔性;

——操作条件下的力学性能;

——断层位移时,由于土壤性质引起的对埋地穿越段的管道应力以及惯性效应引起的对地上跨越断层管段的管道应力,应考虑减轻上述管道应力的设计;

——地震引起的各种效应(土壤液化,滑坡等)。

6.3.3.4 **土壤和冰载荷**

设计沙层载荷时应考虑到下列效应:

——沙丘移动;

——沙层侵蚀;

设计冰载荷时应考虑下列效应:

——在管道或支撑结构上的结冰;

——冰层的底部冲刷;

——浮冰;

——由于冰融引起的冲击力;

——由于冰膨胀引起的力;

——由于暴露面积增大而产生较高的水动力载荷;

——可能的涡激振动效应。

6.3.3.5 **公路和铁路交通**

最大的车辆轮轴载荷及频率应通过与相关的交通管理部门磋商,并了解已存在及预测的住宅、商业及工业的发展情况后确定。

6.3.3.6 **捕渔**

捕渔活动产生的载荷及频率应在所采用的捕捞技术的基础上确定。

6.3.3.7 **采矿**

应考虑由于使用爆破而产生的地面震动引起的载荷。由于采矿活动引起的地层沉降产生的载荷应归类为功能性载荷。

6.3.4 **施工载荷**

为管道系统的安装和试压所必须载荷,应分类为施工载荷。适宜时,应考虑施工船只及施工设备产生的动态效应。

注:施工安装包括运输、搬运、储存、安装及试验。压力灌浆产生的外部压力增长,或者由于放空和真空干燥产生的低于大气压的内压,同样会造成施工荷载的增大。对于近海管道可能需要加以考虑铺管船的移动产生的动态效应亦属施工荷载。

6.3.5 **偶然载荷**

在未计划之列,但可能在意外条件下出现的施加在管道上的载荷应作为偶然载荷考虑。当确定管道是否宜针对一偶然载荷进行设计时，宜考虑该偶然载荷出现的概率及可能会导致的后果。

示例：由火灾、爆炸、突然降压、物体下落、在滑坡过程中的瞬变条件、第三方设备（诸如挖掘机或轮船的锚）、施工机械失去动力和相碰撞等引起的载荷。

6.3.6 载荷的组合

当计算当量应力（见 6.4.1.2）或应变时，应考虑功能性载荷、环境载荷、施工载荷以及能被预测到同时发生的偶然载荷等最不利的组合条件。

如果运行原则是：在极端环境条件下会减少或停止操作，对运行考虑下列载荷组合：

——设计环境载荷加适当降低的功能性荷载；

——设计功能性载荷和同时发生的最大环境荷载；

除非有理由预计它们会同时发生，没必要考虑偶然载荷间的组合或偶然载荷同极端环境载荷的组合。

6.4 强度要求

6.4.1 应力计算

6.4.1.1 由流体压力引起的环向应力

仅由流体压力引起的环向应力，应按式(1)计算：

$$\sigma_{hp} = (p_{id} - p_{od}) \cdot \frac{(D_0 - t_{min})}{2t_{min}} \qquad \cdots\cdots(1)$$

式中：

σ_{hp}——由流体压力引起的环向应力；

p_{id}——设计压力；

p_{od}——最小外部静水压力；

D_0——公称外径；

t_{min}——规定的最小壁厚。

注：规定最小壁厚为公称壁厚减去制管标准规定的制管公差及腐蚀余量。对于有金属衬层或衬里的管道（见 8.2.3），衬层或衬里的强度贡献一般不包括在内。

6.4.1.2 其他应力

应在考虑由所有相关的功能、环境及施工载荷引起的应力的基础上计算环向、轴向、剪切及当量应力。偶然载荷应按 6.3.5 中规定的加以考虑。应考虑管道的所有部件和所有约束如支撑、导向结构及摩擦力等的作用。计算柔性时，管道附属设备的线性位移和角位移亦应考虑到。

计算中应考虑除直管以外的部件的柔性及应力集中系数。有额外柔性的部件可能是有益的。

柔性计算应基于公称尺寸及适当温度下的弹性模量。

当量应力应按式(2)冯·米齐斯(Von Mises)公式计算：

$$\sigma_{eq} = (\sigma_h^2 + \sigma_l^2 - \sigma_h\sigma_l + 3\tau^2)^{1/2} \qquad \cdots\cdots(2)$$

式中：

σ_{eq}——当量应力；

σ_h——环向应力；

σ_l——轴向应力；

τ——剪切应力。

当量应力可以基于公称直径及壁厚。当径向应力不显著时可以忽略不计。

6.4.2 强度准则

6.4.2.1 一般要求

管道应按下列力学失效模式及变形设计：

——过度屈服；

——屈曲；

——疲劳；

——过度的椭圆度。

6.4.2.2 屈服

由流体压力引起的最大环向应力应按式(3)确定：

$$\sigma_{hp} \leqslant F_h \cdot \sigma_D \qquad (3)$$

式中：

F_h——环向应力设计系数，陆上管道从表1取值，近海管道从表2取值；

σ_D——设计强度，对于L555及以下等级钢材，取材料的规定最小屈服强度(SMYS)，对于L555以上等级钢材，取SMYS或材料的规定最小拉伸强度(SMTS)/1.15中较小者。

当温度高于50 ℃时，σ_D 值应按照8.1.7的要求载入文件中。

注：对于所分析的工况，σ_D 表征在最高温度下的材料强度。在不同的阶段 σ_D 可能不同，典型的情况是在安装和试压阶段取环境温度，在运行阶段取设计温度。

表1 陆上管道的环向应力设计系数 F_h

位置	F_h
一般线路[a]	0.77
穿跨越及平行占用[b]	
——次要道路	0.77
——主要公路、铁路、运河、河流、防洪堤及湖泊	0.67
清管器收发筒及多管段塞捕集器	0.67
站场和终端内的主要配管	0.67
特殊结构如预制件以及在桥上的管道	0.67
按附录C的要求设计的D类和E类管线应采用表C.2中的环向应力系数。 上述系数应用于用水试压的管道。当用空气试压时，可能有必要降低设计系数。	
a 对于在人类活动稀少和无永久人类居住地区(如荒漠及冻土地带)的输送C、D类流体的管道，环向应力系数可以增大到0.83。 b 见6.9对穿跨越及平行占用的说明。	

表2 近海管道的环向应力设计系数 F_h

位置	F_h
一般线路[a]	0.77
航道，指定的抛锚区域和海港入口	0.77
登陆点	0.67
清管器收发筒及多管段塞捕集器	0.67
立管和主要配管	0.67
a 输送C、D类流体的管道，环向应力系数可以增大到0.83。	

应按式(4)确定最大当量应力：

$$\sigma_{eq} \leqslant F_{eq} \cdot \sigma_D \qquad (4)$$

式中：

F_{eq}——当量应力设计系数，从表3中取值。

表 3 当量应力设计系数 F_{eq}

载荷组合	F_{eq}
施工和环境	1.00
功能和环境	0.90
功能、环境和偶然	1.00

当量应力准则在下列情况下可由允许的应变准则代替：

——管道的外形受作用于其上的变形或位移控制；

——在超出允许的应变前管道可能的位移被几何约束限制。

允许的应变准则可应用于管道施工以确定与卷筒法、J 形管拉管法、立管的弯曲靴形法及相似的安装方法等相关的允许弯曲和校直量。

允许的应变准则可在运行的管道中用于下列情况：

——由可预计的非循环性的支撑、地面或海床的位移，如沿管道的断层移动或不均匀沉降等引起的管道变形；

——管道在超出允许应变前对管道起支撑作用的位置处的非循环性变形，例如对于没有得到连续支撑但下垂受到海床限制的近海管道的情况；

——循环性的功能载荷造成塑性变形，即便塑性变形仅在管道第一次受到其“最坏情况”的功能载荷组合作用时发生，而在后续的这些载荷的循环作用中不再处于“最坏情况”。

允许的应变应在考虑材料的断裂韧性、焊接缺欠以及以往经历的应变的基础上确定。造成局部应变的可能性应在确定应变时加以考虑，例如对于弯曲状态下混凝土包覆的管道。

注：BS 7910 提供了确定允许应变水平的指南。

6.4.2.3 屈曲

应考虑下列的屈曲模式：

——由外部压力、轴向拉伸或压缩、弯曲和扭转或上述载荷的组合引起的管子的局部屈曲；

——屈曲扩展；

——由高的操作温度和压力引起的轴向压缩作用导致的受约束管子的屈曲。

注：有约束管子的屈曲对于未埋地管道可表现为水平扭曲，对于埋沟或埋地管道则表现为垂直上拱。

6.4.2.4 疲劳

对于在循环载荷下可能易于疲劳的管段和部件应开展疲劳分析：

——论证不会生成裂纹；

——确定疲劳检查的要求。

疲劳分析应包括对施工和运行期间载荷作用循环的预测，并将载荷循环转换为名义的应力或应变的循环。

当确定抗疲劳强度时，应考虑平均应力、内部工况、外部环境、塑性预应变以及循环载荷速率等的影响。

对抗疲劳强度的评估可以基于来自代表性部件的 S-N 数据，或者断裂力学的疲劳寿命评估。

对安全系数的选择应考虑抗疲劳预测结果的内在不准确性以及采用检查疲劳损害程度的方法。可能有必要监视引起疲劳的参数变化及相应地控制可能的疲劳损伤。

6.4.2.5 椭圆度

可能引起屈曲或妨碍清管作业的椭圆度或不圆度宜加以避免。

6.5 稳定性

管道应该设计成能防止水平及垂直方向的移动，或者应设计成有足够的柔性，允许预计的、在本标准强度准则范围内的各种移动。

稳定性设计中宜考虑到的各种因素包括：
——水动力及风力载荷；
——在管道弯曲处的轴向压力以及支线连接处的各种侧向力；
——由于在管道中的轴向压缩载荷所造成的侧向挠度；
——由一般侵蚀或局部冲刷引起的裸露；
——各种岩土条件，包括由地震活动、滑坡、冻胀、融沉以及地下水位变化等引起的土壤不稳定性；
——施工方法；
——挖沟和/或回填技术。

注：陆上管道稳定性能够利用下列方式予以加强：管道重量选择、锚固、控制回填材料、土壤覆盖层、土壤置换、排水以及为避免冻胀采取的保温措施等。可能增强海底管道稳定性的措施有加大管子重量、管子加重层、挖沟、埋设(包括自然埋填)、抛卵石或岩石稳定、锚固以及安装沉床或马鞍形支座。

6.6 管道跨距

应控制管道的跨距以保证满足6.4.2中的强度准则。相应地应考虑如下内容：
——支撑条件；
——与邻近管跨的相互影响；
——由风、水流及风浪引起的可能的振动；
——管道的轴向力；
——土壤沉积和冲蚀；
——第三方活动可能造成的影响；
——土壤性质。

6.7 试压要求

6.7.1 一般要求

管道系统安装完毕后，在投入运行之前，应进行原地试压以验证其强度和严密性。预制件及对死口管段可以在安装之前预先试压，但在后续的施工及安装过程中不能损害它们的完整性。在地形高差显著的地段，试压的要求可能会决定必要的管子壁厚和/或钢材的等级。

6.7.2 试验介质

试压应使用水(包括加缓蚀剂的水)。当环境温度很低不能采用水试、没有足够的适合品质的水可用、排水问题无法解决、试水并不方便或者水的污染是不可接受的情况除外。必要时可以使用空气或一种无毒气体试压。

注：运行状态下管道中的短管段或对死口管段的改线情况就是用水试压不方便的例子。

6.7.3 试压等级和持续时间

确定强度或/和严密性试验持续时间时，应考虑到大气温度变化和检漏方法的影响。

应在温度和加压操作过程中的水击压力稳定后进行管道及主要配管的强度试验。系统中任一点压力至少为1.25×MAOP，最小持续时间为1 h。

如果适用的话，强度试验压力应乘以下列比率；
——用试验温度下的σ_D除以设计温度下的σ_D；
——如有腐蚀余量，用t_{min}加上腐蚀余量除以t_{min}。

在人类活动稀少和无永久人类居住地区的输送C及D类流体的管道，如果最大事故压力不超过1.05倍的MAOP，则其强度试验压力可降低到不小于1.2倍的MAOP。

强度试验成功后，应对管道进行要求系统中任意一点的压力不低于1.1×MAOP的严密性试验至少8 h。

强度和严密性试验可以结合起来，在上述规定的强度试验压力下试验8 h。

如果管道是全部可以进行外观检查的，并且每一个部位人都可以接近，则不需要达到上述持续时间，仅在要求的试验压力下保持 2 h 以供外观检查即可。附录 C 中规定的 D 和 E 类管道应按 C.6 中的附加试验要求。

6.7.4 验收准则

如果能证明强度试验过程中的压力变化是非泄漏原因造成的，那么这种压力变化应可以接受。

严密性试验过程中的压力上升或下降，如果通过计算能证明是由于环境温度或压力变化（如对于近海管道的潮汐变化）所造成的，那么这种压力变化应可以接受。

凡不符合这些要求的管道应进行修理并按照本标准的要求重新试验。

6.8 其他活动

6.8.1 其他方的活动

在确定保护管道措施的要求时应考虑到下列因素：

——管道损坏对公众安全及环境可能带来的影响；

——其他方活动的干扰可能产生的影响；

——国家对公众安全及环境保护的要求。

示例：对于陆上管道要考虑的其他方的活动包括其他土地使用者，交通、耕作、排水设施安装、建筑施工以及在道路、铁路、水道的各种作业和军事训练。近海管道的例子包括导向支架工程船的就位作业、船锚及锚链的移动、水中受阻的电缆和系统管道，在设施附近的物体的下沉、靠近立管的移动船只，在管道施工期间的海底捕渔作业活动以及军事训练等等。

当需要时，应制定保护要求作为 6.2.1.2 安全评估的一部分。

示例：陆上管道的保护包括覆盖、增加壁厚、标识及标记带、机械保护，控制进入管道线路带或者上述措施的综合。对于近海管道可能的保护措施有挖沟或埋设、抛石、用沉排或保护结构覆盖以及立管防护结构等。

对于陆上管道，应在道路、铁路、河流及运河的穿跨越处以及其他地方树立标识，以使该区域的其他使用者辨别管道的位置。对于陆上埋地管道宜考虑使用标记带。

6.8.2 管道覆盖层

6.8.2.1 陆上管道

陆上埋地管道宜按照不小于表 4 中所列的埋深敷设。

表 4 陆上管道最小埋深

位置	埋深 m
人类活动有限或无人类活动的地区	0.8
农业或园艺业活动区[a]	0.8
运河，河流[b]	1.2
道路及铁路[c]	1.2
居民、工业及商业区	1.2
岩石地面[d]	0.5
覆盖深度应从地面可能的最低点量至管子（包括涂层及附属物）的顶部。 在冻胀地区的覆盖可能要求专门考虑。	
a 最小覆盖深度不应小于正常耕作深度。 b 应从预计的最低河床面量起。 c 应从排水沟的底部量起。 d 管子顶部至少要低于岩石层表面 0.15 m。	

管道埋设深度可能小于表 4 中指定的埋深，则需提供相同水平的保护方法作为替代方案。

设计可替代的保护方法时宜考虑到：

——对该区域其他土地使用者的任何妨碍；

——土壤的稳定性及沉降；

——管道的稳定性；

——阴极保护；

——管道的膨胀；

——管道维修通道。

6.8.2.2 近海管道

如果可能存在影响管道完整性的外部损害，以及有必要防止或减少与其他方活动的相互干扰，应将管道放置沟内、埋设或加以保护。在制定减少或防止这种相互干扰的技术要求时，应向该区域的其他土地使用者咨询。

用于近海管道的保护结构宜具有圆滑轮廓，以便把来自锚索及捕渔机具的绊阻及损坏风险降到最小。这些防护结构同样宜与管道系统之间有足够的空间，以便必要时可以接近管道，并允许管道膨胀和防护结构基础的下沉。管道防护结构的设计宜与任何管道的阴极保护设计兼容。

6.9 穿跨越与占用

6.9.1 向主管部门咨询

管道的设计载荷(包括频率)、施工方法及对保护穿跨越管段的要求，均应建立在向主管部门进行咨询的基础上。

6.9.2 道路

为了选用环向应力设计系数，宜将道路分为主要和次要道路。

高速公路和干线道路宜归为主要道路，所有其他公共道路则为次要道路。私有道路和小路即使可通行重型车辆也归为次要道路。

表1中的环向应力设计系数及表4中的埋深作为最低要求，适用于道路路权边界以内的管道，如果该边界线还没有明确，主要道路距硬路肩 10 m 和对于次要道路距硬路肩 5 m 作为边界线。与道路并行敷设的管道，只要可行的话，宜敷设在道路路权边界线以外。

6.9.3 铁路

表1中的环向应力设计系数及表4中的埋深作为最低要求，适用于铁路路权边界以外 5 m 处，如果该边界线还没有明确，则宜取距铁轨 10 m 以外。

与铁路平行敷设的管道，只要可行的话，宜敷设在铁路路权带以外。

对于开挖法穿越铁路的管道，其管顶距铁轨顶部垂直距离宜最小为 1.4 m，用钻孔法或隧道法穿越时，该距离宜最小为 1.8 m。

6.9.4 水路及滩涂地区

管道穿越运河、航道、河流、湖泊及滩涂地区的管段的保护要求宜向水域及水路管理主管部门咨询后进行设计。

穿越防洪堤时，可要求附加设计措施以防洪和限制可能发生的不良后果。

在确定保护要求时，应考虑由轮船抛锚、冲刷及潮汐作用，土壤不均匀沉降或沉陷，以及任何未来的作业，如挖泥、疏浚加深和拓宽河道或运河等造成的潜在的管道损害。

6.9.5 穿越已有管道或电缆

应避免新建管道与已有管道及电缆的直接接触。如果有必要在管道的设计寿命期内防止两者相接触，则宜安装沉排或其他永久性隔离措施。

穿越宜尽量做成 90°角交叉。

6.9.6 管桥跨越

如果埋地穿越不可行，则可考虑管桥跨越。

管桥应按结构设计标准设计，应有足够的间距以避免车辆通行可能造成的损伤，并便于维修。应考虑到管道阴极保护与桥梁支撑结构阴极保护之间的相互干扰。

应制定限制公众进入管桥的措施。

6.9.7 套管穿越

宜尽可能地避免套管穿越。

注：API RP 1102 提供了套管穿越设计指南。

6.10 不利的地层及海床条件

必要时，应建立保护措施，包括对监测的要求，以尽量减小由于不利地层及海床条件引发的管道损坏。

示例：不利地层及海床条件包括：滑坡、侵蚀、沉陷、不均匀沉降、冻胀及融沉的地区、高地下水位的泥炭地区以及沼泽地等。可能采用的保护性措施有增加管壁厚度、稳定土层、防止冲刷侵蚀、安装锚固件、采取负浮力保障措施等等，以及监测措施。测量地层运动、管道位移或管道应力变化均是可能的监测方法。

宜向当地主管部门、当地地质研究机构及采矿咨询公司等单位咨询关于总的地质条件、滑坡及沉降区域、隧洞开挖以及可能的不利地层条件。

6.11 管段隔离阀

管段隔离阀宜安装在管道的开始及末端以及用于下列需求：

——操作和维修；

——应急控制；

——限制潜在的外溢量；

阀的布置宜考虑地形、接近操作及维修的便利(包括压力泄放要求)、保安以及与有人居住房屋的接近程度等。

在确定管段隔离阀的安装位置时，应已建立该阀的操作模式。

6.12 完整性监测

在设计阶段应编制管道完整性监测的技术要求。

注：监测可包括腐蚀监测、检测和泄漏检测。

6.13 清管设计

应确定清管要求并据此设计管道。管道宜设计成容纳便于通过内检测器。

清管设计宜考虑如下：

——永久性清管器收发筒安装位置及保障措施或临时清管器收发筒连接口的位置：

——通道；

——吊升设备；

——清管器发送和接收操作时的隔断要求；

——放空及排泄要求(用于预投产及运行中)；

——清管方向；

——允许的弯管最小曲率半径；

——弯管与管件之间的距离；

——允许的最大直径变化；

——内径变化时的锥度要求；

——支管连接设计与管线管材料的匹配；

——内部管件；

——内涂层；

——清管信号装置。

在布置清管器收发筒的方向时，应考虑到进入道路及附近设施的安全问题。

6.14 预制部件

6.14.1 焊接的支线连接部件

钢管焊接式支线连接部件应按照公认的设计标准要求设计。连接部件中的环向应力不应超过所连接管子中的允许环向应力。

如果机械式管件的设计符合或超过管道的设计压力,则可以用于管道带压开孔。

6.14.2 焊接预制的特殊部件

特殊部件应按照可靠的工程经验和本标准设计。当这些部件的强度按照本标准要求不能计算和确定时,那么应按照 ASME 锅炉和压力容器规范第八章第一部分中的要求确定其最大允许操作压力。

预制部件不同于普通制造的对接焊管件,其使用的材料和径向焊缝应按照本标准设计、施工和试验。禁止使用桔瓣形堵头,桔瓣形大小头及鱼尾形封头。

平板盖应按照 ASME 锅炉和压力容器规范第八章第一部分设计。

焊接施工应采用按照 ISO 13847 审定的规程和资格考试合格的操作工。

特殊部件应能承受管道系统强度试验的压力。在已有管道系统上安装的部件在安装前应按照 6.7 进行试压。

6.14.3 挤出式出口

挤出式出口应按 ISO 15590-2 设计。

6.14.4 清管器收发筒

在确定收发球筒的尺寸时,应考虑所有的预计的清管操作,包括可能的内检测。

应根据表 1 及表 2 中的环向应力设计系数设计永久性和临时性的清管器收发筒,包括放空管、排流管及液体喷出支管、喷嘴加强圈、马鞍形支座等细节部件。

盲板应符合 ASME 锅炉和压力容器规范第八章第一部分的要求。

盲板应设计成只要清管器收发筒内有压力就不能打开。这可包括一种与主管道阀门互锁的装置。

清管器收发筒应按 6.7 进行试压。

6.14.5 段塞捕集器

6.14.5.1 容器式段塞捕集器

所有容器式段塞捕集器,不论其安装在何处,皆应按照 ASME 锅炉和压力容器规范第八章第一部分设计与制造。

6.14.5.2 多管式段塞捕集器

应根据表 1 及表中的环向应力设计系数设计多管段塞捕集器。

6.14.6 预制组件

预制分组件的环向应力设计系数应适用于整个总装配后的组合件,并应包括距离最后一个部件以外各方向上延伸 5 倍管直径或 3 m 中的较短长度管段,但管末端的大小头、弯管或弯头除外。

6.15 支座或锚固件与管道的连接

管道及设备应支撑牢固,以防止或抑制过度振动,并应充分锚固以防止作用在连接设备上的异常载荷。

陆上管道的分支连接点应以固结的回填土支撑或者设法使其具有足够的柔性。

当需开挖固结的回填,以便连接新的支线到已有的陆上管道上,则应为总管和支线均设置固定墩以防止发生垂直和侧向的移动。

为防止配管振动而要求安装的拉杆及阻尼装置应通过全包型构件与输送管连接。

所有管道附件设计均应尽量减小对管道造成的附加应力。附件的比例及焊接强度要求均应符合标准的结构做法。

结构性的支撑、拉杆或锚固件不应直接焊接到设计工作压力等于或超过 50% SMYS 的管道上。而应采用全包型的加强环支撑这些装置的构件。

当需要提供主动支撑时，如在锚固件处，附件应焊到全包型构件上而不应焊到管子上。管子与全包型构件的连接应采用连续环向焊接而不是断续焊接。

不焊接的管道支座设计宜便于被支撑管道的检查。

设计防止管道轴向移动的锚固墩时，宜考虑管子的膨胀力以及管子与土壤间阻碍移动的摩擦力。

全包型构件的设计应包括输送管在功能性、环境、施工及偶然载荷下的组合应力。全包型构件可以夹持或者用全包圆周焊缝连接到管子上。

全约束的管道所承受的轴向力，F，宜按下面式(5)计算：

$$F = -p \times A_i(1-2\nu) - A_s \times E \times \alpha(T_2 - T_1) \qquad (5)$$

式中：

p——设计压力；

A_i——管子内部截面积；

A_s——管壁截面积；

E——弹性模量；

α——线性热膨胀系数；

T_1——安装温度；

T_2——运行中的最高或最低的金属温度；

ν——泊松系数。

当确定管道轴向力时还应考虑显著的残余安装载荷。

6.16 近海立管

对近海装置有关键作用的近海立管，因其暴露于海洋环境载荷和与各种机械连接，应谨慎设计。在设计中宜考虑下列因素：

——海水飞溅区(载荷与腐蚀)；

——运行中降低了的检测能力；

——引发的移动；

——由于立管的空间布置引起速度加大；

——平台沉降的可能性；

——为保护立管，把立管布置在支撑结构之中。

7 站场和终端设计

7.1 站址选择

选择陆上站场和终端位置时应考虑下列因素：

——地形；

——土壤情况；

——通道；

——可利用的公共设施；

——管道入口和出口的连接要求；

——附近财产及其他活动引起的危害；

——公共安全和环境保护；

——预计的发展。

站场和终端位置宜布置成使其设施能防止不受管道运行公司控制的邻近财产蔓延过来的火灾。

将管道系统的一部分布置在其他设施(陆地或近海)内时，宜作为该设施总图布置的一部分来审查，审查时宜考虑安全评估的结果。包括发生爆炸或火灾后员工住宿安全和逃生。

7.2 平面布置

站场和终端周围应为消防设备的自由移动提供足够的空间、通道及防火间距,以便消防设备及其他紧急救援设备进出。

站场和终端的平面布置应基于尽量减小火灾的蔓延及火灾的后果。

站内和终端内有可能积聚爆炸性气体混合物的区域应按 IEC 60079-10 标准加以分类并对区内装置及设备提出相应防爆要求。

罐区间距应按 NFPA 30 规定。

管道及配管布置应避免对员工造成绊倒或碰头等伤害,并且不应妨碍对设备及配管进行检测和维修,还应考虑设备更换的通道。

向大气排放流体的管线应延长到可以安全排放的位置。在近海装置生活区附近布置排放管线时应更注意安全。

7.3 保安

应控制进入站场和终端的通道。宜设置防护栏、有人值守的门或所有门应上锁。

站场和终端四周应设永久性告示,指明泵站或终端有关详情以及可与管道运行公司联系的电话号码。

管道系统的一部分,若设在其他装置内,则其保安要求应和该装置的保安要求联合考虑。

7.4 安全

应设立识别危险的、划分等级的和高电压区域的标志。应限制进入这些区域。

围栏不应阻碍人员逃往安全地区。当设置围护结构时,各安全门必须是向外开的并且不用钥匙就能从里面打开。

主泵房和压缩机房的每一操作楼层、地下室、以及任何高空走道或平台必须要有通往安全地点的足够出口和无障碍通道。出口应提供便利的逃生可能。

应提供适用的火焰和气体探测器及消防设施。对于陆上站场及终端,应通过与当地消防部门进行磋商来确定这些设施的各项要求。

储罐、防火堤和防火墙应符合 NFPA 30 的要求。

在正常或非正常条件下(如垫片被吹出或填料密封损坏等),暴露在含有危险浓度的易燃或有毒液体、蒸气或气体的环境中,为保护员工,应设置通风系统。还应配置能探测流体危险浓度的设备。

可能引起人员伤害的热或冷的配管应适当绝热或加以防护。

7.5 环境

废水及废气的处理排放应符合国家和当地的环境要求。

7.6 房屋建筑

泵房和压气机房,如其中设备或配管尺寸外径大于 60 mm,或者除家用目的外的输送 D 及 E 类流体的设备,应该使用按 NFPA 220 标准中所定义的耐火、不可燃或阻燃的材料来建造。

7.7 设备

泵、压缩机、原动机以及它们的辅助设备、附件、控制及支撑系统,均应适合 5.1 中系统定义中规定的用途。泵、压缩机及其原动机设计操作条件范围应限制在 5.4 中确定由控制设备所限定的管道系统的约束条件之内。

除电感应(异步)或同步电机外,原动机应配备有自动控制设备,能在原动机或被驱动设备的转速超过制造厂所规定的最大安全转速之前关闭机组。

装置及设备应符合 7.2 中规定的区域划分的要求。

除了上述的功能性要求外,泵、压缩机、燃气轮机和电动机应满足 ISO 13709、ISO 13710、ISO 10439、ISO 13707、ISO 3977 或 GB 755 中适用的要求。

7.8 配管

7.8.1 主要配管

主要配管应按照第6章的要求进行设计。

在配管的设计中应考虑振动设备引起的振动、由往复泵或压缩机引起的流体振荡以及流动诱发的振荡。

应保护配管免遭真空外压及超压损坏。压力控制及超压保护等皆应符合5.4的要求。

注：配管有可能处于超压或真空状态，其产生原因是关阀或停泵期间流动的突然变化产生的水击、过高的静水压力、流体膨胀、在错误的条件下与高压力源连接，或者在停输或放空期间形成的真空等原因。

7.8.2 辅助配管

7.8.2.1 燃料气配管

站内的燃料气配管应符合ISO 15649的要求。

在任何建筑和居民区外面应有燃料气总的进气切断阀。

应为燃料气系统提供压力限制设备，以防止燃料压力超出系统正常操作压力25%。最大燃料压力不应超过设计压力的10%。

当原动机或连接的设备正在进行维修时，应有措施放空及吹扫燃料总管以防止燃料气进入燃烧室。

7.8.2.2 压缩空气配管

站内压缩空气配管应符合ISO 15649的要求。

压缩空气罐或储气瓶应按ASME锅炉与压力容器规范第八章第一部分的要求制造和装配。

7.8.2.3 润滑油及液压油配管

所有站内润滑油及液压配管应符合ISO 15649的要求。

7.8.2.4 放空及放水管线

放空及放水管线的尺寸应与泄压阀的容量相匹配。

7.9 紧急停车系统

每座泵站或压缩机站应配备快速、就地和/或远程操作的，并且可关闭所有原动机的紧急停车系统。还宜考虑到把站场和管道隔离开以及当需要时可以泄压或放空。

紧急停车系统的操作还应允许关闭任何可危害现场安全的不是用作应急用的燃烧天燃气的设备。

保护个人安全以及保护设备功能所必需的用电，应设计成不间断供电电源。

7.10 电气

站内电气设备及接线应符合IEC 60079-14的要求。

在紧急情况下需继续运行的电气装置应考虑其所在区域在紧急情况下的用电条件。

7.11 储存和工作罐

为储存和接运流体的罐应按下列标准设计和建造：

——API Std 650，适用于蒸汽压力小于3.5 kPa(表压)的流体；

——API Std 620，适用于蒸汽压力大于3.5 kPa(表压)、但不大于100 kPa(表压)的流体；

——本标准，适用于蒸汽压力大于100 kPa(表压)的管式储存器的；

——其他适用于蒸汽压大于100 kPa(表压)的非管式储存器的相关标准。

应根据计划和技术要求设计和建造罐基础。技术要求应考虑到土壤条件、罐的类型、用途以及总的位置。

7.12 加热和冷却站

当按照5.1规定的管道系统运行条件需要加热或冷却流体时，宜安装温度指示及控制器。

为了保证停输后的安全流动条件，加热站可能需要考虑停输后站内管线、泵体、放水管线及仪表管线的伴热。

7.13 计量站和压力控制站

流量计和粗、细过滤器应按同一内压设计，并应满足按本标准试压要求。

所有部件均应支撑良好，防止对连接的配管系统产生过度的载荷。

设计和安装应留有便于维护和检修用的通道并尽量减少对站内操作的干扰。应考虑到流动液体的回流，振动或脉动。

过滤网孔或过滤材料空隙应能防止外来有害物质侵入设备及静电荷聚集。

7.14 监视和通信系统

按照第5章设计的系统，应当确定下列技术要求并包括在系统设计之内：监视压力、温度、流率及被输流体的物理特性；监视泵、压缩机、阀位，计量表及罐液位信息以及监视诸如动力供应故障，电机线圈及旋转机械轴承的高温、过度振动、低吸入压力、高输送压力、密封泄漏、异常温度等报警条件的相关信息；以及对火灾及危险大气环境的探测等。

监视控制与数据采集系统（SCADA）可用于控制设备。

管道系统操作要求以及安全和环境保护要求，应作为确定监视及通信部件冗余量及备用电源需求的基础。

7.15 用于陆上供气系统的压缩机站

对压缩机站的其他特殊功能要求，应参照 EN 12583 执行。

8 材料和涂层

8.1 管道和主要配管的一般材料要求

8.1.1 选择

用于管道和主要配管的材料应：

——具有满足6.4设计要求的机械性能，如强度及韧性；

——具有满足第9章腐蚀控制要求的性能；

——适用于预定的加工制造和/或安装施工方法。

注：辅助配管的材料技术要求在 ISO 15649 中提出。

8.1.2 酸性介质中使用的材料

在酸性介质中适用的材料的技术条件应满足 GB/T 20972.1、ISO 15156-2 和 ISO 15156-3 的要求。

8.1.3 技术要求的一致性

对管道系统内所有承压部件的技术要求应该一致。

示例：对所有部件的化学成分应能保证可焊性和防止脆性断裂的韧性要求。

8.1.4 化学成份

准备焊接铁素体钢和没有产品标准的铁素体钢，其最大的碳当量（CE）为：

——规定的最小屈服强度不大于 360 MPa 等级的钢为 0.45；

——规定最小屈服强度大于 360 MPa 等级的钢为 0.48。

焊接用的且有产品标准的铁素体钢，其碳当量不超过上述数值或者取上述数值和产品标准中规定值两者中的较小值。

材料采购者可以考虑采用较高的碳当量值的材料或者要求对可接受的最大 CE 值进一步加以限制。

应按式（6）计算 CE 值：

$$CE = w(C) + w(Mn)/6 + [w(Cr) + w(Mo) + w(V)]/5 + [w(Cu) + w(Ni)]/15 \quad \cdots (6)$$

式中：

$w(C)$——C 的质量分数，%；

$w(Mn)$——Mn 的质量分数，%；

$w(Cr)$——Cr 的质量分数，%；

$w(Mo)$——Mo 的质量分数，%；

$w(V)$——V 的质量分数，%；

$w(Cu)$——Cu 的质量分数，%；

$w(Ni)$——Ni 的质量分数，%。

对于输送 A 类流体的管道和主要配管，当不知道材料的完全化学组成时，可使用替代的 CE 计算公式：

$$CE = w(C) + w(Mn)/6 + 0.04 \quad \cdots\cdots(7)$$

8.1.5 脆性断裂韧性

管道系统中的材料的选择和应用应考虑防止脆性断裂。

公称直径大于 DN150 并且材质是铁素体、铁素体/奥氏体、马氏体不锈钢或碳素钢的用于输送 C、D 及 E 类流体管道和主要配管的材料，其全尺寸夏比 V 型缺口试件的最小夏比冲击功应满足：

——规定的最小屈服强度不大于 360 MPa 等级的材料：平均 27 J，单个试件 20 J；

——规定的最小屈服强度大于 360 MPa 的材料：平均 40 J，单个试件 30 J。

输送 A 及 B 类流体管道和主要配管的材料，以及输送 C、D 及 E 类流体的管道系统中公称直径不大于 DN150 的部件使用的材料，防止其发生脆性断裂的技术要求应基于设计条件确定。

注：为阻止韧性断裂扩展可以提出更高的冲击功要求(参见 8.1.6)。

全尺寸夏比 V 形缺口试验应按 GB/T 229 执行。也可采用 ISO 3183 规定的带锥度的试件。当要试验的管件厚度不满足制作全尺寸夏比 V 型缺口试样的条件时，可采用缩尺的试件试验，最小冲击功按试件厚度比例减小。

试验温度不应高于材料在承压下可能经受的最低温度。对于气体或气/液管道和主要配管、近海立管以及厚度很大的管件应考虑更低的试验温度。

母体金属、以及对于被焊接部件而言，焊缝金属和热影响区金属均应符合防止脆性断裂的要求，通过采用经鉴定的焊接工艺保证达到规定的耐脆性断裂性能。

8.1.6 剪切断裂韧性

输送 C、D 及 E 类流体的管道用管的母体金属应具有阻止剪切断裂扩展的能力。流体在突然减压情况下的相变行为应该加以确定，并且应验证在各种相态下所要求的剪切止裂性质。

注：ISO 3183 附录 G 给出了确定阻止剪切裂纹扩展所要求断裂韧性的指南。

夏比 V 型缺口试验应按照 8.1.5 要求进行，试验温度应为管道在空气、海水或地下运行过程中可能经历的最低温度。

如果材料性能实际上达不到阻止断裂所要求的韧性，可以采用由套管或厚壁管组成的机械止裂器。应由断裂扩展的后果来确定止裂器沿管道的安装位置及最小间距。

8.1.7 高温工况

对于运行温度高于 50 ℃的材料，除非相关产品标准或补充证明文件中有规定，否则在最高运行温度下的机械性能宜形成文件备查。

8.1.8 成型及热处理后的性能

对于经热处理、热或冷加工成型或其他会影响材料性能的加工过程的材料，需要用文件形式证明在最终状态下的材料性质符合规定的要求。对于焊接部件，该类证明文件包括母材，焊缝金属及热影响区的性质。

8.1.9 生产质量鉴定大纲

对材料生产质量鉴定大纲及预生产试验的要求宜在以前加工该材料的经验基础上加以考虑。

8.1.10 标记

材料及部件应按照适用的产品标准的要求予以标记，如无规定则可按 MSS SP-25 要求执行。

模(冲)压标记应处于对材料或部件不产生损伤的位置，且尽量减小应力集中。

8.1.11 检验文件

所有材料在供应时应附有按 GB/T 18253—2000 要求编写的材料检验报告单，该单可追溯到用料的管道部件。承压部件用材料，应至少提供 GB/T 18253—2000 中的 5.1B 型的检验证明。

8.1.12 材料技术要求

所有管线管、配管部件和涂层材料应按照相关产品标准及本标准的要求制造及使用。

本标准的要求未包括在相关产品标准中的，应加以规定并补充进产品标准中。

如果没有适用的相关产品标准，则应编制材料的详细技术要求，包括性能、尺寸以及制造、试验、检验、认证及形成文档等要求。

8.1.13 部件的重新使用

部件允许重新使用，如果：

——了解原始制造的技术规范且技术规范符合本标准；

——检验文件符合 8.1.11 的要求；

——经过检测、清理和本标准允许的修理之后，经检验证明这些部件是可靠和无缺陷的。

原始制造技术规范未知的管线管，如果经过充分的检验和试验后被证明其满足 ISO 3183 适用部分的要求，则可以仅作 L245 级管线管使用。应限制此类材料仅使用于运行在低于规定的最小屈服强度 30%应力水平上的管道上。

注：管道系统的运营者可以在工程规范中表明他同意重新使用该旧材料。

8.1.14 记录

按照 13.1.7 的要求，关于供求双方同意偏差的规定，诸如计算书和图纸的设计、记录资料、试验与检验结果及合格证应收集并在管道运行期内保存。

8.2 管线管

8.2.1 碳钢管

C-Mn 钢制成的管线管应符合 ISO 3183。

8.2.2 不锈钢及非铁金属管线管

不锈钢及非铁金属管线管可以是焊接管或无缝管。

8.2.3 不锈钢或非铁金属衬里的碳钢管

碳钢管线管应符合 ISO 3183。

设计及内腐蚀评估中应申明，不锈钢或非铁金属衬里与外层碳钢管应使用冶金方法结合(敷融)，或用机械方法压接(衬里)。内衬里层的最小厚度不宜小于 3 mm，在焊缝部位也一样。

如认为有必要，提出对管端公差比 ISO 3183 适用于焊接部分的更严的要求，应该经审定并应作明确规定。

8.3 管子以外的部件

8.3.1 法兰连接

法兰连接应符合 ISO 15590-3 的要求或其他公认的规范如 ASME B16.5 或 MSS SP-44 中的要求。专用法兰设计是允许的。它们宜符合 ASME 锅炉和压力容器规范第八章第一分部的相关要求。

当法兰尺寸和钻孔与 ISO 15590-3 规定的有偏差时，那么应说明其与 ISO 15590-3 设计要求的符合程度。

应考虑到法兰内径与相联管子内径相吻合以利于对准焊接。

垫片材料应不会被管道系统中的流体损坏，并应能承受使用中的压力和温度。使用温度高于 120 ℃时，应采用阻燃材料。

螺栓材料应与操作条件、环境条件以及管线材料相匹配。螺栓或双头螺栓应伸出螺母。

8.3.2 用管制成的弯管

弯管可由管子用冷、热或感应弯曲的方法制造。不应采用斜接弯管。

对热或冷弯管的要求是：

——管材应为全镇静钢；

——弯管管体的椭圆度不应超过公称外径的2.5%；
——弯管管端公差应符合连接管子管端的公差；
——不允许有折皱；
——弯管管体所有部位的壁厚均应满足相接管子规定的最小管壁厚度的要求；
——弯管应符合8.2对管子提出的机械性能的要求。

感应弯管应满足ISO 15590-1要求。

弯管的试验及检验应在交货条件下进行。

8.3.3 管件

管件应符合ISO 15590-2要求。

管件应采用全镇静钢制造，应采用公认的作法以保证预计的热处理效果及切口韧性。

8.3.4 阀门

球阀、止回阀、闸阀及旋塞阀应符合ISO 14313的要求。海底应用的阀门应符合ISO 14723要求。

8.3.5 预制的绝缘管接头

预制的绝缘管接头在安装到管道上之前，应该采用1.5倍的MAOP压力进行试验，并进行电气实验验证绝缘性。

8.3.6 其他部件

对于无产品标准的部件的设计应符合ASME锅炉和压力容器规范第八章第一分部规定的要求。焊接制造和焊接连接于管道的所有其他部件均应符合ISO 13847的要求。

8.4 涂层

8.4.1 外涂层

8.4.1.1 混凝土配重层

混凝土配重层应符合ISO 21809-5的要求。

8.4.1.2 防腐和绝热保温涂层

工厂预制的涂层应符合9.5和ISO 21809适用部分的要求：
——三层聚烯烃涂层：ISO 21809-1；
——熔结环氧树脂(FBE)涂层：ISO 21809-2；
——两层聚烯烃：ISO 21809-4。

8.4.1.3 绝热保温涂层

绝热保温涂层应符合公认标准或技术规范，包括如下要求：
——涂层及增强材料(相关的)的类型；
——各层厚度及总厚度；
——组成及/或基材；
——机械性能；
——温度限制；
——表面处理要求；
——粘结要求；
——材料、施工及固化要求，包括可能的关于健康、安全及环境方面的要求；
——涂层系统及人员(相关时)评定试验要求；
——试验和检测要求；
——有关的修补步骤。

8.4.2 内涂层/衬里

内涂层一般应符合公认的标准或规范，包括如下要求：
——涂层及增强材料(相关时)的类型；

——各层厚度及总厚度；
——组成及/或基材；
——机械性能；
——温度限制；
——表面处理要求；
——粘结要求；
——材料、施工及固化要求，包括可能的关于健康、安全及环境方面的要求；
——涂层系统及人员(相关时)评定试验要求；
——试验和检测要求；
——有关的修补步骤；
——减阻涂层最小厚度宜为 40 μm。

9 腐蚀管理

9.1 一般要求

应对管道系统的内外腐蚀进行管理，以防在设计寿命期内腐蚀导致不可接受的管道失效或丧失运行能力的风险。腐蚀管理包括以下内容：

——识别并评估潜在的腐蚀危险源；
——管材选择，考虑内外腐蚀性评估结果；
——识别必要的腐蚀减缓措施；
——确定腐蚀监测和检测要求；
——复核腐蚀监测和检测结果；
——根据经验和设计条件与管道环境变化要求，定期改进腐蚀管理要求；

内外腐蚀性的评估应以文件形式说明，对于已选择材料在管道设计寿命内的腐蚀是可以控制的。

评估应基于有关的运行维护经验和实验室试验结果。

任何腐蚀裕量均应考虑管道设计寿命期内预计的腐蚀类型及速率。

在评估中还应包括管道材料在运输、储存、施工、试验、管道保存、投产及运行事故条件下可能的内外腐蚀。

9.2 内腐蚀性评估

应针对所有设计条件(见 5.1)确定可能的管道腐蚀损失或管道材料退化。

应针对管道运行流速、压力及温度条件下，形成游离水的可能性进行评估。

应识别可能引起或影响内腐蚀的流体组分，并确定其在预计浓度、压力及温度下的潜在腐蚀性。

示例：可能引起或影响内腐蚀的流体物质包括二氧化碳、硫化氢、元素硫、汞、氧气、水、溶解盐(氯化物、碳酸氢盐、羧化物等)、固体沉积物(与管道清洁度有关)、微生物污染、上游活动中注入的化学添加剂，来自上游工艺事故的污染物。

应提出的潜在腐蚀类型包括：

——整体材料损失和劣化；
——局部腐蚀，如沉积物下的点腐蚀和晶面腐蚀或缝隙腐蚀；
——微生物引起的腐蚀；
——应力开裂；
——氢致开裂或台阶式开裂；
——应力诱发氢致开裂；
——冲蚀及冲刷—腐蚀；
——腐蚀疲劳；
——双金属/电偶腐蚀，包括选择性焊缝腐蚀。

9.3 内腐蚀减缓措施

9.3.1 方法

内腐蚀减缓方法包括：

——改进设计/操作条件；

——采用耐腐蚀材料；

——采用化学添加剂；

——采用内涂层或内衬里；

——定期进行机械清管；

——消除双金属电偶对。

宜考虑所选腐蚀减缓方法与下游操作的相容性。

9.3.2 设计条件的修订

管道系统上游流体加工设施以及运行管道系统的程序，可能需要审查，以便查找机会消除腐蚀性评估中识别出的腐蚀成分或条件。

9.3.3 化学添加剂

在选择化学添加剂时宜考虑的因素包括：

——在整个管道系统水润湿区的有效性；

——管内流体流速变化；

——多相系统中的相分布特性；

——沉积物及氧化皮的影响；

——与其他添加剂的相容性；

——与管道部件材料的相容性，特别是与管道附件中非金属材料的相容性；

——化学处理过程中的人员安全性；

——排放时对环境的影响；

——与管道下游操作的相容性。

9.3.4 内涂层或衬里

可采用涂层或衬里减轻内腐蚀，但要证实非完整涂层/衬里保护（如针孔或其他缺陷）不会导致不可接受的腐蚀。

在选择涂层或衬里时考虑的因素宜包括：

——现场接头的内涂敷；

——施工方法；

——修补方法的可获得性；

——操作条件；

——流体对涂层/衬里的长期作用；

——耐压力变化的性能；

——涂层上温度梯度的影响；

——适应清管作业。

9.3.5 清管

宜确定周期性机械清管要求，考虑的因素包括：

——清除积聚的固体和腐蚀液体以有助于减轻积液区腐蚀；

——增强化学添加剂的有效性；

如选择机械式清管设备，宜考虑：

——清除有保护作用的腐蚀产物或化学添加剂的可能后果；或者机械清管损伤内涂层或衬里的可能后果；

——管道材料(如不锈钢管)和机械清管器材料接触可能发生的不良后果。

9.4 外腐蚀评估

应根据管道运行温度(见5.1)及沿线外部条件(见6.2)来确定发生外腐蚀的可能性。

表5列出了在评估外腐蚀发生的可能性时应考虑的典型环境条件。

表5 评估外腐蚀时要考虑的环境条件

近海管道	陆上管道
大气条件(海洋性)	大气条件(沿海/工业/乡村)
空气/水界面(飞溅区)	海水(潮汐区、海岸)
海水	淡水或半咸水
海床或埋在海床里	沼泽及泥炭地
在管束内或管套内	河流穿越
岩石堆/混凝土沉排	干或湿土壤
J形管/沉箱内部	隧道、套管或沉箱内部

宜考虑的环境参数包括:

——大气温度;

——环境的电阻率、盐度及氧含量;

——细菌活性;

——水流;

——埋设程度;

——潜在的树根成长危害;

——碳氢化合物及其他污染物对土壤的潜在污染。

腐蚀测量评估宜考虑环境的长期腐蚀性而不只是管道安装时的腐蚀性。对于陆上管道,必需考虑管道穿越区内任何已知的土地使用变更计划,这种变更会改变环境条件并因此改变土壤腐蚀性,例如对以往干燥或低腐蚀性土壤的灌溉。

应评估环境pH值以及可能的杂散电流和交变电流源对陆上管道的影响。应考虑的外腐蚀损坏类型包括:

——整体的金属损失和劣化;

——局部腐蚀,如沉积物下的点腐蚀或缝隙腐蚀;

——微生物引起的腐蚀;

——应力腐蚀开裂,如碳酸盐/碳酸氢盐侵蚀。

9.5 外腐蚀减缓措施

9.5.1 保护要求

所有金属管道宜采用外涂层,对于埋地或水下部分应施加阴极保护。对于可能发生严重腐蚀的场合,宜考虑腐蚀裕量并采用耐久涂层或耐腐蚀合金包覆。

示例:如近海管道立管的飞溅区是严重腐蚀区域。

9.5.2 外涂层

在选择外涂层时应考虑涂层能否提供要求的保护,以及在施工和运行中可能发生的危害。

在评估外涂层的有效性时应考虑的参数包括:

——涂层的电阻率;

——湿气的渗透率及其与温度的关系;

——涂层与基体金属之间的粘结力;

——对涂层与附加保护层、保温层或环境之间的抗剪切力;

——对阴极剥离的敏感性；

——耐老化性，耐脆裂及耐开裂性；

——涂层修补的技术要求；

——对管体金属可能有的不良影响；

——可能的温度循环；

——耐运输、搬运、储存、安装及运行过程损伤的性能。

除现场接头及其他特殊接头应现场防腐涂装外，管线管外防腐层宜在工厂涂装。现场接头宜采用管线管防腐涂层相容的涂层涂装，接头防腐涂层系统应满足或超过管线管防腐层技术要求并能在预期的现场条件下很好地涂装。绝热管道的保护可能需要在管子和隔热层之间加外涂层。

J型管管道宜有外涂层。在选择涂层时，宜考虑使用J型管安装时可能发生的内涂层损坏。

9.5.3 阴极保护

陆上管道应按照ISO 15589-1、近海管道应按照ISO 15589-2进行阴极保护系统的设计、制造、安装和运行。

9.6 监测程序及方法

9.6.1 对监测的要求

应根据预期的腐蚀机理及腐蚀速率(见9.2及9.4)、选择的腐蚀减缓方法(见9.3及9.5)、安全和环境因素等建立腐蚀监测程序的要求。

如果要求对整个管道长度上的内外腐蚀或其他缺陷进行监测宜考虑采用内检测器。通过分析连续的金属损失检测结果可确定大致的腐蚀速率或腐蚀劣化趋势。

注：投产后宜尽快进行一次检测，其结果作为将来检测结果分析的基线。

9.6.2 内腐蚀监测

9.6.2.1 监测技术选择

内腐蚀监测技术的选择应考虑：

——预计的腐蚀形式；

——潜在的水份析出，冲刷等(流动特性)；

——预计的腐蚀速率(见9.2)；

——要求的检测精度；

——现有管内、外检测途径；

——影响清管器或检测器通过的管内障碍物。

注：可能的检测技术包括安装监测设施如腐蚀试件以显示管内腐蚀，或者定期分析流体成分以监测其腐蚀性等。

9.6.2.2 局部腐蚀监测的测试点设置

腐蚀监测的测试点宜沿管道或相关设施设置，选择最有可能获得管道中代表性的腐蚀特征处。

9.6.3 管道外部状况监测

可以接近的管段宜定期通过外观检测评估管道系统状况，可能的情况下也要进行外涂层评估。埋地或水下管道在暴露时也应进行检测。

在很有可能出现严重腐蚀的地方，应定期进行密集的外观检查。

注：为此目的，在那些可能严重腐蚀但又不能容易进行外观检测的部位，可考虑进行定期管内密集检查。

对陆上管道涂层定期检查要求应考虑选用的涂层、预计的涂层老化、土壤类型、观测阴极保护电位及保护电流需求及已知金属损失等。

9.6.4 阴极保护监测

应按照ISO 15589-1和ISO 15589-2进行定期检测以监测阴极保护。

9.7 监测及检测结果评估

应分析所有监测及检测活动结果以便：

——审查腐蚀管理是否充分；

——识别可能的改进措施；

——指出进一步详细评估管道状况的技术要求；

——指出改进腐蚀管理要求的必要性。

9.8 腐蚀管理文件

按照上述(9.1 至 9.6)腐蚀管理要求编制文件：

——腐蚀危害及有关失效可能性的评估；

——材料及腐蚀减缓方法的选择；

——检查及腐蚀监测技术的选择及检测频率；

——与选择的腐蚀管理方法有关的报废及废弃要求。

10 施工

10.1 一般要求

10.1.1 施工计划

在施工开始之前应准备好施工计划，以有助于控制施工作业。该计划应与作业的复杂性和危险性相适应，建议至少包含下列内容：

——施工工程描述；

——健康、安全及环境保护计划；

——质量计划。

施工工程描述宜包括方法、施工所需人员、设备以及作业规程。

注：特殊的施工，如开隧道、近海管道登岸段、管桥及水平定向钻孔等，可能需要补充的管道安装规程。

健康、安全及环境保护计划宜说明保护公众和施工人员健康、安全和环境保护等方面的要求和措施。该计划还宜包含有关法律及适用标准的要求、危险识别与要求的控制措施，以及应急程序等。

10.1.2 在其他设施附近的施工

在开始施工前，应识别所有可能会受到管道系统施工影响的设施。

宜建立施工期间保护已识别设施的必要的临时性保护方法及安全措施。在确定这些临时性保护方法和安全措施时，宜与这些设施的业主或运营者磋商，并且应在施工开始前及时通知他们。

例如：其他设施可包括已有的道路及铁路，水道、人行道、管道、电缆及建筑物等。

10.1.3 施工工厂、设备及海洋施工船

在施工之前和施工过程中均应对主要施工工厂、设备及海洋施工船进行检查，以确定其适用于按照良好的施工程序施工作业。

10.1.4 材料运输与搬运

搬运、储存、运输和安装管道材料，应防止或最小程度地伤及管子、管件、组件及涂层。可能需要制定运输及搬运规程。其中宜指明需使用的机械及堆放要求。

注：API RP 5LW 及 API RP 5L1 给出了管线管运输工作指南。

应检查材料有无不符合规范要求的损坏及缺陷。这些有损伤及缺陷的材料，在未修复或去除缺陷之前不得使用安装。

10.2 陆上线路带的准备

10.2.1 现场检查

在能够确认人能安全进入线路带之后和施工开始之前，应检查沿管道线路上作业宽度的当前情况。检查结果报告应确定会受施工影响较大项目的状况，并记录所有涉及各方共同审定的一致意见。

10.2.2 勘察和标记

在施工之前，应把管道线路带、作业宽度、地下结构以及架空结构勘察清楚，并做好标记。在施工期

间这些标记应保持在完好状态。

10.2.3 作业宽度的准备

为了公众安全及防止牲畜侵入，当需要时，应沿作业宽度设置适当的围栏。在施工规范内应明确在作业宽度内要遵守的限制条件及预防措施。

示例：限制条件或预防措施包括：保存特定的树木、处理树枝及树根、分离耕植土、排水、防止冲刷及侵蚀等。

10.2.4 喷沙清理

喷沙清理作业应遵守有关法规及环境保护限制条件，并应由有资质的人员施工。

10.3 近海线路带的准备

10.3.1 勘察

除了6.2.3有关要求以外，施工前宜沿着计划的线路带进行勘察，以查明对管道或施工作业有无潜在的危险。

10.3.2 海床准备

海床勘察数据应加以分析，必要时对海床进行平整，以满足6.4.2中的强度准则。

10.4 焊接和连接

10.4.1 焊接标准

管道和主要配管的焊缝应遵照ISO 13847标准进行。对于辅助配管的焊缝应按照ISO 15649标准执行。

10.4.2 焊缝检验

管道系统中的焊缝检验应遵照ISO 13847标准，11.5中对死口焊缝除外，并应在试压之前进行完毕。

对环焊缝的无损探伤范围如下：

a) 全部焊缝应进行外观检查。
b) 应由业主或业主指定的代表用射线照相或超声波至少检查每天完工焊缝量的10%。10%抽查水平宜只用于边远地区，或操作应力等于或小于20%SMYS的管道，或者管输的流体一旦泄漏对人员和环境危险性小的管道。对于其他流体和地区的管道，抽查百分数应按当地情况选择适当提高。如果显示焊缝质量缺乏保证，则抽查百分数可提高至100%；但是，如果检查结果能显示焊缝质量确有保证，那末可以递减抽查百分数直至上述的最小百分数(10%)。
c) 在下列情况下焊缝应进行100%射线或超声波检查：
——设计输送C类流体，且其设计环向应力超过77%SMYS的管道；
——设计输送D类流体，且其设计环向应力大于等于50%SMYS的管道；
——设计输送E类流体的管道；
——不用水试压的管道；
——位于人口密集区，如居民区、购物中心、以及标明为商业及工业区的管道；
——在环境敏感地区；
——河流湖泊及水流穿越，包括架空跨越和在桥上跨越的管道；
——穿越铁路或公路，包括隧道、桥梁及架空跨越的管道；
——海洋及海岸水域；
——对死口焊接后未经水压试验的管段。

射线或超声检验应检查整个圆周长度上的焊缝。检验方法应适合接头的形状、壁厚和管径。

焊缝应符合适用焊接标准中规定的合格准则。不合格焊缝应去除，或经允许返修并重新检查合格。

10.4.3 非焊接连接

采用其他技术连接管子，应按照经审定的规程进行。

10.5 涂层

10.5.1 现场补口的涂层

现场补口的涂层应满足 ISO 21809-3 的要求。

10.5.2 涂层检查

在管道安装时应进行涂层外观检查以确保符合规定的标准和适用的规程。

在管子即将下沟或离开铺管船之前，在可接近管道处，应采用检漏仪检验整个涂层表面。检漏仪的检漏电压应适用于该涂层。查出缺陷，应进行标记并在管子最终就位之前修复。发现涂层损坏或剥离时，应去除涂层、重涂和重新检查。

对接接头、特殊部件及穿越管段的涂层，应在安装之前采用检漏仪检查。

10.6 陆上管道的安装

10.6.1 布管

布管作业应按照规程进行，在这些规程中应明确确定施工通道的限制尺寸，以及为了对当地公共用地使用者的干扰最小的措施，并且还应包括通道横穿工作面宽度的措施。

10.6.2 现场弯管

为了使管子对接或吻合现场地形条件，管子可能要在现场冷弯。现场弯管应采用弯管机。弯管机应对管子截面有足够的支撑，以防止屈曲或管壁皱折并保持涂层的完整性。

最小弯管半径宜不小于：

——对外径小于 200 mm 的管子为 20D；

——对外径 200～400 mm 的管子为 30D；

——对外径大于 400 mm 的管子为 40D。

现场弯管半径可以小于上述要求，但需要保证弯管之后管子的椭圆度不大于且壁厚不小于设计允许值，同时材料性质应满足规定的管线管韧性要求。

弯管应无屈曲、裂纹或其他明显的机械损伤。

当弯管直径大于 300 mm，且管子直径与壁厚之比小于 70∶1 时，应考虑采用内芯，同时宜进行试弯，以满足上述要求。

制作弯管的管子，其弯曲部位两环焊缝之间间距不宜小于 1 m。纵向焊缝宜位于接近现场弯管中心轴线位置。

10.6.3 开挖

挖沟深度应足够，以保证覆盖层厚度符合 6.8.2.1 的要求。

沟边坡度应加以分析以确定是否需要支撑或做成斜坡，以保证安全作业条件。宜建立减轻侵蚀措施以防止管沟不稳定并对环境造成损害。

沟底应平整，不应有会损伤管子或涂层的尖锐边缘或物体。如果做不到这一点，那末，应铺以衬垫材料或机械方法保护管子。任何衬垫材料或机械保护措施均不应起隔断阴极保护电流通向管子表面的屏蔽作用。

如果施工在沟内进行，那么管沟应加宽和加深，以保障安全工作条件。

在施工人员未进入管沟之前应采取一系列安全措施，以保证沟内存在安全而不易燃的大气。在已有地下结构附近挖沟时，应采取措施以避免对这些地下结构的损害。应保证与任何埋地管道和其他结构的最外边缘之间，有至少 0.3 m 的净空间距，否则应采取专门的措施以保护管道及地下结构。

10.6.4 下管

下管之前管沟底应加以清理，保证不存在有可能有会损害涂层的物体，且沟底坡度平缓，保证管道有均匀支撑。

使用的下管设备与方法不应损害管子和涂层。起吊及下管步骤不应引起应力超过 6.4.2 中规定的强度准则。

10.6.5 回填

为避免涂层遭到破坏,下管之后宜尽快回填。在回填前水淹管沟宜用泵抽干或把水放净。当不可能这样做而水淹管沟又需回填时,应小心从事,以保证液化的土壤不会使置换的管子移动。

应选择回填材料或防护措施以防止损害管子或其涂层。

在工作期间被断开的现场排水管,排水沟及其他排水系统宜重新恢复。

管道在公路、人行地道路肩及类似区域下方通过时,应选择回填材料和施工方法确保这些设施的稳定性和完整性,当存在可能引起冲蚀的地形土壤及水条件时,应采取保护措施防止滑坡或冲溃。

10.6.6 对死口

对死口的规程应包括控制管子应力在6.4.2中的允许强度准则之内的措施。该规程应包括考虑到管道的结构形状、计划对接后的移动,以及对接作业时的温度与未来运行温度之间的温差。

10.6.7 地貌恢复

施工影响所及的作业面宽度内及其他地区应实行地貌恢复。地貌恢复应遵照符合有关法律及与土地所有者和占用者达成的协议要求进行。

10.6.8 穿越

所有穿越均应按照6.2.1和10.1.2要求施工。

当采用大开挖方法穿越水道时,应考虑水道底部的地质状况、河堤变化、水流速、冲刷以及特殊的季节性问题。开挖作业时应防止水漫淹附近的土地。

管道安装期间应采取预防措施避免冲击、扭曲管道或者其他可能引起管子应力或应变超出设计水平的情况发生。

水平定向钻穿越施工规程应强调对这种穿越方法的独特要求,例如:

——钻孔泥浆的收集与弃置;

——耐摩擦防腐涂层的选择;

——监视钻孔剖面、导向以及牵引力的仪表。

10.6.9 标记

管道位置标记应按6.8.1规定设置。

10.7 近海管道的安装

10.7.1 海洋作业

10.7.1.1 抛锚及保持定位

定位保持系统宜有适当的冗余量或备用系统以保证该系统部分损坏也不致危及其他船只的设施。

施工船若采用抛锚定位,宜按照预定的抛锚方向图执行。抛锚方向图宜用一定大小比例在水深图中标出,并注明下列适当的资料:

——每个锚和每条锚链触地点;

——现有管道及装置的位置;

——锚链与管道之间的垂直距离;

——计划的管道线路及铺管走廊;

——在施工期内的临时性作业;

——附近其他船只的抛锚特征;

——施工船的位置;

——禁止抛锚区;

——沉船及其他潜在的障碍物。

为防止对设施的损害,应确定锚和锚链与固定结构、海底装置或其他管道之间的最小间距。

所有锚若需越过海底装置或管道时,宜先固定在锚搬运船的甲板上。施工船的抛锚绞车宜装锚链长度及负荷指示器。

10.7.1.2 各种应急程序

在工程开工前应准备好各种应急程序。

这些程序宜包括：

a) 施工现场废弃；

b) 管子屈曲(充水或空管)；

c) 涂层失去；

d) 弃管与管道回收作业。

10.7.1.3 告知

近海管道施工前，应将开工通知书发给将与管道施工或拖管交叉的现有管道与电缆的业主。通知还应发到有关单位，例如海事管理单位、渔民及海洋作业者。

10.7.2 勘察及定位系统

平面定位宜以卫星或大地测量基准点作为布置施工船、管道位置及局部定位系统的基准参考点。定位系统应具有足够的准确性以使把管子铺设位置能达到设计文件中规定的误差范围之内。在人口稠密地区和要求精确定位时，可能要求采用的定位系统比管道定位更精确。

当管道包含一段海岸穿越管段时，则海上应用的定位系统应和陆上定位系统相互校正。

10.7.3 铺管

规定的管子定购长度宜和铺管船上的作业站站间距离相适应，管子长度变化不应中断铺管作业。

铺管系统和张力系统(tensioning)皆应能在敷设管道时，使其不超过 6.4.2 中的强度准则，并且其设计应保证防止损伤涂层和牺牲阳极。

宜用摄像监视铺管架上的关键支撑点。

在铺设时宜应用屈曲探测器检测管子直径的缩小量。该探测器应能分辨出直径大于或等于 5%的变化。

宜装设有监测和记录各项需要参数的仪器，以确认没有超出 6.4.2 中规定的允许强度准则。

用拖管法安装就位时(不论是海底拖、离底拖或海面拖管)均可能需要一艘监视船或护卫船，以防其他船只对拖运中的管段的干扰。

用“J”法和卷管铺管船法的施工计划中，应特别强调施工中专门的控制应力水平和拉力要求。

10.7.4 登岸段

底拖法、定向钻孔或其他方法安装登岸管段时，不应引起管道设计应力或应变超过 6.4.2 中的强度准则，或损坏涂层及牺牲阳极。

10.7.5 挖沟

挖沟深度及沟的纵断面宜仔细选择，以保证挖沟作业过程中管道应力不会超过 6.4.2 中的强度准则。挖沟过程中强加在管道上的载荷宜加以监测。如果管子上浮，即应考虑到强加的额外载荷。沟底大石堆、碎石及过大的悬空段跨度情况均宜进行监测。选用的挖沟方法及设备应防止损伤管子、涂层及牺牲阳极，同时宜适用于土壤条件。

先铺设后挖沟法和边挖沟边铺管法中采用的挖沟设备应装有监测仪表，监测和记录必要的参数，以确认应力没有超出强度准则。

示例：适用本条的挖沟方法包括水喷射，开沟犁，岩石和硬土切割机以及挖泥船开沟等方法。

10.7.6 回填

回填材料应在受控制的状态下填入，防止损伤管子及管子涂层，并保证符合规定的坡度、覆盖层及纵断面的要求。应仔细选择回填土的纵断面，使其对渔业及第三方的活动的干扰减到最小程度。

10.7.7 穿越其他管道及电缆

在穿越工程施工前应将被穿越的管道或电缆的位置、方位及其完好的状态调查清楚。

如果规定预先安装支座，那么在安装支座之前应准确地确定已有管道、电缆，以及穿越地点的位置。

安装的支座宜组成一个平滑的穿越纵断面，以减少如抛锚及捕渔设备等外力对任一结构的损伤。

水平面定位系统还应辅以一套海底定位系统。因为要求的间隙很小，所以穿越安装宜加以监测，以便能确认这些结构均在其正确的位置。

10.7.8 悬空跨度

管道应进行勘测是否有悬空段出现，为满足6.4.2的强度准则的限制，应对该悬空跨度进行必要的整固。应该确定冲刷余量和支座及填入材料的稳定性。

10.7.9 对死口

死口对接施工规程应包括为控制管子应力在6.4.2允许强度准则之内的措施。

10.8 清扫及测径

安装后，管段宜通清管器或类似工具清除脏物、施工余下碎片及其他物质。

校验椭圆度及检查有关管内障碍的检测清管器宜在试压之前通过每段管段。测径板直径应不小于最小名义尺寸的95%，但是任何情况下，测径板与管壁之间的间隙不宜小于7 mm。

10.9 竣工勘察

施工完毕，应进行竣工勘察以记录管道、穿跨越、附件、悬空段以及附属设施设备等的正确位置。

10.10 施工记录

在完工时应按已编制好可供复制和检索格式填写的永久性记录。该记录可确定管道系统的位置及说明，并应包括以下内容：

——竣工勘察结果；

——焊接文件；

——竣工图、各种技术规范；

——各种施工规程。

11 试压

11.1 一般要求

试压应遵照6.7。

分段试压的段数宜减小到最小。选择试压段应考虑到：

——人员与公众的安全，以及保护环境及其他设备；

——施工顺序；

——地形和通道；

——试压用水的来源及排放。

如果试压介质在试验过程中会发生热膨胀，则应采取泄压措施。

不宜进行试压的设备应该在试压过程中把它们与管道隔离。

阀门不宜作为试压中的管端盲板之用，除非该阀门压力等级能承受试压过程中阀门两端的压力差。所有用作管道封堵端的工具均必须有足够强度，能承受试验压力。

临时性的试压用管汇、清管器收发筒及与试压管段连接的其他试验部件均应设计制造成能耐管道的设计压力。

单独部件及工厂制作的预制件如收发球筒、管汇、计量橇座、截断阀组件，穿跨越管(河流、公路或铁路)，立管及对死口管段可以按照本标准所提出的措施预先试压，其试验压力不低于管道强度试验压力。

11.2 安全

在试压过程中，除参加试压人员外，不应在管道及其附近工作。

试压期内，应布置警示牌，和对管道进行适当巡线以预防无关人员接近管道。

如用气压试验，则在制定安全要求时，应考虑到来自管道中所储能量的危险性。

当泄放试压介质降低压力时，应保证公众、施工人员、附近设施的安全并满足环境保护要求。

如果试压介质采用空气或气体，则应在控制减压状态下泄放。

11.3 各种程序

11.3.1 书面程序

在试压开始前，就应编制好书面的强度和严密性试验程序，内容应包括6.7的要求及下列各项：

——每一试压管段的纵断面及长度，并注明试压管段两端规定的试验压力；

注：纵断面宜标出管子等级及壁厚。

——安全措施；

——对连续监测的要求（见11.6和11.7）；

——试压用水源、水的化学成分以及水的排放；

——对设备的要求；

——加压及持续时间；

——对试验结果的评估；

——泄漏检查。

11.3.2 通信

在试压过程中，有人值守点之间宜保证通信联络畅通。

11.3.3 水质

试压及冲洗用水宜保持清洁且避免含有悬浮物或溶解的物质从而造成危害管材或内涂层，或者可能会在管内形成沉淀物。

应分析水样，并采取适当措施去除有害物质或进行缓蚀。另应按照9.2考虑内腐蚀的控制，和按9.6.2监测内腐蚀。

11.3.4 缓蚀剂与添加剂

如果试压用水分析或程序表明有必要加缓蚀剂与添加剂如缓蚀剂、脱氧剂、杀菌剂及染色剂，那么应考虑这些药剂之间的相互反应及其排放对环境的影响，还要考虑到任何一种添加剂对整个管道系统材料的影响。

11.3.5 充水速度

向管内注水速率应加以控制。可应用清管器或管清管球使空气与水有明确的交接面，并使进入水中的空气减少到最小程度。

在所有可能聚集空气之处，例如阀腔及旁路管线在充水时应打开放气管，而在水静压试验开始前密封。

当管道横穿陡坡地形时，宜采取措施防止清管器或清管球运行超过管内充水段前端，这对充水段的末端安全很重要。宜考虑到使用清管球跟踪系统及使用背压控制清管器的速度。

11.3.6 空气含量

如空气含量会影响到静水压试验的精确性的时候，则应确定空气含量，并在评估水压实验结果时应估计到它的影响。

注：空气含量以用标绘的初始充水体积与压力变化曲线，直到出现两者确定的线性关系为止的方法来确定。

11.3.7 温度稳定

管内充水之后，开始水压试验之前，宜留有足够的时间，以便使充入管子内的水温与大气温度达到平衡。

11.3.8 温度效应关联性

应开发表示温度变化对试验压力的影响的关联性数据，以便用以评估可能出现的初始试验压力及温度与最终试验压力和温度之间的差别。

11.3.9 泄漏检测

应开发并编制泄漏检测及泄漏定位程序作为水压试验程序的组成部分。

11.4 验收准则

试压应符合 6.7 要求。

11.5 试压之后的对死口连接

如对死口焊缝焊接之后不再经强度试验的，则应按 10.4.2c）进行检验，或者当不可能进行射线检查或超声检查时，可按其他批准的可靠的检验方法检验。

非焊接的对死口接头，若安装后未经试压，则应在开始运行前，在最大可能达到压力（但不超过 MAOP）条件下进行严密性试验。

11.6 试压设备

静水压力试验设备宜包括以下各项：

——静压测试仪或其他同等精度的设备；

——压力表；

——体积测量设备；

——温度测量设备；

——压力及温度记录设备。

应提供能证明仪表精度的有效的标定证书。

11.7 试验文件和记录

试压记录应在管道系统的寿命期内妥为保存。应包括下列内容：

——试压程序；

——在整个试验期内每半小时间隔的压力与体积变化；

——海水、地温及大气温度，如条件允许，每隔 1 h 记录气象条件 1 次；

——压力记录图表；

——试验仪表标定数据；

——管道系统操作员姓名；

——试验负责人的姓名；

——试压公司名称；

——试验日期及时间；

——试验现场最小及最大试验压力；

——试压介质；

——试压持续时间；

——试压合格验收签字；

——被试压设施及测试设备的描述；

——对压力记录图上的任何不连续点包括试压失败的解释与处置；

——如试压管段的高差超过 30 m，则应附标有管段整个长度上的所有测试点的标高的纵断面图。

11.8 试压用流体的排放

排放应做到对公众及环境的损害减小到最小程度。

11.9 试压后的保护

除非已经按照 9.2 中要求采取了措施，否则试压用流体不应在试压后留在管道或配管内。

如用水作为试压介质，在寒冷地区，应采取措施防止试压用水结冰。

12 预投产和投产

12.1 一般要求

预投产和投产均应编制书面规程。规程应考虑到流体的性质、与其他连接设施隔离措施的必要性，以及已建成管道向管道运行管理者的移交。

应精心制定预投产及投产规程，所使用的工具及通过管内的流体，应保证不会有任何与流体或管道部件材料的不相容物进入管道系统内。

12.2 清扫规程

应考虑到10.8中清扫不到的管子及其部件是否需要清扫。可能要求补充清扫以清除以下物质：

——试压残留物及轧钢锈皮；

——会影响解释智能清管器结果的金属颗粒；

——试压水缓蚀剂残留的化学物质；

——试压水产生的有机物；

——施工用具，例如对死口用的隔离球。

管道清扫规程应考虑以下要求：

——保护管道部件免遭清扫工具或清扫液体的损害；

——清除会污染流体的颗粒物；

——清除会影响智能清管器作业的金属颗粒。

12.3 干燥规程

应根据满足管输流体质量标准规定的干燥程度要求去选择干燥方法。干燥程度的判据应是确定水露点。干燥规程应考虑到下列要求：

——应和被输流体质量规范相符合；

——干燥剂和干燥设备对阀门密封材料、管道内涂层及其他部件的影响；

——由于游离水和干燥剂引起的联合腐蚀效应，特别是H_2S和CO_2潜在腐蚀效应；

——去除阀腔、支线配管及其他的系统盲管中的可能残留的水及干燥剂；

——投产过程中水化物形成的影响。

示例：干燥方法包括用干燥流体或凝胶抽汲，空气或氮气吹扫，真空干燥或用管输流体本身干燥等。

12.4 设备与系统的功能试验

作为投产工作的一部分，所有管道监测及控制设备以及系统全部应经过功能性试验合格，特别是安全系统，如清管器与收发球筒之间内部连锁、压力及流量监测系统，以及管道紧急停输系统等的功能试验，以保证它们能操作正确。

12.5 文件及记录

应保存的预投产记录包括：

——清扫及干燥规程；

——清扫及干燥结果；

——管道监测及控制设备系统功能试验记录。

12.6 投产规程及充装管输流体

在通入管输流体之前，应编制书面投产规程，并应要求下列内容：

——系统宜机械完工并都能良好运转；

——所有功能试验宜完成并合格；

——所有必要的安全系统应操作良好；

——应备齐各种操作规程；

——应已建立通信系统；

——正式将完整的管道系统向负责管道运行管理者交工。

向管道充装流体时，应控制充装速率，流体压力不应超出允许的极限。

注：充装速率对某些流体来说是关键的，这是为了防止发生爆炸、气体分层、大气不稳定含尘等等。

对输送液体的管道，宜维持背压以防充装时发生水力阻塞。

在充装过程中，宜周期地进行泄漏检测。

13 操作、维护及报废

13.1 管理

13.1.1 目标与基本要求

要按照下列目标建立和执行管理体系：

——保证管道系统的安全运行；

——保证符合设计要求；

——腐蚀控制管理；

——保证安全和有效维护、改造和报废作业；

——有效处理灾害和改造。

管理体系应管理下列工作：

——对负责管道系统操作和维护管理的人员的识别，以及对关键活动的识别；

——合适的组织；

——包含各种操作与维护规程的书面计划；

——包含管道系统事故及其他突发事件的书面应急计划；

——书面的持证上岗制度；

——控制设计工况变化的书面计划。

此外，管理体系应规定培训、与第三方联络及保存记录的工作要求。

管道系统的操作、维护、改造及报废作业应按照计划执行。

管理体系应经常不断地随着实践需要、经营条件变化及管道环境要求而进行审查修改。

13.1.2 操作与维护理计划

操作与维护计划应包括：

——正常操作规程及正常维护规程；

——个人通信要求；

——发布非常规操作和维护规程的计划。

操作与维护规程应明确：

——每个员工的责任和任务；

——必要的安全措施；

——和其他管道系统及装置的接口；

——适用的规程、指南的有关信息及参考资料。

与其他管道系统及装置的接口处理程序，宜与这些系统及装置的业主咨询后再行编制。

注：操作与维护规程所需的内容指南参见附录G。

13.1.3 突发事件及应急计划

突发事件及应急计划应确定出为解救意外事故、紧急状态所需人员及设备，以及培训工作。

应通过屏幕演示或现场模拟突发事件及紧急状态来对计划的有效性定期加以检验。这种模拟也可以会同直接受同一突发事件或紧急状态影响的管道设施的操作者、管理机构及专家或与应急有关的人员或机构协作进行。

突发事件及紧急故障的原因宜加以分析确定，并且采取必要的措施以减少重新出现的几率。

注：应急程序的内容指南参见附录G。

13.1.4 持证上岗制度

持证上岗制度应明确岗位工作范围、授权颁发上岗证的人员的职责以及负责规定必要安全措施的人员的职责。

持证上岗制度宜规定下列工作的要求：

——对颁发及使用许可证的培训及说明；

——审查持证上岗制度的有效性；

——向控制管道系统的人员提供系统工作活动信息以及所有有关安全操作要求；

——出示各种许可证；

——发生停工事件时对管道运行的控制；

——换班时的交接；

工作许可证宜：

——明确工作的范围、性质、工作地点和时间安排；

——指出危险性并确定必要的安全措施；

——参考其他有关工作许可证的做法；

——声明恢复管道系统运行的技术要求；

——声明执行该项工作的授权。

13.1.5 培训

人员培训宜包括下列与工作有关的内容：

——熟悉管道系统、设备、管输流体伴随的潜在危险性，以及操作及维护规程；

——工作许可证的使用；

——防护设备及消防设备的使用；

——急救措施；

——对突发事件及各种紧急事故的应对。

13.1.6 联络

宜与有关的组织及个人建立并保持联络，例如：

——消防队、警察、海事管理单位及其他应急救援服务单位；

——法规和法令管理部门；

——公共设施的经营单位；

——与本管道连接的管道、被穿越的管道、或者在本管道附近运行的管道的经营者；

——居住在管道附近的居民；

——其工作活动可能影响管道，或者受管道影响的第三方经营者。

如可能的话，宜把管道线路走向图报告给主管部门或"开挖专线"组织。

注："开挖专线"组织专门收集地下设施信息，在接到在该地区建设施工的通知之后，它提醒施工方地下存在这些设施。地方法律有权强调在开工之前要求取得地下公共设施埋设的信息资料。

13.1.7 记录

应编制和保存操作与维护活动的记录以便：

——显示管道系统是按照操作与维护计划进行的；

——审查操作与维护计划的有效性时，提供必要的信息；

——为确定管道系统的完整性提供必要的信息。

注：保留各项记录的做法指南参见附录B。

13.2 操作

13.2.1 流体参数的监控

管道系统的各项操作规程宜确定设计、操作以及腐蚀控制各项约束条件所允许的运行工况范围。应监控流体参数以确保管道系统是按照要求运行的。

多种油品顺序输送的管道系统操作规程中宜包括批量的检测，分割及预测批量到来等技术要求。

多相流管道系统的操作规程中宜包括控制管道段塞及控制段塞捕集器中的自由体积。

应研究和报告与操作计划的偏离，并采取措施将偏离的重现降到最小。

13.2.2 各种功能站及终端

各种功能站及终端的操作规程宜包括设备的启动及停运要求，以及设备控制、报警及安全装置的定期试验要求。

13.2.3 清管

清管操作规程宜包括下列要求：

——确认管子内清管器通过的地方无任何阻碍物或缩口；

——清管器行进速度的控制；

——清管器收发筒的安全隔离；

——发生清管器堵卡事故时的应急措施。

13.2.4 停运

如果管道计划较长一段时间不运行，则宜考虑管道停运。应按照13.3.7排空管内流体。停运的管道，除准备报废者外，应加以维护并投用阴极保护。

13.2.5 重新运行

在重新运行之前应先确定已停运管道目前的状态，并确认其完整性。

13.3 维护

13.3.1 维护大纲

应编制和执行各种维护大纲以便监控管道的工况并为评定其完整性提供必要的信息。确定监控管道工况的要求时应当考虑到的因素包括：

——管道系统设计；

——竣工情况；

——以前各种检测的结果；

——预测的管道状况可能的恶化；

——现场不利条件；

——检测时间间隔(周期)；

——有关法律及法定的权威管理机构的要求。

示例：管道状况可能的恶化包括大面积腐蚀和孔蚀，管壁几何尺寸变化(如椭圆度、折皱，压坑、凿槽等)，开裂(如应力腐蚀和疲劳开裂)，管道位置变动，支撑或覆盖层变化，以及加重层重量损失等。

对不良的结果，如缺陷、损坏以及设备功能混乱等均应加以确认并且采取必要的纠正措施以保持管道应有的完整性。

维护大纲应考虑到整个管道系统，包括消防和其他安全设备、进入通道、房屋、保安设施(例如围墙、围栏及大门)、管道标识、管道的部件、管中输送流体以及警告牌等等，重点宜放在管道保护及管道安全设备方面。

13.3.2 线路检查

13.3.2.1 一般要求

管道线路，包括陆上管道通行带应定期巡查，以便检查出那些会影响管道系统运行和安全的因素。巡查结果应做好记录，并加以监控。

13.3.2.2 陆上管道

管道通行带宜加以维护，以保证有必要的通道可接近管道和其附属设施。管道标识应加以维护，保证这些标识能清楚地指示管道的线路；在管道扩建地区，如有必要，宜增加新的标识。

巡查工作宜识别确定：

——管道通行带被冲刷侵蚀之处；

——地上管道及暴露的管段的机械损伤及泄漏点；

——第三方活动情况；

——土地使用情况的变化；

——火灾；

——采矿/或采煤操作；

——地层运动；

——土壤被侵蚀；

——水域穿跨越工程的状况，如覆盖厚度是否足够，碎石堆积、洪水或暴风雪损坏等情况。

13.3.2.3 中对近海管道的检查要求亦适用于陆上管道穿越大河及河口三角洲地带的管段。

13.3.2.3　近海管道

巡查管道及附近海床宜查明：

——管道的机械损伤，包括泄漏；

——表明管道移动的证据；

——海洋微生物生长范围；

——附近海床的情况，包括有无外来物体；

——任何自由悬空段的范围；

——埋设的或被保护的管段，其覆盖层、加重层损失范围；

——海岸被冲刷范围，或(防护)材料配置范围；

——管道附件连接的稳固度，包括牺牲阳极以及重叠管道上管夹的稳固情况。

13.3.3　力学状况监控

13.3.3.1　腐蚀

维护大纲应包括对按照第 9 章要求建立的腐蚀管理进行监控的要求。

对缓蚀剂的质量及性质宜周期地进行验证，以确保其持续有效。

13.3.3.2　不利的地层条件和振动

应对根据 6.10 识别为不利地层条件的地区开展监视工作。

应建立各种规程来保护在爆破或其他导致地层振动活动(其可能影响管道的完整性)附近的所有管道和附属设备。这些规程宜说明对管道系统的允许最大影响。

13.3.4　泄漏检测及调查

泄漏检测系统的功效应周期地进行测试及评审，以便能符合 5.5 的要求，所有记录皆宜远离泄漏及报警极限才能有助于对管道性能的评审。当有条件时，宜进行泄漏调查。

选择的调查类型应该能测出可能发生的潜在泄漏危险。

13.3.5　设施、设备和部件的监控

13.3.5.1　地上管道及跨越

宜检查地上管道、配管和支撑的腐蚀情况、机械完整性、稳定性以及混凝土劣化情况。

限制第三方接近地面管道的障碍物宜加以维护。

13.3.5.2　阀门

应周期地检查阀门，开动或测试以确保其操作性能良好。当管道阀门有需要全开时，宜计算通过每个阀门的允许压力降。

遥控操作的阀门和执行机构宜远距离进行试操作，以保证整个系统能正确发挥其功能。

阀门执行机构附属的压力容器应周期地进行检查，并经耐压试验合格。

13.3.5.3　保护装置

包括执行机构、附属仪表及控制系统在内的保护装置，应定期进行检查及测试。检查及测试范围包括：

——工作状况；

——验证其安装正确和保护功能；

——正确的设定及正确的驱动；

——泄漏检查。

示例：保护装置包括压力控制及超压保护，紧急停输隔断；快速通/断机械连接器、储罐液面控制等等。

各种紧急截断阀，包括执行机构及其附属控制系统宜定期进行检查及试验，以能确保整个系统功能正常且阀门密封泄漏值在允许范围内。

应特别注意检查储罐液面控制器及装在压力储存容器上的泄压阀。

13.3.5.4 清管器收发筒及过滤器

装有快开盲板以及其他控制系统的清管器收发筒和过滤器应进行维护，特别注意连锁关闭机构，该机构应定期进行试验。

对于临时性的或移动式清管器收发筒，宜在使用前检查这些设备在运输及安装过程中有无机械损伤痕迹。

13.3.5.5 仪表

对管道系统安全运行重要的仪表、各种远动系统及数据采集、显示与存储系统皆应考查、测试、维护并标定合格。维护规程中宜包括为维修或其他目的而需要把仪表临时断开或者越权控制进行管理的内容。

13.3.5.6 立管

近海装置上的立管应进行周期性检查，特别注意飞溅区内的管段。

立管检查宜包括：

——立管的状况，包括有无壁厚变薄，特别是在立管管夹及立管导向板下面的部位；

——防冲击保护设施、消防设施、防护涂层、金属衬里及贴附在管子上的阳极的状况；

——立管法兰或管箍的状况；

——附件或管夹的排列及其附属的支撑结构的状况；

——立管位置的变化；

——海洋生物的滋长范围；

——在封闭的J形管或充气浮筒内的防腐蚀措施。

13.3.5.7 套管中的管道

对处于套管中管段的检查应包括：

——管道和套管的状况；

——管道与套管间的电气隔离；

——进入或来自承压套管系统的泄漏。

13.3.5.8 储存用容器及储罐

储存用容器及储罐，常压的或有压力的均应检查，检查范围如下：

——基础的稳定性；

——储罐底板、罐体、罐顶及各种密封的状况；

——放空及安全阀设备；

——防火墙及储罐周围道路防火堤的状况；

——排放管线的状况及阻塞情况。

13.3.5.9 极地条件下的管道

极地地区管道的检查应包括：

——按照6.10定义的巡查监视（巡线，空中巡线）工作提出要求；

——在冬季冰裂期之中及之后的监视及检查工作是要监控冻胀现象及潮水的冲刷；

——周期地检查和监视暴露于风振中的管路工程，特别注意检查向焊缝及螺扣接头。

有关的规程应强调扫除暴露于大雪中的钢结构上的雪。

13.3.6 管道和配管的缺陷与损坏

13.3.6.1 初始措施

当已得到一项缺陷或损坏报告后,管道压力应保持或低于初次报告该缺陷或损坏时的压力。

应由专业人员进行初步评审,如果发现有不安全的工况,应立即采取有效措施。

13.3.6.2 缺陷的检查、检测及评估

因为有突然失效的可能性,所以在准备检测有损坏的压力管道时,应该格外小心。宜考虑把管道运行压力降到常压(例如当水下潜水员正在检测水下管道时),或者降到不至于导致管道破裂的低应力水平。

应编制管道缺陷及损坏评定规程。

原始制造及安装规范允许的缺陷及损伤可以留在管道上,不需采取进一步的措施。

对其他缺陷,进一步的评审工作应包括检查:

——检测的数据,包括缺陷的方位及其与焊缝和热影响区附近的距离;

——原始设计及制造规范的细节;

——管材实际的机械及化学性质;

——可能的损坏(或失效)模式;

——可能的缺陷扩展;

——操作及环境参数,包括对清管操作的影响;

——损坏故障的后果;

——有可能的话,应对缺陷进行监控。

13.3.7 管道和配管的修理及改造

13.3.7.1 一般要求

各种修理规程,应包括修理技术的选用和修理工作的具体执行步骤。各种修理应该把有缺陷或损伤之处恢复到预期的管道完整性。

注:管道的缺陷和损伤可以按性质分类,如:管壁缺陷(如由应力腐蚀及疲劳引起的各种裂纹,以及刻槽、凹坑、腐蚀、焊缝缺陷、分层等);管子涂层缺陷(如失去缠绕带或混凝土层);失去支撑(如管道悬空段);管道位移(如拱起屈曲,冻胀及滑坡也可能导致屈曲、局部凹坑或开裂)等。

13.3.7.2 管道隔断

选择管道隔断方法时宜考虑到:

——管输流体的危险性;

——要求的管道系统的利用率;

——(修理)工作活动的持续时间;

——被隔离系统中需要的“冗余量”;

——对管道管材可能的影响;

——相互连接的放空、排液、仪表等管路及不流动管段的隔离。

示例:可能的隔离技术包括可拆卸的短管、“8”字形盲板、阀门组、管子冷冻或者冷冻封堵、管子(机械)封堵、高摩擦力清管器、惰性液体段塞等。

13.3.7.3 放空和火炬点燃

在计划放空或点燃火炬时宜考虑到的危险及约束条件有:

——被放空气体的窒息效应;

——气体被杂散电流、静电或其他潜在的点火源点燃着火的危险性;

——噪声水平限制;

——对飞行器运动的危害,特别是对在近海装置及终端附近飞行的直升机;

——水合物的形成;

——阀门冻结；

——对钢管的脆性断裂效应。

13.3.7.4 排液作业

可以用泵抽出管道中的液体，或者用水或惰性气体推动清管器将液体排除，在计划排空管内液体作业时宜考虑到的危险及制约条件包括：

——惰性气体的窒息效应；

——对接受液体的设施的超压保护；

——阀腔及不流动管段的液体放空；

——管内流体及被污染水的浮力效应；

——用气体来置换液体时的浮力效应；

——在增压条件下流体的可燃性；

——由惰性气体推动的卡住的清管器由于能量的积聚而发生事故性前冲。

13.3.7.5 吹扫

在准备吹扫工序时宜考虑到的危险及制约条件：

——吹扫气体对人的窒息效应；

——尽量减少释放到环境中的可燃或有毒流体的体积；

——在重新注入流体时的燃烧、产品污染或腐蚀条件等。

13.3.7.6 冷切割或钻孔

冷切割或钻孔规程应规定防止突然泄放或点燃流体的要求，以及防止其他不安全的情况。

在可能条件下，拟作业的管段应被隔离、通风或放空降压，或者排空和吹扫过。

在准备断开电气连通的管道时，应事先在断开处接一条临时的导电跨接线。

13.3.7.7 动火作业

在运行的管道上进行动火作业前宜考虑下列事项：

——可能发生的物理和化学反应，包括管内流体或残留的流体的燃烧；

——管材的类型、性质及质量状况，以及在准备热作业之处的管壁厚度；

——管子及焊缝可能的腐蚀。

在开焊之前应审定焊接规程及检查焊工资格证书的有效期。

宜监视通过管道流体的压力、温度及流量，并宜将它们保持在已审定的焊接规程规定的界限内。

在焊接过程中和焊接之后，所有焊缝应认真地检验合格。

在流体通入管内之前，宜考虑对套筒、支座、加强圈或其他附属管件的焊缝试漏。

13.4 变更设计工况

13.4.1 变更控制

变更控制的计划应确定对下列处理变更设计工况的成文的规程的技术要求。在正式执行变更设计工况之前，例如提高 MAOP 或改变管输流体之前，应确认改变后的管道系统能符合本标准的要求。应更新按本标准要求形成的文件，以反映修改后的设计工况。

13.4.2 操作压力

提高 MAOP 可能要求附加的水压试验、检查、阴极保护的附加检测以及其他措施等，以便能符合本标准。当提压时，压力宜在受控情况下提升，以便允许有足够的时间监控管道系统的工况。

13.4.3 用途改变

在改变管道用途(包括改变管输液体)之前，应确认管道设计及完整性适用于所建议的新用途。在执行改变一种用途之前，应仔细审查管道竣工图、操作与维护数据。审查的数据应包括：

——原始管道设计、施工、检验及试验数据。要特别注意使用的焊接规程、焊接以外的连接方法、管内与管外涂层，以及管子、阀门及其他材料数据；

——所有可利用的操作与维护记录，包括腐蚀控制实践，各种检查、各种更新，管道事故及维修记录。

13.4.4 新的穿跨越工程及开发工程

当管道穿跨越新的公路、铁路或其他管道时，应确认满足6.4的强度要求。应研究新的穿跨越工程对已有阴极保护系统的影响。

还应评估在管道系统附近的新开发工程可能造成的影响。

13.4.5 在役管道和配管的移位

当计划在役管道的移位时，宜先进行下列分析及准备工作：

——分析加在管道上的载荷，确认能够移动管道而不会发生应力超限的情况；

——验证所设想的管道数据及其目前的状况；

——编制各种规程确定管道在移位时的运行工况、应急措施、以及工作人员、公众及环境的安全保护措施。

13.4.6 改造管道和配管的试压

所有管道预组件，包括短节，宜按照6.7或者在安装到管道上之前经过试压合格。

管道中的有承压部件的机械连接接头，如已经脱开连接或已经受过扰动，则至少应经过泄漏试验。所有接头在试验中不应显示泄漏迹象。

现场试压的介质，按其风险大小优选次序如下：

a) 水；

b) 正常的管输流体(若为液体)；

c) 惰性气体，例如氮气(尽可能仅有痕量有害元素)；

d) 正常的管输流体(若为气体)。

改造工程中包含采用对死口焊接的管段，如果未经试压，则应按11.5检验。小口径管道工程及辅助管路(见7.8.2)，进行任何施工活动后，受过扰动的管道工程皆宜进行试压，以保证所有接头及连接件的完整性。

13.5 延长寿命期

当准备操作一条原始设计寿命到期后的管道时，在原始设计寿命终止期限前，宜对管道的历史、操作条件、设计进行一次工程调研，以确定管道的状态和继续安全运行的限制条件。

工程调研宜包括提出下列证明条件：

a) 验证结构完整性，确认管道能继续承受流体操作的最大允许操作条件；

b) 如果管道被腐蚀或冲蚀，则应给出缺损的形状、金属损失速率及剩余的最小壁厚；

c) 如果管道经受过疲劳负荷，那么宜给出疲劳循环的幅度和频率；

d) 依照附录F完成安全评估，并确定建议的减轻危害的方法；

e) 审查安全和操作计划的合理性，操作和维护、应急反应以及安全环保程序。

设计寿命终止前，审查完成后，所有在工程调研中确认的文件宜上报，并修正相应管道记录。

管道只宜在如上确定并经批准的条件及限定范围内运行。

13.6 管道的报废

计划报废的管道系统，应按13.2.4停运，并且与管道系统中尚保留运行的其他部分脱离连接。

报废的管段应在对公众和环境安全的状态下存放。

附 录 A
（资料性附录）
本标准与 ISO 13623:2000 技术性差异及原因

A.1 本标准章条编号与 ISO 13623:2000 章条编号对照

表 A.1 给出了本标准章条编号与 ISO 13623:2000 章条编号对照一览表。

表 A.1 本标准章条编号与 ISO 13623:2000 章条编号对照

本标准章条编号	对应的国际标准章条编号
3.2～3.4	—
3.5～3.8	3.2～3.5
—	3.6
3.9～3.14	3.7～3.12
—	3.13
3.15～3.16	3.14～3.15
3.17～3.18	—
3.19～3.20	3.16～3.17
3.21～3.22	—
3.23	3.18
3.24	—
7.15	—
—	8.4.1
8.4.1～8.4.2	8.4.2～8.4.3
—	9.3.3
9.3.3～9.3.5	9.3.4～9.3.6
—	9.5.3.1～9.5.3.5
13.5	—
13.6	13.5
附录 A	—
附录 B	附录 F
附录 C	附录 B
附录 D	附录 C
附录 E	附录 D
附录 F	附录 A
附录 G	附录 E

注：表中的章条以外的本标准其他章条编号与 ISO 13623:2000 其他章条编号均相同且内容相对应。

A.2 本标准与 ISO 13623:2000 的技术性差异及其原因

表 A.2 给出了本标准与 ISO 13623:2000 的技术性差异及其原因一览表。

表 A.2 本标准与 ISO 13623:2000 技术性差异及原因

本标准的章节编号	技术性差异	原因
2	规范性引用文件中除 GB/T 18253—2000 钢及钢产品 检验文件的类型(eqv ISO 10474:1991)外,全部采用"不注明日期"的引用方式。	根据 ISO/DIS 13623 版内容进行的修改。
2	增加了 19 个 ISO 标准和 2 个 GB 标准: ISO 3977(全部) 燃气轮机 采购 ISO 10439 石油、化学和天然气工业 离心压缩机 ISO 13707 石油天然气工业 往复式压缩机 ISO 13709 石油、石化和天然气工业 石油、石化和天然气工业用离心泵 ISO 13710 石油、石化和天然气工业 往复式容积泵 ISO 15156-2 石油天然气工业 油气生产中含硫化氢环境下使用的材料 第 2 部分:抗裂碳钢和低合金钢,以及铸铁的使用 ISO 15156-3 石油天然气工业 油气生产中含硫化氢环境下使用的材料 第 3 部分:抗裂防腐合金及其他合金 ISO 15589-1 石油天然气工业 管道输送系统的阴极保护 第 1 部分:陆上管道 ISO 15589-2 石油天然气工业 管道输送系统的阴极保护 第 2 部分:近海管道 ISO 15590-1 石油天然气工业 管道输送系统用感应弯管、管件和法兰 第 1 部分:感应弯管 ISO 15590-2 石油天然气工业 管道输送系统用感应弯管、管件和法兰 第 2 部分:管件 ISO 15590-3 石油天然气工业 管道输送系统用感应弯管、管件和法兰 第 3 部分:法兰 ISO 15649 石油天然气工业 配管 ISO 21809-1 石油天然气工业 管道输送系统用埋地和水下管道的外涂层 第 1 部分:聚烯烃涂层(三层 PE 和三层 PP) ISO 21809-2 石油天然气工业 管道输送系统用埋地和水下管道的外涂层 第 2 部分:熔化固结环氧树脂涂层 ISO 21809-3 石油天然气工业 管道输送系统用埋地和水下管道的外涂层 第 3 部分:补口涂层 ISO 21809-4 石油天然气工业 管道输送系统用埋地和水下管道的外涂层 第 4 部分:聚乙烯涂层(双层 PE) ISO 21809-5 石油天然气工业 管道输送系统用埋地和水下管道的外涂层 第 5 部分:外部混凝土涂层 EN 12583 供气系统 压缩机站 功能要求 GB 755 旋转电机 定额和性能(GB 755—2008,IEC 60034-1:2004,IDT) GB/T 20972.1 石油天然气工业 油气开采中用于含硫化氢环境的材料 第 1 部分:选择抗裂纹材料的一般原则(GB/T 20972.1—2007,ISO 15156-1:2001,IDT)	根据 ISO/DIS 13623 版内容进行的修改。 根据 GB 20000.2 中 6.2.1a)的要求,新增的 IEC 60034-1 由于被 GB 755 等同采用,故被替代;新增的 ISO 15156-1 由于被 GB/T 20972.1 等同采用,故被替代。

表 A.2（续）

本标准的章节编号	技术性差异	原因
2	以 ISO 3183，Petroleum and natural gas industries—Steel pipe for pipeline transportation systems 代替 ISO 3183-1：1996，ISO 3183-2：1996 和 ISO 3183-3：1999。	根据 ISO/DIS 13623 版内容进行的修改。 ISO 3183：2007 已经发布。
2	删除了 2 个 ASME 标准和 1 个 MSS 标准： ASEM B16.5：1996　管道法兰及法兰配件　NPS1/2 至 NPS24 规格 ASME B 31.3：1996　工艺配管 MSS SP-44：1996　钢质管道法兰	根据 ISO/DIS 13623 版内容进行的修改。
2	已被国家标准等同或修改采用的 ISO 标准，用相应的国家标准代替，共有 2 个 ISO 标准被相应的国家标准代替： 根据 ISO/DIS 13623 版，以 ISO 148-1，Metallic materials—Charpy pendulum impact test—Part 1：Test method 代替 ISO 148：1983，Steel—Charpy impact test(V-notch)，然后以 GB/T 229　金属材料　夏比摆锤冲击试验方法(GB/T 229—2007，ISO 148-1：2006，MOD)代替 ISO 148-1； 以 GB/T 18253—2000　钢及钢产品　检验文件的类型(eqv ISO 10474：1991)代替 ISO 10474，Steel and steel products—Inspection documents。	根据 ISO/DIS 13623 版内容进行的修改。 根据 GB 20000.2 中 6.2.1a)的要求。
3	术语重新编号，增加了 8 个新术语： 3.2　设计寿命　design life； 3.3　设计压力　design pressure； 3.4　设计强度　design strength； 3.17　配管　piping； 3.18　主要配管　primary piping； 3.21　辅助配管　secondary piping； 3.22　规定的最小抗拉强度　specified minimum tensile strength SMTS； 3.24　站场　station。 删除了两个术语： 内部设计压力　internal design pressure； 管道设计寿命　pipeline desing life。 修改了 3 个术语的定义： 3.7　带压开孔　hot tapping； 3.14　管道　pipeline； 3.16　管道系统　pipeline system。	根据 ISO/DIS 13623 版内容进行的修改。
5	对 5.6 中有关公众安全和环境保护的内容进行了改写。	原文的叙述不适合中国国情。
6	第 6 章标题修改为“管道及主要配管设计”。	根据 ISO/DIS 13623 版内容进行的修改。

表 A.2（续）

本标准的章节编号	技术性差异	原因
6	6.1 增加注 2“ISO 16708 给出了基于可靠性的极限状态设计指南”。	根据 ISO/DIS 13623 版内容进行的修改。
6	对 6.4.2.2 的内容进行了修改，更换了计算公式，给出了 L555 (X80)以上钢级钢管强度的计算方法。	根据 ISO/DIS 13623 版内容进行的修改。
6	根据 6.4.2.2 中新的强度公式，修改了 6.7.3“试压等级和持续时间”的文字叙述。	根据 ISO/DIS 13623 版内容进行的修改。
6	6.14.3 中以“挤出式出口应按 ISO 15590-2 设计。”代替原叙述。	根据 ISO/DIS 13623 版内容进行的修改。
6	修改了 6.15 中全约束管道所承受轴向力的计算公式。	根据 ISO/DIS 13623 版内容进行的修改。
7	7.7 中最后增加“除了上述的功能性要求外，泵、压缩机、燃气轮机和电动机应满足 ISO 13709、ISO 13710、ISO 10439、ISO 13707、ISO 3977 或 GB 755 中适用的要求。”	根据 ISO/DIS 13623 版内容进行的修改。
7	7.8.1 第一句修改为“主要配管应按照第 6 章的要求进行设计”。删除注 1，注 2 变为注。	根据 ISO/DIS 13623 版内容进行的修改。
7	增加了 7.15“用于陆上供气系统的压缩机站”。	根据 ISO/DIS 13623 版内容进行的修改。
8	通过引用 ISO 标准替换了对“涂层”和“阴极保护”的叙述。	根据 ISO/DIS 13623 版内容进行的修改。
8	8.1 标题修改为“管道和主要配管的一般材料要求”。	根据 ISO/DIS 13623 版内容进行的修改。
8	8.3.2 增加“感应弯管应满足 ISO 15590-1 要求”。将“不应采用斜接弯管”的叙述放到第一句。	根据 ISO/DIS 13623 版内容进行的修改。
10	10.4.1 增加“对于辅助配管的焊缝应按照 ISO 15649 标准执行。”	根据 ISO/DIS 13623 版内容进行的修改。
10	10.4.2 删除最后一句“所有其他焊缝应全部按照 ISO 13847 标准进行检验”。	根据 ISO/DIS 13623 版内容进行的修改。
10	通过引用 ISO 21809-3 对 10.5 的内容进行了改写。	根据 ISO/DIS 13623 版内容进行的修改。
10	10.7 标题修改为“近海管道的安装”。	根据 ISO/DIS 13623 版内容进行的修改。
11	11.9 标题修改为“试验后的保护”。	根据 ISO/DIS 13623 版内容进行的修改。
13	13.3.6 标题修改为“管道和配管的缺陷与损坏”。	根据 ISO/DIS 13623 版内容进行的修改。

表 A.2(续)

本标准的章节编号	技术性差异	原 因
13	13.3.7 标题修改为“管道和配管的修理及改造”。	根据 ISO/DIS 13623 版内容进行的修改。
13	13.4.5 标题修改为“在役管道和配管的移位”。	根据 ISO/DIS 13623 版内容进行的修改。
13	13.4.6 标题修改为“改造管道和配管的试压”。	根据 ISO/DIS 13623 版内容进行的修改。
13	增加 13.5“延长寿命期”,原 13.5 编号改为 13.6。	根据 ISO/DIS 13623 版内容进行的修改。
13	13.6 最后一句修改为“报废的管段应在对公众和环境安全的状态下存放”。	根据 ISO/DIS 13623 版内容进行的修改。
参考文献	参考文献删去 5 篇: API RP 5L2　输送无腐蚀性气体的管线管的管内涂层推荐做法; ASME B1 6.9　工厂制造的锻钢对焊管件; ASME A182/A 182M　锻制或轧制的合金钢管法兰、锻制管件以及高温应和的阀门及零件的标准规范; ASME A350/A 350M　用于制造对材料有切口韧性试验要求的管件用的碳钢及低合金钢锻件的标准规范; MSS SP-75　高性能试验锻造对焊管件技术条件。 替换 1 篇: ISO 9000-1《质量管理及质量保证标准——第 1 部分:选用指南》被 ISO/TS 29001《石油、石化和天然气工业——部门专用质量管理系统——产品和服务机构的要求》代替 增加 2 篇: ISO 16708　石油天然气工业　管道输送系统　基于可靠性的极限状态方法; ISO/DIS 13623　ISO 13623:2000 修订版草稿。	根据 ISO/DIS 13623 版内容进行的修改。

附 录 B
（资料性附录）
记录及文件

记录及文件宜包括：

a） 设计及施工详图

——材料规格书及合格证书；

——检验及试验合格证报告书；

——有关授权及批准管道经营的文件；

——有关土地拥有权的详细资料；

——勘察及线路文件，包括其他用户管线的位置；

——管线安装竣工图，特殊穿跨越详图，管道工程详图以及仪表配置接线图；

——管道系统操作参数，如压力和温度。

b） 操作记录

——运行及维修详细记录；

——事故记录；

——修理及改造记录；

——管道用途变更；

——人员培训及资格考试记录。

c） 报废管道的记录

——报废的陆上管道的详细资料包括线路图、管道尺寸、埋没深度以及管道对地表表征性物体的相对位置；

——报废的近海管道的详细资料，包括标出管道线路的航海图。

附 录 C
(规范性附录)
陆上D类及E类流体管道有关公众安全的补充要求

C.1 目标

本附录提供D类及E类流体陆上管道最大环向应力及试压的具体补充要求，本附录适用于没有具体保护公众安全要求的地区的管道。

C.2 地区分级

管道所在地区应按照表C.1，根据人口密度及居民的集中程度来分类。

由沿线第三方活动所引起的管道损坏是造成管道事故的重要因素。

按照人类活动为基础来确定管道地区位置的等级，可提供一种管道在可能遭受损害环境中的暴露程度和对公众安全影响的评估方法。

表C.1 地区分级

地区分级	说明
1	不经常有人类活动，无永久性住房的地区，一类地区是指不通行的如沙漠，荒凉的冻土地区。
2	人口密度50人/km^2以下地区，二类地区是反映那些荒凉地、放牧地，农田及其他人口稀少地区。
3	人口密度≥50人/ km^2 但<250人/ km^2，有居住房，有旅馆和办公楼，但不会经常超过50人集结在一起，偶尔有工业厂房。三类地区是人口密度在二类与四类之间，例如城镇周围森林边缘地区以及大农场乡村地产。
4	人口密度>250人/ km^2，但出现一个五类小区时除外，四类地区主要为市郊居民住房发展地区，工业区地区及其他不符合五类的人口密度地区。
5	位于大多数是高层建筑(4层以上)，交通繁忙或交通密度很高，并且有数种其他地下设施地区。

C.3 人口密度

应沿管道线路划出地带来确定以每平方公里的人数表示的人口密度，该地带以管道为其中线，其宽度为：

——对输送D类流体的管道为400 m；

——对E类流体管道应当考虑流体泄放的后果对公众可能的影响范围可能泄漏的流体的扩展对公众的后果，但不小于400 m。

注：如果能获取关于人口密度的代表性数据，并且所确定地带宽度值的一半大于流体释放的影响距离，那么也可以采用其他数值作为该地带宽度。

该地带应按1.5 km长度随机分段，以使单段长度内包括预期供人居住的最大数目的建筑物。为此目的，应将多住宅单元建筑中每一单独住宅单元按预期供人居住的单独建筑物计数。

当证明存在物理边界或其他因素，它们将限制人口较密集的区域发展到小于1.5 km的整个范围内时，可以降低随机分段的长度。

人口密度的测量应基于按直接计算的居民数，或调查一座正常使用的住宅，宜包括一项前提，即人们在一段重要时段内的集结，如学校、公共会议厅，医院及工业区。

位置及住宅数目及假设前提，应在现有大比例的平面图上确定和/或者航空照相调研，必要时进行现场调研。居民住宅居住人口也可以从人口普查统计上确定(如有的话)。

应从未来发展计划中确定人口密度及人类活动水平可能的增长,在确定人口密度时要加以考虑。

C.4 人群聚集

在人口聚集处附近如发放救济物品处所 、学校、多层住宅,医院或 2 类及 3 类地区中有组织的娱乐场所皆应附加考虑万一发生事故的可能后果。除非设施是非经常使用的,否则对管道虽在 2 及 3 处类地区,但接近公共聚集或聚集之处,如发放救济物品处所、学校、多层住宅,医院、有组织的娱乐场等,应提出对 4 类地区相同的补充要求。

注:人群聚集是指户外或一座建筑物内有 20 人或 20 以上的群体。

C.5 最大环向应力

按照 6.4.2.2 求算最大允许环向应力时使用的环向应力设计系数应采用 C.2 中之值以取代原表 1 中的系数。

表 C.2 环向应力设计系数 F_h

流 体 分 类	D	E	D及E			
所在位置及等级	1	1	2	3	4	5
一般线路	0.83	0.77	0.77	0.67	0.55	0.45
穿越及平行敷设[a]						
——次要道路	0.77	0.77	0.77	0.67	0.55	0.45
——主要道路、铁路、运河、河流、堤坝、防洪栏及湖泊	0.67	0.67	0.67	0.67	0.55	0.45
清管收集筒及多段段塞捕集器	0.67	0.67	0.67	0.67	0.55	0.45
站场和终端内主要配管	0.67	0.67	0.67	0.67	0.55	0.45
特殊构件例如预组装件及桥上的管段	0.67	0.67	0.67	0.67	0.55	0.45

a 参见 6.9 对穿跨越及占用的说明。

C.6 试压要求

对于 4 级和 5 级地区的管道,在强度试验时,管道内的最小试验压力应从 1.25 MAOP 增大至 1.40 MAOP。

附 录 D
（资料性附录）
管道选线过程

D.1 范围

管道选线地理范围宜明确管道的起点及终点，及拟定要通过的中间点。这些点位宜标记在适当比例包含通过地区的平面图上，以便将来进行选线程序时一并考虑。

D.2 限制条件

发生在我们关心的地区已有和计划的限制条件（见 6.2.1）宜弄清楚，以便帮助选择可比选的其他线路。

弄清楚的限制条件宜标绘在适当的地图上，该图示出收集到的情报资料和考虑到的复杂地形情况。然后可以选择潜在的有价值的管道通道以供进一步开展选线工作。

D.3 路由走廊的优选

在考虑所有会显著影响管道系统安装和运行的技术、环境及安全相关的诸因素的基础上，宜优选路由走廊。宜注意最短的走廊未必是最适宜的。

D.4 详细选线

从选定的路由走廊中采纳一条暂定线路宜经过案头研究、咨询以及亲临现场，使用所有从公共范畴内所能收集到的信息之后决定。

在选择最终的线路之前，宜进行土地及环境测量工作，测量范围应围绕预选的线路有足够的宽度及深度，并具有足够的精度，足以确定所有影响管道安装及运行的恶劣条件。这些恶劣条件还应进一步经过向所有受影响的第三方咨询得到证实，如可行宜沿线步行勘察。

宜分析研究沿线第三方的活动及与其有关的管道安全问题。宜将大量的记录、地图及自然测量成果绘成一套对管道设计、施工及安全可靠的运行有用的数据。选择的线路宜记录在恰当比例的定线图上。所有关键点，如目标点，穿越点、弯管起点及终点的坐标皆宜标出。轮廓线宜隔一定间隔标出，以能满足线路设计需要为准，特别是在安装和运行阶段，并宜考虑到绘制线路垂直剖面图的需要。

附 录 E
（资料性附录）
选线考虑因素示例

表 E.1 给出了选线考虑因素示例。

表 E.1 选线考虑因素示例

考虑因素	陆上管道	近海管道
安全	见附录 F	见附录 F 人员膳宿
环境	环境敏感地区 ——景观美化地区 ——重要文物地区 ——命名的风景区 ——有价值保护区 ——自然资源，如水源区、水库及森林 ——含水层和饮用水源	环境敏感地区 ——特殊科学意义区域 ——重要自然保护区 ——重要海洋文物区域 ——海洋公园
设施	各种管道 地下和地上公共设施 隧道	各种管道 电缆、缆绳、缆索海底结构及井装置、海岸护岸工程
第三方活动	土地使用 矿井道作业 采矿作业 军事区	船运航道 抛锚 游览业 渔业 勘探开发及生产 开挖及抛石 军事演习 平台卸货 船只靠岸
环境条件	工程地质条件： ——起伏地形，岩石露头及洼地 ——活动的断层及裂隙 ——软地层及浸透水的地层 ——土壤腐蚀性 ——岩石及硬地层 ——漫洪区 ——地震区 ——沼泽及永冻区 ——滑坡、沉降及不均匀沉降区 ——填充地及垃圾堆放场，包括那些被病菌污染的或者有放射性的地区 ——水文条件	工程地质条件： ——起伏地形，露头岩石及洼地 ——地震区 ——高的坡降 ——不稳定的海床 ——软沉积物及沉积物的迁移 ——接近海表面出现的天然气 ——海岸被侵蚀 ——海滩移动 ——近底强海流 ——水文条件

表 E.1（续）

考虑因素	陆上管道	近海管道
施工安装及运行	通道 工作面宽度 动力供应 试压用水来源及排放 穿跨越 后勤保障	最大可靠岸的水深 最小允许铺管半径 站台给养船 贴靠平台及地下井口装置 对死口管段 靠岸及登陆段安装技术 穿越 后勤保障

附　录　F
（规范性附录）
管道的安全评估

F.1　导言

本附录提供6.2.1.2中要求的管道安全评估的计划、执行及形成文件方面的指南。

本附录主要是关于评估管中流体漏失对公众安全的影响。本附录中阐述的原理也可用于其他方面的安全评估。

F.2　一般要求

安全评估宜按照一定的步骤顺序进行；图F.1表示的步骤顺序可供遵循。

安全性评估宜能显示管道是按照本标准的安全要求设计、施工及操作的。

评估的详细程度和所应用分析技术的水平，宜对要分析的对象来说是恰当的。

在管道的使用寿命期内，当管道界限范围、管道环境或其他情况有变化，若这些变化随时可能使以前的安全评估结论失效时，应进行进一步的安全评估。

安全性评估宜由具有必要的专门技术及安全经验的专家负责进行。

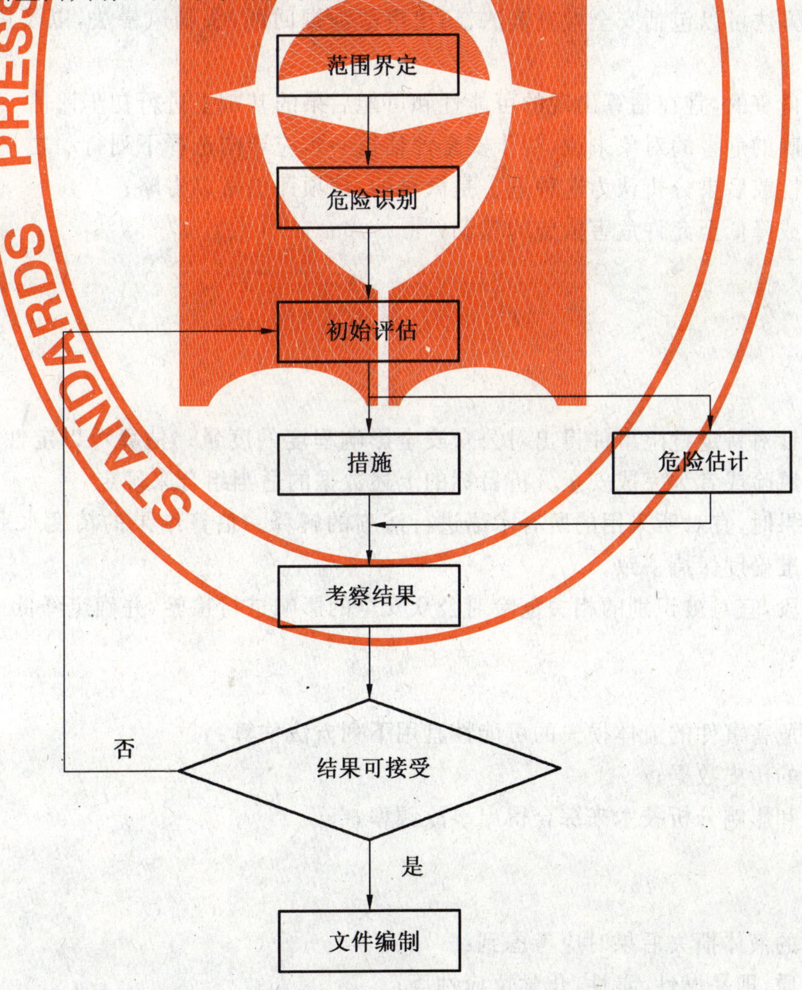

图F.1　安全性评估

F.3 界定范围

评估范围宜明确并形成文件作为编制安全性计划的基础。

评估范围至少包括：

——需要评估的理由和具体对象；

——要评估管道的界定；

——环境的界定，即管道附近居民及活动情况；

——鉴别消除或减轻对公众安全不良影响因素的可行措施及效果；

——评估中的主要限制条件及假设的描述；

——鉴别要求的输出数据。

F.4 危险识别和初步评估

宜鉴别由流体损失造成的危险区域，同时应识别危害的根源，包括：

——设计、施工或操作失误；

——材料或零件损坏；

——由于腐蚀或冲蚀导致的材料劣化和壁厚损失；

——第三方活动；

——自然灾害。

对危害的识别方法可以包括安全检查表法、历史事故数据回顾、头脑风暴法，以及危害和可操作性(HAZOP)分析。

对确认为严重危害的，宜在估算出现的可能性和可能后果的基础上进行初步评估。

对于每一项明确的危害的对象来说，初步安全评估这一步应导向选择下列行动之一：

——如果可能性或后果分析认为这种危害是微小的，该项评估可以省略；

——消除灾害或降低至允许危害措施的建议；

——风险估算。

F.5 危险性估算

F.5.1 一般要求

危险性估算宜针对特定危险事件得出对公众安全影响程度的度量。估算可以定性或定量表示，并由发生频率、后果、风险或者为完成安全分析目标的上述数据的适当组合来确定。

当表达估算结果时，宜对所采用的所有术语进行清晰的解释。估算结果的精度水平宜与所采用的信息和分析方法的准确度保持一致。

在危险识别阶段，宜对被识别的相关危险对公众安全的影响进行检验，并确定降低这种影响的已识别减缓措施的利益。

F.5.2 频率分析

被认定的每个危害事件的流体损失的可能性宜用下列方法估算：

——使用相关的历史数据；

——采用事故和影响分析技术来综合得出事故频率；

——判断。

F.5.3 后果分析

估算可能发生的液体损失后果时应考虑到：

——流体的性质，即易燃性、毒性、化学反应性等；

——管道设计；

——埋地或地上敷设的地貌；
——环境条件；
——漏孔和裂口尺寸；
——限制内容物流失的减轻措施，如泄漏检测以及隔离阀的使用；
——流体流失的模型；
——流体扩散和可能的点火源；
——流体流失之后可能的事故后果可能包括：
1) 伴随流体释放的压力波；
2) 点火后的燃烧/或爆炸；
3) 毒性效应或引起的窒息；
——揭示程度和估算的影响。

F.5.4 风险计算

风险是由已鉴别的危害发生频率和后果确定的。

风险宜以对无论个人还是公众都最适用的术语来确定，并可以定性或定量的方式表达。宜说明计算风险的完全性和精确度，并且宜对其中的不确定性或假设条件的影响进行了试验。

F.6 结果的审查

危险识别的结果、初步评估及风险计算应与安全性要求相比较，以显示其一致性。

F.7 文件编制

编制管道安全评估书宜至少包括下列内容：
——目录；
——摘要；
——目标及范围；
——安全要求；
——限制条件、假设条件和假定的理由；
——系统描述；
——分析方法；
——危害鉴别的结果；
——有假设条件模型的描述和验证；
——数据及其来源；
——对公众安全的影响；
——敏感性及不确定性；
——结果讨论；
——结论；
——参考资料。

附 录 G
（资料性附录）
操作、维护与应急规程的内容

G.1 操作规程

操作规程可包括下列详细内容：

——组织机构及人员；

——管道系统，包括加压站、终端、罐区、平台及其他装置；

——可输送的流体；

——管道系统操作工况，包括各种操作极限及允许偏离这些极限值的范围；

——控制功能及通信；

——管道监控系统及泄漏检测方法；

——海洋操作规程（如适用）；

——日程表及调度规程；

——各种清管规程及作业目的；

——有关所编制的文件的参考资料，如持证上岗制度，制造厂资料，图纸，地图等；

——与第三方的协调；

——标明管道系统的界限及在整个管道系统中的产权范围及经营范围的图纸；

——放空及火炬点燃规程；

——有关法规或法定管理机关的要求。

G.2 维护规程

维护规程可包括下列详细内容：

——指明负责人员的组织体系；

——管道系统，包括加压站、终端、罐区、平台及其他装置；

——管道系统每一单体的维护日程表，检查与维护规范以及说明书；

——有关手册及编制的文件的参考资料，例如制造厂资料，以及持证上岗制度等；

——有关的图纸及线路地图；

——仓库及备件的组织；

——某些修理或改造作业可能要求编制的专门规程。

G.3 应急规程

应急规程可包括下列详细内容：

——所有应参与偶然事故或应急处理的人员的职责——宜制定组织体系图供参考；

——管道系统，包括加压站、终端、罐区、平台及其他装置；

——输送流体（包括流体外泄带来的危险性的详细叙述）以及正常操作条件；

——与控制中心联系的通信设施的位置及祥图；

——发生突发事件或应急状态必须通知到的（救援）公司和/或合同救援人员，有关第三方以及各法定的团体；

——应急设备及专家服务的位置；

——对本单位人员或第三方人员撤离的安排，特别注意潜水员的安全撤离，因为他们有可能正封闭在减压仓内进行减压；

——在紧急事件中，保持管道安全的措施；以及限制丧失密封性产生的危险后果或者降低丧失密封性风险的措施；

——对于那些连接各种装置的管道系统，当其他装置发生紧急事故时，应编制紧急切断停输规程；

——放空及火炬点燃规程。

参 考 文 献

[1] ISO/TS 29001 石油、石化和天然气工业 部门专用质量管理系统 产品和服务机构的要求

[2] API RP 5L1 管线管铁路运输推荐作法

[3] API RP 5LW 管线管驳船及海轮运输推荐作法

[4] API RP 1102 穿跨越铁路和公路的钢管道

[5] BS 7910 结构中的缺陷可接受性评定方法指南

[6] ISO 16708 石油天然气工业 管道输送系统 基于可靠性的极限状态方法

[7] ISO/DIS 13623 ISO 13623:2000 修订版草稿

ICS 75.180.10
E 91

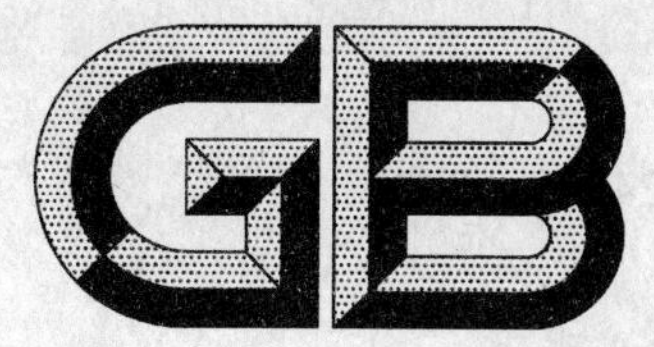

中华人民共和国国家标准

GB/T 24260—2009

石油地震检波器

Petroleum seismic geophone

2009-07-10 发布 2009-12-01 实施

中华人民共和国国家质量监督检验检疫总局
中国国家标准化管理委员会 发布

前言

本标准由中国石油天然气集团公司提出。

本标准由全国石油天然气标准化技术委员会归口。

本标准起草单位：中国石油天然气集团公司东方地球物理勘探有限责任公司西安物探装备分公司、石油工业仪器仪表质量监督检验中心、河北赛赛尔俊峰物探装备有限公司。

本标准起草人：何国信、尹振国、汉泽西、李佩昌、张在陆、王东旭、潘中印、王延胜。

石油地震检波器

1 范围

本标准规定了动圈式地震检波器(以下简称检波器)的组成、型式和分类、要求、试验方法、检验规则以及标志、包装、运输、贮存。

本标准适用于检波器的制造、检验及质量评价。

2 规范性引用文件

下列文件中的条款通过本标准的引用而成为本标准的条款。凡是注日期的引用文件,其随后所有的修改单(不包括勘误的内容)或修订版均不适用于本标准,然而,鼓励根据本标准达成协议的各方研究是否可使用这些文件的最新版本。凡是不注日期的引用文件,其最新版本适用于本标准。

GB/T 191—2008 包装储运图示标志

GB/T 2423.8—1995 电工电子产品环境试验 第2部分:试验方法 试验Ed:自由跌落

GB/T 2829—2002 周期检验计数抽样程序及抽样表(适用于对过程稳定性的检验)

GB/T 6587.2—1986 电子测量仪器 温度试验

GB/T 6587.4—1986 电子测量仪器 振动试验

3 术语和定义

下列术语和定义适用于本标准。

3.1

自然频率 natural frequency

惯性体作无阻尼振动时的频率。自然频率完全由运动体本身的性质决定,因此也称为固有频率,检波器的自然频率用 F_n 表示。

3.2

阻尼系数 damping

单位时间内振幅的衰减量,是促使惯性体由振动状态恢复到静止状态的能力,检波器的阻尼系数用 B_t 表示。

3.3

灵敏度 sensitivity

检波器对激励(振动)响应的敏感程度,大小取决于线圈总长度和磁场强度,检波器的灵敏度用 G_v 表示。

3.4

失真度 distortion

检波器输出中谐波分量的总有效值与基波分量有效值之比的百分数,检波器的失真度用 D 表示。

3.5

假频 spurious frequency

当检波器受到垂直于工作方向上的激励,产生谐振时,其输出幅度大于或等于其灵敏度标称值的3%时的第一个谐振峰所对应的频率称为假频,检波器的假频用 F_s 表示。

3.6

三分量检波器　three-component geophone

由工作方向互相垂直的三个检波器机芯组成，并封装在同一个外壳内，可接收同一物理点上三坐标地震波矢量信号的检波器。

3.7

矢量保真度　vector fidelity

当三分量检波器受到来自一个坐标轴向(如 X 方向)的振动时，在另外两个轴向(如 Y、Z 方向)的输出信号与该轴向输出信号之比，用分贝数表示，称为这两个轴向(Y、Z 方向)与该轴向(X 方向)的矢量保真度，也称隔离度。

4　组成、型式和分类

4.1　组成

检波器的组成包括：检波器机芯、护壳、密封件、引出线、连接器和尾锥。

4.2　型式

根据地面、沼泽、水下和井下等不同工作环境要求，检波器机芯一般是被密封在金属或塑料的护壳内。

根据工作任务的不同，可以采取单体封装型式成为单分量检波器，也可以采取三个封装在一起的型式成为三分量检波器。

根据实际使用要求检波器可以进行串并联组合成为检波器串。

4.3　分类

按主要技术参数(如自然频率等)分为不同的产品系列，按封装结构分为单分量检波器和三分量检波器，按应用环境条件分为地面、水下、沼泽和井下(高温)检波器。

5　要求

5.1　质量分级

根据检波器的主要技术指标和允差，进行质量分级。宜分为 A、B、C 三个等级。

5.2　外观

检波器的外观要求如下：

——检波器芯体的表面应无毛刺、腐蚀或其他变形现象，型号、规格和制造年月应标识清晰；

——护壳及密封件应表面光滑，无明显缺陷；紧固件和尾锥无锈蚀、无松动；

——引出线的表面无破损，长度符合规定；连接器无变形，牢固可靠；

——检波器串应有清晰的型号、规格、编号和制造厂标识；

——三分量检波器顶盖表面应有清晰的矢量方向标记、水平指示；调节装置应灵敏；引出线上应有相应的轴向标志。

5.3　环境条件

5.3.1　环境温度

检波器环境温度要求应满足表 1 的规定。

5.3.2　振动

三分量检波器的抗振性能要求：

——扫描频率：10 Hz～100 Hz～10 Hz；

——加速度：30 m/s^2；扫描速率：1 oct/min，循环 5 次。

表 1 环境温度要求

序号	项目		要求
1	工作环境	地面、沼泽和水下	温度：−40 ℃～+70 ℃
		井下	温度：−10 ℃～+155 ℃
2	运输储存环境		温度：−40 ℃～+70 ℃；相对湿度：<90%

5.4 主要技术指标

检波器主要技术指标见表 2。

表 2 检波器主要技术指标(参比温度 20 ℃～23 ℃)

序号	项目		参数系列	取值范围或允差		
				A 级	B 级	C 级
1	自然频率 F_n Hz	<10 Hz	4.5～100	±0.5	±0.5	±0.5
		≥10 Hz		±2.5%	±5%	±5%
2	线圈电阻 R_c Ω		24～4 000	±2.5%	±5%	±5%
3	速度灵敏度 G_v $V/(cm \cdot s^{-1})$		0.12～1.50	±2.5%	±5%	±10%
4	阻尼系数 B_t		0.2～1.0	±2.5%	±5%	±10%
5	失真系数 D	F_n<8 Hz	0.1%,0.2%,0.3%	<0.3%	<0.3%	<0.3%
		F_n≥8 Hz		<0.1%	<0.2%	<0.2%
6	假频 F_s Hz	F_n=(8～14)Hz	180,240,250,300,500	≥300	≥240	≥180
		F_n≥28 Hz			≥300	
7	绝缘电阻 R_I MΩ		10,20,50	≥50	≥20	≥10

5.5 可靠性要求

检波器的可靠性程度，采用对机芯重复自由跌落试验次数表示，在 A、B、C 三个质量等级中，均可选择不同的跌落次数指标。其要求见表 3。

表 3 重复自由跌落试验要求

检波器类型		跌落高度 m	宜选跌落次数
自然频率 F_n	F_n=(8～28)Hz	1	10 000、5 000、3 000、2 000
	F_n<8 Hz 或>28 Hz		3 000、2 000、1 500、1 000

5.6 三分量检波器

三分量检波器按照其机芯的类型，技术指标应满足表 2 的要求。三分量检波器矢量保真度应小于 −20 dB。

5.7 检波器串

5.7.1 检波器串灵敏度 G_s

检波器串并联组合后的灵敏度 G_s 标称值按公式(1)计算；允差不变。

$$G_s = G \cdot M \qquad (1)$$

式中：

G——检波器串中单个检波器的灵敏度标称值，单位为伏每厘米负一次方秒[V/(cm·s^{-1})]；

M——检波器串中的串联数。

5.7.2 检波器串直流电阻 R_s

检波器串并联后的组合后的直流电阻 R_s 标称值按公式(2)计算；允差不变。

$$R_s = R\frac{M}{N} + r \qquad \cdots\cdots(2)$$

式中：

R——检波器串中单个检波器的直流电阻(在检波器无并联电阻的情况下等于线圈电阻 R_c，在有并联电阻时是其并联电阻后的直流电阻)标称值，单位为欧姆(Ω)；

M——检波器串中的串联数；

N——检波器串中的并联数；

r——检波器组合电缆电阻(根据所使用电缆的直流电阻和检波器串计算)，单位为欧姆(Ω)。

5.7.3 检波器串自然频率、阻尼系数和失真系数

检波器串并联组合后的自然频率、阻尼系数、失真系数参数应满足表2的技术指标。

6 试验方法

6.1 试验条件

6.1.1 试验环境：

——室温 20 ℃～23 ℃；

——相对湿度＜85％；

——无强电磁及振动干扰。

6.1.2 主要测试设备：

6.1.2.1 单参数测试设备包括：

——多功能信号发生器；

——频率计；

——失真度分析仪；

——相位计；

——动态信号分析仪；

——数字多用表；

——振动台及功率放大器；

——标准振动传感器；

——兆欧表(100 V)；

——假频测试系统。

6.1.2.2 综合参数测试设备：检波器测试仪。

6.1.2.3 测试设备系统(振动台除外)的不确定度应小于被测参数允差的1/3，且标准振动传感器及主要配套设备的测量范围能覆盖被测参数。对检波器测试仪或测试系统也都应该提出相应的要求。

6.2 外观检查

目测检查检波器的外观，应符合5.2的要求。

6.3 环境条件试验

6.3.1 环境温度试验

6.3.1.1 试验方法

检波器环境温度试验是根据表1规定的下限温度和上限温度等相应参数，按照GB/T 6587.2—1986规定的试验方法进行。

6.3.1.2 测试结果

检波器应能够正常工作。

6.3.2 三分量检波器振动试验

6.3.2.1 试验方法

三分量检波器振动试验是根据5.3.2规定的试验参数，按照GB/T 6587.4—1986的试验方法进行。

6.3.2.2 测试结果

测试结果应符合5.6的要求。

6.4 主要技术指标测试

6.4.1 自然频率 F_n

6.4.1.1 测试原理

当驱动检波器的正弦信号的频率与被测检波器的自然频率相等时（系指一次谐振频率），检波器输出信号与驱动信号的相位差为零（即图1中A，B两点信号的相位差为零），此时测得的驱动信号频率即为被测检波器的自然频率。测试原理如图1所示。

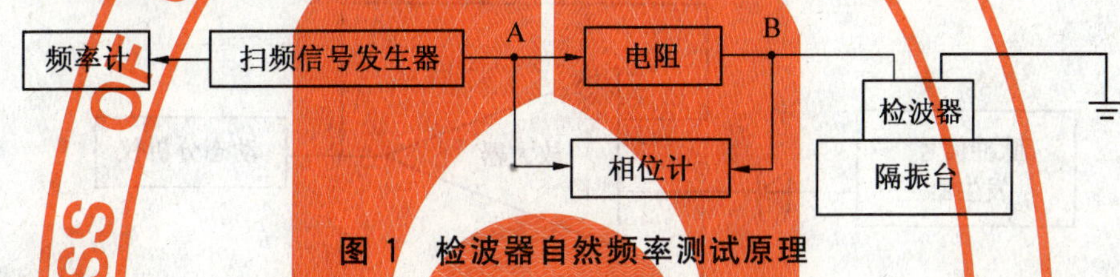

图1 检波器自然频率测试原理

6.4.1.2 测试步骤

检波器自然频率 F_n 测试步骤如下：

——将被测检波器置于隔振台上；

——扫频信号发生器输出波形选择正弦波，调节信号发生器的输出幅度，使检波器的输出相当于该型号检波器灵敏度标称值的60%～90%；

——调节扫频信号发生器的输出信号频率，使相位计显示为零；

——读出频率计显示值，此值即为被测检波器的自然频率 F_n。

6.4.1.3 测试结果

测试结果应符合5.4的要求。

6.4.2 线圈电阻 R_c

用数字多用表欧姆档测试被测检波器的线圈电阻 R_c，其结果应符合5.4的要求。

6.4.3 灵敏度 G_v

6.4.3.1 测试原理

当振动台以一定速度（峰值）、一定频率去驱动检波器时，所测得的检波器的输出电压峰值与振动速度的比值即为该检波器的速度灵敏度 G_v。测试原理如图2所示。

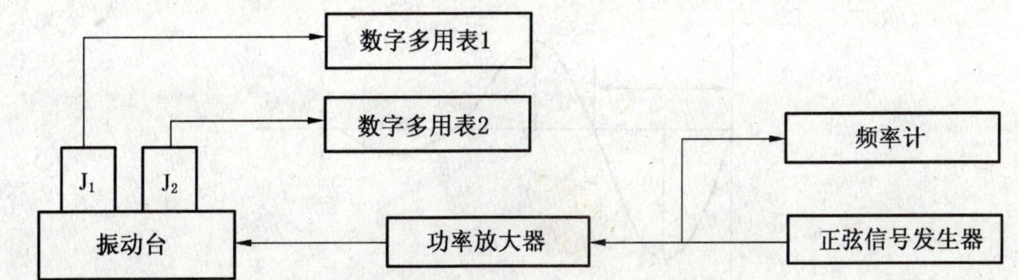

注1：J_1——被测检波器；J_2——标准检波器。

注2：振动台是具有防止外界振动干扰措施的振动台。

图2 检波器灵敏度测试原理

6.4.3.2 **测试步骤**

检波器灵敏度测试步骤如下：

——将标准检波器和被测检波器刚性固定在振动台上；

——调节信号发生器，使其输出信号频率为该检波器自然频率 F_n 的 5 倍～10 倍范围内的任一频率值；

——调节功率放大器，使标准检波器输出电压为标准检波器的速度灵敏度乘以 1 cm/s 所得到的电压值；

——测量被测检波器的输出电压峰值即为其速度灵敏度 G_v。

6.4.3.3 **测试结果**

测试结果应符合 5.4 的要求。

6.4.4 **阻尼系数 B_t**

6.4.4.1 **测试原理**

检波器阻尼系数 B_t 测试原理如图 3 所示。

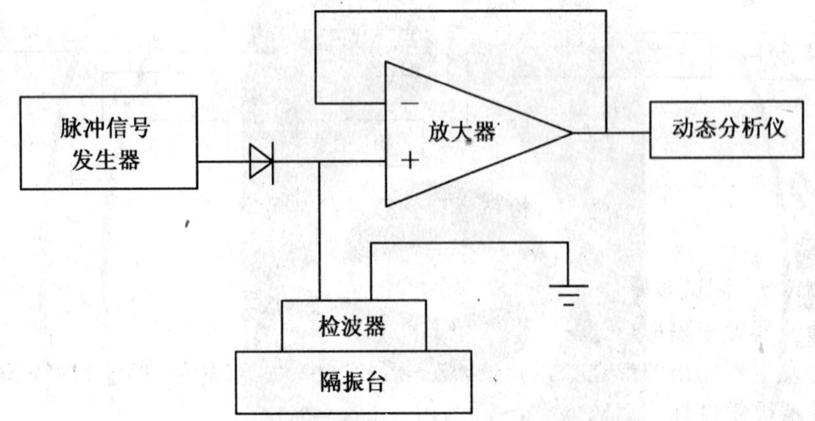

图 3 阻尼系数测试原理

当检波器受到一阶跃信号激励，其响应信号波形如图 4 所示，阻尼系数 B_t 按公式(3)计算。

$$B_t = \frac{\ln|A_1/A_2|}{\sqrt{\pi^2 + (\ln|A_1/A_2|)^2}} \qquad \cdots\cdots(3)$$

式中：

B_t——检波器阻尼系数；

A_1——检波器响应信号波形第一个峰值电压，单位为伏(V)；

A_2——检波器响应信号波形第二个峰值电压，单位为伏(V)。

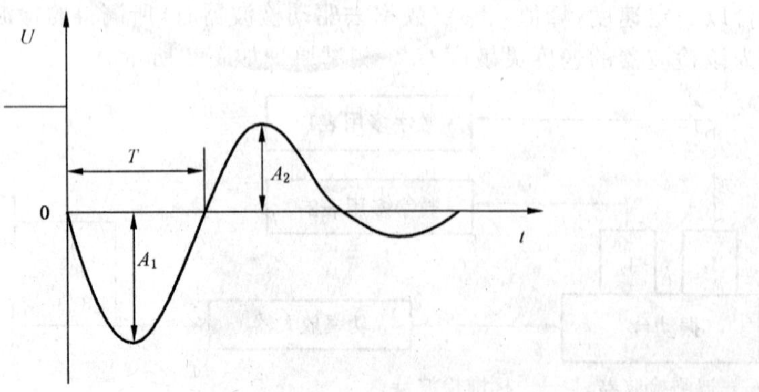

图 4 检波器响应信号示意图

6.4.4.2 测试步骤

检波器阻尼系数 B_t 测试步骤如下：

——调节脉冲信号发生器输出幅度，在保证检波器正常工作的前提下，使检波器输出最大不失真信号；

——用动态分析仪测得 A_1，A_2 电压值(V)；

——按式(4)计算检波器的阻尼系数 B_t。

6.4.4.3 测试结果

测试结果应符合 5.4 的要求。

6.4.5 失真系数 D

6.4.5.1 测试原理

失真系数测试原理如图 5 所示。

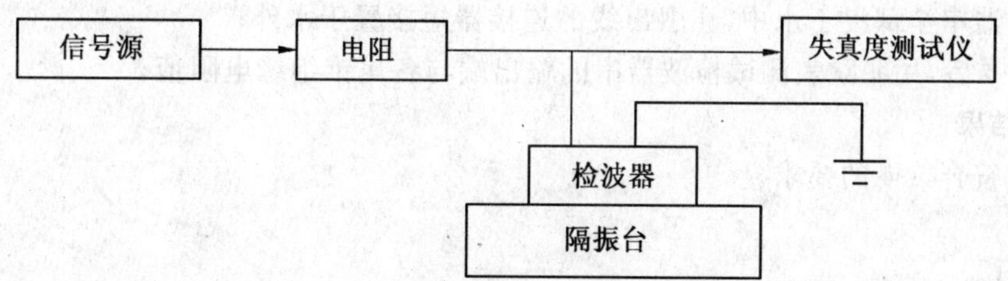

图 5 检波器失真系数测试原理

6.4.5.2 测试步骤

检波器失真系数 D 测试步骤如下：

——调节信号源输出信号至所需频率值(被测检波器的自然频率小于 14 Hz 时，测试频率为 12 Hz；被测检波器自然频率大于或等于 14 Hz 时，测试频率为该检波器自然频率的标称值)，输出信号幅度为检波器速度灵敏度乘以 1.8 cm/s 所得电压值(峰值)；

——失真度测试仪所测值即为被测检波器的失真系数 D。

6.4.5.3 测试结果

测试结果应符合 5.4 的要求。

6.4.6 假频 F_s

6.4.6.1 测试原理

测试假频 F_s 可采用旋转激振或水平激振方式，通常情况下采用水平激振方式，其测试原理如图 6 所示。

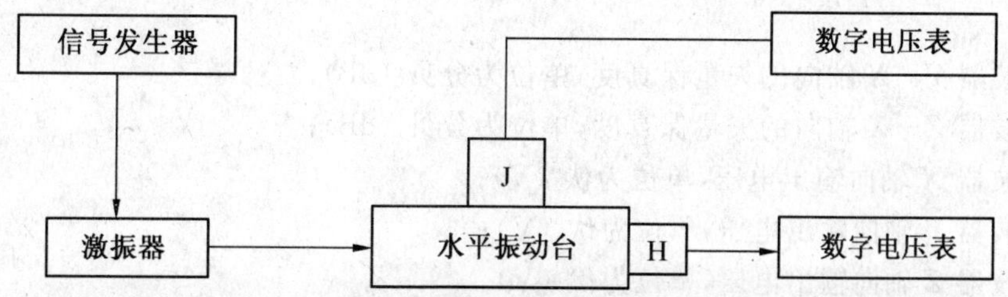

注：J——被测检波器；H——横向速度型检波器。

图 6 假频测试原理

6.4.6.2 测试步骤

假频 F_s 的测试步骤如下：

——将被测检波器和横向速度型检波器刚性固定在水平振动台上；

——水平振动台振动的频率为(20～600)Hz，速度为(0.1～0.5)cm/s；

——调节信号发生器的频率，当被测检波器的输出信号出现谐振峰且峰值幅度大于或等于其灵敏度的标称值的3%时(由数字电压表测得数值)，记录此时的频率值 f_1，依次将被测检波器旋转90°和180°，重复该项测试，分别记录 f_2，f_3，比较 f_1，f_2，f_3，其最小值即为被测检波器的假频 F_s。

6.4.6.3 测试结果

测试结果应符合5.4的要求。

6.4.7 绝缘电阻 R_I

6.4.7.1 测试原理

用兆欧表测试检波器输出端与尾锥的绝缘程度。

6.4.7.2 测试步骤

绝缘电阻 R_I 的测试步骤如下：

——把检波器串全部浸于水中，让引出线的连接器短接置于水外；

——泡水4 h后，用兆欧表测试检波器串的输出端与各尾锥绝缘电阻值。

6.4.7.3 测试结果

测试结果应符合5.4的要求。

6.5 可靠性

6.5.1 试验方法

根据表3的相应参数，按GB/T 2423.8—1995规定的试验方法进行。

6.5.2 测试结果

测试结果应符合5.4和5.5的要求。

6.6 三分量检波器测试

6.6.1 单个分量测试

三分量检波器根据其芯体类型的不同，可按照其各分量芯体的检波器类型，依据本标准的测试方法测试其各项主要技术指标，测试结果应符合5.4的要求。

6.6.2 矢量保真度测试

将三分量检波器刚性固定在振动台上，在 X 轴向施加频率为该种检波器自然频率5～10倍的正弦振动，用数字多用表分别测出三个输出端的信号电压 V_x、V_y 和 V_z，Y—X 轴向的矢量保真度 I_{nyx} 按公式(4)计算，Z—X 轴向的矢量保真度 I_{nzx} 按公式(5)计算。

$$I_{nyx} = 20\lg(V_y/V_x) \qquad (4)$$

$$I_{nzx} = 20\lg(V_z/V_x) \qquad (5)$$

式中：

I_{nyx}——检波器 Y—X 轴向的矢量保真度，单位为分贝(dB)；

I_{nzx}——检波器 Z—X 轴向的矢量保真度，单位为分贝(dB)；

V_x——检波器 X 轴向输出电压，单位为伏(V)；

V_y——检波器 Y 轴向输出电压，单位为伏(V)；

V_z——检波器 Z 轴向输出电压，单位为伏(V)。

按上述同样的办法，将振动信号加在 Y、Z 轴向，即可测得检波器 X—Y 轴向和 Z—Y 轴向的矢量保真度 I_{nxy}、I_{nzy}，以及检波器 X—Z 轴向、Y—Z 轴向的矢量保真度 I_{nxz}、I_{nyz}。

测试结果应符合5.6的要求。

6.7 检波器串测试

在确保检波器串中的每个检波器与工作轴向倾角不超过20°，处于正常工作条件下，用综合参数测试仪测量检波器串的灵敏度 G_s，直流电阻 R_s，自然频率 F_n，阻尼系数 B_t 和失真系数 D，测试结果应符合5.7的要求。

7 检验规则

7.1 型式检验

7.1.1 有下列情况之一时,应做型式检验:

——新产品定型鉴定;

——正式生产后,结构、工艺、材料有较大改变,可能影响性能时;

——产品停产两年以上恢复生产时;

——出厂检验结果与上次型式检验有较大差别时;

——上级质量监督机构提出要求时。

7.1.2 型式检验项目见表4。

表4 检波器检验项目

检验项目	技术要求	试验方法	检验类别	
			型式检验	出厂检验
外观	5.2	6.2	●	●
环境温度	5.3.1	6.3.1	●	○
振动	5.3.2	6.3.2	●	○
自然频率	5.4	6.4.1	●	●
线圈电阻	5.4	6.4.2	●	●
灵敏度	5.4	6.4.3	●	●
阻尼系数	5.4	6.4.4	●	●
失真系数	5.4	6.4.5	●	●
假频	5.4	6.4.6	●	○
绝缘电阻	5.4	6.4.7	●	●
可靠性	5.5	6.5	●	○
三分量检波器	5.6	6.6	●	○
检波器串	5.7	6.7	●	●
注:“●”表示应检项目。 “○”表示可不检项目。				

7.1.3 型式检验的样品应在试制样品或批量产品中随机抽取。

检波器型式试验按GB/T 2829—2002的规定,采用一次抽样方案,判别水平Ⅲ,不合格质量水平RQL等于40,合格判定数A_c等于1,不合格判定数R_e等于2。

7.1.4 对样本按5.2,5.3,5.4和5.5规定的各项指标逐项检验,以产品为单位,分别累计不合格品总数。

7.1.5 根据样本的检查结果,若样本中发现的不合格品数小于或等于合格判定数A_c,则判断该批产品合格;若在样本中发现的不合格产品数大于或等于不合格判定数R_e,则判断该产品不合格。

7.2 出厂检验

7.2.1 出厂检验项目见表4。

7.2.2 每只(或每串)检波器按7.2.1规定的检验项目逐项测试,若有一项或一项以上的指标不合格,则该检波器(或串)判定为不合格品,不合格品不得出厂。

7.2.3 对不合格品允许返修后再按7.2.2的规定重新检验。

8 标志、包装、运输和贮存

8.1 标志

产品标志的内容包括：

——产品的型号标记、产品标准号；

——生产日期；

——产品编号；

——制造厂名、厂址或商标。

8.2 包装

检波器的包装采用箱装形式，包装图示标志应符合 GB/T 191—2008 的规定。出厂随带技术文件包括产品说明书、合格证、装箱单等。

8.3 运输

可采用海、陆、空方式运输。

8.4 贮存

检波器贮存温度条件应符合 5.3 的要求，并无腐蚀性气体、无强电磁场作用和通风的库房中，如地面潮湿，应放在垫高 30 cm～50 cm 的木板上。同时要防止在潮湿的环境中长期搁置不用。

ICS 75.180.10
E 91

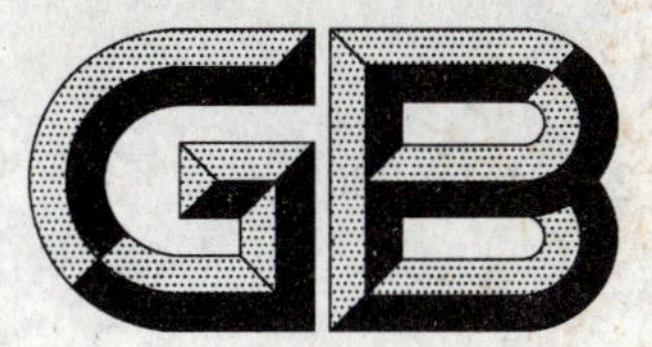

中华人民共和国国家标准

GB/T 24261.1—2009

石油海上数字地震采集拖缆系统 第1部分:水听器技术条件

Marine seismic digital streamer system— Part 1:Standards for specifying hydrophone parameters

2009-07-10 发布

2009-12-01 实施

中华人民共和国国家质量监督检验检疫总局
中国国家标准化管理委员会
发布

前　言

GB/T 24261《石油海上数字地震采集拖缆系统》分为 3 个部分：

——第 1 部分：水听器技术条件；

——第 2 部分：水听器拖缆技术条件；

——第 3 部分：中央记录系统。

本部分是第 1 部分：水听器技术条件。

本部分修改采用国际地球物理家学会(SEG)海上数字拖缆标准第 1 部分(地球物理标准，52，02，242-248，1987，第 1 部分)。本部分为重新起草。在附录 A 中给出了本部分章条编号与地球物理标准，52，02，242-248，1987，第 1 部分的标题内容对照一览表，以供参考。

由于我国石油勘探工业的特殊需要，本部分在采用国际标准时进行了修改。在附录 B 中给出了本部分与地球物理标准，52，02，242-248，1987，第 1 部分的技术性差异及其原因一览表，以供参考。

本部分的附录 A、附录 B 和附录 C 是资料性附录。

本部分由中国石油天然气集团公司提出。

本部分由全国石油天然气标准化技术委员会归口。

本部分起草单位：中国海洋石油总公司油田服务股份有限公司物探事业部、中国石油天然气集团公司东方地球物理勘探有限责任公司西安物探装备分公司、石油工业仪器仪表质量监督检验中心、国土资源部广州海洋地质调查局。

本部分主要起草人：于湛海、何国信、尹振国、褚荣英、张在陆、李佩昌、曹占全、汉泽西、陈洁、韩晓泉、赵伟、连艳红。

石油海上数字地震采集拖缆系统
第1部分:水听器技术条件

1 范围

GB/T 24261 的本部分规定了石油海上数字地震采集拖缆系统中通用的三种类型水听器(压电水听器,带集成前置放大的水听器,带耦合变压器的水听器)的组成、要求和校准方法。

本部分适用于水听器的制造、检验和质量评价。

2 规范性引用文件

下列文件中的条款通过 GB/T 24261 的本部分的引用而成为本部分的条款。凡是注日期的引用文件,其随后所有的修改单(不包括勘误的内容)或修订版均不适用于本部分,然而,鼓励根据本部分达成协议的各方研究是否可使用这些文件的最新版本。凡是不注日期的引用文件,其最新版本适用于本部分。

GB 3102.7—1993 声学的量和单位

GB/T 3238—1982 声学量的级及其基准值

GB/T 3947—1996 声学名词术语

GB/T 4130—2000 声学 水听器低频校准方法

ASTM E 380—1979 名称规定

3 术语、定义和字母符号

3.1 术语和定义

GB/T 3947—1996 和 GB/T 4130—2000 确立的以及下列术语和定义适用于本部分。

3.1.1

压电水听器 piezoelectric elements

由一个或多个压电单元组成的在水中接收地震波的传感器,可以是裸露的,也可以带有封装。

3.1.2

带前置放大水听器 elements with integral preamplifiers

带有前置放大器的压电水听器。该放大器可以放大压电水听器的输出信号,其输出阻抗低于直耦压电单元的输出阻抗,放大器所需电源来自外部电源或内部电池,此前置放大器可以是电压、电荷和电流类型。

3.1.3

带耦合变压器水听器 elements with coupling transformers

由一个变压器带单个或多个压电单元组成的水下地震传感器。在工作频带内带变压器耦合水听器输出阻抗比直耦压电单元的输出阻抗低。

3.1.4

压电水听器正极 positive polarity of piezoelectric elements

压电水听器在正声压(增加声压)作用下,压电水听器显示正极性电压或电荷的端子,一般用红色表示。

3.2 字母符号

本部分使用的字母符号符合 GB 3102.7—1993, GB/T 3238—1982, GB/T 3947—1996,

ASTM E 380—1979 的规定。

4 要求

4.1 物理特性

对物理特性的要求主要包括：

a) 尺寸：应提供传感器形态图，单位为厘米(cm)；

b) 材质：制造厂商应提供对水听器材质的规定，说明与其接触的压载物之间的化学兼容性，并说明替代材质的指标；

c) 质量：单位为克(g)；

d) 排水量：单位为立方厘米(cm^3)；

e) 温度：工作及存储温度范围，单位为摄氏度(℃)。

4.2 电气特性

对电气特性的要求主要包括：

a) 引脚：应说明电引脚的类型和长度；

b) 极性：应以色码或其他标志标示正极，宜用红色标出；

c) 电容：应给出水听器输出端间电容，单位为微法(μF)，并带有容差，±3 %；

d) 电阻：水听器输出端间的直流电阻，在规定的温度及湿度条件下应大于 100 MΩ。

4.3 性能指标

性能指标包括如下内容：

a) 自由场电压灵敏度：对应频率的自由场电压灵敏度，单位为分贝(dB)(以 1 V/μPa 为 0 dB)，并应给出精度范围±dB。一般应为－194 dB±1.5 dB；

b) 机械谐振：应提供在自由场条件下，最低主谐振频率；

c) 灵敏度与频率关系：应提供开路自由场电压灵敏度与频率关系的曲线或说明；

d) 灵敏度与深度关系：应提供开路自由场电压灵敏度与深度关系的曲线或说明；

e) 灵敏度与温度关系：应提供在整个工作温度范围内灵敏度的最大变化；

f) 加速度灵敏度：应说明沿三个正交轴中的每一个轴的加速度灵敏度，还应给出测量方法；

g) 最大工作深度：应提供水听器没有受到损坏或灵敏度没有永久性改变(<1 dB)时的最大工作深度，单位为米(m)；

h) 最大工作压力：应提供水听器能承受多次抗压试验，使得水听器特性不出现大于 1 dB 永久性改变时的最大声压；

i) 自由场电荷灵敏度：自由场电荷灵敏度用传感器的电容和自由场电压灵敏度来计算，单位为分贝(dB)(以 1 nC/μPa 为 0 dB)，并应给出精度范围(±dB)。该参数为一选项。

4.4 带前置放大的水听器的附加参数

带前置放大的水听器的附加参数主要应包括：

a) 阻抗：标称输出阻抗，单位为欧姆(Ω)，应提供输出阻抗大小、相位与频率关系图件，还应提供前置放大器最小负载阻抗及最大负载电容；

b) 频率响应：应图示在开路条件下自由场电压灵敏度与频率关系，并提供振幅及相位响应图；

c) 功率：应给出前置放大器需要的电压，电流。如电池供电，应给出电池类型及预期工作和存储寿命；

d) 限幅压力：应提供在前置放大器饱和状态时的峰值压力，单位为分贝(dB)(以 1 μPa 为 0 dB)；

e) 谐波畸变：应给出当输入声信号达到限幅压力某一规定百分比时，对给定频率的总谐波畸变；

f) 噪声：应提供在噪声源隔离条件下，带灵敏元件的前置放大器噪声输出谱密度图，此图的纵坐标，应以等效声压电平输入表示，单位为分贝(dB)，(以 1 μPa/Hz 为 0 dB)。

4.5 变压器耦合水听器附加参数

变压器耦合水听器附加参数主要包括:

a) 阻抗:标称输出阻抗,单位为欧姆(Ω),应提供阻抗幅度与相应频率关系图;

b) 直流电阻:单位为欧姆(Ω),并带容差 ±X%;

c) 正常频率:应提供水听器电路灵敏度最大值时的频率,单位为赫兹(Hz),以(XX±X%)Hz表示;

d) 频率响应:应提供在开路条件和至少一个并联电阻时,自由场电压灵敏度与频率的关系图件,及提供两种条件下的振幅、相位响应图;

e) 谐波畸变:应给出总谐波畸变在规定频率超过一个规定百分比时的最大声压。

5 水听器校准方法

水听器校准方法应符合 GB/T 4130—2000,如果使用其他校准方法,应给出"标定的标准水听器"的溯源或校准方法。

水听器特性校准记录参见附录 C。

附 录 A
（资料性附录）
本部分章条编号与 SEG Geophysics，52，no. 02，242-248，1987，Part 1 标题页码对照

表 A.1 给出了本部分章条编号与 SEG Geophysics，52，no. 02，242-248，1987，Part 1 标题页码对照一览表。

表 A.1 本部分章条编号与 SEG Geophysics，52，no. 02，242-248，1987，Part 1 标题页码对照

本部分 章条编号	SEG 标准 Geophysics，52，no. 02，242-248 Part 1 标题页码
1 范围	第 1 页 Scope 的第一句
2 规范性引用文件	第 2 页：Definitions，Terminology
3.1～3.2	第 2 页：Definitions，Terminology，Metrication
4 要求	第 2 页：Hydrophone sensor parameter standards
4.1 物理特性	第 2 页：Physical
4.2 电气特性	第 2 页：Electrical
4.3 性能指标	第 3 页：Performance
4.4 带集成前置放大的水听器的附加参数	第 3 页：Additional parameters for integral preamplifier hydrophone
4.5 变压器耦合水听器附加参数	第 4 页：Additional parameters for transformer coupled hydrophone
5 水听器校准方法	第 3 页： Hydrophone calibration method
附录 C 水听器特性记录	第 5 页：data sheet

附　录　B
（资料性附录）
本部分与 SEG Geophysics，52，no. 02，242-248，1987，Part 1 技术差异及其原因

表 B.1 给出了本部分与 SEG Geophysics，52，no. 02，242-248，1987，Part 1 技术差异及其原因一览表。

表 B.1　本部分与 SEG 标准 Geophysics，52，no. 02，242-248，1987，Part 1 技术差异及其原因

本部分章条编号	技术性差异	原因
1	删除了 SEG 标准第 1 部分“目的（purpose）”	因为“目的”的表述已经不适用于我国标准的表述
2	将五项采用 ANSI 和 ASTM 标准的国标作为规范性引用文件	为了方便使用和编排的需要
4.2c)	增加了对水听器输出端间电容容差±3 %的规定	为了便于实施和检查
4.2d)	增加了对水听器输出端直流电阻应大于 100 MΩ 的规定	为了便于实施和检查
4.3a)	增加了对水听器性能指标自由场电压灵敏度一般为 −194 dB±1.5 dB 的规定	为了便于实施和质量控制
5	单独编写为一章“水听器校准方法”	为了方便使用和编排的需要

附 录 C
（资料性附录）
水听器特性记录

公司名称________

水听器型号特性________

物理特性：

cm

cm

材料：表面材料，为____和____，与常用的压载物之间存在化学兼容性

质量：____ g

排水量：____ cm^3

工作温度范围：____℃至____℃

最高存储温度：____℃

最大深度：____ （电压灵敏度持久改变小于 1 dB）

电气特性：（电路开路值）

电容：____ μF(±%) 在测频率____ Hz

电阻：＞____ MΩ 在测温度____℃ 在测湿度____%

引脚：正极标注为“＋”并加红点

性能指标：

电压灵敏度：－____ dB 参考 1 V/μPa ±____ dB 在测频率____ Hz

最低机械响应频率：____ Hz

电压灵敏度与频率：＜3 dB 变化从____ Hz 到____ Hz 要求绘图显示

电压灵敏度与温度：＜3 dB 变化从____℃到____℃ 在测频率____ Hz 和____ m

电压灵敏度与深度：＜3 dB 变化从 0 到____ m

电荷灵敏度：____ dB 参考 1 nC/μPa 在测深度____ m 和在测温度____℃（计算值）

加速度灵敏度：在三个主轴任意轴向的加速度输出值＜______ mV/g，实验环境为空气中，____ Hz 和____ g

ICS 75.180.01
E 90

中华人民共和国国家标准

GB/T 24262—2009

石油物探仪器环境试验及可靠性要求

Environmental tests and reliability for petroleum geophysical exploration instrument

2009-07-10 发布 2009-12-01 实施

中华人民共和国国家质量监督检验检疫总局
中国国家标准化管理委员会 发布

前言

本标准由中国石油天然气集团公司提出。

本标准由全国石油天然气标准化技术委员会归口。

本标准起草单位:石油工业仪器仪表质量监督检验中心、中国石油天然气集团公司东方地球物理勘探有限公司西安物探装备分公司、西安石油勘探仪器总厂。

本标准主要起草人:汉泽西、尹振国、王东旭、张在陆、李佩昌、石金成、潘中印。

石油物探仪器环境试验及可靠性要求

1 范围

本标准规定了石油物探仪器环境试验及可靠性的要求和试验方法。

本标准适用于石油物探仪器环境试验及可靠性的设计和检验。

2 规范性引用文件

下列文件中的条款通过本标准的引用而成为本标准的条款。凡是注日期的引用文件,其随后所有的修改单(不包括勘误的内容)或修订版均不适用于本标准,然而,鼓励根据本标准达成协议的各方研究是否可使用这些文件的最新版本。凡是不注日期的引用文件,其最新版本适用于本标准。

GB/T 2423.8—1995 电工电子产品环境试验 第2部分:试验方法 试验Ed:自由跌落

GB/T 2423.23—1995 电工电子产品环境试验 试验Q:密封

GB/T 6587.2 电子测量仪器 温度试验

GB/T 6587.3 电子测量仪器 湿度试验

GB/T 6587.4 电子测量仪器 振动试验

GB/T 6587.5 电子测量仪器 冲击试验

GB/T 6587.6 电子测量仪器 运输试验

3 石油物探仪器按使用环境的分类

石油物探仪器按使用环境的不同可分为四类,即:车载仪器、地面仪器、井下仪器、水下仪器。

4 要求

4.1 温度

石油物探仪器贮存环境和工作环境的温度要求见表1。

表1 贮存环境和工作环境的温度要求

试验项目		车载仪器	地面仪器		井下仪器	水下仪器
			室内仪器	野外仪器		
温度	贮存环境/℃	−40～+70	−40～+60	−40～+70	−40～+70	−40～+70
	工作环境/℃	10～40	10～40	−40～+70	下限温度:−20 上限温度:85/100/125/155/175	−10～+60

4.2 湿度

石油物探仪器贮存环境和工作环境的湿度要求见表2。

表2 贮存环境和工作环境的湿度要求

试验项目		车载仪器	地面仪器		井下仪器	水下仪器
			室内仪器	野外仪器		
湿度	贮存环境(RH)	40 ℃:90%	50 ℃:90%	60 ℃:90%	40 ℃:90%	40 ℃:90%
	工作环境(RH)	40 ℃:20%～75%	40 ℃:20%～90%	50 ℃:5%～90%	水中或泥浆中	水中

4.3 振动

石油物探仪器振动试验要求见表3。

表3 振动试验要求

试验项目		车载仪器	地面仪器		井下仪器	水下仪器
			室内仪器	野外仪器		
振动	频率范围/Hz	10～100～10	10～100～10	10～100～10	10～100～10	10～100～10
	扫描速度/(oct/min)	1	1	1	1	1
	加速度/(m/s^2)	5	5	20	20	10
	循环次数/(次/轴向)	5	5	5	5	5
	工作状态	非工作状态	非工作状态	非工作状态	非工作状态	非工作状态
	振动方向	x,y,z	x,y,z	x,y,z	x,y,z	x,y,z

4.4 冲击

石油物探仪器冲击试验要求见表4。

表4 冲击试验要求

试验项目		车载仪器	地面仪器		井下仪器	水下仪器
			室内仪器	野外仪器		
冲击	加速度/(m/s^2)	—	—	500	500	300
	脉冲持续时间/ms	—	—	11	11	11
	冲击次数/(次/面)	—	—	3(共6个面)	轴向:3,径向:3	轴向:3,径向:3
	工作状态	—	—	非工作状态	非工作状态	非工作状态
	波形	—	—	半个正弦波	半个正弦波	半个正弦波

4.5 自由跌落

石油物探仪器自由跌落(非包装)试验的高度和次数的要求见表5。

表5 自由跌落的高度和次数要求

试验项目		车载仪器	地面仪器		井下仪器	水下仪器
			室内仪器	野外仪器 (限指野外采集单元)		
自由跌落 (非包装)	高度/cm	—	—	40	—	—
	次数/(次/面)	—	—	1	—	—

4.6 重复自由跌落

石油物探仪器重复自由跌落(非包装)试验的高度和次数要求见表6。

表6 重复自由跌落的高度和次数要求

试验项目		车载仪器	地面仪器		井下仪器	水下仪器
			室内仪器	野外仪器(限指地震检波器)		
重复自由跌落 (非包装)	高度/cm	—	—	100	—	—
	次数	—	—	2 000,3 000,5 000,10 000	—	—

4.7 运输试验

石油物探仪器运输试验要求见表7。

表 7 运输试验要求

试验项目		车载仪器	地面仪器		井下仪器	水下仪器
			室内仪器	野外仪器		
运输试验（带包装）	振动频率/Hz	5,10,20,30	5,10,20,30	5,10,20,30	5,10,20,30	5,10,20,30
	加速度/(m/s^2)	10	10	10	10	10
	持续时间/(min/频点)	30	30	30	30	30
	振动方法	垂直固定	垂直固定	垂直固定	垂直固定	垂直固定

4.8 压力

石油物探仪器压力试验条件要求见表 8。

表 8 压力试验条件要求

试验项目	车载仪器	地面仪器		井下仪器	水下仪器
		室内仪器	野外仪器		
压力/MPa	—	—	—	50/60/70/80/100/120/140	0~4

4.9 高温、高压

石油物探仪器高温高压试验条件要求见表 9。

表 9 高温高压试验条件要求

试验项目	车载仪器	地面仪器		井下仪器	水下仪器
		室内仪器	野外仪器		
高温/℃	—	—	—	85/100/125/155/175	—
高压/MPa	—	—	—	50/60/70/80/100/120/140	—

4.10 密封

石油物探仪器密封要求见表 10。

表 10 密封要求

试验项目	车载仪器	地面仪器		井下仪器	水下仪器
		室内仪器	野外仪器		
密 封	—	—	防浸渍	在温度压力作用下防浸渍	防浸渍

4.11 可靠性

石油物探仪器可靠性用平均故障间隔时间(MTBF)表示，平均故障间隔时间要求见表 11。

表 11 平均故障间隔时间要求

试验项目	车载仪器	地面仪器		井下仪器	水下仪器
		室内仪器	野外仪器		
平均故障间隔时间 MTBF/h	≥300	≥500	≥2 000	≥1 000	≥2 000

5 试验方法

5.1 试验设备要求

试验所需的各种试验设备的准确度及测量范围等条件应满足所做试验项目的相应要求。

5.2 温度

温度试验应按照表1规定的参数和GB/T 6587.2规定的试验方法进行。

5.3 湿度

湿度试验应按照表2规定的参数和GB/T 6587.3规定的试验方法进行。

5.4 振动

振动试验应按照表3规定的参数和GB/T 6587.4规定的试验方法进行。

5.5 冲击

冲击试验应按照表4规定的参数和GB/T 6587.5规定的试验方法进行。

5.6 自由跌落

自由跌落试验应按照表5规定的高度、次数和GB/T 2423.8—1995规定的第一种方法进行。

5.7 重复自由跌落

重复自由跌落试验应按照表6规定的高度、次数和GB/T 2423.8—1995规定的第二种方法进行。

5.8 运输

运输试验应按照表7规定的参数和GB/T 6587.6规定的试验方法进行。

5.9 压力

压力试验步骤如下：

——将被试仪器放在压力试验装置中，被试仪器处于非工作状态；

——按表8要求设置被试仪器的压力参数；

——将试验装置的压力按一定的规定速率由正常大气压逐渐增加到规定的压力值，在此压力下保持时间应大于10 min，再降至正常大气压；

——再将试验装置的压力按压力试验升压阶梯图由正常大气压逐渐升到规定的额定压力值，在此压力下保持时间应大于10 min，再降至正常大气压；

——取出被试仪器，擦拭干净，在正常大气压条件下恢复30 min；

——检查被试仪器外观应无刚性变形，被试仪器内应无油迹或水迹。

5.10 高温高压

5.10.1 试验装置要求：

——试验装置应满足试验要求，在升温、升压、降温、降压的试验过程中，试验装置应能按控制要求逐渐进行，且便于观测；

——试验装置的容积不小于被试仪器体积的3倍。

5.10.2 高温高压试验步骤如下：

——将被试仪器在正常大气压条件下与地面测量(或控制)仪器连接调试好后，放入试验装置内，使仪器处于正常工作状态；

——密封好试验装置，按规定的升温升压速率将温度、压力逐步升到规定的温度、压力上限；

——在规定的保持时间内，对被试仪器的性能进行中间测试，其结果均应符合产品标准要求；

——在上限的温度和压力保持时间结束后，将温度、压力逐步降到正常条件，取出被试仪器擦拭干净，在正常大气压条件下恢复30 min；

——检查被试仪器外观应完好无损，密封良好、被试仪器内应无油迹或水迹。

5.11 密封

5.11.1 水密性试验

水密性试验应按照 GB/T 2423.23—1995 中第 8 章规定的方法进行。

5.11.2 气密性试验

气密性试验应按照 GB/T 2423.23—1995 中 6.5 和 9.5 规定的方法进行。

5.12 可靠性试验

可靠性试验样品应在合格品中抽取，样品数按照表 12 的规定随机抽取。

表 12 随机抽样方案

单位为台

批量	样本大小	最大样本大小
1～3	全部	全部
4～16	3	9
17～52	5	15
53～96	8	19
97～200	13	20
200 以上	20	全数的 10%

在正常工作条件下，对抽样仪器每间隔一定时间进行一次测试。如在规定的试验过程中，所有被试仪器都没有发生故障，则平均故障间隔时间应等于所有被试仪器无故障工作时间的总和；如试验过程中，被试仪器出现故障，应及时统计故障次数，记录无故障工作时间，排除故障后的仪器可继续进行试验，累计工作时间。仪器平均故障间隔时间(MTBF)按式(1)计算，其结果应满足表 11 的要求。

$$\mathrm{MTBF} = \frac{1}{r}\left(\sum_{i=1}^{n} t_i\right) \qquad \cdots\cdots(1)$$

式中：

r——被试仪器发生故障的总次数；

n——参加试验仪器的总数量；

t_i——第 i 支被试仪器的无故障工作时间。

6 基准工作条件

基准工作条件的基准值、公差及范围见表 13。

在环境试验中不产生疑义时，可在温度为 20 ℃±10 ℃、湿度 RH 小于 75%、电源电压为 220(1±10%)V、电源频率为 50(1±5%)Hz 的条件下试验。

表 13 基准工作条件

序　号	影响量	基准值或范围	公　差
1	环境温度/℃	20	±2
2	环境湿度 RH	45%～75%	—
3	大气压/kPa	86～106	—
4	交流供电电压/V	220	±2%
5	交流供电频率/Hz	50	±1%
6	交流供电波形	正弦波	$\beta^{a}=0.05$
7	直流供电电压/V	额定值	±1%
8	直流供电电压的波纹	—	$\Delta V^{b}=/V_0\leqslant 0.1\%$

表 13（续）

序号	影响量	基准值或范围	公差
9	外电磁场干扰	应避免	—
10	通风	良好	—
11	阳光照射	避免直射	—

[a] "β"为失真因子，即交流供电电压波形应保持在$(1+\beta)A\sin\omega t$与$(1-\beta)A\sin\omega t$所形成的包络之间；

[b] "ΔV"为纹波电压的峰值；V_0为直流供电电压的额定值。

ICS 75.180.10
E 92

中华人民共和国国家标准

GB/T 24263—2009

石油钻井指重表

Drilling weight indicating system

2009-07-10 发布　　　　2009-12-01 实施

中华人民共和国国家质量监督检验检疫总局
中国国家标准化管理委员会　发布

前　言

本标准的附录A、附录B和附录C为规范性附录。

本标准由中国石油天然气集团公司提出。

本标准由全国石油天然气标准化技术委员会归口。

本标准起草单位：中国石油化工股份有限公司江汉油田分公司技术监督处、湖北江汉石油仪器仪表有限公司。

本标准主要起草人：丁明、张辉、吕维民、贾秋阳。

石油钻井指重表

1 范围

本标准规定了石油钻井指重表的产品分类、要求、试验方法、检验规则、标志、包装、运输和贮存。

本标准适用于以C型弹簧管为感压元件，利用指针在标度盘上指示其值的石油钻井指重表(以下简称指重表)的制造、检验和质量评价。

2 规范性引用文件

下列文件中的条款通过本标准的引用而成为本标准的条款。凡是注日期的引用文件，其随后所有的修改单(不包括勘误的内容)或修订版均不适用于本标准，然而，鼓励根据本标准达成协议的各方研究是否可使用这些文件的最新版本。凡是不注日期的引用文件，其最新版本适用于本标准。

GB/T 191—2008 包装储运图示标志(ISO 780:1997,MOD)

GB/T 2423.10—2008 电工电子产品环境试验 第2部分:试验方法 试验Fc:振动(正弦)(IEC 60068-2-6:1995,IDT)

GB/T 13384—2008 机电产品包装通用技术条件

GB/T 17214.3—2000 工业过程测量和控制装置的工作条件 第3部分:机械影响(IEC 60654-3:1983,IDT)

GB/T 19190—2003 石油天然气工业钻井和采油提升设备(ISO 13535:2000,IDT)

3 术语和定义

下列术语和定义适用于本标准。

3.1

死绳 dead-line

钻机游车系统中天车轮至死绳固定器的一段钢丝绳。

3.2

最大死绳拉力 max. deadline load

死绳承受钻具和钻杆极限载荷的能力。

3.3

死绳固定器 deadline anchor

固定钻机死绳的装置

3.4

重量指示仪 weight indicator

显示钻具和钻杆载荷的指示装置。

3.5

超载 overload

对死绳固定器和拉力传感器的结合体施加大于最大死绳拉力的载荷。

3.6

超压 overpressure

对重量指示仪、记录仪的压力部分施加大于其最高工作压力值的压力。

3.7

静压　dead weight

对重量指示仪、记录仪的压力部分施加等于或小于其最高工作压力值的压力。

3.8

交变负荷　alternating load

对重量指示仪施加一定幅度和频率并按一定规律往复交变的压力。

3.9

回差　return difference

在测量范围内,同一输入所对应的上、下行输出之间的差值。

注:对重量指示仪是指当输入压力上升和下降时,在量程范围内,同一输出的两相应的输出值间轻敲后示值的最大差值。

3.10

零点温度　zero temperature

确定重量指示仪的标度零点时的实时温度。

3.11

温度影响　temperature influence

当环境条件的其他参数均保持在参比值时,由于温度偏离零点温度而引起的指重表示值变化。

3.12

轻敲位移　friction error

在输入不变的情况下,指重表所显示的被测量值经轻敲外壳以后的变化量。

3.13

灵敏限　sensitivity

引起指示装置显示示值变化的最小激励负荷。

3.14

设计安全系数　design safety factor

在所用材料最大许用应力与规定的最小屈服强度之间考虑一定安全余量的系数。

3.15

设计验证试验　design verification test

用来确认所采用的设计计算的完整性而进行的试验。

3.16

见证载荷试验　proof load test

用以确定死绳固定器最大死绳拉力所进行的载荷试验。

4　指重表组成、准确度等级和分类

4.1　组成

指重表由死绳固定器、拉力传感器、重量指示仪、记录仪和连接管线组成。

4.2　指重表的准确度等级

指重表的准确度等级分为:1级、1.5级、2级。

4.3　分类

4.3.1　指重表按安装方式分为:立式、侧挂式和直拉式。

4.3.2　指重表按载荷分类应符合表1的规定。

5　安全防护

5.1　指重表的额定载荷不应大于钻机的工作载荷。正常情况下,指重表的最大工作载荷一般不应超过额定载荷的80%。

5.2 死绳固定器应与配套的拉力传感器、重量指示仪和记录仪一起使用。

5.3 指重表液压系统应使用节流装置。液压系统是否采用卸压装置，由制造商自定。

5.4 重量指示仪的玻璃应使用安全玻璃，以防弹簧管破裂时介质不能及时散逸而导致玻璃爆裂发生事故。

5.5 固定钢丝绳时，为防止事故的扩大和蔓延，可增加尾绳防退装置。

表1 指重表额定载荷范围

最大死绳拉力/kN	额定载荷/kN	推荐使用设备
100	0～600或0～800	通井机、修井机和车载钻机
150	0～900或0～1 200	
180	0～1 080或0～1 440	
200	0～1 600或0～2 000	2 000 m钻机、车载钻机
240	0～1 920或0～2 400	3 000 m钻机、3 500 m钻机
340	0～3 400或0～4 080	4 000 m钻机、5 000 m钻机
350	0～3 500或0～4 200	4 000 m钻机、5 000 m钻机
410	0～4 100或0～4 920	5 000 m钻机、6 000 m钻机
420	0～4 200或0～5 040	6 000 m钻机、7 000 m钻机
600	0～7 200或0～8 400	9 000 m钻机
720	0～8 640或0～10 080	9 000 m钻机、12 000 m钻机

6 死绳固定器

6.1 设计安全系数

在计算死绳固定器安全强度时，应考虑主载荷承受件所用材料的屈服强度与最大载荷额定值的关系，其设计安全系数规定见表2。

表2 设计安全系数

最大死绳拉力 P_{max}/kN	设计安全系数 SF_D
$178 \geqslant P_{max}$	3.00
$178 < P_{max} \leqslant 445$	$3.00-0.75(P_{max}-178)/267$[a]
$P_{max} > 445$	2.25

[a] 公式中 P_{max} 单位为kN。

6.2 材料

用于死绳固定器的主要承载件的铸钢件和钢结构材料应符合GB/T 19190—2003中第6章的要求。

6.3 无损检测

6.3.1 死绳固定器承受主载荷的铸件、焊接件及焊缝均应在最终热处理和最终机械加工后应按附录A

中 A.1 的相关要求进行无损检测。

6.3.2 死绳固定器承受主载荷的铸件、焊接件、焊缝和与主承载件的连接焊缝应符合 GB/T 19190—2003 中 8.4.7、8.4.8 和 8.4.9 的要求。

6.4 特别要求

对死绳固定器的特别要求见(但不限于)附录 A 中 A.3 的规定。

7 技术要求

7.1 正常工作条件

7.1.1 指重表工作环境温度见附录 B。

7.1.2 指重表的重量指示仪和记录仪工作环境振动条件应不超过 GB/T 17214.3—2000 规定的 V.H.3 级。

7.1.3 指重表的工作载荷一般使用至额定载荷的 80%。

7.2 参比工作条件

指重表的基本误差、回差、轻敲位移及指针偏转的平稳性在参比工作条件下,应符合本标准的规定。参比工作条件:

a) 环境温度为 20 ℃±5 ℃;

b) 指重表处于正常工作位置;

c) 负荷变化均匀。

注:未指明时,正常工作位置系指:重量指示仪垂直大地安装,死绳固定器出绳方向与大地垂直。

7.3 基本误差

指重表的基本误差以引用误差表示,其值应在表 3 规定的示值基本误差限内。

表 3 基本误差

准确度等级	示值基本误差限 (以额定载荷的%计)
1	±1%
1.5	±1.5%
2	±2%

7.4 回差

重量指示仪示值回差应不大于示值基本误差限的绝对值。

7.5 指针偏转的平稳性

在测量过程中,重量指示仪的指针不应有跳动和停滞现象。

7.6 零点误差

指重表按正常位置安装,无外加负载时,零点误差的绝对值应不大于示值基本误差限的绝对值。

7.7 轻敲位移

在载荷范围内的任意位置上,用手轻敲(使指针能自由摆动)重量指示仪外壳时,指针指示值的变动量应不大于示值基本误差限绝对值的 1/2。

7.8 灵敏限

灵敏限值应不大于指重表最大载荷的 0.5%,单位为千牛顿(kN)。

7.9 温度影响

指重表正常工作期间,当环境温度偏离零点温度时,指重表受温度影响的示值最大变化率应不大于表 4 的规定。

表 4 温度影响

温度偏离量/ ℃	最大变化率/ (%/℃)
1～10	1
11～20	2
21～30	3
注：每1 ℃最大变化率的值，以额定载荷的百分数表示。	

7.10 超载

死绳固定器和拉力传感器在最大死绳拉力值115%的载荷作用下，拉力传感器应无影响性能的变形和渗漏。

7.11 超(静)压

指重表的压力部分，应能承受表5所规定的压力，无影响性能的变形和渗漏。

表 5 超(静)压试验值

项目	压力 (最高工作压力值的%，MPa)	时间 h
超压	120	0.5
静压	80～100	8

7.12 交变负荷

重量指示仪和记录仪应能承受 2.5×10^4 周次以上正弦波形的交变负荷试验，试验时压力负荷变化幅度为其最高工作压力值的30%±5%～70%±5%。试验后仍应满足7.3～7.8要求。

7.13 外观

指重表表面应清洁平整，无机械损伤和脱漆现象及其他影响性能的缺陷；标度、标示和标志等应清晰、正确和完整；管路应畅通，密封良好；活动部位润滑良好，转动灵活。

7.14 抗工作环境振动性能

指重表的重量指示仪和记录仪应能承受GB/T 17214.3—2000规定的V.H.3振动等级的振动，振动后应无机械损伤。

7.15 指重表标度盘

指重表标度盘应符合下列规定：

a) 指重表标度盘上的标度为直读式；

b) 标度盘采用双制式，计量单位分别为：kN(千牛顿)、lbf(磅力)；

c) 零标度线位于标度盘的下端。重量标度盘按顺时针从零开始，360°标度；钻压标度盘按逆时针从零开始，360°标度；

d) 标度盘上应标明指重表额定载荷。

8 试验方法

8.1 试验设备

试验用设备包括：

指重表专用拉力试验装置：0 kN～600 kN，0 kN～1 500 kN，0.25%；

二等标准活塞压力计：1 MPa～60 MPa，0.05级；

三、四等标准克组、毫克组砝码；

标准压力表：0 MPa～10 MPa，0.25级；

高低温试验箱：−40 ℃～70 ℃，±2 ℃；

交变负荷压力试验机：0 MPa～60 MPa；

振动试验台。

8.2 试验条件和试验顺序

指重表在 7.2 参比工作条件下进行试验，试验顺序及间歇时间按附录 C 的规定执行。

8.3 试验用工作介质

工作介质为无腐蚀性的不可压缩液体。

8.4 试验点

以标有数字的标度线作为试验点。

8.5 基本误差试验

8.5.1 试验从零点开始，均匀缓慢地按规定的试验点增加载荷至额定载荷，并保持 1 min，然后再均匀缓慢地减小载荷至零点，检验各试验点（轻敲前后各检验一次）。基本误差应符合 7.3 要求。

8.5.2 当采用重量指示仪进行基本误差试验时，用活塞式压力计进行加压试验。试验从零点开始，均匀缓慢地按规定的试验点增压至最高工作压力，并保持 1 min，然后再均匀缓慢地减小至零点，检验各试验点示值，重复三次。重量指示仪的示值基本误差应优于 7.3 的要求。

8.6 回差试验

在 8.5 试验中，同一试验点轻敲后的加载示值与减载示值之差，应符合 7.4 要求。

8.7 指针偏转平稳性试验

在 8.5 试验中，目测检查指针偏转的平稳性，指针不应有跳动现象并符合 7.5 要求。

8.8 零点误差试验

在 8.5 试验中，负载为零时，目测检查指针轻敲前后所处位置，应符合 7.6 要求。

8.9 轻敲位移试验

在 8.5 试验中，同一试验点轻敲前后的示值之差，应符合 7.7 要求。

8.10 灵敏限试验

在 8.5 试验中，按指重表最大载荷的 30%，50%，80%选定试验点，待指针稳定后，按 7.8 的规定施加相应附加载荷值进行灵敏限试验，重量指示仪应有可辨别的载荷变化显示。

8.11 温度影响试验

将指重表的重量指示仪和传感器放入恒温箱中，在 7.2a）的条件下，恒温 30 min 之后，按 8.5.2 的方法进行试验，读取指重表三个以上试验点（包括零点）的示值。然后，以此温度为基础，将温度上调 15 ℃，当温度达到规定值时，恒温 1 h，按上述相同的试验方法，读取与升温前相同试验点的示值。各试验点受温度影响示值的最大变化率应不大于表 4 的规定。

8.12 超载试验

将死绳固定器和拉力传感器连接在一起，缓慢加载至 115%最大死绳拉力值的载荷，稳定 30 min，应符合 7.10 要求。

8.13 超（静）压试验

给指重表的重量指示仪和记录仪施加最高工作压力值 80%～100%的压力，保持 8 h；然后再增加压力至最高工作压力值的 120%处，再保持 0.5 h 后，降压至零，试验后 30 min 内，按 8.5～8.10 进行检验。

8.14 交变负荷试验

将指重表的重量指示仪和记录仪安装在能产生正弦波形，其频率、幅度均符合 7.12 要求的试验机上，试验后 30 min 内，按 8.5～8.10 进行检验。

8.15 外观检查

目测检查指重表外观，应符合 7.13 和 7.15 要求。

8.16 振动试验

按 7.14 要求及 GB/T 2423.10—2008 规定的方法进行，试验后 30 min 内，按 8.5～8.10 进行检验。

8.17 设计验证试验

将死绳固定器安装到试验装置上，缓慢加载至设计验证试验载荷，停留时间不少于 30 s，试验后停放 24 h，将死绳固定器拆开，检查主要承载件，应无屈服现象。设计验证试验载荷按公式(1)确定：

$$R = 0.8 \times P_{max} \times SF_{D} \qquad \cdots\cdots (1)$$

式中：

R——设计验证试验载荷(但不小于 $2P_{max}$)，单位为千牛顿(kN)；

P_{max}——最大死绳拉力，单位为千牛顿(kN)；

SF_{D}——表 2 中规定的设计安全系数。

试验装置应符合 GB/T 19190—2003 中 5.6 的要求。

注：设计验证试验仅在死绳固定器设计定型时进行。

9 检验规则

9.1 检验注意事项

检验时应注意液柱的影响，如有液柱影响则应对测量结果加以修正。

检验时应排除指重表系统内的气体，以免影响测量结果。

9.2 出厂检验

每台指重表都应通过出厂检验，出厂检验项目及要求见表 6。

9.3 型式检验

9.3.1 型式检验

有下列情况之一，应进行型式检验：

a) 新产品的试制定型鉴定；

b) 正式生产后，如结构、材料、工艺有较大改变，可能影响产品性能时；

c) 正常生产时，连续或累积生产 150 套后，应周期性进行一次检验；

d) 停止生产 2 年以上的指重表恢复生产时；

e) 出厂检验结果[illegible]上次型式检验有较大差异时；

f) 质量监督机[illegible]进行型式检验要求时。

9.3.2 型式检验项目

型式检验项目及要求见表 6。

表 6 检验项目表

检验项目	技术要求	检验方法	检验类别	
			出厂检验	型式检验
基本误差试验	7.3	8.5	●	●
回差试验	7.4	8.6	●	●
指针偏转的平稳性试验	7.5	8.7	●	●
零点误差试验	7.6	8.8	●	●
轻敲位移试验	7.7	8.9	●	●
灵敏限试验	7.8	8.10	●	●
温度影响试验	7.9	8.11	○	●

表 6（续）

检验项目	技术要求	检验方法	检验类别	
			出厂检验	型式检验
超载试验	7.10	8.12	○	●
超(静)压试验	7.11	8.13	●	●
交变负荷试验	7.12	8.14	○	●
外观检查	7.13、7.15	8.15	●	●
振动试验	7.14	8.16	○	●
注：●表示应检项目 ○表示可不检项目				

9.3.3 **型式检验抽样方案**

在 9.3.1 中 a)，b)，c)，f)项情况下，从试制品中每 10 台任取一台指重表，作为被检样本；在 9.3.1 中 d)，e)项情况下，应随机抽取同一批产品中的三台指重表，作为被检样本。

9.4 判定规则

9.4.1 **出厂检验**

出厂检验项目全部合格后，方可出厂。不合格项目允许返修，并按本标准进行复检，复检合格，方可允许出厂。

9.4.2 **型式检验**

当被检样本检验项目全部符合本标准时，则型式检验通过。若某台指重表中有一个检验项目不符合时，应加倍抽取样本进行复检，复检样本只检验被检样本的不合格项目；经检验全部合格后，则型式检验通过，否则为不通过。

10 标志、包装、运输及贮存

10.1 标志

10.1.1 指重表应标明：

a) 指重表型号及名称；

b) 制造厂名称或标志；

c) 制造计量器具许可证标志；

d) 载荷额定值，如有位置，以短吨(short tons)为单位的额定值也应标出；

e) 生产日期和出厂编号；

f) 产品规范等级(PSL)、设计与制造标准等标志应符合 GB/T 19190—2003 中第 10 章的规定。

示例：由 AB 公司制造、具有 8 000 kN 额定载荷的 PSL1 级死绳固定器标志如下：

AB CO 8 000 kN ISO 13535 PSL1(899 吨)或 AB CO 899 T API Spec 8C PSL1

注：标准代号可标注在使用说明书上。

10.1.2 包装标志应符合 GB/T 191—2008 的规定。

10.2 包装

指重表的包装应符合 GB/T 13384—2008 的规定，其防护类型由制造厂自定。

10.3 随机文件

指重表包装箱内应有下列随机文件：

a) 产品合格证；

b) 操作手册或使用说明书；

c) 装箱单和备附件清单。

10.4 **运输**

指重表可采用水、陆运输方式运输，运输过程中应防止剧烈碰撞、挤压和雨淋，搬动时禁止滚动和抛掷。

10.5 **贮存**

指重表应贮存在干燥通风，无腐蚀性气体的仓库里，堆码高度不得超过四层。指重表贮存期超过12个月时，应重新进行校验。

附 录 A
（规范性附录）
无损检测及特别要求

A.1 无损检测

A.1.1 磁粉检验

指重表主要承载件的所有可接触表面，应按 GB/T 19190—2003 中 8.4.7.2 的规定进行磁粉检验，验收质量标准按本标准 6.3 要求执行。

A.1.2 渗透检验

指重表主要承载件的所有可接触表面，应按 GB/T 19190—2003 中 8.4.7.2 的规定进行渗透检验，验收质量标准按本标准 6.3 要求执行。

A.1.3 超声波检验

指重表主要承载件应按 GB/T 19190—2003 中 8.4.8.1 的规定进行超声波检验，检查的范围和方法以及可接受的质量标准按本标准 6.3 要求执行。

A.1.4 放射线探伤检验

指重表主要承载件使用 γ 射线仪或 X 射线仪进行检验时，应符合 GB/T 19190—2003 中 8.4.8.1 规定的检查方法。所观察到的不连续性程度和类型，应与相应标准的放射线照片相比较。检查的范围和验收质量标准按本标准 6.3 要求执行。

A.1.5 焊缝检验

在主要承载件上进行焊接时，应根据按 GB/T 19190—2003 中 8.4.9 的规定对焊缝进行检查，并采用公认的标准和规范对焊工资格进行验证。

检查的范围和可接受的质量标准按本标准 6.3 要求执行。

A.2 可追溯性

供方应保存有指重表主要承载件的化学分析、力学性能试验、特殊工艺、无损检测和性能试验的全部报告资料。

A.3 特别要求

A.3.1 如果订购单中规定，应遵守下列一项或某多项特别要求。

A.3.1.1 见证载荷试验(SR1)

死绳固定器的见证载荷试验应按 GB/T 19190—2003 中 8.6.2 的要求进行。

死绳固定器上应标出“SR1”且位于载荷额定值标志附近。

A.3.1.2 低温试验(SR2)

死绳固定器的最低试验温度，由买方规定。试验应按 GB/T 19190—2003 中 A.3 的要求进行。

A.3.1.3 数据手册(SR3)

如买方有要求时，制造厂应对各种记录进行准备、收集，并适当整理成数据手册。该数据手册应符合 GB/T 19190—2003 中 A.4 的要求。

A.3.1.4 铸件的补充体积检测(SR4)

除每个承受主载荷的所有关键部位应进行检验外，对 SR4 的要求应与 GB/T 19190—2003 中 8.4.8 的要求一致。

A.3.2 其他特别要求应由供方和需方共同商定。

附　录　B
（规范性附录）
工作环境温度与工作液体

B.1　指重表的工作环境温度范围由其内部灌充的工作液体的性质决定，常用工作液体与指重表工作温度范围之间的关系见表B.1。

表 B.1　常用工作液体与指重表工作温度范围

工作液体名称	工作液体温度范围/℃	用途	指重表正常工作环境温度/℃
乙二醇	−10～100	一般用	−5～40
硅油（低粘度）	−40～130		−30～70
45[#] 变压器油	−45～135		−30～70
高低温仪表油	−65～70	高寒地区用	−50～55

B.2　指重表内部灌充的工作液体由供方和需方共同商定。

附　录　C
（规范性附录）
试验顺序及项目之间间歇时间

C.1　试验顺序及项目之间间歇时间如图 C.1 所示。

图 C.1

C.2　各项试验之间允许调零，但在项目试验进行中不允许调零。

ICS 91.100.50
Q 27

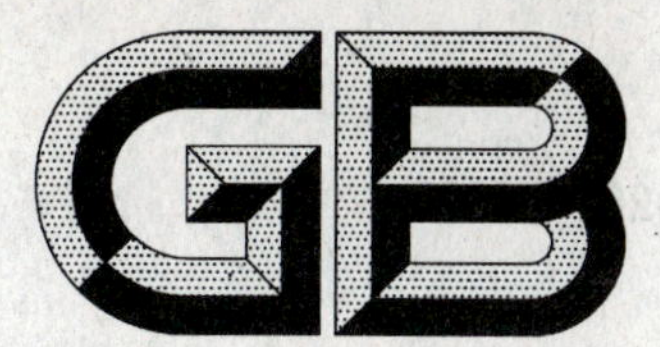

中华人民共和国国家标准

GB 24264—2009

饰面石材用胶粘剂

Adhesives for facing stones

2009-07-17 发布 2010-06-01 实施

中华人民共和国国家质量监督检验检疫总局
中国国家标准化管理委员会 发布

前言

本标准第6章的表1、表2为强制性的，其余为推荐性的。

本标准与EN 12004:2001《瓷砖胶粘剂》的一致性程度为非等效。

本标准由中国建筑材料联合会提出。

本标准由全国轻质与装饰装修建筑材料标准化技术委员会(SAC/TC 195)归口。

本标准负责起草单位：中材人工晶体研究院、北京中材人工晶体有限公司。

本标准参加起草单位：湖南神力实业有限公司、环球石材(东莞)有限公司、上海古猿人石材有限公司。

本标准主要起草人：周俊兴、李永强、钟文波、袁素珍、熊仕威、陈国迈。

本标准为首次制定。

饰面石材用胶粘剂

1 范围

本标准规定了饰面石材用胶粘剂(以下简称胶粘剂)的术语和定义、分类和代号与标记、一般要求、技术要求、试验方法、检验规则以及标志、包装、运输和贮存。

本标准适用于饰面石材产品生产和安装时使用的各类胶粘剂。

本标准不适用于接缝用的密封胶。

2 规范性引用文件

下列文件中的条款通过本标准的引用而成为本标准的条款。凡是注日期的引用文件,其随后所有的修改单(不包括勘误的内容)或修订版均不适用于本标准,然而,鼓励根据本标准达成协议的各方研究是否可使用这些文件的最新版本。凡是不注日期的引用文件,其最新版本适用于本标准。

GB/T 2567 树脂浇铸体性能试验方法

GB/T 8170 数值修约规则与极限数值的表示和判定

GB/T 12954.1—2008 建筑胶粘剂试验方法 第1部分:陶瓷砖胶粘剂试验方法

JC/T 681 行星式水泥胶砂搅拌机

JC 830.2 干挂饰面石材及其金属挂件 第2部分 金属挂件

JC 887 干挂石材幕墙用环氧胶粘剂

JC/T 989 非结构承载用石材胶粘剂

3 术语和定义

下列术语和定义适用于本标准。

3.1

复合用胶粘剂 complex veneer adhesive

使用在石材复合板上的胶粘剂。

3.2

增强用胶粘剂 strong adhesive

为达到加固目的在石材产品上粘贴金属筋、石条、玻璃纤维网等材料时使用的胶粘剂。

3.3

组合连接用胶粘剂 combination adhesive

多块石材拼接在一起或粘接石材断裂面时使用的胶粘剂。

3.4

水泥基胶粘剂 cementitious adhesive

由水硬性胶凝材料、矿物集料、有机外加剂组成的粉状混合物,使用时需与水或其他液体按比例拌合。

3.5

反应型树脂胶粘剂 reaction resin adhesive

由合成树脂、矿物填料和有机外加剂组成的单组份或多组份混合物,通过化学反应使其硬化。

4 分类、代号与标记

4.1 分类和代号

4.1.1 按用途分

4.1.1.1 生产用胶粘剂

a) 复合用胶粘剂(V)

b) 增强用胶粘剂(S)

c) 修补用胶粘剂(M)

d) 组合连接用胶粘剂(A)

4.1.1.2 施工用胶粘剂

a) 地面粘贴用胶粘剂(F)

b) 墙面粘贴用胶粘剂(W)

c) 干挂用胶粘剂(D)

4.1.2 按组成分

a) 水泥基胶粘剂(C);

b) 反应型树脂胶粘剂(R)。

4.2 标记

4.2.1 产品按下列顺序标记:产品名称、用途代号、组成代号、标准编号。

4.2.2 示例

地面粘贴用水泥基胶粘剂标记为:饰面石材用胶粘剂 FC GB 24264—2009

5 一般要求

5.1 产品不应对人体与环境造成有害的影响,其安全与环保要求,应符合我国相关标准和规范的规定。

5.2 产品不应对所用石材造成污染。

5.3 干挂用胶粘剂应符合 JC 887 的要求。

5.4 修补用胶粘剂应符合 JC/T 989 的要求。

6 技术要求

6.1 水泥基胶粘剂

6.1.1 饰面石材安装用水泥基胶粘剂力学性能应符合表 1 的技术要求。

表 1 水泥基胶粘剂的技术指标

单位为兆帕

<table>
<tr><th colspan="3">项目</th><th>普通地面</th><th>重负荷地面及墙面</th></tr>
<tr><td rowspan="5">普通型</td><td>拉伸粘结强度</td><td>≥</td><td rowspan="5">0.5</td><td rowspan="5">1.0</td></tr>
<tr><td>浸水后拉伸粘结强度</td><td>≥</td></tr>
<tr><td>热老化后拉伸粘结强度</td><td>≥</td></tr>
<tr><td>冻融循环后拉伸粘结强度</td><td>≥</td></tr>
<tr><td>晾置 20 min 后拉伸粘结强度</td><td>≥</td></tr>
<tr><td rowspan="6">快速硬化型</td><td>拉伸粘结强度</td><td>≥</td><td rowspan="6">0.5</td><td>1.0</td></tr>
<tr><td>早期拉伸粘结强度(24 h)</td><td>≥</td><td>0.5</td></tr>
<tr><td>浸水后拉伸粘结强度</td><td>≥</td><td rowspan="3">1.0</td></tr>
<tr><td>热老化后拉伸粘结强度</td><td>≥</td></tr>
<tr><td>冻融循环后拉伸粘结强度</td><td>≥</td></tr>
<tr><td>晾置 10 min 后拉伸粘结强度</td><td>≥</td><td>0.5</td></tr>
</table>

6.2 反应型树脂胶粘剂

6.2.1 胶粘剂各组分分别搅拌后应为细腻、均匀黏稠液体或膏状物，不应有离析、颗粒和凝胶，各组分颜色应有明显差异。

6.2.2 胶粘剂的适用期一般应大于 30 min，快固型和特殊要求的可由供需双方商定。

6.2.3 饰面石材用反应型树脂胶粘剂的物理力学性能应符合表 2 的技术要求。

表 2 反应型树脂胶粘剂的技术要求

项目		生产			安装	
		复合	增强	组合连接	地面	墙面
压剪粘结强度/MPa	≥	5.0	5.0	10.0	2.0	10.0
浸水后压剪粘结强度/MPa	≥			8.0		8.0
热老化后压剪粘结强度/MPa	≥			8.0		8.0
高低温交变循环后压剪粘结强度/MPa	≥	—	—	—		—
冻融循环后压剪粘结强度/MPa	≥	4.0	4.0	8.0	—	8.0
拉剪粘结强度(石材-金属)/MPa	≥	—	—	8.0	—	8.0
冲击强度/(kJ/m²)	≥	—	—	3.0	—	3.0
弯曲弹性模量/MPa	≥	—	—	2 000	—	2 000

7 试验方法

7.1 试验基本要求

7.1.1 标准试验条件

试验室标准试验条件：环境温度(23±2)℃，相对湿度(50±10)%。

7.1.2 粘结试件基材

7.1.2.1 混凝土板基材

应符合 GB/T 12954.1—2008 附录 A 的要求。

7.1.2.2 石材基材

应选用具有足够强度的石材，石材品种推荐用丰镇黑(G1510)或济南青(G3701)。基材尺寸为 50 mm×50 mm×(20～25)mm，采用机切面或打磨成细面。

用清水对石材进行清洗，然后在(105±2)℃烘箱内烘干 2 h 后备用。

7.1.2.3 金属基材

采用符合 JC 830.2 要求的金属挂件材料，推荐用 1Cr18Ni9Ti 不锈钢，试件基材尺寸为 100 mm×50 mm×2 mm。

基材表面应干净、干燥，不得有油污或其他杂质。

7.1.3 试验材料准备

所有试验材料试验前应在标准试验条件下放置至少 24 h。

7.2 仪器设备

7.2.1 试验仪器

7.2.1.1 试验机

应有适宜的灵敏度及量程，并应通过适宜的连接方式和夹具，不产生任何弯曲应力，以(0.5～5)mm/min 速度对试件施加载荷；试验机的精度为 1%，量程应选用使最大破坏荷载处于仪器量程的 20%～80%范围内。

7.2.1.2 天平

最大称量 100 g，感量 0.1 g。

7.2.2 试验器具

7.2.2.1 压块

截面积略小于(50×50)mm,质量(2.00±0.015)kg。

7.2.2.2 拉拔接头

(50±1)mm×(50±1)mm 的正方形金属板,最小厚度 10 mm,有与试验机相连接的部件。

7.2.2.3 齿型抹刀

带有 6 mm×6 mm 凹口,中心间距 12 mm 的方齿型抹刀。

7.2.2.4 鼓风烘箱

具有空气循环,控温精度为±2 ℃。

7.2.2.5 低温试验箱

可达到(−20±3)℃的低温箱。

7.2.2.6 恒温水浴

能保持给定温度±0.5 ℃。

7.3 试件制备

7.3.1 水泥基胶粘剂

7.3.1.1 拌和

取 2 kg 样品,采用符合 JC/T 681 要求的搅拌机,按下列步骤进行操作:

——根据样品标明的配比(如标明的配比是一个数值范围,则应取平均值),将液体组分放入搅拌锅中;

——将干粉撒入;

——低速搅拌 30 s;

——取出搅拌叶;

——60 s 内清理搅拌叶和搅拌锅壁上的胶粘剂;

——重新放入搅拌叶,在低速搅拌 60 s。

按生产厂商的说明让胶粘剂熟化,然后继续搅拌 15 s。

7.3.1.2 粘结

将拌和好后的胶粘剂用直边抹刀在混凝土板上抹一层胶粘剂。然后用齿型抹刀抹上稍厚一层胶粘剂,并梳理。握住齿型抹刀与混凝土板约成 60°的角度,与混凝土板一边成直角,平行地抹至混凝土板另一边(直线移动)。5 min 后,分别放置至少 10 块石材基材于胶粘剂上,彼此间隔 40 mm,并在每块石材基材上加载(2.00±0.015)kg 的压块并保持 30 s。每组需 10 个试件。

7.3.2 反应型树脂胶粘剂

7.3.2.1 按供货方给定的配比准确称量各组分试样后立即搅拌均匀,注意避免混入空气,然后尽快成型试件。

7.3.2.2 浇铸成型时,预先将模具薄涂一层脱模剂,快速将搅拌好的胶粘剂倒入,用刮刀抹压,然后刮平。

7.3.2.3 粘接成型时,将搅拌好的胶粘剂分别涂抹在两块粘接基材上,对合时轻轻揉压,确保粘接均匀。

7.3.2.4 压剪和拉剪粘结强度试件胶接面积均为(50×40)mm,每组各需 10 个试件。

7.4 试验步骤

7.4.1 水泥基胶粘剂

7.4.1.1 拉伸粘结强度

制作好的试件在标准试验条件下养护 27 d 后,用适宜的高强度胶粘剂将拉拔接头粘在石材基材上,在标准试验条件下继续放置 24 h 后,以 0.5 mm/min 速度,测定拉伸粘结强度。若要测试胶粘剂的快硬性能，则测定 24 h 后标准条件下的拉伸粘结强度。

7.4.1.2 浸水后拉伸粘结强度

制作好的试件在标准试验条件下养护 7 d，然后在(23±2)℃的水中养护 20 d。从水中取出试件，用布擦干，用适宜的高强度胶粘剂将拉拔接头粘在石材基材上，7 h 后把试件放入水中，17 h 后从水中取出试件测定拉伸粘结强度。

7.4.1.3 热老化后拉伸粘结强度

制作好的试件在标准试验条件下养护 14 d，然后将试件放入(70±2)℃鼓风烘箱中 14 d。从烘箱中取出，用适宜的高强度胶粘剂将拉拔接头粘在石材基材上。继续将试件在标准试验条件下养护 24 h 后，测定拉伸粘结强度。

7.4.1.4 冻融循环后拉伸粘结强度

在石材基材放置前，在其背面用抹刀加涂 1 mm 厚的胶粘剂。

制作好的试件在标准试验条件下养护 7 d，然后在(23±2)℃的水中养护 21 d。从水中取出试件，进行冻融试验。每次冻融循环为：

a) 将试件从水中取出，放入(−20±3)℃的低温箱中 4 h±20 min；

b) 将试件从低温箱中取出，浸入(23±2)℃水中保持 4 h±20 min。

重复 50 次循环。在最后一次循环后取出试件，在标准试验条件下养护，用适宜的高强度胶粘剂将拉拔接头粘在石材基材上。继续将试件在标准试验条件下养护 24 h 后，测定拉伸粘结强度。

7.4.1.5 晾置时间后拉伸粘结强度

石材基材放置前，在试验区循环风速小于 0.2 m/s 和标准条件下，晾置规定时间(普通型为20 min，快速硬化型为 10 min)。制作好的试件在标准试验条件下养护 27 d 后，用适宜的高强度胶粘剂将拉拔接头粘在石材基材上，在标准试验条件下继续放置 24 h，然后测定拉伸粘结强度。

7.4.1.6 结果评价与表示

试件的拉伸粘结强度按式(1)计算，精确到 0.1 MPa。

$$A_s = \frac{L}{A} \qquad \cdots\cdots(1)$$

式中：

A_s——拉伸粘结强度，单位为兆帕(MPa)；

L——拉力，单位为牛顿(N)；

A——胶粘面积，单位为平方毫米(mm^2)。

按下列规定确定每组的拉伸粘结强度：

——求 10 个数据的平均值；

——舍弃超出平均值±20%范围的数据；

——若仍有五个或更多数据被保留，求新的平均值；

——若少于五个数据被保留，重新试验；

——参照 GB/T 12954.1—2008 的试件破坏模式，确定试件破坏形式，当破坏发生在石材与拉拔接头之间的粘接层时，试验需重做。

7.4.2 反应型树脂胶粘剂

7.4.2.1 外观

目测。

7.4.2.2 适用期

将适量试样倒入 100 mL 烧杯，加入规定量固化剂，制成 50 g 混合物。以加入固化剂的时间作为起始时间，随后把烧杯置于水浴温度为(23±1)℃的恒温水浴中，并使试样表面位于液面以下约 2 cm。

不断观察试样，读取试样产生异状的时间，从起始时间到产生异状的时间即适用期。试样发生异状，指明显出现黏度上升、凝胶化、沉淀、分离、变色等有碍于胶粘剂使用的现象。

同一试样测定两次，求其平均值，以 min 表示。

7.4.2.3 **压剪粘结强度**

在标准试验条件下，将 10 个试件养护 7 d。养护结束后，将试件放入压剪试验夹具中，以 5 mm/min 的速度加载，直至试件破坏。

7.4.2.4 **浸水后压剪粘结强度**

在标准试验条件下，将 10 个试件养护 7 d，然后浸入(23±2)℃的水中 7 d，将试件取出，用布擦干，测定压剪粘结强度。

7.4.2.5 **热老化后的压剪粘结强度**

在标准试验条件下，将 10 个试件养护 7 d，然后将试件放入(80±2)℃鼓风烘箱中 7 d。应保证每个试件周围空气自由循环。将试件取出再在标准状态下放置 24 h，测定压剪粘结强度。

7.4.2.6 **高低温交变循环后压剪粘结强度**

在标准试验条件下，将 10 个试件养护 7 d。然后浸入(23±2)℃的水中 30 min，再放在 100 ℃的水中 30 min，重复 4 次循环。试件放在室温下冷却 30 min 后，测定压剪粘结强度。

7.4.2.7 **冻融循环后的压剪粘结强度**

在标准试验条件下，将 10 个试件养护 7 d。然后在(23±2)℃的水中浸泡 4 h±20 min，放在(−20±3)℃低温箱冻 4 h±20 min，再放入(23±2)℃的水中浸泡 4 h，反复 50 个循环。取出试件在室温下放置 4 h，测定压剪粘结强度。

7.4.2.8 **拉伸粘结强度**

在标准试验条件下，将 10 个试件养护 7 d，养护结束后，将试件放入拉剪试验夹具中，以 5 mm/min 的速度加载，直至试件破坏。

7.4.2.9 **结果评价与表示**

试件的压剪或拉剪粘结强度按式(2)计算，精确到 0.1 MPa。

$$A_f = \frac{F}{S} \qquad \cdots\cdots(2)$$

式中：

A_f——压剪或拉剪粘结强度，单位为兆帕(MPa)；

F——压缩或拉伸剪切力，单位为牛顿(N)；

S——胶粘面积，单位为平方毫米(mm^2)。

按下列规定确定每组的压剪或拉剪粘结强度：

——求 10 个数据的平均值；

——舍弃超出平均值±20%范围的数据；

——若仍有五个或更多数据被保留，求新的平均值；

——若少于五个数据被保留，重新试验。

7.4.2.10 **弯曲弹性模量**

按照 GB/T 2567 的规定进行。

7.4.2.11 **冲击强度**

按照 GB/T 2567 的规定进行。

8 检验规则

8.1 检验分类

按检验类型分为出厂检验和型式检验。

8.1.1 出厂检验

胶粘剂出厂检验项目见表 3。

表 3 胶粘剂出厂检验项目

性能	胶粘剂种类	
	水泥基(C)	反应型树脂(R)
适用期	—	Y
晾置时间	Y	—
弯曲弹性模量	—	Y
拉伸粘结强度	Y	—
早期拉伸粘结强度	(Y)	—
压剪粘结强度	—	Y
注 1：Y 表示"是"。 注 2：(Y)适用于快速硬化型水泥基胶粘剂。		

8.1.2 型式检验

型式检验包括第 7 章技术要求中的性能要求，根据产品类别的不同，需要测试相应的性能。在下列情况下进行型式检验：

a) 新产品投产或产品定型鉴定时；

b) 正常生产时，每一年进行一次；

c) 出厂检验结果与上次型式检验结果有较大差异时；

d) 产品停产六个月以上恢复生产时。

8.2 组批

连续生产，统一配料工艺条件制得的产品为一批。一般水泥基胶粘剂 100 t 为一批，反应型树脂胶粘剂 10 t 为一批，不足上述数量时亦作为一批。

8.3 抽样

每批产品随机抽样，水泥基胶粘剂抽取 20 kg 样品，反应型树脂胶粘剂抽取 2 kg 样品，充分混匀。取样后，将样品一分为二，一份检验，一份留样。

8.4 检验规则

产品检验结果按 GB/T 8170 修约后判定，符合标准规定时，则判该批产品合格。若结果中有一项不符合标准要求时，重新对留样对该项目复检。若该项目符合标准规定时则判该批产品合格；若仍不符合标准规定时，则判该批产品不合格。

9 标志、包装、运输和贮存

9.1 标志

产品外包装上应包括：

a) 生产厂名、地址；

b) 商标；

c) 产品标记、组分名称(多组分)；

d) 产品配比(多组分)与产品净质量；

e) 使用说明；

f) 生产日期或批号；

g) 贮存期；

h) 贮存与运输注意事项。

9.2 包装

水泥基胶粘剂产品宜采用复合包装袋包装。

反应型树脂胶粘剂宜采用密封包装。

多组分产品按组分分别包装，不同组分的包装应有明显区别。

9.3 运输与贮存

贮存与运输时，不同类型、规格的产品应分别堆放，不应混杂。避免日晒雨淋，禁止接近火源，防止碰撞，注意通风。产品应根据类型规定出贮存期，并在产品说明书上与包装标识上明示。

ICS 73.080
Q 69

中华人民共和国国家标准

GB 24265—2009

硅藻土助滤剂

Diatomite filter aids

2009-07-17 发布　　2010-06-01 实施

中华人民共和国国家质量监督检验检疫总局
中国国家标准化管理委员会　发布

前　言

本标准5.1为强制内容，其余内容为推荐性。

本标准与BS EN 12913:2005《人类生活用水处理产品——粉状硅藻土》的一致性程度为非等效。

本标准附录A为资料性附录。

本标准由中国建筑材料联合会提出。

本标准由全国非金属矿产品及制品标准化技术委员会(SAC/TC 406)归口。

本标准负责起草单位：沈阳东北大学冶金技术研究所有限公司、吉林远通矿业有限公司。

本标准参加起草单位：沈阳理工大学、北京倬展科技发展有限公司、山东德州硅宝硅藻滤业有限公司、长白朝鲜族自治县大华硅藻土有限公司、吉林省长白山化工有限公司。

本标准主要起草人：姜玉芝、孙中强、刘勇、马菊云、邱宝辰、樊文革、王媛媛。

本标准首次发布。

硅藻土助滤剂

1 范围

本标准规定了硅藻土助滤剂的术语和定义、分类与标记、要求、试验方法、检验规则、标志、包装、运输和贮存。

本标准适用于以硅藻土为主要原料，经焙烧或助熔焙烧制成的食品、医药用和工业用硅藻土助滤剂。

2 规范性引用文件

下列文件中的条款通过本标准的引用而成为本标准的条款，凡是注日期的引用文件，其随后所有的修改单(不包括勘误的内容)或修订版均不适用于本标准，然而，鼓励根据本标准达成协议的各方研究是否可使用这些文件的最新版本。凡是不注日期的引用文件，其最新版本适用于本标准。

GB/T 5009.75 食品添加剂中铅的测定

GB/T 5009.76 食品添加剂中砷的测定

GB/T 6682 分析实验室用水规格和试验方法

GB 14936—1994 硅藻土卫生标准

GB/T 21354 粉末产品 振实密度测定通用方法

JC/T 414 硅藻土及其试验方法

3 术语和定义

下列术语和定义适用于本标准。

3.1

渗透率 permeability

指在滤液黏度为 1 cP，过滤层压力 101 325 Pa 时，单位滤饼厚度、单位过滤面积、单位时间内所通过的滤液量，单位为达西(darcy，1 darcy=1.019×10^{-12} m^2)。

3.2

焙烧品 calcined diatomite

硅藻土原料经(650～1 000)℃焙烧、粉碎、分级而得到的产品。用符号 BS 表示。

3.3

助熔焙烧品 flux calcined diatomite

硅藻土原料加入适量的助熔剂，经(800～1 200)℃焙烧、粉碎、分级而得到的产品。用符号 ZBS 表示。

4 分类与标记

4.1 分类

4.1.1 硅藻土助滤剂按用途分为食品、医药用硅藻土助滤剂(用符号 SY 表示)和工业用硅藻土助滤剂(用符号 G 表示)两类。按加工方式分为焙烧品助滤剂和助熔焙烧品助滤剂两种。

4.1.2 硅藻土助滤剂按产品的渗透率分为 15 个型号，如表 1 所示。

表 1

型号	10	20	35	50	70	100	150	200
渗透率/darcy	0.05～0.10	0.11～0.20	0.21～0.35	0.36～0.50	0.51～0.70	0.71～1.00	1.00～1.50	1.51～2.00
型号	300	400	500	650	800	1 000	1 200	
渗透率/darcy	2.01～3.00	3.01～4.00	4.01～5.00	5.01～6.50	6.51～8.00	8.01～10.00	10.01～12.00	

4.1.3 工业用藻土助滤剂按照化学成分含量分为三个级别。如表 3 所示。

4.2 标记

硅藻土助滤剂的产品标记按产品名称、用途、焙烧方式、型号、等级和标准编号顺序编写。

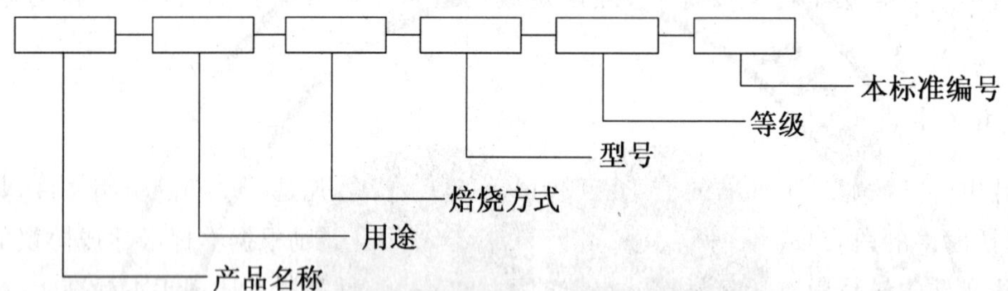

标记示例：

食品、医药用硅藻土助滤剂，焙烧品，渗透率为 0.23 darcy，标记为：硅藻土助滤剂 SY-BS-35-GB 24265—2009；

工业用硅藻土助滤剂，助熔焙烧品，渗透率为 3.8 darcy，等级为Ⅰ级，标记为：硅藻土助滤剂 G-ZBS-400-Ⅰ-GB 24265—2009。

5 要求

5.1 食品、医药用硅藻土助滤剂

食品、医药用硅藻土助滤剂理化指标应符合表 2 规定。

表 2

指标名称	BS 系列	ZBS 系列
外观	淡黄色、红褐色	粉色、粉白色、白色
	粉末状，具有硅藻壳壁微孔结构	
气味	无异味	
渗透率/darcy	0.05～0.5	>0.5～12.0
水分/%	≤0.3	≤0.5
水可溶物/%	≤0.2	≤0.5
pH 值(10%水浆值)	5.5～9.0	7.0～11.0
盐酸可溶物/%	≤3.0	
灼烧失量/%	≤2.0	
氢氟酸残留物/%	≤20.0	
振实密度/(kg/m³)	≤530	
$w(SiO_2)$/%	≥85.0	
$w(Fe_2O_3)$/%	≤1.5	

表 2（续）

指标名称	BS 系列	ZBS 系列
$w(Al_2O_3)$/%	<5.0	
$w(CaO)$/%	<0.5	
$w(MgO)$/%	<0.4	
可溶性铁离子[a]/(mg/kg)	≤50	
铅(以 Pb 计)/(mg/kg)	≤4.0	
砷(以 As 计)/(mg/kg)	≤5.0	

a 仅用于啤酒行业。

5.2 工业用硅藻土助滤剂

工业用硅藻土助滤剂理化指标应符合表 3 规定。

表 3

指标名称	Ⅰ级	Ⅱ级	Ⅲ级
外观	BS 系列：淡黄色、红褐色；ZBS 系列：粉色、粉白色、白色 粉末状，具有硅藻壳壁微孔结构		
渗透率/darcy	0.1～12.0		
水分/%	≤0.50		
水可溶物/%	≤0.5		
pH 值(10%水浆值)	5.5～11.0		
振实密度/(kg/m^3)	≤530		
$w(SiO_2)$/%	≥85.0	≥82.0	≥80.0
$w(Fe_2O_3)$/%	≤1.5	<2.0	<2.5
$w(Al_2O_3)$/%	<5.0	<6.0	<7.0
$w(CaO)$/%	<0.5	<0.7	<0.9
$w(MgO)$/%	<0.4	<0.6	<0.8

6 试验方法

本方法所用的水在未注明其他要求时，均指 GB/T 6682 实验室用水规格中三级以上的水；所用的所有试剂，除特殊注明外，均为分析纯。

6.1 外观和气味检查

将少许试样置于白纸上，用肉眼观察颜色，用鼻子嗅其气味。

用(200～400)倍以上(物镜放大倍数为 20×或 40×)的光学显微镜或电子显微镜观察试样内具有的硅藻壳壁微孔结构。

6.2 渗透率的测定

6.2.1 仪器和设备

6.2.1.1 测压设备：U 型压力计(量程为 1 000 Pa)或真空压力表[量程为(0～0.01)MPa]。

6.2.1.2 真空泵：量程为(0～0.01)MPa。

6.2.1.3 稳压瓶：容量为 10 L 左右。

6.2.1.4 测试瓶：1[#] 和 2[#] 测试瓶细颈部的直径以 20 mm 为宜，1[#] 测试瓶的细管下端须低于水平支管

(30～50)mm,以免滤液被抽进稳压瓶。

6.2.1.5　天平:感量为 0.1 g。

6.2.1.6　秒表:精度 0.1 s。

6.2.1.7　游标卡尺:分度值不大于 0.05 mm。

6.2.2　测试步骤

6.2.2.1　按图 1 安装渗透率测试装置。1# 和 2# 测试瓶联结部的两个铜质法兰盘须与上、下测试瓶密封连接。两法兰间夹有 40 μm 孔径的铜筛网或不锈钢筛网,加橡胶密封圈并涂抹真空油膏密封,作效果检查。

6.2.2.2　称取约 5 g 干样(精确到 0.1 g)置入 100 mL 烧杯中,加 50 mL 左右的蒸馏水搅匀后全部倒入 1# 测试瓶。

6.2.2.3　开启真空泵,将真空度控制在 7 600 Pa±100 Pa(750 mm±10 mm 水柱),直至滤饼形成,不再有滤液产生。

6.2.2.4　关闭真空泵,清空 2# 测试瓶。再沿 1# 测试瓶的瓶壁加入(50～60)mL 蒸馏水(切忌直接冲击滤饼)后,在(7 600±100)Pa 真空度下进行过滤,滤液体积以 40 mL 左右为宜。准确记录相应的过滤时间 t 和滤液体积 V。

6.2.2.5　重复 6.2.2.4,取 3 次平均值计算滤液流量 $Q(Q=V/t)$。

6.2.2.6　立即准确测定滤饼厚度。

6.2.2.7　测定试验时的蒸馏水温度,并按照附录 A 读取相应的黏度值。

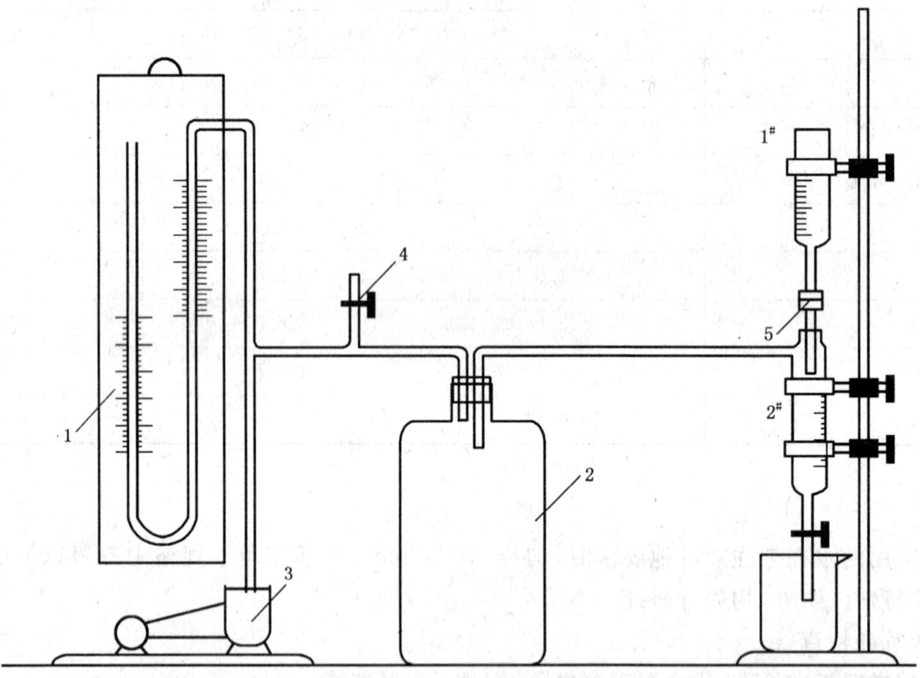

1——压力计;
2——稳压瓶;
3——真空泵;
4——负压调节阀;
5——滤网。

图 1　渗透率测定装置示意图

6.2.3　结果计算

渗透率按式(1)计算:

$$k=\frac{\eta \cdot h \cdot Q}{P \cdot A}\times 1.01\times 10^{5} \qquad (1)$$

式中：

k——渗透率，单位为达西(darcy)；

A——过滤面积，单位为平方厘米(cm^2)；

Q——滤液流量(三次测试结果的平均值)，$Q=V/t$，单位为毫升每秒(mL/s)；

t——过滤时间，单位为秒(s)；

V——过滤时间 t 内的滤液体积，单位为毫升(mL)；

η——黏度系数，单位为厘泊(cP)；

h——滤饼厚度，单位为厘米(cm)；

P——真空度，单位为帕(Pa)。

6.3 水分的测定

按照 JC/T 414 进行。

6.4 水可溶物的测定

按照 GB 14936—1994 进行。

6.5 pH 值的测定

按照 GB 14936—1994 进行。

6.6 盐酸可溶物的测定

按照 GB 14936—1994 进行。

6.7 灼烧失量的测定

按照 GB 14936—1994 进行。

6.8 氢氟酸残留物的测定

6.8.1 试剂

6.8.1.1 氢氟酸(优级纯)。

6.8.1.2 浓硫酸。

6.8.2 仪器和设备

6.8.2.1 铂坩埚。

6.8.2.2 电热干燥箱：(0～300)℃。

6.8.2.3 高温表和热电偶。

6.8.2.4 砂浴锅。

6.8.2.5 水浴锅。

6.8.2.6 移液管：5 mL。

6.8.2.7 天平：感量 0.1 mg。

6.8.3 测定步骤

6.8.3.1 将试样放入电热干燥箱中，在(110±1)℃下干燥 2 h，取出放在干燥器中，冷却至室温。

6.8.3.2 称取干燥后的试样约 0.2 g(精确至 0.1 mg)，放入已恒量的铂坩埚中，加氢氟酸 5 mL 和(1～2)滴浓硫酸，于水浴锅上加热蒸干。冷却后再加入 5 mL 氢氟酸，在 550 ℃砂浴锅上慢速蒸干 1 h。再慢慢升温至(1 000～1 200)℃，持续 30 min。取下冷却至 100 ℃左右，放入干燥器中，30 min 后称量，精确至 0.1 mg。

6.8.3.3 重复 6.8.3.2 步骤，再进行一次测定。

6.8.4 结果计算

氢氟酸残留物含量按式(2)计算：

$$x=\frac{m_2}{m_1}\times 100 \qquad (2)$$

式中：

x——试样的氢氟酸残留物含量(质量分数)，%；

m_1——试样的质量，单位为克(g)；

m_2——用氢氟酸处理后的残留物质量，单位为克(g)。

两次平行试验测定值之差若不超过 0.05%，则取其算术平均值报告结果；否则，应重新测定。

6.9 振实密度的测定

按照 GB/T 21354 进行。

6.10 二氧化硅的测定

按照 JC/T 414 进行。

6.11 三氧化二铁的测定

按照 JC/T 414 进行。

6.12 三氧化二铝的测定

按照 JC/T 414 进行。

6.13 氧化钙和氧化镁的测定

按照 JC/T 414 进行。

6.14 可溶性铁离子的测定

6.14.1 试剂

6.14.1.1 邻菲罗啉溶液：加 1.5 g 邻菲罗啉水合物($C_{12}H_8N_2 \cdot H_2O$)于 250 mL 烧杯中，注入 150 mL 蒸馏水，加热至 70 ℃，移入 500 mL 容量瓶中，稀释至刻度。

6.14.1.2 标准铁溶液：称量 3.512 g 硫酸亚铁铵六水合物[$Fe(NH_4)_2(SO_4)_2 \cdot 6H_2O$]于 250 mL 烧杯中，用蒸馏水溶解后，加入 0.1 mL 浓盐酸，移入 500 mL 容量瓶中，稀释至刻度。1 mL 溶液含 1 mg 铁离子。

6.14.1.3 抗坏血酸：用非铁研钵研成细粉。

6.14.1.4 啤酒：原麦汁浓度为 10 度(10 P°)，除气。

6.14.2 仪器设备

6.14.2.1 可见光分光光度计。

6.14.2.2 比色管：25 mL。

6.14.2.3 移液管：2 mL、5 mL、10 mL、20 mL、25 mL。

6.14.2.4 三角瓶：500 mL。

6.14.2.5 水浴锅。

6.14.2.6 天平：感量 0.1 mg。

6.14.3 测定步骤

6.14.3.1 建立标准铁溶液曲线

a) 吸取 1 mL 标准铁溶液于 100 mL 容量瓶中，稀释至刻度，摇匀，使每毫升溶液含 0.01 mg 铁离子。分别吸取 0 mL、2.5 mL、5.0 mL、10.0 mL、20.0 mL、30.0 mL 的该溶液，均稀释至100 mL，使其分别含 0 mg/L、0.25 mg/L、0.50 mg/L、1.00 mg/L、2.00 mg/L、3.00 mg/L 铁离子。

b) 分别从上述每份溶液中取 25 mL，加 2 mL 邻菲罗啉溶液和 25 mg 抗坏血酸，摇匀后静置 30 min。

c) 分别取适量步骤 b)的溶液注入比色皿中，在 505 nm 波长下测定吸光度。并以蒸馏水取代铁溶液为空白样作对比测定。

d) 以标准铁溶液吸光度与铁离子浓度绘制铁溶液标准曲线。

6.14.3.2 样品制备

取已除气的啤酒样品 200 mL 置于 500 mL 三角瓶中，调节温度为 24 ℃，加入 5.0 g 硅藻土助滤剂到啤酒中，摇匀使溶液呈悬浮状态。静止 1 min 后再次摇匀，重复 5 次。最后一次摇匀后立即将全部悬浮液转移到漏斗中过滤，滤纸为不含铁的中速定量滤纸。过滤 30 s 后收集滤液，收集时间为 150 s。

6.14.3.3 可溶性铁离子测定

a) 将 2 mL 邻菲罗啉溶液加入到 25 mL 6.14.3.2 步骤所得滤液中。

b) 另取 25 mL 6.14.3.2 步骤所得相同滤液，加入 2 mL 蒸馏水作为空白试样。

c) 将 25 mg 抗坏血酸加入到 a)、b)两试样中，摇匀静置 30 min 后进行测定。

d) 在波长 505 nm 下，用 10 mm 比色管，与空白试样对照测定吸光度，结果记为 C_1。

e) 未加硅藻土助滤剂过滤的啤酒中可溶性铁离子含量，按照 6.14.3.3 进行测定，结果记为 C_w。

6.14.4 结果计算

可溶性铁离子按式(3)计算：

$$SPC = P(C_1 - C_w) \times 40 \qquad \cdots\cdots(3)$$

式中：

SPC——可溶性铁离子含量，单位为毫克每千克(mg/kg)；

P——标准曲线校正因子；

C_1——试样吸光度值；

C_w——空白试样吸光度值。

6.15 铅含量的测定

按照 GB/T 5009.75 进行。

6.16 砷含量的测定

按照 GB/T 5009.76 进行。

7 检验规则

7.1 检验分类

7.1.1 出厂检验

出厂检验项目为外观、气味、渗透率、水分、振实密度。

7.1.2 型式检验

型式检验项目包括第 5 章的全部要求。

有下列情况之一时，应进行型式检验：

a) 新产品投产或产品定型鉴定时；

b) 原材料、工艺等发生较大变化，可能影响产品质量时；

c) 出厂检验结果与上次型式检验结果有较大差异时；

d) 产品停产三个月以上恢复生产时；

e) 正常生产时，每六个月进行一次。

7.2 组批原则

同一类型、同一级别、连续生产的硅藻土助滤剂每 30 t 为一批，不足 30 t 仍按一批计。

7.3 取样方法

以袋为取样单元。采用等距离抽样，每隔 $n-1$($n=N/20$，N 为本批产品总袋数，n 取整数)袋抽取一袋，用可封闭的采样探子在该袋中抽取约 100 g 试样，将所取试样混合，组成混合试样。批量在200 袋以下时，适当增加每袋的取样量，使总试样量不少于 1 kg。

7.4 样品保存

采集的试样经充分混合后用堆锥四分法缩分为两份，分别装入洁净、干燥的广口瓶中，盖好瓶盖，贴上标签(标签上应注明取样日期、取样人、生产厂名称、出厂批号及批量)，一瓶送交检测，一瓶保留六个月以备仲裁。

7.5 判定规则

产品的各项质量指标全部符合第5章的要求时,判定该批产品合格。产品有3项以上质量指标不符合第5章的要求时,判定该批产品为不合格。当产品有三项或三项以下质量指标不符合第5章的要求时,应重新抽样复验不合格项,若复验结果全部符合第5章的要求时,仍判定该批产品合格,否则判定该批产品不合格。

8 标志

8.1 硅藻土助滤剂产品外包装上应标明产品标记、净质量、生产厂名、厂址和防雨、防潮、防晒标识。

8.2 每批产品应附有产品合格证。产品合格证应包括产品名标记、生产日期、检验日期、生产厂名称和批号,并加盖生产企业检验部门的公章及检验人员印记。

9 包装、运输和贮存

9.1 包装

硅藻土助滤剂产品采用袋装。包装袋内附无毒衬膜、外用无毒编织袋或牛皮纸袋。包装封口前须排气。每袋净质量为20 kg或由供需双方协商确定,质量允许偏差为±1%。

9.2 运输和贮存

9.2.1 产品在运输过程中要防止雨、雪、日晒、受潮、重压、污染和人为损坏;不得与有毒、有害和挥发性物质混装;装卸过程中严禁抛掷和用铁钩提拉。

9.2.2 产品贮存时应堆放在清洁干燥处;不得与有毒、有害和挥发性物质一起贮存;不得直接接触地面;防止雨、雪、日晒、受潮、重压。

附 录 A
（资料性附录）
水的温度与黏度系数的关系

水的温度与黏度系数的关系见表 A.1。

表 A.1

单位为厘泊

温度/℃	0	1	2	3	4	5	6	7	8	9
0	1.794	1.732	1.674	1.619	1.568	1.519	1.473	1.429	1.387	1.348
10	1.310	1.274	1.239	1.206	1.175	1.145	1.116	1.088	1.060	1.034
20	1.009	0.984	0.960	0.938	0.916	0.894	0.874	0.855	0.836	0.816
30	0.800	0.783	0.767	0.751	0.735	0.720	0.706	0.692	0.679	0.666

ICS 91.100.50
Q 24

中华人民共和国国家标准

GB 24266—2009

中空玻璃用硅酮结构密封胶

Secondary edge silicone sealants for structurally glazed insulating glass units

2009-07-17 发布 2010-06-01 实施

中华人民共和国国家质量监督检验检疫总局
中国国家标准化管理委员会 发布

前言

本标准4.2.2为强制性的，其余为推荐性的。

本标准对应于ASTM C 1369:2002《结构镶装中空玻璃单元用第二道密封胶》，本标准与ASTM C 1369:2002的一致性程度为非等效，本标准附录A参考了prEN15434:2005《建筑玻璃——结构和/或耐紫外线密封胶(用于结构密封镶装或中空玻璃单元暴露密封)产品标准》。

本标准的附录A为规范性附录。

本标准由中国建筑材料联合会提出。

本标准由全国轻质与装饰装修建筑材料标准化技术委员会(SAC/TC 195)归口。

本标准负责起草单位：中国化学建筑材料公司苏州防水材料研究设计所、广州白云化工实业有限公司、郑州中原应用技术开发有限公司、浙江凌志精细化工有限公司、广东省江门大光明粘胶有限公司、广州新展有机硅有限公司、成都硅宝科技股份有限公司、道康宁有机硅贸易(上海)有限公司。

本标准参加起草单位：广州市高士实业有限公司、佛山市南海区金叶硅胶有限公司、广州市安泰化学有限公司、常熟市恒信粘胶有限公司、扬州晨化科技集团有限公司、浙江华成有机硅材料有限公司、广东佛山市元通胶粘实业有限公司、江门市快事达胶粘实业有限公司、湖北武大光子科技有限公司、山东宝龙达胶业有限公司。

本标准主要起草人：陈文洁、朱志远、张歆炯、王文开、陈世龙、王明双、崔洪、张冠琦、王有治、周福维、朱晓华、王澜。

本标准为首次发布。

中空玻璃用硅酮结构密封胶

1 范围

本标准规定了中空玻璃用硅酮结构密封胶(简称中空玻璃硅酮结构胶)的分类、要求、试验方法、检验规则、标志、包装、运输与贮存。

本标准适用于结构装配中空玻璃单元第二道密封用硅酮密封胶。

本标准不适用于建筑幕墙结构粘结装配用硅酮结构密封胶。

2 规范性引用文件

下列文件中的条款通过本标准的引用而成为本标准的条款。凡是注日期的引用文件,其随后所有的修改单(不包括勘误的内容)或修订版均不适用于本标准,然而,鼓励根据本标准达成协议的各方研究是否可使用这些文件的最新版本。凡是不注日期的引用文件,其最新版本适用于本标准。

GB/T 531.1—2008 硫化橡胶或热塑性橡胶 压入硬度试验方法 第1部分:邵氏硬度计法(邵尔硬度)(ISO 7619:1986,IDT)

GB/T 13477.1—2002 建筑密封材料试验方法 第1部分:试验基材的规定(ISO 13640:1999,MOD)

GB/T 13477.5—2002 建筑密封材料试验方法 第5部分:表干时间的测定

GB/T 13477.6—2002 建筑密封材料试验方法 第6部分:流动性的测定(ISO 7390:1987,MOD)

GB/T 13477.10—2002 建筑密封材料试验方法 第10部分:定伸粘结性的测定(ISO 8340:1984,MOD)

GB 16776—2005 建筑用硅酮结构密封胶

GB/T 22083—2008 建筑密封胶分级和要求(ISO 11600:2002,MOD)

JC/T 485—2007 建筑窗用弹性密封胶

3 分类

3.1 分类

产品按组分分为单组分型(1)和双组分型(2)。

3.2 标记

产品按下列顺序标记:名称、分类、本标准编号。

示例:双组分中空玻璃用硅酮结构密封胶标记为:中空玻璃硅酮结构胶 2 GB 24266—2009。

4 要求

4.1 外观

4.1.1 密封胶应为细腻、均匀膏状物或黏稠体,不应有气泡、结块、结皮或凝胶,无不易分散的析出物。

4.1.2 双组分密封胶的各组分的颜色应有明显差异。产品的颜色也可由供需双方商定,产品的颜色与供需双方商定的样品相比,不得有明显差异。

4.2 物理力学性能

4.2.1 双组分密封胶的适用期由供需双方商定。

4.2.2 密封胶物理力学性能应符合表1的规定。

4.2.3 中空玻璃硅酮结构胶与第一道丁基密封胶、接缝耐候胶的相容性应符合附录A规定。

4.2.4 中空玻璃硅酮结构胶与实际工程用玻璃基材等的粘结性应符合GB 16776—2005附录B规定。

表1 物理力学性能

<table>
<tr><th>序号</th><th colspan="4">项　　目</th><th>技术指标</th></tr>
<tr><td rowspan="2">1</td><td rowspan="2" colspan="2">下垂度/mm</td><td>垂直</td><td>≤</td><td>3</td></tr>
<tr><td>水平</td><td></td><td>无变形</td></tr>
<tr><td>2</td><td colspan="3">表干时间/h</td><td>≤</td><td>3</td></tr>
<tr><td>3</td><td colspan="3">挤出性/s</td><td>≤</td><td>10</td></tr>
<tr><td>4</td><td colspan="4">硬度,邵A</td><td>30～60</td></tr>
<tr><td rowspan="6">5</td><td rowspan="6">拉伸
粘结性</td><td rowspan="5">拉伸粘结
强度/MPa</td><td>23 ℃</td><td>≥</td><td>0.60</td></tr>
<tr><td>90 ℃</td><td>≥</td><td>0.45</td></tr>
<tr><td>−30 ℃</td><td>≥</td><td>0.45</td></tr>
<tr><td>浸水后</td><td>≥</td><td>0.45</td></tr>
<tr><td>水-紫外线光照后</td><td>≥</td><td>0.45</td></tr>
<tr><td colspan="2">粘结破坏面积/%</td><td>≤</td><td>5</td></tr>
<tr><td>6</td><td colspan="3">伸长率10%时的拉伸模量/MPa</td><td>≥</td><td>0.15</td></tr>
<tr><td>7</td><td colspan="4">定伸粘结性</td><td>定伸25%,无破坏</td></tr>
<tr><td rowspan="3">8</td><td rowspan="3">热老化</td><td colspan="2">热失重/%</td><td>≤</td><td>6.0</td></tr>
<tr><td colspan="3">龟裂</td><td>无</td></tr>
<tr><td colspan="3">粉化</td><td>无</td></tr>
</table>

5 试验方法

5.1 基本规定

5.1.1 标准试验条件

试验室的标准试验条件:温度(23±2)℃,相对湿度(50±5)%。

5.1.2 试验基材

试验基材应符合GB/T 13477.1—2002中4.2要求,厚度为(6～8)mm。

5.1.3 试件制备

5.1.3.1 制备试件前,用于试验的密封胶应在标准条件下放置24 h以上。试验基材选用合适的清洁剂清洁。双组分试样应按生产厂注明的比例,在负压约0.09 MPa的真空条件下搅拌混合均匀,混合时间约为5 min。若事先无特殊要求,混合后应在10 min内完成注模和修整。

5.1.3.2 粘结性试件数量见表2。

表2 粘结性试件数量

<table>
<tr><th rowspan="2">序号</th><th rowspan="2" colspan="2">项　　目</th><th colspan="2">试件数量/个</th><th rowspan="2">试件形状</th></tr>
<tr><th>试验组</th><th>备用组</th></tr>
<tr><td rowspan="5">1</td><td rowspan="5">拉伸
粘结性</td><td>23 ℃,伸长率10%时的模量</td><td>5</td><td>5</td><td rowspan="6">符合GB 16776—2005中图2的工字形试件,两面均采用浮法玻璃基材。</td></tr>
<tr><td>90 ℃</td><td>5</td><td>—</td></tr>
<tr><td>−30 ℃</td><td>5</td><td>—</td></tr>
<tr><td>浸水后</td><td>5</td><td>—</td></tr>
<tr><td>水-紫外线光照后</td><td>5</td><td>—</td></tr>
<tr><td>2</td><td colspan="2">定伸粘结性</td><td>3</td><td>3</td></tr>
</table>

5.1.3.3 制备后的试件按下列条件养护：

a） 双组分结构胶在标准试验条件下放置 14 d；

b） 单组分结构胶在标准试验条件下放置 21 d；

c） 在不损坏试件条件下，养护期间垫块应尽早分离。

5.2 外观

将试样刮平后目测。

5.3 下垂度

按 GB/T 13477.6—2002 试验，下垂度模具槽内宽度为 20 mm，试件在(50±2)℃的烘箱中放置 4 h。

5.4 表干时间

按 GB/T 13477.5—2002 试验，型式检验采用 A 法试验，出厂检验可采用 B 法试验。

5.5 挤出性

按 GB 16776—2005 中 6.4 试验。

5.6 适用期

双组分密封胶的适用期按 GB 16776—2005 中 6.5 试验。

5.7 硬度

将样品挤注在模板上，然后刮平，厚度(6～7)mm，按 5.1.3.3 进行养护，然后揭下膜片，按 GB/T 531.1—2008 进行试验。

5.8 拉伸粘结性和伸长率 10%时的模量

按 GB 16776—2005 中 6.8 试验，报告 23 ℃伸长率 10%时的模量，取算术平均值。

5.9 定伸粘结性

在标准试验条件下按 GB/T 13477.10—2002 试验，试验伸长率为 25%。

试件破坏按 GB/T 22083—2008 中 7.3 进行判定。

5.10 热老化

按 GB 16776—2005 中 6.9 试验。

6 检验规则

6.1 检验分类

产品检验分为出厂检验和型式检验。

6.1.1 出厂检验

出厂检验项目包括：外观、下垂度、表干时间、挤出性、23 ℃拉伸粘结性、伸长率 10%时的模量、定伸粘结性。

6.1.2 型式检验

型式检验项目包括 4.1、4.2.2 要求的全部项目，有下列情况之一时进行型式检验：

a） 新产品投产或产品定型鉴定时；

b） 正常生产时，每半年进行一次；

c） 原材料、工艺等发生较大变化，可能影响产品质量时；

d） 出厂检验结果与上次型式检验结果有较大差异时；

e） 产品停产 6 个月以上恢复生产时。

6.2 组批

以同一品种、同一类型的产品每 5 t 为一批进行检验，不足 5 t 也可为一批。

6.3 抽样

产品随机取样，样品总量约为 4 kg 或满足检测要求，分为两份，一份试验，一份作为备用，双组分产品取样后应立即分别密封包装。

6.4 判定规则

6.4.1 单项判定

下垂度、表干时间、拉伸粘结性、定伸粘结性每个试件都符合标准规定，则判该项合格。其余项目试验结果的算术平均值符合标准规定，判该项合格。

6.4.2 综合判定

6.4.2.1 出厂检验项目全部符合要求时，则判该批产品合格。

6.4.2.2 型式检验项目符合 4.1、4.2.2 全部要求时，则判该批产品合格。

6.4.2.3 外观质量不符合标准规定时，则判该批产品不合格。

6.4.2.4 4.2.2 的检验结果有两项及两项以上指标不符合标准规定时，则判该批产品不合格。

6.4.2.5 在外观质量合格的条件下，4.2.2 的检验结果若有一项不符合标准规定时，用备用样品对该项进行单项检验，合格则判该批产品合格，否则判该批产品不合格。

7 标志、包装、运输、贮存

7.1 标志

产品最小包装上应有牢固的不褪色标志，内容包括：

a） 产品名称；

b） 组分名称（双组分）；

c） 生产厂名及厂址；

d） 产品标记；

e） 生产日期、批号及贮存期；

f） 净含量；

g） 商标；

h） 使用说明及注意事项。

7.2 包装

产品采用支装或桶装，包装容器应密闭。

包装桶或包装箱除应有 7.1 规定的标志外，还应有防雨、防潮、防日晒、防撞击标志。

7.3 运输

运输时应防止日晒雨淋、撞击、挤压包装。

7.4 贮存

产品应在干燥、通风、阴凉的场所贮存，贮存温度不超过 27 ℃。

在正常运输、贮存条件下，贮存期自生产日起至少为六个月。

附 录 A
（规范性附录）
中空玻璃硅酮结构胶与相接触材料的相容性

A.1 范围

本附录适用于测定中空玻璃硅酮结构胶与相接触材料及其相互间的相容性。

相容性试验是检测中空玻璃硅酮结构胶与相接触材料及其相互间经加热或紫外线处理后外观及拉伸粘结性的变化。

A.2 试件制备

A.2.1 按 5.1.3 制备试件，养护到能分离挡块后（约 1 d），如图 A.1 所示，将所接触的材料注入每个试件，注入前将材料与基材接触部位覆上防粘材料，注入材料厚度约 6 mm（若为丁基胶厚度约 2 mm）。每组制备 10 个试件（五个处理，五个对比），完成后将试件在标准试验条件下养护，双组分 14 d，单组分 21 d。

A.2.2 根据工程需要，可采用以下组合方式：

——结构胶的一边注入单一接触材料；

——在结构胶的两边分别注入不同的接触材料。

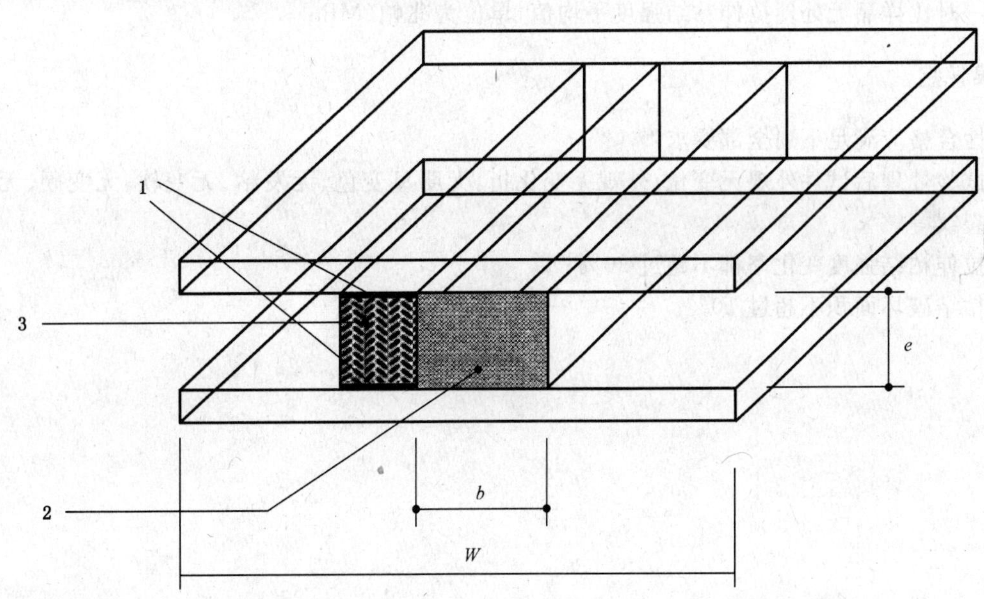

1——防粘带；

2——中空玻璃密封胶；

3——与中空玻璃密封胶接触的材料；

e——12 mm；

b——12 mm；

W——50 mm。

图 A.1 相容性试件

A.3 试验处理

将养护好的试件取出一组，水平放入透明玻璃皿中，玻璃皿上口用铝箔密封，另一组不处理。

A.3.1 加热处理

将一组试件连玻璃皿水平放入(70±2)℃的烘箱中(672±5)h试验,另一组试件作为对比不进行处理养护,立即按5.8在标准试验条件下进行试验。

A.3.2 紫外线处理

将一组试件连玻璃皿放入JC/T 485—2007中5.12要求的紫外线箱中,不加水,将玻璃皿透光面朝向光源,照射(672±5)h试验,另一组试件作为对比不进行处理养护,立即按5.8在标准试验条件下进行试验。

A.4 试验步骤

处理到期后,取出试件,在标准试验条件下放置4 h,观察密封胶和接触材料与对比试件的外观比较,如:变色、发粘、变软、变硬、膨胀、开裂等。然后按5.8在标准试验条件下进行试验,记录试验处理后拉伸粘结强度,与先期作为对比的拉伸粘结强度结果进行比较。

A.5 结果计算

拉伸粘结强度变化率按式(A.1)计算:

$$R_t = [(T - T_1)/T_1] \times 100 \quad \cdots\cdots\cdots\cdots (A.1)$$

式中:

R_t——样品处理后拉伸粘结强度变化率,%;

T——样品试验处理后拉伸粘结强度平均值,单位为兆帕(MPa);

T_1——对比样品无处理拉伸粘结强度平均值,单位为兆帕(MPa)。

A.6 结果评定

相容性合格应满足下列全部要求:

——试验处理后试件外观无变化,外观无变化指:无明显变色、无发粘、无变软、无变硬、无膨胀、无裂纹等;

——拉伸粘结强度变化率都不超过20%;

——粘结破坏面积不超过10%。

ICS 91.100.50
Q 24

中华人民共和国国家标准

GB/T 24267—2009

建筑用阻燃密封胶

Building sealants for fire resistance

(ISO 11600:2002,Building construction—Jointing products—Classification and requirements for sealants,NEQ)

2009-07-17 发布　　　　2010-02-01 实施

中华人民共和国国家质量监督检验检疫总局
中国国家标准化管理委员会　发布

前言

本标准对应于ISO 11600:2002《建筑结构——接缝产品——密封胶的分级和要求》,本标准与ISO 11600:2002的一致性程度为非等效。

本标准由中国建筑材料联合会提出。

本标准由全国轻质与装饰装修建筑材料标准化技术委员会(SAC/TC 195)归口。

本标准负责起草单位:中国化学建筑材料公司苏州防水材料研究设计所、成都硅宝科技股份有限公司、郑州中原应用技术开发有限公司、广东省江门大光明粘胶有限公司、广州新展有机硅有限公司、广州市高士实业有限公司。

本标准参加起草单位:广州白云化工实业有限公司、杭州之江有机硅化工有限公司、道康宁有机硅贸易(上海)有限公司、广东佛山市元通胶粘实业有限公司、常熟市恒信粘胶有限公司、广州市安泰化学有限公司、江门市快事达胶粘实业有限公司、扬州晨化科技集团有限公司。

本标准主要起草人:陈文洁、朱志远、朱德明、周福维、胡新嵩、王明双、崔洪、王有治、余奕帆、朱晓华、胡蕾。

本标准为首次发布。

建筑用阻燃密封胶

1 范围

本标准规定了建筑用阻燃密封胶的分类和标记、要求、试验方法、检验规则、标志、包装、运输和贮存。

本标准适用于建筑用具有阻燃功能的密封胶。

2 规范性引用文件

下列文件中的条款通过本标准的引用而成为本标准的条款。凡是注日期的引用文件,其随后所有的修改单(不包括勘误的内容)或修订版均不适用于本标准,然而,鼓励根据本标准达成协议的各方研究是否可使用这些文件的最新版本。凡是不注日期的引用文件,其最新版本适用于本标准。

GB/T 2408—2008 塑料 燃烧性能的测定 水平法和垂直法(IEC 60695-11-10:1999,IDT)

GB/T 13477.1—2002 建筑密封材料试验方法 第1部分:试验基材的规定(ISO 13640:1999,MOD)

GB/T 13477.3—2002 建筑密封材料试验方法 第3部分:使用标准器具测定密封材料挤出性的方法(ISO 9048:1987,MOD)

GB/T 13477.5—2002 建筑密封材料试验方法 第5部分:表干时间的测定

GB/T 13477.6—2002 建筑密封材料试验方法 第6部分:流动性的测定(ISO 7390:1987,MOD)

GB/T 13477.8—2002 建筑密封材料试验方法 第8部分:拉伸粘结性的测定(ISO 8339:1984,MOD)

GB/T 13477.9—2002 建筑密封材料试验方法 第9部分:浸水后拉伸粘结性的测定(ISO 10591:1991,MOD)

GB/T 13477.10—2002 建筑密封材料试验方法 第10部分:定伸粘结性的测定(ISO 8340:1984,MOD)

GB/T 13477.11—2002 建筑密封材料试验方法 第11部分:浸水后定伸粘结性的测定(ISO 10590:1991,MOD)

GB/T 13477.12—2002 建筑密封材料试验方法 第12部分:同一温度下拉伸-压缩循环后粘结性的测定(ISO 9046:1987,MOD)

GB/T 13477.13—2002 建筑密封材料试验方法 第13部分:冷拉-热压后粘结性的测定(ISO 9047:1989,MOD)

GB/T 13477.17—2002 建筑密封材料试验方法 第17部分:弹性恢复率的测定(ISO 7389:1987,MOD)

GB/T 13477.19—2002 建筑密封材料试验方法 第19部分:质量与体积变化的测定(ISO 10563:1991,MOD)

GB 16776—2005 建筑用硅酮结构密封胶

GB/T 22083—2008 建筑密封胶分级和要求(ISO 11600:2002,MOD)

GB 23864—2009 防火封堵材料

3 分类和标记

3.1 品种

产品按聚合物分为硅酮(SR)、改性硅酮(MS)、聚硫(PS)、聚氨酯(PU)、丙烯酸(AC)、丁基(BU)等。

3.2 阻燃性能

产品阻燃性能为 FV-0 级。

3.3 级别

产品按位移能力分为 7.5、12.5、20、25 级别,见表 1。

表 1 密封胶级别

级别	试验拉压幅度/%	位移能力/%
7.5	±7.5	7.5
12.5	±12.5	12.5
20	±20	20
25	±25	25

3.4 次级别

20、25 级别按拉伸模量分为低模量(LM)和高模量(HM)。

12.5 级密封胶按弹性恢复率为弹性体(E),25、20、12.5E 级密封胶为弹性密封胶。

7.5 级为塑性体(P)。

3.5 标记

按产品名称、品种、阻燃性能、级别、次级别、本标准编号顺序标记。

示例:高模量 20 级位移能力阻燃性能 FV-0(3.0 mm)级硅酮密封胶标记为:阻燃密封胶 SR FV-0(3.0 mm) 20HM GB/T 24267—2009。

4 要求

4.1 外观

4.1.1 密封胶应为细腻、均匀膏状物或黏稠体,不应有气泡、结块、结皮或凝胶,无不易分散的析出物。

4.1.2 双组分密封胶的各组分的颜色应有明显差异。产品的颜色也可由供需双方商定,产品的颜色与供需双方商定的样品相比,不得有明显差异。

4.2 阻燃性能

阻燃性能应符合 FV-0 级要求,见表 2。

表 2 阻燃性能

序号	判据	级别[a]
		FV-0
1	每个试件的有焰燃烧时间(t_1+t_2)/s	≤10
2	对于任何状态调节条件,每组五个试件有焰燃烧时间总和 t_f/s	≤50
3	每个试件第二次施焰后有焰加上无焰燃烧时间(t_2+t_3)/s	≤30
4	每个试件有焰或无焰燃烧蔓延到夹具现象	无
5	滴落物引燃脱脂棉现象	无

[a] 若一组五个试件中,只有一个不符合要求,可采用另一组五个试件同样进行试验,应都满足要求。应在分级标志中标明试件的最小厚度,精确到 0.1 mm。

用于防火封堵工程时还应符合 GB 23864—2009 的要求。

4.3 物理力学性能

4.3.1 双组分密封胶的适用期由供需双方商定。

4.3.2 密封胶物理力学性能应符合表 3 的规定。

表 3 物理力学性能

序号	项目			技术指标					
				25LM	25HM	20LM	20HM	12.5E	7.5P
1	下垂度/mm	垂直	≤	3					
		水平		无变形					
2	表干时间/h		≤	3					
3	挤出性/(mL/min)		≥	80					
4	弹性恢复率/%		≥	≥70	≥70	≥60	≥60	≥40	报告
5	拉伸粘结性	拉伸模量/MPa	+23 ℃ −20 ℃	≤0.4 和 ≤0.6	>0.4 或 >0.6	≤0.4 和 ≤0.6	>0.4 或 >0.6	—	— —
		断裂伸长率/%		—	—	—	—	—	≥25
6	定伸粘结性			无破坏	无破坏	无破坏	无破坏	无破坏	—
7	冷拉热压后粘结性			无破坏	无破坏	无破坏	无破坏	无破坏	—
8	同一温度下拉伸压缩循环后粘结性			—	—	—	—	—	无破坏
9	浸水后定伸粘结性			无破坏	无破坏	无破坏	无破坏	无破坏	—
10	浸水后断裂伸长率/%			—	—	—	—	—	≥25
11	质量损失/%			≤10[a]	≤10[a]	≤10[a]	≤10[a]	≤25	≤25

[a] 对水乳型密封胶，最大值为 25%。

5 试验方法

5.1 一般规定

5.1.1 标准试验条件

试验室标准试验条件为：温度(23±2)℃，相对湿度(50±5)%。

5.1.2 试件制备

5.1.2.1 制备试件前，用于试验的密封胶应在标准条件下放置 24 h 以上。试验基材应符合 GB/T 13477.1—2002 要求，并选用合适的清洁剂清洁，试验基材的种类应在报告中注明。

注：实际工程用基材粘结性试验见 GB 16776—2005 附录 B。

5.1.2.2 制备试件前，用于试验的密封胶应在标准条件下放置 24 h 以上。试验基材选用合适的清洁剂(对石材无污染、腐蚀)清洁。制备时单组分试样应用挤枪从包装容器中直接挤出注模，使试样充满模具内腔，避免形成气泡。双组分试样应按生产厂注明的比例，在负压约 0.09 MPa 的真空条件下搅拌混合均匀，混合时间约为 5 min。若事先无特殊要求，应在 20 min 内完成注模和修整。

5.1.2.3 粘结试件数量见表 4。

表 4 粘结试件数量

<table>
<tr><th rowspan="2">序号</th><th rowspan="2" colspan="3">项目</th><th colspan="2">试件数量/个</th></tr>
<tr><th>试验组</th><th>备用组</th></tr>
<tr><td>1</td><td colspan="3">弹性恢复率</td><td>3</td><td>3</td></tr>
<tr><td rowspan="3">2</td><td rowspan="3">拉伸粘结性</td><td rowspan="2">拉伸模量</td><td>+23 ℃</td><td>3</td><td>—</td></tr>
<tr><td>−20 ℃</td><td>3</td><td>—</td></tr>
<tr><td colspan="2">断裂伸长率</td><td>3</td><td>—</td></tr>
<tr><td>3</td><td colspan="3">定伸粘结性</td><td>3</td><td>—</td></tr>
<tr><td>4</td><td colspan="3">冷拉热压后粘结性</td><td>3</td><td>—</td></tr>
<tr><td>5</td><td colspan="3">同一温度下拉伸压缩循环后粘结性</td><td>3</td><td>—</td></tr>
<tr><td>6</td><td colspan="3">浸水后定伸粘结性</td><td>3</td><td>—</td></tr>
<tr><td>7</td><td colspan="3">浸水后断裂伸长率</td><td>3</td><td>—</td></tr>
</table>

5.1.3 试件养护

制备后的粘结性试件按下列条件养护：

a) 双组分密封胶在标准试验条件下放置 14 d；

b) 单组分密封胶在标准试验条件下放置 21 d；

c) 在不损坏试件条件下，养护期间垫块应尽早分离。

5.2 外观

产品刮平后目测。

5.3 阻燃性能

按 GB/T 2408—2008 进行试验，采用垂直法。将密封胶按 GB/T 2408—2008 制备试件，尺寸为(125±5)mm×(13.0±0.3)mm×(3.0±0.2)mm，制备五个试件，然后在标准试验条件下单组分养护21 d，双组分养护 14 d 再进行试验。

5.4 适用期

按 GB/T 13477.3—2002 中 7.3 试验，喷嘴内径 4 mm，读取挤出率为 50 mL/min 所对应的时间即为适用期。

5.5 下垂度

按 GB/T 13477.6—2002 试验，试件在(50±2)℃的烘箱内放置 24 h。

5.6 表干时间

按 GB/T 13477.5—2002 试验，型式检验采用 A 法试验，出厂检验可采用 B 法试验。

5.7 挤出性

按 GB/T 13477.3—2002 试验，喷嘴内径 4 mm。

5.8 弹性恢复率

按 GB/T 13477.17—2002 试验，试验伸长率见表 5。

表 5 试验伸长率和拉压幅度

<table>
<tr><th rowspan="2" colspan="2">项目</th><th colspan="6">级别</th></tr>
<tr><th>25LM</th><th>25HM</th><th>20LM</th><th>20HM</th><th>12.5E</th><th>7.5P</th></tr>
<tr><td>伸长率</td><td>弹性恢复率
拉伸模量
定伸粘结性
浸水后定伸粘结性</td><td>100%</td><td>100%</td><td>60%</td><td>60%</td><td>60%</td><td>25%</td></tr>
</table>

表 5（续）

项目		级别					
		25LM	25HM	20LM	20HM	12.5E	7.5P
拉压幅度	冷拉热压后粘结性 同一温度下拉伸压缩循环后粘结性	±25%	±25%	±20%	±20%	±12.5%	±7.5%

5.9 拉伸粘结性

5.9.1 拉伸模量

拉伸模量以相应伸长率时的强度表示，按 GB/T 13477.8—2002 试验，测定并计算试件拉伸至表 5 规定的相应伸长率时的强度(MPa)作为模量，其平均值修约至小数点后一位。

5.9.2 断裂伸长率

断裂伸长率按 GB/T 13477.8—2002 试验。

5.10 定伸粘结性

按 GB/T 13477.10—2002 试验，试验伸长率见表 5，试件破坏按 GB/T 22083—2008 中 7.3 进行判定。

5.11 冷拉热压后粘结性

按 GB/T 13477.13—2002 试验，试件的拉压幅度见表 5，试件破坏按 GB/T 22083—2008 中 7.3 进行判定。

5.12 同一温度下拉伸压缩循环后粘结性

按 GB/T 13477.12—2002 试验，试件的拉压幅度见表 5。

若粘结破坏或内聚破坏贯穿(有光透过即为贯穿)整个密封胶深度，则判为破坏。

5.13 浸水后定伸粘结性

按 GB/T 13477.11—2002 试验，试验伸长率见表 5，试件破坏按 GB/T 22083—2008 中 7.3 进行判定。

5.14 浸水后断裂伸长率

按 GB/T 13477.9—2002 试验。

5.15 质量损失

按 GB/T 13477.19—2002 试验。

6 检验规则

6.1 检验分类

产品检验分为出厂检验和型式检验。

6.1.1 出厂检验

出厂检验项目包括：外观、下垂度、表干时间、挤出性、弹性恢复率、拉伸粘结性、定伸粘结性(除 7.5P)。

6.1.2 型式检验

型式检验项目包括第 4 章要求的全部项目，有下列情况之一时进行型式检验：

a) 新产品投产或产品定型鉴定时；

b) 正常生产时，每半年进行一次；

c) 原材料、工艺等发生较大变化，可能影响产品质量时；

d) 出厂检验结果与上次型式检验结果有较大差异时；

e) 产品停产 6 个月以上恢复生产时。

6.2 组批

以同一品种、同一级别的产品每 5 t 为一批进行检验，不足 5 t 也可为一批。

6.3 抽样

产品随机取样，样品总量约为 4 kg，双组分产品取样后应立即分别密封包装。

6.4 判定规则

6.4.1 单项判定

6.4.1.1 阻燃性能符合 4.2 要求，判该项合格。

6.4.1.2 下垂度、表干时间、定伸粘结性、冷拉热压后粘结性、同一温度下拉伸压缩循环后粘结性、浸水后定伸粘结性每个试件都符合标准规定，则判该项合格。其余项目试验结果的算术平均值符合标准规定，判该项合格。

6.4.2 综合判定

6.4.2.1 出厂检验项目全部符合要求时，则判该批产品合格。

6.4.2.2 型式检验项目符合第 4 章全部要求时，则判该批产品合格。

6.4.2.3 外观质量或阻燃性能不符合标准规定时，则判该批产品不合格。

6.4.2.4 4.3 的检验结果有两项及两项以上指标不符合标准规定时，则判该批产品不合格。

6.4.2.5 在 4.1、4.2 均合格的条件下，4.3 的检验结果若有一项不符合标准规定时，用备用样品对该项进行单项检验，合格则判该批产品合格，否则判该批产品不合格。

7 标志、包装、运输、贮存

7.1 标志

产品最小包装上应有牢固的不褪色标志，内容包括：

a） 产品名称(含组分名称)；

b） 产品标记；

c） 生产日期、批号及保质期；

d） 净含量；

e） 生产厂名及厂址；

f） 商标；

g） 使用说明及注意事项。

7.2 包装

产品采用支装或桶装，包装容器应密闭。

包装桶或包装箱除应有 7.1 规定的标志外，还应有防雨、防潮、防日晒、防撞击标志。

7.3 运输

运输时应防止日晒雨淋、撞击、挤压包装。

7.4 贮存

产品应在干燥、通风、阴凉的场所贮存，贮存温度不超过 27 ℃。水乳型产品贮存温度不低于 5 ℃。

产品自生产之日起，保质期不少于 6 个月。

ICS 29.120.99
K 14

中华人民共和国国家标准

GB/T 24268—2009

银氧化锡电触头材料化学分析方法

Test methods for chemical analysis of silver-tin oxide electric contact material

2009-06-19 发布　　　　2010-02-01 实施

中华人民共和国国家质量监督检验检疫总局
中国国家标准化管理委员会　发布

前　言

本标准的附录A为资料性附录。

本标准由中国电器工业协会提出。

本标准由全国电工合金标准化技术委员会(SAC/TC 228)归口。

本标准负责起草单位:桂林金格电工电子材料科技有限公司、福达合金股份有限公司、佛山精密电工合金有限公司、温州宏丰电工合金有限公司。

本标准参加起草单位:桂林电器科学研究所、中希合金有限公司、绍兴县宏丰化学金属制品厂、温州聚星银触点有限公司。

本标准主要起草人:刘跃平、陈晓、陈乐生、柏小平、张晓辉、杨晓玲、谢永忠、郑元龙、陈达峰、马大号、陈京生。

银氧化锡电触头材料化学分析方法

1 范围

本标准规定了银氧化锡或银氧化锡氧化铟电触头材料中银、锡、镍、锌、铟、铜和铋含量的测定方法。

本标准适用于银氧化锡或银氧化锡氧化铟电触头材料中银、锡、镍、锌、铟、铜和铋含量的测定，测定范围为：80.00%～94.00%（银），3.00%～13.00%（锡），0.03%～1.00%（镍），0.05%～1.00%（锌），0.30%～5.00%（铟），0.20%～1.00%（铜），0.20%～1.50%（铋）。

2 银的测定

2.1 方法原理

试料用硝酸分解后，以硫酸铁铵为指示剂，用硫氰酸钾标准滴定溶液滴定，硫氰酸根先与溶液中的银离子反应生成难溶的硫氰酸银白色沉淀，当银离子沉淀完全，过量一滴的硫氰酸根与三价铁离子反应生成红色的硫氰酸铁络合物，即为终点。

2.2 试剂

2.2.1 硝酸

硝酸（1+1）。

2.2.2 硫氰酸钾标准滴定溶液

硫氰酸钾标准滴定溶液[c(KCNS)=0.04 mol/L]。

2.2.2.1 配制

称取约 9.7 g 硫氰酸钾用水溶解后，稀释至 2 500 mL，充分混合均匀，静置 3 天。

2.2.2.2 标定

称取 0.100 0 g 纯银（99.99%）置于 250 mL 锥形瓶中，加 10 mL 硝酸（2.2.1），于电炉上低温加热溶解，煮沸除尽黄烟，冷却至室温，加水至 100 mL，加 5 mL 硫酸铁铵（2.2.3），用硫氰酸钾标准滴定溶液（2.2.2）滴定至淡红色为终点。

每毫升硫氰酸钾标准滴定溶液相当于银的量按式（1）计算：

$$C = \frac{m}{V} \qquad \cdots\cdots(1)$$

式中：

m——纯银的质量，单位为克（g）；

V——滴定纯银所消耗硫氰酸钾标准滴定溶液的体积，单位为毫升（mL）。

2.2.3 硫酸铁铵溶液（20 g/L）

称取 2 g 硫酸铁铵溶于 100 mL 水中，滴加刚煮沸过的硝酸（2.2.1）至褐色褪去。

2.3 分析步骤

2.3.1 测定环境

测定环境应无盐酸雾。

2.3.2 试料

称取 0.1 g 试料，精确至 0.000 1 g。

2.3.3 测定

2.3.3.1 将试料（2.3.2）置于 250 mL 的锥形瓶中，加 10 mL 硝酸（2.2.1），置于电炉上低温加热，使试料完全溶解后煮沸除尽黄烟，冷却至室温。

2.3.3.2 加水至100 mL,加5 mL硫酸铁铵(2.2.3),摇匀。

2.3.3.3 用硫氰酸钾标准滴定溶液(2.2.2)滴定,至溶液呈稳定的淡红色即为终点,记下消耗硫氰酸钾标准滴定溶液的体积。

2.4 分析结果的计算

银的质量分数按式(2)计算:

$$\mathrm{Ag}(\%)=\frac{C\cdot V}{m}\times 100 \qquad \cdots\cdots(2)$$

式中:

C——每毫升硫氰酸钾标准滴定溶液相当于银的量,单位为克(g);

V——滴定试料消耗硫氰酸钾标准滴定溶液的体积,单位为毫升(mL);

m——试料的质量,单位为克(g)。

2.5 精密度

在不同的实验室,由不同的操作者使用不同的设备,按相同的测试方法,对同一被测对象相互独立进行测试获得的两次独立测试结果的绝对差值应不大于表1所列数值。

表1

银量/%	精密度/%
80.00~94.00	0.30

3 锡的测定

3.1 方法原理

试料用硫硝混合酸分解,以铁作载体,加入氢氧化铵使锡与铁生成共沉淀与银基体分离。然后与过氧化钠熔融,热水浸取,用铝片将四价锡还原为二价锡,以淀粉作指示剂,用碘酸钾标准溶液滴定至溶液出现浅蓝色为终点。

3.2 试剂

3.2.1 氯化铵(固体)。

3.2.2 过氧化钠(固体)。

3.2.3 铝片(99.5%以上)。

3.2.4 混合酸:3体积硫酸(ρ=1.84 g/mL)与2体积硝酸(ρ=1.42 g/mL)混合。

3.2.5 盐酸(ρ=1.19 g/mL)。

3.2.6 氢氧化铵(ρ=0.90 g/mL)。

3.2.7 氢氧化铵(5+95)。

3.2.8 三氯化铁溶液(100 g/L)。

3.2.9 氯化钠溶液(10 g/L)。

3.2.10 碳酸氢钠饱和溶液。

3.2.11 碘酸钾标准溶液:称取0.601 0 g经105 ℃烘干1 h并冷却的基准碘酸钾,溶于水中,加入5 g碘化钾和25 mL氢氧化钠溶液(2 g/L),搅拌溶解后移入1 000 mL容量瓶中,用水稀释至刻度,混匀。此溶液每毫升相当于0.001 0 g锡。

3.2.12 淀粉溶液(10 g/L):称取1 g可溶性淀粉,加5 mL水搅拌,加100 mL沸水,煮沸,冷却。

3.3 设备

高温炉。

3.4 分析步骤

3.4.1 试料

称取0.5 g试料,精确至0.000 1 g。

3.4.2 空白试验

随同试料作空白试验。

3.4.3 测定

3.4.3.1 将试料(3.4.1)置于200 mL烧杯中,加15 mL混合酸(3.2.4),盖上表面皿,加热分解试料。待作用至无小气泡时,摇动两次,继续加热至冒浓白烟,冷却。用水冲洗表面皿和杯壁,使试液体积约为50 mL。

3.4.3.2 加入5 mL三氯化铁溶液(3.2.8)和5 g氯化铵(3.2.1),搅拌,用氢氧化铵(3.2.6)中和至银的沉淀物溶解并过量10 mL。待大部分沉淀下降后,用快速定性滤纸过滤,用氢氧化铵(3.2.7)洗涤烧杯和沉淀至滤液中无银离子。滤液酸化后,用氯化钠溶液(3.2.9)检查。弃去滤液。

3.4.3.3 将沉淀连同滤纸一起置于铁坩埚中,在电炉上灰化后移入700 ℃高温炉中灼烧15 min,取出冷却。加入4 g过氧化钠(3.2.2),用玻棒搅匀。放入700 ℃高温炉中熔融5 min,摇动一次坩埚,再熔融5 min,取出冷却。

3.4.3.4 用热水浸取于原烧杯中,用水洗出坩埚,加入70 mL盐酸(3.2.5),低温煮溶铁皮。将溶液移入500 mL锥形瓶中,加2 g铝片(3.2.3),用带有橡皮塞的盖氏漏斗将瓶盖紧,向盖氏漏斗加入碳酸氢钠饱和溶液(3.2.10)。经常摇动,反应剧烈时宜用冰水或自来水冷却,防止溶液冲出瓶外。待反应缓慢时,将瓶移至电炉上,铝片溶完后煮沸(1~2)min,取下流水冷却至室温。在冷却过程中应随时注意补充碳酸氢钠饱和溶液(3.2.10),以隔绝空气。

3.4.3.5 取下盖氏漏斗,将漏斗中碳酸氢钠饱和溶液注入锥形瓶中,迅速加入5 mL淀粉溶液(3.2.12)用碘酸钾标准溶液(3.2.11)滴定至溶液恰呈浅蓝色为终点。

3.5 分析结果的计算

锡的质量分数按式(3)计算:

$$\mathrm{Sn}(\%)=\frac{(V_1-V_a)\times 0.0010}{m}\times 100=\frac{0.10(V_1-V_a)}{m} \quad\cdots\cdots(3)$$

式中:

V_1——滴定试液消耗碘酸钾标准溶液的体积,单位为毫升(mL);

V_a——滴定空白试验消耗碘酸钾标准溶液的体积,单位为毫升(mL);

m——试料的质量,单位为克(g);

0.001 0——与1.00 mL碘酸钾标准溶液相当的锡的质量,单位为克(g)。

3.6 精密度

在不同的实验室,由不同的操作者使用不同的设备,按相同的测试方法,对同一被测对象相互独立进行测试获得的两次独立测试结果的绝对差值应不大于表2所列数值。

表2

锡量/%	精密度/%
3.00~5.00	0.25
>5.00~8.00	0.30
>8.00~13.00	0.35

4 镍、锌、铜和镉的测定

4.1 方法原理

试料用硝酸、硫酸分解,氧化银沉淀过滤分离银和锡的化合物,在稀酸介质中,使用空气-乙炔火焰,用原子吸收光谱仪,分别测量镍、锌、铜和镉的吸光度。

4.2 试剂

4.2.1 硫酸(ρ=1.84 g/mL)。

4.2.2 硝酸(1+1)。

4.2.3 盐酸(1+1)。

4.2.4 镍标准溶液:称取 0.100 0 g 纯镍(99.95%)置于 250 mL 烧杯中,加 5 mL 硝酸(4.2.2),盖上表面皿,加热溶解完全并赶尽氮的氧化物,冷却。用水冲洗表面皿和烧杯,移入 1 000 mL 容量瓶中并稀释至刻度,混匀。此溶液 1 mL 含 0.1 mg 镍。

4.2.5 锌标准溶液:称取 0.100 0 g 纯锌(99.95%)置于 250 mL 烧杯中,以下按 4.2.4 加酸溶解稀释,混匀。此溶液 1 mL 含 0.1 mg 锌。

4.2.6 铜标准溶液:称取 0.100 0 g 纯铜(99.95%)置于 250 mL 烧杯中,加 10 mL 硝酸(4.2.2),以下按 4.2.4 加热溶解稀释,混匀。此溶液 1 mL 含 1 mg 铜。

4.2.7 铟标准溶液:称取 2.000 0 g 纯铟(99.95%)置于 250 mL 烧杯中,加 10 mL 硝酸(4.2.2),以下按 4.2.4 加热溶解稀释,混匀。此溶液 1 mL 含 2 mg 铟。

4.3 仪器

原子吸收光谱仪,附镍、锌、铜和铟空心阴极灯。

在仪器最佳工作条件下,凡能达到下列指标者均可使用。

灵敏度:在与测量试料溶液的基体相一致的溶液中,镍、锌、铜和铟的特征浓度应分别不大于 0.10 μg/mL、0.20 μg/mL、0.1 mg/mL 和 1.60μg/mL。

精密度:用最高浓度的标准溶液测量 10 次吸光度,其标准偏差应不超过平均吸光度的 1.0%;用最低浓度的标准溶液(不是零标准溶液)测量 10 次吸光度,其标准偏差应不超过最高浓度标准溶液平均吸光度的 0.5%。

工作曲线线性:将工作曲线按浓度等分成五段,最高段的吸光度差值与最低段的吸光度差值之比,应不小于 0.7。

仪器工作条件见附录 A。

4.4 分析步骤

4.4.1 试料

按表 3 称取试料,精确到 0.000 1 g。

表 3

铟量/%	试料量/g	试液体积稀释倍数			
		镍量/%	锌量/%	铜量/%	倍数 *R*
0.30~0.80	0.4	>0.10~1.00	>0.20~1.00	>0.30~1.00	10
>0.80~1.50	0.3	>0.10~0.25	>0.25~1.00	>0.30~0.80	5
		>0.25~1.00		>0.50~1.00	10
>1.50~2.00	0.2	>0.20~1.00	>0.40~1.00	>0.50~1.00	5
>2.00~5.00	0.1	>0.40~1.00	>0.80~1.00	>0.70~1.00	4

4.4.2 空白试验

随同试料作空白试验。

4.4.3 测定

4.4.3.1 将试料(4.4.1)置于 150 mL 烧杯中,加 5 mL 硝酸(4.2.2)和 2 mL 硫酸(4.2.1),盖上表面皿,加热至试料完全分解,驱除氮氧化物后,蒸至近干,稍冷,加 2 mL 硝酸(4.2.2)加热片刻。加约 25 mL 水和 4 mL 盐酸(4.2.3),加热煮沸至氯化银沉淀凝聚,冷却。用水将试液连同沉淀一起移入 50 mL 容量瓶中,并稀释至刻度,混匀。放置 30 min。

4.4.3.2 用两层慢速定性滤纸干过滤,滤液收集于干烧杯中。

4.4.3.3 使用空气-乙炔火焰，于原子吸收光谱仪，参照附录A工作条件，以水调零，与系列标准溶液平行分别测量镍、锌、铜和铟吸光度。

4.4.3.4 对于锌、铜和镍含量较高的试料，按表3将滤液稀释时加2 mL硝酸(4.2.2)，按4.4.3.3分别测量镍、锌和铜的吸光度。

4.4.3.5 减去空白试验的吸光度，从工作曲线上分别查出相应的镍、锌、铜和铟的浓度。

4.4.4 工作曲线的绘制

4.4.4.1 称取0.2 g纯银(99.95%)和0.02 g二氧化锡(99.95%)于一组150 mL烧杯中，按表4加入系列镍标准溶液(4.2.4)、锌标准溶液(4.2.5)、铜标准溶液(4.2.6)和铟标准溶液(4.2.7)，以下按4.4.3.1～4.4.3.3进行。

表4

序　号	1	2	3	4	5	6	7	8	9
镍标准溶液(4.2.4)/mL	0.00	0.50	1.00	1.50	2.00	2.50	3.00	3.50	4.00
锌标准溶液(4.2.5)/mL	0.00	1.00	2.00	3.00	4.00	5.00	6.00	7.00	8.00
铜标准溶液(4.2.6)/mL	0.00	1.00	2.00	3.00	4.00	5.00	6.00	7.00	8.00
铟标准溶液(4.2.7)/mL	0.00	0.50	1.00	2.00	2.50	3.00	4.00	4.50	5.00

4.4.4.2 减去零浓度溶液的吸光度，分别以镍、锌、铜和铟浓度为横坐标，吸光度为纵坐标，绘制工作曲线。

4.5 分析结果的计算

镍、锌、铜或铟的质量分数按式(4)计算：

$$X(\%) = \frac{C \cdot V \cdot R \times 10^{-6}}{m} \times 100 \quad \cdots\cdots(4)$$

式中：

$X(\%)$——镍、锌、铜或铟的质量分数；

C——从工作曲线上查得的被测元素浓度，单位为微克每毫升(μg/mL)；

V——试液的体积，单位为毫升(mL)；

R——试液稀释倍数(测铟、低含量镍和锌时R为1)；

m——试料的质量，单位为克(g)。

4.6 精密度

在不同的实验室，由不同的操作者使用不同的设备，按相同的测试方法，对同一被测对象相互独立进行测试获得的两次独立测试结果的绝对差值应不大于表5所列数值。

表5

元素	含量/%	精密度/%
Ni	0.03～0.10	0.010
	>0.10～0.50	0.020
	>0.50～1.00	0.030
Zn	0.05～0.10	0.010
	>0.10～0.50	0.020
	>0.50～1.00	0.030
Cu	0.20～1.00	0.050
In	0.30～5.00	0.15

5 铋的测定

5.1 方法原理

试料用硝酸和硫酸溶解，在酸性介质中铋[Ⅲ]与硫脲形成黄色可溶性络合物而进行光度测定。

5.2 试剂

5.2.1 硫酸(ρ=1.84)。

5.2.2 硝酸(1+1)。

5.2.3 硝酸(1+14)。

5.2.4 氯化钠溶液(50 g/L)。

5.2.5 硫脲溶液(100 g/L)(当日配制，过滤使用)。

5.2.6 铋标准贮存溶液：称取 0.231 0 g 硝酸铋[$Bi(NO_3)_3 \cdot 5H_2O$]于 1 000 mL 容量瓶中，加硝酸(5.2.3)溶解并稀释至刻度。混匀。此溶液 1 mg 含 0.1 mg 铋。

5.2.7 铋标准溶液：吸取铋标准贮存溶液(5.2.6)20 mL 于 100 mL 容量瓶中，用硝酸(5.2.3)溶液稀释至刻度。混匀。此溶液 1 mL 含 20 μg 铋。

5.3 仪器

分光光度计。

5.4 分析步骤

5.4.1 试料

按表 6 称取试料，精确至 0.000 1 g。

表 6

铋量/%	试料/g
0.20～0.80	0.200 0
>0.80～1.50	0.100 0

5.4.2 空白试验

随同试料做空白试验。

5.4.3 测定

5.4.3.1 将试料(5.4.1)置于 250 mL 锥形瓶中，加入 10 mL 硝酸(5.2.2)，低温加热溶解，取下稍冷，缓慢加入硫酸(5.2.1)5mL，加热至硫酸烟并保持 30 s，取下冷却。加入 10 mL 硝酸溶液(5.2.2)加热煮沸，取下稍冷，加入 15 mL 氯化钠溶液(5.2.4)产生氯化物沉淀并加热煮沸 3 min～5 min，使沉淀凝聚，取下冷却后用慢速定量滤纸将溶液过滤于 100 mL 容量瓶中，用硝酸(5.2.3)洗涤锥形瓶及沉淀各三次以上，并稀释至刻度。混匀。

5.4.3.2 吸取试料溶液 10 mL 于 50 mL 容量瓶中，加入 20 mL 硫脲溶液(5.2.5)，用水稀释至刻度。混匀。放置 15 min。

5.4.3.3 在分光光度计波长 460 nm 处用 5 cm 比色皿，以水为参比测其吸光度，减去空白吸光度，从工作曲线上查出相应铋量。

5.4.4 工作曲线绘制

移取 0 mL、1.00 mL、2.00 mL、3.00 mL、4.00 mL、5.00 mL、6.00 mL、7.00 mL、8.00 mL 铋标准溶液(5.2.7)分别置于 50 mL 容量瓶中，各加入 1.5 mL 氯化钠溶液，1 mL 硝酸(5.2.2)，20 mL 硫脲溶液(5.2.5)。稀释至刻度。混匀。放置 15 min。在分光光度计波长 460 nm 处用 5 cm 比色皿，以水为参比测其吸光度，减去空白吸光度，以铋量为横坐标，吸光度为纵坐标，绘制工作曲线。

5.5 分析结果计算

铋的质量分数按式(5)计算：

$$\mathrm{Bi}(\%)=\frac{m_1\times 10^{-3}}{m_0}\times 100 \qquad \cdots\cdots(5)$$

式中：

m_1——从工作曲线上查得的铋量，单位为毫克(mg)；

m_0——试料的质量，单位为克(g)。

5.6 精密度

在不同的实验室，由不同的操作者使用不同的设备，按相同的测试方法，对同一被测对象相互独立进行测试获得的两次独立测试结果的绝对差值应不大于表7所列数值。

表7

铋量/%	精密度/%
0.20～0.50	0.040
＞0.50～0.80	0.080
＞0.80～1.50	0.100

附 录 A
（资料性附录）
仪器工作条件

WFX-120 型原子吸收光谱仪测量镍、锌、铜和铟的参考工作条件如表 A.1。

表 A.1

测定元素	波长 nm	灯电流 mA	单色器通带 nm	燃烧器		空气流量 L/min	乙炔流量 L/min
				高度/mm	位置		
Ni	232.0	2	0.2	6.5	横向	6.5	1.3
Zn	213.9	2	0.4	6	转角 30°	6.5	1.0
Cu	324.7	2	0.4	6	转角 30°	6.5	1.0
In	303.9	2	0.4	5	转角 5°	5	0.4

参 考 文 献

[1] GB/T 1467—1978 冶金产品化学分析方法标准的总则及一般规定

[2] GB/T 7728—1987 冶金产品化学分析 火焰原子吸收光谱法通则

[3] GB/T 7729—1987 冶金产品化学分析 分光光度法通则

ICS 29.120.99
K 14

中华人民共和国国家标准

GB/T 24269—2009

铜铬铁电触头技术条件

Specification for CuCrFe electric contact material

2009-06-19 发布 2010-02-01 实施

中华人民共和国国家质量监督检验检疫总局
中国国家标准化管理委员会 发布

前言

本标准的附录A为资料性附录。

本标准由中国电器工业协会提出。

本标准由全国电工合金标准化技术委员会(SAC/TC 228)归口。

本标准负责起草单位:桂林电器科学研究所、温州宏丰电工合金有限公司。

本标准参加起草单位:陕西斯瑞工业有限责任公司、陕西宝光真空电器股份有限公司。

本标准主要起草人:陈乐生、谢永忠、陈晓、王小军、赵俊、王文静、张岚、崔得锋。

铜铬铁电触头技术条件

1 范围

本标准规定了铜铬(45)铁(5)电触头(以下简称为电触头)的技术要求、试验方法、检验规则、标志、包装、运输和贮存。

本标准适用于采用真空浸渍法生产的电触头。本产品主要应用于真空开关用真空灭弧室。

2 规范性引用文件

下列文件中的条款通过本标准的引用而成为本标准的条款。凡是注日期的引用文件,其随后所有的修改单(不包括勘误的内容)或修订版均不适用于本标准,然而,鼓励根据本标准达成协议的各方研究是否可使用这些文件的最新版本。凡是不注日期的引用文件,其最新版本适用于本标准。

GB/T 2828.1—2003 计数抽样检验程序 第1部分:按接收质量限(AQL)检索的逐批检验抽样计划(ISO 2859-1:1999,IDT)

GB/T 5587 银基电触头材料基本形状、尺寸、符号及标准

JB/T 5351 真空开关触头材料基本性能试验方法

JB/T 6237.3 电触头材料用银粉化学分析方法 第3部分:邻菲罗啉分光光度法测定铁量

JB/T 7098 铜铬触头材料技术条件

JB/T 8443(所有部分) 铜铬触头材料化学分析方法

JB/T 8985 电触头材料金相检验方法

3 牌号及规格尺寸

3.1 牌号中符号代表的意义

牌号中符号的意义如图1所示。

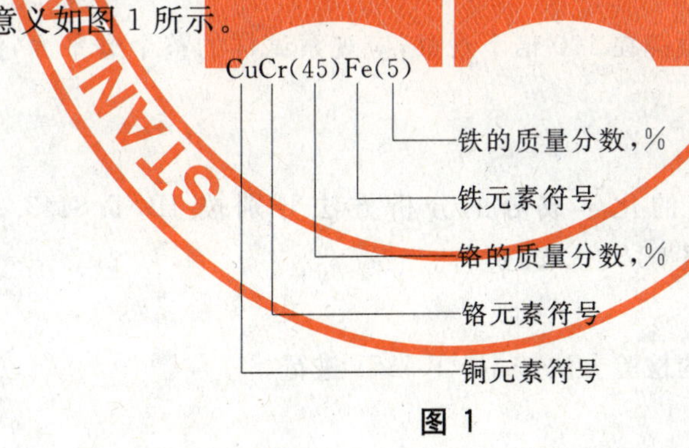

图1

3.2 规格尺寸

电触头的规格尺寸由供需双方商定。

4 技术要求

4.1 尺寸及其公差

电触头的具体尺寸及其公差由供需双方商定。

4.2 外观

4.2.1 电触头端面及外圆面经机械加工后,不允许出现划伤、凹坑、气孔、夹杂、裂纹、掉块等缺陷。

4.2.2 不应出现用10倍放大镜能观察到的任何铜、铬、铁富集相。

4.3 金相组织

4.3.1 电触头的金相组织应分布均匀，金相组织图例参见附录A。

4.3.2 电触头的毛坯及经机加工后的表面，不允许有裂纹、掉块及长度大于150 μm的气孔、夹杂等缺陷，不允许有划伤以及大于或等于1 mm^2 的富集铬相、富集铜相或富集铁相；最多允许有三处小于1 mm^2 的富集相，但富集相之间的距离不得小于15 mm。

4.3.3 在金相试样整个磨平面上不允许有长度大于或等于150 μm的气孔或夹杂物；当气孔或夹杂物长度大于或等于80 μm而小于150 μm时，在1 cm^2 的磨平面内不超过三处。

4.4 化学成分和物理力学性能

触头材料的化学成分和物理力学性能应符合表1的要求。

表1

产品名称	代表符号	化学成分(质量分数)/%					物理力学性能		
		Fe	Cr	Cu	气体含量		硬度 HB	密度 g/cm^3	电导率 MS/m
					氧含量	氮含量			
铜铬(45)铁(5)	CuCr(45)Fe(5)	2.0～5.0	45.0～48.0	余量	＜0.050	＜0.004	≥100	≥7.90	≥12

5 试验方法

5.1 尺寸及其公差

电触头产品尺寸、毛刺用读数精度0.02 mm游标卡尺及读数精度0.01 mm的千分尺或用其他同等精度的仪器或工具检测。

5.2 外观

电触头的外观质量用肉眼或10倍放大镜观测。

5.3 金相组织

电触头的显微组织用金相显微镜在100倍下观察，应观察试样的整个磨平面，测量不少于20个不重复视场，样品无需腐蚀。

5.4 成分分析

5.4.1 触头材料中铜、铬和铁的化学成分的分析方法分别按JB/T 8443.2、JB/T 8443.1和JB/T 6237.3进行。气体含量参照JB/T 5351进行。

5.5 物理力学性能

电触头的密度、硬度、电导率的检验方法按JB/T 5351进行。

6 检验规则

6.1 组批

触头材料在发货前应成批进行检测，同一批原材料和同一种工艺下连续生产的产品为一批。

6.2 抽样及合格判定

6.2.1 尺寸、宏观组织、外观质量每批按100%检验，按件判定。

6.2.2 化学成分、硬度、密度和电导率的检验按GB/T 2828.1—2003要求，以正常检验二次抽样方案特殊检验水平S-2进行，接收质量限(AQL)10，参照表2。

表 2

<table>
<tr><th rowspan="3">批量</th><th colspan="4">特殊检验水平 S-2</th><th colspan="2">接收质量限(AQL)</th></tr>
<tr><th rowspan="2">样本量字码</th><th rowspan="2">样　本</th><th rowspan="2">样本量</th><th rowspan="2">累计样本量</th><th colspan="2">10 级</th></tr>
<tr><th>Ac</th><th>Re</th></tr>
<tr><td>1～25</td><td>A</td><td></td><td></td><td></td><td colspan="2" rowspan="4">↓</td></tr>
<tr><td>26～50</td><td rowspan="3">B</td><td rowspan="3">第一
第二</td><td rowspan="3">2
2</td><td rowspan="3">2
4</td></tr>
<tr><td>51～90</td></tr>
<tr><td>91～150</td></tr>
<tr><td>151～280</td><td rowspan="3">C</td><td rowspan="3">第一
第二</td><td rowspan="3">3
3</td><td rowspan="3">3
6</td><td rowspan="3">0
1</td><td rowspan="3">2
2</td></tr>
<tr><td>281～500</td></tr>
<tr><td>501～1 200</td></tr>
<tr><td>1 201～3 200</td><td>D</td><td>第一
第二</td><td>5
5</td><td>5
10</td><td>0
3</td><td>3
4</td></tr>
<tr><td colspan="7">注：↓——使用箭头下面的第一抽样方案，如果样本大小大于或等于批量时，整批 100%进行检验。Ac——接收数。Re——拒收数。</td></tr>
</table>

6.2.3　金相组织、气体含量每批检验 1 片，若不合格再抽取 2 片，2 片合格则合格，2 片中有 1 片或 1 片以上不合格则整批产品为不合格。

6.3　申诉

用户对收到的产品按本标准进行检验，如检验结果不符合本标准要求，可在收到产品之日起二个月内向制造商提出，供需双方协商解决。

7　标志、包装、送输、储存

7.1　标志

每批产品出厂时应附有产品质量保证书、性能测试报告单及装箱单，产品质量保证书应标明：

a)　产品名称、数量、规格、批号；

b)　产品标准编号；

c)　化学成分、物理力学性能；

d)　出厂日期；

e)　制造厂名称；

f)　检验员印鉴和检验部门印鉴。

7.2　包装

产品毛坯用塑料袋密封包装，每袋装入 1～2 片触头；零件用真空包封，每袋装入 1～2 片触头。外包装用木箱或纸箱，木箱每箱重量不超过 30 kg，纸箱每箱重量不超 15 kg，箱外应标注干燥、防潮、防腐蚀标记。

7.3　运输、贮存

产品在运输过程中应避免剧烈震动，产品应放在干燥通风，防腐蚀介质侵入的场所。

附　录　A
（资料性附录）
金相组织参考图例

图 A.1 可作为电触头材料金相组织对照参考。

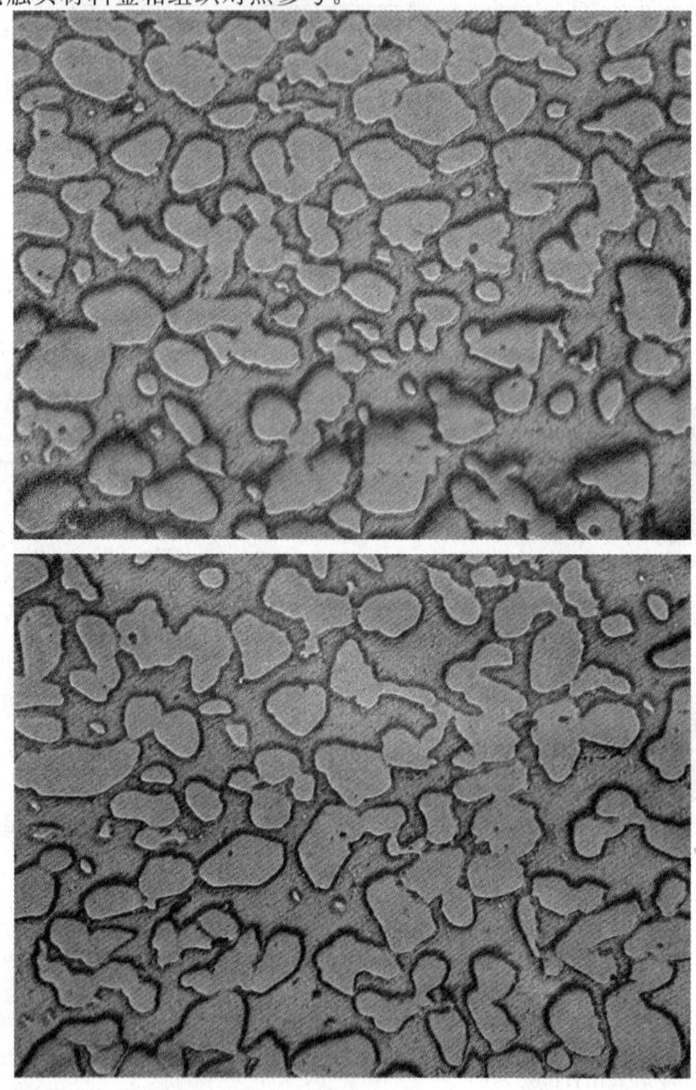

图 A.1

ICS 29.030
K 14

中华人民共和国国家标准

GB/T 24270—2009

永磁材料磁性能温度系数测量方法

Method of measurement of temperature coefficient of magnetic properties of permanent magnetic materials

2009-06-19 发布　　2010-02-01 实施

中华人民共和国国家质量监督检验检疫总局
中国国家标准化管理委员会　发布

前 言

本标准由中国电器工业协会提出。

本标准由全国电工合金标准化技术委员会(SAC/TC 228)归口。

本标准起草单位:桂林电器科学研究所、中国计量科学研究院。

本标准主要起草人:谢永忠、林安利、贺建、陈京生、詹亚萍、崔得锋。

永磁材料磁性能温度系数测量方法

1 范围

本标准规定了在闭合磁路中永磁材料剩磁和内禀矫顽力温度系数的测量方法。

本标准适用于各类永磁材料磁性能温度系数的测量。

2 规范性引用文件

下列文件中的条款通过本标准的引用而成为本标准的条款。凡是注日期的引用文件,其随后所有的修改单(不包括勘误的内容)或修订版均不适用于本标准,然而,鼓励根据本标准达成协议的各方研究是否可使用这些文件的最新版本。凡是不注日期的引用文件,其最新版本适用于本标准。

GB/T 3217—1992 永磁(硬磁)材料磁性试验方法

GB/T 9637 电工术语 磁性材料与元件

3 术语和定义

GB/T 9637 确立的以及下列术语和定义适用于本标准。

3.1

剩磁温度系数 temperature coefficient of remanence $\boldsymbol{\alpha}(\boldsymbol{B}_r)$

由于温度变化而引起剩磁的相对变化与温度变化之比。

$$\alpha(B_r)=\frac{B_r(T_2)-B_r(T_1)}{B_r(T_1)\cdot(T_2-T_1)} \qquad (1)$$

式中:

$\alpha(B_r)$——剩磁温度系数,单位为%/K;

T_1——基础温度,单位为开(K);

T_2——温度变化的上限温度,单位为开(K);

$B_r(T_1)$——温度 T_1 时的剩磁,单位为特(T);

$B_r(T_2)$——温度 T_2 时的剩磁,单位为特(T)。

3.2

内禀矫顽力温度系数 temperature coefficient of intrinsic coercivity $\boldsymbol{\alpha}(\boldsymbol{H}_{cJ})$

由于温度变化而引起内禀矫顽力的相对变化与温度变化之比。

$$\alpha(H_{cJ})=\frac{H_{cJ}(T_2)-H_{cJ}(T_1)}{H_{cJ}(T_1)\cdot(T_2-T_1)} \qquad (2)$$

式中:

$\alpha(H_{cJ})$——内禀矫顽力的温度系数,单位为%/K;

T_1——基础温度,单位为开(K);

T_2——温度变化的上限温度,单位为开(K);

$H_{cJ}(T_1)$——温度 T_1 时的内禀矫顽力,单位为安每米(A/m);

$H_{cJ}(T_2)$——温度 T_2 时的内禀矫顽力,单位为安每米(A/m)。

4 测量装置

4.1 闭合磁路测量装置

在闭合磁路中测量剩磁 B_r 和内禀矫顽力 H_{cJ} 的测量装置如图 1 所示。

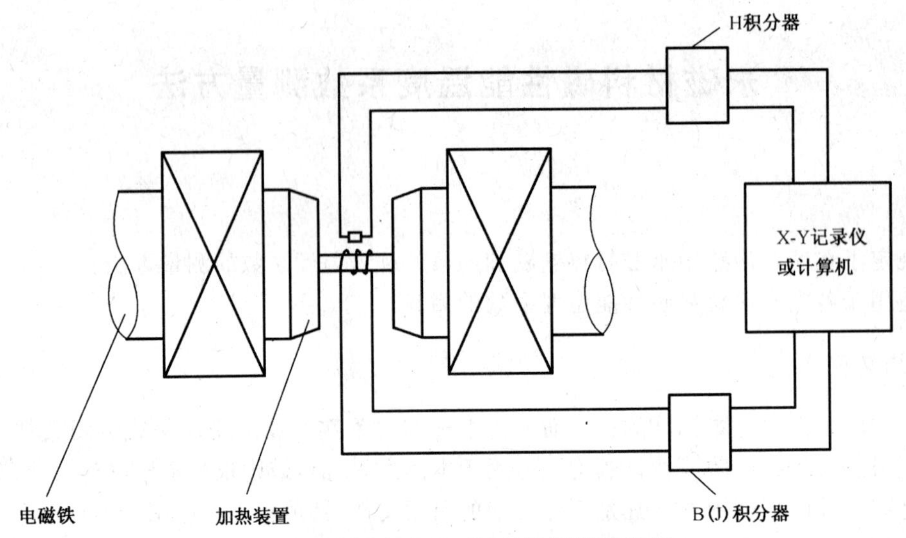

图 1 磁通密度和磁场强度测量装置

4.2 磁化装置

测量装置中用于磁化试样的电磁铁或磁导计应符合 GB/T 3217—1992 中 5.1 的规定。

4.3 磁通积分器

测量装置中对于磁通积分器的规定按 GB/T 3217—1992 的 5.3 和 5.4。

5 加热及测温装置

5.1 加热装置

在闭合磁路中测量温度系数推荐采用图 2 所示的加热装置。

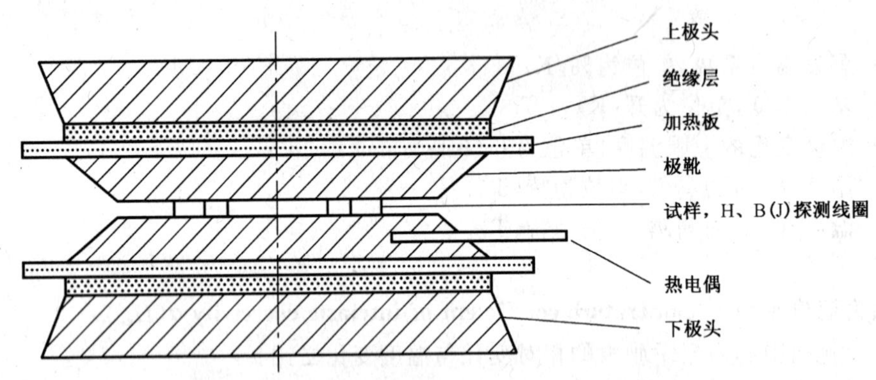

图 2 在闭合磁路中测量温度系数的加热装置

5.2 测温元件

本标准推荐采用热电偶测量温度，温度测量精度应不低于±0.5 ℃。

6 试样

试样的形状、尺寸和其他要求按 GB/T 3217—1992 中 5.2 的规定。

7 测量方法

7.1 温度测量范围

温度系数的温度测量范围按相关的产品标准规定或供需双方商定，推荐的温度测量范围为 273 K～373 K。

7.2 试样的磁化

测量前应将试样磁化至饱和，最低饱和磁化场的选择参见 GB/T 3217—1992 中的附录 B。

7.3 试样的温度循环

测量前应对试样进行温度循环处理，即将试样从温度 T_1 加热到高出温度 T_2 20 K 后再自然冷却至室温。这种温度循环至少进行一次。

7.4 测量过程

对经过 7.2 和 7.3 处理的试样，按照 GB/T 3217—1992 的 5.5.2 测量出 T_1 和 T_2 时的 B_r 和 H_{cJ}。

8 数据处理

分别按式(1)和式(2)计算 $\alpha(B_r)$ 和 $\alpha(H_{cJ})$。

9 测试报告

测试报告应包括如下内容：

——试样编号；

——试样的材料牌号；

——试样的形状尺寸；

——测量装置；

——测量的温度范围；

——$\alpha(B_r)$ 和 $\alpha(H_{cJ})$ 值；

——测试人员及校验人签字；

——测试日期。

参 考 文 献

［1］ IEC TR 61807:1999 Magnetic properties of magnetically hard materials at elevated temperatures—Method of measurement.

ICS 29.120.20
H 21

中华人民共和国国家标准

GB/T 24271—2009

热双金属条形元件技术条件

Specification for strip component of thermostat metals

2009-06-19 发布　　2010-02-01 实施

中华人民共和国国家质量监督检验检疫总局
中国国家标准化管理委员会　发布

前　言

本标准由中国电器工业协会提出。

本标准由全国电工合金标准化技术委员会(SAC/TC 228)归口。

本标准起草单位:上海运和电器有限公司、宝山钢铁股份有限公司、上海电科电工材料有限公司、桂林电器科学研究所、佛山精密电工合金有限公司。

本标准主要起草人:冯运福、张忠民、陆尧、沈忆、霍志文、谢永忠。

热双金属条形元件技术条件

1 范围

本标准规定了热双金属条形元件的术语及定义、订货内容、尺寸、外形、技术要求、试验方法、检验规则、包装、标记及质量证明书等内容。

本标准适用于热继电器、断路器等低压电器的热双金属条形元件(以下简称元件)，也可适用于在其他场合使用的热双金属条形元件。

2 规范性引用文件

下列文件中的条款通过本标准的引用而成为本标准的条款。凡是注日期的引用文件，其随后所有的修改单(不包括勘误的内容)或修订版均不适用于本标准，然而，鼓励根据本标准达成协议的各方研究是否可使用这些文件的最新版本。凡是不注日期的引用文件，其最新版本适用于本标准。

GB/T 2828.1—2003　计量抽样检验程序　第1部分：按接收质量限(AQL)检索的逐批检验抽样计划(ISO 2859-1:1999,IDT)

GB/T 2900.4　电工术语　电工合金

GB/T 4461　热双金属带材

GB/T 5987　热双金属温曲率试验方法

GB/T 6146　精密电阻合金电阻率测试方法

GB/T 8364　热双金属热弯曲试验方法

JB/T 7131　热双金属横向弯曲试验方法

3 术语及定义

GB/T 2900.4 确立的以及下列术语和定义适用于本标准。

3.1

热双金属条形元件　strip component of thermostat metal

由热双金属制成的热敏感元件。其外形特征是长度明显地大于宽度和厚度，元件呈条片状，受热时其变形主要为纵向挠曲。

3.2

元件单位挠度　specific deflection of component

元件受热时，温度变化1 ℃，其自由端的挠度。

4 订货内容

按本标准订货的合同或订单应包括下列内容：

a) 标准编号；

b) 产品名称；

c) 牌号；

d) 尺寸；

e) 数量(片或套)及重量；

f) 标记；

g) 包装；

h） 特殊要求。

5 元件分类及代号

5.1 元件分类

元件按所属产品分类，在同一种产品中的元件按脱扣电流值分类。也可由供需双方协商确定。

5.2 元件代号

元件代号如图1所示。

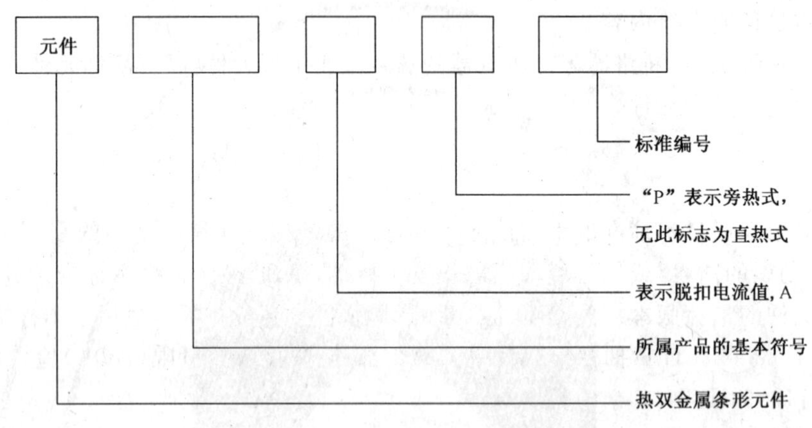

图 1

示例1：用于JR16B-20热继电器中的动作片：JR16B-20-20 JB 5802；

示例2：用于JR16B-20热继电器中的补偿片：JR16B-20-20P JB 5802；

示例3：用于DZ12-60自动开关中的元件，动作片脱扣电流6 A：DZ12-60-6 JB 5802。

6 尺寸、外形

6.1 尺寸、外形及允许偏差

元件的尺寸和允许偏差应符合产品图纸的规定。

6.2 平直度

元件应平直无扭曲。元件平直度应符合产品图纸规定。

7 技术要求

7.1 表面质量

表面应平滑、无油污。不允许出现波状纹、剥落、裂纹、气泡、锈斑、毛刺、严重划伤和氧化。

7.2 轧制方向

元件的纵向一般为热双金属带材的轧制方向，其他方向的元件技术要求由供需双方商定。

7.3 标识

元件的被动层上应有明确耐久的标识，用户如有特殊标识要求，应在订货时提出，由供需双方商定。

7.4 结合层

元件的组元层之间应结合牢固，不应存在分层。

7.5 物理性能

元件的比弯曲或温曲率、电阻率采用带材的数值并应符合GB/T 4461的技术要求或由供需双方商定。

7.6 热稳定化处理

元件应进行热稳定化处理，以消除热双金属材料生产过程和元件制作加工过程中的内应力，确保元件工作的稳定和可靠。在热处理时，元件应不受外加约束，热处理工艺参照GB/T 4461的规定，热处理条件由供需双方商定。

8 试验方法

8.1 尺寸及公差

元件的厚度用精度为0.002 mm的千分尺测量,其他尺寸用精度为0.02 mm的游标卡尺或相同精度的其他工具测量。

8.2 表面质量

元件外观及表面质量在自然光下目测。

8.3 平直度

元件纵向平直度参照JB/T 7131测量。

8.4 物理性能

8.4.1 元件比弯曲按GB/T 8364测量。

8.4.2 元件温曲率按GB/T 5987测量。

8.4.3 元件电阻率按GB/T 6146测量。

9 检验规则

9.1 组批

元件的质量检验由生产单位的质量部门按批次组织进行。每批应为同一炉批热双金属带材、同一制造工艺、连续生产的同一规格产品。

9.2 抽样方案

9.2.1 外观质量检验每批100%。

9.2.2 尺寸的检验按GB/T 2828.1—2003的规定,采取二次正常检验抽样方案,Ⅰ级一般检验水平,接收质量限AQL为1.0。

9.2.3 平直度的检验按GB/T 2828.1—2003的规定,采取二次正常检验抽样方案,S-1特殊检验水平,接收质量限AQL为1.0。

9.3 复验

在第一次抽检中,如只是其中某一项性能不符合要求,则在进行第二次抽检时,可以只复检该项不合格的性能。如同一产品中存在几项性能不符合要求,在进行第二次抽检时,应对该几项性能同时进行复检。

9.4 不合格批的处理

允许对被判不合格的产品批次进行逐件检验,挑选合格产品。

10 包装、标志、质量证明书、贮存和运输

10.1 包装

10.1.1 元件成品按规格分别装盒(箱),排列整齐,方向一致。应用防锈纸或真空封装,防止生锈、运输挤压。

10.1.2 每批内应附有质量保证书。

10.1.3 产品发运时应装于包装箱内,用松软的材料填实。包装箱应符合运输部门的要求。箱内应附有装箱单或清单、质量保证书。

10.2 标志

包装盒(箱)外应标明:

——制造厂名称或商标;

——产品名称、型号;

——产品数量。

10.3 质量保证书

质量保证书应写明:元件的名称或代号、材料牌号、性能、数量、生产日期。

10.4 贮存和运输

元件成品应贮存在干燥仓库的架子上或真空贮存器中,不允许在元件上放置重物以免元件受压。

ICS 29.120.20
H 21

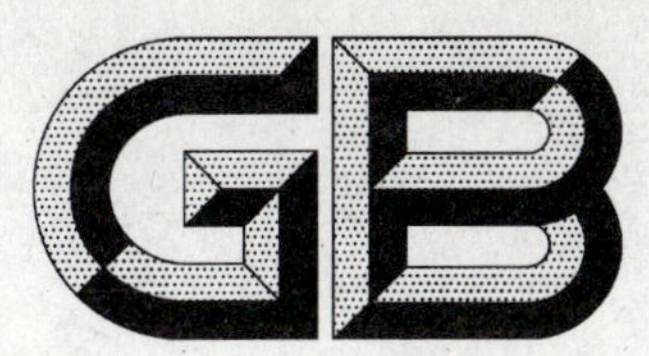

中华人民共和国国家标准

GB/T 24272—2009

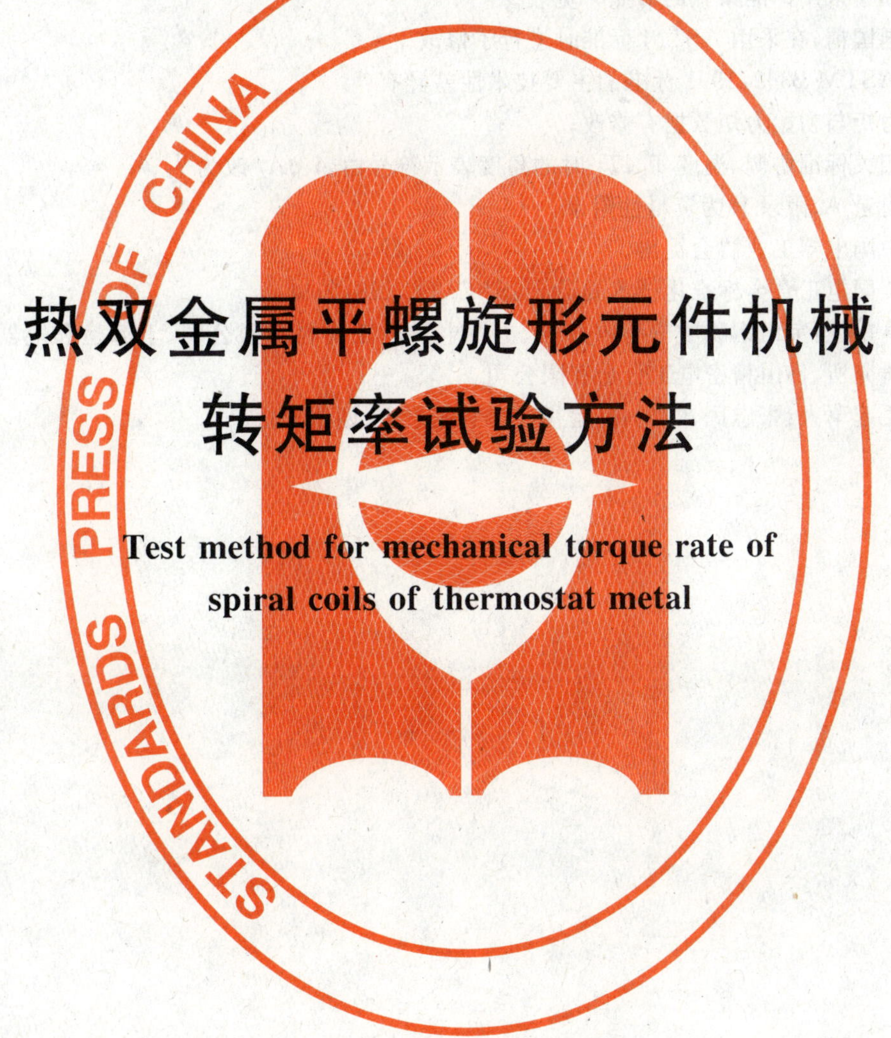

热双金属平螺旋形元件机械转矩率试验方法

Test method for mechanical torque rate of spiral coils of thermostat metal

2009-06-19 发布 2010-02-01 实施

中华人民共和国国家质量监督检验检疫总局
中国国家标准化管理委员会 发布

前言

本标准修改采用 ASTM B362:1991(2003 年复审确认)《热双金属平螺旋形元件机械转矩率试验方法》。

本标准根据 ASTM B362:1991(2003 年复审确认)重新起草。为了方便比较,在资料性附录 A 中列出了本标准和被采用标准条款的对照一览表。

考虑到我国国情,在采用 ASTM 标准时进行了修改。

本标准与 ASTM B362:1991 标准的主要技术性差异有:

——试验力矩与初始力矩数据有修改;

——为与相关标准协调,温度 T_1、T_2 时的角度表示符号由 A_1、A_2 改为 ϕ_1、ϕ_2。

本标准的附录 A、附录 B 为资料性附录。

本标准由中国电器工业协会提出。

本标准由全国电工合金标准化技术委员会(SAC/TC 228)归口。

本标准起草单位:宝山钢铁股份有限公司、上海电科电工材料有限公司、上海运和电器有限公司、桂林电器科学研究所、佛山精密电工合金有限公司。

本标准主要起草人:张忠民、陆尧、冯运福、沈忆、霍志文、谢永忠。

热双金属平螺旋形元件机械转矩率试验方法

1 范围

本标准规定了热双金属平螺旋形元件机械转矩率测量的原理、方法和设备要求。

本标准适用于测定热双金属平螺旋形元件的机械转矩率。也适用于精确地测定其他材料平螺旋形元件的机械转矩率。可用于确定热双金属平螺旋元件的机械力。

本标准可在给定机械力矩情况下,确定材料的最优厚度和长度。

本标准可用于热双金属的质量测试以确定接收或拒收。

2 规范性引用文件

下列文件中的条款通过本标准的引用而成为本标准的条款。凡是注日期的引用文件,其随后所有的修改单(不包括勘误的内容)或修订版均不适用于本标准,然而,鼓励根据本标准达成协议的各方研究是否可使用这些文件的最新版本。凡是不注日期的引用文件,其最新版本适用于本标准。

GB 2900.4　电工术语　电工合金

GB 4461　热双金属带材

3 术语、定义和代号

GB/T 2900.4 确立的以及下列术语和定义适用于本标准。

3.1

平螺旋形元件　spiral coil

由热双金属窄带顺其长度方向使其侧边保持在垂直于轴平面上螺旋盘绕而成的元件。

3.2

机械转矩率　mechanical torque rate

转矩对偏转角度的比率。用来衡量热双金属平螺旋形元件的刚性。代号为 M。

4 测量原理

向热双金属平螺旋形元件施加一转矩,测量由此而引起的角度偏转。所施加的转矩不能超过平螺旋形元件的弹性极限。

热双金属平螺旋形元件机械转矩率由式(1)计算:

$$M=\frac{PL}{\phi_2-\phi_1} \qquad \cdots\cdots(1)$$

式中:

M——机械转矩率,单位为(N·m/1°);

P——试验负荷,单位为(N);

L——力臂,单位为(m);

ϕ_1——初始力矩下的角度位置,单位为(°);

ϕ_2——施加试验力矩后的角度位置,单位为(°)。

5 测量装置

图 1 所示的测量装置主要包括 5.1～5.6 所述内容。

5.1 量角器

用于测量向平螺旋形元件施加转矩后的角度位置，其最小分度为 0.5°。

5.2 试样夹

试样夹是一种安装在量角器中心上用于固定平螺旋形元件试样的轴，其形状宜为圆截面的，其直径应尽可能大，但在试验过程中，向试样施加转矩后，轴的外圆不能与试样的内圈相接触。通过轴心在轴的径向开一个槽，槽与轴外圆相交处应锋利。槽的深度应大于试样的宽度，槽的宽度通常应稍小于试样的材料厚度。这样可使试样的内端在固定时恰好推入并使其整个宽度夹紧在槽中而不发生相对移动。槽的位置应使试样在固定后与试样夹的旋转中心同心。

5.3 负荷杆

负荷杆是一种能以试样夹中心线为轴心灵活转动的杆，一端带有指针，用于指示角度位置。

5.4 施荷杆

是一种用于向试样外端施加转矩的圆截面的杆，其直径约为 2 mm。施荷杆的中心线到试样夹的中心线的距离为 L_1。

5.5 砝码

采用四等感量砝码悬挂在距试样夹中心线 L 处的负荷杆上，用于产生力矩。

5.6 基准指针

基准指针的尖端与试样夹的中心线应位于同一水平面上。

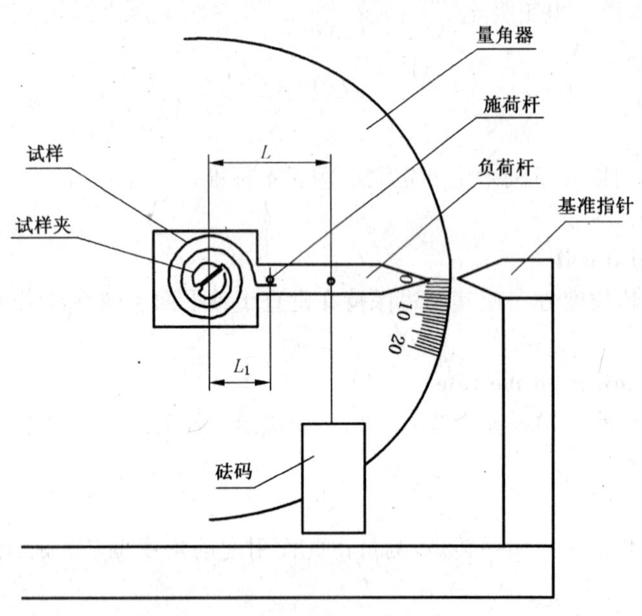

图 1 测量装置原理示意图

6 取样

6.1 标准试样

用于平螺旋形元件机械转矩率试验的试样，其取样应保证能代表批量平螺旋形元件的性能。用于材料质量控制的试样，由成品材料制成。取样应包括在带材不同宽度上裁取的材料。取样的数量和方式应由供需双方商定。

6.2 稳定化处理

在所有成形加工完成之后并在试验开始之前应对试样进行稳定化热处理，以消除内应力。在热处理期间，试样应不受外加约束，使其可自由偏转。热处理工艺过程按 GB 4461 的规定执行，有特殊要求时，由供需双方商定。

7 试验程序

7.1 试样的夹装

将试样安装在试样夹上并进行调整，使试样内圈与试样夹处于同一中心。为减小摩擦力的影响，抖动测量装置。

7.2 施加初始力矩

在施加试验力矩之前，向试样施加初始力矩。旋转量角器使负荷杆一端的指针对准基准指针，记录角度位置。初始力矩的大小根据表1确定，有特殊要求时，由供需双方商定。初始力矩的精度应为±2.0%。

表1

单位为牛顿·米

试验力矩	初始力矩
8×10^{-3}～28×10^{-3}	4×10^{-3}
28×10^{-3}～88×10^{-3}	8×10^{-3}

7.3 施加试验力矩

向试样施加试验力矩，旋转量角器，使负荷杆一端的指针对准基准指针，记录角度位置。试验力矩尽可能大，但所施之试验力矩不能使试样各圈间相互接触，也不能超出平螺旋形元件的弹性极限。对于紧密绕制的平螺旋形元件以及低机械转矩率的平螺旋形元件，在试验期间各圈间可能会有接触，这种情况应在试验报告中指出。试验力矩的精度应不低于0.5%。

7.4 校核

去掉试验力矩，检查由初始力矩所产生的角度位置，如果有偏差，重新施加试验力矩，直到连续两次由试验力矩所产生的角度偏转相同为止。

7.5 角度测量精度

角度位置的读数精度应不低于0.25°。

7.6 计算

按公式(1)计算机械转矩率。

7.7 试验环境要求

在试验期间应保持试验室的温度基本恒温。

8 试验报告

报告应包括下列内容：

——产品型号、规格；

——产品制造单位或送检单位；

——试样的尺寸参数；

——试验温度；

——试样夹尺寸；

——施荷杆的尺寸；

——施荷杆的位置(L_1)；

——初始力矩；

——试验力矩；

——机械转矩率；

——试验和校核人员；

——检验单位的印鉴；

——检验日期。

附 录 A
（资料性附录）
本标准章条编号与 ASTM B362:1991(2003 年复审确认)章条编号的对照

表 A.1 本标准章条编号与 ASTM B362:1991(2003 年复审确认)章条编号的对照一览表

本标准章条编号	ASTM B362:1991(2003 年复审确认)章条编号
1	1.1、4.1、4.2、4.3
—	1.2、1.3
2	—
3	2
4	3
—	5.1
5.1	5.1.2
5.2	5.1.1
5.3、5.4、5.5、5.6	—
6.2	7.1
7.1	7.2.1
7.2	7.2.2
7.3	7.2.3
7.4	7.2.4
7.5、7.7	7.2.5
7.6	8
8	9.1
—	10
附录 A	—
附录 B	—

附 录 B
（资料性附录）
本标准与 ASTM B362:1991(R2003)技术性差异及其原因

表 B.1 给出了本标准与 ASTM B362:1991(R2003)的技术性差异及其原因的一览表。

表 B.1 本标准与 ASTM B362:1991(R2003)的技术性差异及其原因

本标准章条编号	技术性差异	原 因
7.2(表 1)	将 ASTM 标准中的力矩值范围换算成国际单位后取整或略为拓宽	适合我国的试验仪器

ICS 29.120.99
K 14

中华人民共和国国家标准

GB/T 24273—2009

电触头材料电性能试验方法

Test method for electrical properties of electrical contact materials

2009-06-19 发布

2010-02-01 实施

中华人民共和国国家质量监督检验检疫总局
中国国家标准化管理委员会 发布

前言

本标准由中国电器工业协会提出。

本标准由全国电工合金标准化技术委员会(SAC/TC 228)归口。

本标准负责起草单位:桂林电器科学研究所、福达合金股份有限公司、温州聚星银触点有限公司。

本标准参加起草单位:桂林金格电工电子材料科技有限公司、中希合金有限公司、广州市银玑电工合金有限公司、温州宏丰电工合金有限公司、佛山精密电工合金有限公司、浙江乐银合金有限公司。

本标准负责起草人:谢永忠、陈京生、柏小平、马大号。

本标准参加起草人:郑元龙、吴新合、王长明、张晓辉、李恒、侯月宾、王永顺、陈静。

电触头材料电性能试验方法

1 范围

本标准规定了低压电器用电触头材料在直流 100 V 以下、交流 400 V 以下、电流 30 A 以下的电磨损、电寿命、接触电阻、温升等电性能的试验方法。

本标准适用于在相同试验条件下不同电触头材料间的性能对比。

2 规范性引用文件

下列文件中的条款通过本标准的引用而成为本标准的条款。凡是注日期的引用文件,其随后所有的修改单(不包括勘误的内容)或修订版均不适用于本标准,然而,鼓励根据本标准达成协议的各方研究是否可使用这些文件的最新版本。凡是不注日期的引用文件,其最新版本适用于本标准。

GB/T 2900.4 电工术语 电工合金

GB/T 2900.18 电工术语 低压电器

3 术语及定义

本标准除采用 GB/T 2900.4 和 GB/T 2900.18 中的术语外,还采用以下术语。

3.1

电磨损量 electrical wear extent

在给定的试验条件下,电触头经若干次分断后受电弧、机械和化学等作用而损失的质量。

3.2

失效 failure

在给定的试验条件下,试验中电触头不能可靠地分断(熔焊、咬合),或动、静触头接触时其间的压降超过主电路电源电压的 10%时。

3.3

电寿命 electrical life

在给定的试验条件下,试验至电触头失效时的分断次数。

4 试验设备

4.1 动力及机械传动装置

4.1.1 总则

4.1.1.1 动、静触头的相对运动可采用气动、电磁力推动或凸轮推动等方式实现,无论采取哪种方式,均应满足 4.1.2~4.1.4 的要求。

4.1.1.2 试验设备既可供一对触头试验,也可供多对(一对以上)触头试验,多对触头试验时,各对触头的分断力、闭合力等试验参数与平均值之差不应超过平均值的±5%。

4.1.2 定位装置

试验设备应有定位调整功能,以保证动、静触头正对接触,并在试验中不致松动、移位。

4.1.3 开距调节装置

动静触头的开距应能在 0.5 mm~20 mm 范围内连续可调。

4.1.4 分断力、闭合力调节装置

分断力、闭合力应可调,推荐的调节范围为 0.098 N~4.9 N。

4.2 电气参数调节装置

4.2.1 电压、电流调节装置

试验电压、电流应可调，推荐的数值如表1所示。

表1 推荐的试验电压、电流值

直流	电压/V	5,6,9,12,24,36,48,100
	电流/A	0.1～30
交流	电压/V	6,12,24,36,48,110,220,380
	电流/A	0.1～30

用户另有要求的则按用户提供的数值。

4.2.2 功率因数调节装置

功率因数应能在0.35～1.0范围内调节。用户另有要求的则按用户提供的数值。

4.2.3 每小时的循环次数

本标准推荐在试验时每小时的循环次数在下列数值中选取：

6,30,120,600,1 200,1 800,3 600,7 200,12 000,18 000,36 000。

用户另有要求的则按用户提供的数值。

4.2.4 负载

负载可为阻性负载、感性负载、容性负载或非线性负载，功率因数应满足4.2.2的要求。除非用户另有要求，推荐采用阻性负载(交流时功率因数为0.9～1.0，直流时$L/R<1$ ms)。

4.2.5 负载比

除非用户另有要求，负载比(负载因数)应在下列数值中选取：

10%，15%，25%，33%，40%，50%，60%。

4.3 测控装置

4.3.1 电气参数测控装置

4.3.1.1 电压测试

电压(直流或交流)测试误差不应超过±2%。

4.3.1.2 电流测试

电流(直流或交流)测试误差不应超过±2%。

4.3.1.3 功率因数

功率因数测试误差不应超过±2%。

4.3.1.4 接触电阻

接触电阻测试误差不应超过±2%。

4.3.1.5 温升

连续试验30 min后测试，测试误差不应超过±2%。

4.3.1.6 记录

记录装置应能自动记录和保存试验电压、电流、功率因数、接触电阻、温升、熔焊、粘结次数等试验数据，必要时应能输出、打印。触头失效时，试验应能自动停止。

5 试样

试样应为片状或铆钉型触头，试验前焊接或铆接在触头座或簧片上。

6 试验

6.1 试验条件

6.1.1 环境条件

6.1.1.1 除非用户另有要求，试验应在温度15 ℃～35 ℃，相对湿度45%～75%，大气压力86 kPa～

106 kPa 下进行。

6.1.1.2 试验环境应避免灰尘和其他污染。

6.1.2 试验电源条件

6.1.2.1 交流电源应为 50 Hz 或 60 Hz 的正弦波电源,其容许偏差为:

——波形畸变因数不大于 5%;

——频率偏差不大于±5%。

6.1.2.2 直流电源可采用发电机、蓄电池或稳压电源。

6.1.2.3 试验过程中,当触点接通负载时,试验电源电压的波动相对于空载电压应不大于 5%。

6.2 试验方案

试验既可按可靠性验证试验(规定循环次数)也可按寿命试验(失效前的循环次数)。

6.3 试验前的准备

6.3.1 将试样铆接或焊接在触头座上,清洗、烘干后用感量为 0.1 mg 的分析天平称其质量并记录。

6.3.2 将试样(含座)固定在试验设备上。

6.3.3 调节电流、电压、分断力、闭合力、开距、功率因数、循环次数等试验参数至设定值。

6.4 试验后的检测

清洗、烘干触头(含座),并称量、记录其质量。

7 试验记录与试验报告

7.1 试验记录

推荐采用表 2 所示试验记录。

表 2 试验记录

产品型号名称：
试验环境温度__________℃湿度__________% 测试号：
试验日期和时间：

试验条件： 电压：DC V； 闭合力： N；分断力： N；
AC V； 负载比：
电流： A； 接触频率： 次/分；功率因数： ；

<table>
<tr><th rowspan="3">编号</th><th rowspan="3">装位</th><th colspan="9">试 验 结 果</th></tr>
<tr><th rowspan="2">每个损耗
mg</th><th rowspan="2">每对损耗
mg</th><th rowspan="2">三对平均损耗
mg</th><th colspan="4">接触电阻/mΩ</th><th rowspan="2">熔焊
（次）</th><th rowspan="2">粘结
（次）</th></tr>
<tr><th>试验前</th><th>试验后</th><th>试验前平均</th><th>试验后平均</th></tr>
<tr><td rowspan="2">1</td><td>动</td><td></td><td rowspan="2"></td><td rowspan="6"></td><td rowspan="2"></td><td rowspan="2"></td><td rowspan="6"></td><td rowspan="6"></td><td rowspan="2"></td><td rowspan="2"></td></tr>
<tr><td>静</td><td></td></tr>
<tr><td rowspan="2">2</td><td>动</td><td></td><td rowspan="2"></td><td rowspan="2"></td><td rowspan="2"></td><td rowspan="2"></td><td rowspan="2"></td></tr>
<tr><td>静</td><td></td></tr>
<tr><td rowspan="2">3</td><td>动</td><td></td><td rowspan="2"></td><td rowspan="2"></td><td rowspan="2"></td><td rowspan="2"></td><td rowspan="2"></td></tr>
<tr><td>静</td><td></td></tr>
</table>

触头电磨损次数：

其他说明事项：

检验： 校核： 年 月 日

7.2 试验报告

试验结束后应填写试验报告，推荐的试验报告格式见表 3。

表 3 试验报告

<table>
<tr><td>电触头
制造单位</td><td colspan="2"></td><td>产品名称、
型号、规格</td><td></td><td>生产日期</td><td></td></tr>
<tr><td>试验时间</td><td colspan="4">年 月 日 时至 年 月 日 时</td><td>试样数,对</td><td></td></tr>
<tr><td>试验条件</td><td colspan="6">电压:DC V; 闭合力: N;分断力: N;
AC V; 负载比:
电流: A; 接触频率: 次/分;功率因数:</td></tr>
<tr><td>试验目的</td><td colspan="3">可靠性指标</td><td colspan="3">寿命试验</td></tr>
<tr><td></td><td colspan="3"></td><td colspan="3"></td></tr>
<tr><td>编号</td><td colspan="2">失效触头编号</td><td colspan="2">(相关)失效发生时间次</td><td>失效现象</td><td>失效原因</td></tr>
<tr><td></td><td colspan="2"></td><td colspan="2"></td><td></td><td></td></tr>
<tr><td></td><td colspan="2"></td><td colspan="2"></td><td></td><td></td></tr>
<tr><td></td><td colspan="2"></td><td colspan="2"></td><td></td><td></td></tr>
<tr><td>试验结论</td><td colspan="6"></td></tr>
</table>

试验： 校核： 年 月 日

ICS 29.130.20
K 32

中华人民共和国国家标准

GB/T 24274—2009

低压抽出式成套开关设备和控制设备

Low-voltage withdrawable switchgear and controlgear assemblies

2009-06-19 发布　　2010-02-01 实施

中华人民共和国国家质量监督检验检疫总局
中国国家标准化管理委员会　发布

前　言

本标准是根据GB 7251.1—2005《低压成套开关设备和控制设备　第1部分:型式试验和部分型式试验成套设备》(IEC 60439-1:1999,IDT)及IEC 60439-1:2004修订1对低压抽出式成套开关设备和控制设备要求配套而制定的。

本标准的附录A为资料性附录。

本标准由中国电器工业协会提出。

本标准由全国低压成套开关设备和控制设备标准化技术委员会(SAC/TC 266)归口。

本标准的主要起草单位:天津电气传动设计研究所、正泰电气股份有限公司、深圳市深开电器实业有限公司、天津天传电控配电有限公司、国家电控配电设备质量监督检验中心、川开电气有限公司、锦州锦开电器集团有限责任公司、上海柘中(集团)有限公司、厦门ABB低压电器设备有限公司、上海德力西集团、广东广大电器集团有限公司、杭州之江开关股份有限公司、浙江昌泰电力开关有限公司、宁波天安(集团)股份有限公司、汕头市澄海区长城水电工程有限公司、常州太平洋电力设备(集团)有限公司、北京京仪敬业电工集团有限公司、慈溪市奇乐低压电器厂、成都通力集团股份有限公司、浙江义乌八方电力设备制造有限公司、山东省产品质量监督检验研究院、宁夏力成电气集团有限公司、广东番开电气设备制造有限公司、上海纳杰电气成套有限公司、浙江正原电气股份有限公司、泉州纪超电子有限公司、杭州欣美成套电器制造有限公司、临海市耀明电力设备有限公司、浙江黄华电气有限公司、指明电气有限公司、浙江省麦格电气有限公司、指月集团有限公司、安徽鑫龙电器股份有限公司、北京国电康能科技有限公司、瑞安市工泰电器有限公司、九川集团有限公司。

本标准主要起草人:俞秀文、欧惠安、蔡维、王阳、林广悦、李水清、王富敏、陈雪梅、焦安举、李文艳、仲继江、窦娟娟、王继龙、王志成、仲秀萍、李小松、徐德勤、蔡初雄、高国凯、王博、江国庆、周继璁、骆凌峰、朱金华、乔清博、吴麒、王修政、龙源、傅俊豪、朱连欢、罗正阳、陈福梯、汤珍敏、王培波、宛玉超、李志宏、蔡甫寒、刘晓林。

本标准为首次发布。

低压抽出式成套开关设备和控制设备

1 范围

本标准规定了低压抽出式成套开关设备和控制设备(以下简称成套设备)的术语和定义、分类、使用条件、电气参数、技术要求、试验及成套设备的铭牌、标志和资料等。

本标准适用于固定安装在户内正常使用条件下,额定电压交流不超过 1 000 V[1],频率不超过 1 000 Hz,直流不超过 1 500 V,作为电能分配及电动机控制的抽出式成套开关设备和控制设备。

2 规范性引用文件

下列文件中的条款通过本标准的引用而成为本标准的条款。凡是注日期的引用文件,其随后所有的修改单(不包括勘误的内容)或修订版均不适用于本标准,然而,鼓励根据本标准达成协议的各方研究是否可使用这些文件的最新版本。凡是不注日期的引用文件,其最新版本适用于本标准。

GB/T 762—2002 标准电流等级(eqv IEC 60059:1999)

GB/T 4025 人-机界面标志标识的基本和安全规则 指示器和操作器的编码规则(GB/T 4025—2003,IEC 60073:1996,IDT)

GB/T 4205 人机界面(MMI) 操作规则(GB/T 4205—2003,IEC 60447:1993,IDT)

GB 4208 外壳防护等级(IP 代码)(GB 4208—2008,IEC 60529:2001,IDT)

GB 4824—2004 工业、科学和医疗(ISM)射频设备 电磁骚扰特性 限值和测量方法(IEC/CISPR 11:2003,IDT)

GB/T 5169.5 电工电子产品着火危险试验 第 2 部分:试验方法 第 2 篇 针焰试验(GB/T 5169.5—1997,idt IEC 60695-2-2:1991)

GB 7251.1—2005 低压成套开关设备和控制设备 第 1 部分:型式试验和部分型式试验成套设备(IEC 60439-1:1999,IDT)

GB 7947—2006 人机界面标志标识的基本和安全规则 导体的颜色或数字标识(IEC 60446:1999,IDT)

GB 9254 信息技术设备的无线电骚扰限值和测量方法(GB 9254—2008,IEC/CISPR 22:2006,IDT)

GB/T 13384 机电产品包装通用技术条件

GB 14048.1 低压开关设备和控制设备 第 1 部分:总则(GB 14048.1—2006,IEC 60947-1:2001,MOD)

GB 16895.21—2004 建筑物电气装置 第 4-41 部分:安全防护 电击防护(IEC 60364-4-41:2001,IDT)

GB/T 17625.1 电磁兼容 限值 谐波电流发射限值(设备每相输入电流≤16 A)(GB/T 17625.1—2003,IEC 61000-3-2:2001,IDT)

GB/T 17626.2 电磁兼容 试验和测量技术 静电放电抗扰度试验(GB/T 17626.2—2006,IEC 61000-4-2:2001,IDT)

GB/T 17626.3 电磁兼容 试验和测量技术 射频电磁场辐射抗扰度试验(GB/T 17626.3—2006,IEC 61000-4-3:2002,IDT)

---

1) 额定工作电压交流 1 140 V 的成套设备,可参照本标准执行。有关介电性能等要求由制造商和用户协商确定。

GB/T 17626.4　电磁兼容　试验和测量技术　电快速瞬变脉冲群抗扰度试验(GB/T 17626.4—2008,IEC 61000-4-4:2004,IDT)

GB/T 17626.5　电磁兼容　试验和测量技术　浪涌(冲击)抗扰度试验(GB/T 17626.5—2008,IEC 61000-4-5:2005,IDT)

GB/T 17626.6　电磁兼容　试验和测量技术　射频场感应的传导骚扰抗扰度试验(GB/T 17626.6—2008,IEC 61000-4-6:2006,IDT)

GB/T 17626.8　电磁兼容　试验和测量技术　工频磁场抗扰度试验(GB/T 17626.8—2006,IEC 61000-4-8:2001,IDT)

GB/T 17626.11　电磁兼容　试验和测量技术　电压暂降、短时中断和电压变化抗扰度试验(GB/T 17626.11—2008,IEC 61000-4-11:2004,IDT)

GB/T 17626.13　电磁兼容　试验和测量技术　交流电源端口谐波、谐间波及电网信号的低频抗扰度试验(GB/T 17626.13—2006,IEC 61000-4-13:2002,IDT)

GB/T 20641—2006　低压成套开关设备和控制设备空壳体的一般要求(IEC 62208:2002,IDT)

3　术语和定义

GB 7251.1确定的以及下列术语和定义适用于本标准。

3.1

抽出式成套开关设备和控制设备　withdrawable switchgear and controlgear assemblies

由带有母线和抽出式功能单元的柜式成套设备或柜组式成套设备构成,可以带有固定式或可移式部件。电能可以通过母线或分支线分配给每个功能单元。

3.2

抽出式功能单元　withdrawable functional unit

作为成套设备的一个部分,可以从连接位置移动到试验位置、分离位置和移出位置,以完成特定功能的所有电气和机械部件的组合体。

3.3

配电中心　distribution centre

以配电单元为主所构成的抽出式成套开关设备和控制设备。

3.4

控制中心　control centre

以电动机控制单元为主所构成的抽出式成套开关设备和控制设备。

3.5

分支线　branch conductor

在一个柜体中,将每个功能单元分别接于主母线或配电母线的导体。

3.6

母线隔室　busbar compartment

通常封闭的,用于装设主母线或配电母线的一种柜架单元或框架单元。

3.7

单元隔室　unit compartment

用于装设功能单元的封闭式空间。

3.8

电缆隔室　cable compartment

用于连接电线电缆的封闭式空间。

4 分类

4.1 按用途分类

——配电中心；

——控制中心。

4.2 按壳体类型分类

——绝缘材料型；

——金属材料型；

——绝缘和金属混合型。

5 使用条件

5.1 正常使用条件

成套设备应在下述正常使用条件下保证其正常工作。

5.1.1 周围空气温度

周围空气温度不得超过＋40 ℃，而且在24 h内其平均温度不得超过＋35 ℃。

周围空气温度的下限为－5 ℃。

5.1.2 大气条件

空气清洁，在最高温度为＋40 ℃时，其相对湿度不得超过50％。在较低温度时，允许有较大的相对湿度。例如：＋20 ℃时相对湿度为90％。但应考虑到由于温度的变化，有可能会偶尔产生适度的凝露。

5.1.3 海拔

成套设备安装地点的海拔不超过2 000 m。

注：对于装有电子器件的成套设备，用于海拔高于1 000 m处时，建议按照制造商与用户之间的协议进行设计和使用。

5.1.4 污染等级

污染等级分为4级(见GB 7251.1—2005中6.1.2.3)，用以确定成套设备在不同环境条件下工作时所需的最小电气间隙和爬电距离。

除制造商另有规定外，成套设备一般适用于污染等级3的环境。对于其他污染等级可以根据成套设备的特殊用途或微观环境来考虑采用。

5.1.5 过电压类别

成套设备的过电压类别：

——安装在电源端的成套设备的过电压类别为Ⅳ；

——安装在配电装置中的成套设备的过电压类别为Ⅲ；

——由配电装置供电的耗能设备的过电压类别为Ⅱ；

——具有过电压保护的电子电路的过电压类别为Ⅰ。

注1：除非电路设计时考虑了暂时过电压，否则过电压类别为Ⅰ的设备不能直接连接于电网中。

注2：在一个电气系统中，可以有不同的过电压类别。通过采用适当的方法，例如采用过电压保护装置或能吸收、消耗或转换浪涌电流能量的串并联阻抗，把瞬时过电压降到预期的较低过电压类别，完成从一个过电压类别向一个较低的过电压类别的转换。

5.2 特殊使用条件

对不符合正常使用条件的特殊使用条件举例见GB 7251.1—2005中6.2。如果成套设备存在这类特殊使用条件，制造商必须遵守适用的特殊要求或与用户签订专门的协议。

5.3 包装、运输、贮存和安装条件

如果运输、贮存和安装的条件不符合5.1中的规定时，应由制造商与用户协商。

如果没有其他规定,成套设备运输和贮存过程的温度范围应在－25 ℃～＋55 ℃之间。在短时间内(不超过 24 h)可达到＋70 ℃。在此温度范围内,成套设备不应遭受任何不可恢复的损坏,然后还能在规定的使用条件下正常工作。

成套设备的包装和运输应符合 GB/T 13384 的规定。

6 电气参数

6.1 电气参数的选取

成套设备的电气参数可从以下数值中选取,如果有不同的使用要求,制造商与用户之间需要达成专门的协议。

6.2 额定电压

6.2.1 额定工作电压(U_e)

6.2.1.1 主电路:220 V(230 V),380 V(400 V),660 V(690 V),1 000 V。

6.2.1.2 辅助电路:

——交流 6 V,12 V,24 V,36 V,42 V,48 V,110 V,127 V,220 V(230 V),380 V(400 V);

——直流 6 V,12 V,24 V,36 V,48 V,110 V,220 V。

6.2.2 额定绝缘电压(U_i)

成套设备额定绝缘电压:250 V,320 V,400 V,500 V, 660 V(690 V),800 V,1 000 V,1 250 V,1 600 V。

6.2.3 额定冲击耐受电压(U_{imp})

成套设备额定冲击耐受电压的优选值:4 kV,6 kV,8 kV,12 kV。

6.2.4 成套设备额定电压值的确定

成套设备额定工作电压与额定绝缘电压和额定冲击耐受电压的关系可参见附录 A,由成套设备制造商确定。

6.3 额定电流(I_n)

6.3.1 主母线额定电流

成套设备主母线额定电流的优选值:400 A,500 A,630 A,800 A,1 000 A,1 250 A,1 600 A,2 000 A,2 500 A,3 150 A,4 000 A,5 000 A,6 300 A,8 000 A。

6.3.2 配电母线额定电流

成套设备配电母线额定电流的优选值:400 A,500 A,630 A,800 A,1 000 A,1 250 A,1 600 A,2 000 A,2 500 A,3 150 A,4 000 A,5 000 A。

6.3.3 功能单元额定电流

功能单元额定电流按 GB/T 762—2002 中表 1 和第 3 章的规定选取。

6.4 额定短时耐受电流

成套设备额定短时耐受电流优选值:15 kA,30 kA,50 kA,65 kA,80 kA,100 kA,125 kA,160 kA。

注:除非制造商另有规定,以上数据的时间为 1 s。

6.5 额定峰值耐受电流

成套设备的额定峰值耐受电流:30 kA,63 kA,105 kA,143 kA,176 kA,220 kA,275 kA,352 kA。

注:额定短时耐受电流的峰值与耐受电流的关系见 GB 7251.1—2005 中 7.5.3 的规定。

6.6 额定频率

成套设备的频率值应限制在内装电器元件相应的国家标准所规定的范围内。

6.7 额定分散系数

如果制造商给出了额定分散系数,成套设备应按照此系数进行温升试验。在没有实际电流资料的情况下,额定分散系数按 GB 7251.1—2005 中 4.7 的规定。

7 技术要求

7.1 机械结构

7.1.1 成套设备的柜架、壳体和可抽出部件应有足够的机械强度和刚度，应能承受一定的机械应力、电气应力、热应力及正常使用时可能遇到的潮湿的影响，成套设备的壳体应符合 GB/T 20641—2006 的要求。

为了确保防腐，成套设备应采用防腐材料或在裸露的表面涂上防腐涂覆层，涂覆层应色泽均匀，有良好的附着力，并应经受 8.2.2 规定的耐腐蚀性试验验证，同时还要考虑成套设备使用及维修的条件。

7.1.2 柜架的外形尺寸应优先在下列数值中选取：

高：1 800 mm，2 000 mm，2 200 mm；

宽：400 mm，600 mm，800 mm，1 000 mm，1 200 mm；

深：600 mm，800 mm，1 000 mm，1 200 mm。

7.1.3 用挡板或隔板（金属或非金属的）将成套设备分成单独的隔室，如：母线隔室、单元隔室、电缆隔室等。隔室应防止触及相邻功能单元的带电部件，限制事故电弧的扩大，能防止固体外来物从成套设备的一个单元进入到相邻的单元。隔离形式应按照制造商与用户之间的协议。成套设备用挡板或隔板进行隔离的形式见表 1。

表 1 典型隔离形式

主 判 据	补 充 判 据	形式
无内部隔离		形式 1
母线与功能单元隔离	外接导体端子不与母线隔离	形式 2a
	外接导体端子与母线隔离	形式 2b
母线与功能单元隔离，所有的功能单元相互隔离，外接导体的端子与功能单元隔离，但与其他功能单元的端子相互不隔离	外接导体端子不与母线隔离	形式 3a
	外接导体端子与母线隔离	形式 3b
母线与所有功能单元隔离，并且所有的功能单元相互隔离。功能单元的外接导体端子与其他功能单元端子和母线隔离	外接导体端子与关联的功能单元在同一隔室	形式 4a
	外接导体端子与关联的功能单元不在同一隔室中，它位于独立的封闭的防护空间或隔室中	形式 4b
注：典型隔离形式示例见 GB 7251.1—2005 的附录 D。		

用挡板或隔板实现成套设备内部隔离时，隔室或封闭空间应满足下列条件：

——防止触及相邻功能单元的危险部件，防护等级至少应为 IPXXB；

——防止固体外来物从成套设备的一个单元进入相邻的单元，防护等级至少应为 IP2X。

7.2 门和铰链

7.2.1 门的铰链应可靠地固定在成套设备的外壳和门上。

7.2.2 装有铰链的门应能承受 4 倍于它本身的质量（但不小于 10 kg）的载荷，或按照制造商给出的最大允许载荷进行试验，门和铰链应没有永久变形。

7.2.3 门的开闭应灵活，开启角不得小于 90°。门在开闭过程中不应损坏涂覆层。

7.3 联锁

7.3.1 为了确保操作程序以及维修时的人身安全，成套设备应配备联锁机构。联锁机构可以是机械的，也可以是电气的。

7.3.2 当成套设备采用双电源及以上供电系统时，根据成套设备运行的需要，应提供主开关操作的相互联锁。

7.3.3 功能单元必须设置机械联锁，以保证当主电路处于断开状态时，功能单元才能抽出和/或插入。

7.3.4 为了防止未经许可的操作，主开关的操作机构应能被锁在分离位置上。

7.4 电气间隙、爬电距离和隔离距离

7.4.1 成套设备内电器元件的电气间隙和爬电距离应符合各自相关标准中的规定，而且在正常使用条件下也应保持此距离。

成套设备内不同电位的两个裸露的导电部件之间的电气间隙和爬电距离应符合表 2 和表 3 的规定，并且其爬电距离应不小于相应的电气间隙。成套设备中的抽出式功能单元和部件，在试验位置和分离位置也应保持规定的电气间隙和爬电距离。

表 2 空气中的最小电气间隙

额定冲击耐受电压/kV	最小电气间隙/mm
4	3
6	5.5
8	8
12	14
注 1：最小的电气间隙值以相当于海拔 2 000 m 处的正常大气压时的 1.2/50 μs 冲击电压为基准。 注 2：最小电气间隙是根据非均匀电场条件确定的。	

表 3 爬电距离的最小值

额定绝缘电压/V	最小爬电距离/mm			
	材料组别			
	Ⅰ	Ⅱ	Ⅲa	Ⅲb
250	3.2	3.6	4.0	4.0
320	4.0	4.5	5.0	5.0
400	5.0	5.6	6.3	6.3
500	6.3	7.1	8.0	8.0
630(690)	8.0	9.0	10.0	10.0
800	10.0	11.0	12.5	—
1 000	12.5	14.0	16.0	—
1 250	16.0	18.0	20.0	—
1 600	20.0	22.0	25.0	—
注 1：材料组别按照相比电痕化指数(CTI)的数值范围分类： 材料组别Ⅰ 600≤CTI；Ⅱ 400≤CTI<600；Ⅲa 175≤CTI<400 ；Ⅲb 100≤CTI<175。 注 2：材料组别Ⅲb 一般不推荐用于 630 V 以上的污染等级 3。 注 3：表中的数据是在污染等级 3 条件下的规定。 注 4：如果要选用规定值以外的额定绝缘电压，建议制造商和用户协商。				

7.4.2 抽出式功能单元处于分离位置时，主电路同一极断开点之间的间隙不得小于表 2 给定的最小电气间隙；对于有隔离功能的电器，应承受表 4 规定的对应于额定冲击耐受电压的试验电压。

表 4 设备断开触点间的试验电压

额定冲击耐受电压/kV	试验电压和相应的海拔				
	$U_{1.2/50}$/kV				
	海平面	200 m	500 m	1 000 m	2 000 m
4	6.2	6	5.8	5.6	5
6	9.8	9.6	9.3	9.0	8.0

表 4（续）

额定冲击耐受电压/kV	试验电压和相应的海拔 $U_{1.2/50}$/kV				
	海平面	200 m	500 m	1 000 m	2 000 m
8	12.3	12.1	11.7	11.1	10.0
12	18.5	18.1	17.5	16.7	15.0

7.5 功能单元

7.5.1 功能单元应设计成即使主电路带电（但功能单元的主开关处于断开状态）也能用手直接或借助工具安全地将功能单元插入或抽出柜体。

7.5.2 抽出式功能单元应有4个明显的位置：连接位置、试验位置、分离位置和移出位置。功能单元在连接位置、试验位置和分离位置上都应有机械定位装置，且不会因外力的作用自行从一个位置移动到另一个位置。各个位置应设有明显的文字或符号标志。抽出式部件在不同位置上的电气状态见GB 7251.1—2005中表6。

7.5.3 成套设备内的功能单元的电气连接形式可以用3个字母表示：

——第1个字母表示进线主电路电气连接的形式；

——第2个字母表示出线主电路电气连接的形式；

——第3个字母表示辅助电路电气连接的形式。

对抽出式成套设备，如果进线主电路、出线主电路和辅助电路的电气连接形式都采用可抽出式连接，则用字母“W W W”表示。

7.5.4 相同规格的功能单元应具有互换性，即使是在成套设备发生短路事故后，其互换性也不能破坏。

7.5.5 功能单元应进行不少于50次的机械操作试验。试验后仍应满足7.5.2和隔离距离的要求。

注：对于抽出式功能单元，从连接位置到分离位置，然后再回到连接位置为一次操作。

7.6 成套设备内装的元器件

7.6.1 元器件的选择

成套设备内装的元器件应符合其自身的有关标准。元器件的额定电压（额定绝缘电压、额定冲击耐受电压等）、额定电流、使用寿命、接通和分断能力、短路耐受强度等应适合成套设备的设计要求。

元器件有关参数的额定值应符合设计要求，其选用的过电压类别应与所在的电路相适应。在选择进线开关、馈电开关或电动机控制用器件时，应满足彼此间保护特性的协调。

成套设备的辅助电路推荐采用隔离变压器，以便与主电路隔离。辅助电路应装设保护器件，保护器件如与主电路连接，则保护器件的短路分断能力应与主电路保护元件的保护特性相协调。安装在抽出式结构中的元器件应特别注意其环境条件。

7.6.2 元器件的安装

元器件应按照制造商的说明书（使用条件、飞弧距离、隔弧板的移动距离等）进行安装。

电器元件和外接导线端子的布置应使其在安装、接线、维修和更换时易于接近和操作。对需要在成套设备内进行调整和复位的元器件应易于接近和操作。

成套设备内由操作人员观察的指示仪表不应高于成套设备基础面2 m。操作器件，如手柄、按钮等应安装在易于操作的高度上，其中心线一般不应高于成套设备基础面2 m。紧急操作器件应尽可能安装在距离地面0.8 m～1.6 m范围内。外部接线端子应安装在设备基础面上方至少0.2 m处，并且应易于使导体与其连接。

7.6.3 指示灯和按钮颜色

成套设备中指示灯和按钮的颜色应根据其用途按GB/T 4025的规定选用，见表5。

表 5 指示灯和按钮的颜色含义

颜色	含义	
	指示灯	按钮
红	设备超限、故障	——紧急停止 ——停止或断开
黄	设备异常	——重新起动已中断了的自动循环 ——对抑制异常状况采取行动
绿	设备正常	起动/接通
蓝	需要操作人员干预	复位
白灰黑	状态指示，如：器件、阀门的开/关	可以用于除紧急停止以外的其他功能，如断开/闭合、停止/起动

7.6.4 开关位置的指示和操作方向

成套设备中操作器件的操作方向应有明确的标识，并应符合 GB/T 4205 的规定，见表 6。

表 6 操作器件的操作和排列规则

最终效应	手控操作器件的操作方向				操作器件的排列位置
	垂直运动	水平运动	转动	揿—拉（按钮）	
开(投入运行)	向上	向右、向前	顺时针	提拉	○○ ○○○ 停止 起动 停止 低 高
关(退出运行)	向下	向左、向后	逆时针	按压	
向右		向右	顺时针		○○○ 左 停 右
向左		向左	逆时针		
向上、升	向上	向前			○ 升 ○ 停 ○ 降
向下、降	向下	向后			
关闭(闭合电路)	向上	向前	顺时针	提拉	○○ 打开 关闭
打开(断开电路)	向下	向后	逆时针	按压	
增加	向上	向右、向前	顺时针		○○○ 停 低速 高速
减小	向下	向左、向后	逆时针		
前进(向前)	向上	向右			○○○ 前进 停 后退
后退(向后)	向下	向左			
开动(起动)	向上	向右、向前	顺时针		○○ 刹住 开动
刹住(停止)	向下	向左、向后	逆时针		

7.7 成套设备内的电气连接

7.7.1 母线和绝缘导线的选择

正常的温升、绝缘材料的老化和正常工作时所产生的振动不应造成载流部件的连接有异常变化。尤其应考虑到不同金属材料的热膨胀和电化腐蚀作用以及实际温度对材料耐久性的影响。

载流部件之间的连接应保证有足够的和持久的接触压力。

成套设备内导体截面积的选择由制造商负责。除了必须承载的电流外，选择还受下述条件的支配：

——成套设备所承受的机械应力；

——导体的敷设方法；

——绝缘类型；

——所连接的元件种类。

7.7.2 母线

7.7.2.1 成套设备内母线由制造商按承受电流、工作电压、短路强度等条件进行选择。在带有中性线的三相电路中，中性线的允许载流量不应小于最大不平衡电流及流经其中的标准规定范围内的谐波电流，如末端为单相电路、单相负载为主的三相系统、大型萤光照明的灯光系统等的中性线，其截面积应和用户签定协议或执行现行相关标准。

7.7.2.2 母线的加工和安装应符合下列规定：

——加工后的母线应平整、表面无显著的痕迹缺陷，弯曲处不应有裂纹或裂口。连接处紧密，接触良好，配置整齐、美观；

——铜、铝母线搭接处应采取防止电化腐蚀的措施；

——母线应采用绝缘支持件固定，母线支持件应能承受装置额定短时耐受电流和额定峰值耐受电流所产生的机械应力和热应力的冲击；

——允许使用绝缘包扎、绝缘套管、喷涂环氧粉末或其他绝缘材料作为母线的绝缘层，但绝缘材料应是自熄性的并能承受机械应力和热应力的冲击；

——并联使用的矩形母线宜有不小于母线厚度的间隙；

——在现场完成连接的母线端部，应按连接要求在出厂前完成加工；

——母线的连接螺栓应有一定的强度，螺母应在维修侧；连接应采取防松措施，例如：采用弹簧垫圈或蝶型垫圈。

7.7.3 绝缘导线

绝缘导线的选用、安装应符合下列规定：

——成套设备中绝缘导线的绝缘电压应不低于相应电路的额定绝缘电压；

——通常一个端子只连接一根导线，将两根或多根导线连接到一个端子上只有在端子是为此用途而设计的情况下才允许；

——多股线用于螺栓连接时应采用压接端头；

——成套设备中压接端头的选用应根据导体所连接电器元件接线端子的结构形式进行选择，其压接端头与多股绝缘绞线配合以及压接的质量应符合相关标准的规定；

——用线束布线时，线束不应贴近带电部件和底板，应适当固定和捆扎；

——电阻器端子接线端部的导线应剥除绝缘层，套耐热瓷管；

——绝缘导线穿越金属板上的穿线孔时，为了防止导线绝缘被磨损应在孔上加装光滑的绝缘衬套；

——两个端子间的接线不应有中间接头；

——交流电路导线与直流电路导线宜分开布置；

——在可移动的地方，如跨门或活动安装板的连接线，以及采用手动插接的辅助电路接插件的连线等都应采用套管加以保护，并要留有一定长度的余量，不能因部件的移动而使导线产生任何机械损伤。

7.7.4 其他要求：

——连接螺杆应采用铜质紧固件，并用双螺母锁紧；

——外接电缆应方便，当用户要求外接电缆为多根并联时，应有分线设施；

——应提供与接线截面积相适应的中性线进线端子和出线电路所需的中性线、保护导体端子，端子的位置应在对应的相导体附近，或按其相同顺序排列，并作标记；

——母线、电缆进线的固定和封闭，应满足外壳防护等级的要求，并提供该防护等级的相应设施。

7.7.5 母线和导线的颜色、标记符号及排列

成套设备中母线和导线的颜色、符号及排列应由制造商负责，而且，应与图纸上的标志一致，见表7。导体的颜色应符合GB 7947—2006的规定。如果母线、绝缘导线采用颜色鉴别时，母线的颜色标记可采用在可见部位涂漆或粘贴色标标记的方式。在距母线搭接面10 mm以内处不应涂漆，成套设备涂漆界线或色标粘贴应整齐一致。绝缘导线的颜色标记应贯穿整个长度。

当采用符号标志鉴别时，可以在导体的易见部位粘贴标志符号，标志符粘贴应整齐一致。

表7 母线的符号、颜色标记和排列规定

<table>
<tr><th colspan="2">电路类别</th><th>符号</th><th>颜色</th><th>垂直排列</th><th>水平排列</th><th>前后排列</th></tr>
<tr><td rowspan="5">交流</td><td>相线1</td><td>L1</td><td>黄</td><td>上</td><td>左</td><td>远</td></tr>
<tr><td>相线2</td><td>L2</td><td>绿</td><td>中</td><td>中</td><td>中</td></tr>
<tr><td>相线3</td><td>L3</td><td>红</td><td>下</td><td>右</td><td>近</td></tr>
<tr><td>中性线</td><td>N</td><td>淡蓝</td><td rowspan="2">最下[2)]</td><td rowspan="2">最右[2)]</td><td rowspan="2">最近[2)]</td></tr>
<tr><td>中性保护导体</td><td>PEN</td><td>绿/黄双色[1)]</td></tr>
<tr><td colspan="2">保护导体</td><td>PE</td><td>绿/黄双色</td><td>—</td><td>—</td><td>—</td></tr>
<tr><td rowspan="3">直流</td><td>正极</td><td>L＋</td><td>棕</td><td>上</td><td>左</td><td>远</td></tr>
<tr><td>负极</td><td>L－</td><td>蓝</td><td>下</td><td>右</td><td>近</td></tr>
<tr><td>接地中性线</td><td>M</td><td>淡蓝</td><td>—</td><td>—</td><td>—</td></tr>
<tr><td colspan="7">注：如果母线的排列相序按表中执行会造成配置困难时，可不采用表中的规定。</td></tr>
<tr><td colspan="7">1) 可采用两种方法标识：
——全长绿/黄双色；或
——全长淡蓝色，终端另用绿/黄双色标志。
2) 中性线或中性保护线如果不在相线附近并行安装，其位置可以不按本表规定。</td></tr>
</table>

7.7.6 中性线截面积的选择

成套设备中性线截面积的选择按GB 7251.1—2005中7.1.3.4的规定。

7.8 绝缘材料的性能

用绝缘材料制成的成套设备壳体和部件应具有耐受正常热、非正常热和火焰的规定等级，并应满足8.2.3、8.2.4和8.2.5的试验要求。对于装饰性的部件和已经按照相关标准进行过试验的部件不需验证。

注：绝缘材料的性能试验可以在成套设备的完整部件或从这些部件上取下的部件上进行。

7.9 防护等级

成套设备的防护等级应按GB 4208的规定予以标明。

制造商标出的防护等级适用于整个成套设备。如果成套设备的某个部分的防护等级不一致，应单独标出该部分的防护等级。

应指出成套设备在试验位置和分离位置以及不同位置之间转移时所具有的防护等级。

如果在抽出式部件移出以后，成套设备不能保持原来的防护等级，应达成采用某种措施以保证适当防护的协议，制造商产品目录中给出的资料可以作为这种协议。

对户内使用的成套设备，如果没有防水的要求，应为：IP3X，IP4X，IP5X。

7.10 温升

成套设备在平均环境温度不超过35 ℃，进行温升试验时的温升限值不应超过表8的规定。

表 8 温升限值

设备的部件	温升/K
内装元件	根据元件的有关规定或根据制造商的说明书，并应考虑成套设备内的温度。 对符合 GB 14048.1 的开关器件，一般不得高于 70[1)]
用于连接外部绝缘导线的端子	70
母线和导体，连接到母线上的可移式部件和抽出式部件的插接式触点	受下述条件限制： ——导电材料的机械强度[2)]； ——对相邻设备的可能影响； ——与导体接触的绝缘材料的允许温度极限； ——导体温度对与其相连的电器元件的影响； ——对于接插式触点，接触材料的性质和表面的加工处理。
操作手柄： ——金属的 ——绝缘材料的	 15 25
可接近的壳体和覆板： ——金属表面 ——绝缘表面	 30 40
注 1：除非另有规定，那些可以接触，但在正常工作情况下不需触及的外壳和覆板，允许比温升限值提高 10 K。 注 2：那些只有在设备打开后才能接触到的操作手柄，由于不经常操作，允许温升限值提高 25 K。	
1）对小规格器件允许温升限值提高 10 K。 2）如果满足所列限制条件，裸铜母线和导体的最大温升限值不应超过 70 K。	

7.11 介电性能

7.11.1 一般要求

介电性能反映成套设备的绝缘强度，成套设备在正常使用中应能承受预期工作环境下可能遇到的异常高电压，以保证成套设备的可靠运行和人身的安全。

以额定冲击耐受电压值为基础进行绝缘配合是最优选的。

对以空气为介质及以固态绝缘为介质的成套设备介电性能分别作如下规定。

7.11.2 以空气为介质的介电性能要求

a) 额定冲击耐受电压值由制造商根据成套设备额定工作电压、电源系统电压及安装场所的过电压类别，按 GB 7251.1—2005 中表 G.1 选择，或参照附录 A 选取，并按照试验场所的海拔高度，用 GB 7251.1—2005 的表 13 进行修正。

b) 对装有接地保护的成套设备，建议将 a)选定的 U_{imp} 加大一个等级作为额定冲击耐受电压的试验值。如果从 a)选出的冲击耐受电压不是优选值，则可将其乘以 1.6 倍作为试验电压。

c) 如果成套设备内的最小电气间隙是表 2 中规定值的 1.5 倍，则可以免做冲击耐受电压的试验。

注：系数 1.5 是考虑了成套设备的制造公差，此时可通过直观检查来验证。

7.11.2.1 主电路的冲击耐受电压

耐压施加部位及额定冲击耐受电压值见表 9。

表 9　主电路额定冲击耐受电压施加部位及耐压值

耐压施加部位	额定冲击耐受电压值
a) 带电部件与接地部件之间、极与极之间	7.11.2 的 U_{imp} 值
b) 隔离位置的断开的触点之间	对应表 4 的试验电压值
c) a)、b) 两项的电气间隙带有固态绝缘的地方	7.11.2 的 U_{imp} 值/本标准表 4 的试验电压值

7.11.2.2　辅助电路的冲击耐受电压

表 10　辅助电路的额定冲击耐受电压施加部位及耐压值

辅助电路供电电源	施加 U_{imp} 的位置和数值
a) 由主电路额定电压直接操作的辅助电路	同表 9 中 a)、c)项要求
b) 不由主电路直接操作的辅助电路	交、直流电路的电气间隙和相关固态绝缘应承受 GB 7251.1—2005 附录 G 中给出的 U_{imp} 值

7.11.3　固态绝缘材料的介电性能要求

a)　按工频耐压进行试验。

b)　对于主电路及由主电路直接供电的辅助电路，按表 11 规定的电压进行试验。

c)　不由主电路直接供电的辅助电路，按表 12 规定的电压进行试验。

表 11　主电路及由主电路供电的辅助电路的试验电压值

额定绝缘电压 U_i/V (线-线)	介电试验电压/V (交流方均根值)
$U_i \leqslant 60$	1 000
$60 < U_i \leqslant 300$	2 000
$300 < U_i \leqslant 690$	2 500
$690 < U_i \leqslant 800$	3 000
$800 < U_i \leqslant 1\,000$	3 500
$1\,000 < U_i \leqslant 1\,500$ 1)	3 500
1) 仅指直流。	

表 12　不由主电路直接供电的辅助电路试验电压值

额定绝缘电压 U_i/V (线-线)	介电试验电压/V (交流方均根值)
$U_i \leqslant 12$	250
$12 < U_i \leqslant 60$	500
$60 < U_i$	$2U_i + 1\,000$ 其最小值为 1 500

d)　绝缘壳体试验依据 GB/T 20641—2006 中 8.8 进行验证。

其试验电压应等于表 11 中规定值的 1.5 倍。

注：对于采用全绝缘防护的成套设备，其壳体的试验电压尚在考虑中。

e)　按照 GB 7251.1—2005 中 7.4.3.1.3 的要求用绝缘材料制造或覆盖的外部操作手柄，试验电压应等于表 11 中规定值的 1.5 倍。

7.12　电击防护

成套设备的防护措施按照 GB 7251.1—2005 的规定，可分为直接接触防护和间接接触防护。

7.12.1 **直接接触的防护**

可利用成套设备本身适宜的结构措施，也可利用在安装过程中采取的附加措施来获得对直接接触的防护。可以选择下述一种或多种防护措施。

7.12.1.1 危险带电部件完全被绝缘材料包覆，绝缘材料只有在被破坏后才能去掉。

注：例如用绝缘材料将带电部件包覆。

绝缘材料应采用能够承受使用中可能遇到的机械、电和热应力的材料制成。

通常单独使用漆层，搪瓷或类似物品的绝缘强度不能满足基本绝缘的要求。

7.12.1.2 成套设备的外表面的直接接触防护等级应至少为IP3X。被保护的带电部件之间的电气间隙和爬电距离应不小于7.4的规定值。

7.12.1.3 所有挡板和壳体均应安全、可靠地固定在其位置上，它们应有足够地稳固性和耐久性以承受正常使用时可能出现的变形和应力，而不减小7.4所规定的电气间隙与爬电距离的值。

7.12.1.4 有必要移动挡板、打开壳体或拆卸壳体的部件（门、盖板、覆板等）时，应满足下述条件之一：

a) 使用钥匙或工具，也就是说只有靠器械的帮助才能打开门、盖板和联锁装置。

b) 在打开门之前，应使所有的带电部件断电，因为打开门后，有可能意外地触及这些部件。

c) 应给成套设备装设内部的挡板或活动挡板，以遮挡所有的带电部件。此挡板仅在使用钥匙或工具时才能移动。此处一般需加警告标志。

7.12.2 **间接接触的防护**

7.12.2.1 成套设备可以利用保护电路进行间接接触的防护。成套设备的保护电路可由单独设置的保护导体或可导电的结构件构成或由两者共同构成。它应提供下述保护：

——防止成套设备内部故障引起的后果；

——防止由成套设备供电的外部电路故障引起的后果。

在下述条款中，提出了保护电路的要求：

7.12.2.1.1 应在结构上采取措施以保证成套设备裸露导电部件之间以及这些部件和装置与保护电路之间的电连续性。其电阻值不应超过0.1 Ω。

7.12.2.1.2 手动操作装置（手柄、转轮等）应：

——安全可靠地同已连接到保护电路上的部件进行电气连接，或

——带有辅助绝缘物，以将手动操作装置同成套设备其他导电部件互相绝缘。此绝缘物至少应与手动操作装置所属器件的最大绝缘电压等级相同。

7.12.2.1.3 用漆层或搪瓷覆盖的金属部件一般认为没有足够的绝缘能力。

7.12.2.1.4 当把成套设备一个部件从成套设备中取出时，成套设备其余部分的保护电路不应当被切断。

7.12.2.1.5 对于门、盖板、覆板和类似部件，如果其上没有安装电气设备，则通常的金属螺钉连接或镀锌、镀锡的金属绞链连接就认为足以保证了电的连续性；如果其上装有额定电压值超过特低电压的电气设备时，应采用保护导线将这些部件和保护电路连接，此保护导线的截面积按照GB 7251.1—2005中表3A并根据电气设备的额定工作电流选定。

7.12.2.1.6 某一器件，如其裸露导电部件不能用固定安装方式与保护电路连接时，则应采用导线将其接地端子与保护导体连接，导线的截面积按GB 7251.1—2005中表3A选择。

7.12.2.1.7 外部导体所连接的成套设备内的保护导体（PE、PEN）的截面应按GB 7251.1—2005中7.4.3.1.7进行选择。

7.12.2.1.8 为了方便保护导体的连接和提高可靠性，在成套设备中可以设置垂直走向的分支保护导体，其截面积也按GB 7251.1—2005中7.4.3.1.7进行选择。

7.12.2.1.9 电力保护器件的动作条件应不因其动作电流或动作时间而损坏其电的连续性。

7.12.2.1.10 保护导体应能承受成套设备的运输、安装时可能遇到的机械应力以及在短路事故中所产

生的机械应力和热应力，其接地连续性不应被破坏。

7.12.2.1.11 如果将成套设备的壳体作为保护电路的一部分，其截面积与 GB 7251.1—2005 中 7.4.3.1.7中规定的最小截面积在导电能力方面应是相同的。

7.12.2.2 成套设备采用保护电路以外的防护措施包括：

——电路的电气隔离：

成套设备采用电气隔离以防止电路的基本绝缘故障，使裸露导电部件带电而被触及。成套设备的电气隔离应符合 GB 16895.21—2004 中 413.5 的要求；

——用全绝缘进行防护：

电器元件应用绝缘材料完全封闭，见 GB 7251.1—2005 中 7.4.3.2.2 的规定。

7.12.3 对经过允许的人员接近运行中的成套设备的要求

依据 GB 7251.1—2005 中 7.4.6 的规定。

7.13 短路保护与短路耐受强度

7.13.1 短路保护器件的选择

成套设备应耐受不超过额定值的短路电流所产生的热应力和电动应力。成套设备可采用断路器、熔断器或两者的组合等作为短路保护器件。

7.13.2 短路耐受强度的资料

成套设备制造商应提供成套设备有关短路耐受强度的资料，要求见 GB 7251.1—2005 中的 7.5.2。

对于进线单元具有短路保护装置的成套设备，制造商应标明成套设备输入端的预期短路电流的最大允许值，此值不应超过相应的额定值（I_{cw}、I_{pk}、I_{cc}和 I_{cf}）。

对于进线单元没有短路保护装置的成套设备，制造商应用下述方法之一标明短路耐受强度：

a) 额定短时耐受电流（I_{cw}）及其相关时间（如果不是 1 s），额定峰值耐受电流（I_{pk}）；

b) 额定限制短路电流（I_{cc}）；

c) 额定熔断短路电流（I_{cf}）。

当有几个不大可能同时工作的进线单元的成套设备，其短路耐受强度应在每个进线单元上标出。

对于具有多个可能同时工作的进线单元，或有一个进线单元和一个或几个用于可能增大短路电流的大功率电机负载的出线单元的成套设备，制造商应与用户签定专门协议来确定每个进线单元、出线单元和母线中的预期短路电流。

成套设备短路保护器件的选择和整定应确保成套设备内任何一条输出支路发生短路故障时，应由该支路的开关器件将其断开，而不影响其他输出支路，以达到保护的选择性。

为减少主、辅电路短路的可能性，对无短路保护的带电导体在选择及安装上应使其在正常工作条件下，相与相之间、相与地之间内部短路的可能性极小。导体的选择和安装要求见 GB 7251.1—2005 中的表 5。

7.13.3 耐受电流峰值与短路耐受电流之间的关系

为确定电动力的强度，耐受电流的峰值应用短路耐受电流乘以系数 n 获得。系数 n 的标准值和相应的功率因数 $\cos\varphi$ 在 GB 7251.1—2005 中的表 4 给出。

7.14 机械、电气操作

成套设备的机械性能、电气性能应符合设计要求，动作正常。

7.15 电磁兼容性

7.15.1 在没有专门协议的情况下，多数成套设备处于下面的两种环境条件：

a) 环境 A；

b) 环境 B。

环境 A：主要与低压非公共电网或工业电网有关，包括强骚扰源。

注 1：环境 A 符合 GB 4824—2004 中的 A 类设备。

注 2：工业环境表现为以下特征条件的一种或几种：

——工业、科研和医疗设备，例如：存在着工作机械；

——频繁切换的大感性或容性负载；

——大电流并伴随着高磁场。

环境 B：主要与低压公共电网有关，例如：在居民区，商业区和轻工业区安装使用。本环境不包括强骚扰源，如：弧焊机。

注 3：环境 B 符合 GB 4824—2004 中的 B 类设备。

注 4：下列内容给出了 B 类环境包含的场所：

——居民区，例如：住宅、公寓；

——零售业，例如：商店、超市；

——商业建筑，例如：办公室、银行；

——公共娱乐场所，例如：电影院、公共酒吧、舞厅；

——户外场所，例如：加油站、停车场、体育中心；

——轻工业场所，例如：车间、实验室、服务中心。

成套设备适合环境 A 和/或环境 B 应由成套设备制造商规定。

7.15.2 在正常运行条件下，不装有电子电路的成套设备不受电磁骚扰，因此不需进行电磁兼容性试验。对装有电子电路的成套设备，如果满足了下述条件，则不要求在最终的成套设备上进行电磁兼容性试验：

a) 采用的组合器件和元件符合相关的产品标准或通用的 EMC 标准，并符合规定的 EMC 环境要求(见 7.15.1)；

b) 内部安装及布线是按照元器件制造商的说明书进行的(考虑互相影响，电缆的屏蔽和接地等)。

注：全部使用无源元件(例如：二极管、电阻、压敏电阻、电容、浪涌抑制器、电感器等)的电子电路装置不需要进行试验。

否则，应按照表 13～表 17 的要求验证成套设备的电磁兼容性。制造商应规定一些用来验证成套设备性能的附加措施(例如，采用的延迟时间等)。

7.15.2.1 **抗扰度**

安装在成套设备内的电子装置应符合相关的产品标准或通用的 EMC 标准的抗扰度要求，并按成套设备制造商的规定用于合适的 EMC 环境。

用于环境 A 的成套设备应满足表 13 的要求，用于环境 B 的成套设备应满足表 14 的要求，试验结果的验收准则含义见表 15，制造商可以在产品标准中对表 15 的内容给出更加确切的解释。

表 13 用于环境 A 的成套设备的抗扰度要求

试验项目	试验等级	验收等级[2)]
静电放电抗扰度试验 GB/T 17626.2	±8 kV/空气放电或 ±4 kV/接触放电	B
射频电磁场辐射抗扰度试验 GB/T 17626.3 从 80 MHz～1 000 MHz 和 从 1 400 MHz～2 000 MHz	在外壳端口 10 V/m	A
电快速瞬变脉冲群抗扰度试验 GB/T 17626.4	电源端口±2 kV 信号端口包括辅助电路和功能接地 ±1 kV	B

表 13（续）

试验项目	试验等级	验收等级[2)]
1.2/50 μs 和 8/20 μs 浪涌抗扰度试验 GB/T 17626.5[1)]	电源端口(线对地)±2 kV 电源端口(线对线)±1 kV 信号端口(线对地)±1 kV	B
射频传导抗扰度试验 GB/T 17626.6 从 150 kHz～80 MHz	电源端口，信号端口 和功能接地 10 V	A
工频磁场抗扰度试验 GB/T 17626.8	机壳端口 30 A/m[3)]	A
电压暂降和短时中断抗扰度试验 GB/T 17626.11[4)]	0.5 个周期下降 30% 5 和 50 个周期下降 60% 250 个周期下降大于 95%	B C C
电源谐波抗扰度试验 GB/T 17626.13	要求待制定	

1) 对于额定电压直流 24 V 及以下的成套设备不适用；
2) 验收等级与环境无关见表 15；
3) 仅适用于成套设备中含有易受工频磁场影响的器件；
4) 仅适用于电源输入端口。

表 14　用于环境 **B** 的成套设备的抗扰度要求

试验项目	试验等级	验收等级[2)]
静电放电抗扰度试验 GB/T 17626.2	±8 kV/空气放电 或±4 kV/接触放电	B
射频电磁场辐射抗扰度试验 GB/T 17626.3 从 80 MHz～1 000 MHz 和 从 1 400 MHz～2 000 MHz	外壳端口 3 V/m	A
电快速瞬变脉冲群抗扰度试验 GB/T 17626.4	电源端口±1 kV 信号端口包括辅助电路和功能接地 ±0.5 kV	B
1.2/50 μs 和 8/20 μs 浪涌抗扰度试验 GB/T 17626.5[1)]	±0.5 kV(线对地)用于信号和 电源端口。除主电源外的输入端口 ±1 kV(线对地) ±0.5 kV(线对线)	B
射频传导抗扰度试验 GB/T 17626.6 从 150 kHz～80 MHz	电源端口、信号端口和功能接地端 3 V	A
工频磁场抗扰度试验 GB/T 17626.8	机壳端口 3 A/m[3)]	A
电压暂降和短时中断抗扰度试验 GB/T 17626.11[4)]	0.5 个周期下降 30% 5 个周期下降 60% 250 个周期下降大于 95%	B C C

表 14（续）

试验项目	试验等级	验收等级[2]
电源谐波抗扰度试验 GB/T 17626.13	要求待制定	

1）对于额定电压直流 24 V 及以下的成套设备不适用；
2）验收等级与环境无关见表 15；
3）仅适用于成套设备中含有易受工频磁场影响的器件；
4）仅适用于电源输入端口。

表 15　验收准则

项　　目	验收等级		
	A	B	C
一般性能	工作特性无明显变化理想的运行	可自恢复的性能暂时降低或丧失	性能暂时降低或丧失，需要操作者干预或系统复位[1]
电源和辅助电路的运行	无不正确的运行	可自恢复的性能暂时降低或丧失[1]	性能暂时降低或丧失，需要操作者干预或系统复位[1]
显示和控制面板的运行	显示信息无变化。仅发光二极管有轻微的亮度变化或轻微的字符移动	短暂的可视变化或信息丢失。 发光二极管非正常发光	停机。 信息持久丢失或显示错误信息。 非法操作模式。 不能自行恢复
信息处理和检测功能	与外部设备的通讯和数据交换未受影响	暂时的通讯故障，可能造成内部和外部设备出错	错误的处理信息。 数据和/或信息丢失。 通讯出错。 不能自行恢复

1）明确的要求应在产品标准中详细的给出。

7.15.2.2　**发射**

不装有电子电路的成套设备只是在偶然的通断操作过程中可能产生电磁骚扰，其持续时间为 ms 级。这些发射的频率、等级及影响被视为是低压设施正常电磁环境的一部分，因此可以认为满足了电磁发射的要求，不需要进行试验验证。

装有电子电路的成套设备应符合相关产品标准或通用的 EMC 标准的发射要求并适用于由成套设备制造商规定的 EMC 环境。

7.15.2.2.1　**9 kHz 或更高频率**

装有电子电路的成套设备（例如：开关电源、包含有高频时钟的微处理器的电路）可能出现持续的电磁骚扰。

此类产品的发射要求不能超过相关产品标准规定的限值或表 16、表 17 的要求。

用于环境 A 的成套设备的发射限值见表 16；用于环境 B 的成套设备的发射限值见表 17。如果成套设备包含通信端口，则相关端口及环境的选择应依据 GB 9254。

7.15.2.2.2　**频率低于 9 kHz**

此要求适用于在交流电源上产生低频谐波的成套开关设备的电子电路，见 GB 17625.1 的要求。

表 16 环境 A 的发射限值

试验项目	频率范围 MHz[1)]	限　　值	参考标准
辐射性发射	30～230	在 30 m[2)] 处准峰值 30 dB(μV/m)	GB 4824—2004，A 类设备，1 组
	230～1 000	在 30 m[2)] 处准峰值 37 dB(μV/m)	
传导性发射	0.15～0.5	准峰值 79 dB(μV) 平均值 66 dB(μV)	
	0.5～5	准峰值 73 dB(μV) 平均值 60 dB(μV)	
	5～30	准峰值 73 dB(μV) 平均值 60 dB(μV)	

1) 在交接频率处可以有较低的限值。

2) 在 10 m 处测量则限值增加 10 dB，在 3 m 处测量限值增加 20 dB。

表 17 环境 B 的发射限值

试验项目	频率范围 MHz[1)]	限　　值	参考标准
辐射性发射	30～230	在 10 m[2)] 处准峰值 30 dB(μV/m)	GB 4824—2004，B 类设备，1 组
	230～1 000	在 10 m[2)] 处准峰值 37 dB(μV/m)	
传导性发射	0.15～0.5 限值随频率的 对数而线性减小	准峰值 66 dB(μV)～56 dB(μV) 平均值 56 dB(μV)～46 dB(μV)	
	0.5～5	准峰值 56 dB(μV) 平均值 46 dB(μV)	
	5～30	准峰值 60 dB(μV) 平均值 50 dB(μV)	

1) 在交接频率处可以有较低的限值。

2) 在 3 m 处测量则限值增加 10 dB。

8 试验

8.1 试验分类

成套设备的试验分型式试验和出厂试验。

8.1.1 型式试验

型式试验是验证定型的成套设备的电气和机械性能是否达到本标准的要求。

型式试验应在具有代表性的方案和规格的样机上进行。

型式试验的样机必须是经出厂试验合格的产品。

型式试验包括：

a) 一般检查(见 8.2.1)；

b) 耐腐蚀试验*(见 8.2.2)；

c) 热稳定性试验*(见 8.2.3)；

d) 耐热性试验*(见 8.2.4)；

e) 耐受非正常发热和火焰危险的能力验证*(见 8.2.5)；

f) 标志试验*(见 8.2.6)；

g) 提升试验*(见 8.2.7)；

h) 温升试验(见 8.2.8)；

i) 介电性能试验(见 8.2.9)；

j) 短路耐受强度试验(见 8.2.10);

k) 保护电路有效性试验(见 8.2.11);

l) 功能单元互换性试验(见 8.2.12);

m) 功能单元机械操作试验(见 8.2.13);

n) 联锁机构操作试验(见 8.2.14);

o) 电气间隙、爬电距离和隔离距离验证(见 8.2.15);

p) 防护等级试验(见 8.2.16);

q) 门铰链试验(见 8.2.17);

r) 机械、电气操作试验(见 8.2.18);

s) 电磁兼容性试验(见 8.2.19)。

注:对已经按照 GB/T 20641 验证的成套设备的壳体,如果没有进行过损坏壳体性能的改动,则不需要对 * 项内容重复进行试验。

8.1.2 出厂试验

出厂试验是用来检查工艺和材料是否合格的试验。试验应在每一台装配好的成套设备上或在每一个运输单元上进行。

出厂试验项目包括:

a) 一般检查(见 8.2.1);

b) 介电性能试验(见 8.2.9);

c) 保护电路有效性试验(见 8.2.11);

d) 功能单元互换性试验(见 8.2.12);

e) 机械、电气操作试验(见 8.2.18)。

8.2 试验方法

8.2.1 一般检查

一般检查包括:

a) 检查所装的元器件选择及安装应符合 7.6 的规定;

b) 检查母线与绝缘导线应符合 7.7 的规定;

c) 检查设备的结构及外形尺寸应符合 7.1.1 和 7.1.2 的规定;

d) 检查设备的铭牌、标志应符合 9.1 和 9.2 的要求。

8.2.2 耐腐蚀试验

对金属壳体以及安装在绝缘壳体及两者组合壳体的外部金属部件依据 GB/T 20641—2006 中 9.12 的规定进行试验,以验证防护层是否耐腐蚀,试验结果应符合 7.1.1 的规定。外观检查应无锈痕、破裂或其他损坏现象。

8.2.3 热稳定性试验

试验依据 GB/T 20641—2006 中 9.8.1 的规定进行,试件应没有粘连、变形及破裂和损坏等现象。

8.2.4 耐热性试验

试验依据 GB/T 20641—2006 中 9.8.2 的规定进行。耐热试验后,测量球的压痕直径不得超过 2 mm。

8.2.5 耐受非正常发热和火焰危险的能力试验

试验依据 GB/T 20641—2006 中 9.8.3 的规定进行,灼热丝顶端的温度如下:

——用于安装在载流部件上的绝缘材料部件: (960±15)℃;

——所有其他绝缘材料的部件(包括安装在保护导体上的部件): (650±15)℃。

注:可以根据制造商与用户的协议,采用更高的温度、更短的火焰熄灭时间和不同的施加时间。

对于小部件(表面尺寸不超过 14 mm×14 mm)可选择不同试验(例如 GB/T 5169.5 的针焰试验)。

如一个部件的金属材料比绝缘材料大,可以采用同样的方法。

试验结果:

在使用灼热丝期间和使用后30 s之内,应观察试样以及试样下面的铺底层,并记录试样起燃的时间和火焰熄灭的时间。

——如果没有明显的火焰和持续不断的亮光,或

——如果样机的火焰或亮光在灼热丝移开30 s之内熄灭,并且铺底层的绢纸不起燃,松木板不应烧焦,则认为能够耐受灼热丝试验。

8.2.6 标志试验

浇铸或冲压制作的标志免做本试验。

试验依据GB/T 20641—2006中9.2的规定进行。

8.2.7 提升试验

本试验仅适用于带有提升设施的成套设备。

将成套设备从静止位置向上提升(1±0.1)m高度,静止悬吊30 min,然后放回静止位置,重复进行3次。

再将成套设备提升(1±0.1)m,并用1 min±5 s的时间以均匀速度水平移动(10±0.5)m,然后放下,重复进行3次。

试验后,成套设备应没有裂痕和永久变形,试验期间不应有任何削弱其特性的挠度。

8.2.8 温升试验

温升试验按GB 7251.1—2005中8.2.1的规定进行。

试验结果应符合7.10的规定。电器元件在成套设备内部温度下,并在其规定的电压范围内应能良好地工作。

8.2.9 介电性能试验

成套设备介电性能的型式试验按GB 7251.1—2005中8.2.2的规定进行。

出厂试验按GB 7251.1—2005中8.3.2的规定进行。

试验结果应符合7.11的规定。

8.2.10 短路耐受强度试验

短路耐受强度试验按GB 7251.1—2005中8.2.3和8.2.4.2的规定进行。

成套设备应按6.4和6.5规定的额定短时耐受电流和额定峰值耐受电流进行试验,以验证成套设备承受短路时的机械和热应力的冲击能力。短路耐受强度验证的部分包括:

a) 母线系统:包括主母线、配电母线、中性母线;

b) 保护导体;

c) 功能单元。

试验结果:

主母线、配电母线、中性母线试验后符合下述各项要求时,认为试验合格。

a) 成套设备结构无任何变形;

b) 母线允许有微小变形,但不得小于7.4所规定的电气间隙和爬电距离;

c) 母线绝缘支撑件无任何明显的损伤;

d) 所有连接部位的紧固件无松动;

e) 检测器件不应指示出有故障电流发生;

f) 满足功能单元互换性要求;

g) 功能单元抽插灵活。

保护导体经试验后符合下述各项要求,则认为试验合格。

a) 保护电路的连续性不应破坏,测得的阻值不大于规定值;

b) 满足功能单元互换性要求；

c) 功能单元抽插灵活。

功能单元经试验后符合下述各项要求，则认为试验合格。

a) 短路电流经保护器件予以分断；

b) 连接功能单元的分支线允许有微小的变形，但不得小于7.4中所规定的电气间隙和爬电距离；

c) 试验过程中功能单元始终处于连接位置，试验后操作器件应能进行正常操作；

d) 所有绝缘材料制成的部件无任何明显的损伤痕迹；

e) 联锁机构不因试验而损坏；

f) 导体的连接部件不应松动，而且，导体不应从端子上脱落；

g) 满足功能单元互换性要求；

h) 功能单元抽插灵活；

i) 检测器件不应指示出有故障电流发生。

8.2.11 保护电路有效性试验

应验证成套设备的不同裸露导电部件和保护电路之间的有效连接，并应符合7.12.2.1的规定。

试验应使用电阻测量仪器进行，试验仪器应可以产生至少10 A的交流或直流电流通过电阻测量点。为了减少小电流设备的不利影响，电阻测量的时间应限制在5 s。

验证抽出式部件在不同的位置时的保护电路应一直保持其有效性。

型式试验应在成套设备保护电路进行短路耐受强度试验前和试验后分别测量，所测的电阻值应不大于规定值。

8.2.12 功能单元互换性试验

用各种规格的功能单元在其相应规格的其他单元隔室中各抽插2次。

型式试验应在配电母线短路耐受强度试验之后抽插一次；在功能单元短路耐受强度试验后抽插一次。

试验结果：功能单元在隔室内动作灵活，连接位置、试验位置、分离位置和移出位置应符合7.5的要求，则认为试验合格。

8.2.13 功能单元机械操作试验

功能单元机械操作试验是验证功能单元应保证的机械性能。

功能单元在其隔室中从连接位置到分离位置，然后再回到连接位置，作为一次。要求抽出式功能单元无载抽插至少50次。

试验结果：

a) 主电路隔离接插件与配电母线接触部分应无明显机械损伤；

b) 功能单元的抽插机构、定位机构应保持其原有的功能；

c) 功能单元在分离位置时，主电路隔离接插件的带电导体与垂直安置的配电母线的隔离距离应符合7.4.2的规定；

d) 保护电路的有效性不应破坏。

8.2.14 联锁机构操作试验

不同规格和类型的联锁机构应进行操作试验，每种规格和类型的试验次数不低于50次。

试验后联锁机构仍能符合7.3的要求。

8.2.15 电气间隙、爬电距离和隔离距离验证

测量成套设备的电气间隙和爬电距离应不小于7.4.1和7.11的规定。

成套设备的隔离距离应符合7.4.2的规定。

应分别验证抽出式功能单元在试验位置和分离位置时的电气间隙、爬电距离和隔离距离是否符合要求。

测量电气间隙和爬电距离的方法见 GB 7251.1—2005 的附录 F。

8.2.16 **防护等级试验**

成套设备防护等级依据 GB 4208 中规定的方法进行检查，并应符合 7.9 的要求。

如果没有其他规定，制造商给出的防护等级适用于整个成套设备。

成套设备的某个部分(例如:工作面)的防护等级与主体部分的防护等级不同时，应分别进行检验。

检查成套设备内部的隔室或封闭空间应满足 7.1.3 的规定。

8.2.17 **门铰链试验**

按照 7.2 的规定进行试验时，载荷应垂直向下加在门的垂直中心线上。

8.2.18 **机械、电气操作试验**

8.2.18.1 **机械操作试验**

对于成套设备中已经按照有关规定进行过型式试验的操作器件，如果在安装时机械操作部件无损坏，则不必对这些器件进行此项试验。

不同规格和型号的手动操作器件应进行操作试验，出厂试验的操作次数为 5 次，型式试验为 50 次，应无异常现象出现；

对门及门锁等进行关闭和开启检查，有疑问时，应进行 50 次操作试验验证。

8.2.18.2 **电气操作试验**

按成套设备的电气原理图的要求，应进行模拟动作试验，试验结果应符合设计要求。

8.2.19 **电磁兼容性试验**

8.2.19.1 **静电放电**

本试验主要考核成套设备承受直接来自操作者和对邻近物体的静电放电时的抗扰度，试验要求见 7.15 的规定，试验方法见 GB/T 17626.2 的规定。

8.2.19.2 **电磁辐射**

本试验是用于电气、电子设备的电磁场辐射抗扰度。其目的是建立电气、电子设备受到射频电磁场辐射时的性能的评定依据。相关的试验要求见 7.15 的规定，试验方法见 GB/T 17626.3 的规定。

8.2.19.3 **电快速瞬变脉冲群**

本试验是为了验证成套设备对来自诸如切换瞬态过程(切断感性负载、继电器触点弹跳等)的瞬变骚扰的抗扰度。试验要求见 7.15 的规定，试验方法见 GB/T 17626.4 的规定。

8.2.19.4 **浪涌(冲击)**

本试验主要考核成套设备在正常工作状态下，对由开关或雷电作用所产生的有一定危害电平的浪涌(冲击)电压的反应，试验要求见 7.15 的规定，试验方法见 GB/T 17626.5 的规定。

8.2.19.5 **射频传导**

本试验是对电气和电子设备承受来自 150 kHz～80 MHz 频率范围的射频发射机电磁骚扰的传导抗扰度的验证。试验要求见 7.15 的规定，试验方法见 GB/T 17626.6 的规定。

8.2.19.6 **工频磁场试验**

本试验是对成套设备承受工频磁场抗扰度能力的验证。试验要求见 7.15 的规定，试验方法见 GB/T 17626.8的规定。

8.2.19.7 **电压变化**

本试验是成套设备对电压暂降、短时中断和电压变化抗扰度能力的验证。试验要求见 7.15 的规定，试验方法见 GB/T 17626.11 的规定。

8.2.19.8 **电源谐波**

对成套设备的要求正在考虑中。

8.2.19.9 **发射试验**

装有电子电路的成套设备(例如:开关电源、包含有高频时钟的微处理器的电路)可能出现持续的电磁骚扰。

这类发射不应超过相关产品标准的限值规定，或以表 16 的环境 A 和/或表 17 的环境 B 为基准。只有当主电路和/或辅助电路含有没有按照相关产品标准进行过试验且其基本开关频率等于或高于 9 kHz的元件才要求进行这些试验。试验应按 GB 4824—2004 的规定进行。

在主电源上装有产生低频谐波(低于 9 kHz 的频率)的电子电路的成套设备应符合 GB 17625.1 的要求。

9 设备的铭牌、标志和资料

9.1 铭牌

9.1.1 成套设备铭牌

每台成套设备应配备一至数个铭牌，铭牌应字迹清楚，坚固、耐用，并应牢固地固定在成套设备明显易见的位置。

下列 a)至 d)项应在铭牌上标出。其余项数据，可以在铭牌上或其他资料中标出。

a) 制造商或商标；

b) 产品名称或型号或标志号；

c) 标准编号；

d) 出厂编号；

e) 制造日期；

f) 额定频率；

g) 额定工作电压；

h) 额定绝缘电压；

i) 额定冲击耐受电压(如适用)；

j) 辅助电路的额定电压；

k) 主母线额定电流；

l) 配电母线额定电流；

m) 功能单元额定电流；

n) 功能单元的电气连接形式；

o) 额定短时耐受电流；

p) 防护等级；

q) 使用条件；

r) 外形尺寸；

s) 质量；

t) 内部隔离形式；

u) 环境 A 或环境 B。

9.1.2 功能单元铭牌

每个功能单元应配备一个铭牌，铭牌可固定在功能单元的正面或侧面其他可查找的地方，铭牌上可选择下述内容，但必须包括 a)至 c)项内容，其余项资料，可以在铭牌上或其他资料中给出。

a) 功能单元型号或代号或编号；

b) 额定电流；

c) 额定工作电压；

d) 额定短时耐受电流(交流有效值 1 s)；

e) 功能单元的主电路单线图，并给出保护器件的电流数据(如断路器的额定电流、熔断体的电流等)。

9.2 标志

成套设备内的电器元件应尽可能在靠近该元件的上方用文字符号标志。电路的接线端也应有相应的文字符号标志。所用文字标志应与随同成套设备一起提供的线路图上的标记一致。操作器件应清楚标出其接通和断开位置。根据用户的需要,制造商还应提供标明功能单元用途的标志牌。

9.3 其他资料

制造商应向用户提供使用说明书,使用说明书的内容一般应包括:

a) 额定电气参数;

b) 使用条件;

c) 安装类别;

d) 线路图;

e) 结构尺寸、安装尺寸及要求;

f) 操作、维修、安装运输(包括吊、装等)要求。

附　录　A
（资料性附录）
成套设备的绝缘水平

成套设备的绝缘水平应由制造商和用户协商确定。本附录给出了成套设备的额定电压选择的最低标准值，供参照选用。

表 A.1　成套设备的绝缘水平

额定工作电压 V	最低额定绝缘电压 V	工频耐受电压 kV	额定冲击耐受电压 kV
220/380,230/400	400	2.5	6
380/660,400/690	690	2.5	8
1 000(1 140)[1)]	1 000	3.5	12
注 1：表 A.1 给出了成套设备绝缘水平的最低值，建议采用更高值。 注 2：额定冲击耐受电压为过电压类别Ⅳ的情况。 注 3：表中的额定冲击耐受电压为海拔 2 000 m 时的数值。 注 4：额定冲击耐受电压为成套设备采用了规定的浪涌抑制器的情况。			
1）额定工作电压交流 1 140 V 的设备，有关介电性能等要求由制造商和用户协商确定。			

ICS 29.130.20
K 32

中华人民共和国国家标准

GB/T 24275—2009

低压固定封闭式成套开关设备和控制设备

Low-voltage fixed connection enclosed switchgear and controlgear assemblies

2009-06-19 发布　　2010-02-01 实施

中华人民共和国国家质量监督检验检疫总局
中国国家标准化管理委员会　发布

前　言

本标准根据 GB 7251.1—2005《低压成套开关设备和控制设备　第 1 部分：型式试验和部分型式试验成套设备》，GB/T 20641—2006《低压成套开关设备和控制设备空壳体的一般要求》两项标准及 IEC 60439：1999 修订 1(2004 年)、GB 50303—2002《建筑电气工程施工质量验收规范》中的相关要求对固定封闭式成套开关设备和控制设备提出要求。

本标准由中国电器工业协会提出。

本标准由全国低压成套开关设备和控制设备标准化技术委员会(SAC/TC 266)归口。

本标准主要起草单位：正泰电气股份有限公司、天津天传电控配电有限公司、成都市产品质量监督检验院、国家电控配电设备质量监督检验中心、上海柘中(集团)有限公司、杭州之江开关股份有限公司、浙江昌泰电力开关有限公司、宁波天安(集团)股份有限公司、常州太平洋电力设备(集团)有限公司、浙江义乌八方电力设备制造有限公司、山东省产品质量监督检验研究院、临海市耀明电力设备有限公司、慈溪市奇乐低压电器厂、浙江正原电气股份有限公司、福建南安市丰州狮山电器设备厂、泉州雷航电子有限公司、浙江省麦格电气有限公司、杭州欣美成套电器制造有限公司、北京京仪敬业电工集团有限公司、指月集团有限公司、北京国电康能科技有限公司、瑞安市工泰电器有限公司、九川集团有限公司、九川(浙江)科技股份有限公司。

本标准主要起草人：欧惠安、韩东明、俞秀文、赵万进、马亦军、林广悦、陈雪梅、仲继江、仲秀萍、李小松、阮有祥、陆琴琴、骆凌峰、苏士清、罗正阳、江国庆、李炳荣、傅汉水、傅俊豪、汤珍敏、傅春江、王博、王培波、李志宏、李达、蔡甫寒、王荣秋、郑武。

本标准为首次发布。

低压固定封闭式成套开关设备和控制设备

1 范围

本标准规定了低压固定封闭式成套开关设备和控制设备(以下简称“成套设备”)的术语和定义,分类,使用条件、电气参数、技术要求、试验及成套设备的铭牌、标志和资料等。

本标准适用于额定电压交流不超过 1 000 V[1),额定频率不超过 1 000 Hz,额定直流电压不超过 1 500 V,作为电能分配、电动机控制、线路保护,并具有固定安装的封闭式结构户内或户外工作的低压成套开关设备和控制设备。

2 规范性引用文件

下列文件中的条款通过本标准的引用而成为本标准的条款。凡是注日期的引用文件,其随后所有的修改单(不包括勘误的内容)或修订版均不适用于本标准,然而,鼓励根据本标准达成协议的各方研究是否可使用这些文件的最新版本。凡是不注日期的引用文件,其最新版本适用于本标准。

GB/T 762—2002 标准电流等级(eqv IEC 60059:1999)

GB/T 4025 人-机界面标志标识的基本和安全规则 指示器和操作器的编码规则(GB/T 4025—2003,IEC 60073:1996,IDT)

GB/T 4205 人机界面(MMI) 操作规则(GB/T 4205—2003,IEC 60447:1993,IDT)

GB 4208 外壳防护等级 (IP 代码)(GB 4208—2008,IEC 60529:2001,IDT)

GB 4824—2004 工业、科学和医疗(ISM)射频设备 电磁骚扰特性 限值和测量方法(IEC/CISPR 11:2003,IDT)

GB 7251.1—2005 低压成套开关设备和控制设备 第 1 部分:型式试验和部分型式试验成套设备(IEC 60439-1:1999,IDT)

GB 9254 信息技术设备的无线电骚扰限值和测量方法(GB 9254—2008,IEC/CISPR 22:2006,IDT)

GB/T 13384 机电产品包装通用技术条件

GB 16895.21—2004 建筑物电气装置 第 4-41 部分:安全防护 电击防护(IEC 60364-4-41:2001,IDT)

GB 17625.1 电磁兼容 限值 谐波电流发射限值(设备每相输入电流≤16 A)(GB/T 17625.1—2003,IEC 61000-3-2:2001,IDT)

GB/T 17626.2 电磁兼容 试验和测量技术 静电放电抗扰度试验(GB/T 17626.2—2006,IEC 61000-4-2:2001,IDT)

GB/T 17626.3 电磁兼容 试验和测量技术 射频电磁场辐射抗扰度试验(GB/T 17626.3—2006,IEC 61000-4-3:2002,IDT)

GB/T 17626.4 电磁兼容 试验和测量技术 电快速瞬变脉冲群抗扰度试验(GB/T 17626.4—2008,IEC 61000-4-4:2004,IDT)

GB/T 17626.5 电磁兼容 试验和测量技术 浪涌(冲击)抗扰度试验(GB/T 17626.5—2008,IEC 61000-4-5:2005,IDT)

---

1) 额定工作电压交流 1 140 V 的成套设备,可参照本标准执行。有关介电性能等要求由制造商和用户协商确定。

GB/T 17626.6 电磁兼容 试验和测量技术 射频场感应的传导骚扰抗扰度试验(GB/T 17626.6—2008,IEC 61000-4-6:2006,IDT)

GB/T 17626.8 电磁兼容 试验和测量技术 工频磁场抗扰度试验(GB/T 17626.8—2006,IEC 61000-4-8:2001,IDT)

GB/T 17626.11 电磁兼容 试验和测量技术 电压暂降、短时中断和电压变化抗扰度试验(GB/T 17626.11—2008,IEC 61000-4-11:2004,IDT)

GB/T 17626.13 电磁兼容 试验和测量技术 交流电源端口谐波、谐间波及电网信号的低频抗扰度试验(GB/T 17626.13—2006,IEC 61000-4-13:2002,IDT)

GB/T 20138 电器设备外壳对外界机械碰撞的防护等级(IK 代码)(GB/T 20138—2006,IEC 62262:2002,IDT)

GB/T 20641—2006 低压成套开关设备和控制设备空壳体的一般要求(IEC 62208:2002,IDT)

3 术语和定义

GB 7251.1—2005 第 2 章中除 2.1.9、2.2.7、2.2.9、2.3.1、2.3.2、2.3.3.3、2.3.4、2.5.4 外所确立的以及下列术语和定义适用于本标准。

3.1

低压固定封闭式成套开关设备和控制设备 low-voltage fixed connection switchgear and controlgear enclosed assemblies

具有封闭式结构并带有固定式部件和/或插入式器件(如:插入式断路器、抽屉式断路器等)的柜、箱型成套设备,一般不含有抽出式部件的固定式成套设备。简称低压固定封闭式成套设备。

注:低压固定封闭式成套设备中,也可含有少量的抽出式功能单元,此时,仍称为低压固定封闭式成套设备。

4 分类

4.1 壳体类型

——绝缘材料型;

——金属材料型;

——绝缘和金属混合型。

4.2 使用场所

——户内式成套设备;

——户外式成套设备。

4.3 防护等级

——IP 代码,见 GB 4208;

——IK 代码,见 GB/T 20138。

4.4 设备安装面

——柜式成套设备;

——柜组式成套设备;

——箱式成套设备;

——箱组式成套设备。

5 使用条件

5.1 正常使用条件

5.1.1 周围空气温度

5.1.1.1 户内成套设备的周围空气温度

不高于+40 ℃,不低于-5 ℃,并且在 24 h 内其平均温度不高于+35 ℃。

5.1.1.2 户外成套设备的周围空气温度

不高于+40 ℃,不低于-25 ℃,并且在24 h内其平均温度不高于+35 ℃。

5.1.2 大气条件

5.1.2.1 户内成套设备的大气条件

空气清洁,在最高温度为+40 ℃时,其相对湿度不超过50%。在较低温度时,允许有较大的相对湿度。

例如:+20 ℃时相对湿度为90%。但应考虑到由于温度的变化,有可能会偶尔产生适度的凝露。

5.1.2.2 户外成套设备的大气条件

最高温度为+25 ℃时,相对湿度短时可高达100%。

5.1.2.3 污染等级

污染等级分为4级(见GB 7251.1—2005中6.1.2.3),用以确定成套设备在不同环境条件下工作时所需的空气中最小电气间隙和最小爬电距离(见本标准的表2、表3)。

如果没有其他规定,成套设备使用环境允许的污染等级为3级。其他等级的使用可根据成套设备的特殊用途或微观环境来考虑。

5.1.3 海拔

安装场地的海拔不超过2 000 m。

注:含有电子设备的成套设备,用于海拔高于1 000 m处时,建议按照制造商与用户之间的协议对电子设备进行设计和使用。

5.1.4 过电压类别

成套设备的过电压类别:

——安装在电源端的成套设备的过电压类别为Ⅳ;

——安装在配电装置中的成套设备的过电压类别为Ⅲ;

——由配电装置供电的耗能设备的过电压类别为Ⅱ;

——具有过电压保护的电子电路的过电压类别为Ⅰ。

注1:除非电路设计时考虑了暂时过电压,否则过电压类别为Ⅰ的设备不能直接连接于电网中。

注2:在一个电气系统中,可以有不同的过电压类别。通过采用适当的方法,例如采用过电压保护装置或能吸收、消耗或转换浪涌电流能量的串并联阻抗,把瞬时过电压降到预期的较低过电压类别,完成从一个过电压类别向一个较低的过电压类别的转换。

5.2 特殊使用条件

不符合以上正常使用条件的特殊使用条件举例见GB 7251.1—2005中的6.2。如果成套设备存在这类特殊使用条件,制造商必须遵守适用的特殊要求或与用户签定专门的协议。

5.3 运输、贮存条件

成套设备应适用于以下温度的运输和贮存:-25 ℃至+55 ℃的范围之间,在短时间内(不超过24 h)可达+70 ℃,在这些极限温度下,成套设备不应遭到任何不可恢复的损伤,然后仍能在规定的使用条件下正常工作。

6 电气参数

成套设备的电气参数可从以下数值中选取,如果有不同的使用要求,制造商与用户之间需要达成专门的协议。

6.1 额定工作电压(U_e)

主电路:交流220 V(230 V),380 V(400 V),660 V(690 V),1 000 V。

辅助电路:

——交流:6 V,12 V,24 V,36 V,42 V,48 V,110 V,127 V,220 V(230 V),380 V(400 V)。

——直流:6 V,12 V,24 V,36 V,48 V,110 V,220 V。

6.2 额定绝缘电压(U_i)

额定绝缘电压值:250 V,320 V,400 V,500 V,660 V(690 V),800 V,1 000 V,1 250 V,1 600 V。

6.3 额定冲击耐受电压(U_{imp})

额定冲击耐受电压的优选值:2.5 kV,4 kV,6 kV,8 kV,12 kV。

6.4 额定电流

6.4.1 功能单元额定电流(I_n)

功能单元额定电流按 GB/T 762—2002 中表 1 和第 3 章的规定选取。

6.4.2 主母线额定电流

主母线额定电流推荐值:630 A,800 A,1 000 A,1 250 A,1 600 A,2 000 A,2 500 A,3 150 A,4 000 A,5 000 A,6 300 A,8 000 A。

6.4.3 配电母线额定电流

配电母线额定电流推荐值:400 A,630 A,800 A,1 000 A,1 250 A,1 600 A,2 000 A, 2 500 A,3 150 A,4 000 A,5 000 A。

6.5 额定短时耐受电流(I_{cw})

母线额定短时耐受电流推荐值:15 kA,30 kA,50 kA,65 kA,80 kA,100 kA,125 kA,160 kA。

注:除非制造商另有规定,以上数据的时间为 1 s。

6.6 额定峰值耐受电流(I_{pk})

母线额定峰值耐受电流推荐值:30 kA,63 kA,105 kA,143 kA,176 kA,220 kA,275 kA,352 kA。

6.7 额定频率

频率值应限制在内装电器元件相应的国家标准所规定的范围内。

6.8 额定分散系数

额定分散系数按 GB 7251.1—2005 中 4.7 的规定。

7 技术要求

7.1 材料和部件强度

7.1.1 总则

成套设备应根据产品用途和用户的具体需要进行设计,并符合 GB 7251.1—2005 的要求。

柜(箱)体应有足够的强度和刚度,坚固耐用,能够承受成套设备内元件在正常使用及短路时所产生的机械应力、电气应力和热应力。

所有的外壳或隔板包括门的闭锁器件等,应具有足够的机械强度以能够承受正常使用时所遇到的应力。

成套设备的壳体应由满足 GB/T 20641—2006 中第 9 章所规定的试验项目,能够承受一定的机械应力、电气应力及热应力的材料构成,而且应能经得起正常使用时可能遇到的潮湿影响。

7.1.2 外部金属部件的耐腐蚀性能

应考虑柜(箱)壳体的预期使用环境,采用合适的材料或在裸露的表面上喷涂防腐层(例如:采用油漆、镀锌、镀铬等),以确保防腐。

金属壳体和绝缘壳体及两者组合壳体的外部金属部件,应采用 8.2.1 规定的试验,检查是否符合防腐要求。

7.1.3 绝缘材料壳体的热稳定性

用绝缘材料制作的壳体或壳体部件,应按照 8.2.2.1 验证绝缘材料的热稳定性。

7.1.4 绝缘材料耐受非正常热和着火

绝缘材料部件由于内部电气作用的结果,可能暴露在热应力下而降低成套设备的安全性能,应分别验证它们的耐热性能及非正常热和着火的耐受能力，防止非正常热和着火对绝缘材料产生的有害影响。

如果同样材料有一个典型样品已经过试验，并满足8.2.2.3要求，则不需重复进行7.1.4.2的灼热丝试验。

7.1.4.1 **耐热性能**

成套设备中的绝缘材料应进行8.2.2.2的球压试验，检验后，测量球压痕迹的直径不得超过2 mm。

7.1.4.2 **耐受非正常发热和着火能力**

绝缘材料的载流部件应用8.2.2.3的灼热丝试验验证，如果满足下列要求，则认为样品能耐受灼热试验：

——没有明显的火花和持续不断的亮光；或

——样品的火花在移开灼热丝30 s之内熄灭。

绢纸不应燃烧，松木板不应烧焦。

PE保护导体不作为载流部件。

绝缘材料制造商提供的试验报告，可作为成套设备制造商的绝缘材料资料。

7.1.5 **户外安装壳体的耐老化性能**

用合成材料制作或用金属制作但完全用合成材料涂覆的户外使用的外装部件或壳体，应能耐受紫外线辐射。按8.2.3耐老化验证后，试样应没有破裂和损坏。

注：用于装饰性部件除外。

7.1.6 **提升与搬运保障**

如需要，应为成套设备提供合适的起吊装置或搬运工具。

应在制造商的文件中给出这类装置或工具放置的正确位置和安装方法，并规定起吊装置的螺纹尺寸(如果有的话)，或在说明书中明确成套设备的搬运方法。

对带有提升设施的成套设备，应根据8.2.4的规定验证成套设备壳体的吊装、运输等情况对结构强度的影响。

检验后，成套设备的壳体应没有裂痕和永久变形，检验期间不应有任何削弱其特性的挠度。

7.1.7 **外部机械撞击防护等级(IK代码)**

对成套设备的壳体应根据制造商给出的外部机械撞击防护等级(IK代码)，按8.2.5的要求进行验证。

验证后，成套设备壳体IP代码和介电强度不变；可移动式覆板可以移开和安装，门可以打开和关闭。

7.1.8 **标志**

标志按8.2.6的要求进行验证，验证后的标志应容易辨认。

7.2 **尺寸**

箱柜给出的尺寸以毫米(mm)为单位。

外形尺寸：高、宽和深是标称值，应列在制造商的产品样本中。

电缆密封板、可移式覆板和手柄不应包括在外部标称尺寸中，但这些尺寸应包括在制造商的文件中。

柜架外形尺寸应优先在下列数值中选取：

高：600 mm，800 mm，1 000 mm，1 200 mm，1 400 mm，1 600 mm，1 800 mm，2 000 mm，2 200 mm，2 400 mm。

宽：400 mm，600 mm，800 mm，1 000 mm，1 200 mm，1 400 mm，1 600 mm，1 800 mm。

深：400 mm，500 mm，600 mm，800 mm，1 000 mm，1 200 mm，1 600 mm。

箱体的外形尺寸：由制造商与用户协商确定。

7.3 箱柜结构

金属材料构成的箱柜可由型材部件或钢板弯制部件焊接或组装而成。

绝缘材料构成的箱柜通过注塑等方法制作。

箱柜结构根据成套设备的使用及 GB 7251.1—2005 第 7 章的相关要求，主要应考虑：

——金属材料构成的箱柜，应考虑安装电器元件通过金属结构件时，可能由磁路产生较大涡流损耗引起的发热现象；

——设备正常操作、维修和更换元器件时，为防止人员直接触及带电导体而考虑外壳和外壳内部的隔离措施；

——通风孔的设计要求；

——铰链设计要求；

——功能单元要求；

——联锁要求；

——电气间隙和爬电距离。

7.3.1 隔离

7.3.1.1 成套设备可以利用隔板划分成若干个隔室，如：母线隔室、单元隔室、电缆隔室，以满足下列要求：

——防止触及邻近功能单元的带电部件，防护等级至少应为 IPXXB；

——限制故障电弧蔓延，并在隔室内采取措施防止短路产生的电弧对相邻隔室的影响；

——防止规定防护的外来固体异物从成套设备的一个单元进入另一单元，防护等级至少应为 IP2X。

7.3.1.2 隔室之间开孔应确保熔断器、断路器在分断时产生的电弧或游离气体不影响相邻隔室功能单元的正常工作。

7.3.1.3 隔室可以按 GB 7251.1—2005 中 7.7 规定的典型形式选取(见表 1)。

表 1 内部隔离形式

主判据	补充判据	形　式
无内部隔离		形式 1
母线与功能单元隔离	外接导体端子不与母线隔离	形式 2a
	外接导体端子与母线隔离	形式 2b
母线与功能单元隔离，所有的功能单元相互隔离，外接导体的端子与功能单元隔离，但与其他功能单元的端子相互不隔离	外接导体端子不与母线隔离	形式 3a
	外接导体端子与母线隔离	形式 3b
母线与所有功能单元隔离，并且所有的功能单元相互隔离。功能单元的外接导体端子与其他功能单元端子和母线隔离	外接导体端子与关联的功能单元在同一隔室中	形式 4a
	外接导体端子与关联的功能单元不在同一隔室中，它位于独立的、封闭的防护空间或隔室中	形式 4b
注：典型隔离形式示例见 GB 7251.1—2005 的附录 D。		

7.3.1.4 隔室的隔板可以是金属板或绝缘板。金属隔板应与保护导体有效连接。

7.3.1.5 功能单元隔室中的隔板应能承受使用中可能出现的机械应力、电动应力和热应力，不应有损坏或永久变形，并能保持规定的电气间隙、爬电距离和防护等级。

7.3.2 **通风孔**

7.3.2.1 成套设备外壳上通风孔，在设计安装时，应使得通风孔在下列情况下没有电弧或熔蚀金属喷出：

——熔断器、断路器、接触器在工作时产生的正常电弧及在短路故障分断时产生的电弧；

——电器元件烧毁。

7.3.2.2 如果燃弧源距通风孔较近，要求在通风孔和可能的燃弧源之间加装一金属引弧隔板或阻弧绝缘隔板。

7.3.2.3 隔板的大小及安装应满足这种要求，从任何燃弧部分经隔板的边缘向通风孔所在平面引一些直线，这些直线在通风孔所在平面内形成一个区域，这一区域应距通风孔的边缘距离不小于 7 mm。

7.3.2.4 通风孔的设置不能降低外壳防护等级。顶部通风孔必要时应加装覆板遮盖。

7.3.2.5 直接在壳体上开设的通风孔，不应造成外壳强度的降低。

7.3.3 **铰链**

7.3.3.1 金属材料箱柜门的铰链应由金属制成，铰链应牢固地固定在外壳和门上。

7.3.3.2 利用钢制铰链作为保护接地措施时应镀锌或镀铬，如铰链与门和外壳采用点焊连接，则不能因焊接而破坏铰合面的镀层。

7.3.3.3 装有铰链的门应按 4 倍于它本身质量(但不小于 10 kg)的载荷，或按制造商给出的最大允许负载进行试验验证。门和铰链应没有永久变形。

7.3.4 **联锁**

为确保操作程序以及维修时的人身安全，成套设备应设置联锁机构，也可以用加强管理的办法，如配专用钥匙、装设警告牌等。

7.3.4.1 当成套设备有二个进线单元时，根据系统运行需要应能提供二个进线单元及进线单元与母联单元的相互联锁，联锁装置可以是机械的，也可以是电气的。

7.3.4.2 当功能单元设计成在主开关带电也能取出和安装时，单元的门与主开关必须相互联锁。只有先断开主开关，才能打开门。在一个功能单元内装有两条电路时，则每条电路的主开关必须与门联锁。

当特殊需要时，可设置一个解锁机构，以便当主开关处在接通位置时，也能将门打开。

7.3.4.3 当采取加强管理的办法时，设置的警告牌标志应在显著位置。

7.3.5 **功能单元**

通常只有在主电路不带电时，才能拆卸功能单元。当功能单元的断路器为抽屉式或插入式时，也可以在主电路带电(但主开关处于分断状态)情况下用手直接或借助工具安全地将功能单元取出或安装上。

7.3.5.1 当功能单元处在移出位置时，其所在隔室应能防止人接触到带电体。

7.3.5.2 相同的功能单元应具有互换性，即使在短路事故发生之后，其互换性也不会破坏。

7.3.5.3 为防止可移式部件(如插入式断路器等)插入到错误部位而引起故障的发生，可设计插入式联锁来预防。

7.3.6 **外壳防护等级**

户内使用的成套设备的外壳防护等级应不低于 IP2X。当壳体内部操作面需人工干预而设计的不同防护等级应分别给出。

对于无附加防护设施的户外成套设备，第二位特征数字应至少为 3。

7.3.7 **电气间隙和爬电距离**

成套设备的柜箱结构设计，除需考虑外壳、外壳内的隔室、同时还需考虑电器元件和进出线端子排的安装板以及母排等。应保证带电体间的电气间隙和爬电距离满足成套设备的预期使用。

7.3.7.1 电气间隙和爬电距离应依据 GB 7251.1—2005 中 7.1.2.1 按绝缘配合来选取。

7.3.7.2 电气间隙选取时，应考虑成套设备零部件加工误差及装配等因素。

7.3.7.3 成套设备内的电器元件的电气间隙和爬电距离应符合各自相关标准中规定的距离，并在正常使用条件下也应保持此距离。

7.3.7.4 成套设备内裸露的带电导体和端子(例如:母线、电器之间的连接、电缆接头),其电气间隙和爬电距离或冲击耐受电压在污染等级3时,至少应符合表2、表3的规定。

表2 空气中的最小电气间隙

额定冲击耐受电压 U_{imp}/kV	最小电气间隙/mm
2.5	1.6
4	3.0
6	5.5
8	8
12	14

注1:最小的电气间隙值以相当于海拔2 000 m处的正常大气压时的1.2/50 μs冲击电压为基准。

注2:最小电气间隙是根据非均匀电场条件确定的。

表3 爬电距离的最小值

额定绝缘电压 U_i/V	最小爬电距离/mm			
	材料组别			
	Ⅰ	Ⅱ	Ⅲa	Ⅲb
250	3.2	3.6	4	4
400	5	5.6	6.3	6.3
500	6.3	7.1	8	8
630(690)	8	9	10	10
800	10	11	12.5	—
1 000	12.5	14	16	—

注1:材料组别按照相比电痕化指数(CT1)的数值范围分类。

——材料组别Ⅰ 600≤CT1

——材料组别Ⅱ 400≤CT1<600

——材料组别Ⅲa 175≤CT1<400

——材料组别Ⅲb 100≤CT1<175

注2:材料组别Ⅲb一般不推荐用于630V以上的污染等级3。

注3:如果要选用规定值以外的额定绝缘电压,建议制造商和用户签订专门的协议。

7.4 温升

成套设备的温升按GB 7251.1—2005中7.3及表2的规定,检验后各部分的温升不得超过温升限值。

7.5 电击防护

成套设备的防护措施按照GB 7251.1—2005的规定,可分为直接接触防护和间接接触防护。

7.5.1 直接接触的防护

可利用成套设备本身适宜的结构措施,也可利用在安装过程中采取的附加措施来获得对直接接触的防护。可以选择下述一种或多种防护措施。

7.5.1.1 危险带电部件完全被绝缘材料包覆,绝缘材料只有在被破坏后才能去掉。

注:例如用绝缘材料将带电部件包覆。

绝缘材料应采用能够承受使用中可能遇到的机械,电和热应力的材料制成。

通常单独使用的漆层,搪瓷或类似物品的绝缘强度不能满足基本绝缘的要求。

7.5.1.2 成套设备的外表面的直接接触防护等级应至少为IP2X。被保护的带电部件之间的电气间隙和爬电距离应不小于7.3.7的规定值，如果壳体是绝缘材料制成的则例外。

7.5.1.3 所有挡板和壳体均应安全、可靠地固定在其位置上，它们应有足够的稳固性和耐久性以承受正常使用时可能出现的变形和应力，而不减小7.3.7.4所规定的电气间隙与爬电距离的值。

7.5.1.4 有必要移动挡板、打开壳体或拆卸壳体的部件时，应满足下述条件之一：

a) 使用钥匙或工具，也就是说只有靠器械的帮助才能打开门、盖板和联锁装置；

b) 在打开门之前，应使所有的带电部件断电，因为打开门后，有可能意外地触及这些部件；

c) 应给成套设备装设内部的挡板或活动挡板，以遮挡所有的带电部件。此挡板仅在使用钥匙或工具时才能移动。此处一般需加警告标志。

7.5.2 间接接触的防护

7.5.2.1 利用保护电路进行防护

成套设备的保护电路可由单独设置的保护导体或可导电的结构件构成或由两者共同构成。它应提供下述保护：

——防止成套设备内部故障引起的后果；

——防止由成套设备供电的外部电路故障引起的后果。

在下述条款中，提出了保护电路的要求：

7.5.2.1.1 应在结构上采取措施以保证成套设备裸露导电部件之间以及这些部件和装置与保护电路之间的电连续性。其电阻值不应超过0.1 Ω。

7.5.2.1.2 手动操作装置（手柄、转轮等）应：

——安全可靠地同已连接到保护电路上的部件进行电气连接，或；

——带有辅助绝缘物，以将手动操作装置同成套设备其他导电部件互相绝缘。此绝缘物的绝缘电压至少应与手动操作装置所属器件的最大绝缘电压等级相同。

7.5.2.1.3 用漆层或搪瓷覆盖的金属部件一般认为没有足够的绝缘能力。

7.5.2.1.4 当把成套设备一个部件从成套设备中取出时，成套设备其余部分的保护电路不应被切断。

7.5.2.1.5 对于门、盖板、覆板和类似部件，如果其上没有安装电气设备，则通常的金属螺钉连接或镀锌、镀锡的金属绞链连接就认为足以保证了电的连续性；如果其上装有额定电压值超过特低电压的电气设备时，应采用保护导线将这些部件和保护电路连接，此保护导线的截面积按照GB 7251.1—2005中表3A并根据电气设备的额定工作电流选定。

7.5.2.1.6 某一器件，如其裸露导电部件不能用固定安装方式与保护电路连接时，则应采用导线将其接地端子与保护导体连接，导线的截面积按GB 7251.1—2005中表3A选择。

7.5.2.1.7 外部导体所连接的成套设备内的保护导体（PE、PEN）的截面积应按GB 7251.1—2005中7.4.3.1.7进行选择。

7.5.2.1.8 为了方便保护导体的连接和提高可靠性，在成套设备中可以设置垂直走向的分支保护导体，其截面积也按GB 7251.1—2005中7.4.3.1.7进行选择。

7.5.2.1.9 电力保护器件的动作条件应不因其动作电流或动作时间而损坏其电的连续性。

7.5.2.1.10 保护导体应能承受成套设备的运输、安装时可能遇到的机械应力和短路事故中所产生的机械应力和热应力，其接地连续性不应被破坏。

7.5.2.1.11 如果将成套设备的壳体作为保护电路的一部分，其截面积与GB 7251.1—2005中7.4.3.1.7中规定的最小截面积在导电能力方面应是相同的。

7.5.2.2 采用保护电路以外的防护措施

——电路的电气隔离：

成套设备采用电气隔离以防止电路的基本绝缘故障，使裸露导电部件带电而被触及。成套设[illegible]的电气隔离应符合GB 16895.21—2004中413.5的要求。

——用全绝缘进行防护：

电器元件应用绝缘材料完全封闭，见 GB 7251.1—2005 中 7.4.3.2.2 的规定。

7.5.3 对经过允许的人员接近运行中的成套设备的要求

依据 GB 7251.1—2005 中 7.4.6 的规定。

7.6 短路保护与短路耐受强度

7.6.1 短路保护器件的选择

成套设备应耐受不超过额定值的短路电流所产生的热应力和电动应力。成套设备可采用断路器、熔断器或两者的组合等作为短路保护器件。

7.6.2 短路耐受强度的资料

成套设备制造商应提供成套设备有关短路耐受强度的资料。

对于进线单元具有短路保护装置的成套设备，制造商应标明成套设备输入端的预期短路电流的最大允许值，此值不应超过相应的额定值（I_{cw}、I_{pk}、I_{cc}和 I_{cf}）。

对于进线单元没有短路保护装置的成套设备，制造商应用下述方法之一标明短路耐受强度：

a） 额定短时耐受电流（I_{cw}）及其相关时间（如果不是 1 s），额定峰值耐受电流（I_{pk}）；

b） 额定限制短路电流（I_{cc}）；

c） 额定熔断短路电流（I_{cf}）。

对于有几个不大可能同时工作的进线单元的成套设备，其短路耐受强度应在每个进线单元上标出。

对于具有多个可能同时工作的进线单元，或有一个进线单元和一个或几个用于可能增大短路电流的大功率电机负载的出线单元的成套设备，制造商应与用户签定专门协议来确定每个进线单元、出线单元和母线中的预期短路电流。

成套设备短路保护器件的选择和整定应确保成套设备内任何一条输出支路发生短路故障时，应由该支路的开关器件将其断开，而不影响其他输出支路，以达到保护的选择性。

为减少主、辅电路短路的可能性，对无短路保护的带电导体在选择及安装上应使其在正常工作条件下，相与相之间、相与地之间内部短路的可能性极小。导体的选择和安装要求见 GB 7251.1—2005 中的表 5。

7.6.3 耐受电流峰值与短路耐受电流之间的关系

为确定电动力的强度，耐受电流的峰值应用短路耐受电流乘以系数 n 获得。系数 n 的标准值和相应的功率因数 $\cos\phi$ 见表 4。

表 4 系数 n 的标准值

短路电流的方均根值 I/kA	$\cos\phi$	n
$I \leqslant 5$	0.7	1.5
$5 < I \leqslant 10$	0.5	1.7
$10 < I \leqslant 20$	0.3	2.0
$20 < I \leqslant 50$	0.25	2.1
$50 < I$	0.2	2.2

7.7 母线和绝缘导线

7.7.1 总则

7.7.1.1 母线材料应选用铜、铜合金、铝、铝合金，绝缘导线应选用铜质多股绞线。

7.7.1.2 母线和绝缘导线截面除了必须承载的电流外，选择还受下述条件的支配：成套设备中所承受的机械应力、导线的敷设方法、绝缘类型、元件种类。

7.7.1.3 绝缘导线允许的温度应能承受成套设备正常运行中柜内、框架单元内的最高温度。

7.7.1.4 母线、绝缘导线的布置要尽可能减少涡流损耗的影响。

7.7.2 母线

7.7.2.1 成套设备内的母线由制造商按承受电流、工作电压、短路强度等条件进行选择。在带有中性线的三相电路中，中性线的允许载流量不应小于最大不平衡电流及流经其中的标准规定范围内的谐波电流，如末端为单相电路、单相负载为主的三相系统、大型萤光照明的灯光系统等的中性线，其截面积应与用户签定协议或执行现行相关标准。

7.7.2.2 母线的加工和安装应符合下列规定：

——加工后的母线应平整、表面无显著的痕迹缺陷，弯曲处不应有裂纹或裂口。连接处紧密，接触良好，配置整齐、美观；

——铜、铝母线搭接处应采取防止电化腐蚀的措施；

——母线应采用绝缘支持件固定，母线支持件应能承受装置额定短时耐受电流和额定峰值耐受电流所产生的机械应力和热应力的冲击；

——允许使用绝缘包扎、绝缘套管、喷涂环氧粉末或其他绝缘材料作为母线的绝缘层，但绝缘材料应是自熄性的并能承受机械应力和热应力的冲击；

——并联使用的矩形母线宜有不小于母线厚度的间隙；

——在现场完成连接的母线端部，应按连接要求在出厂前完成加工；

——母线连接螺栓应有一定的强度。螺母应在维修侧。连接应采取防松措施，例加：采用弹簧垫圈或蝶型垫圈。

7.7.3 绝缘导线

绝缘导线的选用、安装应符合下列规定：

——绝缘导线的额定绝缘电压不应低于相应电路的额定绝缘电压；

——通常一个端子只连接一根导线，将两根或多根导线连接到一个端子上只有在端子是为此用途而设计的情况下才允许；

——多股线用于螺栓连接时应加压接端头；

——成套设备中压接端头的选用应根据导体所连接电器元件接线端子结构形式进行选择，其压接端头与多股绝缘绞线配合以及压接的质量应符合相关标准的规定；

——用线束布线时，线束不应贴近带电部件和底板，应适当固定和捆扎；

——电阻器端子接线端部的导线应剥除绝缘层，套耐热瓷管；

——绝缘导线穿越金属板上的穿线孔时，为了防止导线绝缘被磨损应在孔上加装光滑的绝缘衬套；

——两个端子间的接线不应有中间接头；

——交流电路导线与直流电路导线宜分开布置；

——对可移动的部件，如跨门或活动安装板的连接线，采用手动插接的辅助电路接插件的连线等都应采用套管加以保护，并要留有一定长度的余量，不应因部件的移动而对导体产生任何机械损伤。

7.7.4 其他要求

——螺杆端子接线应采用铜质紧固件，并采用双螺母锁紧；

——外接电缆应方便，当用户要求外接电缆为多根并联时，应有分线设施；

——应提供与接线截面积相适应的中性线进线端子和出线电路所需中性线、保护导体端子，端子的位置应在对应的相导体附近，或按其相同顺序排列，并作标记；

——母线、电缆进线的固定和封闭，应提供满足该防护等级要求的相应设施。

7.7.5 母线和绝缘导线的鉴别

——母线和绝缘导线的鉴别可采用位置、符号标志或颜色中的一种或多种方法进行，但必须在制造商的技术文件中说明并与成套设备的所有图纸保持一致。符号标志、颜色及排列位置要求见表5；

a) 当采用位置鉴别时，母线和绝缘导线的排列应均匀，便于维修，在无困难的情况下排列顺序(从成套设备前方观测)宜按表5的规定进行；

b) 当采用符号标志鉴别时，可在母排的可见部位粘贴标志符(L1、L2、L3、N、PE)，标志符粘贴应整齐；

c) 当母排、绝缘导线采用颜色鉴别时，可按表5规定颜色的识别标记。

母排的颜色标记可采用在可见部位涂漆，涂漆应均匀并建议贯穿整个长度，在距搭接面10 mm以内处不应涂漆，涂漆界限应整齐一致；采用粘贴色标标记时，色标粘贴应整齐。

绝缘导线采用颜色标志时，导线的颜色标志应贯穿整个长度。

——整个工程或系统中使用的成套设备，采用的鉴别方法应保持一致，以方便用户的使用。

表5　母线符号、颜色和排列位置

电路类别		符　号	颜　色	垂直排列	水平排列	前后排列
交流	1相	L1	黄	上	左	远
	2相	L2	绿	中	中	中
	3相	L3	红	下	右	近
	中性线	N	淡蓝	最下[b]	最右[b]	最近[b]
	中性保护导体	PEN	绿/黄双色[a]			
保护导体		PE	绿/黄双色	—	—	—
直流	正极	L+	棕	上	左	远
	负极	L−	蓝	下	右	近
	接地中性线	M	淡蓝	—	—	—

注：如果母线的排列相序按表中执行会造成配置困难时，可不采用表中的规定。

[a] 可采用两种方法标识：

——全长绿/黄双色；或

——全长淡蓝色，终端另用绿/黄双色标志。

[b] 中性线或中性保护线如果不在相线附近并行安装，其位置可以不按本表规定。

7.8 介电性能

介电性能反映成套设备的绝缘强度，成套设备要求在正常使用中能承受预期工作环境下可能遇到的异常高电压，以保证成套设备的可靠运行和人身安全。

以额定冲击耐受电压值为基础进行绝缘配合是最优选的。

对以空气为介质及以固态绝缘为介质的成套设备介电性能分别作如下规定。

7.8.1 以空气为介质的介电性能要求

a) 额定冲击耐受电压值由制造商根据成套设备额定工作电压、电源系统电压及安装场所的过电压类别，按GB 7251.1—2005中表G.1选择，并按照试验场所的海拔高度，用GB 7251.1—2005的表13进行修正。

b) 对装有接地保护的成套设备，建议将a)选定的U_{imp}加大一个等级作为额定冲击耐受电压的试验值。如果从a)选出的冲击耐受电压不是优选值，则可将其乘以1.6倍作为试验电压。

c) 如果成套设备内的最小电气间隙是表2中规定值的1.5倍，则可以免做冲击耐受电压的试验。

注：系数1.5是考虑了成套设备的制造公差，此时可通过直观检查来验证。

7.8.1.1 主电路的冲击耐受电压

主电路耐压施加部位及额定冲击耐受电压值见表6。

表 6 主电路的冲击耐受电压施加部位及耐压值

耐压施加部位	额定冲击耐受电压值
a) 带电部件与接地部件之间、极与极之间	7.8.1b)的 U_{imp} 值
b) 电气间隙带有固态绝缘的地方	7.8.1b)的 U_{imp} 值/GB 7251.1—2005 表 15 的试验电压值

7.8.1.2 辅助电路的冲击耐受电压

辅助电路耐压施加部位及额定冲击耐受电压值见表 7。

表 7 辅助电路的冲击耐受电压施加部位及耐压值

辅助电路供电电源	施加 U_{imp} 的位置和数值
a) 由主电路额定电压直接操作的辅助电路	同表 6 中 a)、b)项要求
b) 不由主电路额定电压直接操作的辅助电路	交、直流电路的电气间隙和相关固态绝缘应承受 GB 7251.1—2005 附录 G 中给出的 U_{imp} 值。

7.8.2 固态绝缘材料的介电性能要求

a) 按工频耐压进行试验；

b) 对于主电路及由主电路直接供电的辅助电路，按表 8 规定的电压进行试验；

c) 不由主电路直接供电的辅助电路，按表 9 规定的电压进行试验；

表 8 主电路及由主电路供电的辅助电路的试验电压值

额定绝缘电压 U_i/V （线-线）	介电试验电压/V （交流方均根值）
$U_i \leqslant 60$	1 000
$60 < U_i \leqslant 300$	2 000
$300 < U_i \leqslant 690$	2 500
$690 < U_i \leqslant 800$	3 000
$800 < U_i \leqslant 1\ 000$	3 500
$1\ 000 < U_i \leqslant 1\ 500$[a]	3 500
[a] 仅指直流。	

表 9 不由主电路直接供电的辅助电路试验电压值

额定绝缘电压 U_i/V （线-线）	介电试验电压/V （交流方均根值）
$U_i \leqslant 12$	250
$12 < U_i \leqslant 60$	500
$60 < U_i$	$2U_i + 1\ 000$ 其最小值为 1 500

d) 绝缘外壳试验依据 GB/T 20641—2006 中 8.8 进行验证。其试验电压应等于本标准表 8 中规定值的 1.5 倍。

注：对于采用全绝缘防护的成套设备，其外壳的试验电压尚在考虑中。

e) 按照 GB 7251.1—2005 中 7.4.3.1.3 的要求用绝缘材料制造或覆盖的外部操作手柄，试验电压应等于表 8 中规定值的 1.5 倍。

7.9 开关器件与元件的选择和安装

7.9.1 开关器件和元件的选择

7.9.1.1 开关器件和元件的额定电压、额定电流、使用寿命、接通和分断能力、短路强度等参数应满足成套设备电气参数的要求。

7.9.1.2 电器元件有关参数的额定值和整定值应符合设计文件的规定，其选用的过电压类别应与所在的电路相适应。

7.9.1.3 成套设备中的电器元件必须选用符合其自身有关标准的合格品。

7.9.1.4 在选择进线开关及馈电或电动机控制用开关时，应满足彼此间的保护特性的协调。

7.9.1.5 成套设备的辅助电路推荐采用变压器与主电路隔离的方式，辅助电路应装设保护器件；保护器件如与主电路连接，则保护器件的短路分断能力应与主电路保护元件的保护特性相协调。

7.9.1.6 成套设备中指示灯和按钮的颜色应根据其用途按 GB/T 4025 的规定选用，见表 10。

表 10 安全色标及常用的按钮、指示灯、导线颜色

序号	类别	颜色	含义	说明	应用举例
1	安全色标	红	故障、危险情况，必须禁止、停止	传递安全信息，使人们能迅速发现或分辨安全标志和提醒人们注意，以防发生事故。	
2		蓝	强制性 操作者需加干预		
3		黄	异常情况，警告、注意		
4		绿	安全状态运行		
5	按钮	红	紧急情况	在危险状态或在紧急状况时操作	紧急分断、引起紧急分断动作、可用于停止/分断
6		黄	不正常	在出现不正常状态时操作	干预、为了遏制不正常状态干预、为了使中断的自动化过程重新起动
7		绿	安全	在安全条件下操作或在正常状态下准备	起动/接通、然而为此用途应优先使用白色
8		蓝	强制性	在需要进行强制性干预的状态下进行操作	复位动作[a]
9		白	没有特殊的含义	一般地引发一个除紧急分断以外的动作	起动/接通(优先使用)、停止/分断
10		灰			起动/接通、停止/分断
11		黑			起动/接通、停止/分断(优先使用)
12	指示灯	红	紧急状况	危险状态	压力/温度超越安全范围、电压突然失落
13		黄	不正常	不正常状态；临近临界状态	压力/温度超过正常范围，保护装置释放
14		绿	正常	正常状态	压力/温度在正常范围之内
15		蓝	强制性	表示需要操作人员采取行动的状态	输入指令
16		白	没有特殊意义	其他状态，如对使用红、黄、绿或蓝存在疑问时，允许使用白色	一般信息，例如：确认命令，指示测量值

表 10（续）

序 号	类 别	颜 色	含 义	说 明	应用举例
17	导线	绿/黄双色	保护导体	用于安全接地保护的导线	成套设备中保护接地母排、保护接地导线
18		淡蓝	中性线或中间线	与交流系统中性点连接的导体或直流系统电源的中间线	当电路中包含有用颜色来标识的中性线或中间线时，应采用淡蓝色
注 1：交替按压改变功能的按钮用白、灰、黑色按钮，不应使用黄、绿、红色按钮。 注 2：按时运动、抬时停止运动（如点动、微动），可使用白、灰、黑色按钮，不可使用红、黄色按钮。					
[a] 复位按钮有停止/分断功能时，使用白、灰、黑色，黑色按钮最佳，也允许使用红色，不应使用绿色。					

7.9.2　开关器件和元件的安装

7.9.2.1　所有元器件应按照制造厂的说明书（使用条件、飞弧间距、隔弧板的移动距离等）进行安装。

7.9.2.2　对于地面安装的成套设备，指示仪表、指示灯、操作件及对外接导体端子等的安装高度，应按表 11 的规定。

表 11　地面安装成套设备的元件、器件的安装高度

项目名称	距安装基础面的高度[a]
指示灯、指示仪表	不高于 2 m
电能计量表、记录仪表	0.6 m～1.8 m
手柄、按钮等操作件	适宜各自操作的高度
紧急操作件	0.8 m～1.6 m
对外接线端子	不低于 0.2 m
[a] 指元器件中心线距安装基础面的高度。	

7.9.2.3　需要在成套设备内部操作、调整和复位的元件应易于接近。对于震动大的和对震动敏感的元器件，其安装应有减震措施。应注意发热器件的安装位置，其发热不应损坏其他元器件和线路。

7.9.3　操作位置的指示和操作方向

应清楚地标明元件和器件的操作位置。操作方向宜按 GB/T 4205 的规定，见表 12，否则应清楚地标明该方向并在技术文件中说明。

表 12　手控操作器件的操作方向与最终效应对照表

序 号	最终效应	手控操作器件的操作方向				操作器件的排列
		垂直运动	水平运动	转动	揿-拉（按钮）	
1	开（投入运行）	向上	向右、向前	顺时针	提拉	○○ 停止 起动　○○○ 停止 低 高
2	关（退出运行）	向下	向左、向后	逆时针	按压	
3	向右		向右	顺时针		○○○ 左 停 右
4	向左		向左	逆时针		
5	向上、升	向上	向前			○ 升 ○ 停止 ○ 降
6	向下、降	向下	向后			

表 12（续）

序　号	最终效应	手控操作器件的操作方向				操作器件的排列
		垂直运动	水平运动	转动	揿—拉（按钮）	
7	关闭（闭合电路）	向上	向前	顺时针	提拉	打开 关闭
8	打开（分断电路）	向下	向后	逆时针	按压	
9	增加	向上	向右、向前	顺时针		停　低速 高速
10	减小	向下	向左、向后	逆时针		
11	前进（向前）	向上	向右			前进 停 后退
12	后退（向后）	向下	向左			
13	开动（起动）	向上	向右、向前	顺时针		刹住 开动
14	刹住（停止）	向下	向左、向后	逆时针		

7.10　机械、电气操作性能

成套设备的机械、电气装配应符合设计要求，动作正常。

7.11　功能单元的电气连接形式

成套设备功能单元电气连接的形式可由 3 个字母表示：

——第 1 个字母表示进线主电路电气连接的形式；

——第 2 个字母表示出线主电路电气连接的形式；

——第 3 个字母表示辅助电路的电气连接的形式。

以下字母用于表示：

F——固定连接（GB 7251.1—2005 中 2.2.12.1）；

D——可分离连接（GB 7251.1—2005 中 2.2.12.2）；

W——可抽出式连接（GB 7251.1—2005 中 2.2.12.3）。

注：为避免抽出式功能单元与固定分隔式功能单元在电气原理图上的表达混淆，需采用 3 个英文字母为一组来表达一个功能单元的电气连接。

7.12　电磁兼容性（EMC）

7.12.1　在没有专门协议的情况下，多数成套设备处于下面的两种环境条件：

a）环境 A；

b）环境 B。

环境 A：主要与低压非公共电网或工业电网有关，包括强骚扰源。

注 1：环境 A 符合 GB 4824—2004 中的 A 类设备。

注 2：工业环境表现为以下特征条件的一种或几种：

——工业、科研和医疗设备，例如：存在着工作机械；

——频繁切换的大感性或容性负载；

——大电流并伴随着高磁场。

环境 B：主要与低压公共电网有关，例如：在居民区，商业区和轻工业区安装使用。本环境不包括强骚扰源，如：弧焊机。

注 3：环境 B 符合 GB 4824—2004 中的 B 类设备。

注 4：下列内容给出了 B 类环境包含的场所：

——居民区，例如：住宅、公寓；

——零售业，例如：商店、超市；

——商业建筑，例如：办公室、银行；

——公共娱乐场所，例如：电影院、公共酒吧、舞厅；

——户外场所，例如：加油站、停车场、体育中心；

——轻工业场所，例如：车间、实验室、服务中心。

成套设备适合环境A和/或环境B应由成套设备制造商规定。

7.12.2 在正常运行条件下，不装有电子电路的成套设备不受电磁骚扰，因此不需进行电磁兼容性试验。对装有电子电路的成套设备，如果满足了下述条件，则不要求在最终的成套设备上进行电磁兼容性试验：

a) 采用的组合器件和元件符合相关的产品标准或通用的EMC标准，并符合规定的EMC环境要求(见7.12.1)；

b) 内部安装及布线是按照元器件制造商的说明书进行的(考虑互相影响，电缆的屏蔽和接地等)。

注：全部使用无源元件(例如：二极管，电阻，压敏电阻，电容，浪涌抑制器，电感器等)的电子电路装置不需要进行试验。

否则，应按照表13～表17的要求验证成套设备的电磁兼容性。制造商应规定一些用来验证成套设备性能的附加的措施(例如，采用的延迟时间等)。

7.12.2.1 抗扰度

安装在成套设备内的电子装置应符合相关产品的标准或通用的EMC标准的抗扰度要求，并按成套设备制造商的规定用于合适的EMC环境。

用于环境A的成套设备应满足表13的要求，用于环境B的成套设备应满足表14的要求，试验结果的验收准则含义见表15，制造商可以在产品标准中对表15的内容给出更加确切的解释。

表13 用于环境A的成套设备的抗扰度要求

试验项目	试验等级	验收等级[b]
静电放电抗扰度试验 GB/T 17626.2	±8 kV/空气放电或±4 kV/接触放电	B
射频电磁场辐射抗扰度试验 GB/T 17626.3 从80 MHz～1 000 MHz和 从1 400 MHz～2 000 MHz	在外壳端口10 V/m	A
电快速瞬变脉冲群抗扰度试验 GB/T 17626.4	电源端口±2 kV 信号端口包括辅助电路和功能接地±1 kV	B
1.2/50 μs和8/20 μs浪涌抗扰度试验 GB/T 17626.5[a]	电源端口(线对地)±2 kV 电源端口(线对线)±1 kV 信号端口(线对地)±1 kV	B
射频传导抗扰度试验 GB/T 17626.6 从150 kHz～80 MHz	电源端口，信号端口 和功能接地10 V	A
工频磁场抗扰度试验 GB/T 17626.8	机壳端口30 A/m[c]	A
电压暂降和短时中断抗扰度试验 GB/T 17626.11[d]	0.5个周期下降30% 5和50个周期下降60% 250个周期下降大于95%	B C C
电源谐波抗扰度试验 GB/T 17626.13	要求待制定	

[a] 对于额定电压直流24 V及以下的成套设备不适用。

[b] 验收等级与环境无关见表15。

[c] 仅适用于成套设备中含有易受工频磁场影响的器件。

[d] 仅适用于电源输入端口。

表 14 用于环境 B 的成套设备的抗扰度要求

试验项目	试验等级	验收等级[b]
静电放电抗扰度试验 GB/T 17626.2	±8 kV/空气放电或±4 kV/接触放电	B
射频电磁场辐射抗扰度试验 GB/T 17626.3 从 80 MHz～1 000 MHz 和 从 1 400 MHz～2 000 MHz	外壳端口 3 V/m	A
电快速瞬变脉冲群抗扰度试验 GB/T 17626.4	电源端口±1 kV 信号端口包括辅助电路 和功能接地±0.5 kV	B
1.2/50 μs 和 8/20 μs 浪涌抗扰度试验 GB/T 17626.5[a]	±0.5 kV(线对地)用于信号和 电源端口。除主电源外的输入端口 ±1 kV(线对地) ±0.5 kV(线对线)	B
射频传导抗扰度试验 GB/T 17626.6 从 150 kHz～80 MHz	电源端口、信号端口和功能接地端 3 V	A
工频磁场抗扰度试验 GB/T 17626.8	机壳端口 3 A/m[c]	A
电压暂降和短时中断抗扰度试验 GB/T 17626.11[d]	0.5 个周期下降 30% 5 个周期下降 60% 250 个周期下降大于 95%	B C C
电源谐波抗扰度试验 GB/T 17626.13	要求待制定	

[a] 对于额定电压直流 24 V 及以下的成套设备不适用。

[b] 验收等级与环境无关见表 15。

[c] 仅适用于成套设备中含有易受工频磁场影响的器件。

[d] 仅适用于电源输入端口。

表 15 验收准则

项 目	验收等级		
	A	B	C
一般性能	工作特性无明显变化 理想的运行	可自恢复的性能 暂时降低或丧失	性能暂时降低或丧失， 需要操作者干预或系统复位[a]
电源和辅助电路的运行	无不正确的运行	可自恢复的性能 暂时降低或丧失[a]	性能暂时降低或丧失， 需要操作者干预或系统复位[a]
显示和控制面板的运行	显示信息无变化。 仅发光二极管有轻微的 亮度变化或轻微的 字符移动	短暂的可视变化或信息丢失。 发光二极管非正常发光。	停机。 信息持久丢失或 显示错误信息。 非法操作模式。 不能自行恢复
信息处理和检测功能	与外部设备的通讯和 数据交换未受影响	暂时的通讯故障， 可能造成内部 和外部设备出错。	错误的处理信息。 数据和/或信息丢失。 通讯出错。 不能自行恢复

[a] 明确的要求应在产品标准中详细的给出。

7.12.2.2 发射

不装有电子电路的成套设备只是在偶然的通断操作过程中可能产生电磁骚扰,其持续时间为ms级。这些发射的频率、等级及影响被视为低压设施正常电磁环境的一部分,因此可以认为满足了电磁发射的要求,不需要进行试验验证。

装有电子电路的成套设备应符合相关产品标准或通用的EMC标准的发射要求并适用于由成套设备制造商规定的EMC环境。

7.12.2.2.1 9 kHz或更高频率

装有电子电路的成套设备(例如:开关电源、包含有高频时钟的微处理器的电路)可能出现持续的电磁骚扰。

此类产品的发射要求不能超过相关产品标准规定的限值或表16、表17的要求。

用于环境A的成套设备的发射限值见表16;用于环境B的成套设备的发射限值见表17。如果成套设备包含通信端口,则相关端口及环境的选择应依据GB 9254。

7.12.2.2.2 频率低于9 kHz

此要求适用于在交流电源上产生低频谐波的成套开关设备的电子电路,见GB 17625.1的要求。

表16 环境A的发射限值

<table>
<tr><th>试验项目</th><th>频率范围
MHz[a]</th><th>限 值</th><th>参考标准</th></tr>
<tr><td rowspan="2">辐射性发射</td><td>30～230</td><td>在30 m[b]处准峰值30 dB(μV/m)</td><td rowspan="5">GB 4824—2004,
A类设备,1组</td></tr>
<tr><td>230～1 000</td><td>在30 m[b]处准峰值37 dB(μV/m)</td></tr>
<tr><td rowspan="3">传导性发射</td><td>0.15～0.5</td><td>准峰值79 dB(μV)
平均值66 dB(μV)</td></tr>
<tr><td>0.5～5</td><td>准峰值73 dB(μV)
平均值60 dB(μV)</td></tr>
<tr><td>5～30</td><td>准峰值73 dB(μV)
平均值60 dB(μV)</td></tr>
<tr><td colspan="4">[a] 在交接频率处可以有较低的限值。
[b] 在10 m处测量则限值增加10 dB,在3 m处测量限值增加20 dB。</td></tr>
</table>

表17 环境B的发射限值

<table>
<tr><th>试验项目</th><th>频率范围
MHz[a]</th><th>限 值</th><th>参考标准</th></tr>
<tr><td rowspan="2">辐射性发射</td><td>30～230</td><td>在10 m[b]处准峰值30 dB(μV/m)</td><td rowspan="5">GB 4824—2004,
B类设备,1组</td></tr>
<tr><td>230～1 000</td><td>在10 m[b]处准峰值37 dB(μV/m)</td></tr>
<tr><td rowspan="3">传导性发射</td><td>0.15～0.5
限值随频率的
对数而线性减小</td><td>准峰值66 dB(μV)～56 dB(μV)
平均值56 dB(μV)～46 dB(μV)</td></tr>
<tr><td>0.5～5</td><td>准峰值56 dB(μV)
平均值46 dB(μV)</td></tr>
<tr><td>5～30</td><td>准峰值60 dB(μV)
平均值50 dB(μV)</td></tr>
<tr><td colspan="4">[a] 在交接频率处可以有较低的限值。
[b] 在3 m处测量则限值增加10 dB。</td></tr>
</table>

8 试验方法

8.1 一般检验

8.1.1 检查电击防护措施是否符合7.5的规定。

8.1.2 开关电器和元件的选择和安装应符合7.9要求。

8.1.3 主辅电路母线和绝缘导线的截面、安装、鉴别等应符合7.7要求。

8.1.4 成套设备的铭牌及标志正确、清晰、齐全，且易于辨别。安装位置正确。符合10.1的要求。

8.1.5 成套设备上的手控操作器件的操作位置指示和操作方向应符合7.9的要求。

8.1.6 成套设备中的金属防护层和绝缘件的处理应符合相应标准或技术文件要求。

8.1.7 成套设备中涂漆层应牢固、匀称，在距离装置1 m处观察不应有明显的色差和反光。

8.1.8 成套设备的外形尺寸及安装尺寸应符合图样、标准及技术文件的要求。

8.1.9 电气间隙和爬电距离检查，应符合7.3.7的要求。

8.2 材料和部件强度的验证

8.2.1 耐腐蚀验证

依据GB/T 20641—2006中9.12，验证后满足7.1.2要求。

8.2.2 绝缘材料性能

8.2.2.1 热稳定性验证

依据GB/T 20641—2006中9.8.1，验证后满足7.1.3要求。

8.2.2.2 耐热性验证

依据GB/T 20641—2006中9.8.2，验证后满足7.1.4.1要求。

8.2.2.3 耐受非正常发热和火焰的验证

依据GB/T 20641—2006中9.8.3，验证后满足7.1.4.2要求。

8.2.3 耐老化验证

依据GB/T 20641—2006中9.11，验证后满足7.1.5要求。

8.2.4 提升验证

依据GB/T 20641—2006中9.4，验证后满足7.1.6要求。

8.2.5 外部机械撞击防护等级验证(IK代码)

依据GB/T 20641—2006中9.6，验证后满足7.1.7要求。

8.2.6 标志验证

依据GB/T 20641—2006中9.2，验证后满足7.1.8要求。

8.3 机械、电气操作试验

成套设备在出厂时需进行机械操作和电气操作试验，以保证成套设备的装配质量和电路中元件动作的正确性及接线的正确性和可靠性。

8.3.1 机械操作试验

成套设备中所有手动操作部件，如开关的操作手柄、联锁机构等都应做操作试验(出厂试验为5次，型式试验为50次)而无异常现象出现。

8.3.2 电气操作试验

按成套设备的主、辅电路图要求，进行模拟动作试验，试验结果应符合设计要求。

8.4 电气间隙和爬电距离验证

电气间隙和爬电距离的测量方法按GB 7251.1—2005附录F进行，其测量值应不小于7.3.7的规定值。

8.5 温升极限的验证

温升试验按GB 7251.1—2005中8.2.1的规定，检验结果应满足7.4要求。

8.6 **介电性能验证**

8.6.1 **验证要求**

成套设备介电性能依据各电路及各部位绝缘介质情况，按 7.8 的要求选择冲击耐受电压和/或工频耐受电压试验。

8.6.2 **冲击耐受电压施加的位置和电压值**

——冲击耐受电压施加的位置如下：

a) 每个带电部件和裸露导电部件之间；

b) 主电路每一个极和其他极之间；

c) 不与主电路连接的辅助电路与主电路、其他电路、裸露导电部件、外壳或安装板之间。

——冲击耐受电压值见表 6 和/或表 7；

——对每个极施加 3 次 1.2/50 μs 的冲击电压，间隔时间为 1 s。

8.6.3 **工频耐受电压施加的位置和电压值**

——工频耐受电压施加的位置如下：

a) 所有带电部件与连接在一起的裸露导电部件之间；

b) 每一个极与所有的其他极、裸露导电部件连接在一起的位置之间。

——工频耐受电压值见表 8 和/或表 9；

——型式试验开始施加时的试验电压不应超过表 8 或表 9 给出值的 50%，然后在几秒钟之内将试验电压平稳增加至规定的最大值并保持 5 s。交流电源应具有足够的功率以维持试验电压。试验电压应为正弦，频率为 45 Hz～62 Hz。出厂检验的试验电压施加时间为 1 s；

——对进行出厂检验的成套设备，如果被试设备是包括在已预先经受过介电试验电压的主电路或辅助电路之中，则试验电压可以减至表 8 或表 9 的 85%。

8.6.4 **绝缘外壳**

依据 GB/T 20641—2006 中 9.9 的规定。

8.6.5 **用绝缘材料制造的外部操作手柄**

在带电部件和用金属箔裹缠整个表面的手柄之间施加表 8 的 1.5 倍的试验电压值。进行该试验时，框架不应接地，也不应同其他电路相连接。

8.6.6 **检验结果**

检验过程中，不应有击穿或放电现象。

8.7 **短路耐受强度验证**

成套设备按 7.6.2 给出的进线单元短路强度资料及表 4 等要求进行试验。短路强度的验证包括：

a) 母线系统——主母线、配电母线、中性母线；

b) 保护电路；

c) 功能单元(含分支线)；

d) 除 8.7.4 的要求外，可免除试验的成套设备见 GB 7251.1—2005 中 8.2.3.1 规定。

8.7.1 主母线

主母线长度应小于 1.6 m，短路点离电源最近点应是 2 m±0.4 m。主母线中应至少包含有一个母线接点(如母线采用分段连接时)和至少包含一个主母线与配电母线或分支线接点。在主母线的终端用不小于母线载流量的导体以最短距离短接。

8.7.2 配电母线

应在最靠近电源的配电母线上进行试验。

试验时应使所有的功能单元处在分断位置，并在配电母线的最末端采用不小于母线载流量的导体以最短的距离短接。

8.7.3 中性母线

在中性母线与离它最近的一相母线之间施加相电压进行短路强度试验。中性母线长度应小于1.6 m。中性母线至少包含有一个母线连接点(中性母线采用分段连接时)。

在中性母线与相母线的终端用不小于母线载流量的导体以最短距离短接。

试验电流值如在设备标准或技术文件中没有规定时,应为成套设备三相试验时相电流的60%。

8.7.4 保护电路

在进线端子和进线保护导体的端子上接入单相试验电源。用不小于保护导体载流量的导体,对试验的保护电路出线端与试验的保护导体末端进行最短距离短接。试验时装置框架与地绝缘。

试验电流值如在设备标准或技术文件中没有规定时,应为成套设备三相短路耐受试验的预期短路电流值的60%。

保护电路的短路强度试验项目如下:

a) 主母线与保护电路之间的短路保护试验(在主母线末端与成套设备接地点间短路);

b) 配电母线与保护电路之间的短路保护试验(在配电母线末端与成套设备接地点间短路);

c) 功能单元保护电路的短路保护试验(在功能单元出线端子与短路保护电路端短路)。

确定功能单元试验的种类和数量,需考虑功能单元内的保护器件分断电流值、保护电路导体截面积以及与设备内保护电路的连接方式。

相同功能单元仅对离进线电源近的单元试验。

8.7.5 功能单元

对功能单元进行试验的目的是检验保护器件和其他部件,如接插件、开关(包括操作机构)、接触器等及其接线和外壳的适应性能。

试验时应选择具有代表性的进线、馈电、电动机控制单元。相同功能单元仅对一种进行试验。

试验时所有门、覆板、隔板和盖板都同正常使用状态一样,主开关、接触器处于闭合位置。

在被试单元的出线端子上采用三根绝缘导线短接,绝缘导线的载流能力不小于单元的最大载流量。

试验电源应按功能单元提供的接线方式(上进线或下进线)而接入,并将主开关的延时机构调至最大值。

8.7.6 试验对试验电源、电源线、短路连接导线、短路电流值及其持续时间的要求见GB 7251.1—2005中8.2.3.2.2、8.2.3.2.3、8.2.3.2.4和8.2.4.2的规定。

8.7.7 检验结果

8.7.7.1 主母线、配电母线、中性母线

试验后符合下述各项要求时,则认为检验合格。

a) 框架结构允许有微小变形,但防护等级应不低于设计的规定;

b) 母线允许有微小变形,但其电气间隙和爬电距离不得小于7.3.7的规定;

c) 母线绝缘支持件无破裂现象;

d) 所有连接部位的紧固件无松动。

8.7.7.2 保护电路

试验后符合下述各项要求,则认为检验合格。

a) 保护电路中的短路保护装置能分断电路,且保护回路的保护导体及连接点未受损坏;

b) 保护导体连续性未遭受破坏,接地电阻值符合7.5.2.1.1的规定。

8.7.7.3 功能单元

试验后符合下述各项要求,则认为检验合格。

a) 短路电流经保护器件予以分断;

b) 连接功能单元的分支母线允许有微小变形,但不得小于7.3.7所规定的电气间隙和爬电距离,母线绝缘支持件无破裂现象。所有连接部位的紧固件无松动;

c) 功能单元的电气间隙和爬电距离应不低于7.3.7规定的数值;

d） 检测器件不应指示出有故障电流发生；

e） 在试验过程中功能单元始终处于连接位置，试验后主开关应能进行正常的操作；

f） 所有的隔板、覆板、盖板、门等都处于原来位置，没有明显变形，门的开闭灵活；

g） 所有绝缘材料做成的零件无烧损现象；

h） 联锁机构不因试验而损坏；

i） 所有连接端子没有损坏，导线没有脱落。接触器和热继电器允许更换或维修。

8.8 保护电路连续性验证

验证成套设备的不同裸露导电部件是否有效地连接在保护电路上，进线保护导体和相关的裸导电部件之间的电阻，接地电阻值应不超过0.1 Ω。

应使用电阻测量仪器进行验证，此仪器应能在电流通过测量点间的0.1 Ω阻抗电路中提供至少10 A交流或直流电流。

8.9 防护等级验证（IP代码）

成套设备提供的防护等级应按GB 4208的规定进行试验，并符合7.3.6要求。

8.10 电磁兼容性试验

8.10.1 静电放电

本试验主要考核成套设备承受直接来自操作者和对邻近物体的静电放电时的抗扰度的性能，试验要求见7.12的规定，试验方法和试验结果评定见GB/T 17626.2的规定。

8.10.2 电磁场

本试验是对电气及电子设备承受射频电磁场辐射抗扰度能力的验证，试验要求见7.12的规定，试验方法和试验结果评定见GB/T 17626.3的规定。

8.10.3 电快速瞬变脉冲群

本试验是为了验证成套设备对来自诸如切换瞬态过程（切断感性负载、继电器触点弹跳等）的瞬变骚扰的抗扰度，试验要求见7.12的规定，试验方法和试验结果评定见GB/T 17626.4的规定。

8.10.4 浪涌（冲击）

本试验主要考核成套设备在正常工作状态下，对由开关或雷电作用所产生的有一定危害电平的浪涌（冲击）电压的反应，试验要求见7.12的规定，试验方法和试验结果评定见GB/T 17626.5的规定。

8.10.5 射频传导

本试验是对电气和电子设备承受来自150 kHz～80 MHz频率范围内射频发射机电磁骚扰的传导抗扰度的验证。试验要求见7.12的规定，试验方法和结果评定见GB/T 17626.6的规定。

8.10.6 工频磁场试验

本试验是成套设备对工频磁场抗扰度能力的验证。试验要求见7.12的规定，试验方法和试验结果评定见GB/T 17626.8的规定。

8.10.7 电压变化

本试验是对成套设备电压暂降、短时中断和电压变化抗扰度能力的验证。试验要求见7.12的规定，试验方法和试验结果评定见GB/T 17626.11的规定。

8.10.8 电源谐波

对成套设备的要求正在考虑中。

8.10.9 发射试验

装有电子电路的成套设备（例如：开关电源、包含有高频时钟的微处理器的电路）可能出现持续的电磁骚扰。

这类发射不应超过相关产品标准的限值规定，或以表16的环境A和/或表17的环境B为基准。只有当主电路和/或辅助电路含有没有按照相关产品标准进行过试验且其基本开关频率等于或高于9 kHz的元件才要求进行这些试验。试验应按GB 4824—2004的规定进行。

装有在主电源上产生低频谐波(低于 9 kHz 的频率)的电子电路的成套设备应符合 GB 17625.1 的要求。

9 检验规则

9.1 检验分类

成套设备的检验分型式试验和出厂检验。

检验项目见表 18。

9.2 型式试验

9.2.1 型式试验的目的是验证成套设备是否达到本标准的要求。

9.2.2 成套设备在下列任何情况下必须进行部分或全部型式试验。

新产品试制或转厂生产;

当成套设备的部件、电器元件或材料作了修改,这些修改可能对试验结果产生不利影响时。

9.2.3 被试样品应在具有代表性方案、规格的柜体和功能单元上(指承受短路能力最薄弱、分断条件最差、热损耗最大)进行试验,以便推导确定设备其他方案和规格产品的性能。

9.2.4 全部型式试验应在一台样品上或类似或相同成套设备的部件上进行。

9.2.5 进行型式试验的样品必须是经出厂检验合格的产品。

9.2.6 型式试验项目包括:(亦见表 18)。

a) 一般检验(见 8.1);

b) 材料和部件强度的验证(见 8.2);

   1) 耐腐蚀验证(见 8.2.1);

   2) 热稳定性验证(见 8.2.2.1);

   3) 耐热性验证(见 8.2.2.2);

   4) 耐受非正常发热和火焰的验证(见 8.2.2.3);

   5) 耐老化验证(见 8.2.3);

   6) 提升验证(见 8.2.4);

   7) 外部机械撞击防护等级验证(IK 代码)(见 8.2.5);

   8) 标志验证(见 8.2.6)。

c) 机械、电气操作验证(见 8.3);

d) 电气间隙和爬电距离验证(见 8.4);

e) 温升极限的验证(见 8.5);

f) 介电性能验证(见 8.6);

g) 短路耐受强度验证(见 8.7);

h) 保护电路连续性验证(见 8.8);

i) 防护等级验证(IP 代码)(见 8.9);

j) 电磁兼容性试验(见 8.10)。

注:成套设备中含有抽出式功能单元时,抽出式功能单元部分按 GB/T 24274 的规定检验。

9.3 出厂检验

出厂检验是为了检查材料和工艺装配是否合格。每台成套设备出厂前必须进行检验,全部出厂检验合格才发给产品合格证书。

出厂检验项目包括:(见表 18)。

a) 一般检验(见 8.1);

b) 机械、电气操作验证(见 8.3);

c) 介电性能验证(见 8.6);

d) 保护电路连续性验证(见 8.8)。

表 18　检验项目一览表

序　号	试验类别	检验项目	条款号	备　　注
1	型式试验	一般检验	8.1	
2		耐腐蚀验证[a]	8.2.1	
3		热稳定性验证[a]	8.2.2.1	
4		耐热性验证[a]	8.2.2.2	
5		耐受非正常发热和火焰的验证[a]	8.2.2.3	
6		耐老化验证[a]	8.2.3[b]	(适用于户外型)
7		提升验证[a]	8.2.4[c]	(适用于带有提升设施的成套设备)
8		外部机械撞击防护等级验证(IK 代码)[a]	8.2.5	
9		标志验证[a]	8.2.6	
10		机械、电气操作验证	8.3	
11		电气间隙和爬电距离验证	8.4	
12		温升极限的验证	8.5	
13		介电性能验证	8.6	其中 8.6.4 为空壳体检验项目
14		短路耐受强度验证	8.7	
15		保护电路连续性验证	8.8	
16		防护等级验证(IP 代码)	8.9	
17		电磁兼容性试验	8.10	
18	出厂检验	一般检验	8.1	
19		机械、电气操作验证	8.3	
20		介电性能验证	8.6	
21		保护电路连续性验证	8.8	

[a] 为空壳体检验项目。对按照 GB/T 20641—2006 验证合格的空壳体，且没有进行过损坏壳体性能的修改，则不需对第 2～9 项及第 13 项中的绝缘外壳检验项目重复试验。但壳体内增加的绝缘部件未进行过试验的，需对这些绝缘件进行第 3、4、5 项目试验。

[b] 对于户内型成套设备，不需进行第 6 项耐老化项目的验证。

[c] 不带有提升实施的成套设备，不需进行第 7 项提升项目的验证。

10　标志、使用说明书

10.1　标志

10.1.1　成套设备铭牌

每台成套设备应配备一个至数个铭牌，铭牌应牢固地固定在不更换的零件上，并处于明显位置。下列 a)项～c)项内容应在铭牌上给出，从 d)项～m)项内容可在铭牌上或有关资料中给出。

a)　产品名称或型号；

b)　制造商名称或商标；

c)　执行标准编号；

d)　额定工作电压；

e)　制造年月；

f) 出厂编号；

g) 额定频率；

h) 主母线额定电流；

i) 配电母线额定电流；

j) 额定短时耐受电流；

k) 防护等级；

l) 电气连接形式；

m) 质量。

10.1.2 功能单元标识

每台功能单元应有标识，标识可固定在功能单元的正面或侧面其他可查找的地方，标识上的内容包括：

单元型号或代号；

额定工作电流；

单元编号。

10.1.3 其他标志

a) 主开关操作机构应清楚地标出它们的接通和断开位置；

b) 成套设备内的电器元件应在靠近该元件的明显位置标出该元件的文字符号，各电路的导线端头也应标志相应的文字符号，所有文字符号应与提供的图纸上的符号一致；

c) 根据用户需要，制造厂还可提供标明单元用途的使用标识；

d) 成套设备的接地点应有接地标志，对于安装在成套设备内各元件上接地标志，在元件安装完毕后予以去除或覆盖。

10.2 使用说明书

制造厂应向用户提供使用说明书，使用说明书的内容一般应包括：

a) 额定电气参数；

b) 使用条件；

c) 线路图；

d) 结构尺寸、安装尺寸及要求；

e) 操作、维修、安装运输(包括吊、装等)要求。

11 包装、运输和贮存

11.1 包装与运输

成套设备的包装与运输应符合 GB/T 13384 的规定。

11.2 装箱时随附资料及文件

a) 使用说明书；

b) 原理图和安装图；

c) 装箱清单；

d) 产品合格证；

f) 备品备件、随机附件；

g) 专用工具。

11.3 贮存

成套设备贮存条件应符合 5.3 的规定。

参 考 文 献

GB/T 24274—2009 低压抽出式成套开关设备和控制设备

ICS 29.120.00
K 31

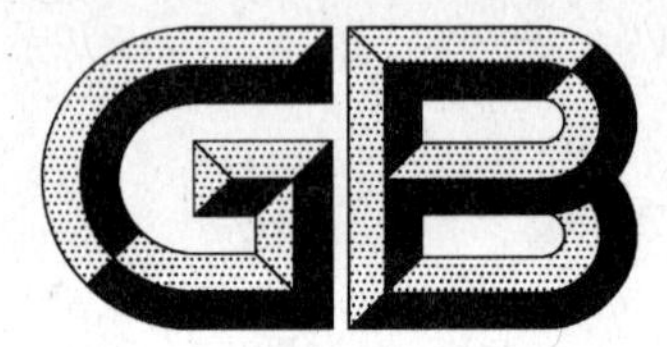

中华人民共和国国家标准

GB/T 24276—2009/IEC/TR 60890:1987

评估部分型式试验的低压成套开关设备和控制设备(PTTA)温升的外推法

A method of temperature-rise assessment by extrapolation for partially type-tested assemblies(PTTA) of low-voltage switchgear and controlgear

(IEC/TR 60890:1987,IDT)

2009-06-19 发布　　2010-02-01 实施

中华人民共和国国家质量监督检验检疫总局
中国国家标准化管理委员会　发布

前　言

本标准等同采用 IEC/TR 60890:1987《评估部分型式试验的低压成套开关设备和控制设备(PTTA)温升的外推法》及其修订 1 IEC/TR 60890:1987/Amd1:1995。

按照 GB/T 1.1—2000 和 GB/T 20000.2 的规定,本标准做了如下编辑性修改:

a) 删除了国际标准的前言;

b) 将国际标准前言中的规范性引用文件作为本标准第 2 章;

c) 将国际标准中第 1 章"引言"提取出来单独编辑,将第 2 章"范围"、第 3 章"目的"放入本标准第 1 章作为"总则";

d) 章节号依次前提;

本标准的附录 A 为资料性附录,附录 B 为规范性附录。

本标准由中国电器工业协会提出。

本标准由全国低压成套开关设备和控制设备标准化技术委员会(SAC/TC 266)归口。

本标准主要起草单位:浙江省麦格电气有限公司、深圳市宝安任达电器实业有限公司、福建俊豪电子有限公司、天津天传电控配电有限公司、珠海经济特区光乐电控设备厂、北京国电康能科技有限公司、浙江昌泰电力开关有限公司。

本标准主要起草人:王春娟、郑程遥、汤珍敏、傅汉水、王阳、郑光乐、李达、李小松。

本标准为首次发布。

引　言

GB 7251.1—2005/IEC 60439-1:1999《低压成套开关设备和控制设备　第1部分:型式试验和部分型式试验成套设备》对型式试验项目中的温升试验方法作了规定。然而,对于那些不适合做温升试验而且从经济角度讲做温升试验也不合理的某些类型的成套设备,可以根据来自另一台成套设备的试验数据用外推法计算温升以替代温升试验。这类成套设备被称为部分型式试验成套设备(PTTA)。

有几种不同的计算方法可以采用。本标准中选取的因数和系数是从对多台成套设备的测试中得出的,并且经过与试验结果对比,对此方法进行了验证。本标准描述的计算方法可以用来验证部分型式试验成套设备(PTTA)与GB 7251.1—2005中8.2.1的一致性。

本标准仅适用于部分型式试验成套设备(PTTA)。

评估部分型式试验的低压成套开关设备和控制设备(PTTA)温升的外推法

1 总则

1.1 范围

本标准规定了确定部分型式试验的低压成套开关设备和控制设备(PTTA)温升的外推法。

本标准适用于封闭式部分型式试验的低压成套开关设备和控制设备(PTTA)或不带强迫通风的PTTA的分隔式柜架单元。

注1:在温度稳定的情况下,外壳通常使用的材料和壁厚的影响可以忽略不计。本标准适用于钢板、铝板、铸铁、绝缘材料和类似材料制作的外壳。

注2:对于部分型式试验的开启式和固定面板式成套设备,如果明显不会出现过热,则不必进行温升评估。

1.2 目的

本标准用来确定外壳内空气的温升。

注:外壳内空气的温度等于外壳外部的周围空气温度加上外壳内由于设备功率损耗导致空气的温升。如果没有其他规定,PTTA外部空气的温度是指户内安装式PTTA规定的空气温度值35 ℃(24 h平均温度)。如果PTTA使用场地的周围空气温度超过35 ℃,这个较高的温度被视为PTTA的周围空气温度。

2 规范性引用文件

下列文件中的条款通过本标准的引用而成为本标准的条款。凡是注日期的引用文件,其随后所有的修改单(不包括勘误的内容)或修订版均不适用于本标准,然而,鼓励根据本标准达成协议的各方研究是否可使用这些文件的最新版本。凡是不注日期的引用文件,其最新版本适用于本标准。

GB 7251.1—2005 低压成套开关设备和控制设备 第1部分:型式试验和部分型式试验成套设备(IEC 60439-1:1999,IDT)

GB 14048.1 低压开关设备和控制设备 第1部分:总则(GB 14048.1—2006,IEC 60947-1:2001,MOD)

3 使用条件

如果满足下述使用条件,本计算方法才适用:

——外壳内功率损耗近似均匀分布;

——内装设备的布局使空气流通几乎没有阻碍;

——内装设备的设计为直流或交流≤60 Hz,总电流不超过3 150 A;

——承载大电流的导体和结构部件的布局使涡流损耗可以忽略不计;

——带通风口的外壳,其排气口的截面积至少是进气口截面积的1.1倍;

——PTTA或其柜架单元中的水平隔板不多于3个;

——带外部通风口的外壳如果有隔室,则每个水平隔板上通风口的表面应至少是隔室水平截面积的50%。

4 计算程序

4.1 必备资料

以下为计算外壳内空气温升的必备资料:

——外壳尺寸:高×宽×深;

——与图4相符的外壳安装形式;

——外壳的设计,例如带或不带通风口;

——内部水平隔板的数量;

——外壳内装设备的有效功率损耗;

——导体的功率损耗 P_n 根据附录B来确定。

注:本计算方法采用的部分型式试验成套设备电路中安装的设备的有效功率损耗是从制造商提供的资料中选取的不同电路额定电流的功率损耗。

4.2 计算方法

对表1中第4栏和第5栏规定的外壳,其壳内空气的温升是用表1中第1栏～第3栏给出的公式进行计算。

相关的系数和指数(特性)从表1中第6栏～第10栏中获取。

符号、单位和名称在表2中获取。

对于带有一个以上柜架单元且柜架单元上具有垂直隔板的外壳,其壳内空气的温升应分别由每个柜架单元确定。

如果外壳不带垂直隔板或没有单独的柜架单元,且其有效散热面大于11.5 m²,或其宽度大于1.5 m,则应划分成假想的柜架单元进行计算,其尺寸与上述柜架单元近似。

注:表6给出的公式可以用来辅助计算。

4.2.1 外壳有效散热面积 A_e 的确定

按照表1中第1栏的公式(1)进行计算。

外壳的有效散热面积 A_e 等于各个表面积 A_0 乘以表面系数 b 的总和。此表面系数根据外壳安装形式考虑了各个面积的散热能力。

4.2.2 外壳内中间高度处空气温升 $\Delta t_{0.5}$ 的确定

按照表1中第2栏的公式(2)进行计算。

在公式(2)中,外壳系数 k 考虑了不带通风口的外壳有效散热面积的尺寸和带通风口的外壳进气口截面积。

外壳内出现的温升与有效功率损耗 P 的函数关系用指数 x 表示。

系数 d 考虑了温升与内部水平隔板数量的函数关系。

4.2.3 外壳内顶部空气温升 $\Delta t_{1.0}$ 的确定

按照表1中第3栏的公式(3)进行计算。

系数 c 考虑了外壳内温度的扩散。它根据下述成套设备的设计与安装来确定:

a) 不带通风口的外壳,且有效散热面积:

$$A_e > 1.25 \text{ m}^2$$

图4中的系数 c 取决于安装形式和高/底比的系数 f,在此:

$$f = \frac{h^{1.35}}{A_b}$$

b) 带通风口的外壳,且有效散热面积:

$$A_e > 1.25 \text{ m}^2$$

图6中的系数 c 取决于进气口截面积和高/底比的系数 f,在此:

$$f = \frac{h^{1.35}}{A_b}$$

c) 不带通风口的外壳,且有效散热面积:

$$A_e \leqslant 1.25 \text{ m}^2$$

图8中的系数 c 取决于高/宽比的系数 g,在此:

$$g = \frac{h}{w}$$

式中：

h——外壳高度，单位为米(m)；

A_b——外壳底面积，单位为平方米(m^2)；

w——外壳宽度，单位为米(m)。

4.2.4 外壳内空气温升特性曲线

为了按第5章对设计进行评估，有必要采用4.2.2和4.2.3的计算结果以及随外壳高度变化的外壳内空气温升特性曲线。水平位置上的空气温升几乎是个常数。

4.2.4.1 有效散热面积 A_e >1.25 m² 的外壳温升特性曲线

根据一般规则，用一条从 $\Delta t_{1.0}$ 到 $\Delta t_{0.5}$ 的直线可以非常精确地确定温升特性曲线(见图1)。

外壳底部的内部空气温升几乎为零，即特性曲线平滑连接至零(实际上，特性曲线的虚线部分是次要的)。

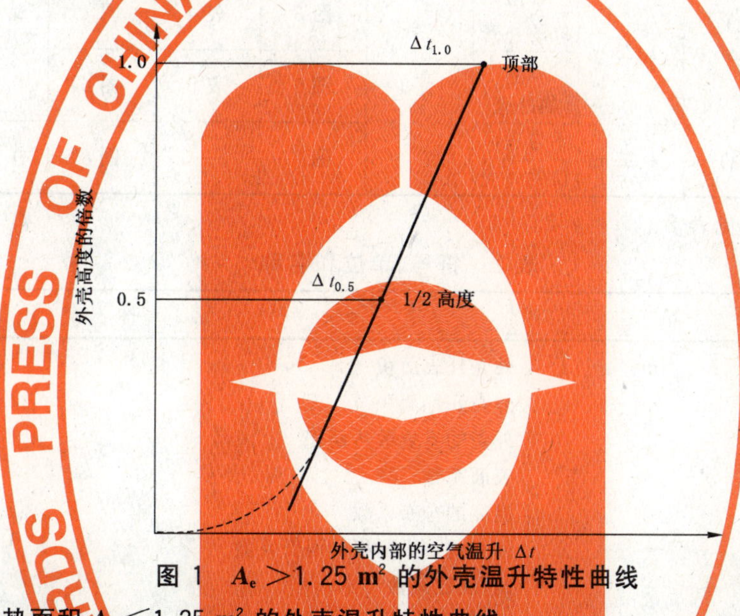

图1 A_e >1.25 m² 的外壳温升特性曲线

4.2.4.2 有效散热面积 A_e ≤1.25 m² 的外壳温升特性曲线

对于此类外壳，在顶部1/4处的最大温升是恒定的，而且 $\Delta t_{1.0}$ 和 $\Delta t_{0.75}$ 的值是相同的(见图2)。

将外壳0.75和0.5高度位置的温升值连接起来得到特性曲线(见图2)。

外壳底部的内部空气温升几乎为零，即特性曲线平滑连接至零(实际上，特性曲线的虚线部分是次要的)。

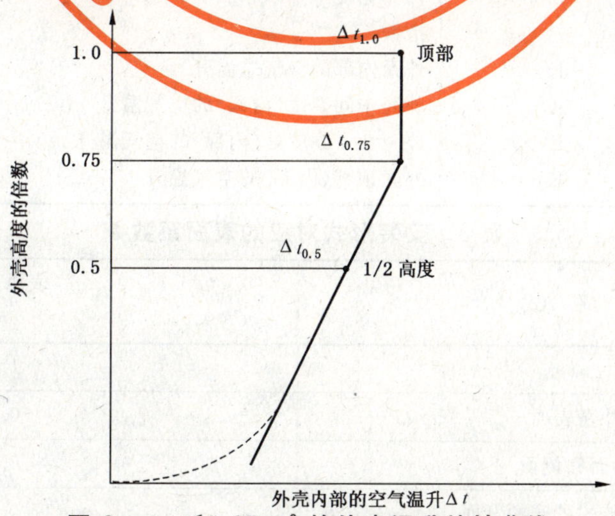

图2 A_e ≤1.25 m² 的外壳温升特性曲线

5 设计的评估

应确定 PTTA 内的设备在计算出的温升条件下能否正常运行。

如果不能，应修改参数并重新计算。

表 1 计算方法、用途、公式和特性

<table>
<tr><td>1</td><td>2</td><td>3</td><td>4</td><td>5</td><td>6</td><td>7</td><td>8</td><td>9</td><td>10</td><td>11</td></tr>
<tr><td colspan="3">计算公式</td><td colspan="2">外壳</td><td colspan="5">特性</td><td>特性曲线</td></tr>
<tr><td rowspan="2">有效散热面积 A_e</td><td colspan="2">空气温升</td><td rowspan="2">有效散热面积 A_e</td><td rowspan="2"></td><td colspan="4">系数</td><td>指数</td><td rowspan="2">平滑的温升特性曲线</td></tr>
<tr><td>外壳内中间高度</td><td>外壳内顶部</td><td>b 见</td><td>k 见</td><td>d 见</td><td>c 见</td><td>x</td></tr>
<tr><td rowspan="3">$A_e=\sum(A_o\cdot b)$
(1)</td><td rowspan="3">$\Delta t_{0.5}=k\cdot d\cdot P^x$
(2)</td><td rowspan="3">$\Delta t_{1.0}=c\cdot\Delta t_{0.5}$
(3)</td><td rowspan="2">$>1.25\ m^2$</td><td>不带通风口的外壳</td><td rowspan="3">表 3</td><td>图 3</td><td>表 4</td><td>图 4</td><td>0.804</td><td rowspan="2">见 4.2.4.1</td></tr>
<tr><td>带通风口的外壳</td><td>图 5</td><td>表 5</td><td>图 6</td><td>0.715</td></tr>
<tr><td>$\leq 1.25\ m^2$</td><td>不带通风口的外壳</td><td>图 7</td><td>—</td><td>图 8</td><td>0.804</td><td>见 4.2.4.2</td></tr>
</table>

符号、单位和名称见表 2。

表 2 符号、单位和名称

符 号	单 位	名 称
A_o	m^2	外壳外表面积
A_b	m^2	外壳底部面积
A_e	m^2	外壳的有效散热面积
b	—	表面系数
c	—	温度的分布系数
d	—	外壳内水平隔板的温升系数
f	—	高/底比系数
g	—	高/宽比系数
h	m	外壳高度
k	—	外壳系数
n	—	内部水平隔板的数量(不多于 3 个隔板)
p	w	外壳内装设备的有效功率损耗
w	m	外壳宽度
x	—	指数
Δt	K	外壳内部的空气总温升
$\Delta t_{0.5}$	K	外壳中间高度(内部)的空气温升
$\Delta t_{0.75}$	K	外壳 3/4 高度处(内部)的空气温升
$\Delta t_{1.0}$	K	外壳顶部(内部)的空气温升

表 3 安装形式对应的表面系数 b

安 装 形 式	表面系数 b
裸露的顶部表面	1.4
封闭的顶部表面，例如嵌入外壳表面	0.7
裸露的侧表面，例如前面、后面和侧面	0.9
封闭的侧表面，例如墙上安装式外壳的背面	0.5

表 3（续）

安装形式	表面系数 b
中间外壳的侧面	0.5
底表面	不考虑
仅为计算目的而引用的柜架单元的假想侧壁(见 4.2)不考虑在内。	

表 4　不带通风口，有效散热面积 A_e＞1.25 m^2 的外壳的系数 d

水平隔板的数量 n	0	1	2	3
系数 d	1.00	1.05	1.15	1.30

表 5　带通风口，有效散热面积 A_e＞1.25 m^2 的外壳的系数 d

水平隔板的数量 n	0	1	2	3
系数 d	1.00	1.05	1.10	1.15

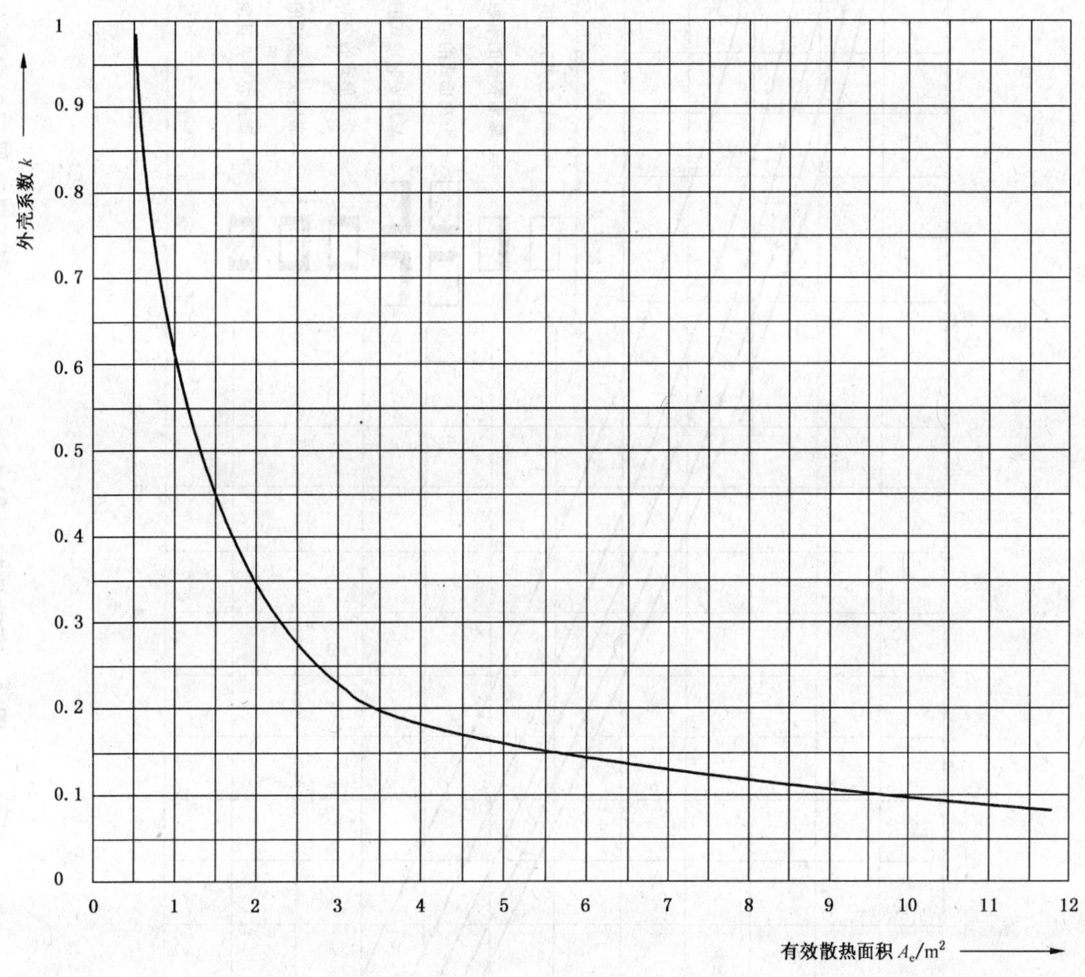

图 3　外壳不带通风口，有效散热面积 A_e＞1.25 m^2 的外壳系数 k

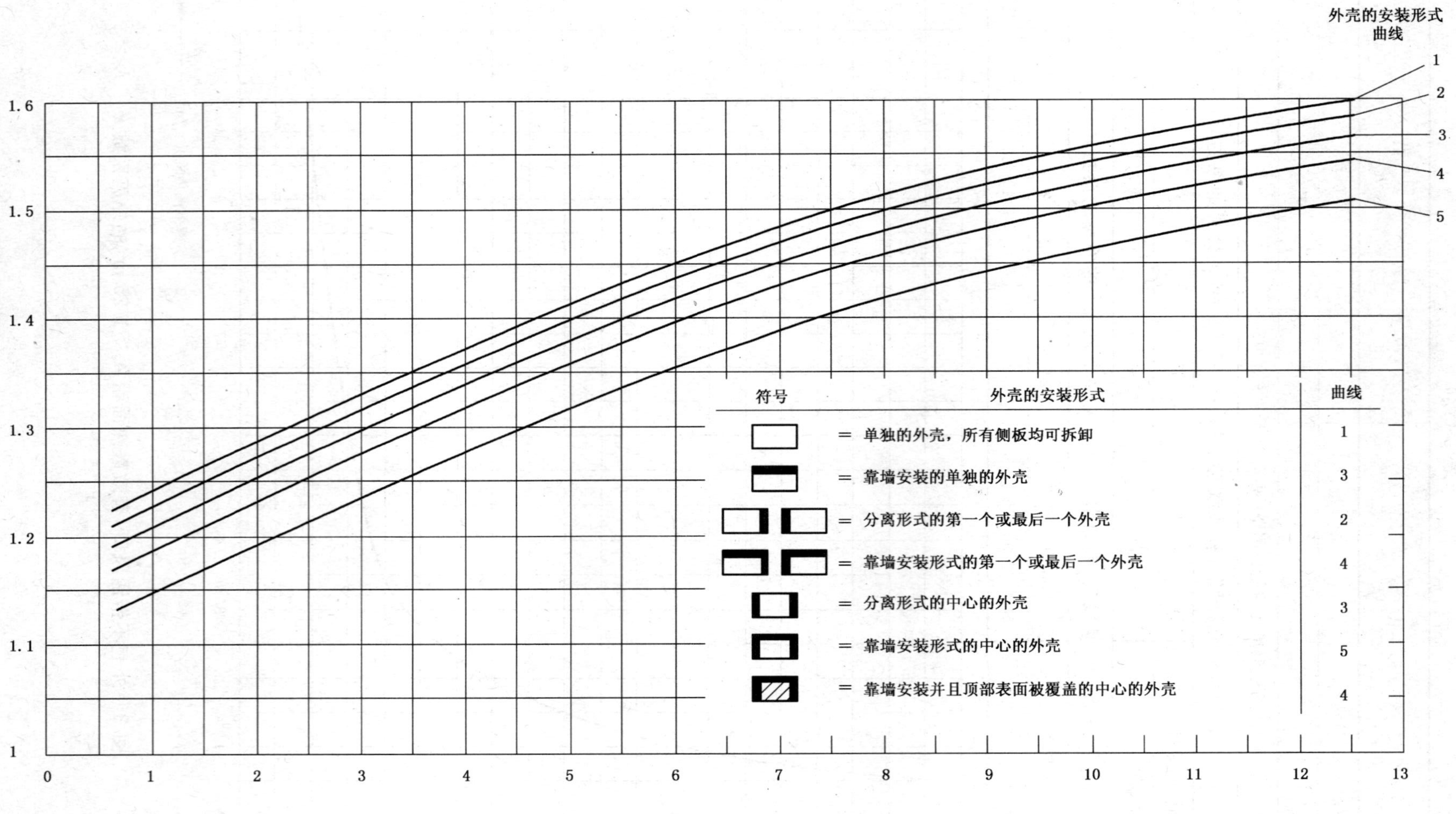

图 4 有效散热面积 A_e >1.25 m^2，外壳不带通风口的温度分布系数 c

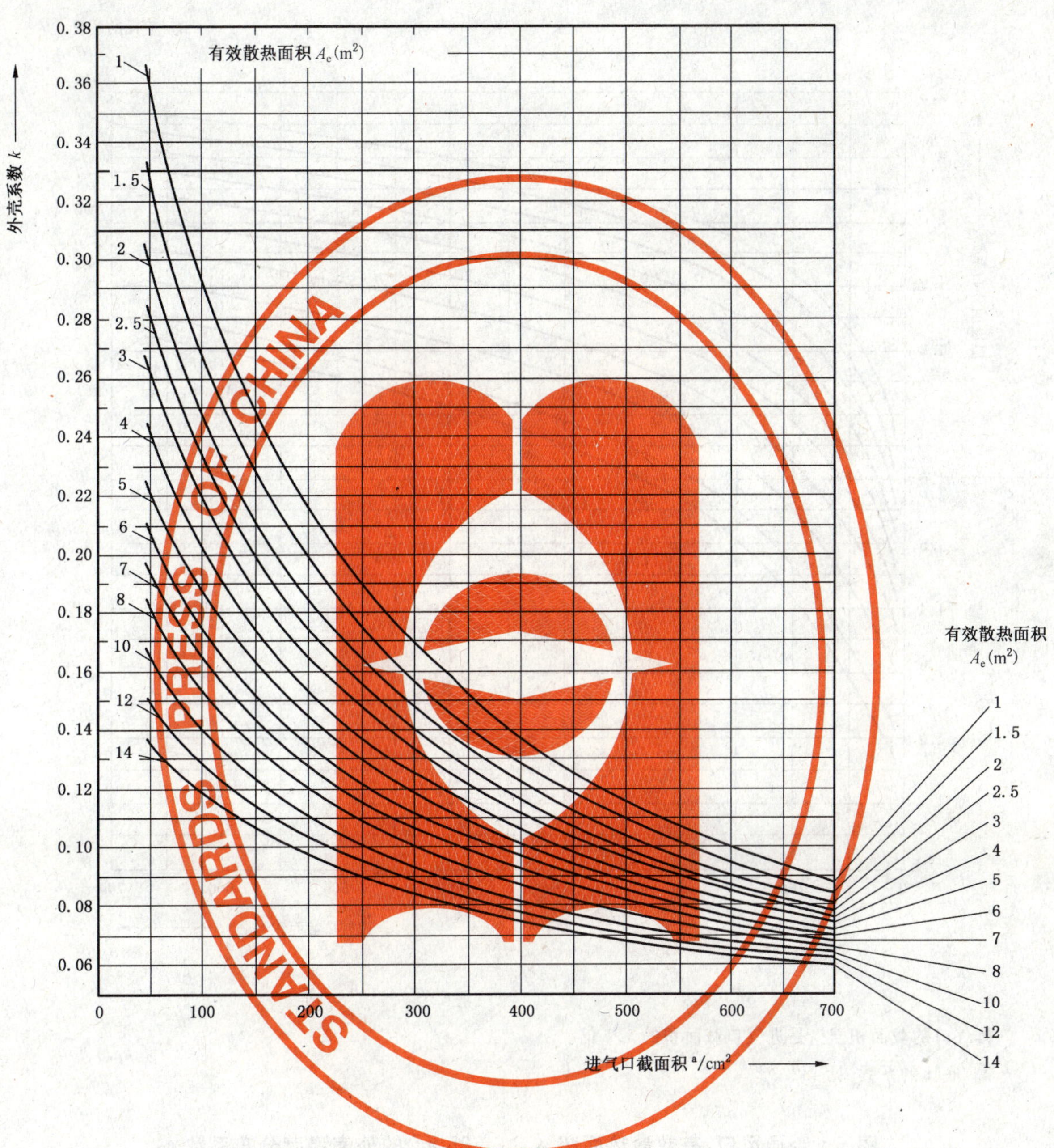

a 排气口的截面积至少是进气口截面积的1.1倍。

图5 外壳带通风口，有效散热面积 A_e >1.25 m² 的外壳系数 k

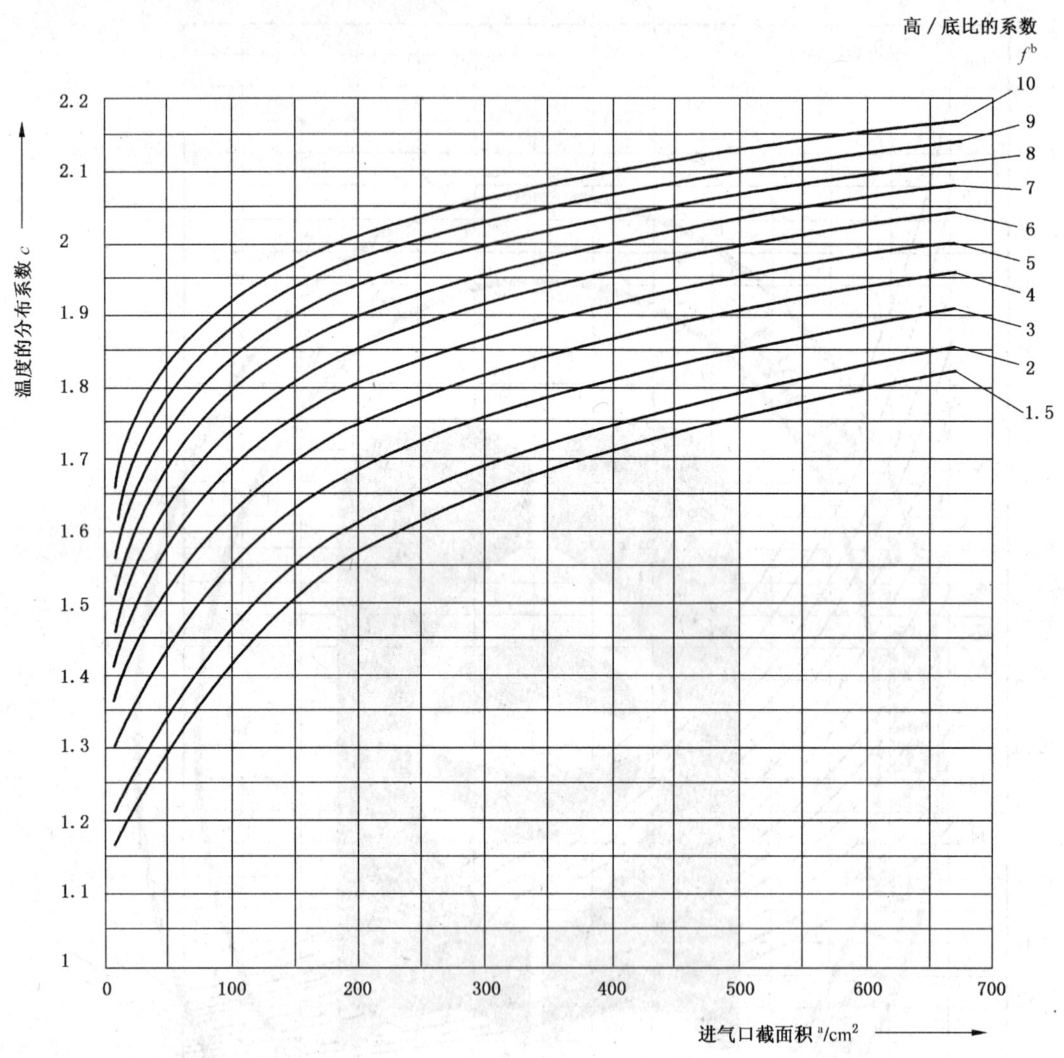

a 排气口的截面积至少是进气口截面积的 1.1 倍。

b 高/底比的系数，见 4.2.3。

图 6　带通风口，有效散热面积 A_e >1.25 m² 的外壳温度分布系数 c

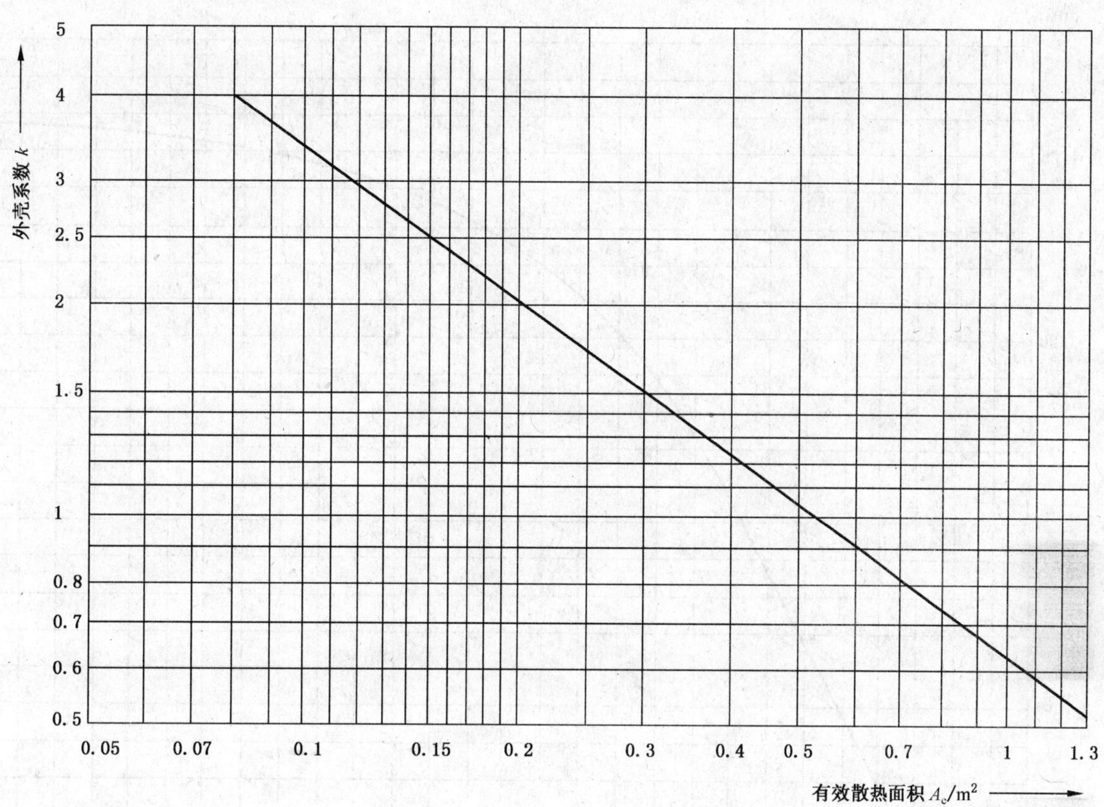

图 7 外壳不带通风口，有效散热面积 $A_e \leqslant 1.25\ m^2$ 的外壳系数 k

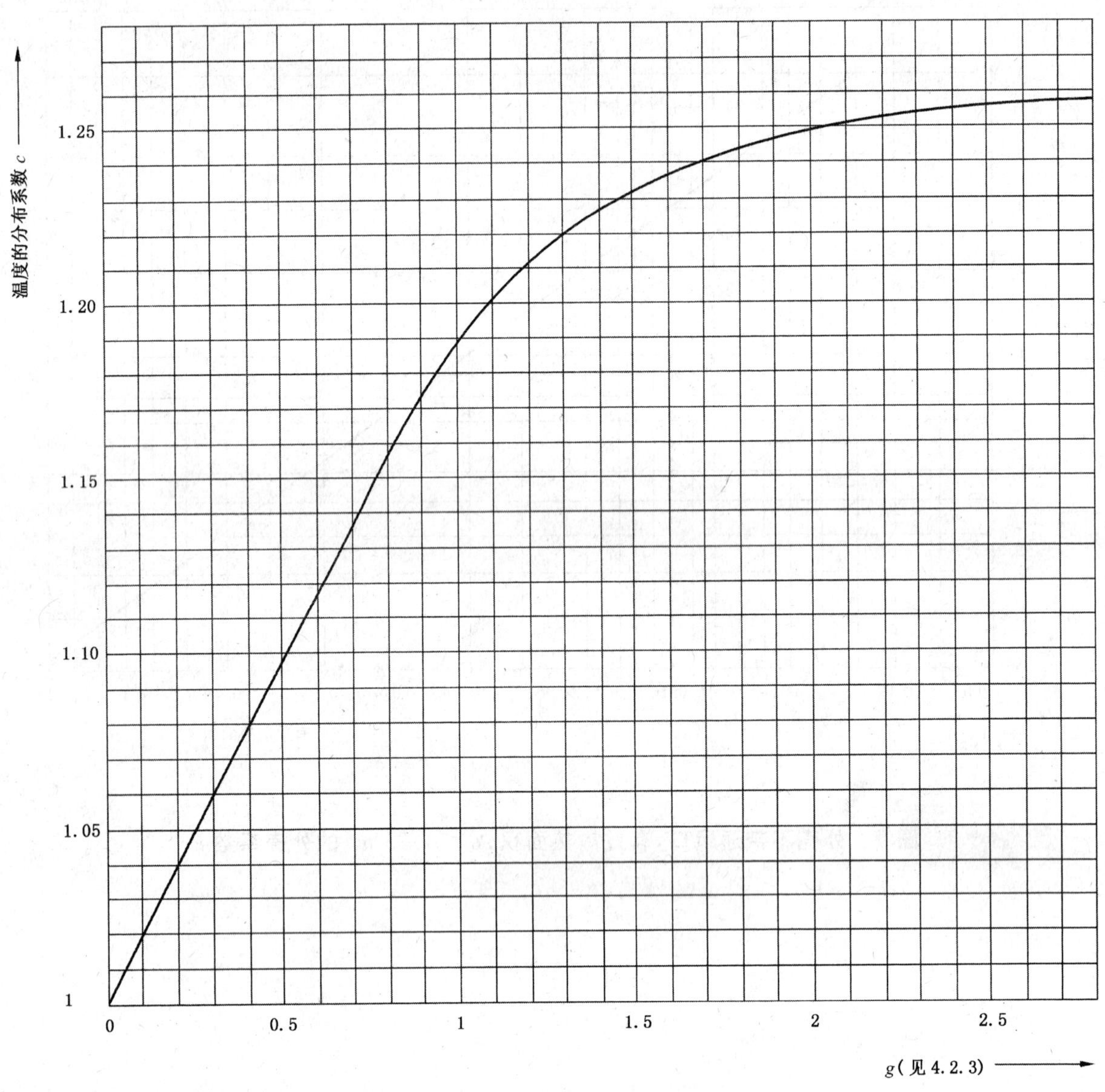

图 8 不带通风口，有效散热面积 $A_e \leqslant 1.25\ m^2$ 的外壳温度分布系数 c

表 6　外壳内空气温升的计算

<table>
<tr><td colspan="6">用户/生产厂</td></tr>
<tr><td colspan="6">外壳类型</td></tr>
<tr><td rowspan="3" colspan="3">温升的相关尺寸　　高　mm
　　　　　　　　宽　mm
　　　　　　　　深　mm</td><td colspan="3">安装形式：</td></tr>
<tr><td colspan="3">通风口：　　　　有/无</td></tr>
<tr><td colspan="3">水平隔板的数量：</td></tr>
<tr><td rowspan="8">有效散热面积</td><td rowspan="3"></td><td>尺寸</td><td>A_o</td><td rowspan="2">符合表 3 的表面系数 b</td><td>$A_o \times b$
(列 3)×(列 4)</td></tr>
<tr><td>m×m</td><td>m^2</td><td>m^2</td></tr>
<tr><td>2</td><td>3</td><td>4</td><td>5</td></tr>
<tr><td>顶部</td><td></td><td></td><td></td><td></td></tr>
<tr><td>面部</td><td></td><td></td><td></td><td></td></tr>
<tr><td>背部</td><td></td><td></td><td></td><td></td></tr>
<tr><td>左侧</td><td></td><td></td><td></td><td></td></tr>
<tr><td>右侧</td><td></td><td></td><td></td><td></td></tr>
<tr><td></td><td colspan="4">$A_e = \sum(A_o \times b) =$ 总量</td><td></td></tr>
<tr><td colspan="6">有效散热面积 A_e</td></tr>
<tr><td colspan="3">$>1.25\ m^2$</td><td colspan="3">$\leqslant 1.25\ m^2$</td></tr>
<tr><td colspan="3">$f = \frac{h^{1.35}}{A_b}$(见 4.2.3)
= ____________ =</td><td colspan="3">$g = \frac{h}{w}$(见 4.2.3)
= ____________ =</td></tr>
<tr><td colspan="2">进气口</td><td colspan="2">cm^2</td><td colspan="2"></td></tr>
<tr><td colspan="2">外壳系数 k</td><td colspan="2"></td><td colspan="2"></td></tr>
<tr><td colspan="2">水平隔板的系数 d</td><td colspan="2"></td><td colspan="2"></td></tr>
<tr><td colspan="2">有效功率损耗 P</td><td colspan="2">W</td><td colspan="2"></td></tr>
<tr><td colspan="2">$P^x = P \cdots$</td><td colspan="2"></td><td colspan="2"></td></tr>
<tr><td colspan="2">$\Delta t_{0.5} = k \cdot d \cdot P^x$</td><td colspan="2">K</td><td colspan="2"></td></tr>
<tr><td colspan="2">温度的分布系数 c</td><td colspan="2"></td><td colspan="2"></td></tr>
<tr><td colspan="2">$\Delta t_{1.0} = c \cdot \Delta t_{0.5}$</td><td colspan="2">K</td><td colspan="2"></td></tr>
</table>

特性曲线

外壳高度的倍数

1.0

0.75

0.5

外壳内空气温升 Δt

附 录 A
（资料性附录）
计算外壳内空气温升的实例

例 1

单位为毫米

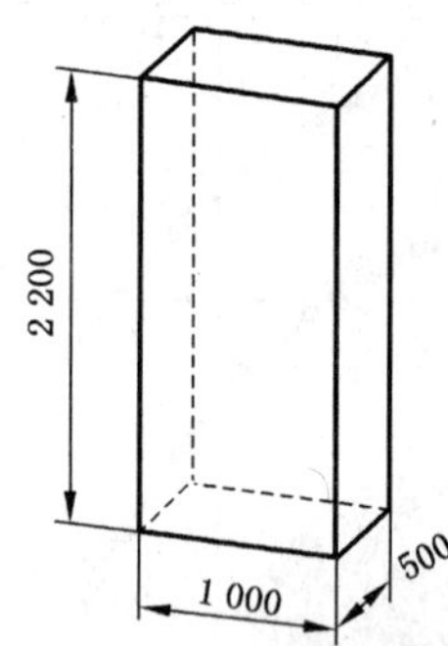

不带通风口、不带内部水平隔板、侧面裸露的独立外壳。

外壳内装设备的有效功率损耗：
$P=300$ W

计算

（数值见表 A.1）

——按照 4.2.1 确定外壳的有效散热面积 A_e。

用从表 3 中获取的外壳尺寸和表面系数 b 计算各个单独的面积。

——按照 4.2.2 确定空气温升 $\Delta t_{0.5}$。

从表 1 中第 2 栏得到公式(2)：

$$\Delta t_{0.5} = k \cdot d \cdot P^x \qquad (2)$$

根据表 1 中第 7 栏，当 $A_e>1.25\ m^2$ 时，系数 k 如图 3 所示：

$$当 A_e = 6.64\ m^2 时, k = 0.135$$

根据表 1 中第 8 栏，当 $A_e>1.25\ m^2$ 时，系数 d 如表 4 所规定：

$$当水平隔板数量 = 0 时, d = 1.0$$

有效功率损耗（按规定）$P=300$ W，

当 $A_e>1.25\ m^2$ 时，从表 1 中第 10 栏得到指数 $x=0.804$

将这些值代入公式(2)中，可得到如下结果：

$$\Delta t_{0.5} = k \cdot d \cdot P^x = 0.135 \cdot 1.0 \cdot 300^{0.804}$$

$$\Delta t_{0.5} = 13.24\text{K} \approx 13.2\text{K}$$

——按照 4.2.3 确定空气温升 $\Delta t_{1.0}$。

从表 1 中第 3 栏得到公式(3)：

$$\Delta t_{1.0} = c \cdot \Delta t_{0.5} \qquad (3)$$

根据表 1 中第 9 栏，当 $A_e>1.25\ m^2$ 时，系数 c 如图 4 所示：

$$f = \frac{h^{1.35}}{A_b} = \frac{2.2^{1.35}}{1.0 \times 0.5} = 5.80$$

根据图 4，曲线 1 为：

$$c = 1.44$$

将这些值代入公式(3)中，可得到如下结果：

$$\Delta t_{1.0} = c \cdot \Delta t_{0.5} = 1.44 \cdot 13.24 = 19.07\text{K} \approx 19.1\text{K}$$

——按照 4.2.4.1 确定 $A_e>1.25\ m^2$ 的外壳温升特性曲线（见表 A.1）。

——按照第 5 章对设计进行评估。

应验证安装在壳体内的设备在指定的电流和计算出的温升条件下，考虑到周围空气温度

(见 1.2,注)时,是否能正常运行。

如果不能,应修改参数并重新计算。

表 A.1 外壳内空气温升的计算示例 1

用户/生产厂	示例 1			
外壳类型:	独立外壳			
温升的相关尺寸	高	2 200	mm	安装形式:所有侧面均可拆卸式
	宽	1 000	mm	通风口: 无
	深	500	mm	水平隔板的数量: 0

	2.2 / 1.0 / 0.5	尺寸 m×m	A_o m²	符合表 3 的表面系数 b	$A_o \times b$ m²
		2	3	4	5
有效散热面积	顶部	1.0×0.5	0.500	1.4	0.700
	面部	1.0×2.2	2.200	0.9	1.980
	背部	1.0×2.2	2.200	0.9	1.980
	左侧	0.5×2.2	1.100	0.9	0.990
	右侧	0.5×2.2	1.100	0.9	0.990
	$A_e=\sum(A_o \times b)=$总量				6.640

有效散热面积 A_e	
>1.25 m²	≤1.25 m²
$f=\frac{h^{1.35}}{A_b}$(见 4.2.3) =————————=	$g=\frac{h}{w}$(见 4.2.3) =————————=

进气口	cm²	0
外壳系数 k		0.135
水平隔板的系数 d		1.0
有效功率损耗 P	W	300
$P^x=P^{0.804}$		98.09
$\Delta t_{0.5}=k \cdot d \cdot P^x$	K	13.24K≈13.2K
温度的分布系数 c		1.44
$\Delta t_{1.0}=c \cdot \Delta t_{0.5}$	K	19.07K≈19.1K

特性曲线:

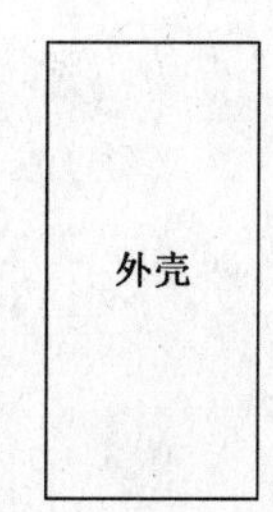

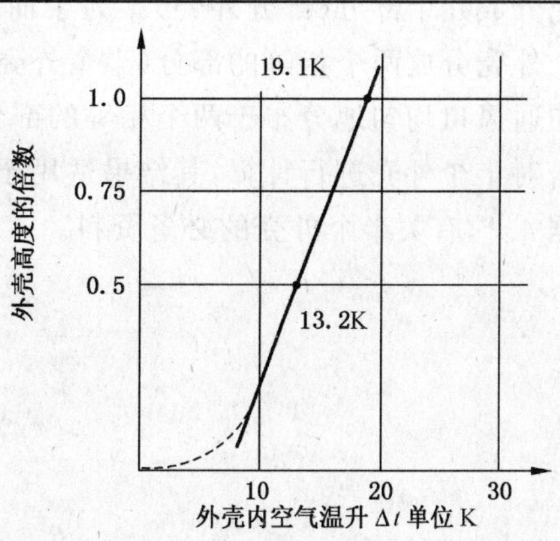

例 2

带通风口的墙上安装式外壳，

进气口的截面积＝1 200 cm^2

出气口的截面积＝1 800 cm^2

外壳内带有两个水平隔板。每个水平隔板都带通风孔，例如用冲孔板，其截面积大于外壳截面积的 50％。

外壳内装设备的有效功率损耗：P＝2 200 W.

单位为毫米

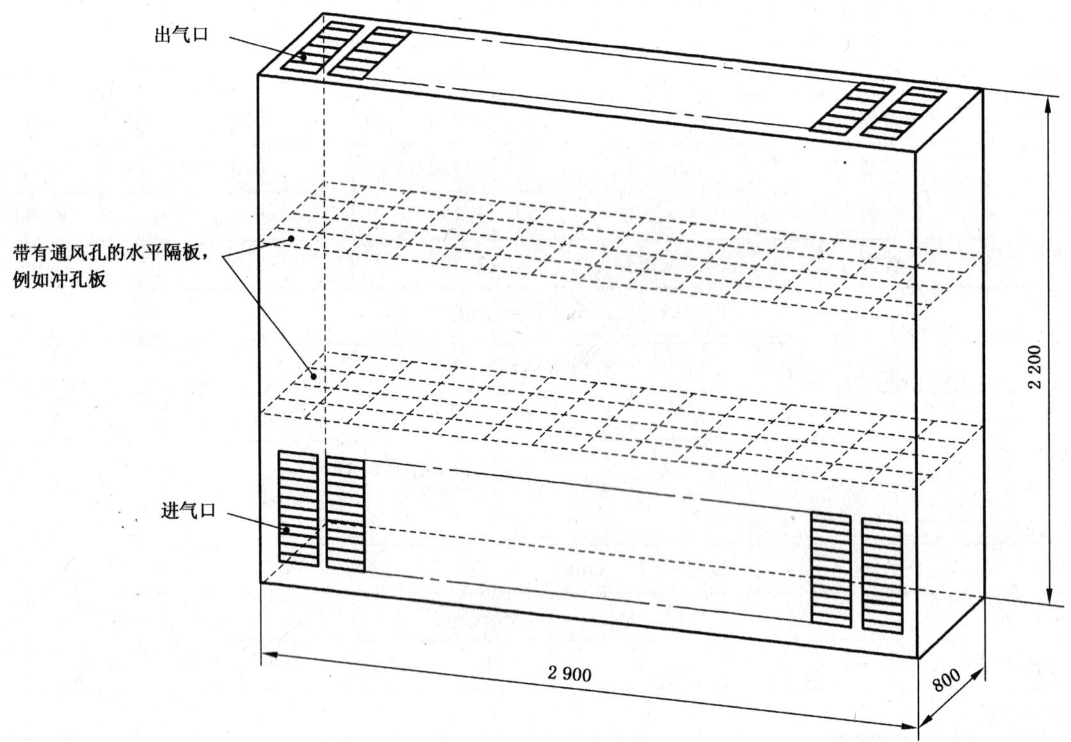

计算方法

(数值见表 A.2)

——已知外壳的预期散热面积大于 11.5 m^2，外壳宽度超过 1.5 m，为了计算目的，按照 4.2 将整个外壳分成几个部分(部分外壳)。为了简化程序，如果不可能从结构上进行分割，本例可以将整个外壳分成两个相等的部分(半个外壳)。为了在计算中将两个部分分开计算，假设功率损耗和通风口均匀地分布于两个相等的部分上(半个外壳)。

只需对半个外壳进行计算，其结果适用于另外半个外壳。

——根据 4.1，有关半个外壳的必备资料。

单位为毫米

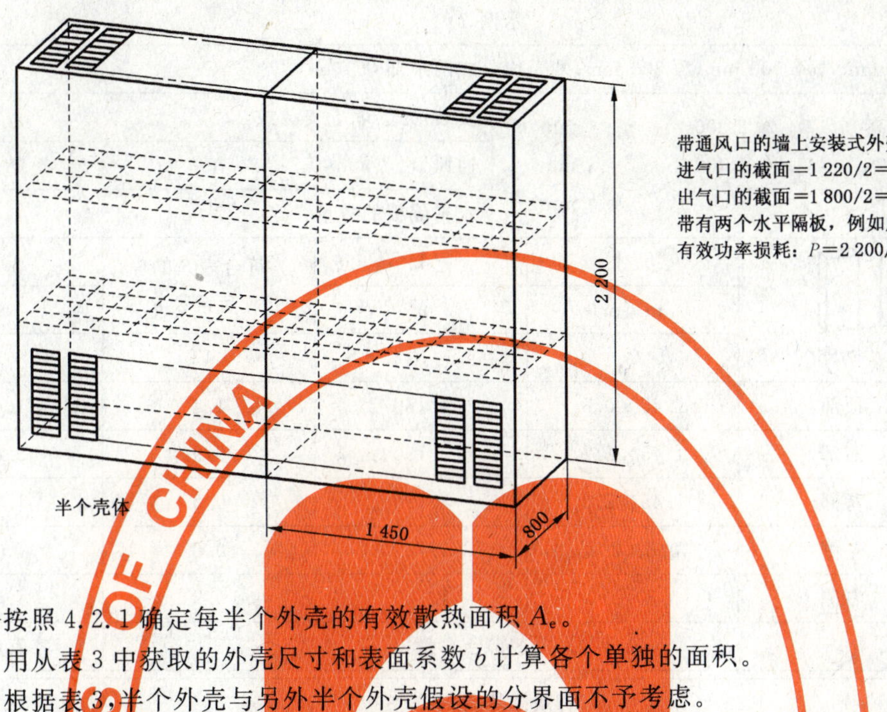

——按照 4.2.1 确定每半个外壳的有效散热面积 A_e。

用从表 3 中获取的外壳尺寸和表面系数 b 计算各个单独的面积。

根据表 3,半个外壳与另外半个外壳假设的分界面不予考虑。

——按照 4.2.2 确定空气温升 $\Delta t_{0.5}$。

从表 1 中第 2 栏得到公式(2)：

$$\Delta t_{0.5} = k \cdot d \cdot P^x \qquad (2)$$

根据表 1 中第 7 栏，当 $A_e > 1.25\ m^2$ 时，系数 k 如图 5 所示：

当进气口为 610 cm²，$A_e = 7.674\ m^2$ 时，$k = 0.071$

根据表 1 中第 8 栏，当 $A_e > 1.25\ m^2$ 时，系数 d 如表 5 所规定：

当水平隔板数量=2 时，$d = 1.10$

有效功率损耗(按规定)$P = 1\ 100$ W

当 $A_e > 1.25\ m^2$ 时，从表 1 中第 10 栏得到指数 $x = 0.715$

将这些值代入公式(2)中，可得到如下结果：

$$\Delta t_{0.5} = k \cdot d \cdot P^x = 0.071 \cdot 1.10 \cdot 1\ 100^{0.715}$$

$$\Delta t_{0.5} = 11.67\text{K} \approx 11.7\text{K}$$

——按照 4.2.3 确定空气温升 $\Delta t_{1.0}$。

从表 1 中第 3 栏得到公式(3)：

$$\Delta t_{1.0} = c \cdot \Delta t_{0.5} \qquad (3)$$

根据表 1 中第 9 栏，当 $A_e > 1.25\ m^2$ 时，系数 c 如图 6 所示：

$$f = \frac{h^{1.35}}{A_b} = \frac{2.2^{1.35}}{1.45 \times 0.8} = 2.50$$

根据图 6，当进气口为 610 cm² 时，$c = 1.87$

将这些值代入公式(3)中，可得到如下结果：

$$\Delta t_{1.0} = c \cdot \Delta t_{0.5} = 1.87 \cdot 11.67\text{K} = 21.82\text{K} \approx 21.8\text{K}$$

——按照 4.2.4.1 确定 $A_e > 1.25\ m^2$ 的外壳温升特性曲线(见表 A.2)。

——按照第 5 章对设计进行评估。

应验证安装在壳体内的设备在指定的电流和计算出的温升条件下，考虑到周围空气温度(见 1.2,注)时，是否能正常运行。

如果不能，应修改参数并重新计算。

表 A.2 外壳内空气温升的计算示例 2

用户/生产厂	示例 2
外壳类型：高 2 200 mm，宽 2 900 mm，深 800 mm；外壳均分成两个部分	

温升的相关尺寸（半个外壳）					
温升的	高	2 200	mm	安装形式：墙上安装式	
相关尺寸	宽	1 450	mm	通风口：	有
（半个外壳）	深	800	mm	水平隔板的数量：	2

	2.2 / 1.45 / 0.8	尺寸	A_o	符合表 3 的表面系数 b	$A_o \times b$
		m×m	m²		m²
		2	3	4	5
有效散热面积	顶部	1.45×0.8	1.160	1.4	1.624
	面部	1.45×2.2	3.190	0.9	2.871
	背部	1.45×2.2	3.190	0.5	1.595
	左侧	0.8×2.2	1.760	0.0	—
	右侧	0.8×2.2	1.760	0.9	1.584
	$A_e = \sum(A_o \times b)$ = 总量				7.674

有效散热面积 A_e	
>1.25 m²	≤1.25 m²
$f = \frac{h^{1.35}}{A_b}$（见 4.2.3） $= \frac{2.2^{1.35}}{1.45 \times 0.8} = 2.50$	$g = \frac{h}{w}$（见 4.2.3） $= \frac{\quad}{\quad} =$

进气口	cm²	1 220/2=610
外壳系数 k		0.071
水平隔板的系数 d		1.0
有效功率损耗 P	W	2 200/2=1 100
$P^x = P^{0.715}$		149.48
$\Delta t_{0.5} = k \cdot d \cdot P^x$	K	11.67K≈11.7K
温度的分布系数 c		1.87
$\Delta t_{1.0} = c \cdot \Delta t_{0.5}$	K	21.82K≈21.8K

特性曲线

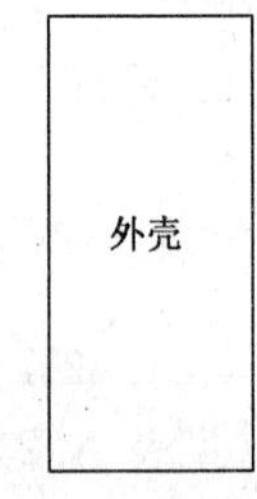

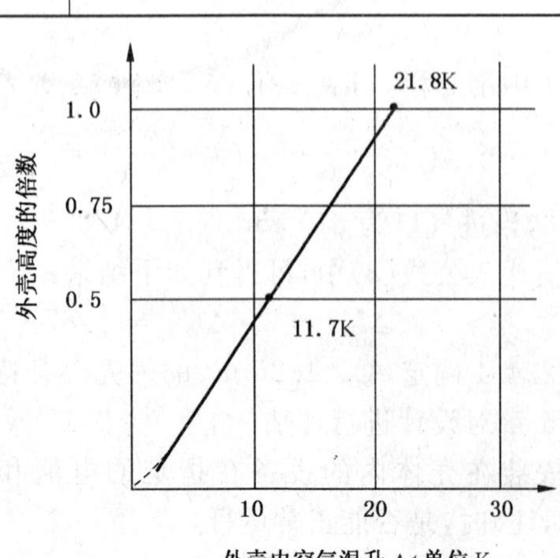

附 录 B
（规范性附录）
导体的工作电流和功率损耗

在表 B.1、表 B.2 和表 B.3 中是以下述内容为基础给出了功率损耗值：

——导体最大允许温度

——外壳内导体周围的空气温度

——工作电流

表 B.1 和表 B.3 还以 GB 14048.1 给出的铜导体截面积为基础。

在导体负载较低时可以使用下面公式：

$$P = P_{\mathrm{n}}\left(\frac{I}{I_{\mathrm{n}}}\right)^{2}$$

式中：

P——功率损耗，单位为瓦每米(W/m)；

I——导体电流(负载)；

I_{n}——工作电流；

P_{n}——在 I_{n} 时的功率损耗。

表 B.1 绝缘导体的工作电流和功率损耗

1	2	3	4	5	6	7	8	9	10	11	12	13
截面积（铜）	导体最高允许温度 70 ℃											
	[a]				d d				d d			
	壳体内导体周围的空气温度											
	35 ℃		55 ℃		35 ℃		55 ℃		35 ℃		55 ℃	
	工作电流	功率损耗[b]	工作电流	功率损耗[b]	工作电流	功率损耗[b]	工作电流	功率损耗[b]	工作电流	功率损耗[b]	工作电流	功率损耗[b]
mm²	A	W/m	A	W/m	A	W/m	A	W/m	A	W/m	A	W/m
1.5	12	2.1	8	0.9	12	2.1	8	0.9	12	2.1	8	0.9
2.5	17	2.5	11	1.1	20	3.5	12	1.3	20	3.5	12	1.3
4	22	2.6	14	1.1	25	3.4	18	1.8	25	3.4	20	2.2
6	28	2.8	18	1.2	32	3.7	23	1.9	32	3.7	25	2.3
10	38	3.0	25	1.3	48	4.8	31	2.0	50	5.2	32	2.1
16	52	3.7	34	1.6	64	5.6	42	2.4	65	5.8	50	3.4
25					85	6.3	55	2.6	85	6.3	65	3.7
35					104	7.5	67	3.1	115	7.9	85	5.0
50					130	7.9	85	3.4	150	10.5	115	6.2

表 B.1（续）

1	2	3	4	5	6	7	8	9	10	11	12	13
截面积（铜）	导体最高允许温度 70 ℃											
	[a]											
	壳体内导体周围的空气温度											
	35 ℃		55 ℃		35 ℃		55 ℃		35 ℃		55 ℃	
	工作电流	功率损耗[b]	工作电流	功率损耗[b]	工作电流	功率损耗[b]	工作电流	功率损耗[b]	工作电流	功率损耗[b]	工作电流	功率损耗[b]
mm^2	A	W/m	A	W/m	A	W/m	A	W/m	A	W/m	A	W/m
70					161	8.4	105	3.6	175	9.9	149	7.2
95					192	8.7	125	3.7	225	11.9	175	7.2
120					226	9.6	147	4.1	250	11.7	210	8.3
150					275	11.7	167	4.3	275	11.7	239	8.8
185					295	10.9	191	4.6	350	15.4	273	9.4
240					347	12.0	225	5.0	400	15.9	322	10.3
300					400	13.2	260	5.6	460	17.5	371	11.4
辅助电路导体												
					直径							
0.12	2.6	1.2	1.7	0.5	0.4							
0.14	2.9	1.3	1.9	0.6	—							
0.20	3.2	1.1	2.1	0.5	—							
0.22	3.6	1.3	2.3	0.5	0.5							
0.30	4.4	1.4	2.9	0.6	0.6							
0.34	4.7	1.4	3.1	0.6	0.6							
0.50	6.4	1.8	4.2	0.8	0.8							
0.56		1.6		0.7	—							
0.75	8.2	1.9	5.4	0.8	1.0							
1.00	9.3	1.8	6.1	0.8	—							

可以应用下面的等式计算低载流下导体的功率损耗

$$P = P_n \left(\frac{I}{I_n}\right)^2$$

P——功率损耗，单位为瓦每米（W/m）；

I——导体电流（负载）；

I_n——工作电流；

P_n——在 I_n 时的功率损耗。

[a] 对于任意敷设方式，此表中所列数值是指多芯线组中有 6 根同时通 100％负载时的电流值。

[b] 单根。

表 B.2 不直接连接到设备上的垂直敷设的裸导体的工作电流和功率损耗

1	2	3	4	5	6	7	8	9	10	11	12	13	14	15	16	17	18
		导体最高允许温度 85 ℃															
		壳体内导体周围的空气温度 35 ℃								壳体内导体周围的空气温度 55 ℃							
宽度×厚度	截面积（铜）	50 Hz 到 60 Hz 交流				直流和交流到 16⅔ Hz				50 Hz 到 60 Hz 交流				直流和交流到 16⅔ Hz			
		工作电流	功率损耗[a]	工作电流	功率损耗[a]	工作电流	功率损耗[a]	工作电流	功率损耗[a]	工作电流	功率损耗[a]	工作电流	功率损耗[a]	工作电流	功率损耗[a]	工作电流	功率损耗[a]
mm×mm	mm²	A*	W/m	A**	W/m	A*	W/m	A**	W/m	A*	W/m	A**	W/m	A*	W/m	A**	W/m
12×2	23.5	144	19.5	242	27.5	144	19.5	242	27.5	105	10.4	177	14.7	105	10.4	177	14.7
15×2	29.5	170	21.7	282	29.9	170	21.7	282	29.9	124	11.6	206	16.0	124	11.6	206	16.0
15×3	44.5	215	23.1	375	35.2	215	23.1	375	35.2	157	12.3	274	18.8	157	12.3	274	18.8
20×2	39.5	215	26.1	351	34.8	215	26.1	354	35.4	157	13.9	256	18.5	157	12.3	258	18.8
20×3	59.5	271	27.6	463	40.2	271	27.6	463	40.2	198	14.7	338	21.4	198	14.7	338	21.4
20×5	99.1	364	29.9	665	49.8	364	29.9	668	50.3	266	16.0	485	26.5	266	16.0	487	26.7
20×10	199	568	36.9	1 097	69.2	569	36.7	1 107	69.6	414	19.6	800	36.8	415	19.5	807	37.0
25×5	124	435	34.1	779	55.4	435	34.1	785	55.6	317	18.1	568	29.5	317	18.1	572	29.5
30×5	149	504	38.4	894	60.6	505	38.2	899	60.7	368	20.5	652	32.3	369	20.4	656	32.3
30×10	299	762	44.4	1 410	77.9	770	44.8	1 436	77.8	556	23.7	1 028	41.4	562	23.9	1 048	41.5
40×5	199	641	47.0	1 112	72.5	644	47.0	1 128	72.3	468	25.0	811	38.5	469	24.9	586	38.5
40×10	399	951	52.7	1 716	88.9	968	52.6	1 796	90.5	694	28.1	1 251	47.3	706	28.0	1 310	48.1
50×5	249	775	55.7	1 322	82.9	782	55.4	1 357	83.4	566	29.7	964	44.1	570	29.4	989	44.3
50×10	499	1 133	60.9	2 008	102.9	1 164	61.4	2 141	103.8	826	32.3	1 465	54.8	849	32.7	1 562	55.3
60×5	299	915	64.1	1 530	94.2	926	64.7	1 583	94.6	667	34.1	1 116	50.1	675	34.4	1 154	50.3
60×10	599	1 310	68.5	2 288	116.2	1 357	69.5	2 487	117.8	955	36.4	1 668	62.0	989	36.9	1 814	62.7
80×5	399	1 177	80.7	1 929	116.4	1 200	80.8	2 035	116.1	858	42.9	1 407	61.9	875	42.9	1 484	61.8
80×10	799	1 649	85.0	2 806	138.7	1 742	85.1	3 165	140.4	1 203	45.3	2 047	73.8	1 271	45.3	1 756	74.8
100×5	499	1 436	100.1	2 301	137.0	1 476	98.7	2 407	121.2	1 048	53.3	1 678	72.9	1 077	52.5	1 756	69.8
100×10	999	1 982	101.7	3 298	164.2	2 128	102.6	3 844	169.9	1 445	54.0	2 406	84.4	1 552	54.6	2 803	90.4
120×10	1 200	2 314	115.5	3 804	187.3	2 514	115.9	4 509	189.9	1 688	61.5	2 774	99.6	1 833	61.6	3 288	101.0

* 每相一根导体；** 每相两根导体；[a] 单根。

表 B.3　设备和母线间连接用裸导体的工作电流和功率损耗

1	2	3	4	5	6	7	8	9	10
宽度×厚度	截面积（铜）	导体最高允许温度 65 ℃							
		壳体内导体周围的空气温度 35 ℃				壳体内导体周围的空气温度 55 ℃			
		50 Hz 到 60 Hz 交流和直流				50 Hz 到 60 Hz 交流和直流			
		工作电流	功率损耗[a]	工作电流	功率损耗[a]	工作电流	功率损耗[a]	工作电流	功率损耗[a]
mm×mm	mm^2	A*	W/m	A**	W/m	A*	W/m	A**	W/m
12×2	23.5	82	5.9	130	7.4	69	4.2	105	4.9
15×2	29.5	96	6.4	150	7.8	88	5.4	124	5.4
15×3	44.5	124	7.1	202	9.5	102	4.8	162	6.1
20×2	39.5	115	6.9	184	8.9	93	4.5	172	7.7
20×3	59.5	152	8.0	249	10.8	125	5.4	198	6.8
20×5	99.1	218	9.9	348	12.7	174	6.3	284	8.4
20×10	199	348	12.8	648	22.3	284	8.6	532	15.0
25×5	124	253	10.7	413	14.2	204	7.0	338	9.5
30×5	149	288	11.6	492	16.9	233	7.6	402	11.3
30×10	299	482	17.2	960	32.7	402	11.5	780	21.6
40×5	199	348	12.8	648	22.3	284	8.6	532	15.0
40×10	399	648	22.7	1 245	41.9	532	15.3	1 032	28.8
50×5	249	413	14.7	805	27.9	338	9.8	655	18.5
50×10	499	805	28.5	1 560	53.5	660	19.2	1 280	36.0
60×5	299	492	17.2	960	32.7	402	11.5	780	21.6
60×10	599	960	34.1	1 848	63.2	780	22.5	1 524	43.0
80×5	399	648	22.7	1 256	42.6	532	15.3	1 032	28.8
80×10	799	1 256	45.8	2 432	85.8	1 032	30.9	1 920	53.5
100×5	499	805	29.2	1 560	54.8	660	19.6	1 280	36.9
100×10	999	1 560	58.4	2 680	86.2	1 280	39.3	2 180	57.0
120×10	1 200	1 848	68.3	2 928	85.7	1 524	46.5	2 400	57.6

* 每相一根导体；

** 每相两根导体；

[a] 单根。

ICS 29.130.20
K 31

中华人民共和国国家标准

GB/T 24277—2009/IEC/TR 61117:1992

评估部分型式试验成套设备(PTTA)短路耐受强度的一种方法

A method for assessing the short-circuit withstand—Strength of partially type-tested assemblies (PTTA)

(IEC/TR 61117:1992,IDT)

2009-06-19 发布 2010-02-01 实施

中华人民共和国国家质量监督检验检疫总局
中国国家标准化管理委员会 发布

前言

本标准等同采用 IEC/TR 61117:1992《评估部分型式试验成套设备(PTTA)短路耐受强度的一种方法》(英文版)。

按照 GB/T 1.1—2000 和 GB/T 20000.2—2001 的规定,本标准做了如下编辑性修改:

a) 删除了国际标准的前言。

b) 图 1 和图 2 增加 5——设备,并将“a,b,l——距离”分开表示,以表达不同的距离。

c) 图 3 增加 4——设备。

d) 图 1、图 2、图 3、下方“=”号改为“-”号。

e) 图 2 增加注:图中 l_1 为图 1 的 l_1,使图容易理解。

本标准由中国电器工业协会提出。

本标准由全国低压成套开关设备和控制设备标准化技术委员会(SAC/TC 266)归口。

本标准主要起草单位:浙江省麦格电气有限公司、泉州纪超电子有限公司、深圳市宝安任达电器实业有限公司、国家电控配电设备质量监督检验中心、天津天传电控配电有限公司、北京国电康能科技有限公司、浙江昌泰电力开关有限公司。

本标准主要起草人:陈雪梅、汤珍敏、傅俊豪、郑程遥、刘振东、李志宏、李小松、王阳、罗重。

本标准为首次发布。

评估部分型式试验成套设备（PTTA）短路耐受强度的一种方法

1 范围

本标准规定了对部分型式试验成套设备（PTTA）的短路耐受强度进行评估的外推法。

本标准适用于验证部分型式试验的成套设备符合 GB 7251.1 中 7.5.1 的要求。

2 规范性引用文件

下列文件中的条款通过本标准的引用而成为本标准的条款。凡是注日期的引用文件，其随后所有的修改单（不包括勘误的内容）或修订版均不适用于本标准，然而，鼓励根据本标准达成协议的各方研究是否可使用这些文件的最新版本。凡是不注日期的引用文件，其最新版本适用于本标准。

GB 7251.1—2005　低压成套开关设备和控制设备　第 1 部分：型式试验和部分型式试验成套设备（IEC 60439-1:1999，IDT）

IEC 60865　短路电流效应的计算

3 术语和定义

下列术语和定义适用于本标准。

3.1

型式试验的母线结构　type-tested busbar structure（TS）

组成结构的设备和布置由图纸、部件清单和试验证书给出（见图 1）。

1——母排；
2——支撑件；
3——母线与母线连接；
4——母线与设备连接；
5——设备；
a——距离；
b——距离；
l——距离。

图 1　型式试验的母线结构（TS）

3.2

不进行型式试验的母线结构　non type-tested busbar structure(NTS)

需要用外推法验证短路耐受强度的结构(见图2)。

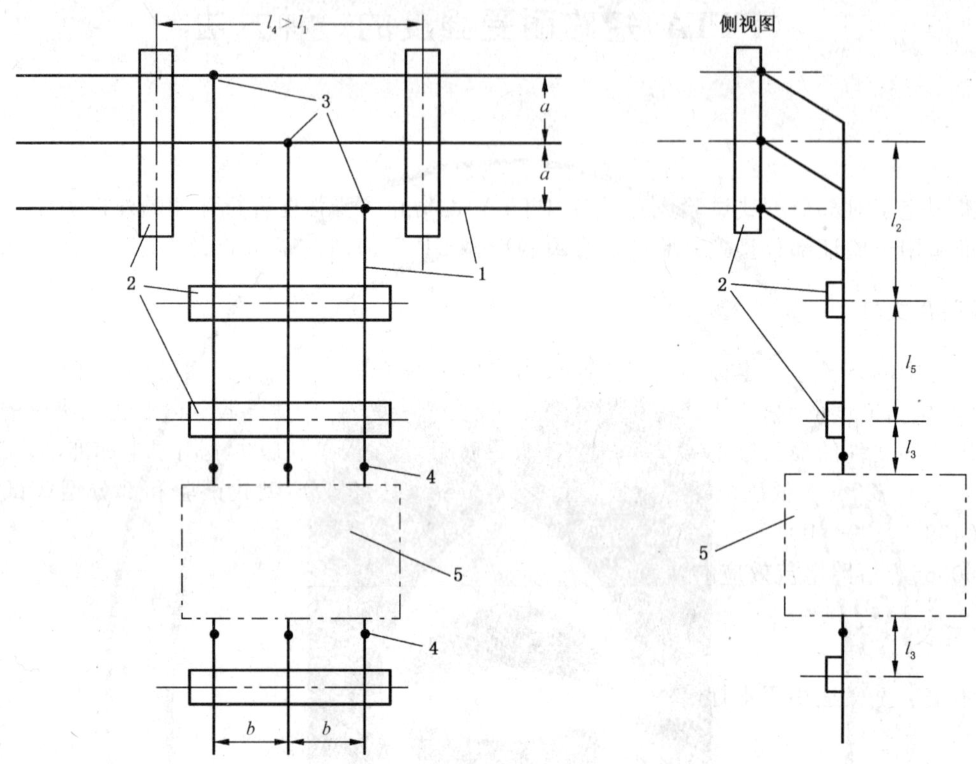

注：图中 l_1 为图1的 l_1。

1——母排；

2——支撑件；

3——母线与母线连接；

4——母线与设备连接；

5——设备；

a——距离；

b——距离；

l——距离。

图2　不进行型式试验的母线结构(NTS)

4　外推法

一种派生结构(例如：一个NTS)的短路耐受强度是从一种型式试验结构(TS)中外推出来的，方法是按照IEC 60865的规定对两种结构进行计算。如果计算结果表明NTS所必须耐受的机械应力不高于通过型式试验结构的机械应力，则NTS的短路耐受强度通过了验证。

5　使用条件

5.1　总则

只有在下述基本条件得到满足的情况下，母线间距，母线材料，母线横截面和母线形状的参数需要变化时，可按照IEC 60865的规定进行计算。

5.2 峰值短路电流

与型式试验的短路电流相比只能向较低的值变化。

5.3 热短路强度

一个 NTS 的热短路强度根据 IEC 60865 的规定计算验证。所计算的 NTS 的温升不高于 TS 的温升。

5.4 母线支撑件

通过型式试验的母线支撑件的材料或形状是不能改变的。然而可以使用其他母线支撑件，但这些母线支撑件必须预先已经通过所要求的机械强度型式试验。

5.5 母线连接，设备连接

母线和设备连接的类型必须预先通过型式试验。

5.6 角形母线结构

IEC 60865 的规定只适用于直线形母线。当拐角处有母线支撑件时，角形母线支撑结构可看作直线形结构系列(见图 3)。

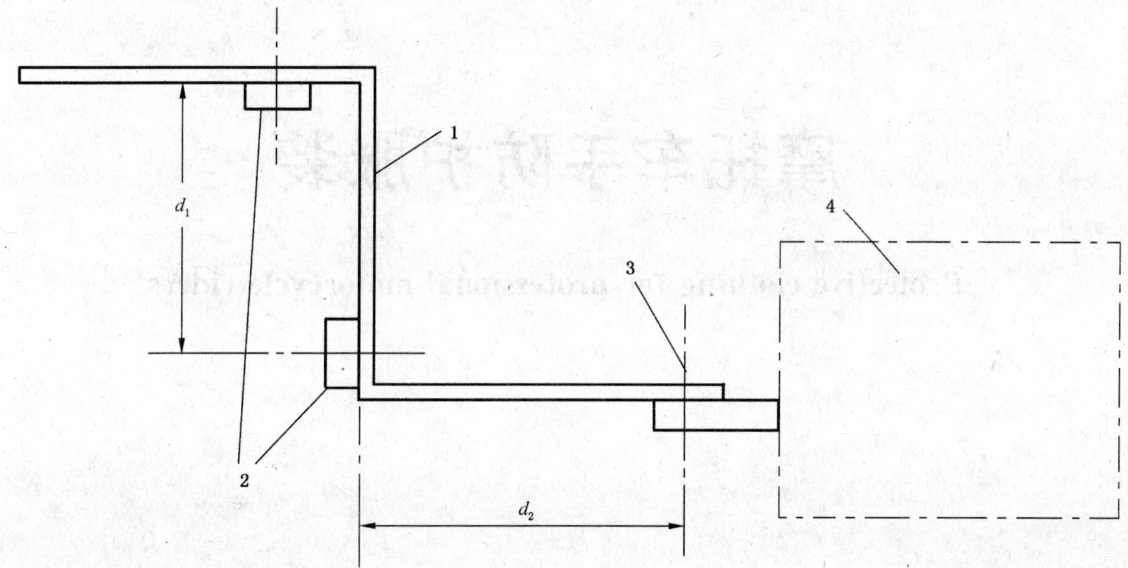

1——母线；

2——支撑件；

3——母线与设备连接；

4——设备；

d——支撑间距。

图 3 在拐角处带支撑件的角形母线结构

5.7 专门针对导体振颤的计算方法

为使被试验结构(TS)的计算符合 IEC 60865 的规定，应采用下列系数 V_σ，$V_{\sigma s}$ 和 V_F 的值：

$$V_\sigma = V_{\sigma s} = V_F = 1.0$$

V_σ——是动态与静态主导体应力之间的比；

$V_{\sigma s}$——是动态与静态辅助导体应力之间的比；

V_F——是支撑件上动态与静态压力之间的比。

对于 NTS，

$$V_\sigma = V_{\sigma s} = 1.0$$

V_F 是按照 IEC 60865 的规定进行计算得出的，但用 $V_F = 1.0$ 代替 $V_F < 1.0$。

ICS 61.020
Y 76

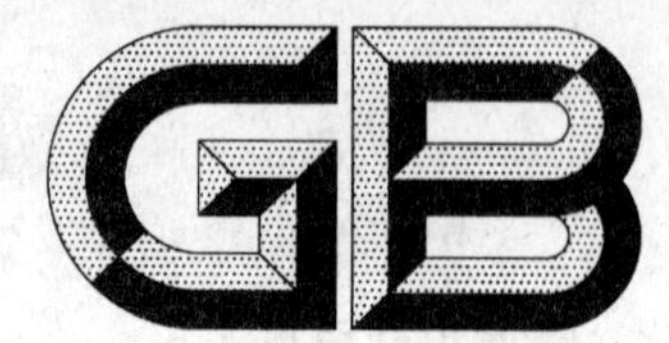

中华人民共和国国家标准

GB/T 24278—2009

摩托车手防护服装

Protective clothing for professional motorcycle riders

2009-06-11 发布　　2010-01-01 实施

中华人民共和国国家质量监督检验检疫总局
中国国家标准化管理委员会　发布

前　言

本标准修改采用欧洲标准 EN 13595-1:2002《摩托车手防护服装　茄克衫、裤子、连体或分体装　第1部分:一般要求》。

本标准与 EN 13595-1:2002 的主要技术性差异为:

——删除了 EN 13595-1 的 5.5 和 5.6 有关爆破强度和冲击切割的技术要求;

——删除了 EN 13595-1 的 7.1 服装限制方面的技术要求;

——增加了可视性材料的技术要求;

——采用了 EN 13595-2 有关抗冲击磨损的测试方法,作为本标准的附录 C;

——采用了 EN 1621-1:1997 针对机械冲撞的摩托车手防护服-冲撞护具的要求及其测试方法,作为本标准的附录 E。

本标准的附录 A、附录 B、附录 C、附录 D 和附录 E 为规范性附录。

本标准由中国纺织工业协会提出。

本标准由全国服装标准化技术委员会归口。

本标准由全国服装标准化技术委员会负责解释。

本标准起草单位:泰安东升服装有限公司、上海市服装研究所。

本标准主要起草人:王宏、许鉴、高尚恩、朱晓东、赵波、聂雅渊、施琴。

引　言

在发生道路交通事故时，唯一能够为摩托车手提供伤害防护的是车手穿着的衣物，因此，摩托车手防护服装应该区别于一般功能性服装，能够对周围的风、水、寒冷等环境提供防护，而且摩托车手防护服装在具备这些特点的同时也为在事故中避免车手受到伤害提供一定的防护。另外，穿着摩托车手防护服装时不应妨碍车手正常驾驶摩托车。

本标准主要涉及事故中穿着摩托车手防护服装能够提供的防护作用。

摩托车手面临的危险是随其周围的环境而变化的，例如公路或山路的路况、气候环境、交通环境、摩托车的行驶速度及驾驶员的技术。即使集合服装的所有功能也不能期望它可以应付每一种存在的危险。因此，本标准包含的是服装某一部分的单一特性要求或简单的复合要求。

摩托车手防护服装

1 范围

本标准规定了摩托车手茄克衫、裤子、连体或分体装的术语和定义、功能水平与分区原则、要求、试验方法、合身与人体工效学、冲击防护限制、设计与分区、标记等技术特征。

本标准适用于以纺织材料、皮革为主要原料生产的摩托车手防护服装。

2 规范性引用文件

下列文件中的条款通过本标准的引用而成为本标准的条款。凡是注日期的引用文件，其随后所有的修改单(不包括勘误的内容)或修订版均不适用于本标准，然而，鼓励根据本标准达成协议的各方研究是否可使用这些文件的最新版本。凡是不注日期的引用文件，其最新版本适用于本标准。

GB/T 250 纺织品 色牢度试验 评定变色用灰色样卡

GB 5296.4 消费品使用说明 纺织品和服装使用说明

GB/T 5713 纺织品 色牢度试验 耐水色牢度

GB/T 16160 服装用人体测量的部位与方法

GB/T 20097—2006 防护服 一般要求

GB 20653—2006 职业用高可视性警示服

FZ/T 75008—1995 涂层织物 缝孔撕破强度试验方法

FZ/T 80002 服装标志、包装、运输和贮存

QB/T 2711 皮革 物理和机械试验 撕裂力的测定:双边撕裂

QB/T 2724—2005 皮革 化学试验 pH 值的测定

QB/T 3812.6—1999 皮革撕裂力的测定

3 术语和定义

下列术语和定义适用于本标准。

3.1

高腰裤(包括背带裤) high trousers (including salopettes)

裤腰缝线高于穿着者腰围线 100 mm 及以上的裤子。

3.2

长茄克衫 long jackets

衣下摆线低于穿着者腰围线 100 mm 及以上的茄克衫。

3.3

护具 protectors

用于防冲击的装置。

3.4

摩托车手 professional rider

受雇佣或履行协议，提供需通过骑摩托车的服务获取回报的人。

3.5

结构强力层 structural strong layer

服装产品中，在意外事故发生时防止服装损坏、提供保护、赋予机械性能的材料层。皮革材料中采

用强力缝纫线缝制的双层或单层结构，纺织材料中采用的单层或多层结构，提供保护功能。其中，服装的最外层也可作为结构强力层。

3.6

反光材料 reflecting material

具有逆反射性功能的能提高穿着的夜间或视线不良环境中被可视性的材料，包括以下种类：

a) 反光牙(直径不小于 3 mm)；

b) 反光条(最窄处宽度不小于 5 mm)；

c) 反光布、反光革、反光标志(单位面积均不小于 3 000 mm^2)。

4 功能水平与分区原则

4.1 功能水平

对于防止与道路表面碰撞而提供防护的服装分为两个功能防护水平：

水平 1：在能够提供一定防护的同时，使重量尽可能最轻，使用最经济，性价比最高；

水平 2：能够提供适度的高于水平 1 的防护水平，但对重量等方面会有较高要求。

4.2 分区原则

应符合附录 A 中 A.1 的规定。

5 要求

5.1 一般要求

5.1.1

功能水平应标注在服装上，生产商给消费者提供的信息应该是按照 5.4 进行测试而得到的最低功能水平。

5.1.2

可水洗服装应该在按照生产商推荐的洗涤方式经过至少 5 次水洗之后完全符合 5.2 和 5.4 中提出的要求。

注：对于只进行了简单的表面清洁而确认没有影响服装的推荐功能，例如用湿海棉进行擦拭，则没有必要进行重复测试。

服装材料洗涤 5 次后，尺寸变化率不超过±3%，并符合 GB/T 20097—2006 中 5.4 的规定。

5.2 撕破强度

皮革的最小撕破强度为 100 N，测试按 QB/T 3812.6—1999 执行。

非皮革材料(含弹性与针织材料)的最小撕裂强度为 70 N，测试按 FZ/T 75008—1995 执行。

5.3 冲击力吸收

护具应放置在Ⅰ类区，这些护具的固定要符合第 7 章的要求，评估方法按附录 B 中的 B.2 执行。

5.4 抗冲击磨损

服装不同区域的整体的抗冲击磨损性能应符合表 1 的规定。测试方法按附录 C 执行。

表 1 抗冲击磨损性能最低要求

区 域	耐磨性的要求/s	
	水平 1	水平 2
Ⅰ类和Ⅱ类	4.0	7.0
Ⅲ类	1.8	2.5
Ⅳ类	1.0	1.5
注：可移动护具应从口袋中取出。		

5.5 色牢度

服装制作时不应采用那些遇水变湿时很容易发生色移的材料，当根据 GB/T 5713 进行测试时，任何混纺面料的颜色变化等级不低于 GB/T 250 规定的 3 级。

5.6 皮革的 pH 值

皮革的 pH 值应介于 3.5 到 9.5 之间。如果 pH 值小于 4，那么差异指数应该小于 0.7，测试方法按 QB/T 2724—2005 执行。

6 合身性与人体工效学

服装应依据量体制衣，当根据附录 D 中的方法进行测试时，试衣者穿着服装时应该能够执行在所有指定条件下的各种动作，针对表 D.1 中的提问，试衣者的所有回答都应是正确的。

7 护具移动限制

护具移动应不超过 20%。测试方法按附录 B 执行。

8 反光材料的应用

8.1 反光材料的级别

反光材料的级别为 2 级或 3 级，测试方法按 GB 20653—2006 执行。

8.2 反光材料应用部位与尺寸要求

8.2.1 上衣

8.2.1.1 后背：上衣后片装领线最低点垂直向下 40 cm 以上的部位。反光牙或反光条总长度应不低于 40 cm，单条长度应不低于 20 cm。反光布(反光革、反光标)应不低于一处。

8.2.1.2 前身：上衣前片装领线最低点垂直向下 40 cm 以上的部位。反光牙或反光条总长度应不低于 35 cm，单条长度应不低于 15 cm。反光布(反光革、反光标)应不低于一个。

8.2.1.3 袖子：上衣袖山线垂直向下 20 cm(插肩袖 35 cm)，袖中线前后各 10 cm 的范围内。反光牙或反光条一侧袖上用的总长度应不低于 20 cm(插肩袖不低于 35 cm)，单条长度应不低于 15 cm(插肩袖不低于 25 cm)。反光布(反光革、反光标志)每只袖应不低于一处。

8.2.1.4 一件上衣至少要在后背处按要求应用反光材料。

8.2.2 裤子

裤侧缝处裤中裆线(对应人体膝盖位置)上下各 15 cm(最小值)处。反光牙或反光条总长度应不低于 30 cm，单条长度不低于 20 cm。反光布(反光革、反光标)不少于一处。

9 设计与分区

当根据附录 A 中描述的原理进行检查时，服装应该符合下列设计标准要求：

a) 符合附录 E 的用来吸收撞击的护具应该在Ⅰ类区。

b) Ⅰ类、Ⅱ类、Ⅲ类区域内所有缝制结构的接缝，至少应该有一条缝线，该缝线应由至少一层基础面料提供防护，即必须有暗合缝，必要时通过横切开接缝进行检查。其他接缝应符合 5.4 中要求的冲击磨损测试要求。

c) 如果有滑动扣件，则应该在服装表面材料下被装配，而且在其后应该有一层皮革料或面料。当提交某部位的测试样品时，应确保与服装上对应位置具有相同结构。

d) 位于Ⅲ类区域的用来提供弹性或通风功能的全部材料和结构，如果仅能满足Ⅳ类区域的指标要求，其面积不应超过 30 cm^2，在整件茄克衫或裤子上总面积不应超过 50 cm^2，在套装上不应超过 100 cm^2。

e) 服装外表面的突出物/饰件的自由端的长度应小于 5 cm。

10 使用说明与信息

10.1 一般要求

本标准 10.2 和 10.3 中的说明信息应使用国家规定的规范汉字来提供。

10.2 使用说明

产品使用说明按 GB 5296.4 的规定执行，并对所提供的防护水平进行简单介绍，需要时提供相关的警示语。

10.3 穿着使用指南

下列信息可以吊牌、小册子等形式提供。如在一个小册子上附着服装的有关项目。

a) 制造商或代理商的名称和详细地址；

b) 产品名称、款式或其他识别手段；

c) 如何选择合适尺码的信息；

d) 可用的各种不同的功能水平，以及怎样挑选一件最适合的防护水平的服装的解释说明；

e) 防护功能中包含的特定风险的信息；

f) 防护功能不能规避的特殊风险的警示；

g) 服装后整理信息和维护标签的图形符号，包括禁止等符号。有关任何污染和错用都有可能严重减弱服装所应有的防护功能；

h) 储藏和运输的详细资料；

i) 标识的意义，例如在服装上的图示；

j) 何种类型的摩托手不适合穿着该类服装；

k) 产品责任声明，如果服装上有可拆卸或可替换的护具，则用于替换的护具应符合附录 E 的规定。

11 标志、包装、运输和贮存

成品的标志、包装、运输和贮存按 FZ/T 80002 执行。

12 图示

符合本标准技术要求的服装应在耐久性标签上标注其防护水平，见图 1。

抗冲击磨损水平

图 1 图示

附　录　A
（规范性附录）
风险类别分区的确定

注：本方法根据摩托车事故可能对在人体的不同部位造成不同程度伤害的风险来划分服装上的区域。

A.1　分区原则

通过检查在事故中受损的摩托车服装表面损伤情况，能够全面研究摩托冲撞与磨损的风险。由此发展出一个把服装表面区分成4类风险类别的系统。Ⅰ类区域是冲撞高风险区，Ⅰ类区域与Ⅱ类区域是磨损高风险区，Ⅲ类区域是中度磨损风险区，Ⅳ类区域是磨损伤害低风险区。服装需要的性能与这些区域有关。特定服装上Ⅱ～Ⅳ类区域包括的范围是通过基于服装尺寸的测算确定的。Ⅰ类区域的范围是依据附录E来确定。模板与尺码被用来检查服装结构与上述区域之间的符合程度。图A.1显示了近似的区域位置与尺寸。

A.2　检验装置及工具

A.2.1　一片薄的、柔软有弹性且不切变或磨损的近似0.5 m×0.5 m的材料，例如纸。

A.2.2　能够绘制出图A.2给出的形状的绘图仪具，例如尺子和圆规。

A.2.3　从A.2.1材料上切出的A.2.2形状的模板。

A.2.4　能测量弧形表面距离，长度为1 m，精度达5 mm的工具，例如卷尺。

A.2.5　能在衣服外表面上作不易擦掉标记线（宽度小于5 mm）的工具，例如记号笔。

A.3　测试样本

至少一件能代表需求的有效范围的衣服，或者尺码样，一件尺寸适合用于附录D中测试项目的衣服，或专为规范尺寸的穿着者制作的衣服。

A.4　程序

A.4.1　模板的准备

模板可以通过测量衣服的尺寸来准备，冲撞护具的尺寸应该符合附录E的相关要求。

如果准备测量衣服，应用A.2.4中的装置/仪具测量衣物的外表面，并根据表A.1中的每一个服装对应尺寸，按最近5 mm进行检查。

根据表A.1中给出的用法说明，计算出每个r_1、r_2和l值。

表A.1　从服装尺寸计算Ⅱ类区域模板尺寸

模板	模板尺寸	服装对应尺寸
肘部	r_1	肘部围度×0.3
	r_2	从袖口到肘部距离四分之一处的袖子围度×0.30
	l	袖口到肘部距离×0.55
肩部	r_1	袖窿弧长×0.2
	r_2	r_1×0.1
	l	r_1
臀部	r_1	沿着从腰带到裤腿脚的侧缝的距离×0.1；但向上延伸限于腰线

表 A.1（续）

模板	模板尺寸	服装对应尺寸
膝部（高靴）	r_1	膝部围度×0.5
	r_2	从膝盖到裤腿脚距离四分之一处的裤腿围度×0.2
	l	膝盖点到裤腿脚距离×0.4
膝部（矮靴）	r_1	膝部围度×0.25
	r_2	从膝部到裤腿距离四分之三处的裤腿围度×0.2
	l	膝盖点到裤腿脚距离×0.6

按图 A.2 所示，在材料（A.2.1）上画上模板的形状，使每个模板与每套计算的尺寸相符。

切出如 A.2.3 规定的模板，使 r_1、r_2 和 l 的模板尺寸在计算值的±2 mm 之内。

A.4.2 Ⅱ类区域

每个Ⅱ类区域的模板与相关的冲撞护具保护中心一致（成一线），注意模板下区域的服装结构。

注意由以下线界定的区域内的服装结构：从腰部向着连接臀部的Ⅰ类区域并延伸直到裆部。继续向下，从裤子侧缝到膝盖，向侧缝前不少于 75 mm，向后不少于 50 mm。

A.4.3 Ⅳ类区域

注意在下列区域内的服装结构。该区域应显示出其包括能够提供最低的防护水平，指定的百分比或可变的数量。

a) 躯干：在服装前身，距前中缝不超过躯干围度的 35%，离肩部Ⅱ类区域模板的距离超过 30 mm 的区域。
b) 颈部：从领上口起距离为 100 mm 以内的区域。
c) 臂：距袖底缝不超过围度的 15%，距袖口的距离超过 50 mm，距袖窿缝线超过 75 mm 的区域。
d) 腹部：位于腹部，距前中缝不超过 35%，高于大腿围线，距离臀部Ⅱ类区域不少于 20 mm，距膝部Ⅱ类区域不小于 30 mm，距裤子侧缝不超过 130 mm 的区域。
e) 小腿：膝盖到裤脚之间，从裤脚底部向上 35%的前后区域；膝部后部，胫骨以上，宽度不超过其围度 25%的区域；膝部后部，宽与高都不超过膝部围度 35%的区域。

A.4.4 Ⅲ类区域

Ⅲ类区域位于Ⅱ类和Ⅳ类区域之间。注意这些区域的服装结构。

A.5 测试报告

测试报告应包含以下内容：

a) 注明依据本附录的测试方法；
b) 测试报告的描述，包括 A.4.1 中的尺寸；
c) 表 A.1 中列出的每一个Ⅰ类和Ⅱ类区域的 r_1、r_2 和 l 的计算值或名义值；
d) 对Ⅰ、Ⅱ、Ⅲ、Ⅳ每个区域内服装结构的描述。

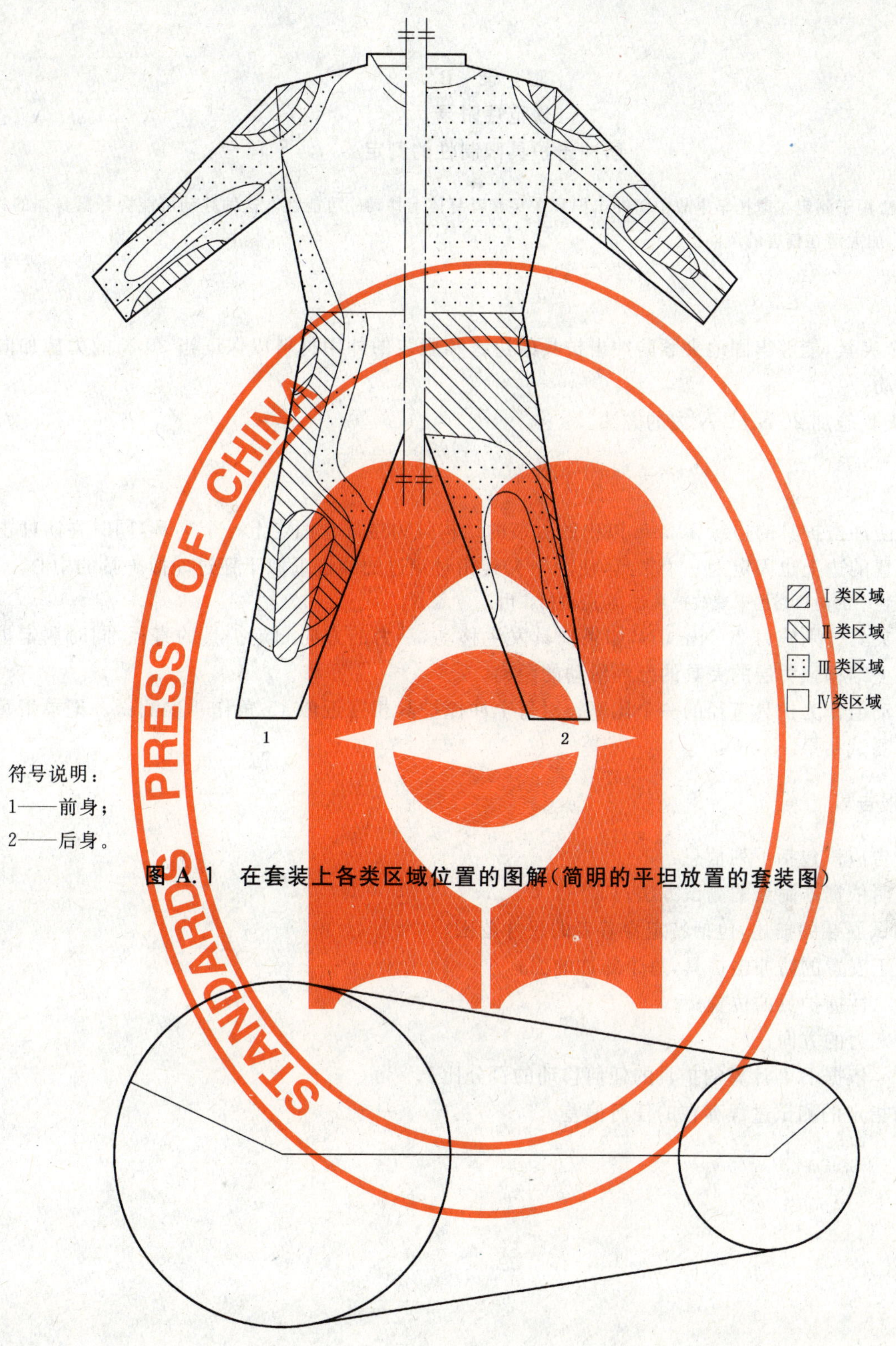

符号说明：
1——前身；
2——后身。

图 A.1 在套装上各类区域位置的图解(简明的平坦放置的套装图)

图 A.2 模板形状(较窄的一端为末端)

附　录　B
（规范性附录）
防冲击护具限制性的测定

注：本方法用于测定在摩托车事故中防冲击护具在穿着者身体上移动的可能性。这种移动可能会暴露身体的相关部位，加大潜在伤害的风险。

B.1　装置

B.1.1　两个夹具，能够牢固地夹紧防冲击护具的边缘和服装的外用材料以保证当 20 N 的力施加向它们时不会移动。

B.1.2　向夹具施加 20 N±2 N 力的方法。

B.2　过程

在一个防冲击护具的边缘 20 mm 以内的服装的结构强力层部位固定上一个夹具，同时在防冲击护具的相对位置的边上也固定上一个夹具，使两个夹具相对穿过的线迹近似于穿过冲撞护具的中心。

注：当服装中的内口袋用来安放护具时，也应包括在内。

向两个夹具分别施力 20 N±1 N，如果护具发生移动，沿力的方向测定护具的直径，同时测定护具相对于衣服上结构强力层的夹具的已经滑动的距离。

计算移动值作为护具直径的一个比率。对每个冲撞护具相互近似 45°角作 4 次测试。记录下每个护具的四个测试结果。

B.3　测试报告

测试报告应该包括下列信息：

a）　注明依据本附录的测试方法；

b）　测试服装的描述，包括特定穿着者的尺寸范围；

c）　对于安置的防冲击护具，每个施加的力；

　　1）　冲撞护具的位置；

　　2）　力的方向；

　　3）　依据 B.2 计算的护具的任何移动的百分比。

d）　与指定的测试过程存在的任何偏差。

附 录 C
（规范性附录）
抗冲击磨损的测试方法

C.1 范围

针对摩托车手在碎石路面骑行的情况，本附录提供了一个测试穿着的摩托车服能对车手提供的防护作用的具体方法。

C.2 规范性引用文件

在本测试方法中，规范性引用的文件同本标准正文。

C.3 术语和定义

在本测试方法中，使用的术语和定义同本标准正文。

C.4 确定抗冲击磨损

C.4.1 原则

测试样从特定高度落到以固定速度运动的磨损传送带的硬水平面上。测试样完全磨损的时间通过及时测定两根金属丝断开的时间差来确定。这两根金属丝一根穿过测试样的外表面，一根穿过检测样的内表面。

C.4.2 测试装置

C.4.2.1 测试装置应该具备以下性能：

a) 带速 8 m/s；
b) 带的硬度/粒度 OP60；
c) 磨损区域 1 963 mm^2；
d) 向试样施加的力 49 N；
e) 试样上的净压强 25 kPa；
f) 落体高度 50 mm。

C.4.2.2 测试装置应由以下部分组成，见图 C.1 中 a)、b)、c)。

a) 一台 750 W 或更大的马达，驱动一个重于 10 kg 直径大于 150 mm 的轮子[见图 C.1 a)中 2]。
b) 一个重于 10 kg 的从动轮[见图 C.1 a)中 3]。
c) 一条 OP60 氧化铝砂带[见图 C.1 a)中 4]套在两个轮子上并拉紧。
d) 一块厚于 20 mm 的硬钢板[见图 C.1 a)中 5]水平放在上部砂带的下方。
e) 砂带的清洁及尘屑处理系统，使用如下：
   1) 直径为 200 mm 的圆柱刷[见图 C.1 a)中 6]，由第二台马达带动。刷毛由直径为 0.2 mm 的聚丙烯刚毛制成，自由端长度 45 mm。在刷子 200 mm 范围内有近 200 000 根刚毛适用于砂带的使用。刷子一直运转，这样当砂带转动到轮子时，刚毛刚好与砂带接触。在同一方向上，刚毛转动的速度是砂带速度的 3 倍。
   2) 两个灰尘抽出点。一个[见图 C.1 a)中 7]在刷子的前方，一个[见图 C.1 a)中 8]在刷子的后方。两根集尘管从上下两侧对着砂带，与砂带之间形成狭小空间。集尘管正对砂带且很近，但当轮子转动时不能接触到砂带。首先清除粗糙的材料，然后收集刷子留下的尘屑。

f) 在坚硬的悬锤[见图 C.1 c)中 9]末端安装着测试样品固定器[见图 C.1 a)中 12]。在磨损测试过程中,悬锤处于水平位置,能够由配备的装置[见图 C.1 a)中 10]提升到要求的高度或释放。悬锤有一个枢轴[见图 C.1 a)中 11]保证其只在一个垂直的面上运动。悬锤的位置可被相应地调整,使每条砂带上有三条轨迹可以使用。悬锤及其附属的可调节重块[见图 C.1 a)中 13]可以在测试样品的上部施加 49 N 的力(在测试样品下测量)。

g) 样品固定器是金属结构,尺寸如图 C.1 b)所示。它包括一个顶板[见图 C.1 b)中 14]、样品固定器[见图 C.1 b)中 15]和一个直径为 75 mm 的面板[见图 C.1 b)中 16],方便于机身外表的螺纹连接。

h) 面板中央有一个直径为 40 mm 的平面区域[见图 C.1 b)中 17],该区域外围环绕着一个宽度为 15 mm、弯曲半径为 35 mm[见图 C.1 b)中 18]的区域。其余的部分与面板的垂直面形成一致的平滑轮廓[见图 C.1 b)中 19]。

i) 面板由一层 0.8 mm～1.0 mm 厚的皮革[见图 C.1 c)中 20]覆盖,经弹力粘合剂粘合。模仿试验的情形,但不使用砂带,在对面板水平区域冲击十次或以上之后,水平区域的直径应为 45 mm 到47 mm 且此后要保持住。

j) 皮革覆盖的面板由两片 160 mm 的圆形棉斜纹织物[见图 C.1 c)中 21]所覆盖,并且由强力的弹力橡胶板保护固定于样品固定器主体周围。

k) 样品[见图 C.1 c)中 12]平坦地拉紧覆盖在此斜纹棉织物上且由金属软管夹固[见图 C.1 c)中 22]。样品正常尺寸应为直径 160 mm 的圆片。厚的有海绵层的复合样品还需要加大。

l) 直径大约为 0.14 mm 的两条绝缘铜丝用粘胶带被固定在样品固定器侧面上。一条在样品和斜纹织物[见图 C.1 c)中 23]之间,另一条在样品的表面。铜丝应设置平并与砂带的运动方向形成近 45°角。

m) 两条铜丝连接到一个合适的测量仪器上,使测量第一条铜丝断开与第二条铜丝断开之间的时间差能够准确到 10 ms。

n) 当第二条铜丝断开时,手动机械设置[见图 C.1 a)中 26]能提起样品固定器脱离带。

o) 一个完整的外罩[见图 C.1 a)中 27]及灰尘处理器[见图 C.1 a)中 28]能保护操作者不受碎屑、活动部位或灰尘伤害。

p) 通用的金属接地防护装置,可以降低仪器静电事故和灰尘处理系统中事故的发生。

C.4.2.3 砂带的规格

背面涤纶面料;氧化铝研磨砂尺寸 OP60,研磨砂由树脂固定排列紧密(不用胶或者树脂填充砂之间的空隙)。

C.4.2.4 棉帆布的性能要求如下:

a) 面料经向与纬向:棉纺自由段纺纱;
b) 单纱细度:161 tex;
c) 经线的捻度:双线合股(S 向)280 捻/m;单纱(Z 向):500 捻/m;
d) 纬线的捻度:同经线;
e) 经纱:18 线/10 mm;
f) 纬纱:11 线/10 mm;
g) 经向卷曲(收缩):29%;
h) 纬向卷曲(收缩):4%;
i) 经向拉伸强度:1 400 N;
j) 纬向拉伸强度:1 000 N;
k) 单位面积质量:540 g/m^2;
l) 厚度:1.2 mm。

C.4.3 测试样

对于摩托车服上有耐磨要求的所有区域，每一层的面料都应该至少提取尺寸为 500 mm×500 mm 作为样品。对于单片材料的检测样，应提供三片尺寸至少为 500 mm×500 mm 的检测样，且检测过程应该完全符合面料在成衣中的用途。

样品应根据其在区域Ⅱ、Ⅲ、Ⅳ区域中的要求，体现出每种面料的组合。在取样点上，除了护具，所有材料均应取样。测试样的直径不能小于 160 mm 且包括衣服的所有层面，或者提供与衣服同样的面料。衣服上的每种组合面料应至少准备 6 个检测样来检测。多层面料在边缘的同一个点上进行固定，来保持其相对方位。在检测样上标记上耐磨测试的方向。

测试样均做成直径 160 mm 的圆片。在 30 N 力的作用下每个检测样向它最适宜的方向伸展。胶纸带贴于圆片的外表面。当检测样安在已设置好角度的样品固定器上时，胶纸带就会拉紧。在磨损实验之前胶带被移开。准备好两层直径为 160 mm 的棉帆布作为对比样。在经向上作出标记。这两层的经向应在同一方向上。

C.4.4 测试过程

C.4.4.1 测试顺序

将作为对比样的棉帆布安在有两层斜纹棉布的样品固定器上。经纱的走向应该是砂带运动的方向。在帆布的上面和下面各有一根触发金属线。悬锤由释放装置支持，帆布表面与研磨砂带保持 50 mm±5 mm 的距离。

启动砂带和清洁机器。释放悬锤，当帆布和斜纹棉布之间的触发金属丝被切断时，说明棉帆布被磨出孔。立即提升悬锤，并记录下两条金属丝断开之间的时间，精确到 0.1 s。如果在砂带上的轨迹是先前未使用过的，用五个检测样进行研磨并舍弃记录，然后再研磨三个检测样。如果它们的平均磨损时间超过 3.0 s 说明砂带不够坚硬，不能使用。如果磨损时间在 2.0 s 以下，织物或皮革应该可以在上面测试，直到作为对比样的棉质帆布(见 C.4.2.4)的三个样品的研磨时间变成 2.0 s 和 3.0 s 之间。金属或木制品不能用于此砂带。在砂带上的轨迹的工作寿命中，至少每次第十个检测样就应是棉帆布。

将棉帆布对应于所有已检测的检测样的磨损时间绘制成一个准确的直观图。从直观图上读取棉帆布对应于任一组检测样的对应磨损时间。当棉帆布的磨损时间超过 3.0 s 应该停止砂带上该轨迹的使用。当出现磨损时，棉斜纹布应立即换掉。

为了绘制连续的图象，在测试样本组之间，用第二帆布对比样对常规对比样进行替换。

C.4.4.2 计算

对照在砂带轨迹上研磨的样本数，作为对比样的棉帆布的实际磨损时间的图示提供了帆布的对比磨损时间。这提供了在进行样本测试期间砂带轨迹的磨损程度的情况。然后使用以下公式计算测试样品相对的抗磨损力。

$$样品的相对抗磨损力 = \frac{样品的平均磨损时间 \times 2.5}{帆布的对比磨损时间}$$

如果样品中的某些测试样在第一次冲击时就在磨损区撕破了或者在第一回合后出现了磨损时间小于 1 s 的记录，这些记录不能丢掉而是要在计算样品的平均磨损时间中使用。

C.4.5 测试报告

测试报告应包括以下信息：

a) 选用的标准；

b) 对所选择的服装材料的详细描述；

c) 样品的相对的抗磨损力；

d) 检测样品在第一次冲击或第二次测试时的撕破数量；

e) 在具体测试过程中的任何偏差。

单位为毫米

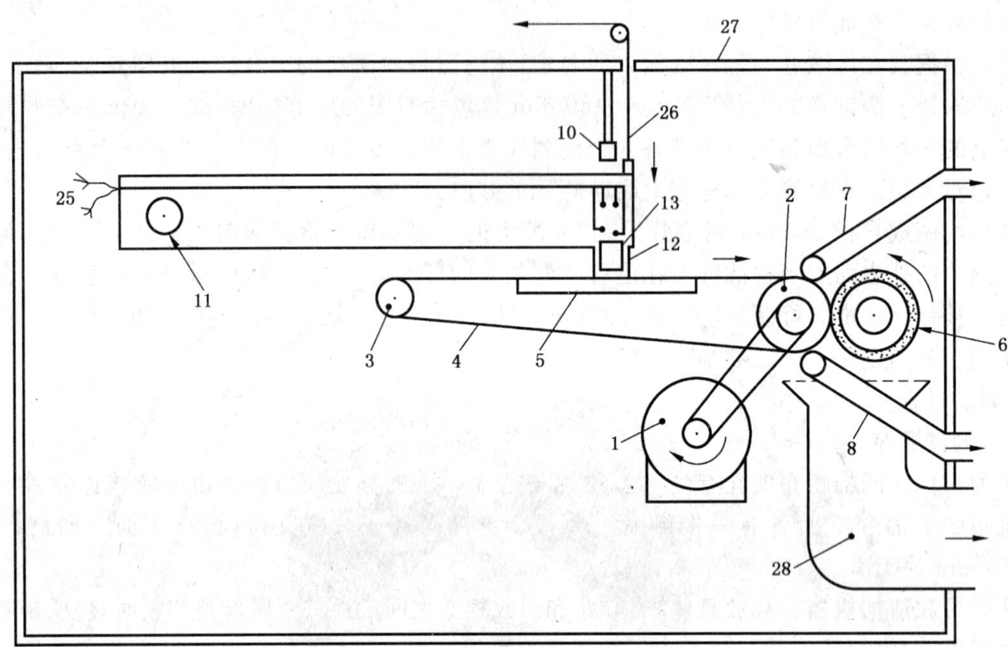

1——电机；
2——驱动轮；
3——从动轮；
4——砂带；
5——钢板；
6——清洁刷；
7,8——清洁管；
10——释放装置；
11——轴；
12——样本；
13——下落体；
25——计时器插头；
26——手动提升装置；
27——机体外壳；
28——集尘管。

a) 测试装置主体

图 C.1 测试装置示意图

单位为毫米

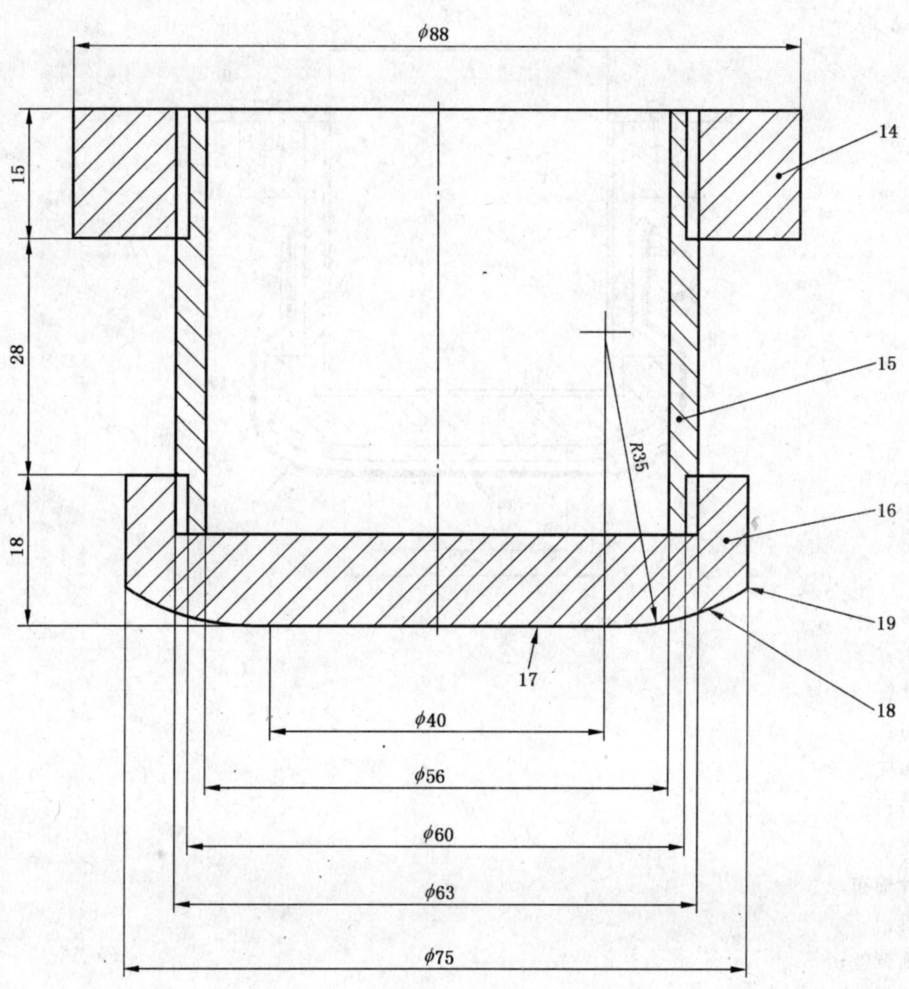

14——顶板；
15——样本固定器；
16——面板；
17——面板的平面；
18——曲面；
19——面板的垂直面。

b) 样本固定器的尺寸

图 C.1（续）

单位为毫米

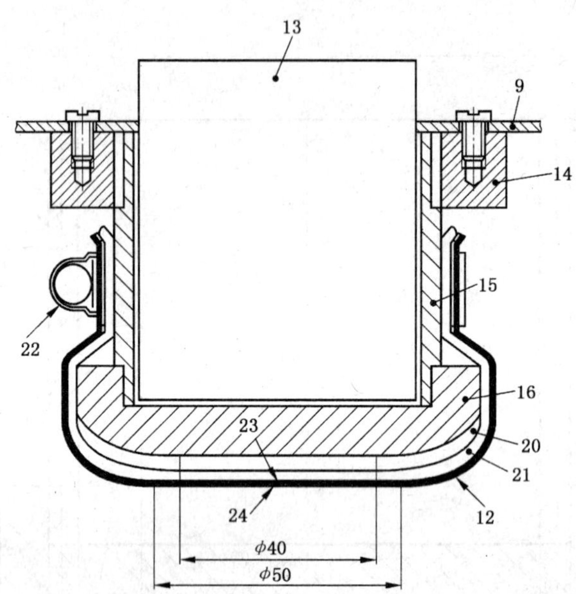

9——悬锤；
12——样本；
13——落体；
14——顶板；
15——样本固定器；
16——面板；
20——薄皮；
21——两片棉布；
22——夹具；
23——里面铜丝；
24——外面铜丝。

c）样本固定器的紧固细节

图 C.1（续）

附 录 D
（规范性附录）
合身性与人体工效学的测定

D.1 原则

从外观检测被检服装的可能妨碍骑行的部分，然后由有骑行经验的合适尺码身材的辅助人员穿着。由他或她测定是否可以根据骑行的需要做一定的活动。

D.2 装备

D.2.1 一辆摩托车或者一件模仿摩托车，适合试验辅助人员可以跨骑的装置。

D.2.2 一段高程至少有10级，每级的高度为180 mm±50 mm的楼梯。

D.2.3 一个质量小于0.5 kg的物体。

D.2.4 一个具有骑行摩托车经验的试验辅助人员，其性别和身材尺码适合被测服装。

D.2.5 适合D.2.4描述的试验辅助人员的一副摩托车手套、靴子，一件外套和一个全护面头盔。

D.3 测试样本

一件(套)适合试验辅助人员尺码的服装。

D.4 程序

D.4.1 目测服装的里、外部，触摸任何一处尖锐的边缘和粗硬的区域。完成表D.1中的问题1。

D.4.2 用GB/T 16160中描述的程序，测量并记录辅助人员的尺寸。

D.4.3 记录服装上标记的尺码。

D.4.4 当完成表D.1中问题3时，允许辅助人员穿上测试服装。服装应装入合适的防冲击护具。如果提供的服装没有装入护具，符合这项标准要求的合适的护具应被装入。如果服装由厚、硬材料制作，在进行评估之前，可以模仿使用情形对其伸展等以帮助适合骑手的身体。制造商在此过程可以提供建议。皮装不应使用蜡或油，除非这是制造商推荐的程序。

除非在穿着信息中另有说明，被评估的服装应穿着在内衣之外，且不能阻碍使用者的自由活动。

试验辅助人员应该回答表D.1中的所有问题。

D.5 测试报告

测试报告应该包括下列信息：

a) 注明依据本附录的测试方法；

b) 测试服装的描述；

c) 试验辅助人员的姓名、性别和尺码，对测试服装之内穿着衣物的描述；

d) 评估服装之后完成的表D.1中的调查表；

e) 每项执行的清洁处理，对清洁过的服装评估之后，所使用的清洁处理方式和表D.1中的调查表；

f) 与规定程序的任何背离之处。

表 D.1 合身和人体工效学的评估

穿前评估：			
1	服装是否没有粗糙的、尖锐的或坚硬的成分，也没有其他可以导致刺激/疼痛或者使骑者有危险的隐患	是	否
2	服装是否根据 GB/T 20097—2006 来制作或标识	是	否
穿着评估：			
3	当穿着服装时是否可以毫无阻碍地运用扣件和调节？是否可以穿着靴子？	是	否
4	是否所有的防冲击护具都位于正确的位置（或可调节），以便它们能正确地定位来保护肩、肘、前臂、臀部、膝部和胫骨（对应附录 A 中的分区），同时不引起不适或者妨碍肢体的足够的活动	是	否
车下运动：			
5	下列活动可以没有困难地执行吗？		
	1）在平路以 2 m/s±1 m/s 的速度行走	是	否
	2）爬楼梯（D.2.2）	是	否
	3）向前弯曲 90°	是	否
	4）蹲下并且可以捡起一个小物体（D.2.3）	是	否
骑行以及与其他项目：			
6	下列活动可以没有困难地执行吗？		
	1）跨坐在摩托车上并采用一个骑着的位置	是	否
	2）当充分伸展你的手臂时操作左、右转向信号	是	否
	3）当双手握着两个手把把套，转头向身后方向看	是	否

附 录 E
（规范性附录）
冲撞护具的要求及其测试方法

本附录根据 EN 1621-1:1997《针对机械冲撞的摩托车手防护服　冲撞护具的要求及其测试方法》翻译起草。

E.1　范围

本附录对置入摩托车手服装或打算置入摩托车手服装或单独使用的冲撞护具的要求进行了说明。

E.2　规范性引用文件

ISO 6487 公路交通工具　冲撞测试中的测量技术　仪器

E.3　定义

以下定义适用于本附录。

E.3.1　冲撞区域

在事故中最有冲撞风险的身体区域。

E.3.2　护具

由具有吸收能量或传递撞击能力的材料组成，用于保护撞击部位。

E.3.3　样板

用于定义测试区域的柔韧材料片。

E.3.4　测试区域

冲撞测试实施的区域。

E.4　要求

E.4.1　总的要求

除非特别说明，所有的尺寸与数值偏差范围为±2%以内。

E.4.2　冲撞区域——护具

下列身体部位确定作为冲撞区域，对应的护具作如下归类：

a)　肩　　　　　　　　　　护具“S”
b)　肘及前胫骨　　　　　　护具“E”
c)　臀(髋)　　　　　　　　护具“H”
d)　膝与上胫骨　　　　　　护具“K”
e)　膝、上和中胫骨　　　　护具“K+L”
f)　护具“K”以下的腿前部　　护具“L”

冲撞区域的尺寸应符合 E.5.2.2。

E.4.3　力的传导

当根据本测试方法对冲撞护具进行测试时，测试结果的平均数值不应超过 35 kN，同时不应有单项结果超过 50 kN。

E.5　装置

E.5.1　仪器

E.5.1.1　落体仪器

利用这个仪器，一个块状落体沿着指定的垂直路径自由落到放置于测试砧台上的样品上。这个落体的中心应该覆盖砧台的中心。这个落体应重(5 000±10)g,冲撞时它产生的动能应该为 50 J。

E.5.1.2　落体撞击点

落体撞击点的表面应由磨光钢材制成,尺寸是 40 mm×80 mm,半径为 5 mm。

E.5.1.3　砧台

砧台的表面应为半球状,半径为 50 mm;磨光钢材制成。总高度为(180±20)mm(见图 E.1)。该砧台应通过一个压电负荷传感器附在质量至少为 1 000 kg 的物体(底座)上,上述传感器应根据制造者的指导预先设置好。

单位为毫米

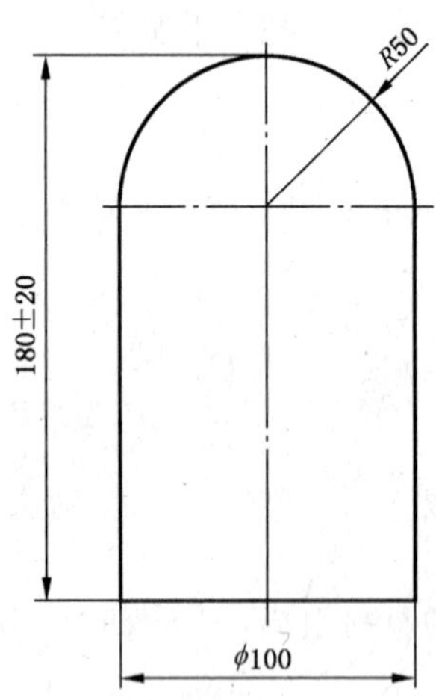

图 E.1　砧台

E.5.1.4　测量力的仪器

砧台应该被架置,这样在做冲撞测试时,在砧台和仪器底座之间全部的力才能传递到带感应轴的一个石英力量传感器上。这个石英传感器应有一个至少 200 kN 的校准的范围,其取值底限小于 1 kN。石英传感器的结果应该通过一个电子放大器进行处理,显示记录在合适的仪表上。包括装配落体在内的测量系统应依据 ISO 6487 的 CFC(Channel-Frequency Class 波段频率等级)有一个频率响应。

E.5.2　样板

E.5.2.1　样板材料

样板应有无磨损的(例涂层的)面料制作,该面料在所有使用条件下应能保持它的形状与尺寸。

注:一种合适的材料是 PUR(polyurethane)涂层的 PES(ployethersulfone)面料,280 g/m² ~360 g/m²,常用作卡车帆布。

E.5.2.2　样板的形状与尺寸

样板应符合图 E.2 中标明的形状和表 E.1 中表明的尺寸。生产厂家应向测试实验室提供充分的信息,以允许它从上述表中选择测试样板的近似尺寸。

注:B 型护具的尺寸趋向于覆盖了大多数摩托车手的需求。但是,从环境因素考虑,B 型护具在某些特定条件下也许并不适用。此时,使用者也许会选择 A 型护具。

表 E.1　样板的尺寸

护具	A 型护具样板/mm			B 型护具样板/mm		
	r_1	r_2	l	r_1	r_2	l
S	55	32	64	70	40	80
E	45	24	118	50	30	150

表 E.1(续)

护具	A 型护具样板/mm			B 型护具样板/mm		
	r_1	r_2	l	r_1	r_2	l
K	55	24	100	70	30	130
H	32	24	64	40	30	80
L	32	24	64	40	30	80
K+L	55	24	185	70	30	240

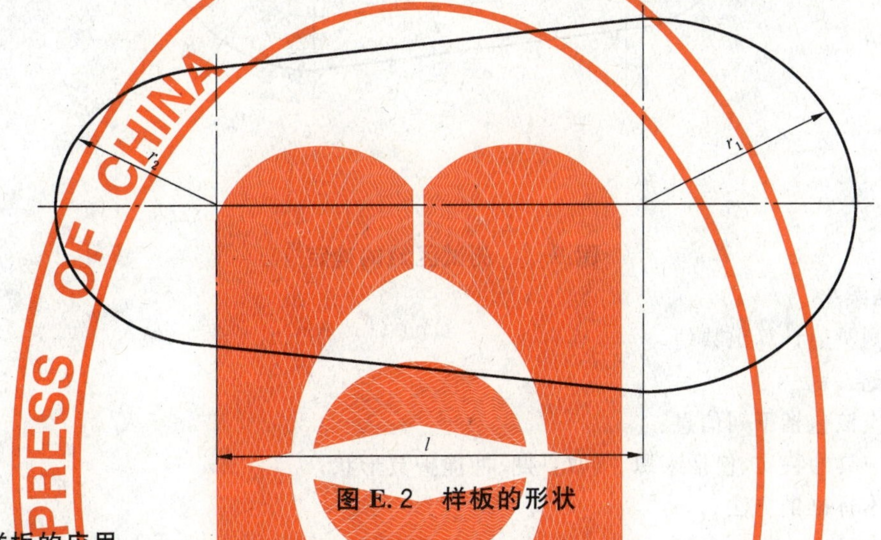

图 E.2 样板的形状

E.5.2.3 样板的应用

如下所述，样板被用来确定护具的最小区域：

——护具应在车手骑行状态时，能像期望的那样固定住其三维形状，一个测试车手或者一个适当尺寸的人体模型也许可以有助于这个试验。

——每个护具应在被测试体(车手/模型)上进行调节。当调节到最贴合时，应用样板在护具上进行调整以检查近似的尺寸。

E.6 测试方法

E.6.1 检验的空气环境

样品应在温度(20±2)℃，相对湿度(65±4)%的环境中准备至少 24 h，如果在有别于上述环境条件下进行测试，那么测试应该开始于从适合条件下移出的 5 min 之内。

E.6.2 样品

由同样规格(例，材料厚度、密度等)制成的护具可以认定为属于同一族。测试样品应由同一族中的三个样品构成。测试实验室可以从 E.5.2.2 尺寸表中标明的任一护具中选择样品。

E.6.3 样品的位置

样品应被安全地放在测试砧台上。

注：一个弹性皮带系统被认为比较适合。这些弹性皮带成一定角度围绕着在砧台下方，从而将样品向下拉向砧台，但不要过于(显著的)挤压或者压紧样品。皮带联结到围绕着冲撞区域的一个平的弹性环上，但是不要盖住它。向下的力为 5 N～10 N。

E.6.4 测试次数

测试应使用 E.5 中描述的装置，在每个护具上 3 个不同点上进行，位于测试区内的这些点之间至少相距 5 mm。对全部 9 个测试点，3 个点应在测试 A 区，3 个点在 B 区，3 个点在 C 区。图 E.3 在样板上标定了三个测试区。

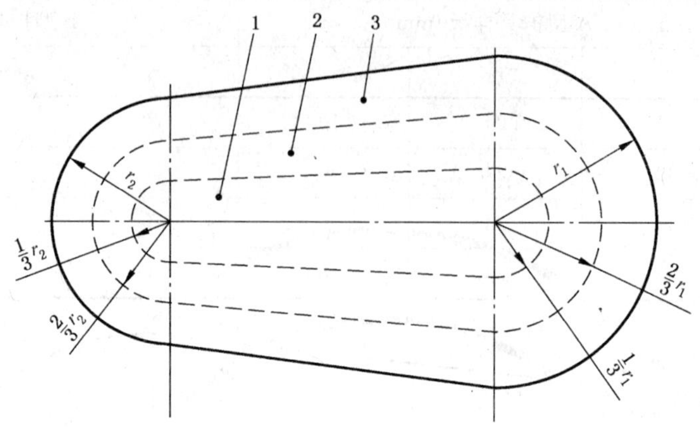

1——测试区 A；

2——测试区 B；

3——测试区 C。

图 E.3 测试区域的确定

E.6.5 测试结果

应由 9 个测量值计算出数值。

E.6.6 测试报告

测试报告应该包括下列信息：

a) 冲撞护具的特质，包括来源、接收日期、冲撞护具形状；

b) 使用本标准的方法；

c) 测试结果；

d) 如果相关，与本标准方法的任何偏差；

e) 测试中观察到的任何不一般的特点；

f) 测试日期；

g) 执行该次测试的实验室的有关情况。

E.7 标识

标识应该包含以下信息：

a) 制造商及其核准的代理人的名称、商标或者其他特征；

b) 产品型号、商业名称或编码特性；

c) 由表 1(例，"S"A 型)确定的护具类型；

d) 每个护具均应有标识：

——在护具上或者在附在护具上的标签上；

——印记应可视、易读；

——一定次数的清洁过程后仍然持久；

——标识应该足够大以便于立即理解并使用易读的数字。

E.8 制造者提供的信息

提供给消费者的护具上应至少使用国家规定的规范汉字书写有关信息，所有的信息应该是明确的。下列信息是必须提供的：

a) 制造商或其代理人的名称与详细的地址；

b) 对应第 E.7b)和 E.7c)的产品特性说明；

c) 执行标准的代号；

d) 使用指南；

——合体，怎么置入与取出；

——使用限制(例如：温度范围、从暴露到冲撞的交换、老化)；

——储存、维护和保养指南；

——清洁指南；

——对可能出现问题的适当的警告，尤其是细节或误解，或护具的改动(例如切除部分或化学污染)；

——如果有效，应增加插图、部件号码等。

e) 适合运输的包装形式。

ICS 59.080.01
W 04

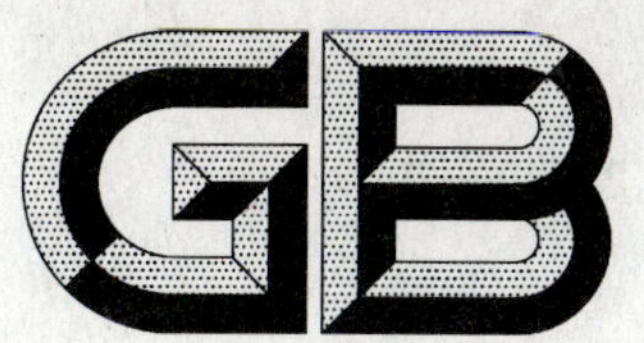

中华人民共和国国家标准

GB/T 24279—2009

纺织品　禁/限用阻燃剂的测定

Textiles—Determination of the banned/limited flame retardants

2009-06-11 发布　　2010-01-01 实施

中华人民共和国国家质量监督检验检疫总局
中国国家标准化管理委员会　发布

前　言

本标准附录 A 为规范性附录，附录 B、附录 C 和附录 D 为资料性附录。

本标准由中国纺织工业协会提出。

本标准由全国纺织品标准化技术委员会基础标准分会(SAC/TC 209/SC 1)归口。

本部分起草单位：吉林出入境检验检疫局、纺织工业标准化研究所。

本标准主要起草人：周晓、王明泰、刘和平、靳颖、牟峻、朱缨、马书民、韩大川。

纺织品　禁/限用阻燃剂的测定

警告：使用本标准的人员应有正规实验室工作的实践经验。本标准并未指出所有可能的安全问题。使用者有责任采取适当的安全和健康措施，并保证符合国家有关法规规定的条件。

1　范围

本标准规定了采用气相色谱-质谱(GC-MS)测定纺织品中三-(2,3-二溴丙基)-磷酸酯、多溴联苯、三-(氮环丙基)-膦化氧、五溴联苯醚和八溴联苯醚等17种阻燃剂(见附录A)含量的方法。

本标准适用于纺织材料及其产品。

2　原理

试样用正己烷-丙酮经超声提取两次，提取液浓缩定容后，用气相色谱-质谱测定和确证，外标法定量。

3　试剂和材料

除另有规定外，所用试剂应均为分析纯。

3.1　正己烷：残留级。

3.2　甲醇：残留级。

3.3　丙酮：残留级。

3.4　正己烷-丙酮(7+3)：量取70 mL正己烷和30 mL丙酮，混匀。

3.5　阻燃剂标准品：纯度≥98%。

注：因为多溴联苯和多溴联苯醚具有多种同分异构体，本标准无法囊括所有的同分异构体。可以按照相同的机理探索采用本方法测定其他同分异构体阻燃剂。

3.6　标准储备溶液：准确称取适量的每种阻燃剂标准品，使用表1中列明的溶剂，分别配制成浓度为100 μg/mL的标准储备液。

表1　17种阻燃剂的标准储备液配制使用的溶剂

序号	阻燃剂名称	溶　剂
1	三-(氮环丙基)-膦化氧	甲醇
2	一溴联苯	正己烷
3	二溴联苯	正己烷
4	三溴联苯	正己烷
5	四溴联苯	正己烷
6	五溴联苯	正己烷
7	五溴联苯醚	正己烷
8	六溴联苯	正己烷
9	七溴联苯	正己烷
10	八溴联苯	正己烷
11	八溴联苯醚	正己烷
12	九溴联苯	正己烷

表 1(续)

序号	阻燃剂名称	溶　　剂
13	十溴联苯	正己烷
14	三(2,3-二溴丙基)磷酸酯	丙酮
15	三-(2,3-二氯丙基)磷酸酯	丙酮
16	磷酸三(β-氯乙基)酯	丙酮
17	六溴十二烷	丙酮

3.7　混合标准工作溶液:用正己烷配制混合标准溶液,并根据需要用正己烷逐级稀释成适用浓度的系列混合标准工作溶液。

注:十溴联苯溶液在常温中保存,其他溶液在 0 ℃～4 ℃冰箱中保存。标准储备溶液的有效期为 12 个月,混合标准工作溶液保存有效期为 6 个月。

4　仪器与设备

4.1　气相色谱-质谱仪:配有质量选择检测器(MSD),质量范围 0～1 000 u。

4.2　超声波发生器:工作频率 40 kHz。

4.3　天平:感量为 0.000 1 g 和 0.01 g。

4.4　旋转蒸发器。

4.5　锥形瓶:具磨口塞,50 mL。

4.6　浓缩瓶:具磨口塞,100 mL。

4.7　0.45 μm 滤膜。

5　分析步骤

5.1　提取

取代表性样品,将其剪碎至 5 mm×5 mm 以下,混匀。称取 1.0 g(精确至 0.01 g)试样,置于50 mL 具塞锥形瓶中,加入 20 mL 正己烷-丙酮(7+3),于超声波发生器中提取 15 min。将提取液过滤。残渣再用 10 mL 正己烷-丙酮(7+3)超声提取 10 min,合并滤液,收集于 100 mL 浓缩瓶中,于 40 ℃水浴旋转蒸发器浓缩至近干,用正己烷-丙酮(7+3)溶解并定容至 2.0 mL,过 0.45 μm 滤膜,供气相色谱-质谱测定和确证。

5.2　测定

5.2.1　气相色谱-质谱测定和确证

5.2.1.1　气相色谱-质谱条件

由于测试结果取决于所使用仪器,因此不可能给出气相色谱-质谱分析的通用参数。设定的参数应保证色谱测定时被测组分与其他组分能够得到有效的分离,下面给出的参数证明是可行的。

a)　色谱柱:DB-5MS 石英毛细管柱,30 m×0.25 mm(i.d.)×0.25 μm,或相当者;

b)　色谱柱温度:100 ℃(1 min)$\xrightarrow{30\ ℃/min}$200 ℃(1 min)$\xrightarrow{20\ ℃/min}$300 ℃(20 min);

c)　进样口温度:300 ℃;

d)　色谱-质谱接口温度:280 ℃;

e)　载气:氦气,纯度≥99.999%,流速 1.2 mL/min;

f)　进样量:1.0 μL;

g)　进样方式:无分流进样,1.0 min 后开阀;

h) 电离方式：EI；

i) 电离能量：70 eV；

j) 测定方式：选择离子监测方式；

k) 选择监测离子(m/z)：参见附录B；

l) 溶剂延迟：4.0 min。

5.2.1.2 气相色谱-质谱测定和确证

根据样液中被测物含量情况，选定浓度相近的标准工作溶液，标准工作溶液和待测样液中17种阻燃剂标准物的响应值均应在仪器检测的线性范围内。标准工作溶液与样液等体积参插进样测定。

标准溶液及样液均按5.2.1.1规定的条件进行测定，如果样液中与标准溶液相同的保留时间有峰出现，则对其进行确证。经确证分析被测物质量色谱峰保留时间与标准物质相一致，并且在扣除背景后的样品谱图中，所选择的离子均出现；同时所选择离子的丰度比与标准样物质相关离子的相对丰度一致，相似度在允许偏差之内(见表2)，被确证的样品可判定为检出。在上述气相色谱-质谱条件下，17种阻燃剂标准物的参考保留时间见附录C中表C.1，气相色谱-质谱选择离子色谱图见附录D中图D.1。

表2 定性确证时相对离子丰度的最大允许偏差

相对离子丰度	>50%	>20%至50%	>10%至20%	≤10%
允许的相对偏差	±10%	±15%	±20%	±50%

5.3 空白试验

除不称取试样外，均按上述步骤进行。

6 结果计算

试样中每种阻燃剂含量按下式计算：

$$X_i = \frac{A_i \times c_i \times V \times 1\,000}{A_{is} \times m \times 1\,000}$$

式中：

X_i——试样中阻燃剂 i 的含量，单位为毫克每千克(mg/kg)；

A_i——样液中阻燃剂 i 的峰面积(或峰高)；

A_{is}——标准工作液中阻燃剂 i 的峰面积(或峰高)；

c_i——标准工作液中阻燃剂 i 的浓度，单位为微克每毫升(μg/mL)；

V——样液最终定容体积，单位为毫升(mL)；

m——最终样液代表的试样量，单位为克(g)。

注：计算结果应扣除空白值。

7 测定低限、回收率和精密度

7.1 测定低限

本方法对纺织品中17种阻燃剂含量的测定低限见附录C中表C.1。

7.2 回收率

本方法对纺织品中17种阻燃剂的回收率为80%～105%。

7.3 精密度

在同一实验室，由同一操作者使用相同设备，按相同的测试方法，并在短时间内对同一被测对象相互独立进行的测试获得的两次独立测试结果的绝对差值不大于这两个测定值的算术平均值的20%。以大于这两个测定值的算术平均值的20%的情况不超过5%为前提。

8 试验报告

试验报告至少应给出以下内容：

a) 样品描述；

b) 使用的标准；

c) 试验结果；

d) 偏离标准的差异；

e) 试验日期。

附　录　A
（规范性附录）
17 种阻燃剂清单

表 A.1

序号	阻燃剂名称	英文名称	英文简写	CAS 编号	化学分子式	相对分子质量
1	三-(氮环丙基)-膦化氧	Tri-(1-aziridinyl) phosphine oxide	TEPA	545-55-1	$C_6H_{12}N_3OP$	173.18
2	一溴联苯	Monobromobiphenyl	MonoBB	2052-07-5	$C_{12}H_9Br$	233.11
3	三-(2,3-二氯丙基) 磷酸酯	Tris(2-chlorisopropyl) phosphate	TCPP	13674-84-5	$C_9H_{18}Cl_3O_4P$	327.60
4	二溴联苯	Dibromobiphenyl	DiBB	57422-14-2	$C_{12}H_8Br_2$	312.00
5	三溴联苯	Tribromobiphenyl	TriBB	59080-34-1	$C_{12}H_7Br_3$	390.90
6	四溴联苯	Tetrabromobiphenyl	TetraBB	60044-24-8	$C_{12}H_6Br_4$	469.80
7	五溴联苯	Pentabromo-1,1′-biphenyl	PentaBB	14910-04-4	$C_{12}H_5Br_5$	548.70
8	五溴联苯醚	Pentabromodiphenyl ether	PentaBDE	32534-81-9	$C_{12}H_5Br_5O$	564.69
9	六溴联苯	Hexabromobiphenyl	HexaBB	59080-40-9	$C_{12}H_4Br_6$	627.59
10	三(2,3-二溴丙基)磷酸酯	Tris(2,3-dibromopropyl) phosphate	Tris	126-72-7	$C_9H_{15}Br_6O_4P$	697.61
11	六溴十二烷	1,2,5,6,9,10-Hexabromocyclododecane	HBCD	3194-55-6	$C_{12}H_{18}Br_6$	641.69
12	七溴联苯	Heptabromo-1,1′-biphenyl	HeptaBB	35194-78-6	$C_{12}H_3Br_7$	706.49
13	八溴联苯	Octabromobiphenyl	OctaBB	27858-07-7	$C_{12}H_2Br_8$	785.38
14	八溴联苯醚	Octabromodiphenyl ether	OctaBDE	32536-52-0	$C_{12}H_2Br_8O$	801.38
15	九溴联苯	Nonabromobiphenyl	NonaBB	21453-52-2	$C_{12}HBr_9$	864.28
16	十溴联苯	Decabromobiphenyl	DecaBB	13654-09-6	$C_{12}Br_{10}$	943.17
17	磷酸三(β-氯乙基)酯	Tris(2-chloroethyl) phosphate	TCEP	115-96-8	$C_6H_{12}Cl_3O_4P$	285.49

附 录 B
（资料性附录）
定量测定的选择离子监测方式的质谱参数

表 B.1

通道	时间 T_R/min	选择离子(m/z)
1	4.00	63,75,76,90,99,125,126,131,143,145,150,152,157,173,205,232,249,310,312,390,470
2	10.50	79,119,137,157,194,201,202,217,228,239,297,308,319,386,388,404,468,546,547,548,566,627,628,705
3	18.00	321,384,392,464,466,482,546,623,626,642,703,704,783,784,785,799

附 录 C
（资料性附录）
17 种阻燃剂定量和定性选择离子及测定低限表

表 C.1

序号	阻燃剂名称	保留时间 min	特征碎片离子(m/z)			测定低限 mg/kg
			定量	定性	丰度比	
1	三-(氮环丙基)-膦化氧	4.58	131	90,145,173	100：23：10：7	50
2	一溴联苯	5.82	232	152,76,126	100：74：14：7	5
3	磷酸三(β-氯乙基)酯	6.13	249	63,205,143	100：94：52：50	10
4	三-(2,3-二氯丙基) 磷酸酯	6.31	125	99,157,201	100：92：40：35	10
5	二溴联苯	7.71	312	152,76,126	100：62：12：6	5
6	三溴联苯	7.87	390	232,150,75	100：40：30：10	10
7	四溴联苯	10.07	470	310,150,75	100：36：31：10	10
8	五溴联苯	11.43	548	388,228,194	100：37：24：12	50
9	五溴联苯醚	11.89	404	566,202,297	100：67：19：18	50
10	六溴联苯	12.20	628	468,308,547	100：91：77：61	50
11	三(2,3-二溴丙基)磷酸酯	12.78	137	119,217,201	100：58：36：26	50
12	六溴十二烷	13.41	157	79,239,319	100：82：53：36	100
13	七溴联苯	15.39	627	386,546,705	100：85：72：64	50
14	八溴联苯	21.42	704	466,626,785	100：82：45：36	100
15	八溴联苯醚	22.17	642	321,482,799	100：59：22：15	100
16	九溴联苯	26.84	546	784,703,384	100：81：52：67	100
17	十溴联苯	34.82	623	464,392,783	100：45：37：21	100

附　录　D
（资料性附录）
17种阻燃剂标准物气相色谱-质谱选择离子色谱图(GC-MSD)

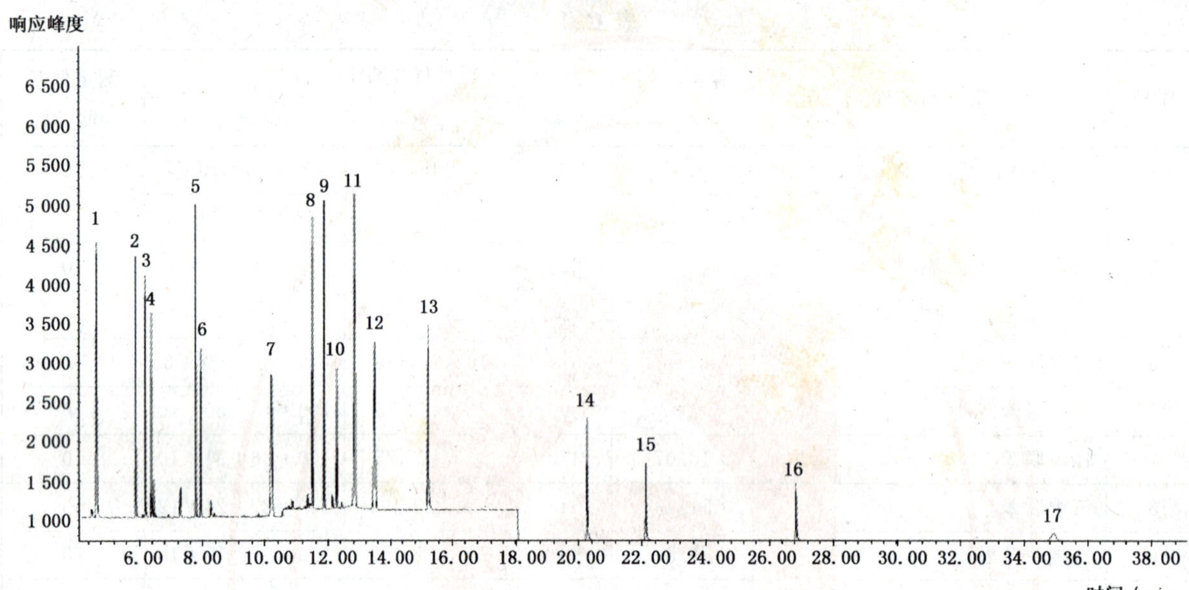

1——三-(氮环丙基)-膦化氧(50 μg/mL)；
2——一溴联苯(5 μg/mL)；
3——磷酸三(β-氯乙基)酯(10 μg/mL)；
4——三-(2,3-二氯丙基)磷酸酯(10 μg/mL)；
5——二溴联苯(5 μg/mL)；
6——三溴联苯(10 μg/mL)；
7——四溴联苯(10 μg/mL)；
8——五溴联苯(50 μg/mL)；
9——五溴联苯醚(50 μg/mL)；
10——六溴联苯(50 μg/mL)；
11——三(2,3-二溴丙基)磷酸酯(50 μg/mL)；
12——六溴十二烷(100 μg/mL)；
13——七溴联苯(50 μg/mL)；
14——八溴联苯(100 μg/mL)；
15——八溴联苯醚(100 μg/mL)；
16——九溴联苯(100 μg/mL)；
17——十溴联苯(100 μg/mL)。

图 D.1

ICS 59.080.01
W 04

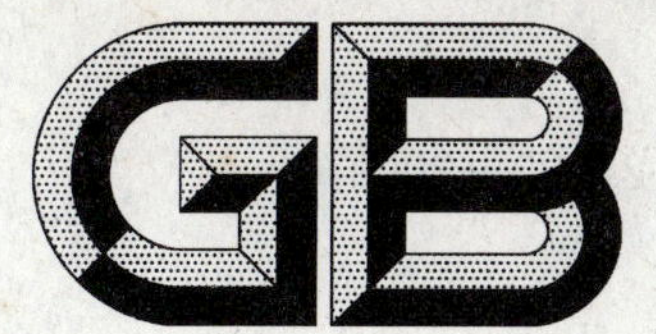

中华人民共和国国家标准

GB/T 24280—2009

纺织品　维护标签上维护符号选择指南

Textiles—Guide to the selection of care symbols in care labeling

2009-06-11 发布　　　　2010-01-01 实施

中华人民共和国国家质量监督检验检疫总局
中国国家标准化管理委员会　发布

前言

本标准的附录A、附录B和附录C为资料性附录。

本标准由中国纺织工业协会提出。

本标准由全国纺织品标准化技术委员会基础标准分会(SAC/TC 209/SC 1)归口。

本标准起草单位:浙江省检验检疫科学技术研究院、纺织工业标准化研究所。

本标准主要起草人:赵珊红、郑宇英、徐晓春、吴俭俭、谢维斌。

纺织品　维护标签上维护符号选择指南

1　范围

本标准给出了维护标签上水洗、漂白、干燥、熨烫和专业维护5种基本维护符号的选择要求、确定程序和确认方法的指南。

本标准适用于提供给最终用户的所有纺织产品。

2　规范性引用文件

下列文件中的条款通过本标准的引用而成为本标准的条款。凡是注日期的引用文件，其随后所有的修改单(不包括勘误的内容)或修订版均不适用于本标准，然而，鼓励根据本标准达成协议的各方研究是否可使用这些文件的最新版本。凡是不注日期的引用文件，其最新版本适用于本标准。

GB/T 8685—2008　纺织品　维护标签规范　符号法(GB/T 8685—2008,ISO 3758:2005,MOD)

3　术语和定义

GB/T 8685—2008确立的术语和定义适用于本标准。

4　要求

4.1　采用所提供的维护方式对纺织产品进行正确维护后，应不对产品造成不可恢复的损伤，产品的色牢度、尺寸变化率、洗后外观等性能应符合相关标准或有关方的要求。如果没有相关标准或有关方要求，可按附录A给出的要求执行。

4.2　由不同面料或由多种颜色组成的产品，应根据对整个产品的测试结果确定维护方式。可对不同面料和颜色分别测试，根据最差结果确定维护符号。

4.3　如果产品的各部分能单独维护，可以采用各部分不同的维护符号。如果作为整体产品，所确定的维护符号应适合于产品的各个部分。当含有装饰物时，应同时考虑装饰物的可拆卸性、耐洗涤性及耐热性等。

4.4　当采用“仅可干洗”的维护符号时，应充分考虑干洗费用与产品成本间的合理性以及干洗对产品性能的影响。

5　维护符号的确定程序

5.1　流程图

确定维护符号的常规试验流程图如图1所示。

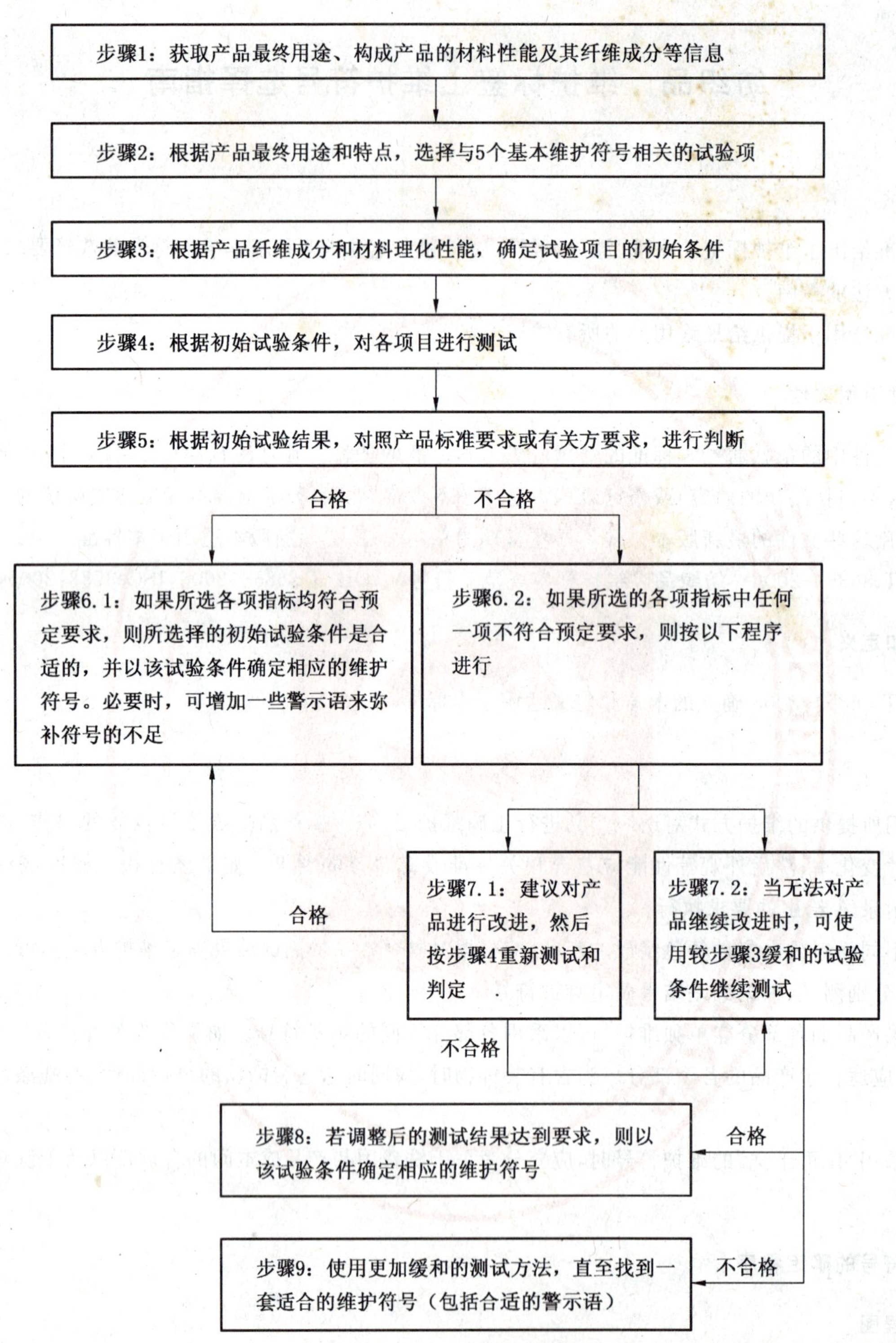

图 1　确定维护符号的常规试验流程图

5.2　流程图说明

5.2.1　步骤 1

充分获取被测产品最终用途和与测试相关的各部分材料的性能及其纤维成分等信息，这些信息是选择初始测试项目和确定测试结果评判标准的主要依据。

5.2.2　步骤 2

5 种基本维护符号包括水洗、漂白、干燥、熨烫和专业纺织品维护，其对应的试验项目及评定因素见

表 1。

根据产品最终用途和面料特性，选择与 5 个基本维护符号相关的试验项目。有些符号可以直接给出，以节省测试成本。附录 B 给出了典型最终用途产品对 5 种基本维护符号的试验选择。

表 1　5 种基本维护符号的试验项目和评定因素

基本符号	试验项目	评定因素
水洗和干燥	耐洗色牢度	变色、沾色（包括自身沾色）
	尺寸变化率	尺寸变化率
	水洗和干燥后外观变化	外观平整度、褶裥外观、接缝外观平整度、织物表面的起皱和起毛起球、手感变化、涂层的脱落和脆化、层压织物的分层、起绒织物的绒毛脱落、纱线滑移和接缝磨损以及装饰件、镶边等的外观变化
漂白	耐氯漂色牢度	变色
	耐氧漂/非氯漂色牢度	变色
熨烫	耐熨烫（热压）色牢度	变色、沾色以及其他手感变化等
专业纺织品维护	耐干洗色牢度	变色
	干洗变化率	尺寸变化率
	干洗后外观变化	外观平整度、褶裥外观、接缝外观平整度、织物表面的起皱和起毛起球、手感变化、涂层的脱落和脆化、层压织物的分层、起绒织物的绒毛脱落、纱线滑移和接缝磨损以及装饰件、镶边等的外观变化
	湿洗	耐湿摩擦色牢度

5.2.3　步骤 3

根据 5 种基本维护符号所对应的试验项目，选择相对应的试验方法。试验方法的选择按 GB/T 8685—2008 中的附录 A 进行。

根据产品中所含纤维的特性，确定水洗、熨烫和干燥所对应的试验条件。附录 C 中给出了典型纺织纤维产品洗涤、熨烫和干燥的初始试验条件。

对于混纺产品或不可拆分的组合产品，初始试验条件可根据性能最脆弱的部分确定。对于混纺面料或复合面料，优先考虑性能较弱的纤维及复合面料界面的变化。

5.2.4　步骤 4

根据初始试验条件，分别进行各维护符号所对应的项目测试，并获得相应的测试结果。

5.2.5　步骤 5

根据产品最终用途，对照相关标准要求或有关方要求，评定初始试验条件是否合适。评定时应充分考虑各种外观变化和内在性能变化。如有需要时，还应考虑产品的设计要求。

5.2.6　步骤 6～步骤 9

当各项测试指标均符合预定要求时，表明所选择的试验条件是合适的。

当部分测试结果没有符合预定要求时，只要有可能，应对产品进行重新加工整理，以改进产品质量。

当确因技术原因或特殊用途等原因，无法对产品进行改进时，可通过采用更为缓和的试验条件，继续测试。如采用降低洗涤温度和机械处理程度、改变干燥方式等，直至找到一套适宜的试验条件。

根据最终确定的测试条件，从 GB/T 8685—2008 第 3 章中选择所对应的维护符号。

必要时，可通过增加“补充说明用语”完善维护说明。“补充说明用语”的示例见 GB/T 8685—2008 附录 C 中的表 C.1。

6 维护符号的确认

6.1 根据被测产品给定的维护符号(包括“补充说明用语”),对照 GB/T 8685—2008 附录 A 确定相应的测试项目和测试条件并进行试验。

6.2 根据被测产品相关标准要求或有关方要求,对所测试的项目进行综合评判。各测试项目评定因素见表 1。如果没有相关标准或有关方要求,可按附录 A 给出的要求执行。

6.3 如所测指标均符合要求,则表明该维护符号是合适的,反之,则表明是不合适的。

附 录 A
（资料性附录）
产品维护后的基本质量要求

表 A.1 产品维护后的基本质量要求

项 目		要 求
尺寸变化率	水洗	机织 经向/纬向：±3.5%
		针织 直向/横向：±5%
	干洗	机织 经向/纬向：±2.5%
		针织 直向/横向：±3%
洗后外观(水洗/干洗)		变色≥4 级，自身沾色≥4-5 级（包括装饰物品、镶边等）
		织物平整度≥3.5 级(相当于外观平整度立体标准样板的 SA-3.5 级)
		褶裥外观等级≥3.5 级(相当于褶裥外观标准样板 CR-3 和 CR-4 之间的中间等级)
		接缝外观平整度≥3.5 级(相当于接缝外观平整度标准样照或样板 4 级和3 级之间的中间等级)
		外观无破损；无明显的起毛起球；手感无明显变化；涂层无明显的脆化脱落；层压织物无明显分层；起绒织物绒毛无明显脱落；缝线无散脱或磨损
耐洗色牢度		变色≥4 级，沾色≥3 级，自身沾色≥4-5 级
耐干洗色牢度		变色≥4 级
耐氯漂/氧漂色牢度		变色≥4 级
耐熨烫(热压)色牢度		变色≥4 级，沾色≥3 级，手感无明显变化
耐湿摩擦色牢度(湿洗)		≥2-3 级

附 录 B
（资料性附录）
典型产品5种基本维护符号的试验选择

表 B.1 典型产品5种基本维护符号的试验选择

产品最终用途示例	维护方法的必要性				
	水洗	漂白	干燥	熨烫	专业纺织品维护
T恤衫	N	O	N	N	N
衬衫	N	O	N	N	N
针织内衣	N	O	N	N	O
睡衣、浴衣	N	O	N	N	O
丝绸服装	N	O	N	N	N
羊毛针织品	N	O	N	N	N
化纤针织品	N	O	N	N	N
西服、大衣	N	O	N	N	N
单夹服装	N	O	N	N	N
连衣裙、裙装	N	O	N	N	N
运动服、休闲服	N	O	N	N	N
棉服装	N	O	N	N	N
羽绒服	N	O	N	N	O
婴幼儿服装	N	O	N	N	O
保暖内衣	N	O	N	N	O
针织泳装	N	O	N	O	O
风雨衣	N	O	N	N	O
床上用品	N	O	N	N	N
毛毯、混纺毛毯	N	O	N	O	N
文胸	N	O	N	O	O
领带	O	O	O	N	N
围巾	N	O	N	N	N
手套、帽子	N	O	N	N	N
袜子	N	O	N	O	O
毛巾	N	O	N	O	O

注1：N为必要，需经必要的测试确定维护符号。

注2：O为可选，表示可根据产品最终用途及面料特点直接给出维护符号。例如，可基于下列因素直接给出产品适宜的维护符号：

——当维护方式成本高于产品价值时，不宜采取该维护方式；

——根据产品设计特点和纤维特性，直接得出维护符号中的禁用符号；

——能否漂白，基于产品是否是染色（印花），对于大部分染色织物不适宜漂白；

——对于涂层服装或含绒毛服装，如需熨烫时，一般宜反面熨烫；

——对于内衣和婴幼儿产品，一般不适宜干洗。

附 录 C
(资料性附录)
典型纺织纤维产品的初始试验条件

表 C.1 典型纺织纤维产品的初始试验条件

纤维类别	水洗温度/℃	水洗机械程度[a]	熨烫温度[b]	转笼干燥温度[c]
桑蚕丝(柞蚕丝)纤维	40	非常缓和	低温	—
羊毛	40	缓和	中温	较低温度
羊绒	40	非常缓和	中温	较低温度
腈纶	60	常规	中温	常规温度
锦纶	40	常规	低温	较低温度
涤纶	60	常规	中温	常规温度
氨纶	40	常规	中温	较低温度
棉	60	常规	高温	常规温度
亚麻、苎麻	60	常规	高温	常规温度
粘胶纤维	40	常规	低温	较低温度
莫代尔纤维	40	常规	低温	较低温度
醋酯纤维	40	常规	低温	较低温度
铜铵人造丝	40	常规	低温	较低温度
莱赛尔	40	常规	低温	较低温度

a 水洗机械程度:尺寸变化率试验时选用的洗涤程序,“非常缓和”对应“模拟手洗程序”,“缓和”对应“缓和洗程序”,“常规”对应“正常洗程序”。

b 熨烫温度:低温为 110 ℃,中温为 150 ℃,高温为 200 ℃。

c 转笼干燥温度:较低温度指转笼的排气口最高温度为 60 ℃;常规温度指转笼的排气口最高温度为 80 ℃。

ICS 59.080.01
W 04

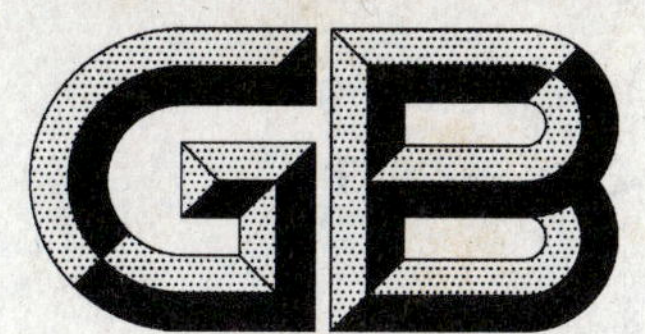

中华人民共和国国家标准

GB/T 24281—2009

纺织品　有机挥发物的测定
气相色谱-质谱法

Textiles—Determination of volatile organic compounds—Gas chromatography/mass spectrography

2009-06-11 发布　　　　2010-01-01 实施

中华人民共和国国家质量监督检验检疫总局
中国国家标准化管理委员会　发布

前　言

本标准的附录 A 和附录 B 为资料性附录。

本标准由中国纺织工业协会提出。

本标准由全国纺织品标准化技术委员会基础标准分会(SAC/TC 209/SC 1)归口。

本标准起草单位:中华人民共和国江苏出入境检验检疫局、国家纺织制品质量监督检验中心、上海市纺织科学研究院、南京工业大学、北京八方世纪科技有限公司。

本标准主要起草人:卢志刚、蔡建和、朱海欧、李建军、朱缨、陈芸、张华、高丽荣、王小平。

纺织品 有机挥发物的测定 气相色谱-质谱法

警告:使用本标准的人员应有正规实验室工作的实践经验。本标准并未指出所有可能的安全问题。使用者有责任采取适当的安全和健康措施,并保证符合国家有关法规规定的条件。

1 范围

本标准规定了采用固相微萃取(SPME)-顶空采样仪(HS)-气相色谱/质谱(GC/MS)法测定纺织品中总有机挥发物、总芳香烃化合物以及氯乙烯、1,3-丁二烯、甲苯、乙烯基环己烯、苯乙烯和4-苯基环己烯的方法。

本标准适用于各类纺织品。

2 规范性引用文件

下列文件中的条款通过本标准的引用而成为本标准的条款。凡是注日期的引用文件,其随后所有的修改单(不包括勘误的内容)或修订版均不适用于本标准,然而,鼓励根据本标准达成协议的各方研究是否可使用这些文件的最新版本。凡是不注日期的引用文件,其最新版本适用于本标准。

GB/T 5009.67—2003 食品包装用聚氯乙烯成型品卫生标准分析方法

GB/T 6682 分析实验室用水规格和试验方法(GB/T 6682—2008,ISO 3696:1987,MOD)

3 术语和定义

下列术语和定义适用于本标准。

3.1

总有机挥发物 total volatile organic compounds

以Carboxen/PDMS固相微萃取(SPME)装置捕集、直接热解吸、非极性色谱柱(极性指数小于10)分离、质量检测器(MS)检测,保留时间在正己烷至正十六烷之间的有机化合物总和。

注:典型有机挥发物见附录A。

3.2

总芳香烃化合物 total aromatic hydrocarbons

以Carboxen/PDMS固相微萃取(SPME)装置捕集、直接热解吸、非极性色谱柱(极性指数小于10)分离、质量检测器(MS)检测,保留时间在正己烷至正十六烷之间的芳香烃化合物总和。

4 原理

将试样置于一定温度条件的顶空采样仪(HS)中,试样中有机挥发物释放到气相中,以固相微萃取(SPME)装置捕集,并达到吸附平衡,经热解吸后用气相色谱/质谱(GC/MS)法测定。

5 试剂和标准溶液

除非另有说明,所用试剂均为色谱纯。所用水至少达到GB/T 6682规定的三级纯度蒸馏水或去离子水的要求。

5.1 有机挥发物标准品

氯乙烯、1,3-丁二烯、甲苯、乙烯基环己烯、苯乙烯、4-苯基环己烯、苯、乙基苯、苯基乙炔、*n*-丙基苯、异丙基苯、α-苯丙烯、n-丁基苯、辛基苯;邻二甲苯、间二甲苯、对二甲苯、2-乙基甲苯、3-乙基甲苯、乙烯基甲苯、1-异丙基-2-甲基苯、1-异丙基-3-甲基苯、1-异丙基-4-甲基苯、1,3,5-三甲基苯、1,2,4-三甲基苯、1,2,3-三甲基苯、1,2,4,5-四甲苯、1,4-二异丙基苯、1,3-二异丙基苯、茚、萘、正己烷、正十六烷。

注:在不影响定性测定的情况下,除六种单体(氯乙烯、1,3-丁二烯、甲苯、乙烯基环己烯、苯乙烯和4-苯基环己烯)外的标准品可选用其他纯度试剂。

5.2 内标物质

正辛烷或正庚烷。

5.3 有机溶剂

正戊烷、甲醇、丁酮。

5.4 芳香烃混合溶液的配制

以减量法分别称取约0.1 g芳香烃标准品,置于4 mL具塞样品瓶(6.7)中,密闭摇匀。

注:该混合溶液在0 ℃~4 ℃的冰箱中密闭保存,有效期为2周。

5.5 甲苯、乙烯基环己烯、苯乙烯和4-苯基环己烯标准储备液的配制

移取少量正戊烷于100 mL棕色容量瓶(6.8)中,减量法分别称取约0.4 g(精确至0.2 mg)的甲苯、乙烯基环己烯、苯乙烯和4-苯基环己烯于容量瓶中,用正戊烷定容至刻度。

注:该标准储备液在0 ℃~4 ℃的冰箱中密闭保存,有效期为2周。

5.6 甲苯、乙烯基环己烯、苯乙烯和4-苯基环己烯标准工作溶液的配制

移取适量上述标准储备液(5.5)于10 mL棕色容量瓶(6.8)中,以正戊烷稀释至刻度,使校准工作溶液的浓度分别为2 000 μg/mL、1 000 μg/mL、500 μg/mL、200 μg/mL、50 μg/mL和10 μg/mL。

注:该标准工作溶液在0 ℃~4 ℃的冰箱中密闭保存,有效期为2周。

5.7 氯乙烯和1,3-丁二烯的标准工作溶液的配制

以丁酮为溶剂,按GB/T 5009.67—2003中6.2.3、6.2.4的方法分别配制浓度为100 mg/mL、50 mg/mL、20 mg/mL、10 mg/mL和5 mg/mL的氯乙烯和1,3-丁二烯的标准工作溶液。该溶液用前配制。

注:氯乙烯、1,3-丁二烯的相对密度分别为0.912 g/mL(20 ℃)和0.62 g/mL(20 ℃)。

5.8 内标溶液(200 μg/mL)的配制

在100 mL棕色容量瓶(6.8)中加入少量正戊烷,减量法称取约0.02 g(精确至0.2 mg)的正辛烷或正庚烷于容量瓶中,以正戊烷定容至刻度。

注:该内标溶液在0 ℃~4 ℃的冰箱中密闭保存,有效期为2周。

6 仪器和材料

6.1 气相色谱仪:配有质量选择检测器(MSD)。

6.2 顶空采样仪:内径160 mm,容积2 000 mL,温度范围为室温至250 ℃,控温精度±1 ℃,顶盖配有两个进样口和一个采样口。

注:当采用其他规格的顶空采样仪时,平衡条件、标准曲线、测定低限等参数须作相应调整。

6.3 固相微萃取(SPME)装置:萃取头吸附剂为75 μm Carboxen/PDMS,或其相当者。

6.4 分析天平:精度为0.000 2 g。

6.5 超声波振荡器。

6.6 微量进样针:1 μL、5 μL、10 μL、100 μL。

6.7 具塞样品瓶:2 mL、4 mL、22 mL。

6.8 棕色容量瓶:10 mL、100 mL。

7 测试前的准备

7.1 空白试样的选择与准备

从待测样品或与待测样品成分相似的其他纺织样品(如贴衬)上剪取数块面积为 100 cm^2 的试样,在沸水中煮沸 30 min,于 120 ℃干燥 20 min,冷却至室温,然后置于甲醇溶剂中,超声萃取 30 min,空气中晾干后,120 ℃干燥 20 min,冷却至室温待用。

7.2 SPME 萃取头的净化

将 SPME 萃取头插入气相色谱进样口或其他净化装置中,在 300 ℃条件下净化 60 min,立即将 SPME 萃取头插入气相色谱进样口进行 GC/MS 分析,直至分析色谱图中无目标物和非稳定性干扰色谱峰存在。

7.3 顶空采样仪的准备

以甲醇清洗顶空采样仪(6.2)的内壁与样品支架并烘干,温度升至 120 ℃后,放入 2 块空白试样(7.1),盖好顶盖,平衡 60 min,由顶盖采样口将已净化的 SPME 萃取头(7.2)插入顶空采样仪中,萃取 20 min 后立即插入气相色谱进样口进行 GC/MS 分析,直至分析色谱图中无目标物和非稳定性干扰色谱峰存在。

8 试验步骤

8.1 试样的制备

从样品上剪取 2 块面积为 100 cm^2 的试样,准确称取其质量(精确至 1 mg),以铝箔密封。

注:制样时可采取适当的措施避免油脂或环境有机物可能导致的试样污染。

8.2 甲苯、乙烯基环己烯、苯乙烯和 4-苯基环己烯标准工作曲线的测定

待顶空采样仪(6.2)升至 120 ℃后,将 2 块空白试样(7.1)叠放在样品支架上,盖好顶盖,用 10 μL 微量进样针分别移取 4 μL 甲苯、乙烯基环己烯、苯乙烯和 4-苯基环己烯标准工作溶液(5.6),迅速从顶盖进样口注入顶空采样仪内部,同时注入 4 μL 内标溶液(5.8),平衡 60 min,再将已净化的 SPME 萃取头(7.2)由顶盖采样口插入顶空采样仪中,萃取 20 min 后立即将其插入到气相色谱进样口中,按色谱条件(8.5)进行分析,测定并绘制标准工作曲线。

8.3 氯乙烯、1,3-丁二烯标准工作曲线的测定

8.3.1 按 8.2 步骤,由顶空采样仪进样口(6.2)分别注入 1 μL 氯乙烯标准工作溶液(5.7)和 4 μL 内标溶液(5.8),测定并绘制氯乙烯的标准工作曲线。

8.3.2 按 8.3.1 步骤,测定并绘制 1,3-丁二烯的标准工作曲线。

8.4 芳香烃混合溶液的测定

按 8.2 步骤,由顶空采样仪(6.2)进样口注入 1 μL 芳香烃混合溶液(5.4),测定芳香烃单体。

8.5 分析条件

由于测试结果取决于所使用的仪器,因此不可能给出色谱分析的普遍参数。采用下列操作条件已被证明对测试是合适的。

a) SPME 萃取头解吸条件:温度 250 ℃,时间 10 min;

b) 毛细管色谱柱:DB-1 柱,60 m×0.25 mm×0.25 μm,或其相当者;

c) 进样口:温度 250 ℃,分流比为 10∶1;

d) 柱温:35 ℃(5 min)$\xrightarrow{3\ ℃/\text{min}}$120 ℃$\xrightarrow{15\ ℃/\text{min}}$250 ℃(15 min);

e) 色谱-质谱接口温度:250 ℃;

f) 质量扫描范围和方式:扫描范围为 45～450 amu,扫描方式为全扫描;

g) 载气:高纯氦,柱流量 1.0 mL/min;

h) 电离方式:EI;

i) 电离能量:70 eV;

j) 离子源温度:230 ℃。

8.6 **定性测定**

根据保留时间及总离子流图(见附录 A 和附录 B)对色谱峰中氯乙烯、1,3-丁二烯、甲苯、乙烯基环己烯、苯乙烯、4-苯基环己烯和其他芳香烃进行定性。

8.7 **样品的测定**

待顶空采样仪(6.2)升至 120 ℃后,将两片试样(8.1)叠放在样品支架上,盖好顶盖后,从其顶盖进样口注入 4 μL 内标溶液(5.8),平衡 60 min,再将已净化的 SPME 萃取头(7.2)由顶盖采样口插入顶空采样仪中,萃取 20 min 后立即将其插入到气相色谱进样口中,按色谱条件(8.5)进行分析。样品测定前应进行空白试验。

注:当样品中同时含有氯乙烯、1,3-丁二烯时,可选用选择离子扫描方式测定。

9 结果的计算

9.1 **线性校准方程的建立**

分别以标准工作溶液中六种单体(氯乙烯、1,3-丁二烯、甲苯、乙烯基环己烯、苯乙烯和 4-苯基环己烯)的峰面积、质量与内标物的峰面积、质量的对应比值,用最小二乘法拟合得到线性校准方程式(1),其线性相关系数 γ 应大于 0.995。

$$\frac{A_i}{A_s} = K_i \times \frac{m_i}{m_s} + b_i \qquad \cdots\cdots\cdots\cdots(1)$$

式中:

A_i——六种单体的峰面积;

A_s——内标物的峰面积;

K_i——六种单体的线性校准方程的斜率;

m_i——六种单体的质量,单位为毫克(mg);

m_s——内标物的质量,单位为毫克(mg);

b_i——六种单体的线性校准方程在 Y 轴上的截距。

9.2 **解吸量的计算**

9.2.1 **氯乙烯、1,3-丁二烯、甲苯、乙烯基环己烯、苯乙烯、4-苯基环己烯解吸量的计算**

SPME 萃取头上六种单体(氯乙烯、1,3-丁二烯、甲苯、乙烯基环己烯、苯乙烯和 4-苯基环己烯)的解吸量按式(2)计算:

$$M_i = \frac{(A'_i/A'_s) - b_i}{K_i} \times m_s \qquad \cdots\cdots\cdots\cdots(2)$$

式中:

M_i——六种单体的解吸量,单位为毫克(mg);

A'_i——六种单体的峰面积;

A'_s——内标物的峰面积;

b_i——六种单体线性校准方程在 Y 轴上的截距;

K_i——六种单体线性校准方程的斜率;

m_s——内标物的质量,单位为毫克(mg)。

9.2.2 **总芳香烃解吸量的计算**

除甲苯、乙烯基环己烯、苯乙烯和 4-苯基环己烯外,SPME 萃取头上其他芳香烃单体的解吸量按式(2)中甲苯的线性校准方程计算。总芳香烃解吸量按式(3)计算:

$$M_a = \sum M_j - \sum M_{j0} \qquad \cdots\cdots\cdots\cdots(3)$$

式中：

M_a——总芳香烃的解吸量，单位为毫克(mg)；

M_j——芳香烃单体的解吸量，单位为毫克(mg)；

M_{j0}——空白实验中芳香烃单体的解吸量，单位为毫克(mg)。

9.2.3 总有机挥发物解吸量的计算

除甲苯、乙烯基环己烯、苯乙烯和4-苯基环己烯外，SPME萃取头上其他有机挥发物单体的解吸量按式(2)中甲苯的线性校准方程计算。总有机挥发物解吸量按式(4)计算：

$$M_c = \sum M_k - \sum M_{k0} \qquad \cdots\cdots(4)$$

式中：

M_c——总有机挥发物的解吸量，单位为毫克(mg)；

M_k——有机挥发物单体的解吸量，单位为毫克(mg)；

M_{k0}——空白实验中有机挥发物单体的解吸量，单位为毫克(mg)。

10 结果的表示

10.1 纺织品中有机挥发物的面积浓度的表示

10.1.1 六种单体(氯乙烯、1,3-丁二烯、甲苯、乙烯基环己烯、苯乙烯和4-苯基环己烯)的面积浓度按式(5)计算：

$$W_{si} = M_i / S \qquad \cdots\cdots(5)$$

式中：

W_{si}——六种单体的面积浓度，单位为毫克每平方米(mg/m^2)；

M_i——六种单体的解吸量，单位为毫克(mg)；

S——试样的面积，单位为平方米(m^2)。

10.1.2 总芳香烃的面积浓度按式(6)计算：

$$W_{sa} = M_a / S \qquad \cdots\cdots(6)$$

式中：

W_{sa}——总芳香烃的面积浓度，单位为毫克每平方米(mg/m^2)；

M_a——总芳香烃的解吸量，单位为毫克(mg)；

S——试样的面积，单位为平方米(m^2)。

10.1.3 总有机挥发物的面积浓度按式(7)计算：

$$W_{sc} = M_c / S \qquad \cdots\cdots(7)$$

式中：

W_{sc}——总有机挥发物的面积浓度，单位为毫克每平方米(mg/m^2)；

M_c——总有机挥发物的解吸量，单位为毫克(mg)；

S——试样的面积，单位为平方米(m^2)。

10.2 纺织品中有机挥发物的质量浓度的表示

10.2.1 六种单体(氯乙烯、1,3-丁二烯、甲苯、乙烯基环己烯、苯乙烯和4-苯基环己烯)的质量浓度按式(8)计算：

$$W_{mi} = M_i / m_0 \qquad \cdots\cdots(8)$$

式中：

W_{mi}——六种单体的质量浓度，单位为毫克每千克(mg/kg)；

M_i——六种单体的解吸量，单位为毫克(mg)；

m_0——试样的质量，单位为千克(kg)。

10.2.2 总芳香烃的质量浓度按式(9)计算：

$$W_{ma} = M_a / m_0 \quad \cdots\cdots(9)$$

式中：

W_{ma}——总芳香烃的质量浓度，单位为毫克每千克(mg/kg)；

M_a——总芳香烃的解吸量，单位为毫克(mg)；

m_0——试样的质量，单位为千克(kg)。

10.2.3 总有机挥发物的质量浓度按式(10)计算：

$$W_{mc} = M_c / m_0 \quad \cdots\cdots(10)$$

式中：

W_{mc}——总有机挥发物的质量浓度，单位为毫克每千克(mg/kg)；

M_c——总有机挥发物的解吸量，单位为毫克(mg)；

m_0——试样的质量，单位为千克(kg)。

11 测定低限

本方法的测定低限：氯乙烯为 0.3 mg/m^2、1,3-丁二烯为 0.3 mg/m^2、甲苯为 0.001 mg/m^2、乙烯基环己烯为 0.005 mg/m^2、苯乙烯为 0.005 mg/m^2、4-苯基环己烯为 0.000 5 mg/m^2。

12 试验报告

试验报告至少应给出下述内容：

a） 使用的标准；

b） 样品来源及描述；

c） 采用的仪器与空白试样成分；

d） 测试结果；

e） 任何偏离本标准的说明；

f） 试验日期。

附　录　A
（资料性附录）
典型有机挥发物一览表

表 A.1　典型有机挥发物一览表

编号	保留时间/min	化合物名称		CAS 编号	特征碎片	丰度比
		中文名称	英文名称			
1	4.50	氯乙烯	Vinylchloride	75-01-4	62/64/61	100/31.6/8.9
2	4.56	1,3-丁二烯	1,3-Butadiene	106-99-0	54/53/50	100/74.4/28.2
3	8.58	苯	Benzene	71-43-2	78/77/51	100/28.3/22.1
4	13.25	甲苯	Toluene	108-88-3	91/92/65	100/77.6/12.1
5	17.29	乙烯基环己烯	Vinyl toluene	100-40-3	54/66/79	100/25.6/65.9
6	18.50	乙基苯	Ethyl benzene	100-40-3	91/106/51	100/28.2/11.4
7	19.14	苯基乙炔	Phenyl acetylene	536-74-3	102/76/103	100/18.9/9.2
8	19.14	对二甲苯	*p*-Xylene	106-42-3	91/106/105	100/65.8/28.8
9	19.14	间二甲苯	*m*-Xylene	108-38-3	91/106/105	100/65.3/28.6
10	20.03	苯乙烯	Styrene	100-42-5	104/103/78	100/40.6/34.9
11	20.32	邻二甲苯	*o*-Xylene	95-47-6	91/106/105	100/63.2/26.3
12	22.19	异丙基苯	Cumene	98-82-8	105/120/77	100/26.8/22.1
13	23.32	3-乙基甲苯	3-Ethyltoluene	620-14-4	105/120/91	100/32.3/11.0
14	23.86	*n*-丙基苯	*n*-Propyl benzene	103-65-1	91/120/92	100/25.8/10.7
15	24.31	2-乙基甲苯	2-Ethyltoluene	611-14-3	105/120/91	100/31.8/10.2
16	24.75	1,3,5-三甲苯	1,3,4-Trimethyl benzene	108-67-8	105/120/119	100/70.0/14.9
17	25.32	乙烯基甲苯	Vinyl toluene and isomers	100-80-1	118/117/115	100/88.7/28.0
18	25.32	*α*-苯丙烯	2-Phenylpropene （*α*-Methylstyrener）	98-83-9	118/117/103	100/63.1/45.3
19	26.13	1,2,4-三甲苯	1,2,4-Trimethyl benzene	95-63-6	105/120/28	100/45.2/14.8
20	27.60	1,2,3-三甲基苯	1,2,3-Trimethyl benzene	526-73-8	105/120/77	100/39.5/12.4
21	27.89	1-异丙基-3-甲基苯	1-Isopropyl-3-methylbenzene	535-77-3	119/134/91	100/25.5/15.1
22	27.89	1-异丙基-4-甲基苯	1-Isopropyl-4-methylbenzene	99-87-6	119/134/91	100/25.4/15.8
23	28.50	茚	Indene	95-13-6	116/115/89	100/79.2/10.0
24	28.59	1-异丙基-2-甲基苯	1-Isopropyl-2-methylbenzene	527-84-4	119/91/134	100/39.3/25.6
25	29.54	*n*-丁基苯	Butylbenzene	104-51-8	91/92/134	100/59.6/26.2
26	32.68	1,2,4,5-四甲苯	1,2,4,5-Tetramethylbenzene	95-93-2	119/134/91	100/56.1/13.4
27	34.46	1,4-二异丙基苯	1,4-Diisopropylbenzene	100-18-5	147/119/91	100/39.1/36.1
28	35.15	1,3-二异丙基苯	1,3-Diisopropylbenzene	99-62-7	147/119/162	100/41.7/36.3
29	36.70	萘	Naphthalene	91-20-3	128/129/127	100/10.9/10.7

表 A.1（续）

编号	保留时间/min	化合物名称		CAS 编号	特征碎片	丰度比
		中文名称	英文名称			
30	38.84	4-苯基环己烯	4-Phenylcyclohexene(4-PCH)	4994-16-5	104/158/78	100/18.3/12.6
31	40.79	辛基苯	Phenyl octane and isomers	2189-60-8	91/92/190	100/91.5/25.5
32	—	其他烷基苯	Other alkyl benzene	—	—	—

附 录 B
（资料性附录）
典型有机挥发物的总离子流图

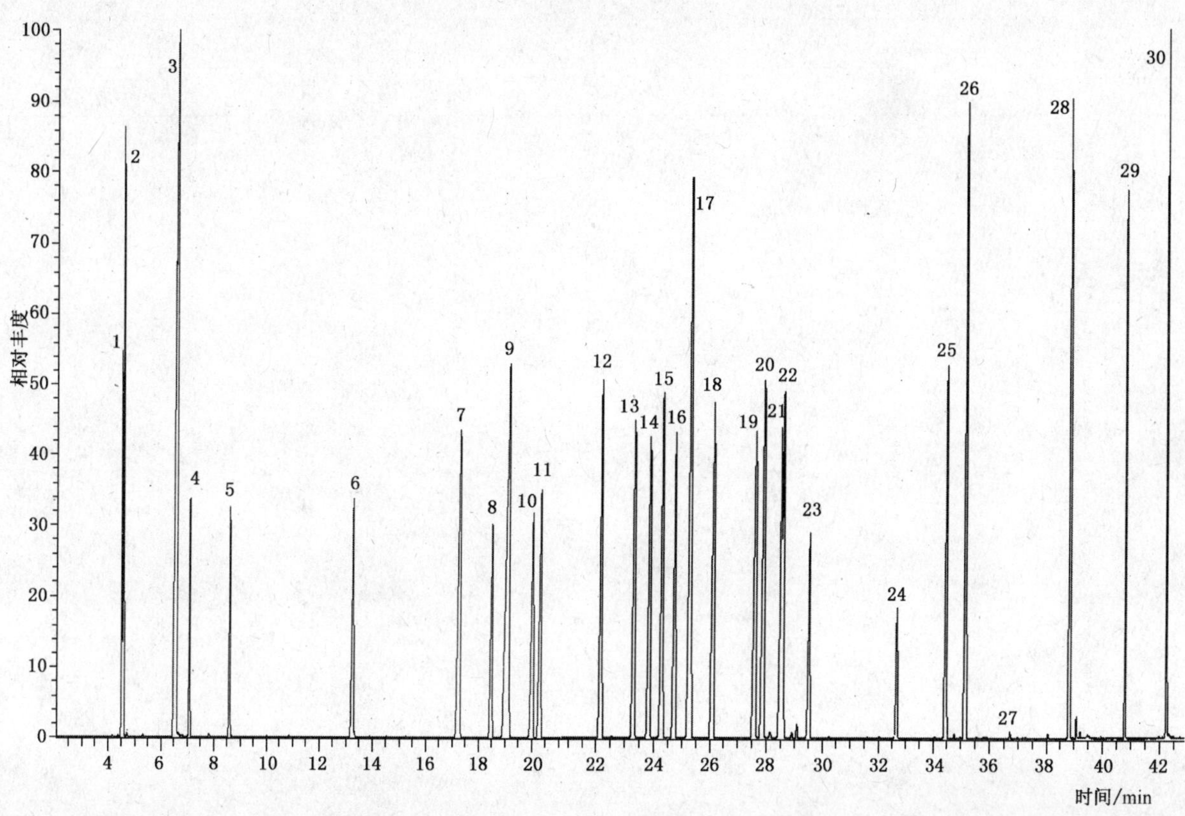

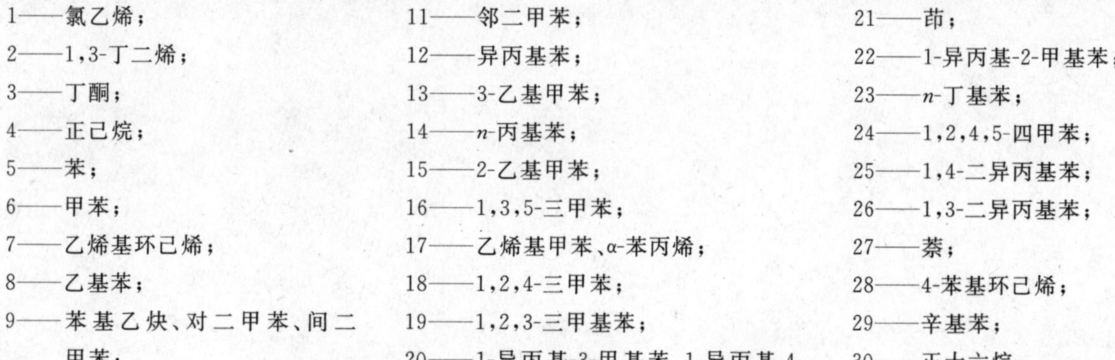

1——氯乙烯；
2——1,3-丁二烯；
3——丁酮；
4——正己烷；
5——苯；
6——甲苯；
7——乙烯基环己烯；
8——乙基苯；
9——苯基乙炔、对二甲苯、间二甲苯；
10——苯乙烯；
11——邻二甲苯；
12——异丙基苯；
13——3-乙基甲苯；
14——*n*-丙基苯；
15——2-乙基甲苯；
16——1,3,5-三甲苯；
17——乙烯基甲苯、α-苯丙烯；
18——1,2,4-三甲苯；
19——1,2,3-三甲基苯；
20——1-异丙基-3-甲基苯、1-异丙基-4-甲基苯；
21——茚；
22——1-异丙基-2-甲基苯；
23——*n*-丁基苯；
24——1,2,4,5-四甲苯；
25——1,4-二异丙基苯；
26——1,3-二异丙基苯；
27——萘；
28——4-苯基环己烯；
29——辛基苯；
30——正十六烷。

图 B.1 典型有机挥发物的总离子流图

ICS 83.080.01
G 31

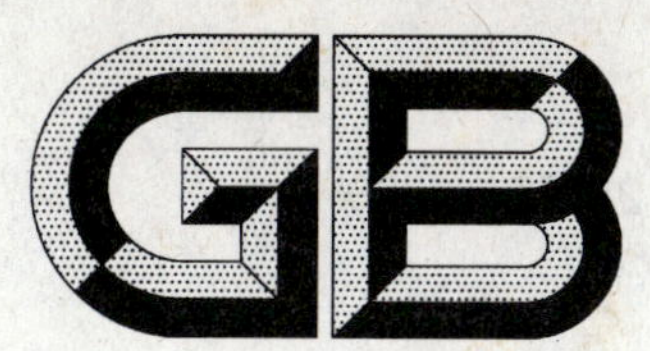

中华人民共和国国家标准

GB/T 24282—2009

塑料　聚丙烯中二甲苯可溶物含量的测定

Plastics—Determination of xylene-soluble matter in polypropylene

(ISO 16152:2005,MOD)

2009-07-17 发布　　2010-02-01 实施

中华人民共和国国家质量监督检验检疫总局
中国国家标准化管理委员会　发布

前　言

本标准修改采用 ISO 16152:2005《塑料　聚丙烯中二甲苯可溶物含量的测定》(英文版)。

本标准与 ISO 16152:2005 相比,主要差异如下:

——增加了第 3 章“原理”,将 ISO 16152:2005 中 1.2 和 1.3 的内容并入到本标准第 3 章中;

——将烧瓶容积由 400 mL 修改为 500 mL,符合国家标准中烧瓶的规格要求;

——删除了滤纸的品牌和型号,在我国标准只宜写出滤纸的名称及其主要特性。

本标准由中国石油化工集团公司提出。

本标准由全国塑料标准化技术委员会石化塑料树脂产品分会(SAC/TC 15/SC 1)归口。

本标准负责起草单位:中国石油化工股份有限公司北京燕山分公司树脂应用研究所。

本标准参加起草单位:中国石油化工股份有限公司扬子石化公司质量检验和管理中心。

本标准主要起草人:李景清、黄鹤柳、吴世斌、吴彦瑾、杨黎黎。

塑料 聚丙烯中二甲苯可溶物含量的测定

1 范围

本标准规定了聚丙烯在25 ℃二甲苯中可溶物含量的测定方法。

本标准适用于聚丙烯均聚物或共聚物。可溶解于二甲苯的添加剂等材料会影响二甲苯可溶物含量的测定。

2 术语和定义

下列术语和定义适用于本标准。

2.1

二甲苯可溶物 xylene soluble fraction

S_s

聚丙烯溶解于回流温度的二甲苯中,溶液冷却至25 ℃并保持一定时间后,溶液中未沉淀出的物质。

3 原理

聚丙烯样品干燥后称量,在回流状态下溶解于二甲苯。随后将溶液在特定条件下冷却至25 ℃并恒温,确保聚丙烯在该条件下充分结晶。然后将该混合溶液进行过滤,得到透明的滤液。蒸发掉滤液中的二甲苯,得到二甲苯可溶物并计算含量。

4 仪器

4.1 回流冷凝器:长度为400 mm。

4.2 一颈或二颈平底烧瓶、锥形烧瓶、圆形烧瓶,容积为500 mL。

4.3 隔热垫:用玻纤或石棉制成。

4.4 可控温电磁搅拌器、恒温油浴或能保持140 ℃~150 ℃的加热器。

4.5 磁搅拌子。

4.6 移液管:A级,200 mL。

4.7 移液管:A级,100 mL。

4.8 带玻璃塞的烧瓶:250 mL。

4.9 恒温水浴:要具备足够的冷却能力,确保聚丙烯/二甲苯混合液冷却时,水浴能恒温在25 ℃±0.5 ℃。

4.10 定性滤纸:直径大于或等于125 mm。

4.11 漏斗:直径大于或等于125 mm。

4.12 真空干燥箱。

4.13 铝盘:容积为300 mL,表面光滑。

4.14 可控温加热盘。

4.15 分析天平:最小精度0.1 mg(推荐最小精度为0.01 mg)。

4.16 干燥器:含有合适的干燥剂。

4.17 计时器:以min计。

4.18 烘箱:强制通风型或重力对流型。

5 试剂

5.1 分析纯邻二甲苯:用气相色谱法测定,邻二甲苯含量大于或等于98%,乙苯含量小于2%,140 ℃蒸发残留物小于0.002 g/100 mL,沸点144 ℃。

5.2 分析纯对二甲苯:用气相色谱法测定,对二甲苯含量大于或等于98%,乙苯含量小于2%,140 ℃蒸发残留物小于0.002 g/100 mL,沸点138 ℃。

当实验室间测试结果出现争议时,应采用邻二甲苯做为试验试剂,除非实验室间达成一致。

6 试验步骤

6.1 二甲苯的准备

6.1.1 测定粉料时,需要在二甲苯中加入抗氧剂以防聚丙烯发生降解。

丁基羟基甲苯(抗氧剂BHT)、4,4-硫代双(6-特叔丁基间甲酚)(抗氧剂300)和四[甲基-(3,5-二叔丁基-4-羟基苯基丙酸)]季戊四醇酯(抗氧剂1010)在二甲苯中浓度约为0.02 g/L时稳定效果良好。在二甲苯中加入适量的抗氧剂,用可控温电磁搅拌器将溶液加热至80 ℃~90 ℃,并进行搅拌至少1 h,使抗氧剂和二甲苯充分混合。

6.1.2 二甲苯用氮气进行脱气处理,每24 h至少充氮1 h。

6.2 二甲苯杂质的测定(空白试验)

6.2.1 进行空白试验的目的是测定二甲苯是否含有明显的蒸发残留物以及其他杂质成分,每批二甲苯应进行空白试验。如果试剂的纯度大于或等于99.5%,并且开启后马上使用,可不进行空白试验。推荐用玻璃容器盛装二甲苯,二甲苯应在容器开启后三天内使用。

从每批二甲苯中取三份进行三次空白试验。

6.2.2 用移液管将200 mL二甲苯移至干净的空烧瓶中。

6.2.3 将滤纸(4.10)置于漏斗(4.11)内,然后将漏斗放置在250 mL烧瓶(4.8)上方。

6.2.4 将200 mL二甲苯从烧瓶倒入漏斗,通过滤纸滴入另一个烧瓶,直到所有的滤液都被收集。

6.2.5 将铝盘(4.13)置于烘箱(4.18)内,在200 ℃下干燥30 min,然后在干燥器(4.16)内冷却至室温,在分析天平上称量干净、干燥的铝盘,精确至0.1 mg。

6.2.6 用移液管移取100 mL滤液至称重过的铝盘中。

6.2.7 将铝盘放到温度为140 ℃~150 ℃的可控温加热盘(4.14)上,使二甲苯轻微沸腾但不应溅出。在缓慢的氮气流保护下,持续加热直到铝盘内残留物接近干燥。

6.2.8 将铝盘放入温度为100 ℃±10 ℃的真空干燥箱(4.12)内,在压力小于13.3 kPa的条件下干燥至铝盘和残留物质量恒定。

6.2.9 在干燥器内将铝盘冷却至室温,并称重,精确至0.1 mg。

6.2.10 计算三次空白试验残留物质量的平均值。

6.3 测定聚丙烯中二甲苯可溶物含量

6.3.1 如需要,应在试验前对样品进行干燥处理。将试样放入温度为70 ℃±5 ℃的真空干燥箱内,在压力小于13.3 kPa的条件下干燥至少20 min,然后在干燥器内冷却,防止再次吸潮。

如果较大的聚丙烯粒料短时间内不易溶解,可将粒料磨碎以加快溶解速度。注意不应进行强烈机械剪切,否则会造成二甲苯可溶物含量增大。磨碎的材料按要求进行干燥。

6.3.2 根据试样的可溶物质量分数预测值按表1称量试样。当可溶物含量未知时,使用2.0 g±0.1 g试样。实验室间仲裁试验应使用2.0 g±0.1 g试样。称量试样质量,精确至0.1 mg。将试样倒入平底烧瓶,将磁搅拌子放入烧瓶内。

表 1 试样量称取范围

可溶物质量分数预测值/%	试样量/g
<8.0	4.0±0.1 或 2.0±0.1
8.0～30.0	2.0±0.1
>30.0	2.0±0.1 或 1.0±0.1

6.3.3 用移液管移取 200 mL 二甲苯至烧瓶中。材料不易溶解、过滤或者其他分析需要更多滤液时，可使用更多的二甲苯。

6.3.4 在烧瓶上方安装好回流冷凝器。

6.3.5 在可控温电磁搅拌器上放置隔热垫以防止烧瓶局部受热。将烧瓶和回流冷凝器放置在隔热垫上(见图 1)。将氮气管接在回流冷凝器顶部，打开冷却水。

6.3.6 在回流冷凝器顶部通过缓慢的氮气流。为了减少二甲苯的损失，不应直接将氮气通入回流冷凝器。氮气流速推荐为约 2 L/h。

1——氮气；
2——回流冷凝器；
3——平底烧瓶；
4——锥形烧瓶；
5——磁搅拌子；
6——隔热垫；
7——可控温电磁搅拌器。

注：该过程是用可控温电磁搅拌器(4.4)和平底烧瓶(4.2)进行试验。

图 1 试验仪器示意图

6.3.7 将聚丙烯和二甲苯的混合物搅拌并加热至回流温度。保持搅拌，加热 30 min。搅拌应充分，保持溶液沸腾且防止溶液进入回流冷凝器。混合溶液此时应呈透明状。要保证加热回流平稳进行，避免烧瓶局部加热和将聚丙烯搅拌到烧瓶壁上。

注：如果使用加热盘，设定温度应该高于二甲苯沸点约 30 ℃。

6.3.8 取下烧瓶并盖紧。在室温下自然冷却至 100 ℃以下(通常需要 12 min～14 min)。

6.3.9 将烧瓶移入 25 ℃±0.5 ℃的恒温水浴中，在烧瓶浸入水浴之前不应摇动烧瓶，防止沉淀破碎。避免可能的安全危害。

6.3.10 溶液在 25 ℃±0.5 ℃的恒温水浴中冷却 30 min～32 min，此时不应进行搅拌。将烧瓶从恒温水浴中取出，搅拌或轻轻摇动烧瓶，打碎沉淀。

6.3.11 把滤纸(4.10)放于漏斗(4.11)内，然后放在 250 mL 烧瓶(4.8)上方。如果材料难以过滤，过滤时可将阻碍过滤的堆积物移开。

6.3.12 将 500 mL 烧瓶中的混合物倒入漏斗进行过滤，并将滤液滴入 250 mL 的烧瓶内，直到所有的滤液都被收集。

6.3.13 如果滤液不完全透明，需再次过滤。

6.3.14 将铝盘(4.13)置于烘箱(4.18)内，在 200 ℃下干燥 30 min，然后在干燥器(4.16)内冷却至室温，在分析天平上称量干净、干燥的铝盘，精确至 0.1 mg。

6.3.15 用移液管将 100 mL 滤液移至已称重的铝盘中。

6.3.16 将铝盘放到温度为 140 ℃～150 ℃的可控温加热盘(4.14)上，使二甲苯轻微沸腾但不应溅出。在缓慢的氮气流保护下，持续加热直到铝盘内残留物接近干燥。不应完全干燥，否则会造成残留物降解。

6.3.17 将铝盘放入温度为 100 ℃±10 ℃的真空干燥箱(4.12)内，在压力小于 13.3 kPa 的条件下干燥至铝盘和残留物质量恒定。

6.3.18 在干燥器内将铝盘冷却至室温，并称重，精确至 0.1 mg。

6.3.19 按 7.1 计算结果。试验结果需要用空白试验结果进行校正。

7 计算

7.1 二甲苯可溶物含量 S_s 以质量分数计，数值以%表示，按式(1)计算：

$$S_s = \frac{\frac{V_{b0}}{V_{b1}} \times (m_2 - m_1) - \frac{V_{b0}}{V_{b2}} \times B}{m_0} \times 100 \qquad \cdots\cdots(1)$$

式中：

V_{b0}——溶剂初始体积，单位为毫升(mL)；

V_{b1}——用于可溶物测定的溶液体积，单位为毫升(mL)，等于 100 mL；

V_{b2}——用于空白试验测定的溶液体积，单位为毫升(mL)，等于 100 mL；

m_0——试样质量，单位为克(g)；

m_1——铝盘质量，单位为克(g)；

m_2——铝盘和残留物的总质量，单位为克(g)；

B——空白试验残留物质量平均值，单位为克(g)。

7.2 可溶解于二甲苯的添加剂等材料会影响测试结果。如果这些材料对测试结果造成明显影响，则需要按式(2)进行校正处理。此时，需要知道这些材料在聚丙烯中的含量，并且该材料完全溶解于二甲苯。

$$S_c = S_s - S_m \qquad \cdots\cdots(2)$$

式中：

S_s——样品的二甲苯可溶物质量分数，%；

S_m——可溶于二甲苯的添加剂总质量分数，%；

S_c——校正后的二甲苯可溶物质量分数，%。

7.3 试验结果保留三位有效数字。

8 精密度

因为尚未获得实验室间试验的数据，所以无法得知本试验方法的精密度，当获得实验室间的数据后，在下次修订中将增加精密度的说明。

9 试验报告

试验报告应包含下列内容：

a) 样品标识，包括所有相关的样品信息；

b) 试剂类型和等级；

c) 试样质量；

d) 试验结果(二甲苯可溶物含量的实际测定值，校正后的二甲苯可溶物含量值。如果有可溶于二甲苯的添加剂存在，应报告可溶添加剂总含量值)；

e) 试验日期。

ICS 65.140
B 47

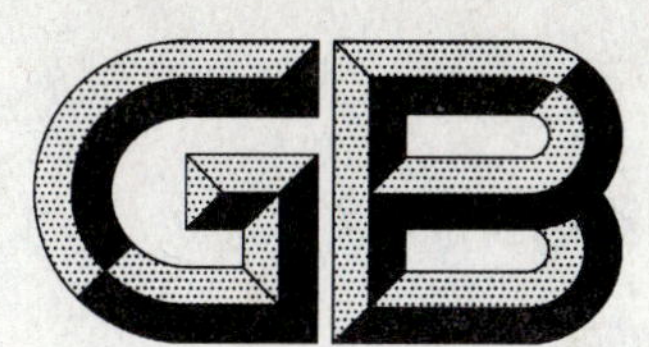

中华人民共和国国家标准

GB/T 24283—2009

2009-07-08 发布 2009-12-01 实施

中华人民共和国国家质量监督检验检疫总局
中国国家标准化管理委员会 发布

前　言

本标准由中华全国供销合作总社提出。

本标准由全国蜂产品标准化工作组归口。

本标准起草单位：北京天恩生物工程高新技术研究所、浙江大学动物科学学院、杭州天厨蜜源保健品有限公司、中华人民共和国秦皇岛出入境检验检疫局、北京百花蜂产品科技发展有限公司、广州宝生园有限公司、江西汪氏蜜蜂园有限公司。

本标准主要起草人：吕泽田、胡福良、郑春强、李立群、范春林、郭利军、汪玲、胡元强。

蜂　胶

1　范围

本标准规定了蜂胶及蜂胶乙醇提取物的定义及其品质、检验方法、包装、标志、贮存、运输要求。

本标准适用于蜂胶及蜂胶乙醇提取物的加工、贸易。

2　规范性引用文件

下列文件中的条款通过本标准的引用而成为本标准的条款。凡是注日期的引用文件，其随后所有的修改单(不包括勘误的内容)或修订版均不适用于本标准，然而，鼓励根据本标准达成协议的各方研究是否可使用这些文件的最新版本。凡是不注日期的引用文件，其最新版本适用于本标准。

GB/T 191　包装储运图示标志

3　术语和定义

下列术语和定义适用于本标准。

3.1

蜂胶　propolis

工蜂采集植物树脂等分泌物与其上颚腺、蜡腺等分泌物混合形成的胶粘性物质。

3.2

蜂胶乙醇提取物　ethanol extracted propolis

乙醇萃取蜂胶后得到的物质。

3.3

总黄酮　total flavonoids

黄酮类物质含量的总和。

4　要求

4.1　感官要求

4.1.1　蜂胶的感官要求应符合表1的规定。

表1　蜂胶的感官要求

项目	特　征
色泽	棕黄色、棕红色、褐色、黄褐色、灰褐色、青绿色、灰黑色等，有光泽
状态	团块或碎渣状，不透明，约30 ℃以上随温度升高逐渐变软，且有粘性
气味	有蜂胶所特有的芳香气味，燃烧时有树脂乳香气，无异味
滋味	微苦、略涩，有微麻感和辛辣感

4.1.2 蜂胶乙醇提取物的感官要求应符合表2的规定。

表2 蜂胶乙醇提取物的感官要求

项目	特征
结构	断面结构紧密
色泽	棕色、褐色、黑褐色,有光泽
状态	固体状,约30 ℃以上随温度升高逐渐变软,且有粘性
气味	有蜂胶所特有的芳香气味,燃烧时有树脂乳香气,无异味
滋味	微苦、略涩,有微麻感和辛辣感

4.2 理化要求

蜂胶及蜂胶乙醇提取物的理化要求应符合表3的规定。

表3 蜂胶及蜂胶乙醇提取物的理化要求

项目		蜂胶		蜂胶乙醇提取物	
		一级品	二级品	一级品	二级品
乙醇提取物含量/(g/100 g)	≥	60	40	95	
总黄酮/(g/100 g)	≥	15	8	20	17
氧化时间/s	≤	22			

4.3 真实性要求

不应加入任何树脂和其他矿物、生物或其提取物质。

非蜜蜂采集,人工加工而成的任何树脂胶状物不应称之为"蜂胶"。

4.4 特殊限制要求

应采用符合卫生要求的采胶器等采集蜂胶,不应在蜂箱内用铁纱网采集蜂胶;

不应高温加热、曝晒。

5 试验方法

5.1 取样方法

从被检样品的不同部位均匀取样,每批取样总量不超过300 g。

5.2 感官要求的检验

5.2.1 蜂胶感官要求的检验

5.2.1.1 色泽、状态

在自然光线良好的条件下,观察样品外表色泽。取少许上述样品混匀后,加热至35 ℃左右,用手揉搓成条,再慢慢向两端拉伸。含胶量越大,粘性越大,拉伸长度越长。

5.2.1.2 气味、滋味

取少许样品,嗅其气味是否有蜂胶特有的明显芳香气味,再点燃,嗅其气味是否异常;口尝其滋味。

5.2.2 蜂胶乙醇提取物感官要求的检验

5.2.2.1 结构

将蜂胶乙醇提取物样品放在15 ℃以下2 h~3 h,用锤砸开,观察其断面。

5.2.2.2 色泽、状态

按5.2.1.1规定的方法检验。

5.2.2.3 气味、滋味

按5.2.1.2规定的方法检验。

5.3 理化要求的检验

5.3.1 样品制备

按5.1取样的样品放入10 ℃以下的冰箱中1 h后，将其粉碎，从中取样100 g备检。

5.3.2 乙醇提取物含量

5.3.2.1 原理

称量乙醇不溶物质量，用减量法计算其占样品质量的百分比。

5.3.2.2 试剂和材料

a) 乙醇：分析纯(≥95%)；

b) 定量滤纸 ϕ12.5 cm。

5.3.2.3 仪器

a) 天平(感量0.001 g)；

b) 100 mL烧杯；

c) 电热鼓风干燥箱；

d) 超声波仪；

e) 玻璃漏斗 ϕ60 mm；

f) 玻璃棒；

g) 250 mL锥形瓶；

h) 称量瓶 70 mm×35 mm；

i) 干燥皿。

5.3.2.4 步骤

称取经过粉碎处理的蜂胶样品5 g(称准至0.001 g)，置于100 mL烧杯中，加适量95%乙醇，放入超声波仪中超声，使样品溶解，将上清液倒入事先干燥称重过的滤纸及玻璃漏斗过滤到锥形瓶中，反复数次，直至完全溶解，再用少量乙醇洗涤100 mL烧杯及滤纸两次。然后将残渣及滤纸与玻璃漏斗在50 ℃下干燥至恒重。在相同条件下作平行实验。

5.3.2.5 计算

按式(1)计算：

$$X_1 = \frac{m_1 - m_2}{m_1} \times 100 \qquad (1)$$

式中：

X_1——样品中乙醇提取物含量，%；

m_1——样品质量，单位为克(g)；

m_2——残渣质量，单位为克(g)。

平行实验允许误差不超过1.5%，取三次测定的平均值。

5.3.3 总黄酮含量

5.3.3.1 试剂和材料

a) 聚酰胺粉(≥100目)；

b) 芦丁标准溶液：取5.0 mg芦丁(≥99%)，加甲醇溶解并定容至100 mL，即得50 μg/ mL；

c) 乙醇：分析纯(≥95%)；

d) 甲醇：分析纯(≥95%)。

5.3.3.2 **仪器**

a) 紫外-可见分光光度计；

b) 层析柱：350 mm(长)×15 mm(内径)，具活塞、砂芯、抽气嘴、圆底烧瓶，见图1；

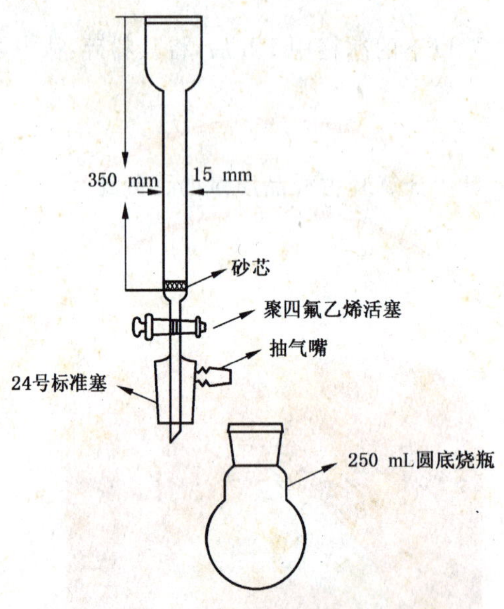

图1 层析柱示意图

c) 容量瓶：10 mL；

d) 移液器：100 μL～1 000 μL；

e) 移液管：1 mL～5 mL；

f) 玻璃蒸发皿：90 mm。

5.3.3.3 **步骤**

a) 试样处理：称取经过粉碎处理的蜂胶样品1 g，或蜂胶乙醇提取物0.5 g于容量瓶中，用乙醇定容至100 mL，摇匀后，超声提取20 min，放置，用移液管吸取上清液1 mL于玻璃蒸发皿中，加入5 mL乙醇及1 g聚酰胺粉，用玻璃棒混匀吸附，于60 ℃水浴上挥去乙醇，然后转入关闭活塞的层析柱中。量取20 mL苯液，清洗玻璃蒸发皿再将苯液转入层析柱中，分3次完成。15 min后开启层析柱活塞，弃去苯液并关闭层析柱活塞，取下圆底烧瓶，将25 mL容量瓶装于层析柱下方。量取20 mL甲醇，分3次清洗玻璃蒸发皿，再将甲醇转入层析柱中，15 min后开启层析柱活塞将黄酮洗脱于25 mL容量瓶中，用甲醇定容至25 mL。此液置1 cm比色皿中于波长360 nm测定吸收值。同时以芦丁为标准品，用标准曲线法定量。

b) 芦丁标准曲线：分别吸取芦丁标准溶液0、1.0、2.0、3.0、4.0、5.0 mL于10 mL容量瓶中，加甲醇至刻度，摇匀，置1 cm比色皿中于波长360 nm测定吸收值，绘制标准工作曲线，计算回归方程。

5.3.3.4 **计算和结果表示**

按式(2)计算：

$$X_2 = \frac{A \times V_2 \times 100}{V_1 \times m_3 \times 1\,000} \qquad \cdots\cdots(2)$$

式中：

X_2——试样中总黄酮的含量，单位为毫克每百克(mg/100 g)；

A——由标准曲线算得被测液中黄酮量，单位为微克(μg)；

V_2——试样定容总体积,单位为毫升(mL);

V_1——吸取的上清液体积,单位为毫升(mL);

m_3——试样质量,单位为克(g)。

计算结果保留二位有效数字。

5.3.4 氧化时间

5.3.4.1 原理

通常用高锰酸钾紫红色溶液消退的时间来表示蜂胶中还原性物质的含量。

5.3.4.2 试剂和材料

a) 乙醇:分析纯(95%以上);

b) 高锰酸钾标准溶液:精确称取 1.580 g 高锰酸钾(分析纯≥95%),用水稀释至 1 000 mL,配制成 0.01 mol/L 的高锰酸钾溶液;

c) 硫酸:分析纯(95%~98%),配制成 20%硫酸液;

d) 蒸馏水。

5.3.4.3 仪器

a) 天平(感量 0.001 g);

b) 振荡器;

c) 秒表;

d) 250 mL 具塞磨口锥形瓶;

e) 50 mL、100 mL、1 000 mL 容量瓶;

f) 50 mL 锥形瓶;

g) 0.2 mL、1.0 mL、2.0 mL、5.0 mL、10.0 mL 移液管;

h) 漏斗、定量滤纸;

i) 250 nL 微量移液器。

5.3.4.4 步骤

a) 在室温下称取 1 g(精确到 0.001 g)样品,置于 250 mL 具塞锥形瓶中,加入 25 mL 乙醇,盖好瓶塞,于振荡器上低速振荡 1 h,然后加入 100 mL 蒸馏水,充分摇匀后,过滤,收集滤液。

b) 用移液管吸取 0.5 mL 上述滤液放入 50 mL 容量瓶中,用蒸馏水稀释至刻度并混匀。

c) 用移液管吸取 10 mL 稀释液于 50 mL 锥形瓶中,加入 2.0 mL 20%硫酸,振荡 1 min,然后用 200 mL 微量移液器加入 0.05 mL 0.01 mol/L 高锰酸钾溶液,在加入高锰酸钾溶液的同时,开动秒表振荡,当溶液的紫红色完全消退时,停止秒表,记录溶液的紫红色完全消退所耗用的时间(以“s”计),即是该样品的氧化时间。每个样品平行测定三次,取算术平均值作为该样品的测定值。

6 包装

6.1 应采用符合国家食品安全卫生要求的材料包装。蜂胶乙醇提取物应定量包装。包装场地应符合食品安全卫生要求。包装应严密、牢固,便于装卸、贮存和运输。

6.2 应按等级分别包装。

7 标志

7.1 包装上应标明产品名称、等级、数量、生产者的名称、地址和生产日期。

7.2 图示标志应符合 GB/T 191 的规定。

8 贮存

8.1 贮存场所应清洁卫生、干燥、阴凉、通风，不应与有毒、有害、有异味、有腐蚀性、有放射性和可能发生污染的物品同场所贮存。

8.2 产品应按等级、规格分别存放。

9 运输

9.1 运输工具应清洁卫生。

9.2 不应与有毒、有害、有异味、易污染的物品混装运输。

9.3 防高温、曝晒、雨淋。

参 考 文 献

[1] 《保健食品检验与评价技术规范》中“保健食品中总黄酮的测定”(2003 版　中华人民共和国卫生部)